普通高等教育"十一五"国家级规划教材
国家级精品资源共享课配套教材

基础化学实验

（第三版）

湖南大学化学化工学院　组编
郭栋才　蔡炳新　陈贻文　主编
蔡双莲　孙　越　李桂芝　高　娜　副主编

科 学 出 版 社
北 京

内 容 简 介

本书为"湖南大学化学主干课程系列教材"之一。全书共 6 章：第 1 章绪论主要介绍化学实验室基本知识；第 2～5 章内容包括无机化学、有机化学、分析化学、物理化学中有关原理、性质、合成、表征等方面的实验，重点培养学生的动手能力和创新思维；第 6 章主要介绍化学实验中的常用仪器。书末附表主要列出了化学实验中的常用数据。为了加强学科之间的交叉与融合，本书将实验的知识点和技能点分别融合到四大化学的实验项目中，并采用二维码链接方式将数字化资源与纸质教材结合在一起，使教材内容更加充实，最新技术与最新知识得以及时更新，力争为读者提供全面、全新的学习体验。

本书可作为高等理工和师范院校化学、应用化学、化工、材料、生物、环境等专业的基础化学实验教材，也可供相关科研人员和技术人员参考。

图书在版编目(CIP)数据

基础化学实验/郭栋才，蔡炳新，陈贻文主编；湖南大学化学化工学院组编. —3 版. —北京：科学出版社，2021.6

普通高等教育"十一五"国家级规划教材　国家级精品资源共享课配套教材

ISBN 978-7-03-064129-8

Ⅰ.①基… Ⅱ.①郭… ②蔡… ③陈… ④湖… Ⅲ.①化学实验-高等学校-教材 Ⅳ.①O6-3

中国版本图书馆 CIP 数据核字(2019)第 296046 号

责任编辑：侯晓敏　李丽娇/责任校对：何艳萍
责任印制：张　伟/封面设计：迷底书装

科 学 出 版 社 出版
北京东黄城根北街 16 号
邮政编码：100717
http://www.sciencep.com
北京中石油彩色印刷有限责任公司 印刷

科学出版社发行　各地新华书店经销
*
2001 年 8 月第一版　　开本：787×1092　1/16
2007 年 8 月第二版　　印张：28
2021 年 6 月第三版　　字数：717 000
2023 年 8 月第十一次印刷

定价：89.00 元
(如有印装质量问题，我社负责调换)

《基础化学实验》(第三版)
编写委员会

主　编　郭栋才　蔡炳新　陈贻文

副主编　蔡双莲　孙　越　李桂芝　高　娜

编　委　(按姓名汉语拼音排序)

蔡炳新　蔡双莲　陈　云　陈贻文　高　娜

郭栋才　宦双燕　匡永清　旷亚非　李桂芝

李永军　刘志刚　史　玲　孙　越　田　蜜

王　兮　王玉枝　许　峰　尹　霞　张晓兵

赵　艳

第三版前言

湖南大学化学实验教学中心经过 20 多年的建设与发展，于 2006 年获得了"国家级基础化学实验教学示范中心"的称号，是国家工科(化学)基础课程教学基地、国家理科(化学)基础科学研究和教学人才培养基地的主要支撑平台，也是高等学校实验教学研究和改革的基地。实验教学中心编写的《基础化学实验》教材被评为普通高等教育"十一五"国家级规划教材和国家精品教材；"基础化学实验"课程先后被评为国家精品课程和国家级精品资源共享课。

1997 年，编者总结多年积累的实验教学经验，对基础化学实验内容进行精选与重组，构建了"三级教育"新体系，并于 2001 年出版了与之相应的教材。随着经济和科技的发展、教育改革的深化，对高等学校教学内容和体系的改革提出了更新、更高的要求，编者在调查研究和教学实践的基础上，对《基础化学实验》教材做了进一步的修订完善，并于 2007 年再版，第二版教材保持并发扬了原有特色。

随着"互联网+"时代的到来，推动信息技术与教育教学的深度融合成为当前教育领域的改革重点。为此，实验教学中心探索并实施了"全程在线"和"翻转课堂"实验教学新体系，在国内高等学校率先开设了在线开放课程"无机、有机、分析和物理化学实验慕课"，供校内外学生线上学习，为解决线下实验的时间与空间问题提供了新途径。为配合新的实验教学体系的实施，在化学化工学院领导的大力支持下，实验教学中心组织教师对《基础化学实验(第二版)》教材的内容进行重组和修改，力争编写出全新的立体化实验教材。具体做了如下修改：

(1)为加强学科之间的交叉与融合，本次修订通过二维码链接方式将数字化资源与纸质教材结合在一起，使教材内容更加充实。

(2)无机化学实验部分将 48 学时的元素性质实验整合为 28 学时实验，增加了 9 个制备实验，训练学生的制备实验操作技能，培养学生的创造性思维和研究性学习能力。

(3)有机化学实验部分将毒性较大的实验进行半微量化改造或用类似的绿色化实验替代，并增加了实验新技术的应用和新知识的介绍，如微波技术和辅酶反应机理的新解释等。

(4)分析化学实验部分删除了一些陈旧的内容，增加了设计实验和以实物为分析对象的应用性实验，将无机制备与化学分析、仪器分析有机地结合起来，开发了一些包括产品制备与测定的综合性实验，加强了实验的创新性和综合性。

(5)物理化学实验部分增加了 3 个实验，并根据教学需要，对原有的实验进行了改进和完善。

(6)第 6 章增加了实验教学中心新进仪器的简介，主要包括仪器的工作原理、检测方法、实际生产与科学研究方面的应用。

本教材由郭栋才、蔡炳新、陈贻文担任主编，蔡双莲、孙越、李桂芝、高娜担任副主编。

参加本次编写的人员还有：王玉枝、张晓兵、旷亚非、李永军、匡永清、王兮、宦双燕、尹霞、赵艳、陈云、史玲、田蜜、刘志刚、许峰等老师。

湖南大学化学化工学院一些老前辈曾为教材中部分基础实验做出了历史性的贡献，部分兄弟院校的教材或讲义对本教材的编写给予了有益的启示和帮助，科学出版社对本教材的出版和数字化升级给予了极大的支持，在此一并致谢。

由于编者的学识水平和经验有限，书中难免存在不妥之处，敬请有关专家和读者批评指正。

编　者

2020 年 7 月于长沙岳麓山

第二版前言

湖南大学基础化学实验中心通过十年的建设与发展，于 2006 年取得了国家级实验教学示范中心的建设资格，成为高等学校实验教学研究和改革的基地。同年，本中心编写的《基础化学实验》教材也被评为"普通高等教育'十一五'国家级规划教材"。作为中心建设的负责人和本书的主编，对进一步提升《基础化学实验》教材的编写水平和质量有不可推卸的责任。因此，在化学化工学院领导的大力支持下，10 多位教授对教材进行了再版编写工作。

1997 年，我们总结多年积累的实验教学经验，对基础化学实验内容进行精选与重组，构建了"三级教育"新体系，于 2001 年出版了与之相应的新教材，该教材在 7 年内 5 次印刷。随着经济和科技的发展、教育改革的深化，对高等学校教学内容和体系的改革提出了更新、更高的要求。为此，我们在调查研究和教学实践的基础上，对基础化学实验教材做了进一步的修改和完善。本书的编写保持并发扬了原有特色，对"二级教育"中的实验内容做了一些精简与替换，提升了部分实验仪器的精度和档次，大幅度地增加了利于培养综合创新思维能力的实验内容。具体的修改内容有：

(1)删除原"二级教育"中 7 个无机化学实验内容和 6 个仪器分析实验内容，增加综合创新实验内容。

(2)在原"二级教育"中，新增 3 个仪器分析内容。

(3)删除原"三级教育"中 7 个综合创新实验，新增 23 个由教师科研成果转化而来并经过三年实践的综合创新实验内容。

(4)更新实验手段和实验技术。

(5)在附录Ⅰ"化学实验室中的常用仪器"部分，增加"Finnigan Polaris Q GC/MS"气相色谱-串联质谱联仪"、"INOVA-400 核磁共振仪"、"石墨炉原子吸收光谱仪"、"Jasco V-530 紫外-可见分光光度计"和"荧光"等内容。

(6)对教材的数据进行了必要的修正。

本书由蔡炳新教授、陈贻文教授担任主编。旷亚非教授、郭栋才副教授、王玉枝教授、曾鸽鸣副教授参加了再版编写。参加本次编写的人员还有：张正奇、周小平、汪秋安、陈范才、何德良、张旭东、邓剑如、蔡青云、胡艾希、向建南、许新华、周海晖等教授，熊运钦副教授和詹拥共、李新梅讲师。高娜、于正英和宋又群等教师撰写了新增仪器使用说明，蔡炽老师做了文字校对工作。

湖南大学化学化工学院领导对创新实验内容的实践做了大量的工作，本院的老前辈为书中部分基础实验付出了艰辛的努力，兄弟院校的教材或讲义对本书的编写给予了有益的启示和帮助，科学出版社对本书的出版和水平的提升给予了极大的支持，在此一并致谢。

限于编者的学识水平和经验，书中难免存在不妥之处，敬请有关专家和读者批评指正。

编　者

2007 年 6 月于长沙岳麓山

第一版前言

　　《基础化学实验》教材是教育部关于"国家工科(化学)基础课程教学基地"建设、"高等教育面向 21 世纪教学内容和课程体系改革计划"课题及湖南省"面向 21 世纪化学主干课程教材体系和内容改革与实践"重点课题的研究成果之一。

　　化学实验教育既是传授知识和技能、训练科学方法和思维、提高创新意识与能力、培养科学精神和品德、全面实施化学素质教育的有效形式，又是建立与发展化学理论的"基石"和"试金石"。近几十年化学的发展，尽管其理论起了十分重要的作用，但还是可以说没有实验就没有化学。化学实验课按无机化学、有机化学、分析化学、物理化学和结构化学依序开设，在历史上对化学科学和教育的发展起过重要作用。但随着知识快速更新、科学技术交叉发展，实验和理论可能发展到并重地位，以验证化学原理为主的旧的化学实验教育体系与内容已不适应，必须进行改革，应当建立以提高学生综合素质和创新能力为主的新体系和新内容。自 1996 年以来，我们在进行以物理化学为先导的教学内容与课程体系研究和实践的同时，将整个基础化学实验内容进行整合、优化与更新，并采取一面研究一面实践的方式，逐步形成了基础化学实验"三级教育"模式。一级教育重点培养与强化实验操作技能，内容包括基础化学实验中常用到的最基本的操作性实验。二级教育，重点培养一般化学原理的实验方法和一般分析问题的能力，内容包含物理化学、无机化学、分析化学、有机化学中有关原理、性质、合成、表征等方面的实验。三级教育，以综合训练为主，重点培养综合思维和创新能力，内容包括应用性、交叉性和研究性的实验。

　　"三级教育"是将四大化学基础实验作为一个整体，以"循序渐进"为原则，以能力培养为目标的一种教育新模式。一级教育克服了原基础化学实验，由于基本操作分散在各实验中，导致学生只注重某一实验结果，而忽视操作技能训练的弊端，强化了学生的动手能力，为二级实验奠定了操作技能基础。二级教育中，将原体系的物理化学(含结构化学)实验提前开设，构筑了化学实验原理与实验技术的"基石"，为后续的无机化学、分析化学、有机化学实验开设做好了准备。克服了以往物理化学课在高年级开设，而其实验技能和方法得不到及时运用的弊端。三级教育将从一、二级教育中获取的知识、能力进行综合运用，在运用中获取新知识、提高创新能力，克服了以往实验只注重验证性、单科性的弊端。因此，"三级教育"可谓是递进式教育模式。

　　《基础化学实验》教材是按照"三级教育"模式编写而成的，每个实验除列出传统撰写的条目外，还增写了"实验关键"和"预备知识"栏目。"实验关键"指出本实验要取得成功的关键，有利提高实验成功率。"预备知识"叙述与实验原理不直接相关而实验中又必须具备的知识，有利于自学、扩大知识面、增强实验课的独立性。

　　《基础化学实验》是一本理工通用的教材，其内容可根据理工科的特点、需要、学时和实际情况进行选择。

　　本书由蔡炳新教授、陈贻文教授主编。编写人员有：蔡炳新、陈贻文、王玉枝、李扬、尹霞、罗明辉、张伟强、柴雅琴（已调往西南师范大学化学化工学院工作）、汪秋安、曾鸽鸣。刘跃龙、刘红玲、叶立媛、陈新斌、黄杉生、张正奇、吴庆安、江国防、曹祉祥也参加了部分工作。书中插图由张海霞绘制。

　　书末所引用的部分兄弟院校及本校的教材或讲义对本书的编写给予了启示和支持，编者借鉴了其中许多有益的内容。本系列教材编委会主要成员对本书进行了审阅并提出了许多建设性意见。科学出版社给予了大力支持，在此一并致谢。

　　限于编者学识水平和经验，书中难免存在不妥之处，恳请有关专家和读者批评指正。

编　者

2001 年 2 月于长沙岳麓山

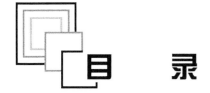

目　　录

第1章 绪 论

祝贺同学们完成了中学阶段的学习任务并顺利进入大学这一知识的海洋和能力培养的阵地，在这里你们将受到良好的培养和教育。你们将在化学领域中探索化学世界的奥秘、施展自己的才华！在这一过程中，化学实验起着十分重要的作用。然而，同学们做实验前，必须知道：化学实验的目的是什么？怎样才能做好化学实验？

1.1 基础化学实验课程的目的

实验是人类研究自然规律的一种基本方法。没有实验就没有化学。化学实验既是化学科学的基石，又是化学科学的"试金石"，即化学中的绝大多数定律、原理、学说都来源于实验，同时又受实验的检验。化学实验课是传授知识和技能、训练科学思维和方法、培养科学精神和职业道德、实施全面化学素质教育的最有效形式。它不仅包括理论的验证，还包括主观能动的探索性内容；不仅包括产品的合成，还包括基础操作的训练；不仅包括性质实验，还包括实验技术的综合运用；不仅体现方法的经典性，还体现其先进性。

通过实验可以培养学生科学的认识能力和研究能力，即实验操作能力，细致观察和记录实验现象、归纳、综合、正确处理实验数据的能力，分析和正确表达实验结果的能力等。

通过实验可以培养学生实事求是、严肃认真、一丝不苟的科学态度，准确、细致的科学习惯以及科学的思维方式，从而逐步掌握科学研究的方法。

通过实验可以加强学生对化学的基本原理和基础知识的理解和掌握。化学实验的任务是培养学生的基本功和思维方式、分析问题和解决问题的能力，同时使学生在基本操作方法和技能技巧等方面得到严格训练。

1.2 化学实验的学习方法

要达到上述实验目的，学好实验课程，不仅要有正确的学习态度，还要有正确的学习方法。

1.2.1 预习

为了避免实验中"照方抓药"的不良现象，使实验能够获得良好的效果，实验前必须进行预习：

(1)认真阅读实验教材、参考资料中的有关内容。

(2)明确实验的目的和基本内容。

(3)掌握实验的原理。

(4)了解实验的内容、步骤、操作过程和注意事项。

(5)写出简明扼要的预习报告后才能进行实验。

通过预习应达到的目的是：弄清本次实验要做什么，怎样去做，为什么这样做，不这样做是否可行，还有什么更好的方法能达到同样的目的，基本了解本实验所用仪器的工作原理、用途和正确的操作方法，可否用其他仪器代替实验给定的仪器等。

实验前由指导教师检查预习报告，若发现学生预习得不够充分，应停止实验，并要求熟悉实验内容后再进行实验。

1.2.2   实验

实验时应做到：

(1)认真操作，细心观察，如实记录。

(2)在实验全过程中勤于思考，仔细分析，力争自己解决问题，遇到难以解决的疑难问题时，可请教师指点。

(3)保持肃静，遵守规则，注意安全，整洁节约。

设计新实验和做规定以外的实验时，应先经指导教师允许。实验完毕，洗净仪器，整理药品及实验台。

1.2.3   实验报告

实验结束后，应严格根据实验记录对实验现象做出解释，写出有关反应式，或根据实验数据进行处理和计算，得出相应的结论，并对实验中的问题进行讨论，独立完成实验报告，及时交指导教师审阅。

书写实验报告应字迹端正、简单扼要、整齐清洁，实验报告写得潦草者应重写。

实验报告包括六部分内容：

(1)实验目的。

(2)实验步骤。尽量采用表格、框图、符号等形式清晰、明了的表示方式。

(3)实验现象和数据记录。表达实验现象要正确、全面，数据记录要规范、完整。

(4)数据处理。获得实验数据后，进行数据处理是一个重要环节，详见1.3节。

(5)实验结果的讨论。对实验结果的可靠程度与合理性进行评价，并解释所观察到的实验现象。

(6)问题讨论。针对本实验中遇到的疑难问题，提出自己的见解或收获，也可对实验方法、检测手段、合成路线、实验内容等提出自己的意见。

1.3   化学实验的误差与数据处理

1.3.1   误差

化学实验中采用直接测量(用某种仪器直接测量出某物理量的结果)或间接测量(一些物理量的获取要经过一系列直接测量后再依据化学原理、计算公式或图表处理后才能得出的结果)的方法可获得试样的各种物理量。然而，在测量过程中，其结果受仪器、化学试剂、测量条件的突变及测定者本身等各种因素的影响，使测量值和真实值之间总会存在一些差距，称为误差。即使是同一个人在相同条件下，对同一试样进行多次测定，所得结果也不完全相同，这说明误差是客观存在的。为使结果尽量接近客观真实值，操作者必须对误差产生的原因进行分析，学会减免误差的措施，并借助一些数理知识对所得数据进行处理。

1. 准确度和精密度

准确度是指单次测量值(x_i)与真实值(x_t)的符合程度。绝对误差和相对误差用来表示准确度的高低。

绝对误差
$$E = x_i - x_t \tag{1.1}$$

相对误差
$$E_r = \frac{x_i - x_t}{x_t} \times 100\% \tag{1.2}$$

绝对误差越小，说明准确度越高。相对误差是绝对误差在真实值中所占的百分数，因它与真实值和绝对误差的大小有关，故能更准确地反映准确度。显然，两种误差的表示均有可能出现正、负值。正值表示测定结果偏高，负值表示测定结果偏低。

若真实值不知道，就无法知道其准确度，在这种情况下，应采用精密度来描述测定结果的好坏。精密度是指在确定条件下，反复多次测量，所得结果之间的一致程度。用偏差表示单次测定值(x_i)与几次测定平均值($\overline{x}$)之间的差，其绝对偏差与相对偏差可表示为

绝对偏差
$$d = x_i - \overline{x} \tag{1.3}$$

相对偏差
$$d_r = \frac{x_i - \overline{x}}{\overline{x}} \times 100\% \tag{1.4}$$

显然，精密度越好，说明测定结果的重现性越好。

应该指出，精密度高不一定准确度就高；但每次测定的准确度高，则精密度一定高。

2. 误差的种类与误差的减免

误差按来源可分为系统误差(可测误差)和偶然误差(随机误差)。

1) 系统误差

构成测量系统的各要素(包括人、物和方法)产生的误差称为系统误差。在相同条件下多次测量同一物理量，系统误差的大小和符号不变；改变测量条件时，系统误差又按某一确定规律变化；系统误差不能通过重复测量来减免；系统误差决定测量的准确度。因此，发现和减免系统误差是十分重要的。

其中仪器误差是指测定中用到的仪器本身有缺陷或未经校正或仪表零位未调好等产生的误差，可通过调整、校正或改用另外的仪器来减免。

实验方法的理论根据有缺陷或引用了近似公式而造成的误差称为方法误差；由于试剂不纯，所用去离子水(或蒸馏水)不合规格引入的误差称为试剂误差。"对照实验"是减免这两种误差的最有效方法，即选用公认的标准方法与所采用的测定方法对同一试样进行测定，找出校正数据，或用已知标准含量的试样，按同样的测定方法进行分析找出校正数据；还可用"空白实验"减免试剂误差，即在不加试样的情况下，按照同样的实验步骤和条件进行测量，得出空白值，然后从试样的分析结果中扣除空白值。

环境因素误差是指测定中温度、湿度、气压等环境因素的变化对仪器产生影响而引入的

误差，可通过改变实验条件发现此类误差，然后采取控制环境因素的措施达到减免此类误差的目的。

个人误差是因观测者个人不良习惯和特点引起的误差，如记录某一信号的时间总是滞后、读取仪表时头偏于一边、对某种颜色的辨别特别敏锐或迟钝等，更多的是操作水平低，不知如何控制实验条件，不自觉地进行了错误的操作。同一套仪器，不同人测得的结果相差很大，是个人误差所致。这种误差只有认真学习、多加训练才能被减小或消除。

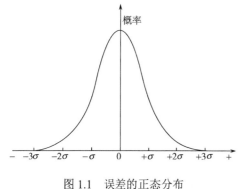

图 1.1　误差的正态分布

2) 偶然误差

实验过程中，偶然的原因引起的误差称为偶然误差，如观察温度或电流时有微小的起伏、估计仪器最小分度时偏大或偏小、控制滴定终点的指示剂颜色稍有深浅的差别、几次读数不一致、外界条件的微小波动以及一些不能预料的影响因素等。偶然误差的大小、方向都不固定，在操作中难以完全避免。这种误差是"偶然的"，其服从统计规律，可用正态分布曲线(图 1.1)表示。

图 1.1 中横坐标表示每次测定值与总体平均值(μ)间的误差；σ 为无限多次测量时的标准偏差；纵坐标为偏差出现的概率。曲线与横坐标从$-\infty$到$+\infty$所围面积代表具有各种大小偏差的测定值出现概率的总和(100%)。由图 1.1 可知，偶然误差具有以下规律：

(1)绝对值相等的正、负误差出现的概率相等。这说明重复多次测量，取其算术平均值，正、负误差可相互抵消。消除了系统误差后，其平均值接近真实值。

(2)就绝对值而言，小误差出现概率大，大误差出现概率小，很大误差出现的概率近于零。在多次重复测定中，若个别数据误差的绝对值超出 3σ，可舍去。

除系统误差和偶然误差外，在测量过程中还可能出现读数错误、记录错误、计算错误以及不小心出现了错误操作等原因引起的过失误差，如发现过失误差应及时纠正或弃去所得数据。

1.3.2　数据记录、有效数字及数据处理

1. 数据记录与有效数字

为获得准确的实验结果，正确记录测定结果是必要的。读数时，一般要在仪器最小刻度(精密度)后再估读一位。例如，常用滴定管最小刻度为 0.1 mL，读数应该到小数点后第二位，若读数在 22.6 mL 与 22.7 mL 之间，这时根据液面所在 0.6～0.7 的位置再估读一位，如读数为 22.65 mL 等。读数 22.65 mL 中的 22.6 是可靠的，最后一位数字"5"是可疑的，可能有正负一个单位的误差，即液体实际体积是在 22.65 mL±0.01 mL 范围的某一数值，其绝对误差为±0.01 mL，相对误差为(±0.01/22.65)×100%=±0.04%，若将上述测量结果读成 22.6 mL，意味着液体实际体积是 22.6 mL±0.1 mL 范围内的某一数值，其绝对误差为±0.1 mL，相对误差为±0.4%，这样测量精度就变成原来的 1/10。一个准确记录的数字中，可靠数字是测量中的准确部分，是有效的。可疑数字(末位数字)是测量中的估计部分，虽不准确，但毕竟接近准

确，也是有实际意义的，但估计数字后的数字显然是没有实际意义的。因此，由可靠数字和一位可疑数字组成的测量值称为有效数字。有效数字反映了测量的精度，记录有效数字时应注意如下两点：

(1) "0" 在数据中具有双重意义。其一，"0" 只起定位作用，不属于有效数字。例如，滴定管读数为 22.65 mL，换成大单位表示写成 0.02265 L 或 0.00002265 m^3 时，在 "2" 前面的 "0" 是起定位作用的，不属有效数字，有效数字仍只有 4 位。其二，"0" 在有效数字中间或末尾时均为有效数字，末尾的 "0" 说明仪器的最小刻度。例如，滴定管读数为 20.50 mL，两个 "0" 都是有效数字，末尾的 "0" 是可疑的，它的存在说明滴定管的最小刻度为 0.1 mL，该 "0" 必须有，但在可疑数字之后不可任意添 "0"，如果将 20.50 mL 写成 20.500 mL，从数学角度看，关系不大，而在化学实验中，绝对不能将 20.50 mL 和 20.500 mL 等同，否则就夸大了仪器的精度。由此可见，实验数据具有特殊的物理意义，它既包含了量的大小、误差，又反映了仪器的精度，不同于纯数学的数值。为了不使有效数字的位数出错，实验数据宜用指数形式表示。例如，质量为 16.0 g 以毫克表示时，应写成 1.60×10^4 mg，若写成 16000 mg 就易被误解为 5 位有效数字。

(2) 在表示绝对误差和相对误差时，通常只取一位有效数字，记录数据时，有效数字的最后一位与误差的最后一位在位数上应对齐。例如，22.65±0.01 的表示是正确的，而 22.65±0.001 是错误的。

2. 数字修约规则

实验中所测得的各个数据因测量的精度可能不同，导致其有效数字的位数也可能不同。在进行运算时，应弃去多余的数字进行修约，修约时应依我国国家标准(GB8170)使用下列规则：

(1) 在拟舍弃的数字中，头位为 4 以下(含 4)则舍弃；为 6 以上(含 6)则进一。

(2) 在拟舍弃的数字中，头位为 5 时，且 5 后的数字不全为 "0"，则进一；全为 "0" 时，所保留的末位数是奇数则进一，偶数时(含 "0")则舍弃。

(3) 修约时，当拟舍数字在两位以上时，不得连续进行多次修约，应一次修约而成。例如：

待修约数字	修约成 4 位有效数字	规则
65.37475	65.37	(1)
65.38739	65.39	(1)
65.48501	65.49	(2)
65.37500	65.38	(2)
65.58500	65.58	(2)
65.50500	65.50	(2)
65.54477	65.54	(3)

3. 有效数字运算

(1) 加减运算。在参与运算的数据中，先以小数点后位数最少的数据为基准，将其他数据按修约规则修约后，再加减。例如，13.65+26.374−27.4874，以 13.65 为基准，修约后运算为

$$13.65+26.37-27.49=12.53$$

(2)乘除运算。在参与运算的数据中，以有效数字位数最少的数据为基准进行修约后，再乘除，运算结果的有效数字位数也应与有效数字位数最少的相同。例如，$0.07826×12.0÷6.78$，以 12.0 为基准，修约后为

$$0.0783×12.0÷6.78=0.138$$

(3)对数运算。十进制对数运算中，对数尾数的位数应与真数的有效数字位数相同。因首数仅取决于小数点的位置，不是有效数字。例如，$[H^+]=7.9×10^{-5}$ mol/L，则

$$pH = -lg\{[H^+]/(mol/L)\} = 4.10$$

(4)有效数字的第一位若是 8 或 9，则有效数字的位数应多算一位。例如，8.56、9.25 均可视为 4 位有效数字。

(5)做运算时，若遇到常量(如 π、e 和手册上查到的常量等)可按需取适当的位数；一些乘除因子(如 $\frac{1}{2}$、$\sqrt{5}$ 等)应视为有足够多的有效数字，不必修约，直接进行计算即可。

4. 数据处理

对物理量进行测定后，应校正系统误差和剔除可疑数据，再计算实验结果可能达到的准确范围。具体做法是：首先按统计学规则(如 Q 检验或其他规则)对可疑数据进行取舍，然后计算数据的平均值、平均偏差与标准偏差，最后按要求的置信度求出平均值的置信区间。

1)平均偏差

平均偏差($\bar{d}$)用来表示一组数的分散程度，表达式为

$$\bar{d} = \frac{\sum |x_i - \bar{x}|}{n} \tag{1.5}$$

式中：x_i 为单次测量值；$\bar{x}$ 为 n 次测定的平均值；n 为测定次数。

相对平均偏差为

$$\bar{d_r} = \frac{\bar{d}}{\bar{x}} \times 100\% \tag{1.6}$$

2)标准偏差

测定次数为无限次时，总体标准偏差(σ)为

$$\sigma = \sqrt{\frac{\sum (x_i - \mu)^2}{n}} \tag{1.7}$$

式中：μ 为 $n \to \infty$ 时的平均值，即真值。有限次数实验测定时的标准偏差定义为

$$s = \sqrt{\frac{\sum (x_i - \bar{x})^2}{n-1}} \tag{1.8}$$

相对标准偏差(s_r)为

$$s_r = \frac{s}{\bar{x}} \times 100\% \tag{1.9}$$

表 1.1 是两组(A、B)实验数据的 $\bar{d}$ 与 s 计算结果的比较。

表 1.1　两组实验数据的 $\bar{d}$ 与 s 计算结果比较

实验组别	$x_i - \bar{x}$					$\bar{d}$	s
A	+0.26	−0.25	−0.37	+0.32	+0.40	0.32	0.36
B	−0.73	−0.22	+0.51	−0.14	0.00	0.32	0.46

由表 1.1 可见，两组数据的平均偏差相同，而标准偏差不同。但事实上，B 组中明显存在一个大的偏差(−0.73)，其精密度不及 A 组好，因此用标准偏差比用平均偏差更能确切地反映结果的精密度。

3)置信度与平均值的置信区间

$\bar{d}$、s 均表示测定值与平均值之间的偏差，但还不能反映测定结果与真实值间的偏差。据图 1.1 计算可知，对无限次数测定而言，在 $\mu \pm \sigma$、$\mu \pm 2\sigma$ 和 $\mu \pm 3\sigma$ 的曲线上横坐标所围的面积分别为 68.3%、95.5% 和 99.7%，即真实值在 $\mu \pm \sigma$、$\mu \pm 2\sigma$ 和 $\mu \pm 3\sigma$ 内出现的概率分别为 68.3%、95.5% 和 99.7%。把真实值落入某区间内的概率称为置信度，将 μ 以测定平均值 $\bar{x}$ 为中心出现的范围大小称为平均值的置信区间。对于有限次数的测定而言，由统计学可以推导出真实值 μ 与平均值间具有以下关系：

$$\mu = \bar{x} \pm \frac{ts}{\sqrt{n}} \tag{1.10}$$

式中：s 为有限次数的标准偏差；t 为选定某一置信度下的概率系数，其值可由表 1.2 查得。据定义，式(1.10)实际上表示在所选置信度下平均值的置信区间。

表 1.2　不同测定次数及不同置信度的 t 值

测定次数	置信度				
n	50%	90%	95%	99%	99.5%
2	1.000	6.314	12.706	63.657	127.32
3	0.816	2.292	4.303	9.925	14.089
4	0.765	2.353	3.182	5.841	7.453
5	0.741	2.132	2.276	4.604	5.598
6	0.727	2.015	2.571	4.032	4.773
7	0.718	1.943	2.447	3.707	4.317
8	0.711	1.895	2.365	3.500	4.029
9	0.706	1.860	2.306	3.355	3.832
10	0.703	1.833	2.262	3.250	3.690
11	0.700	1.812	2.228	3.169	3.581
21	0.687	1.725	2.086	2.845	3.153
∞	0.674	1.645	1.960	2.576	2.807

4)可疑数据的取舍

一组平行测定的数据中，若有个别数据与平均值差值较大，视为可疑值，在确定该值不是由过失造成的情况下，需利用统计学方法进行检验后决定取舍。下面介绍检验方法中的一种——Q 检验法。

当测定次数为 3～10 时，根据要求的置信度按下列步骤进行检验，再决定取舍。

第一步，将各数据按递增顺序进行排列：$x_1, x_2, x_3, \cdots, x_n$。

第二步，求 $Q_{计}$，即

$$Q_{计} = \frac{x_n - x_{n-1}}{x_n - x_1} \quad 或 \quad Q_{计} = \frac{x_2 - x_1}{x_n - x_1}$$

第三步，根据测定次数 n 和要求的置信度，由表 1.3 查出 $Q_{表}$。

表 1.3   不同置信度下舍弃可疑数据的 $Q_{表}$值

测定次数 n	$Q_{0.90}$	$Q_{0.95}$	$Q_{0.99}$
3	0.94	0.98	0.99
4	0.76	0.85	0.93
5	0.64	0.73	0.82
6	0.56	0.64	0.74
7	0.51	0.59	0.68
8	0.47	0.54	0.63
9	0.44	0.51	0.60
10	0.41	0.48	0.57

第四步，比较 $Q_{计}$ 和 $Q_{表}$，若 $Q_{计} > Q_{表}$，则舍弃可疑值，否则应予保留。

【例 1.1】 5 次测定试样中 CaO 的质量分数(%)分别为 46.00、45.95、46.08、46.04 和 46.23。

(1)在置信度为 90%和 95%时数据 46.23 是否舍弃？

(2)求：平均值、标准偏差、置信度分别为 90%和 95%的平均值的置信区间。

解 (1)排序：45.95、46.00、46.04、46.08、46.23

计算 $Q_{计}$：

$$Q_{计} = \frac{46.23 - 46.08}{46.23 - 45.95} = 0.54$$

置信度为 90%，5 次测量由表 1.3 查得 $Q_{0.90}=0.64$；$Q_{计} < Q_{0.90}$，所以 46.23 可予以保留。

置信度为 95%，5 次测量由表 1.3 查得 $Q_{0.95}=0.73$；$Q_{计} < Q_{0.95}$，所以 46.23 仍可保留。

(2)平均值：

$$\overline{x} = \frac{45.95 + 46.00 + 46.04 + 46.08 + 46.23}{5} = 46.06$$

标准偏差：

$$s = \sqrt{\frac{(-0.11)^2 + (-0.06)^2 + (-0.02)^2 + 0.02^2 + 0.17^2}{5-1}} = 0.1065$$

查表 1.2，置信度为 90%，$n=5$ 时，$t=2.132$，则

$$\mu = 46.06 \pm \frac{2.132 \times 0.1065}{\sqrt{5}} = 46.06 \pm 0.10$$

同理，置信度为 95% 时，有

$$\mu = 46.06 \pm \frac{2.276 \times 0.1065}{\sqrt{5}} = 46.06 \pm 0.11$$

结果表明，置信度为 90% 时，CaO 含量的平均值为 46.06，有 90% 的把握认为 CaO 的真值在 45.96～46.16，而真值出现概率为 95% 时，平均值的置信区间将扩大为 45.95～46.17。

5) 误差的传递

在实验中，往往实验最终结果是将直接测得的数据经某种函数关系运算而得的间接测量结果。显然，各直接测量值的误差必将传递到最后结果中影响其准确度，研究误差传递有助于确定影响最终结果的主要因素，以便在实验中对仪器精度和实验方法进行选择。

(1) 平均误差的传递。设 $x_1, x_2, x_3, \cdots, x_n$ 为直接测定值，y 为所求最终结果，它们有如下函数关系：

$$y = y(x_1, x_2, x_3 \cdots, x_n)$$

则

$$dy = \left(\frac{\partial y}{\partial x_1}\right)dx_1 + \left(\frac{\partial y}{\partial x_2}\right)dx_2 + \cdots + \left(\frac{\partial y}{\partial x_n}\right)dx_n$$

将 $\Delta y, \Delta x_1, \Delta x_2, \cdots, \Delta x_n$ 分别代替上式中的 $dy, dx_1, dx_2, \cdots, dx_n$，并考虑在求绝对误差时要估计最坏的情况，即要求 y 的最大绝对误差，故上式写为

$$\Delta y = \pm\left[\left(\frac{\partial y}{\partial x_1}\right)(\Delta x_1) + \left(\frac{\partial y}{\partial x_2}\right)(\Delta x_2) + \cdots + \left(\frac{\partial y}{\partial x_n}\right)(\Delta x_n)\right] \tag{1.11}$$

其最大的相对误差为

$$\frac{\Delta y}{y} = \pm\left\{\left[\left(\frac{\partial y}{\partial x_1}\right)(\Delta x_1) + \left(\frac{\partial y}{\partial x_2}\right)(\Delta x_2) + \cdots + \left(\frac{\partial y}{\partial x_n}\right)(\Delta x_n)\right]\bigg/ y\right\} \tag{1.12}$$

实际上，式 (1.12) 可直接由函数的自然对数的微分而得，因为

$$\frac{dy}{y} = d\ln y$$

所以，在求相对误差时，也可以求出函数的自然对数的微分，然后用 $\Delta y_1, \Delta x_1, \Delta x_2, \cdots, \Delta x_n$ 分别代替 $dy_1, dx_1, dx_2, \cdots, dx_n$，计算起来更加方便。

表 1.4 就是用式 (1.11) 和式 (1.12) 求出的一些简单函数的运算结果，仅供参考。

表 1.4 一些简单函数的运算结果

函数	绝对误差传递计算式	相对误差传递计算式
$y = x_1 + x_2$	$\pm(\Delta x_1 + \Delta x_2)$	$\pm\left(\dfrac{\Delta x_1 + \Delta x_2}{x_1 + x_2}\right)$
$y = x_1 - x_2$	$\pm(\Delta x_1 + \Delta x_2)$	$\pm\left(\dfrac{\Delta x_1 + \Delta x_2}{x_1 - x_2}\right)$
$y = x_1 x_2$	$\pm(x_1\Delta x_2 + x_2\Delta x_1)$	$\pm\left(\dfrac{\Delta x_1 + \Delta x_2}{x_1 + x_2}\right)$

续表

函数	绝对误差传递计算式	相对误差传递计算式
$y = \dfrac{x_1}{x_2}$	$\pm\left(\dfrac{x_2\Delta x_1 x_1\Delta x_2}{x_2^2}\right)$	$\pm\left(\dfrac{\Delta x_1 + \Delta x_2}{x_1 + x_2}\right)$
$y = x^n$	$\pm(nx^{n-1}\Delta x)$	$\pm\left(n\dfrac{\Delta x}{x}\right)$
$y = \ln x$	$\pm\left(\dfrac{\Delta x}{x}\right)$	$\pm\left(\dfrac{\Delta x}{x\ln x}\right)$
$y = \sin x$	$\pm(\Delta x\cos x)$	$\pm(\Delta x\cot x)$
$y = \cos x$	$\pm(\Delta x\sin x)$	$\pm(\Delta x\tan x)$

现在举例说明误差的计算方法，并对结果进行简单的讨论。

【例 1.2】 以凝固点降低法测相对分子质量时所用的公式为

$$M_r = \frac{1000K_f m_B}{m_A(T_f^0 - T_f)} = \frac{1000K_f m_B}{m_A \Delta T_f}$$

直接测量的数据有溶质的质量 m_B，溶剂的质量 m_A，溶剂的凝固点 T_f^0，溶液的凝固点 T_f，由手册查得凝固点降低常数 K_f，因而 M_r 的误差将由 m_B、m_A、T_f^0、T_f 的测量误差决定。

解 应用式 (1.12) 可得

$$\frac{\Delta M_r}{M_r} = \pm\left[\frac{\dfrac{1000K_f}{m_A \Delta T_f}}{\dfrac{1000K_f m_B}{m_A \Delta T_f}}\Delta m_B + \frac{\dfrac{1000K_f m_B}{m_A^2 \Delta T_f}}{\dfrac{1000K_f m_B}{m_A \Delta T_f}}\Delta m_A + \frac{\dfrac{1000K_f m_B}{m_A \Delta T_f^2}}{\dfrac{1000K_f m_B}{m_A \Delta T_f}}\Delta m_A \Delta(\Delta T_f)\right]$$

$$= \pm\left[\frac{\Delta m_B}{m_B} + \frac{\Delta m_A}{m_A} + \frac{\Delta(\Delta T_f)}{\Delta T_f}\right]$$

若 $m_B=0.1400$ g，在分析天平上称量，其绝对误差 $\Delta m_B=0.0002$ g；$m_A=20.00$ g，在工业天平上称量，其绝对误差 $\Delta m_A=0.05$ g；用贝克曼温度计测量凝固点可达到 0.002 K 的精度，假定溶剂凝固点 T_f^0 三次测得结果为

$$T_{f,1}^0 = 3.801\,℃ \quad T_{f,2}^0 = 3.790\,℃ \quad T_{f,3}^0 = 3.800\,℃$$

则平均值为

$$T_f^0 = \frac{3.801 + 3.790 + 3.602}{3} = 3.797\,℃$$

每次测定的绝对误差为

$$\Delta T_{f,1}^0 = |T_f^0 - T_{f,1}^0| = |3.797 - 3.801| = 0.004$$

$$\Delta T_{f,2}^0 = 0.007$$

$$\Delta T_{f,3}^0 = 0.003$$

平均绝对误差为

$$\Delta T_f^0 = \frac{0.004 + 0.007 + 0.003}{3} = 0.005$$

同样，假定溶液的凝固点 T_f 的三次测量结果为

$$T_{f,1} = 3.523\,℃ \quad T_{f,2} = 3.519\,℃ \quad T_{f,3} = 3.528\,℃$$

平均值为
$$T_f = 3.523 \ ℃$$

平均绝对误差为
$$\Delta T_f' = 0.003$$
$$\Delta T_f = T_f^0 - T_f = 3.797 - 3.523 = 0.274$$
$$\Delta(\Delta T_f) = \Delta T_f^0 - \Delta T_f' = 0.005 - 0.003 = 0.002$$

最后可得 M_r 的相对误差为
$$\frac{\Delta M_r}{M_r} = \pm\left(\frac{0.0002}{0.1400} + \frac{0.05}{20.00} + \frac{0.002}{0.274}\right)$$
$$= \pm(1.4\times10^{-3} + 2.5\times10^{-3} + 7.3\times10^{-3})$$
$$= \pm 0.011$$

则百分误差为±1.1%。

上述计算表明，以凝固点降低法测相对分子质量时，相对误差的大小主要取决于温度的测量，如过分精确地测量溶剂、溶质的质量是无益的。溶质的量增大，可使温度值增大，能够减小由温度引起的相对误差，但是计算公式只有在稀溶液中才是正确的，溶液浓度增加虽然可使偶然误差减小，但却增大了系统误差，并不能增加相对分子质量测定的准确性，温度测量可估计到 0.002 K，而实测平均绝对误差为 0.002 K。可见，选择更加精密的测温仪器并不能减小误差，问题的关键在于改进温度的测量方法，如设法减少过冷现象，保证环境温度恒定且接近系统温度等。总之，要设法减小系统误差。

(2) 标准误差的传递。设有如下函数
$$y = y(x_1, x_2, x_3, \cdots, x_n)$$

其中 y 和 x 的含义同平均误差传递中所设。

可以推得标准误差传递式为
$$\Delta y = \sqrt{\left(\frac{\partial y}{\partial x_1}\Delta x_1\right)^2 + \left(\frac{\partial y}{\partial x_2}\Delta x_2\right)^2 + \cdots + \left(\frac{\partial y}{\partial x_n}\Delta x_n\right)^2} \tag{1.13}$$

其相对标准误差的传递式为
$$\frac{\Delta y}{y} = \frac{1}{y}\sqrt{\left(\frac{\partial y}{\partial x_1}\Delta x_1\right)^2 + \left(\frac{\partial y}{\partial x_2}\Delta x_2\right)^2 + \cdots + \left(\frac{\partial y}{\partial x_n}\Delta x_n\right)^2} \tag{1.14}$$

【例 1.3】 设溶质和溶剂分别为萘和苯，查得苯的 K_f' =5.10 K·kg/mol，按例 1.2 中的测量值和测定方法，求萘的相对分子质量及标准误差。

解 应用式(1.13)得
$$\Delta M_r = \sqrt{\left(\frac{\partial M}{\partial m_B}\Delta m_B\right)^2 + \left(\frac{\partial M}{\partial m_A}\Delta m_A\right)^2 + \left(\frac{\partial M}{\partial T_f}\Delta T_f\right)^2}$$
$$= \left[\left(\frac{5.10\times1000}{20.00\times0.274}\times0.0002\right)^2 + \left(\frac{5.10\times1000\times0.1400}{20.00^2\times0.274}\times0.05\right)^2 + \left(\frac{5.10\times1000\times0.1400}{20.00\times0.274^2}\times0.002\right)^2\right]^{\frac{1}{2}}$$
$$\approx 1.0$$

$$M_r = \frac{1000 K_f m_B}{m_A (T_f^0 - T_f)} = \frac{5.10 \times 1000 \times 0.1400}{20.00 \times 0.274} = 130$$

故萘的相对分子质量为 130 ± 1。

6) 实验数据的整理与表达

实验数据的整理与表达是十分重要的工作,把琐碎繁杂的实验数据和现象进行系统分析、归纳和总结,从中得出各种规律和经验公式,从感性认识发展到理性认识,这是认识真理的必经之路。数据处理的方法一般有三种:表格法、作图法和解析法(方程式法)。

(1) 表格法。表格法是将实验数据制成表格,要求简单、明确地反映自变量与因变量的数据关系。此方法简单方便,但各量之间的函数关系很不明确。

制表时应将表的序号和名称写在表的上方。由于表中列出的是一些纯数,因此表的栏头也应是一纯数,即应是量的符号 A 与其单位的符号且分开,如 p/Pa。若表中数据有公共的乘方因子,为简便起见,可将公共的乘方因子写在栏头内。如不同浓度下水的离子积有公共乘方因子 10^{-14},则表头可写为 $10^{-14} K_w$。数据最好以递增或递减的顺序排列,数字的排列要整齐,位数和小数点应一一对齐,特别要注意有效数字。数据为零时应记作"0",数据空缺时应记作"—"。原始数据可与处理结果并列一张表上,而把处理方法、计算公式及实验条件等在表下注明。

(2) 作图法。利用图形表达实验结果有许多好处:能直接显示函数的特点,如极大、极小、转折点、周期性等;能利用曲线作切线求微商;求曲线所包面积;求外推值;求直线方程的斜率和截距等,用途极为广泛。

作图的基本要求有:能够反映测量的准确度;能表示出全部有效数字;易直接从图上读数;图面要简洁、美观、完整。下面按作图顺序加以说明:

(a) 坐标纸和比例尺的选择。最常用的是直角毫米坐标纸,有时也用半对数或全对数坐标纸,表达三组分相图要用三角坐标纸。用直角坐标纸作图时,以自变量为横轴,因变量为纵轴。要求图形尽量充满图纸,这就要首先算出横轴、纵轴的取值范围。起点应略小于测量的最小值,终点略大于测量的最大值,如无特殊需要(如求外推值),不必从 0 开始。取值范围确定后,就要确定每格代表的数值。每小格可以代表可疑数字的 1、2、5、10,切忌代表 3、7、9,这样既能反映测量的准确度,又能方便作图和读数,且不会使图纸过小或过大。在图形充满图纸的条件下,一般要求毫米坐标纸大于 10 cm×10 cm,但也不宜大于 16 cm×20 cm。直线图形不宜作成长条形,在方便读数的条件下,最好直线斜率近于 1。

(b) 画坐标轴。在轴旁注明变量的名称及单位,如 T/K 等,斜线后表示单位,并在轴旁每隔一定距离均匀地写下变量应有的数值。不得将实验值写在轴旁或代表点旁。

(c) 作代表点。将测量值绘于图上成为点,在点的周围画上符号(⊙、△、×、●等),一张图上如有数组不同的测量值时,各组的点应当用不同符号,以示区别。

(d) 作线。按照图上点的分布情况作一条线,表示点的平均移动情况,显示两个变量的函数关系,根据偶然误差概率性质(正态分布)可知,函数线不必通过全部点,但应通过尽量多的点,不能通过的点应均匀分布在线的邻近两侧。或者说,要使线两边点的数量相近,这些点与线的距离尽可能小,且两边点与线间的距离之和相近。对于个别远离的点,一般看作过失误差,可不予考虑,但最好是重做该点实验,加以验证。线要作得光滑均匀,细而清晰,因此画线时铅笔要削尖,纸下垫硬板。作直线最好用透明直尺,作曲线可用曲线尺、曲线板。

用曲线板作曲线时，要先用铅笔徒手淡描出初步的曲线，然后用曲线板在手描线的基础上描出清晰光滑的曲线，描好的关键在于不要一次描完曲线板与手描线重合部分，每次只描半段或 2/3 段。作曲线的技术性较强，要多加实践和体会，才能作正确。

欲求曲线的斜率，可作曲线的切线，作切线可用多种方法。这里简单介绍镜面法(图 1.2)：将镜子放在曲线的切点上，反复转动镜子，直到镜前曲线与镜中曲线像一平滑的曲线时，沿镜子边沿作曲线的法线，再在切点(切点不可选在实验点上!)上用三角板作法线的垂线，即得曲线在该点的切线。

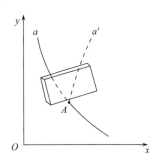

随着计算机应用的普及，可在计算机上利用各种绘图软件作图。

(e) 写图名。最后不要忘记在图下方写上清楚、完备的图名。实验条件、不同符号代表的意义等应标在图名下方。

图 1.2　镜面法求曲线的斜率

(3) 解析法。把大量的实验数据进行归纳处理，从中概括出各物理量间的函数关系式，这样不仅表达方式简单明显，而且有利于求微分、积分、内插值，尤其是对理论分析有利。许多经验公式常是理论探讨的线索和根据，因此总结经验公式是十分必要的。其具体做法为：将实验数据加以整理与校正后，绘出图形，根据图中曲线形状试选择某一函数方程式，并确定式中的参数值，最后进行方程式的验证。

如果得到的并非直线关系式，应尽可能将其直线化，这样既可使实验结果的表达更加直观、简单，又可使检验、运用和计算更加方便。表 1.5 为一些简单函数的直线化示例。

表 1.5　一些简单函数的直线化

原函数式	变换方式		直线化后函数式
	Y	X	$Y = mX + B$
$y = bx^a$	$\lg y$	$\lg x$	$Y = aX + \lg b$
$y = be^{ax}$	$\lg y$	x	$Y = (a\lg e)X + \lg b$
$y = \dfrac{1}{ax + b}$	$\dfrac{1}{y}$	x	$Y = aX + b$
$y = \dfrac{x}{ax + b}$	$\dfrac{x}{y}$	x	$Y = aX + b$
$y = ax^2 + b$	y	x^2	$Y = aX + b$
$y = x^2 + bx + c$	$\dfrac{y - y_1}{x - x_1}$	x	$Y = aX + b + aX_1$

在直线化后的函数式中，常数 m 和 B 可采用图解法、最小二乘法、平均法、内插法等求解，通常采用的是图解法和最小二乘法。图解法很简单，即在图中读取直线两端点坐标值后，将其代入直线方程：$Y = mX + B$，可解得 m 和 B 值，但此方法所得常数的精度往往不能满足要求，在需要精度较高的场合，应采用最小二乘法进行回归，也就是用曲线拟合实验数据得到回归方程，尽管其计算较烦琐，但计算机的应用使该方法成为处理实验数据的主要方法。

由最小二乘法原理可知，各实验点与回归直线间都存在或正或负的偏差，但偏差的平方和均为正值，若各实验点对回归直线的偏差的平方和为最小，该直线即为最佳的回归直线，由此解出的常数值是精确的。下面以最简单的直线方程 $Y=mX+B$ 为例，运用最小二乘法进行常数 m 和 B 求解的讨论。

设由实验获得几组数据$[(x_1, y_1), (x_2, y_2), \cdots, (x_n, y_n)]$，将其代入 $Y=mX+B$ 后得到相应的关系式：

$$\begin{cases} Y_1 = mX_1 + B \\ Y_2 = mX_2 + B \\ \quad\vdots \\ Y_n = mX_n + B \end{cases} \tag{1.15}$$

据最小二乘法原理，令 $S = \sum(Y_{i,\text{实验}} - Y_{i,\text{计算}})^2$ 为最小，则

$$S = \sum_{i=1}^{n}(Y_i - mX_i - B)^2 \tag{1.16}$$

由极值的条件可知

$$\begin{cases} \left(\dfrac{\partial S}{\partial m}\right)_B = 0 \\ \left(\dfrac{\partial S}{\partial B}\right)_B = 0 \end{cases} \tag{1.17}$$

即

$$\begin{cases} \left(\dfrac{\partial S}{\partial m}\right)_B = 2\sum_{i=1}^{n}(-X_i)(Y_i - mX_i - B) = 0 \\ \left(\dfrac{\partial S}{\partial B}\right)_B = 2\sum_{i=1}^{n}(-1)(Y_i - mX_i - B) = 0 \end{cases} \tag{1.18}$$

故

$$\begin{cases} m\sum_{i=1}^{m}X_i^2 + B\sum_{i=1}^{n}X_i = \sum_{i=1}^{n}X_iY_i \\ m\sum_{i=1}^{m}X_i + nB = \sum_{i=1}^{n}Y_i \end{cases} \tag{1.19}$$

解得

$$\begin{cases} m = \dfrac{n\sum_{i=1}^{n}X_iY_i - \sum Y_i\sum_{i=1}^{n}X_i}{n\sum_{i=1}^{n}X_i^2 - \left(\sum_{i=1}^{n}X_i\right)^2} \\ B = \dfrac{\sum_{i=1}^{n}Y_i}{n} - \dfrac{m\sum_{i=1}^{m}X_i}{n} \end{cases} \tag{1.20}$$

或

$$B = \overline{Y} - m\overline{X} \tag{1.21}$$

式中：$\overline{X}$、$\overline{Y}$ 分别为 X、Y 的平均值。

在获取 m 和 B 后，最好按 $\sum Y = m\sum X + nB$ 进行检验。

如果用回归分析得出回归方程,往往还需要用相关系数 R 对变量 X 与 Y 之间符合线性关系的程度给予说明。R 计算式为

$$R = \frac{\sum_{i=1}^{n}(X_i - \bar{X})(Y_i - \bar{Y})}{\sqrt{\sum_{i=1}^{n}(X_i - \bar{X})^2 \cdot \sum_{i=1}^{n} X_i} \cdot \sqrt{\sum_{i=1}^{n} Y_i^2 - \bar{Y}\sum_{i=1}^{n} Y_i}} \tag{1.22a}$$

或

$$R = \frac{\sum_{i=1}^{n} X_i Y_i - \bar{X}\sum_{i=1}^{n} Y_i}{\sqrt{\sum_{i=1}^{n} X_i^2 - \bar{X}\sum_{i=1}^{n} X_i} \cdot \sqrt{\sum_{i=1}^{n} Y_i^2 - \bar{Y}\sum_{i=1}^{n} Y_i}} \tag{1.22b}$$

当 $|R| \leqslant 1$ 时,说明 Y 与 X 有线性关系;$|R|$ 越接近 1,说明 Y 与 X 线性关系越好;$|R| = 1$ 时,说明 Y 与 X 存在严格的线性关系;$R = 0$ 时,说明 Y 与 X 之间毫无线性关系。

1.4　化学实验室守则

(1)按时进行实验,若无故迟到,指导教师有权取消其本次实验资格,若无故旷课或请人代做,本次实验计平均分(按班平均)的负分。要求补做实验的学生必须写出补做的申请报告、交补做实验费用,才能补做。补做成绩按实验实际得分计分。

(2)实验前必须认真写好预习报告,进入实验室后首先熟悉实验室环境、布置、各种设施的位置、清点仪器。

(3)在实验中要保持室内安静,集中思想,仔细观察,如实、及时、正确地记录。

(4)保持实验室和实验桌面的清洁,把火柴、纸屑、废品等丢入废物缸内,不得丢入水槽,以免水槽堵塞,也不得丢在地面上。

(5)使用仪器要小心谨慎,若有损坏应填写仪器损坏单,若不按操作规程导致仪器损坏,要折价赔偿。使用精密仪器时,必须严格按照操作规程进行操作。注意节约水、电。

(6)使用试剂时应注意:①按量取用,注意节约;②取用固体试剂时,注意勿使其落在实验容器外;③公用试剂放在指定位置,不得擅自拿走;④试剂瓶的滴管、瓶塞是配套使用的,用后立即放回原处,避免混淆,沾污试剂;⑤使用试剂时要遵照正确的操作方法。

(7)实验完毕后,要洗净仪器,放回原处,整理桌面,经指导教师同意方可离开,实验室内物品不得带出。

(8)每次实验后由值日生负责整理药品,打扫卫生,并检查水、电和门窗,以保持实验室的整洁和安全。

1.5　化学实验室安全规则

(1)不要用湿手、湿物接触电源,水、电、气使用完毕立即关闭。

(2)加热试管时,不要将试管口对着自己或他人,也不要俯视正在加热的液体,以防液体溅出伤害人体。

(3)嗅闻气体时，应用手轻拂气体，把少量气体扇向自己再闻，产生有刺激性或有毒气体(如 H_2S、Cl_2、CO、NO_2、SO_2 等)的实验必须在通风橱内进行或注意实验室通风。

(4)易挥发和易燃物质的实验应在远离火源的地方进行。操作易燃物质时，加热应在水浴中进行。

(5)有毒试剂(如氰化物、汞盐、钡盐、铅盐、重铬酸钾、砷的化合物等)不得进入口内或接触伤口。剩余的废液应倒在废液缸内。

(6)若使用带汞的仪器被损坏，汞液溢出仪器外时，应立即报告指导教师，请求指导处理。

(7)洗液、浓酸、浓碱具有强腐蚀性，应避免溅落在皮肤、衣服、书本上，更应防止溅入眼睛内。

(8)稀释浓硫酸时，应将浓硫酸慢慢注入水中，并不断搅动，切勿将水倒入浓硫酸中，以免迸溅，造成灼伤。

(9)禁止任意混合各种试剂药品，以免发生意外事故。

(10)废纸、玻璃等应扔入废物桶中，不得扔入水槽，保持下水道畅通，以免发生水灾。

(11)经常检查煤气开关和用气系统，如果有泄漏，应立即熄灭室内火源打开门窗，用肥皂水查漏，若一时难以查出，应关闭煤气总阀，立即报告教师。

(12)实验室内严禁吸烟、饮食，或把食物带进实验室。实验完毕，必须洗净双手。

(13)禁止穿拖鞋、高跟鞋、背心、短裤(裙)进入实验室。

1.6 化学实验室意外事故处理

1.6.1 化学灼烧处理

(1)酸(或碱)灼伤皮肤。立即用大量水冲洗，再用碳酸氢钠饱和溶液(或 1%～2%乙酸溶液)冲洗，最后再用水冲洗，涂敷氧化锌软膏(或硼酸软膏)。

(2)酸(或碱)灼伤眼睛。不要揉搓眼睛，立即用大量水冲洗，再用 3%硫酸氢钠溶液(或 3%硼酸溶液)淋洗，然后用蒸馏水冲洗。

(3)碱金属氰化物、氢氰酸灼伤皮肤。用高锰酸钾溶液洗，再用硫化铵溶液漂洗，然后用水冲洗。

(4)溴灼伤皮肤。立即用乙醇洗涤，然后用水冲净，涂上甘油或烫伤膏。

(5)苯酚灼伤皮肤。先用大量水冲洗，然后用 4∶1 的乙醇(70%)-氯化铁(1 mol/L)混合液洗。

1.6.2 割伤和烫伤处理

(1)割伤。若伤口内有异物，先取出异物后用蒸馏水洗净伤口，然后涂上红药水并用消毒纱布包扎或贴创可贴。

(2)烫伤。立即涂上烫伤膏，切勿用水冲洗，更不能把烫起的水泡戳破。

1.6.3 毒物与毒气误入口、鼻内感到不舒服时的处理

(1)毒物误入口。立即内服 5～10 mL 稀 $CuSO_4$ 温水溶液，再用手指伸入咽喉促使呕吐毒物。

(2)刺激性、有毒气体吸入。误吸入煤气等有毒气体时，立即在室外呼吸新鲜空气；误吸入溴蒸气、氯气等有毒气体时，立即吸入少量乙醇和乙醚的混合蒸气，以便解毒。

1.6.4　触电处理

发现有人触电后，立即拉下电闸，必要时进行人工呼吸。当所发生的事故较严重时，做了上述急救后应速送医院治疗。

1.6.5　起火处理

(1)小火、大火。小火用湿布、石棉布或砂子覆盖灭火；大火应使用灭火器，而且需根据不同的着火情况选用不同的灭火器，必要时应报火警(119)。

(2)油类、有机溶剂着火。切勿用水灭火，小火用砂子或干粉覆盖灭火，大火用二氧化碳灭火器灭火，也可用干粉灭火器或 1211 灭火器灭火。

(3)精密仪器、电器设备着火。切断电源，小火可用石棉布或湿布覆盖灭火，大火用四氯化碳灭火器灭火，也可用干粉灭火器或 1211 灭火器灭火。

(4)活泼金属着火。可用干燥的细砂覆盖灭火。

(5)纤维材质着火。小火用水降温灭火，大火用泡沫灭火器灭火。

(6)衣服着火。应迅速脱下衣服或用石棉覆盖着火处或卧地打滚。

1.7　化学实验室"三废"处理

1992 年，为治理环境污染，联合国环境与发展大会提出了可持续发展的绿色化学思想。我国绿色化学的研究工作也于 1995 年正式开始，并成为 21 世纪我国化学教育的重要组成部分。

要实现化学实验教学的绿色化，应大力推广微型化学实验。微型化学实验是 20 年来在国内外发展很快的一种化学实验新方法、新技术。它具有节约试剂、减少污染、测定速度快、安全等特点，便于实验室管理和"三废"处理。在实验教学中，可根据实际情况，尽可能使实验微型化，加大实验室的"三废"处理力度。

化学实验室的"三废"种类繁多，实验过程中产生的有毒气体和废水排放到空气中或下水道，同样对环境造成污染，威胁人们的健康。例如，SO_2、NO、Cl_2 等气体对人的呼吸道有强烈的刺激作用，对植物也有伤害作用；As、Pb 和 Hg 等化合物进入人体后，不易分解和排出，长期积累会引起胃痛、皮下出血、肾功能损伤等；氯仿、四氯化碳等能致肝癌；多环芳烃能致膀胱癌和皮肤癌；CrO_3 接触皮肤破损处会引起溃烂不止等。因此，必须对实验过程中产生的有毒有害物质进行必要的处理。

1.7.1　常用的废气处理方法

1. 溶液吸收法

溶液吸收法是用适当的液体吸收剂处理气体混合物，除去其中有害气体的方法。常用的液体吸收剂有水、碱性溶液、酸性溶液、氧化剂溶液和有机溶液，它们可用于净化含有 SO_2、

NO_x、HF、SiF_4、HCl、Cl_2、NH_3、汞蒸气、酸雾、沥青烟和各种组分有机物蒸气的废气。

2. 固体吸收法

固体吸收法是使废气与固体吸附剂接触，废气中的污染物(吸附质)吸附在固体表面从而被分离出来。此方法主要用于净化废气中低浓度的污染物质。常用固体吸附剂及处理的吸附质见表 1.6。

表 1.6　常用固体吸附剂及处理的吸附质

固体吸附剂	处理吸附质
活性炭	苯、甲苯、二甲苯、丙酮、乙醇、乙醚、甲醛、汽油、乙酸乙酯、苯乙烯、氯乙烯、恶臭物、H_2S、Cl_2、CO、CO_2、SO_2、NO_x、CS_2、CCl_4、$CHCl_3$、CH_2Cl_2
浸渍活性炭	烯烃、胺、酸雾、硫醇、SO_2、Cl_2、H_2S、HF、HCl、NH_3、Hg、HCHO、CO、CO_2
活性氧化铝	H_2O、H_2S、SO_2、HF
浸渍活性氧化铝	酸雾、Hg、HCl、HCHO
硅胶	H_2O、NO_x、SO_2、C_2H_2
分子筛	NO_x、H_2O、CO_2、CS_2、SO_2、H_2S、NH_3、C_mH_n、CCl_4
焦炭粉粒	沥青烟
白云石粉	沥青烟
蚯蚓类	恶臭类物质

1.7.2　常用的废水处理方法

1. 中和法

对于酸含量小于 3%的酸性废水或碱含量小于 1%的碱性废水，常采用中和法。无硫化物的酸性废水可用浓度相当的碱性废水中和；含重金属离子较多的酸性废水可通过加入碱性试剂(如 NaOH、Na_2CO_3)进行中和。

2. 萃取法

萃取法是采用与水不互溶但能良好溶解污染物的萃取剂，使其与废水充分混合，提取污染物，达到净化废水的目的。例如，含酚废水就可采用二甲苯作萃取剂。

3. 化学沉淀法

化学沉淀法是在废水中加入某种化学试剂，使之与其中的污染物发生化学反应，生成沉淀，然后进行分离。此方法适用于除去废水中的重金属离子(如汞、镉、铜、铅、锌、镍、铬等)、碱土金属离子(钙、镁)及某些非金属(砷、氟、硫、硼等)。例如，氢氧化物沉淀法可用 NaOH 作沉淀剂处理含重金属离子的废水；硫化物沉淀法是用 Na_2S、H_2S、CaS_x 或$(NH_4)_2S$ 等作沉淀剂除汞、砷；铬酸盐法是用 $BaCO_3$ 或 $BaCl_2$ 作沉淀剂除去废水中的CrO_3 等。

4. 氧化还原法

水中溶解的有害无机物或有机物可通过化学反应将其氧化或还原，转化成无害的新物质或易从水中分离除去的形态。常用的氧化剂主要是漂白粉，用于含氮废水、含硫废水、含酚废水及含氨氮废水的处理。常用的还原剂有 $FeSO_4$ 或 Na_2SO_3，用于还原 6 价铬；还有活泼金属如铁屑、铜屑、锌粒等，用于除去废水中的汞。

此外还有活性炭吸附法、离子交换法、电化学净化法等。

1.7.3 常用的废渣处理方法

废渣主要采用掩埋法。有毒废渣必须先进行化学处理后深埋在远离居民区的指定地点，以免毒物溶于地下水而混入饮用水中；无毒废渣可直接掩埋，掩埋地点应有记录。

第2章 无机化学实验

2.1 天平的使用方法和称量方法

分析天平是指称量精度为 0.0001 g 的天平。分析天平是精密仪器，使用时要认真、仔细，按照天平的使用规则操作，做到准确快速完成称量而又不损坏天平。常用分析天平有电光分析天平和电子天平。近几年来，随着电子天平的普及，电光分析天平已逐渐被淘汰。

2.1.1 电光分析天平

电光分析天平也称半自动电光分析天平，其构造如图 2.1 所示。

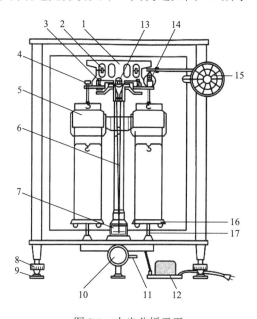

图 2.1　电光分析天平

1. 横梁；2. 平衡螺丝；3. 支柱；4. 吊耳；5. 阻尼器；6. 指针；7. 投影屏；
8. 螺旋足；9. 垫脚；10. 升降旋钮；11. 调屏拉杆；12. 变压器；13. 刀口；
14. 圈码；15. 圈码指数盘；16. 秤盘；17. 盘托

1. 称量前的检查与准备

撤掉防尘罩，叠平后放在天平箱上方。检查天平是否正常，天平是否水平，秤盘是否洁净，圈码指数盘是否在 "000" 位，圈码有无脱位，吊耳有无脱落、移位等。

检查和调整天平的空盘零点。用平衡螺丝(粗)和调屏拉杆(细调)调节天平零点，这是分析天平称量练习的基本内容之一。

2. 称量

当要求快速称量或怀疑被称物可能超过最大载荷时，可用托盘天平(台秤)粗称。一般不提倡粗称。

将待称量物置于天平左盘的中央，关上天平左门。按照"由大到小，中间截取，逐级试重"的原则在右盘加减砝码。试重时应半开天平，观察指针偏移方向或标尺投影移动方向，以判断左右两盘的轻重和所加砝码是否合适及如何调整。注意：指针总是偏向质量轻的盘，标尺投影总是向质量重的盘方向移动。先确定克以上砝码(必须用镊子取放)，关上天平右门。再依次调整百毫克组和十毫克组圈码，每次都从中间量(500 mg 和 50 mg)开始调节。确定十毫克组圈码后，再完全开启天平，准备读数。

3. 读数

砝码确定后，完全打开天平旋钮，待标尺停稳后即可读数。称量物的质量等于砝码总量加标尺读数(均以克计)。标尺读数在 9~10 mg 时，可再加 10 mg 圈码，从屏上读取标尺负值，记录时将此读数从砝码总量中减去。

4. 复原

称量数据记录完毕，关闭天平，取出被称量物质，用镊子将砝码放回砝码盒内，圈码指数盘退回到"000"位，关闭两侧门，盖上防尘罩，并在天平使用登记本上登记。

5. 使用天平的注意事项

(1)开、关天平旋钮，放、取被称量物，开、关天平侧门以及加、减砝码等，动作都要轻、缓，切不可用力过猛、过快，以免造成天平部件脱位或损坏。

(2)调节零点和读取称量读数时，要留意天平侧门是否已关好；称量读数要立即记录在实验报告本或实验记录本上。调节零点和读取称量读数后，应随手关好天平。加、减砝码或放、取称量物必须在天平处于关闭状态下进行(单盘天平允许在半开状态下调整砝码)。砝码未调定时不可完全开启天平。

(3)热的或冷的称量物应置于干燥器内直至其温度与天平室温度一致后才能进行称量。

(4)天平的前门仅供安装、检修和清洁时使用，通常不要打开。

(5)在天平箱内放置变色硅胶作干燥剂，当变色硅胶变红后应及时更换。

(6)必须使用指定的天平及天平所附配套的砝码。如果发现天平不正常，应及时报告指导教师或实验室工作人员，不要自行处理。

(7)注意保持天平、天平台、天平室的安全、整洁和干燥。

(8)天平箱内不可有任何撒落的试剂，如有撒落的试剂可用毛刷及时清理干净。

(9)用完天平后，罩好防尘罩，切断天平的电源。最后在天平使用登记本上登记，并请指导教师签字。

2.1.2 电子天平

1. 电子天平的使用方法

电子天平是最新一代的天平,是根据电磁力平衡原理直接称量,全量程不需砝码(图 2.2)。

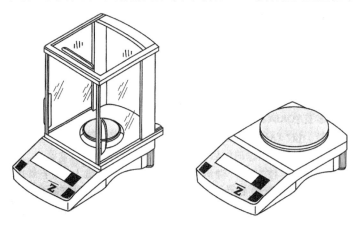

图 2.2   电子天平

电子天平放上称量物后,在几秒钟内甚至瞬间即达到平衡,显示读数,称量速度快、精度高。电子天平的支承点用弹性簧片取代机械天平的玛瑙刀口,用差动变压器取代升降枢装置,用数字显示代替指针刻度。因此,电子天平具有使用寿命长、性能稳定、操作简便和灵敏度高的特点。此外,电子天平还具有自动校正、自动去皮、超载指示、故障报警等功能,以及具有质量电信号输出功能,且可与打印机、计算机联用,进一步扩展其功能,如统计称量的最大值、最小值、平均值及标准偏差等。电子天平具有机械天平无法比拟的优点,尽管其价格较贵,但也越来越广泛地应用于各个领域并逐步取代机械天平。

电子天平按结构可分为上皿式和下皿式两种。秤盘在支架上面为上皿式,秤盘吊挂在支架下面为下皿式。目前,广泛使用的是上皿式电子天平。尽管电子天平种类繁多,但其使用方法大同小异,具体操作可参阅各仪器的使用说明书。

(1)水平调节。观察水平仪,如水平仪水泡偏移,需调整水平调节脚,使水泡位于水平仪中心。

(2)预热。接通电源,预热至规定时间后,开启显示器进行操作。

(3)开启显示器。轻按"ON"键,显示器全亮,约 2 s 后,显示天平的型号,然后是称量模式 0.0000 g。读数时应关上天平门。

(4)天平基本模式的选定。天平通常为"通常情况"模式,并具有断电记忆功能。使用时若改为其他模式,使用后一经按"OFF"键,天平即恢复"通常情况"模式。称量单位的设置等可按说明书进行操作。

(5)校准。天平安装后,第一次使用前应对天平进行校准。因存放时间较长、位置移动、环境变化或未获得精确测量,天平在使用前一般都应进行校准操作。若天平采用外校准(有的电子天平具有内校准功能),由"TAR"键清零及"CAL"键、100 g 校准砝码完成。

(6)称量。按"TAR"键,显示为零后,置称量物于秤盘上,待数字稳定即显示器左下

角的 "0" 标志消失后，即可读出称量物的质量值。

(7)去皮称量。按 "TAR" 键清零，置容器于秤盘上，天平显示容器质量，再按 "TAR" 键，显示零，即去除皮重。再置称量物于容器中，或将称量物(粉末状物或液体)逐步加入容器中直至达到所需质量，待显示器左下角 "0" 消失，这时显示的是称量物的净质量。将秤盘上的所有物品拿开后，天平显示负值，按 "TAR" 键，天平显示 0.0000 g。当称量过程中秤盘上的总质量超过最大载荷(如 FA 1604 型电子天平为 160 g)时，天平不显示正常数字，此时应立即减小载荷。

(8)称量结束后，若较短时间内还使用天平(或其他人还使用天平)一般不用按 "OFF" 键关闭显示器。实验全部结束后，关闭显示器，切断电源，若短时间(如 2 h)内还使用天平，可不必切断电源，再使用时可省去预热时间。

2. 电子天平使用注意事项

(1)电子天平应放在避免阳光直射处或遮光处；应远离震动源(如铁路、公路、振动机等)，无法避免时应采取防震措施；称量过程中防止按压实验台。

(2)电子天平应远离热源和高强电磁场等环境。

(3)保持电子天平清洁干净，避免气流的影响，读数前必须关闭天平门。

(4)称量易挥发和具有腐蚀性的物品时，要盛放在密闭容器中，以免腐蚀和损坏电子天平。

(5)不可过载超出量程使用范围，以免损坏电子天平。

(6)开、关门和其他操作电子天平的动作应轻柔舒缓。

(7)撒落样品时应及时关闭电源、清理样品。

(8)若长时间不用电子天平，应拔下电源插头。

2.1.3　称量方法

常用的称量方法有直接称量法、固定质量称量法和递减称量法，现分别介绍如下。

1. 直接称量法

直接称量法是将称量物直接放在天平盘上直接称量物体质量的方法。例如，称量小烧杯的质量，容量器皿校正中称量某容量瓶的质量，重量分析实验中称量坩埚的质量等，都使用这种称量法。

2. 固定质量称量法

固定质量称量法又称增量法，用于称量某一固定质量的试剂(如基准物质)或样品。这种称量操作的速度很慢，适于称量不易吸潮、在空气中能稳定存在的粉末状或小颗粒(最小颗粒应小于 0.1 mg，以便容易调节其质量)样品。

固定质量称量法如图 2.3(a)所示。注意：使用电光分析天平时，若不慎加入试剂超过指定质量，应先关闭升降旋钮，然后用牛角匙取出多余试剂。重复上述操作，直至试剂质量符合指定要求。严格要求时，取出的多余试剂应弃去，不要放回原试剂瓶中。操作时不能将试剂撒落于天平盘等容器以外的地方，称好的试剂必须定量地由表面皿等容器直接转入接收容器，即 "定量转移"。

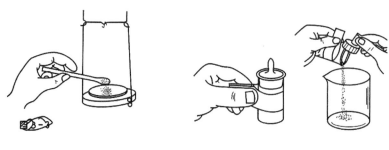

(a) 固定质量称量法   (b) 递减称量法

图 2.3　称量方法

3. 递减称量法

递减称量法又称减量法，用于称量一定质量范围的试剂或样品。在称量过程中样品易吸水、易氧化或易与 CO_2 等反应时，可选择此方法。由于称取试样的质量是由两次称量之差求得，故也称差减法。

称量步骤如下：从干燥器中用纸带(或纸片)夹住称量瓶后取出(注意：不要让手指直接触及称量瓶和瓶盖)，用纸片夹住称量瓶盖柄，打开瓶盖，用药匙加入适量试样(一般为所称样品量的整数倍)，盖上瓶盖。称出称量瓶加样品后的准确质量。将称量瓶从天平上取出，在接收容器的上方倾斜瓶身，用称量瓶盖轻敲瓶口上部使样品慢慢落入容器中[图 2.3(b)]。当倾出的样品接近所需量(可从体积上估计或试重得知)时，一边继续用瓶盖轻敲瓶口，一边逐渐将瓶身竖直，使黏附在瓶口上的样品落回称量瓶，然后盖好瓶盖，准确称其质量。两次质量之差，即为样品的质量。按上述方法连续递减，可称量多份样品。有时一次很难得到合乎质量范围要求的样品，可重复上述称量操作 1～2 次。

2.2　容量器皿的校准

滴定管、移液管和容量瓶是滴定分析中量取溶液体积和配制溶液的三种准确量器。然而，由于温度的变化、试剂的侵蚀及出厂的质量等原因，其容积与它标示的体积并非完全一致，甚至误差可能超过分析所允许的误差范围。因此，在准确度要求很高的分析工作中，必须针对这三种量器进行校正，表 2.1 是几种国产玻璃量器允许的误差范围。

表 2.1　几种国产玻璃量器允许的误差范围　　　　　(单位：mL)

名称	容量瓶		滴定管	移液管
容积	100	250	50	25
一级	±0.10	±0.10	±0.05	±0.04
二级	±0.20	±0.20	±0.10	±0.10

通常采用绝对校准法(称量法)和相对校准法对滴定分析中用到的滴定管、移液管进行体积校正。

2.2.1　绝对校准法

测定容器实际容积的方法称为绝对校准法。具体方法是：在分析天平上称出标准容器容纳或放出纯水的质量，除以测定温度下水的密度，即得实际容积，称量水的质量时必须考虑下列因素的影响：

(1)水的密度随温度而变化。

(2)玻璃容器的体积随温度而变。

(3)盛有水的器皿是在空气中称量的，空气浮力对称量水量的影响。

首先必须选择一个固定温度作为玻璃容器的标准温度，此标准温度应接近使用该仪器的实际平均温度。许多国家将 20℃ 定为标准温度，即为容器上所标示容积的温度。

不同温度下水的密度均为真空中水的质量，而实际上称量出的水的质量是在空气中称量的，因此除知道水的密度外，还需知道空气的密度和黄铜砝码的密度，以便将水的密度进行空气浮力的校正。求出 1 mL 水在空气中称得的质量即密度 ρ_t'，校正公式为

$$\rho_t' = \frac{\rho_t}{1 + \dfrac{0.0012}{\rho_t} + \dfrac{0.0012}{8.4}} \tag{2-1}$$

校正时，通常实验室的温度不恰好为 20℃，因此还必须加上玻璃容器随温度变化的校正值，得出考虑 3 个方面因素的总校正公式为

$$\rho_t'' = \frac{\rho_t}{1 + \dfrac{0.0012}{\rho_t} + \dfrac{0.0012}{8.4}} + 0.00025 \times (t-20)\rho_t \tag{2-2}$$

式中：ρ_t' 为 $t(℃)$ 时在空气中用黄铜砝码称量 1 mL 水的质量(g)，即密度；ρ_t'' 为 $t(℃)$ 时在空气中用黄铜砝码称量 1 mL 水(校正玻璃容器随温度变化后)的质量(g)，即密度；ρ_t 为水的密度；t 为校正时的温度(℃)；0.0012 为空气的相对密度；8.4 为黄铜砝码的密度；0.00025 为玻璃的体膨胀系数。

为方便起见，将不同温度时的 ρ_t' 和 ρ_t'' 值列于表 2.2。

表 2.2　不同温度时的 ρ_t' 和 ρ_t'' 值

温度/℃	ρ_t'/(g/mL)	ρ_t''/(g/mL)	温度/℃	ρ_t'/(g/mL)	ρ_t''/(g/mL)
5	0.99994	0.99853	16	0.99894	0.99778
7	0.99990	0.99852	17	0.99878	0.99764
8	0.99985	0.99849	18	0.99860	0.99749
9	0.99978	0.99845	19	0.99841	0.99733
10	0.99970	0.99839	20	0.99821	0.99715
11	0.99961	0.99833	21	0.99799	0.99695
12	0.99950	0.99824	22	0.99777	0.99676
13	0.99938	0.99815	23	0.99754	0.99655
14	0.99925	0.99804	24	0.99730	0.99634
15	0.99910	0.99792	25	0.99705	0.99612

续表

温度/℃	ρ_t' /(g/mL)	ρ_t'' /(g/mL)	温度/℃	ρ_t' /(g/mL)	ρ_t'' /(g/mL)
26	0.99679	0.99588	29	0.99595	0.99512
27	0.99652	0.99566	30	0.99565	0.99485
28	0.99624	0.99539			

根据表 2.2 可计算任一温度下，一定质量的纯水所占的实际容积。例如，21℃时由滴定管放出 10.03 mL 水，称得其纯水质量为 10.04 g，由表 2.2 查得 21℃时 1 mL 水的质量为 0.99695 g，故实际容积为

$$\frac{10.04 \text{ g}}{0.99695 \text{ g/mL}} = 10.07 \text{ mL}$$

滴定管的容积误差为

$$10.07 \text{ mL} - 10.03 \text{ mL} = 0.04 \text{ mL}$$

移液管、滴定管、容量瓶都可应用表 2.2 中的数据采用绝对校准法进行校准。

校准后的器皿应在 20℃标准温度时使用才是正确的，如果不在 20℃时使用，量取的溶液体积也需进行体积校正。

【例 2.1】 10℃时，容量瓶容纳 1000 mL 的水，在 20℃时体积为多少毫升？

解 查表 2.2 可知，1000 mL 水在 10℃时的质量为 998.39 g；在 20℃时 1 mL 水的质量为 0.99715 g，故 20℃时的体积为

$$V = \frac{998.39 \text{ g}}{0.99715 \text{ g/mL}} = 1001.2 \text{ mL}$$

计算结果表明，在 10℃时使用容量瓶，1000 mL 水的校正值应为 1.2 mL。

2.2.2 相对校准法

在实际分析工作中，有时并不需要容器的准确容积，而只要知道两种容器之间有一定的比例关系，故采用相对校准法校准即可。例如，校正 250 mL 容量瓶与 25 mL 移液管的方法为：将容量瓶晾干，用 25 mL 移液管连续向容量瓶中注入 10 次 25 mL 蒸馏水，如发现容量瓶液面与标度刻线不符，在液面处作一记号，并以此记号为标线。用这支移液管吸取此容量瓶中溶液一管，即为该溶液体积的 1/10。

实验 1 滴定管、移液管与容量瓶的校正

【实验目的】

(1) 熟悉滴定管、移液管及容量瓶的正确使用方法。

(2) 学会容量器皿的校准方法。

【实验原理】

本实验采用绝对校准法(称量法)和相对校准法对滴定分析中用到的滴定管、移液管和容

量瓶进行体积校正。

【仪器、药品及材料】

滴定管，带磨口塞的锥形瓶，移液管，容量瓶，蒸馏水。

【实验步骤】

1. 滴定管的校准(绝对校准法)

(1)将已洗净的滴定管盛满蒸馏水，调至零刻度后，以 10 mL/min 速度(每秒 4 滴)放出 10 mL 水于已称量且干燥的 50 mL 带磨口塞的锥形瓶中。每次放出蒸馏水的体积称为表观体积。根据滴定管大小不同，表观体积的大小可分为 1 mL、5 mL、10 mL，用同一台分析天平称其质量，准确至 0.01 g(注意：每次滴定管放出的表观体积不一定是准确的 10 mL，但相差不超过 0.1 mL，锥形瓶内水不必倒出，可连续校完)。

(2)测量水温。根据测量的数据，算得蒸馏水的质量，用此质量除以表 2.2 中所示该温度水的密度，得实际容积，最后求其校准值。

(3)将校准 50 mL 滴定管的一个实例列于下表。表中总校正值用于校准滴定管后用去溶液的实际体积。

水温：25℃　　　1 mL 水质量：0.9961 g

滴定管体积读数/mL	表观体积/mL	瓶加水质量/g	水质量/g	真实容积/mL	校正值/mL	总校正值/mL
0.00	—	29.20(空瓶)	—	—	—	—
10.10	10.10	39.28	10.08	10.12	+0.02	+0.02
20.07	9.97	49.19	9.91	9.95	−0.02	0.00
30.14	10.07	59.27	10.08	10.12	+0.05	+0.05
40.17	10.03	69.24	9.97	10.01	−0.02	+0.03
49.96	9.79	79.07	9.83	9.87	+0.08	+0.11

2. 移液管的校准(绝对校准法)

(1)将欲校准的 50 mL 或 25 mL 移液管洗净后，吸取与室温相同的蒸馏水，调整至刻度线，然后放入已称量且洗净和干燥过的 50 mL 锥形瓶中，盖紧瓶塞，准确称量至 0.01 g。重复校准 1 次、2 次测得水的质量，相差不应超过 0.02 g。

(2)测量水温，查该温度时水的密度，计算移液管的实际容积。

3. 移液管和容量瓶的相对校正

用 25 mL 移液管与 250 mL 容量瓶相对校正。事先将容量瓶洗净晾干，用已校准的 25 mL 移液管移取 10 次蒸馏水放入容量瓶中。放入时注意不要沾湿瓶颈。观察容量瓶液面与标度刻线相切的位置。如与标线一致，则合乎要求；如不符合，则应在瓶颈上另作一记号为标线。以后的实验中，此容量瓶与此移液管相配使用时，以新记号作容量瓶的标线，以减小误差。

【实验关键】

由滴定管中放出纯水时，控制流速为 3～4 滴/s。操作时，不能将水沾湿玻璃塞、磨口处或瓶颈。校准称量时只准确至 0.01 g 即可。

【思考题】

(1)容量仪器校正的主要影响因素有哪些？

(2)为什么用绝对校准法校准滴定管或移液管时，锥形瓶和水的质量只需准确到 0.01 g？为什么滴定管读数要准确到 0.01 mL？

(3)为什么滴定分析要用同一支滴定管或移液管？滴定时为什么每次都应从零刻度或零刻度以下附近开始？

实验 2   化学反应速率、反应级数和活化能的测定

【实验目的】

(1)了解浓度、温度和催化剂对反应速率的影响。

(2)测定过二硫酸铵与碘化钾反应的平均反应速率、反应级数、反应速率常数和活化能。

(3)练习根据实验数据作图，计算反应级数、反应速率常数。

【实验原理】

在水溶液中，$(NH_4)_2S_2O_8$ 与 KI 发生如下反应：

$$(NH_4)_2S_2O_8 + 3KI =\!\!=\!\!= (NH_4)_2SO_4 + K_2SO_4 + KI_3$$

离子反应方程式为

$$S_2O_8^{2-} + 3I^- =\!\!=\!\!= 2SO_4^{2-} + I_3^- \tag{1}$$

$$r = -\frac{\Delta c(S_2O_8^{2-})}{\Delta t} = kc(S_2O_8^{2-})^m c(I^-)^n \tag{2-3}$$

式中：$\Delta c(S_2O_8^{2-})$ 为 $S_2O_8^{2-}$ 在 Δt 时间内摩尔浓度的改变值；$c(S_2O_8^{2-})$、$c(I^-)$ 分别为两种离子的初始浓度(mol/L)；k 为反应速率常数；m 和 n 之和为反应级数。

为了能够测定 $\Delta c(S_2O_8^{2-})$，在混合 $(NH_4)_2S_2O_8$ 与 KI 溶液时，同时加入一定体积的已知浓度的 $Na_2S_2O_3$ 溶液和作为指示剂的淀粉溶液，这样在反应(1)进行的同时，也进行着如下的反应：

$$2S_2O_3^{2-} + I_3^- =\!\!=\!\!= S_4O_6^{2-} + 3I^- \tag{2}$$

反应(2)进行得非常快，几乎瞬间完成，而反应(1)却慢得多，所以由反应(1)生成的 I_3^- 立刻与 $S_2O_3^{2-}$ 作用生成无色的 $S_4O_6^{2-}$ 和 I^-，因此在反应开始阶段，看不到碘与淀粉作用显示出来的特有蓝色。但是 $Na_2S_2O_3$ 一旦耗尽，反应(1)继续生成的微量 I_3^- 立即使淀粉溶液呈现特有的蓝色，所以蓝色的出现标志着反应(2)的完成。

从反应(1)和反应(2)的计量关系可以看出，$S_2O_8^{2-}$ 浓度减少的量等于 $S_2O_3^{2-}$ 减少量的一

半，即

$$\Delta c(S_2O_8^{2-}) = \frac{\Delta c(S_2O_3^{2-})}{2} \tag{2-4}$$

由于 $S_2O_3^{2-}$ 在溶液显示蓝色时已全部耗尽，所以 $\Delta c(S_2O_8^{2-})$ 实际上就是反应开始时 $Na_2S_2O_3$ 的初始浓度。因此，只要记下从反应开始到溶液出现蓝色所需要的时间 Δt，就可以计算反应(1)的平均反应速率 $\Delta c(S_2O_8^{2-})/\Delta t$。

在固定 $\Delta c(S_2O_8^{2-})$，改变 $c(S_2O_8^{2-})$ 和 $c(I^-)$ 的条件下进行一系列实验，测得不同条件下的反应速率，就能根据 $r = kc(S_2O_8^{2-})^m c(I^-)^n$ 的关系推出反应的反应级数。

再由式(2-5)可进一步求出反应速率常数 k：

$$k = \frac{r}{c(S_2O_8^{2-})^m c(I^-)^n} \tag{2-5}$$

根据阿伦尼乌斯公式，反应速率常数 k 与反应温度有如下关系：

$$\lg k = -\frac{E_a}{2.303RT} + \lg A \tag{2-6}$$

式中：E_a 为反应的活化能；R 为摩尔气体常量；T 为热力学温度；A 为指前因子。因此，只要测得不同温度时的 k，以 $\lg k$ 对 $1/T$ 作图可得一直线，由直线的斜率可求得反应的活化能 E_a：

$$斜率 = -E_a/2.303R \tag{2-7}$$

【仪器、药品及材料】

烧杯，玻璃棒，大试管，量筒，秒表，温度计。

$(NH_4)_2S_2O_8$ (0.20 mol/L)，KI (0.20 mol/L)，$Na_2S_2O_3$ (0.010 mol/L)，KNO_3 (0.20 mol/L)，$(NH_4)_2SO_4$ (0.20 mol/L)，$Cu(NO_3)_2$ (0.02 mol/L)，淀粉溶液(0.2%，质量分数)。

【实验步骤】

1. 浓度对化学反应速率的影响

室温下改变各溶液用量进行实验。先分别量取 KI、淀粉、$Na_2S_2O_3$ 溶液于 150 mL 烧杯中，用玻璃棒搅拌均匀。再量取 $(NH_4)_2S_2O_8$ 溶液，迅速加到烧杯中，同时按动秒表，立刻用玻璃棒将溶液搅拌均匀。观察溶液，刚一出现蓝色，立即停止计时。记录反应时间。

室温_____℃

	实验编号	I	II	III	IV	V
试剂用量 /mL	0.20 mol/L $(NH_4)_2S_2O_8$	20	10	5.0	20	20
	0.20 mol/L KI	20	20	20	10	5.0
	0.010 mol/L $Na_2S_2O_3$	8.0	8.0	8.0	8.0	8.0
	0.2%淀粉溶液	4.0	4.0	4.0	4.0	4.0
	0.20 mol/L KNO_3	0	0	0	10	15
	0.20 mol/L $(NH_4)_2SO_4$	0	10	15	0	0

续表

实验编号		I	II	III	IV	V
混合液中反应物的起始浓度 /(mol/L)	$(NH_4)_2S_2O_8$					
	KI					
	$Na_2S_2O_3$					
反应时间 Δt /s						
$S_2O_8^{2-}$ 的浓度变化 $\Delta c(S_2O_8^{2-})$ /(mol/L)						
反应速率 r/[mol/(L·s)]						

为了使溶液的离子强度和总体积保持不变，实验 II ~ V 中所减少的 KI 或 $(NH_4)_2S_2O_8$ 的量分别用 KNO_3 和 $(NH_4)_2SO_4$ 溶液补充。

2. 温度对化学反应速率的影响

按上表实验 IV 的药品用量分别加入 KI、淀粉、$Na_2S_2O_3$ 和 KNO_3 溶液于 150 mL 烧杯中，用玻璃棒搅拌均匀。在一个大试管中加入 $(NH_4)_2S_2O_8$ 溶液，将烧杯和大试管中的溶液温度控制在 283 K，把大试管中的 $(NH_4)_2S_2O_8$ 迅速倒入烧杯中，搅拌，记录反应时间和温度。

分别在 283 K、303 K 和 313 K 的条件下重复上述实验，实验编号分别记录为 VI、VII、VIII。将实验结果记录在下表中。

实验编号	IV	VI	VII	VIII
反应温度 T/K				
反应时间 Δt /s				
反应速率 r/[mol/(L·s)]				

3. 催化剂对化学反应速率的影响

按实验 IV 药品用量进行实验，在 $(NH_4)_2S_2O_8$ 溶液中加入 KI 混合液之前，先在 KI 混合液中加入 2 滴 0.02 mol/L $Cu(NO_3)_2$ 溶液，搅拌均匀，迅速加入 $(NH_4)_2S_2O_8$ 溶液，搅拌，记录反应时间。

【数据及处理】

(1) 列表记录实验数据。

(2) 分别计算编号 I ~ V 各个实验的平均反应速率，然后求反应级数和反应速率常数 k。

(3) 分别计算四个不同温度实验的平均反应速率及反应速率常数 k，然后以 $\lg k$ 为纵坐标、$1/T$ 为横坐标作图，求活化能。

(4) 根据实验结果讨论浓度、温度、催化剂对反应速率及反应速率常数的影响。

【思考题】

(1) 实验中为什么可以由反应溶液出现蓝色时间的长短来计算反应速率？反应溶液出现

蓝色后，$S_2O_8^{2-}$ 与 I^- 的反应是否就终止了？

(2)若不用 $S_2O_8^{2-}$ 而用 I^- 的浓度变化来表示反应速率，则反应速率常数是否一致？具体说明。

(3)下述情况对实验有何影响？

① 移液管混用；

② 先加 $(NH_4)_2S_2O_8$ 溶液，最后加 KI 溶液；

③ 向 KI 等混合液中加 $(NH_4)_2S_2O_8$ 溶液时，不是迅速加入而是慢慢加入；

④ 做温度对反应速率的影响实验时，加入 $(NH_4)_2S_2O_8$ 后将盛有反应溶液的容器移出恒温水浴反应。

实验 3　弱电解质电离常数的测定

【实验目的】

(1)测定乙酸的电离常数，加深对电离度和电离常数的理解。

(2)学会酸度计的使用方法。

【实验原理】

在水溶液中仅能部分电离的电解质称为弱电解质。弱电解质的电离是可逆过程，当正、逆过程速率相等时，分子和离子之间就达到动态平衡，这种平衡称为电离平衡。一般只要设法测定平衡时各物质的浓度（或分压）便可求得平衡常数。通常测定平衡常数的方法有目测法、pH 法、电导率法、电化学法和分光光度法等，本实验通过酸度计测量溶液 pH 测定乙酸的电离常数和电离度。

乙酸(HAc)是弱电解质，在水溶液中存在下列解离平衡：

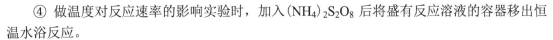

$$HAc \rightleftharpoons H^+ + Ac^-$$

起始时　　　　　　　c　　　0　　　0

平衡时　　　　$c-c\alpha$　$c\alpha$　$c\alpha$

根据化学平衡原理，乙酸的电离常数表达式为

$$K_a = \frac{c(H^+)c(Ac^-)}{c(HAc)} \tag{2-8}$$

将平衡时各物质的浓度代入上式，得

$$K_a = \frac{c\alpha^2}{1-\alpha} \tag{2-9}$$

式中：c 为 HAc 的起始浓度；α 为 HAc 的电离度。

根据电离度的定义，平衡时已经解离的乙酸浓度和乙酸起始浓度之比即为电离度 α，即 $\alpha = c(H^+)/c$，$c(H^+)$ 表示平衡时体系中 H^+ 的浓度。因此，如果由实验测出乙酸溶液的 pH，即可由 $pH = -\lg c(H^+)$ 求出平衡时的 $c(H^+)$，再由上式求出 α，并由实验测出乙酸的电离常数 K_a。

【仪器、药品及材料】

容量瓶(50 mL)，移液管(25 mL，10 mL)，滴定管(50 mL)，锥形瓶(250 mL)，小烧杯(50 mL)，雷磁 25 型酸度计。

NaOH(0.2 mol/L)，HAc(0.2 mol/L)。

【实验步骤】

1. 配制不同浓度的乙酸溶液

用滴定管分别准确量取 25.00 mL、5.00 mL、2.50 mL 已标定过的 HAc 溶液于 50 mL 容量瓶中，用蒸馏水稀释至刻度，摇匀，并分别计算各溶液的准确浓度。

2. 测定不同浓度的乙酸溶液的 pH

取四个干燥的小烧杯(50 mL)，分别取约 30 mL 上述三种浓度的 HAc 溶液及未经稀释的 HAc 溶液，由稀到浓分别用酸度计测其 pH。

3. 记录和结果

(1) 以表格形式列出实验数据，并计算电离常数 K_a 及电离度 α。

(2) 根据实验结果讨论 HAc 电离度与其浓度的关系。

实验温度_____℃

序号	$V(\text{HAc})/\text{mL}$	$V(\text{H}_2\text{O})/\text{mL}$	$c(\text{HAc})/(\text{mol/L})$	pH	$c(\text{H}^+)/(\text{mol/L})$	$\alpha/\%$	$c\alpha^2/(1-\alpha)$
1	50.00	0.00					
2	25.00	25.00					
3	5.00	45.00					
4	2.50	47.50					

乙酸的电离常数 $K_a=$_____。

【注意事项】

(1) 酸度计的电极每次使用均要用蒸馏水冲洗，小心擦拭。

(2) 酸度计稳定后再读数。

(3) 溶液由稀到浓进行测量。

【思考题】

(1) 不同浓度的乙酸溶液的电离度是否相同？电离常数是否相同？

(2) 使用酸度计应注意哪些问题？

(3) 测定 pH 时，为什么要按从稀到浓的顺序进行？

实验 4　氧化还原与电化学

【实验目的】

(1) 了解原电池的组成及其电动势的粗略测定。

(2) 认识物质浓度、反应介质的酸碱性对氧化还原性质的影响。

(3) 认识一些中间价态物质的氧化还原性。

(4) 了解电化学腐蚀的基本原理及防腐方法。

【实验原理】

1. 原电池的组成和电动势

利用氧化还原反应产生电流，将化学能转化为电能的装置称为原电池。例如，Cu-Zn 原电池的电极反应为

负极　　　　　　　　　$Zn - 2e^- \!=\!=\!= Zn^{2+}$　　　　　氧化反应

正极　　　　　　　　　$Cu^{2+} + 2e^- \!=\!=\!= Cu$　　　　　还原反应

正、负极间必须用盐桥连接。

原电池电动势 E 应为

$$E = \varphi(+) - \varphi(-) \tag{2-10}$$

2. 浓度、介质对电极电势和氧化还原反应的影响

氧化还原反应就是氧化剂得到电子、还原剂失去电子的电子转移过程。氧化剂和还原剂的强弱，可用其氧化型与还原型所组成的电对的电极电势大小来衡量。一个电对的标准电极电势 $\varphi^{\ominus}$ 值越大，其氧化型的氧化能力就越强，而还原型的还原能力越弱；若 $\varphi^{\ominus}$ 值越小，其氧化型的氧化能力就越弱，而还原型的还原能力越强。根据电动势的数值可以判断反应进行的方向。在标准状态下反应能够进行的条件是

$$E^{\ominus} = \varphi^{\ominus}(+) - \varphi^{\ominus}(-) > 0$$

例如，在 1 mol/L H^+ 介质中，$\varphi^{\ominus}_{Fe^{3+}/Fe^{2+}} = 0.771\,V$，$\varphi^{\ominus}_{I_2/I^-} = 0.535\,V$，$\varphi^{\ominus}_{Br_2/Br^-} = 1.08\,V$，所以在标准状态下能正向进行的反应是

$$2Fe^{3+} + 2I^- \!=\!=\!= 2Fe^{2+} + I_2$$

在标准状态下不能正向进行的反应是

$$2Fe^{3+} + 2Br^- \!=\!=\!= 2Fe^{2+} + Br_2$$

实际上，多数反应都是在非标准状态下进行的，这时物质浓度对电极电势的影响可用能斯特(Nernst)方程表示。

对于反应：

$$a\,氧化型 \ + \ ze^- \ \Longleftrightarrow b\,还原型$$

298 K 时,

$$\varphi = \varphi^{\ominus} + \frac{0.059}{z} \lg \frac{[c(氧化型)]^a}{[c(还原型)]^b} \qquad (2-11)$$

式中:z 为电极反应中的转移电子数;$c(氧化型)$ 和 $c(还原型)$ 分别为电对中氧化型和还原型物质的浓度。

例如:

$$Zn^{2+} + 2e^- \Longrightarrow Zn$$

$$\varphi_{Zn^{2+}/Zn} = \varphi_{Zn^{2+}/Zn}^{\ominus} + \frac{0.059}{2} \lg c(Zn^{2+})$$

由此可见,氧化型和还原型物质本身浓度变化对电极电势有影响。对于有沉淀物或配合物生成的反应,氧化型或还原型物质浓度的改变会影响电对电极电势的大小;对于有酸或碱参加的反应,H^+ 或 OH^- 浓度变化也会影响电极电势大小,甚至可能改变氧化还原反应的方向。

例如,298 K 时:

(1) $ClO_3^- + 6H^+ + 6e^- \Longrightarrow Cl^- + 3H_2O \qquad \varphi^{\ominus} = 1.45\ V$

$$\varphi_{ClO_3^-/Cl^-} = \varphi_{ClO_3^-/Cl^-}^{\ominus} + \frac{0.059}{6} \lg \frac{[c(ClO_3^-)/c^{\ominus}][c(H^+)/c^{\ominus}]^6}{c(Cl^-)/c^{\ominus}}$$

(2) $MnO_4^- + 8H^+ + 5e^- \Longrightarrow Mn^{2+} + 4H_2O$

$$\varphi_{MnO_4^-/Mn^{2+}} = \varphi_{MnO_4^-/Mn^{2+}}^{\ominus} + \frac{0.059}{5} \lg \frac{[c(MnO_4^-)/c^{\ominus}][c(H^+)/c^{\ominus}]^8}{c(Mn^{2+})/c^{\ominus}}$$

(3) $MnO_4^- + 2H_2O + 3e^- \Longrightarrow MnO_2 + 4OH^-$

$$\varphi_{MnO_4^-/MnO_2} = \varphi_{MnO_4^-/MnO_2}^{\ominus} + \frac{0.059}{3} \lg \frac{c(MnO_4^-)/c^{\ominus}}{[c(OH^-)/c^{\ominus}]^4}$$

(4) $MnO_4^- + e^- \xrightarrow{\text{碱性物质}} MnO_4^{2-}$

$$\varphi_{MnO_4^-/MnO_4^{2-}} = \varphi_{MnO_4^-/MnO_4^{2-}}^{\ominus} + 0.059 \lg \frac{c(MnO_4^-)/c^{\ominus}}{c(MnO_4^{2-})/c^{\ominus}}$$

3. 电化学腐蚀及其防止

电化学腐蚀是金属在电解质溶液中发生电化学过程而引起的一种腐蚀。腐蚀电池中较活泼的金属作为阳极(负极)而被氧化,而阴极(正极)仅起传递电子的作用,本身不被腐蚀。

例如,钢铁的吸氧腐蚀反应为

阳极 $Fe \Longrightarrow Fe^{2+} + 2e^-$

阴极 $O_2 + 2H_2O + 4e^- \Longrightarrow 4OH^-$

差异充气腐蚀是金属吸氧腐蚀的一种形式,它是由金属表面氧气分布不均匀而引起的。由能斯特方程可知:

$$\varphi_{O_2/OH^-} = \varphi_{O_2/OH^-}^{\ominus} + \frac{0.059}{4}\lg\frac{p_{O_2}/p^{\ominus}}{[c(OH^-)/c^{\ominus}]^4}$$

表面处 p_{O_2} 高，φ_{O_2/OH^-} 大，电对 O_2/OH^- 为阴极；深处 p_{O_2} 低，φ_{O_2/OH^-} 小，电对 O_2/OH^- 为阳极。

防腐蚀可用牺牲阳极法、外加电流法、缓蚀剂法。乌洛托品(六次甲基四胺)可作钢铁在酸性介质中的缓蚀剂。

【仪器、药品及材料】

直流伏特计($0\sim3$ V)(公用)，盐桥(公用)[①]。

HCl(0.1 mol/L)，HAc(0.1 mol/L)，H_2SO_4(1 mol/L，3 mol/L)，NaOH(3 mol/L)，$CuSO_4$(0.1 mol/L)，$FeCl_3$(0.1 mol/L)，$ZnSO_4$(0.1 mol/L)，KBr(0.1 mol/L)，$KClO_3$(0.1 mol/L)，KI(0.1 mol/L)，$K_3[Fe(CN)_6]$(0.1 mol/L)，$FeSO_4$(0.1 mol/L)，$KMnO_4$(0.01 mol/L)，NaCl(1 mol/L)，Na_2SO_3(0.1 mol/L)，$Pb(NO_3)_2$(0.1 mol/L)，溴水(饱和)，H_2O_2(3%)，乌洛托品(20%)，碘水(饱和)，酚酞(1%)，CCl_4，Na_2S(0.1 mol/L)。

锌片(带铜引线)，铜片(带铜引线)，铜线(粗、细)，小铁钉，马口铁小铁片和白铁小铁片(试剂瓶只标铁片Ⅰ、铁片Ⅱ)。

【实验步骤】

1. 原电池的装配和电动势的粗略测定

按图 2.4 装配 Cu-Zn 原电池，观察伏特计指针偏转方向，并记录读数。用 50 mL 烧杯做半电池，写出原电池符号、电极反应式及原电池总反应式。

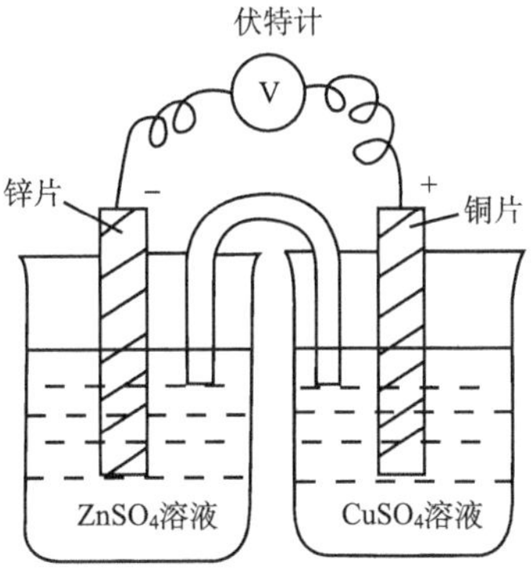

2. 浓度、介质对电极电势和氧化还原反应的影响

(1) 取 $2\sim3$ 滴 $KClO_3$ 溶液(0.1 mol/L)与少量 KI 溶液(0.1 mol/L)在试管中混合，观察有无变化；加热后有无变化；加 $1\sim2$ 滴 3 mol/L H_2SO_4 酸化后观察到什么现象？将溶液稀释为 $2V$ 重复上述实验。

图 2.4　装配 Cu-Zn 原电池

(2) 在三支试管中分别进行下列实验。

氧化剂	还原剂	介质	现象	产物
		0.5 mL H_2SO_4(3 mol/L)		
$KMnO_4$(0.01 mol/L)$2\sim5$ 滴	Na_2SO_3(0.1 mol/L)逐滴加入	1 mL 去离子水		
		0.5 mL NaOH(3 mol/L)		

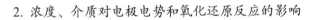

① 将 2 g 琼胶和 30 g KCl 溶于 100 mL 水中，加热煮沸后，趁热倒入 U 形管中，即为"盐桥"。不用时，可将 U 形管倒置，使管口浸在饱和 KCl 溶液中。

3. 物质的氧化还原性

(1) 向试管中加入 $2\sim3$ 滴 0.1 mol/L KI 溶液, 边滴加 0.1 mol/L $FeCl_3$ 溶液边摇动试管, 观察现象, 并用 CCl_4 和 $K_3[Fe(CN)_6]$ 检验产物。

用 $K_3[Fe(CN)_6]$ 检验 Fe^{2+}、Fe^{3+}, 反应如下:

$$3Fe^{2+} + 2[Fe(CN)_6]^{3-} = Fe_3[Fe(CN)_6]_2 \downarrow (蓝色)$$

$$Fe^{3+} + [Fe(CN)_6]^{3-} = Fe[Fe(CN)_6](棕色)$$

用 0.1 mol/L KBr 溶液代替 0.1 mol/L KI 溶液进行上述实验, 会发生什么变化?

分别用碘水、溴水与 0.1 mol/L $FeSO_4$ 作用, 观察有什么变化?

根据以上实验, 比较 Br_2/Br^-、I_2/I^-、Fe^{3+}/Fe^{2+} 三电对的电极电势大小, 并指出哪个是最强的氧化剂, 哪个是最强的还原剂。

(2) 向一支试管中加入 10 滴 0.1 mol/L $Pb(NO_3)_2$, 加数滴 0.1 mol/L HAc 酸化, 滴加 $1\sim2$ 滴 0.1 mol/L Na_2S 溶液, 观察溶液变化; 再加少量(数滴)3% H_2O_2 溶液, 记录现象并写出反应式。

向另一试管中加入 5 滴 0.01 mol/L $KMnO_4$ 溶液, 并用 3 mol/L H_2SO_4 溶液酸化, 然后滴加 3% H_2O_2, 记录现象并写出反应式。

比较上述两实验, 对氧化还原性作出结论。

4. 金属腐蚀及防止

1) 腐蚀原电池的形成

(1) 向用砂纸磨光的铁片上滴 $1\sim2$ 滴自配腐蚀液[①], 静置一段时间($15\sim20$ min), 观察铁片的变化, 说明原因并写出反应式。

(2) 取纯锌一小块, 放入装有 0.1 mol/L HCl 溶液的试管中, 观察变化, 插入一根铜线与锌块接触, 记录发生的现象并解释。

(3) 向两支盛有 1 mol/L H_2SO_4 溶液的试管中分别投入铁片Ⅰ、铁片Ⅱ, 在各试管中再加入 $2\sim3$ 滴 $K_3[Fe(CN)_6]$ 溶液, 观察变化, 并判断哪片是马口铁, 哪片是白铁。

[提示]

$$3Zn^{2+} + 2[Fe(CN)_6]^{3-} = Zn_3[Fe(CN)_6]_2 \downarrow (黄色)$$

2) 金属腐蚀的防止

(1) 在两支试管中各加入约 2 mL 0.1 mol/L HCl, 并滴入 $1\sim2$ 滴 0.1 mol/L $K_3[Fe(CN)_6]$, 在其中一支试管中滴加 10 滴乌洛托品, 另一支试管中滴加 10 滴蒸馏水, 分别投入 1 枚无锈铁钉。观察溶液现象, 并说明原因。

(2) 用自配腐蚀液润湿表面皿上的滤纸片, 把两枚铁钉置于滤纸片上, 两铁钉间隔 $1\sim2$ cm, 两铁钉分别与 Cu-Zn 原电池的正极或负极相连, 静置一段时间后会有什么变化? 说明原因并写出相应的反应式。

---

① 自配腐蚀液: 1 mL 1 mol/L NaCl 溶液和 1 滴 0.1 mol/L $K_3[Fe(CN)_6]$及 1 滴 1%酚酞, 混匀。

【思考题】

(1) 通过实验比较 Br_2、I_2、Fe^{3+} 氧化性的强弱以及 Br^-、I^-、Fe^{2+} 还原性的强弱。

(2) 介质不同时 $KMnO_4$ 与 Na_2SO_3 进行的反应产物为何不同？

(3) 含什么类型杂质的金属较纯金属容易被腐蚀？

实验 5　配位化合物的生成和性质

【实验目的】

(1) 掌握配离子与简单离子的区别。

(2) 比较配合物的稳定性，了解螯合物的概念。

(3) 了解配位平衡与酸碱平衡、沉淀溶解平衡、氧化还原平衡的关系。

【实验原理】

配位化合物(简称配合物或络合物)的组成一般分为内界和外界两部分。中心离子和配体组成配位化合物内界，其余离子为外界。例如，在 $[Co(NH_3)_6]Cl_3$ 中，中心离子 Co^{3+} 和配体 NH_3 组成内界，三个 Cl^- 处于外界。在水溶液中，内、外界之间全部解离，如 $[Co(NH_3)_6]Cl_3$ 在水溶液中全部解离为 $[Co(NH_3)_6]^{3+}$ 和 Cl^- 两种离子。$[Co(NH_3)_6]^{3+}$ 存在如下解离平衡：

$$[Co(NH_3)_6]^{3+} \rightleftharpoons Co^{3+} + 6NH_3$$

配合物越稳定，解离出 Co^{3+} 的浓度就越小。

配合物的稳定性可由配位-解离平衡的平衡常数 $K_稳$ 表示，$K_稳$ 越大配合物越稳定。

配位平衡：

$$M + nL \rightleftharpoons ML_n$$

$$K_稳 = \frac{c(ML_n)}{c(M) \cdot [c(L)]^n} \tag{2-12}$$

根据配位-解离平衡，一种配合物可以生成更稳定的另一种配合物。改变中心离子或配体的浓度会使配位平衡发生移动，溶液的酸度、生成沉淀、发生氧化还原反应等都有可能使配位平衡发生移动。中心离子与双齿配体或多齿配体生成的配位化合物称为螯合物。多齿配体即螯合剂多为有机配体。螯合物的稳定性与它的环状结构有关，一般五元环、六元环比较稳定，形成环的数目越多越稳定。

【仪器、药品及材料】

试管，表面皿，烧杯，电热板。

$Hg(NO_3)_2$(0.2 mol/L)，KI(0.2 mol/L)，$FeSO_4$(0.2 mol/L)，$FeCl_3$(0.2 mol/L)，$Fe_2(SO_4)_3$(0.2 mol/L)，$AgNO_3$(0.2 mol/L)，NaCl(0.2 mol/L)，KBr(0.2 mol/L)，$K_4[Fe(CN)_6]$(0.2 mol/L)，EDTA(0.1 mol/L)，$CoCl_2$(2 mol/L)，$NiSO_4$(0.2 mol/L)，$CuSO_4$(0.5 mol/L)，KSCN(0.5 mol/L，25%)，NH_4F(0.5 mol/L)，$(NH_4)_2C_2O_4$ 饱和溶液，$Na_2S_2O_3$(0.5 mol/L)，NaOH(2 mol/L)，

HCl(6 mol/L，浓)，$NH_3 \cdot H_2O$(6 mol/L)，CCl_4，乙醇(95%)，碘水，丙酮，丁二酮肟乙醇溶液，$(NH_4)_2SO_4 \cdot FeSO_4 \cdot 6H_2O$ 固体，$CrCl_3$(0.2 mol/L)，$SnCl_2$ 固体。

【实验步骤】

1. 配离子和简单离子性质的比较

1) Hg^{2+} 与 $[HgI_4]^{2-}$

在 2~3 滴 $Hg(NO_3)_2$ 溶液中加 1 滴 2 mol/L NaOH 溶液，观察沉淀的生成及颜色，写出反应方程式。

在 2~3 滴 $Hg(NO_3)_2$ 溶液中逐滴加入 KI 溶液，观察沉淀的生成及颜色。继续滴加 KI 溶液至沉淀溶解后并过量，再加 1 滴 2 mol/L NaOH 溶液，有无沉淀生成？为什么？

2) Fe^{2+} 与 $[Fe(CN)_6]^{4-}$

在少量 0.2 mol/L $FeSO_4$ 溶液中加 1 滴 2 mol/L NaOH 溶液，观察沉淀的生成。

在少量 0.2 mol/L $K_4[Fe(CN)_6]$ 溶液中加 1 滴 2 mol/L NaOH 溶液，有无沉淀生成？

3) 复盐 $(NH_4)_2SO_4 \cdot FeSO_4 \cdot 6H_2O$ 的性质

将少量 $(NH_4)_2SO_4 \cdot FeSO_4 \cdot 6H_2O$ 固体加水溶解后，用 NaOH 溶液检验 Fe^{2+} 和 NH_4^+(气室法)的存在。

由实验结果说明简单离子与配离子、复盐与配合物的不同。

2. 配位平衡的移动

1) 配位平衡与配体取代反应

(1) 取几滴 $Fe_2(SO_4)_3$ 溶液，加入几滴 6 mol/L HCl 溶液，观察溶液颜色有什么变化？再加 1 滴 0.5 mol/L KSCN 溶液，颜色又有什么变化？然后向溶液中滴加 0.5 mol/L NH_4F 溶液至溶液颜色完全褪去。由溶液颜色变化比较三种配离子的稳定性。

(2) 取几滴 $CoCl_2$ 溶液，滴加 25% KSCN 溶液，加入少量丙酮，观察溶液的颜色变化；再加 1 滴 $Fe_2(SO_4)_3$ 溶液，溶液的颜色又有什么变化？由溶液的颜色变化比较 Co^{2+} 和 Fe^{3+} 与 SCN^- 生成配离子的相对稳定性。根据查表得到的 $K_{稳}^{\ominus}$，求取代反应的平衡常数 $K^{\ominus}$。

2) 配位平衡与酸碱平衡

(1) 在 $Fe_2(SO_4)_3$ 与 NH_4F 生成的配离子 $[FeF_6]^{3-}$ 中滴加 2 mol/L NaOH 溶液，观察沉淀的生成和颜色的变化。写出反应方程式并根据平衡常数加以说明。

(2) 取 2 滴 $Fe_2(SO_4)_3$ 溶液，加入 10 滴饱和的 $(NH_4)_2C_2O_4$ 溶液，溶液的颜色有什么变化？然后加几滴 0.5 mol/L KSCN 溶液，溶液的颜色有无变化？再逐滴加入 6 mol/L HCl 溶液，观察溶液的颜色变化。写出反应方程式。

3) 配位平衡与沉淀溶解平衡

在试管中加入少量 $AgNO_3$ 溶液，滴加 NaCl 溶液，有何现象？滴加 6 mol/L $NH_3 \cdot H_2O$ 至沉淀消失后，滴加 KBr 溶液，有何现象？再滴加 $Na_2S_2O_3$ 溶液至沉淀刚好消失，滴加 KI 溶液，观察沉淀的颜色。根据实验现象写出离子反应方程式。用 $K_{sp}^{\ominus}$ 和 $K_{稳}^{\ominus}$ 加以说明。

4) 配位平衡与氧化还原平衡

(1) 在少量有 CCl_4 的试管中加几滴 $FeCl_3$，滴加 0.5 mol/L NH_4F 溶液至溶液呈无色，再加几滴 KI 溶液，振荡试管，观察 CCl_4 层颜色。可与同样操作不加 NH_4F 溶液的实验比较，并根据电极电势加以说明。

(2) 向有少量 CCl_4 的两支试管中各加 1 滴碘水后，向一支试管中滴加 $FeSO_4$ 溶液，向另一支试管中滴加 $K_4[Fe(CN)_6]$ 溶液，观察两支试管现象有什么不同，写出反应方程式。

(3) 在几滴 $FeCl_3$ 溶液中加几滴 6 mol/L HCl 溶液，加 1 滴 KSCN 溶液，再加入少许 $SnCl_2$ 固体。观察溶液的颜色变化，写出反应方程式并加以解释。

3. 配合物的生成

向试管中加 0.5 mL 0.5 mol/L $CuSO_4$ 溶液，逐滴加入 6 mol/L $NH_3 \cdot H_2O$ 至生成的沉淀消失，向溶液中加入少量 95% 的乙醇，摇匀静置，有硫酸四氨合铜晶体析出。用乙醇洗净晶体，设法确定配合物内界、外界、中心离子和配体。

4. 螯合物的生成

1) 丁二酮肟合镍(Ⅱ) 的生成

在试管中加入 1 滴 $NiSO_4$ 溶液和 3 滴 6 mol/L $NH_3 \cdot H_2O$，再加几滴丁二酮肟的乙醇溶液，则有丁二酮肟合镍(Ⅱ) 鲜红色沉淀生成：

2) 铁离子与 EDTA 配离子的生成

向试管中加入几滴 0.1 mol/L $FeCl_3$ 溶液，滴加 KSCN 溶液后，加 NH_4F 溶液至无色。然后滴加 0.1 mol/L EDTA 溶液，观察溶液颜色的变化并加以说明。EDTA 与 Fe^{3+} 生成的螯合物有五个五元环。反应可简写为

$$Fe^{3+} + [H_2(EDTA)]^{2-} \rightleftharpoons [Fe(EDTA)]^- + 2H^+$$

5. 配合物的水合异构现象

(1) 在试管中加入约 1 mL $CrCl_3$ 溶液，水浴加热，观察溶液变为绿色。然后将溶液冷却，溶液又变为蓝紫色：

$$[Cr(H_2O)_6]^{3+} + 2Cl^- \rightleftharpoons [Cr(H_2O)_4Cl_2]^+ + 2H_2O$$

$$\text{(蓝紫色)} \qquad\qquad\qquad \text{(绿色)}$$

(2) 在试管中加入约 1 mL 2 mol/L $CoCl_2$ 溶液，将溶液加热，观察溶液变为蓝色，然后将溶液冷却，溶液又变为红色：

$$[Co(H_2O)_6]^{2+} + 4Cl^- \rightleftharpoons [CoCl_4]^{2-} + 6H_2O$$

(红色)   (蓝色)

若实验现象不明显，可向试管中加入少许 $CoCl_2$ 固体或浓盐酸，以提高 Cl^- 的浓度。

【思考题】

(1) 举例说明影响配位平衡的因素有哪些。

(2) 用实验事实说明氧化型物质与还原型物质生成配离子后氧化还原能力如何变化。

(3) 根据实验结果比较配体 SCN^-、F^-、Cl^-、$C_2O_4^{2-}$、EDTA 等对 Fe^{3+} 的配位能力。

实验 6 银氨配离子配位数的测定

【实验目的】

(1) 应用已学过的关于配位平衡和多相离子平衡的原理，测定银氨配离子 $[Ag(NH_3)_n]^+$ 的配位数 n。

(2) 计算银氨配离子的 $K_稳$。

【实验原理】

将过量的氨水加入硝酸银溶液中，生成银氨配离子 $[Ag(NH_3)_n]^+$。向此溶液中加入溴化钾溶液，直到刚出现的溴化银沉淀不消失(混浊)为止。这时，在混合溶液中同时存在两种平衡，即配位平衡：

$$Ag^+ + nNH_3 \rightleftharpoons [Ag(NH_3)_n]^+$$

$$\frac{c([Ag(NH_3)_n]^+)}{c(Ag^+)[c(NH_3)]^n} = K_稳 \tag{2-13}$$

和沉淀-溶解平衡：

$$AgBr(s) \rightleftharpoons Ag^+ + Br^-$$

$$c(Ag^+) \cdot c(Br^-) = K_{sp} \tag{2-14}$$

两反应式求和得到

$$AgBr(s) + nNH_3 \rightleftharpoons [Ag(NH_3)_n]^+ + Br^-$$

该反应的平衡常数为

$$K = \frac{c([Ag(NH_3)_n]^+) \cdot c(Br^-)}{[c(NH_3)]^n} = K_稳 \cdot K_{sp} \tag{2-15}$$

整理后得

$$c(Br^-) = \frac{K \cdot [c(NH_3)]^n}{c([Ag(NH_3)_n]^+)} \tag{2-16}$$

式中：$c(Br^-)$、$c(NH_3)$ 及 $c([Ag(NH_3)_n]^+)$ 均为平衡时的浓度，它们可以近似地计算如下：

设每份混合溶液最初取用的 $AgNO_3$ 的体积为 V_{Ag^+}（每份相同），其浓度为 $c(Ag^+)_0$，每份加入的氨水（大量过量）和溴化钾溶液的体积分别为 V_{NH_3} 和 V_{Br^-}，它们的浓度分别为 $c(NH_3)_0$ 和 $c(Br^-)_0$；混合溶液的总体积为 $V_{总}$，则混合后达到平衡时 $c(Br^-)$、$c(NH_3)$ 和 $c([Ag(NH_3)_n]^+)$ 可根据公式 $c_1V_1=c_2V_2$ 计算：

$$c(Br^-) = c(Br^-)_0 \cdot \frac{V_{Br^-}}{V_{总}} \tag{2-17}$$

由于 $c(NH_3) \geqslant c(Ag^+)$，所以 V_{Ag^+} 中的 Ag^+ 可以认为全部被 NH_3 配合为 $[Ag(NH_3)_n]^+$，故

$$c([Ag(NH_3)_n]^+) = c(Ag^+)_0 \cdot \frac{V_{Ag^+}}{V_{总}} \tag{2-18}$$

$$c(NH_3) = c(NH_3)_0 \cdot \frac{V_{NH_3}}{V_{总}} \tag{2-19}$$

将式(2-17)、式(2-18)、式(2-19)代入式(2-16)并整理得

$$V_{Br^-} = V_{NH_3}^n \cdot K \cdot \left[\frac{c(NH_3)_0}{V_{总}}\right]^n \bigg/ \frac{c(Br^-)_0}{V_{总}} \cdot \frac{c(Ag^+)_0 \cdot V_{Ag^+}}{V_{总}} \tag{2-20}$$

式(2-20)等号右边除 $V_{NH_3}^n$ 外，其他皆为常数，故式(2-20)可写为

$$V_{Br^-} = V_{NH_3}^n \cdot K' \tag{2-21}$$

将式(2-21)两边取对数，得直线方程：

$$\lg(V_{Br^-}/mL) = n\lg(V_{NH_3}/mL) + \lg K' \tag{2-22}$$

以 $\lg(V_{Br^-}/mL)$ 为纵坐标、$\lg(V_{NH_3}/mL)$ 为横坐标作图，求出直线斜率 n，即为 $[Ag(NH_3)_n]^+$ 的配位数。

【仪器、药品及材料】

酸式、碱式滴定管(50 mL)各 1 支，锥形瓶(250 mL)3 个，移液管(20 mL)1 支，洗耳球，直角坐标纸(自备)。

氨水(2.0 mol/L)，KBr(0.010 mol/L)，$AgNO_3$(0.010 mol/L)。

【实验步骤】

(1)用 20 mL 移液管量取 20.0 mL 0.010 mol/L $AgNO_3$ 溶液，放到 250 mL 锥形瓶中。

(2)用碱式滴定管加入 30.0 mL 2.0 mol/L 氨水，用量筒量取 50.0 mL 蒸馏水放入该瓶中，然后在不断摇动下，从酸式滴定管滴入 0.010 mol/L KBr，直至开始产生 AgBr 沉淀，使整个溶液呈现很浅的乳油色不再消失为止。记下加入的 KBr 溶液的体积(V_{Br^-})和溶液的总体积($V_{总}$)。

(3)再用 25.0 mL、20.0 mL、15.0 mL、10.0 mL 2.0 mol/L 氨水溶液重复上述操作。在进行重复操作中，当接近终点后应补加适量的蒸馏水(补加水体积等于第一次消耗的 KBr 溶液的体积减去这次接近终点所消耗的 KBr 溶液的体积)，使溶液的总体积($V_{总}$)与第一次滴定

的 $V_{总}$ 相同。

(4)记录滴定终点时用去的 KBr 溶液的体积(V_{Br^-})及补加的蒸馏水的体积。

(5)以 $\lg(V_{Br^-}/\text{mL})$ 为纵坐标、$\lg(V_{NH_3}/\text{mL})$ 为横坐标作图,求出直线斜率 n,从而求出 $[\text{Ag}(\text{NH}_3)_n]^+$ 的配位数 n(取最接近的整数)。

根据直线在纵坐标上的截距 $\lg K'$ 求算 K'。利用已求出的配位数 n 和式(2-20)计算 K 值。然后利用式(2-15)求出银氨配离子的 $K_{稳}$ 值。

【数据及处理】

室温_____℃

混合溶液编号	V_{Ag^+}/mL 0.010 mol/L	V_{NH_3}/mL 2.0 mol/L	V_{H_2O} /mL	$V_{H_2O加}$ /mL	V_{Br^-}/mL 0.010 mol/L	$V_{总}$ /mL	$\lg(V_{NH_3}/\text{mL})$	$\lg(V_{Br^-}/\text{mL})$
1	20.0	30.0	50					
2	20.0	25.0	55					
3	20.0	20.0	60					
4	20.0	15.0	65					
5	20.0	10.0	70					

【思考题】

(1)在计算平衡浓度 $c(\text{Br}^-)$、$c(\text{NH}_3)$ 和 $c([\text{Ag}(\text{NH}_3)_n]^+)$ 时,为什么不考虑 AgBr 沉淀的 Br^-、AgBr 及配离子解离出来的 Ag^+,以及生成配离子时消耗的 NH_3 等的浓度?

(2)在重复滴定操作过程中,为什么要补加一定量的蒸馏水使溶液的总体积($V_{总}$)与第一次滴定的 $V_{总}$ 相同?

(3)所测定的 $K_{稳}$ 与硝酸银的浓度、氨水的浓度及温度各有怎样的关系?

实验 7 磺基水杨酸合铜配合物的组成及其稳定常数的测定

【实验目的】

(1)了解光度法测定配合物的组成及稳定常数的原理和方法。

(2)学习分光光度计的使用。

【实验原理】

磺基水杨酸是弱酸(以 H_3R 表示),在不同 pH 溶液中可与 Cu^{2+} 形成组成不同的配合物。pH≈5 时 Cu^{2+} 与磺基水杨酸能形成稳定的 1:1 亮绿色配合物,pH>8.5 则形成 1:2 深绿色配合物。本实验是测定 pH=5 时磺基水杨酸合铜配合物的组成和稳定常数。

测定配位化合物的组成常用光度法。根据朗伯-比尔定律:$A=Kcl$,当液层的厚度固定时,溶液的吸光度与有色物质的浓度成正比,即 $A=K'c$。

由于所测溶液中磺基水杨酸是无色的,金属离子 Cu^{2+} 的浓度很低,也可认为基本无色,只有磺基水杨酸合铜配离子是有色的,所以磺基水杨酸合铜配离子浓度越大,溶液的颜色越深,吸光度值也就越大,这样通过测定溶液的吸光度 A 就可以求出配合物的组成。

本实验采用等摩尔系列法测定配位化合物的组成和稳定常数。该法是在保持中心离子 M 与配体 R 的浓度之和不变的条件下,通过改变 M 与 R 的摩尔比配制一系列溶液,在这些溶液中,有些中心离子是过量的,有些配体是过量的,这两部分溶液中配离子的浓度都不是最大值,只有当溶液中金属离子与配体的摩尔比和配离子的组成一致时,配离子的浓度才最大,由于金属离子和配体基本无色,所以配离子的浓度越大,溶液的颜色越深,吸光度值也就越大。这样测定系列溶液的吸光度 A,以 A 对 $c_M/(c_M+c_R)$ 作图(图 2.5),则吸光度值最大处对应的溶液组成是配合物的组成。

$pH \approx 5$ 时,Cu^{2+} 与磺基水杨酸能形成稳定的亮绿色配合物,并且此配合物在 440 nm 处有最大吸收值。因此,通过测定系列溶液在此波长下的吸光度 A,即可求出配合物的组成及稳定常数。

$$\frac{c_M}{c_M+c_R}=x \qquad n=\frac{c_R}{c_M}=\frac{1-x}{x}$$

由 n 可得配合物的组成。

对于 MR 型配合物,在吸光度最大处:

$$\alpha=(A_1-A_2)/A_1$$

$$M+R \rightleftharpoons MR$$

以 c_M 为起始金属离子 Cu^{2+} 的浓度,此时溶液中各离子平衡浓度分别为

$$c(MR)=c_M(1-\alpha)$$

$$c(M)=\alpha c_M \quad c(R)=\alpha c_M$$

$$K_{稳}=\frac{c(MR)}{c(M)c(R)}=\frac{1-\alpha}{\alpha^2 c}$$

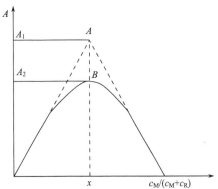

图 2.5　磺基水杨酸合铜配合物的吸光度-组成图

【仪器、药品及材料】

移液管,吸量管,容量瓶,烧杯,V-5000 型分光光度计,pHS-3C 型酸度计,滴定管,精密 pH 试纸,电磁搅拌器。

磺基水杨酸(0.05 mol/L),HNO_3(0.01 mol/L),NaOH(0.05 mol/L,1.0 mol/L),$Cu(NO_3)_2$(0.05 mol/L),KNO_3(0.1 mol/L),标准缓冲溶液(pH=6.86,4.00)。

【实验步骤】

(1)配制溶液:用 0.05 mol/L $Cu(NO_3)_2$ 溶液和 0.05 mol/L 磺基水杨酸溶液,在 13 个 50 mL 烧杯中依下表所列体积比配制混合溶液(可用滴定管量取溶液)。

编号	$V(Cu^{2+})$/mL	$V(H_3R)$/mL	$c_M/(c_M+c_R)$	A
1	0.00	24.00		
2	2.00	22.00		
3	4.00	20.00		
4	6.00	18.00		

续表

编号	$V(Cu^{2+})/mL$	$V(H_3R)/mL$	$c_M/(c_M+c_R)$	A
5	8.00	16.00		
6	10.00	14.00		
7	12.00	12.00		
8	14.00	10.00		
9	16.00	8.00		
10	18.00	6.00		
11	20.00	4.00		
12	22.00	2.00		
13	24.00	0.00		

(2)使用电磁搅拌器搅拌,用 NaOH 溶液(0.1 mol/L,0.05 mol/L)调节各溶液 pH 在 4.5～5(此时溶液为黄绿色,无沉淀;若有沉淀产生,说明 pH 过高,Cu^{2+} 已水解。用酸度计测溶液 pH)。若 pH 不慎超过 5,可用 0.01 mol/L HNO_3 溶液调回,各溶液 pH 均应在 4.5～5 有统一的确定值。溶液的总体积不得超过 50 mL。

(3)将调好 pH 的溶液分别转移到预先编有号码的洁净的 50 mL 容量瓶中,用 pH 为 5 的 0.1 mol/L KNO_3 溶液稀释至标线,摇匀。

(4)测定吸光度:在波长为 440 nm 条件下,用分光光度计依次分别测定各溶液的吸光度。

(5)数据处理:以吸光度 A 为纵坐标,硝酸铜摩尔分数 x_M 为横坐标,作 A-x_M 图,求 CuR_n 的配体数目 n 和配合物的稳定常数 $K_稳$。

【注意事项】

(1)硝酸铜、磺基水杨酸、HNO_3 和 NaOH 溶液均用 0.1 mol/L KNO_3 溶液为溶剂配制。

(2)若有 $Cu(OH)_2$ 沉淀生成,则必须充分搅拌使其溶解后再进行后面的工作(若搅拌不溶,加少许 6 mol/L HNO_3 使其溶解)。

【思考题】

(1)测 Cu^{2+} 与磺基水杨酸形成的配合物吸光度时,为何选用波长为 440 nm 的单色光进行测定?

(2)用本实验方法测定吸光度时,如何选用参比溶液?

(3)使用分光光度计应注意的事项有哪些?

(4)由分析化学手册查得磺基水杨酸合铜配合物稳定常数为:25℃,离子强度 0.1,$\lg K_1=9.60$,$\lg K_2=6.92$。

实验 8 硫酸亚铁铵的制备和性质

【实验目的】

(1)了解硫酸亚铁铵的制备方法。

(2)练习无机物制备的一些基本操作：水浴加热、蒸发、浓缩、结晶、减压过滤等。

(3)了解无机物制备的投料、产量、产率的有关计算，以及用目测比色法检验产品的质量等级。

【实验原理】

硫酸亚铁铵[FeSO₄·(NH₄)₂SO₄·6H₂O]俗称莫尔盐，浅绿色透明晶体，易溶于水，空气中比一般的亚铁盐稳定，不易被氧化。

铁能溶于稀硫酸中生成硫酸亚铁：

$$Fe(s) + 2H^+(aq) === Fe^{2+}(aq) + H_2(g)$$

通常，亚铁盐在空气中易氧化。例如，硫酸亚铁在中性溶液中能被溶于水中的少量氧气氧化并与水作用，甚至析出棕黄色的碱式硫酸铁(或氢氧化铁)沉淀。

$$4Fe^{2+}(aq) + 2SO_4^{2-}(aq) + O_2(g) + 6H_2O(l) === 2[Fe(OH)_2]_2SO_4(s) + 4H^+(aq)$$

若向硫酸亚铁溶液中加入与 FeSO₄ 物质的量相等的硫酸铵，则生成复盐硫酸亚铁铵。硫酸亚铁铵比较稳定，它的六水合物 (NH₄)₂SO₄·FeSO₄·6H₂O 不易被空气氧化，在定量分析中常用于配制亚铁离子的标准溶液。像所有的复盐那样，硫酸亚铁铵在水中的溶解度比组成它的每一组分 FeSO₄ 或 (NH₄)₂SO₄ 的溶解度都要小。蒸发浓缩所得溶液可制得浅绿色的硫酸亚铁铵(六水合物)晶体。

$$Fe^{2+}(aq) + 2NH_4^+(aq) + 2SO_4^{2-}(aq) + 6H_2O(l) === (NH_4)_2SO_4·FeSO_4·6H_2O$$

如果溶液的酸性减弱，则亚铁盐(或铁盐)中 Fe^{2+} 与水作用的程度将会增大。在制备 $(NH_4)_2SO_4·FeSO_4·6H_2O$ 过程中，为了使 Fe^{2+} 不与水作用，溶液需要保持足够的酸度。

用比色法可估计产品中所含杂质 Fe^{3+} 的量。Fe^{3+} 由于能与 SCN^- 生成红色的物质 $[Fe(SCN)_n]^{3-n}$，当红色较深时，表明产品中含 Fe^{3+} 较多；当红色较浅时，表明产品中含 Fe^{3+} 较少。所以，只要将所制备的硫酸亚铁铵晶体与 KSCN 溶液在比色管中配制成待测溶液，将它所呈现的红色与含一定量 Fe^{3+} 所配制的标准 $[Fe(SCN)_n]^{3-n}$ 溶液的红色进行比较，根据红色深浅程度相仿情况，即可知待测溶液中杂质 Fe^{3+} 的含量，从而可确定产品的等级。

三种盐的溶解度(单位为 g/100 g)数据如下：

温度/℃	FeSO₄·7H₂O	(NH₄)₂SO₄	(NH₄)₂SO₄·FeSO₄·6H₂O
10	20.0	73.0	17.2
20	26.5	75.4	21.6
30	32.9	78.0	28.1

【仪器、药品及材料】

台式天平，水浴锅(可用大烧杯代替)，抽滤瓶，布氏漏斗，真空泵，比色管(25 mL)，蒸发皿。

盐酸(2 mol/L)，硫酸(3 mol/L)，标准 Fe^{3+} 溶液(0.0100 mol/L)，硫氰化钾(KSCN，质量分数 25%)，硫酸铵(s)，碳酸钠(10%)，铁屑，乙醇(95%)，pH 试纸。

【实验步骤】

1. 铁屑的洗净去污

用台式天平称取 2.0 g 铁屑，放入小烧杯中，加入 15 mL 质量分数为 10%的碳酸钠溶液。小火加热约 10 min 后，倾去碳酸钠碱性溶液，用自来水冲洗后，再用去离子水把铁屑冲洗干净(如何检验铁屑已洗净？)。

2. 硫酸亚铁的制备

向盛有 2.0 g 洁净铁屑的小烧杯中加入 15 mL 3 mol/L H_2SO_4 溶液，盖上表面皿，放在石棉网上用小火加热(由于铁屑中的杂质在反应中会产生一些有毒气体，最好在通风橱中进行)，使铁屑与稀硫酸反应至基本不再冒出气泡(约需 15 min)。在加热过程中应不时加入少量的去离子水，以补充被蒸发的水分，防止 $FeSO_4$ 结晶析出；同时要控制溶液的 pH 不大于 1(为什么？如何测量和控制？)，趁热过滤，滤液盛接于干净的蒸发皿中(为何要趁热过滤？小烧杯及漏斗上的残渣是否要用热的去离子水洗涤？洗涤液是否要弃掉？)。将留在烧杯中及滤纸上的残渣取出，用滤纸吸干后称量。根据已作用的铁屑质量，计算溶液中 $FeSO_4$ 的理论产量。

3. 硫酸亚铁铵的制备

根据 $FeSO_4$ 的理论产量，计算$(NH_4)_2SO_4$ 的用量并称取所需$(NH_4)_2SO_4$ 固体。在室温下将称出的$(NH_4)_2SO_4$ 配制成饱和溶液，然后倒入上面制得的 $FeSO_4$ 溶液中。混合均匀并调节 pH 为 1~2，在水浴锅上蒸发浓缩至溶液表面刚出现薄层的结晶时(蒸发过程不宜搅动)，从水浴锅上取下蒸发皿，放置、冷却，即有硫酸亚铁铵晶体析出。待冷至室温后(能否不冷至室温？)，用布氏漏斗抽滤，最后用少量的乙醇洗去晶体表面所附着的水分(此时应继续抽气过滤)。将晶体取出，置于两张干净的滤纸之间，并轻压以吸干母液，称量。计算理论产量和产率。

公式如下：

$$产率 = \frac{实际产量/g}{理论产量/g} \times 100\%$$

4. 产品检验

(1)标准溶液的配制。向三支 25 mL 比色管中各加入 2 mL 2 mol/L HCl 和 1 mL KSCN 溶液。再用移液管分别加入不同体积的标准 0.0100 mol/L Fe^{3+} 溶液 5 mL，最后用去离子水稀释至刻度，制成含 Fe^{3+} 量不同的标准溶液。这三支比色管中所对应的各级硫酸亚铁铵药品规格分别为

含 Fe^{3+} 0.05 mg，符合一级标准；

含 Fe^{3+} 0.10 mg，符合二级标准；

含 Fe^{3+} 0.20 mg，符合三级标准。

(2)Fe^{3+}分析。称取 1.0 g 产品，置于 25 mL 比色管中，加入 15 mL 不含氧气的去离子水

（怎样制取？），加入 2 mL 2 mol/L HCl 和 1 mL KSCN 溶液，用玻璃棒搅拌均匀，加水到刻度线。将它与配制好的上述标准溶液进行目测比色，确定产品的等级。在进行比色操作时，可在比色管下衬白瓷板；为了消除周围光线的影响，可用白纸包住盛溶液那部分比色管的四周。从上向下观察，对比溶液颜色的深浅程度确定产品的等级。

【思考题】

(1) 铁与硫酸反应，蒸发浓缩溶液时，为什么采用水浴？

(2) 计算硫酸亚铁铵的产率时，应以什么为准？为什么？

(3) 能否将最后产物直接放到表面皿加热干燥？为什么？

(4) 在制备硫酸亚铁时，为什么要使铁过量？

实验 9　三草酸合铁酸钾的制备和性质

【实验目的】

(1) 学习简单配合物的制备方法。

(2) 练习用"溶剂替换法"进行结晶操作。

(3) 进一步熟悉减压过滤、结晶和洗涤等基本操作。

【实验原理】

$K_3[Fe(C_2O_4)_3] \cdot 3H_2O$ 为绿色单斜晶体，密度为 2.138 g/cm^3，加热至 100℃失去全部结晶水，230℃时分解；溶于水，难溶于乙醇；对光敏感。它是制备负载型活性铁催化剂的主要原料，也是一些有机反应的良好催化剂，具有工业应用价值。合成 $K_3[Fe(C_2O_4)_3] \cdot 3H_2O$ 的工艺路线有多种。本实验以莫尔盐和草酸形成草酸亚铁后经氧化、配位、结晶得到 $K_3[Fe(C_2O_4)_3] \cdot 3H_2O$。

配阴离子可用化学分析方法进行测定，用稀 H_2SO_4 溶解试样，在酸性介质中用 KMnO$_4$ 标准溶液滴定待测液中的 $C_2O_4^{2-}$；在滴定 $C_2O_4^{2-}$ 后的溶液中用 Zn 粉还原 Fe^{3+} 为 Fe^{2+}，再用 KMnO$_4$ 标准溶液滴定 Fe^{2+}；通过消耗 KMnO$_4$ 标准溶液的量计算 $C_2O_4^{2-}$ 和 Fe^{3+} 的量以及 $C_2O_4^{2-}$ 和 Fe^{3+} 的配比。

【仪器、药品及材料】

布氏漏斗，表面皿，25 mL 移液管，抽滤瓶，洗耳球，量筒，容量瓶，锥形瓶，酒精灯，温度计，玻璃棒，50 mL 酸式滴定管，滴管，烧杯，称量瓶，点滴板，滴定台(附蝴蝶夹、白瓷板)，水浴锅，电子台秤(0.01 g)。

$(NH_4)_2Fe(SO_4)_2 \cdot 6H_2O$，硫酸(0.2 mol/L，1 mol/L，3 mol/L)，Zn 粉(A.R.)，饱和草酸钾溶液，$K_3[Fe(CN)_6]$(0.1 mol/L)，无水乙醇，草酸饱和溶液，KMnO$_4$ 标准溶液，乙醇-丙酮(1:1)，H_2O_2(质量分数 5%)。

【实验步骤】

1. 三草酸合铁(Ⅲ)酸钾制备

1)草酸亚铁的制备

用 100 mL 洁净干燥的烧杯称取 5.0 g $(NH_4)_2Fe(SO_4)_2\cdot6H_2O$，加入 1 mL 1 mol/L H_2SO_4 和 15 mL 去离子水，小火加热溶解，再加入 25 mL $H_2C_2O_4$ 饱和溶液，搅拌并加热煮沸，停止加热、静置，待析出的黄色 $FeC_2O_4\cdot2H_2O$ 晶体完全沉降后，倾去上层清液。用倾析法洗涤该沉淀 3 次，每次用 20 mL 温热的去离子水（自己准备），得到较纯净的 $FeC_2O_4\cdot2H_2O$ 晶体待用。

2)Fe(Ⅱ)氧化成 Fe(Ⅲ)

在 $FeC_2O_4\cdot2H_2O$ 晶体中加入 10 mL $K_2C_2O_4$ 饱和溶液，水浴加热（自己用大小合适的烧杯代替水浴锅，约 40℃），用滴管缓慢滴加 20 mL 5% H_2O_2，不断搅拌并维持温度在 40℃左右，使 Fe(Ⅱ)充分地氧化成 Fe(Ⅲ)；溶液转变为红棕色并有红棕色沉淀产生。H_2O_2 加完后，将溶液直接加热（垫上铁丝网）至沸，除去过量的 H_2O_2（加热时间不宜太长，煮沸即可认为 H_2O_2 分解基本完全，停止加热）。

3)酸溶、配位反应

取大约 8 mL $H_2C_2O_4$ 饱和溶液，在快速搅拌下用滴管滴加 $H_2C_2O_4$ 溶液，使沉淀溶解变为亮绿色透明溶液，溶液的 pH 控制在 3.0～4.0；如果溶液中有混浊不溶物质存在，趁热过滤（若溶液是透明的，则不需过滤）；冷却至室温后在溶液中加入 10 mL 无水乙醇，将溶液在冰水中冷却约 20 min，待结晶完全后，抽滤，并用少量乙醇-丙酮(1∶1)洗涤晶体。取下晶体，用滤纸吸干，转入事先称量好的空称量瓶并记录，称量，记录相关称量数据。

2. 组成分析

1)称样

准确称取约 1 g 合成的 $K_3[Fe(C_2O_4)_3]\cdot3H_2O$ 于烧杯中，加入 25 mL 3 mol/L H_2SO_4 溶液使其溶解，再转移至 250 mL 容量瓶中，稀释至刻度，摇匀，静置。

2)$C_2O_4^{2-}$ 的测定

准确移取 25.00 mL 上述试液于锥形瓶中，加入 20 mL 3 mol/L H_2SO_4 溶液，在 75～85℃ 水浴中加热 10 min，用 $KMnO_4$ 标准溶液滴定溶液呈浅粉色，30 s 不褪色即为终点，记录读数。

3)Fe^{3+}的测定

向滴定完草酸根的锥形瓶中加入约 1 g 锌粉和 5 mL 3 mol/L H_2SO_4 溶液，摇动 10 min 后，过滤除去过量的 Zn 粉，滤液用另一锥形瓶盛接。用约 40 mL 0.2 mol/L H_2SO_4 溶液分 3～4 次洗涤原锥形瓶和沉淀，然后用 $KMnO_4$ 标准溶液滴定溶液呈浅粉色，30 s 不褪色即为终点，记录读数。

平行滴定 3 次。

【注意事项】

(1)氧化 $FeC_2O_4\cdot2H_2O$ 时，氧化温度不能太高（保持在 40℃），以免 H_2O_2 分解，同时需不断搅拌，使 Fe^{2+} 充分被氧化。

(2) 配位过程中，$H_2C_2O_4$ 应逐滴加入，并保持在沸点附近，这样可使过量草酸分解。

(3) $KMnO_4$ 滴定 $C_2O_4^{2-}$ 时，升温以加快滴定反应速率，但温度不能超过 85℃，否则草酸易分解：

$$H_2C_2O_4 \longrightarrow H_2O + CO_2\uparrow + CO\uparrow$$

(4) $KMnO_4$ 滴定 Fe^{2+} 或 $C_2O_4^{2-}$ 时，滴定速度不能太快，否则部分 $KMnO_4$ 在热溶液中按下式分解：

$$4KMnO_4 + 2H_2SO_4 \longrightarrow 4MnO_2\downarrow + 2K_2SO_4 + 2H_2O + 3O_2\uparrow$$

(5) $MnSO_4$ 滴定液不同于 $MnSO_4$ 溶液，它是 $MnSO_4$、H_2SO_4 和 H_3PO_4 的混合液，其配制方法为：称取 45 g $MnSO_4$ 溶于 500 mL 水中，缓慢加入浓 H_2SO_4 130 mL，再加入浓 H_3PO_4（85%）300 mL，加水稀释至 1 L。

(6) 还原 Fe^{3+} 时，需注意 $SnCl_2$ 的加入量。一般以加入至溶液呈淡黄色为宜，以免过量。

【思考题】

(1) 试比较讨论 4 种制备三草酸合铁(III)酸钾工艺路线的优缺点。
(2) 如何提高产品的质量？如何提高产量？
(3) 在合成的最后一步能否用蒸干溶液的办法来提高产量？为什么？
(4) 根据三草酸合铁(III)酸钾的性质，应如何保存该化合物？

实验 10　硫代硫酸钠的制备

【实验目的】

(1) 熟练掌握制备实验中蒸发浓缩、减压过滤、结晶等基本操作。
(2) 了解硫代硫酸钠的制备方法。

【实验原理】

亚硫酸钠在沸腾温度下与硫化合生成硫代硫酸钠，其反应类似于与氧的反应：

$$Na_2SO_3 + S == Na_2S_2O_3$$

$$Na_2SO_3 + \frac{1}{2}O_2 == Na_2SO_4$$

反应中硫可以看作是氧化剂，它将 Na_2SO_3 中的四价硫氧化成六价，本身被还原为负二价，所以 $Na_2S_2O_3$ 中的硫是非等价的。

常温下从溶液中结晶出来的硫代硫酸钠为 $Na_2S_2O_3\cdot 5H_2O$。$Na_2S_2O_3\cdot 5H_2O$ 俗称大苏打，也称"海波"(hypo)，是常用的还原剂，在分析化学及摄影、医药、纺织、造纸等方面具有很大的实用价值。

$Na_2S_2O_3\cdot 5H_2O$ 易溶于水，在空气中易风化(视温度和相对湿度而定)。其熔点为 48.5℃，215℃时完全失水，223℃以上分解成多硫化钠和硫酸钠：

$$4Na_2S_2O_3 = 3Na_2SO_4 + Na_2S_5$$

实验所得产物中 $Na_2S_2O_3 \cdot 5H_2O$ 的含量可以采用碘量法测定。产物中的 SO_4^{2-}、SO_3^{2-} 杂质可用生成 $BaSO_4$ 的比浊法进行分析,鉴定结果可与国家标准所规定的指标[1]相比较。

【仪器、药品及材料】

布氏漏斗,表面皿,抽滤瓶,蒸发皿,容量瓶(100 mL),移液管(20 mL),比色管(25 mL)。Na_2SO_3(固体),硫粉,乙醇(95%),I_2(0.05 mol/L),HCl(0.1 mol/L),$BaCl_2$(0.25%),$Na_2S_2O_3 \cdot 5H_2O$(0.05 mol/L),Na_2SO_4(100 mg/L)。

【实验步骤】

1. 硫代硫酸钠的制备

称取固体 Na_2SO_3 15 g 置于 250 mL 锥形瓶中,加水 80 mL 溶解(可小火加热)。另称取硫粉 5 g,以 95%乙醇 2 mL 湿润[2]后加至溶液中,小火加热至微沸,并充分振摇(注意保持体积,勿蒸发过多;若溶液体积太少可适当补水)。约 1 h 后停止加热,若溶液呈黄色,可加入少许固体 Na_2SO_3 除去杂质[3]。稍冷,过滤除去未反应的硫粉,获无色透明溶液于小烧杯中。将溶液转移到蒸发皿,在蒸汽浴上蒸发浓缩,待溶液体积略小于 30 mL 时,停止加热,充分冷却,搅拌或用接种法使结晶析出。减压过滤,并用 95%乙醇 1 mL 洗涤 1 次。抽气干燥后,转移至表面皿上,用滤纸吸干,称量,根据理论产量计算产率。

2. 硫代硫酸钠的结晶提纯

将制得的硫代硫酸钠产品溶于适量热水[4]中,过滤,在不断搅拌下冷却(以冰水浴冷却更好),重复结晶制得细小晶体。减压过滤,用少量乙醇洗涤 1 次,抽气干燥,转移至表面皿上,用滤纸吸干,获得提纯的硫代硫酸钠。称量,计算回收率。

3. 硫酸盐和亚硫酸盐的限量分析

硫代硫酸钠产品中所含的杂质可能有硫酸盐、亚硫酸盐、硫化物及某些金属离子等。本实验只进行 SO_4^{2-}、SO_3^{2-} 的限量分析。用 I_2 将 $S_2O_3^{2-}$ 和 SO_3^{2-} 分别氧化为 $S_4O_6^{2-}$ 和 SO_4^{2-},再加入 $BaCl_2$ 生成难溶的 $BaSO_4$,溶液出现混浊,其浊度与试液中 SO_4^{2-} 和 SO_3^{2-} 的含量成正比。

称取硫代硫酸钠产品 0.5 g 溶于 15 mL 水,加入 0.05 mol/L I_2 溶液 18 mL,再继续滴加 I_2 溶液使其呈浅黄色,转移至 100 mL 容量瓶中,加水稀释至标线,摇匀。

移取试液 20.00 mL 置于 25 mL 比色管中,稀释至标线。加入 0.1 mol/L HCl 溶液 1 mL 及 0.25% $BaCl_2$ 溶液 3 mL,摇匀,放置 10 min 后,加入 0.05 mol/L $Na_2S_2O_3$ 溶液 1 滴,摇匀,立即与 SO_4^{2-} 标准系列溶液比较浊度,确定产品等级。

SO_4^{2-} 标准系列溶液的配制:移取 100 mg/L Na_2SO_4 溶液 0.40 mL、0.50 mL、1.00 mL 分别置于 3 支 25 mL 比色管中,稀释至标线。加入 0.1 mol/L HCl 溶液 1 mL 及 0.25% $BaCl_2$ 溶液 3 mL,摇匀。放置 10 min 后,加入 0.05 mol/L $Na_2S_2O_3$ 溶液 1 滴,摇匀。这三份标准溶液中 SO_4^{2-} 的含量分别相当于表 2.3 中不同等级试剂的限量。

【思考题】

(1) 制备硫代硫酸钠时，选用锥形瓶进行反应有何优点？

(2) 提高 $Na_2S_2O_3·5H_2O$ 的产率与纯度，实验中需注意哪些问题？

【注释】

[1] 国家标准 GB/T 637—2006 给出了 $Na_2S_2O_3·5H_2O$ 试剂的纯度级别(表 2.3)。

表 2.3　$Na_2S_2O_3·5H_2O$ 各级试剂纯度

名称	优级纯	分析纯	化学纯
$Na_2S_2O_3·5H_2O$ 含量/%	≥99.5	≥99.0	≥98.5
pH(50 g/L 溶液，25℃)	6.0~7.5	6.0~7.5	6.0~7.5
澄清度实验/号	≤2	≤3	≤5
水不溶物	≤0.002	≤0.005	≤0.01
氯化物(Cl)含量 / %	≤0.02	≤0.02	—
硫酸盐及亚硫酸盐含量(以 SO_4^{2-} 计) / %	≤0.04	≤0.05	≤0.1
硫化物(S)含量 / %	≤0.0001	≤0.00025	≤0.0005
总氮含量(N) / %	≤0.002	≤0.005	—
钾(K)含量 / %	≤0.001	—	—
镁(Mg)含量 / %	≤0.001	≤0.001	—
钙(Ca)含量 / %	≤0.003	≤0.003	≤0.005
铁(Fe)含量 / %	≤0.0005	≤0.0005	≤0.001
重金属含量(以 Pb 计) / %	≤0.0005	≤0.0005	≤0.001

[2] 硫粉单独不能被水浸润，易漂浮于液面，影响反应。经乙醇湿润后便易于被水浸润，从而增加反应物的接触面。

[3] 溶液呈黄色说明有多硫化物存在。在亚硫酸钠未完全作用时，多硫化物是不会存在的，因为两者会发生如下反应：

$$2SO_3^{2-} + 2S_x^{2-} + 3H_2O \Longrightarrow S_2O_3^{2-} + 2xS\downarrow + 6OH^-$$

所以若出现黄色，表示亚硫酸钠已反应完全。

[4] 不同温度下硫代硫酸钠的溶解度见表 2.4。

表 2.4　硫代硫酸钠的溶解度

温度/℃	0	10	20	25	35	45	75
溶解度/(g/100 g H_2O)	50.15	59.66	70.07	75.90	91.24	120.9	233.3

实验 11   利用废铝罐制备明矾

【实验目的】

(1) 了解复盐的性质及其制备方法。

(2) 认识铝和氢氧化铝的两性性质。

(3) 掌握溶解、过滤、结晶以及沉淀的转移和洗涤等无机化合物制备的基本操作。

【实验原理】

铝片与过量的碱反应，生成可溶解的 $[Al(OH)_4]^-$。$[Al(OH)_4]^-$ 在弱酸性溶液中可脱去一个 OH^-，生成 $Al(OH)_3$ 沉淀。随着酸度的增加，$Al(OH)_3$ 又可重新溶解，形成 $[Al(H_2O)_6]^{3+}$。像 $Al(OH)_3$ 这一类物质，同时具有能够与酸或碱反应的性质，称为两性物质。

本实验的产物明矾 $[KAl(SO_4)_2 \cdot 12H_2O]$ 也称硫酸钾铝、钾铝矾、铝钾矾等。矾类 $[M^+M^{3+}(SO_4)_2 \cdot 12H_2O]$ 是一种复盐，能从含有硫酸根、三价阳离子(如 Al^{3+}、Cr^{3+}、Fe^{3+} 等)与一价阳离子(如 K^+、Na^+、NH_4^+)的溶液中结晶出来。它含有 12 个结晶水，其中 6 个结晶水与三价阳离子结合，其余 6 个结晶水与硫酸根及一价阳离子形成较弱的结合。复盐溶解于水中即解离出简单盐类溶解时所具有的离子。

本实验利用废弃铝罐制备明矾，反应式可表示如下：

铝与 KOH 的反应：

$$2Al + 2KOH + 6H_2O \longrightarrow 2[Al(OH)_4]^- + 2K^+ + 3H_2$$

加入 H_2SO_4 反应：

$$[Al(OH)_4]^- + H^+ \longrightarrow Al(OH)_3 \downarrow + H_2O$$

继续加入 H_2SO_4 反应：

$$Al(OH)_3 + 3H^+ \longrightarrow Al^{3+} + 3H_2O$$

加入 K^+ 生成明矾：

$$K^+ + Al^{3+} + 2SO_4^{2-} + 12H_2O \longrightarrow KAl(SO_4)_2 \cdot 12H_2O$$

【仪器、药品及材料】

真空泵；铝罐 1 只(自备)，KOH($1\,mol/L$)，H_2SO_4($6\,mol/L$)，无水乙醇，EDTA 溶液，二甲酚橙指示剂，$NH_3 \cdot H_2O$($1:1$)，HCl($1:1$)，六次甲基四胺，锌标准溶液。

【实验步骤】

1. 制备明矾

将铝罐裁剪成铝片，用砂纸除去表面的颜料和塑胶内膜(该步操作时注意保护台面)，洗净，再将铝片剪成小片。

称取铝片 1 g 于 250 mL 烧杯中，加入 1 mol/L KOH，小火加热至铝片完成溶解。略冷却，过滤除去不溶物。取 6 mol/L H_2SO_4 溶液 25 mL 在搅拌下缓慢地加入试液中，得到清液（若仍有白色沉淀物，可加热溶解或再适当加入少量 H_2SO_4 溶液）。

将上述溶液置于冰水浴中冷却，使明矾结晶析出，减压过滤。产品用少量蒸馏水洗涤 2～3 次，最后用乙醇洗涤 1 次，抽气干燥。取出产品，置于已知质量的洁净表面皿上，称量，根据理论产量计算产率。

2. 净水实验

取池塘混浊污水或室外雨后的积水，试验明矾不同投放量时的净水效果。

3. 明矾中铝含量的测定

准确称取 1 g 左右的产品，溶解，用蒸馏水定容至 250 mL，摇匀。取三个洁净的锥形瓶，分别移取上述产品溶液 20.00 mL、0.02205 mol/L EDTA 溶液 15.00 mL，加 2 滴二甲酚橙指示剂，滴加 1∶1 $NH_3·H_2O$ 调至溶液恰呈紫红色，然后滴加 2 滴 1∶1 HCl。将溶液煮沸 1 min，冷却，加入 20 mL 20%六次甲基四胺溶液，此时溶液应呈黄色，用锌标准溶液滴定至溶液由黄色变为紫红色即为终点。根据锌标准溶液所消耗的体积，计算明矾中 Al^{3+} 的质量分数。

由于 Al^{3+} 和 Zn^{2+} 与 EDTA 均生成 1∶1 的配合物，由此可用如下公式计算产品中的 Al^{3+} 含量：

$$w(Al^{3+}) = [c(EDTA)V(EDTA) - c(Zn^{2+})V(Zn^{2+})] \times \frac{250 \text{ mL}}{20 \text{ mL}} \times \frac{M(Al^{3+})}{m(\text{产物})} \times 100\%$$

【思考题】

(1) 本实验中用碱液溶解铝片，然后再加酸，为什么不直接用酸溶解？

(2) 最后产品为何要用乙醇洗涤？是否可以烘干？

(3) 当产品溶液达到稳定的过饱和状态而不析出晶体时，可以采用什么方法促使其结晶析出？

实验 12　无水四氯化锡的制备

【实验目的】

(1) 了解无水四氯化锡的制备原理和操作方法。

(2) 了解无水四氯化锡的状态及水解性质。

(3) 掌握 Cl_2 制备、净化的方法及冷凝管的使用等基本操作。

【实验原理】

用直接合成法制备无水四氯化锡：

$$Sn + 2Cl_2 \xrightarrow{573\text{ K}} SnCl_4$$

制得的四氯化锡因溶解有氯气而呈黄绿色。

纯 $SnCl_4$ 是无色液体,凝固点 273 K,沸点 387 K,在空气中很容易水解,溶于水后发生如下反应:

$$SnCl_4 + (x + 2)H_2O == SnO_2 \cdot xH_2O \downarrow + 4HCl \uparrow$$

水解生成的 HCl 在空气中发烟,胶体状态的 $SnO_2 \cdot xH_2O$ 留在水溶液中,尚未水解的 $SnCl_4$ 与 HCl 作用生成 H_2SnCl_6,也留在溶液中。

【仪器、药品及材料】

三颈烧瓶(1 支),滴液漏斗(1 支),洗气瓶(4 支),圆底烧瓶(1 支),冷凝管(1 支),烧杯(1 支),锥形瓶(1 支),干燥管(1 支),酒精灯(2 个),玻璃丝。

$MnO_2(s)$,锡粒,无水 $CaCl_2$,HCl(浓),H_2SO_4(浓),NaOH(6 mol/L)。

【实验步骤】

(1)按图 2.6 装好制备 $SnCl_4$ 的装置。称取 5 g MnO_2 放入氯气发生器(三颈烧瓶)内。滴液漏斗中加入 20 mL 浓 HCl,洗气瓶 3、4 内装入浓 H_2SO_4,洗气瓶 5 中填入玻璃丝作为酸雾捕集器。另取锡粒 1 g 放入反应器 6 内。干燥管 8 内装入无水 $CaCl_2$,小烧杯 10 内装入约 20 mL NaOH 溶液以吸收尾气中的 Cl_2。

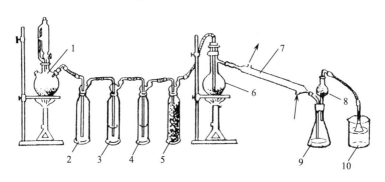

图 2.6 制备 $SnCl_4$ 的装置

1. Cl_2 发生器;2. 缓冲瓶;3,4. 洗气瓶(内装浓 H_2SO_4);5. 酸雾捕集器(内装毛玻璃);6. 反应器(内装锡粒);7. 冷凝器;
8. 干燥管(内装无水 $CaCl_2$);9. $SnCl_4$ 收集器;10. 尾气吸收杯(内装 NaOH 溶液)

(2)连接好仪器后,检验整个系统是否漏气,确证系统不漏气后,由滴液漏斗向圆底烧瓶内慢慢加入浓 HCl,并微热。均匀地产生氯气并充满整套装置,以排除装置中的空气和少量水汽(以氯气特有的黄绿色判断)。然后加热锡粒使其熔化,同时在冷凝器 7 中通入冷却水,此时可适当加大 Cl_2 的流量(氯气的流量可由浓盐酸的加入量控制),以加快 Sn 与 Cl_2 的反应(可有燃烧现象)。$SnCl_4$ 经冷凝后收集于锥形瓶 9 中。观察 $SnCl_4$ 的颜色和状态。

(3)待熔融的金属锡反应完毕,即停止加热。取下锥形瓶,立即用塞子把锥形瓶塞紧,并将 Cl_2 发生装置移入通风橱。

(4)称其质量,计算产率。

(5)设计一个实验,验证 $SnCl_4$ 的氧化性和水解性。

【注意事项】

(1) 装置要严密，防止 Cl_2 漏出。

(2) 实验所用的容器需绝对干燥，与大气相通的部位要连接干燥装置。

【思考题】

(1) 如果整部装置系统的水汽未被赶尽，对实验的结果有何影响？

(2) 如何检查装置系统是否漏气？

(3) 制备无水四氯化锡能否通过直接加热 $SnCl_4 \cdot 5H_2O$ 或 $H_2SnCl_6 \cdot 6H_2O$ 的方法得到？

实验 13　碘酸的制备

【实验目的】

(1) 了解碘酸的性质。

(2) 掌握碘酸的制备方法。

【实验原理】

碘酸用于医疗，也用作化学试剂，化学式为 HIO_3，常温下为有特殊臭味的无色晶体或白色粉末，见光变暗，极易溶于水、硝酸，0℃时的溶解度为 286 g HIO_3/100 mL 水，25℃时为 141 g HIO_3/100 g HNO_3，相对密度(25℃)为 1.4，熔点为 110℃(同时转变为 HI_3O_8)，在 70℃时已经稍有一些失水分解。

通常碘酸可由碘用 HNO_3 或 $HNO_3 + H_2O_2$ 按反应(1)、反应(2)氧化制取：

$$3I_2 + 10HNO_3 \longrightarrow 6HIO_3 + 10NO + 2H_2O \tag{1}$$

$$I_2 + 5H_2O_2 \longrightarrow 2HIO_3 + 4H_2O \tag{2}$$

但很难得到纯白色制剂，无色的 HIO_3 可按反应(3)由碘与 $HClO_3$ 制取：

$$I_2 + 2HClO_3 \longrightarrow 2HIO_3 + Cl_2 \tag{3}$$

所需的 $HClO_3$ 由 $Ba(ClO_3)_2$ 和 H_2SO_4 反应制得。

【仪器、药品及材料】

冷凝管，三颈烧瓶(100 mL)，烧瓶(100 mL)，蒸发皿，表面皿，烧杯(100 mL)，干燥器，台秤，抽滤瓶，布氏漏斗。

$I_2(s)$，$KOH(s)$，$CaCl_2(s)$，发烟硝酸，硝酸(20%)，氯酸(40%)，$NaOH$(6 mol/L)。

【实验步骤】

1. 由 HNO_3 氧化碘制取 HIO_3

将 10 g 升华过两次的碘装在一个三颈烧瓶中，上面连接冷凝管，加 50 g 纯的发烟硝酸，加热到 70～80℃至溶液呈浅黄色，将反应混合物在水浴上蒸发至干，加少量水再蒸发干，如此重复数次，在水浴上用浓硝酸将残渣溶解，迅速用冰将澄清的无色溶液冷却，将析出的结晶抽滤，然后置于干燥器中在固体 KOH 上面干燥数日。欲制得大的结晶，可将 HIO_3 在 20% HNO_3 溶液中于常温下慢慢蒸发浓缩，或于真空干燥器中在 $CaCl_2$ 上面蒸发浓缩，然后抽滤并用极少量的水洗涤，取出晶体置于表面皿上，用滤纸吸干，称其质量，计算产率。

2. 由碘与 $HClO_3$ 反应制取 HIO_3

将 10 g 碘置于烧瓶中，加入较计算量多 3% 的 $HClO_3$ 溶液(约 6.9 g $HClO_3$)，烧瓶上有导管用以通入空气流，还有一个导出管用以将空气流所带出的氯通入 NaOH 溶液中吸收。将反应混合物加热，反应开始后，即开始慢慢通入空气，约 20 min 反应完毕，将混合物冷却并过滤除去杂质，放在蒸发皿上，一边猛力搅拌一边蒸发至干，用本实验 1 中所述方法将其再结晶 1 次，最后称其质量并计算产率。

3. 比较两种方法所得产物

(略)

【思考题】

(1) 为什么用 HNO_3 氧化碘制取 HIO_3 时，很难得到纯白色试剂或无色晶体？
(2) 为什么在实验中分别用 KOH 和 $CaCl_2$ 作干燥剂？它们的作用有何不同？
(3) HIO_3 的无色晶体见光变暗，有什么方法可克服它？
(4) 由 HIO_3 的水溶液来结晶获得 HIO_3 晶体，你认为这种方法怎么样？应如何改进？

实验 14　由软锰矿制备高锰酸钾

【实验目的】

(1) 了解碱熔法分解矿石及电解法制备高锰酸钾的基本原理和操作方法。
(2) 掌握锰的各主要价态之间的转化关系。

【实验原理】

软锰矿(主要成分为二氧化锰)与碱和氧化剂混合后共熔，即可得到墨绿色的锰酸钾熔体：
$$3MnO_2 + 6KOH + KClO_3 === 3K_2MnO_4 + KCl + 3H_2O$$
锰酸钾溶于水并发生歧化反应，生成高锰酸钾：
$$3MnO_4^{2-} + 2H_2O === 2MnO_4^- + MnO_2\downarrow + 4OH^-$$
为使反应顺利进行，必须随时中和生成的氢氧根，常用的方法是通入 CO_2，但此方法锰酸钾的最高转化率仅达 66.7%，为了提高锰酸钾的转化率，较好的办法是电解锰酸钾溶液：
$$阳极：2MnO_4^{2-} === 2MnO_4^- + 2e^-$$
$$阴极：2H_2O + 2e^- === H_2 + 2OH^-$$
$$总反应：2MnO_4^{2-} + 2H_2O === 2MnO_4^- + 2OH^- + H_2\uparrow$$

【仪器、药品及材料】

托盘天平，铁坩埚(60 mL)，铁夹，铁搅拌棒，温度计，厚的确良布，防护眼镜，布氏漏斗，抽滤瓶，表面皿，烘箱，蒸发皿。

软锰矿(200 目)，KOH(s)，镍片，粗铁丝，$KClO_3$(s)。

【实验步骤】

1. 锰酸钾溶液的制备

将 8 g 固体 $KClO_3$、15 g 固体 KOH 与 15 g 软锰矿先混合均匀，再放入 60 mL 的铁坩埚内，用铁夹将坩埚夹紧并固定在铁架上，戴上防护眼镜，然后小心加热并用铁搅拌棒搅拌，当熔融物的黏度逐渐增大时，要大力搅拌以防结块。待反应物干涸后，再强热 5 min 并适当翻动。

铁坩埚冷却后，取出熔块置于烧杯中，用 80 mL 水浸取，微热、搅拌至熔块全部分散，用铺有厚的确良布的布氏漏斗减压过滤，便可得到墨绿色的 K_2MnO_4 滤液。

2. 锰酸钾转化为高锰酸钾

1)电解法

把制得的 K_2MnO_4 溶液倒入 150 mL 烧杯中，加热至 333 K，按图 2.7 装上电极，阳极为两块光滑的镍片，浸入溶液的面积约为 32 cm²，阴极则由一条粗铁丝弯曲而成，浸入溶液的面积为阳极的 1/10，电极间距离为 0.5～1.0 cm。通电后阳极的电流密度为 30～60 mA/cm²，阴极的电流密度为 300～600 mA/cm²，槽电压约为 2.5 V，这时可看到阴极上有气体放出，溶液也由墨绿色逐渐转变为紫红色。0.5～1 h 后即可看到烧杯底部沉积出的 $KMnO_4$ 晶体。停止通电，取出电极，用铺有厚的确良布的布氏漏斗将晶体抽干，称其质量，母液回收。

根据不同温度下 $KMnO_4$ 的溶解度数据，用重结晶法将粗产品提纯。将晶体放在表面皿上，置于烘箱内，在 333～353 K 下烘 1 h，称其质量，回收产品。

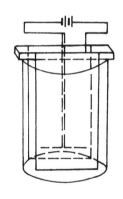

图 2.7　电解装置图

2)二氧化碳法

当熔块在水中完全分散后，过滤，在滤液中趁热通入 CO_2，直至 K_2MnO_4 完全转化为 $KMnO_4$ 和 MnO_2(试用简便方法确定 K_2MnO_4 已转化完全)。然后用铺有厚的确良布的布氏漏斗抽滤，弃去 MnO_2 残渣，将滤液转入蒸发皿中，浓缩至表面析出 $KMnO_4$ 晶体，冷却，抽滤至干，依前法重结晶、烘干、称量、回收产品。

【注意事项】

(1)用 KOH 熔解软锰矿时防止结块。
(2)装好电解装置。

【思考题】

(1) 根据锰的 $\Delta G^{\ominus}$ - n 图说明由二氧化锰制备高锰酸钾的原理(n 为氧化数)。

(2) 在用氢氧化钾熔解软锰矿的过程中，应注意哪些安全问题？

(3) 烘干高锰酸钾晶体时，应注意什么问题？为什么？

实验 15　由白钨矿制备三氧化钨

【实验目的】

(1) 学习酸性分解白钨矿制备三氧化钨的原理和操作方法。

(2) 了解钨的氧化物、钨酸、钨酸盐的性质。

【实验原理】

三氧化钼和三氧化钨溶于碱溶液形成简单的钼酸盐和钨酸盐。在一定的 pH 范围内，简单钼酸盐和钨酸盐能结晶析出。将钼酸盐或钨酸盐溶液酸化，降低其 pH 至弱酸性，MoO_4^{2-} 或 WO_4^{2-} 将逐渐缩聚成多酸根离子。在简单的钨酸盐的热溶液中加强酸，析出黄色的钨酸 (H_2WO_4)，在冷溶液中加过量酸，则析出白色的胶体钨酸($H_2WO_4 \cdot xH_2O$)。

钼酸盐和钨酸盐的氧化性均很弱，在酸性溶液中，只能用强还原剂才能将 H_2MoO_4 还原成 Mo^{3+}。当简单钼酸盐或钨酸盐被缓和地还原时，生成深蓝色的钼蓝或钨蓝，它们是 5 价和 6 价钼或钨的氧化物-氢氧化物混合体。

白钨矿的主要成分是钨酸钙，还含有钼、硅、铁、磷、砷等杂质。

本实验用酸法分解白钨矿。在 353～363 K 时白钨矿与浓盐酸作用，钨酸钙转化为黄钨酸[1]：

$$CaWO_4 + 2HCl == H_2WO_4 + CaCl_2$$

由于生成的黄钨酸沉淀包围在矿粒表面，妨碍了矿粒与盐酸之间的反应，所以必须通过不断地搅拌破坏黄钨酸膜，以加速分解反应的进行。

在分解过程中，杂质钼酸钙也转化为相应的钼酸：

$$CaMoO_4 + 2HCl == H_2MoO_4 + CaCl_2$$

黄钨酸在一定浓度盐酸溶液中的溶解度很小，而钼酸在盐酸溶液中的溶解度则大得多。例如，343 K 时在浓度为 200 g/L 的盐酸溶液中，黄钨酸只能溶解 0.011 g/L，而钼酸可溶解 135.5 g/L。因此，利用它们在盐酸溶液中溶解度的不同可以将黄钨酸和钼酸初步分离。

矿中某些杂质具有还原性，能使 W(VI) 还原为低价氧化物而损失，加入一定量的硝酸可以防止。

其他杂质如钙、铁、磷、砷等相应形成可溶性的二氯化钙、三氯化铁、磷酸和砷酸，它们可以与钼酸一起除去。只有二氧化硅、少量的钼酸和未分解的钨酸钙留在黄钨酸沉淀中。

黄钨酸溶解于氨水生成钨酸铵：

$$H_2WO_4 + 2NH_3 \cdot H_2O == (NH_4)_2WO_4 + 2H_2O$$

这样就可以与不溶于氨水的二氧化硅和未分解的钨酸钙分开。

浓缩钨酸铵溶液时由于氨的逸出，形成一种溶解度较小的仲钨酸铵而析出。少量未除尽的钼酸形成溶解度较大的钼酸铵留在溶液中：

$$12(NH_4)_2WO_4 \Longleftrightarrow 5(NH_4)_2O \cdot 12WO_3 \cdot 5H_2O + 14NH_3 \uparrow + 2H_2O$$

灼烧仲钨酸铵晶体可得到三氧化钨：

$$5(NH_4)_2O \cdot 12WO_3 \cdot 5H_2O \xrightarrow{\triangle} 12WO_3 + 10NH_3 \uparrow + 10H_2O$$

【仪器、药品及材料】

台秤，烧结玻璃漏斗(G3)，表面皿，布氏漏斗，抽滤瓶，蒸发皿。

白钨矿(200~300 目)，盐酸[1%(质量分数)，浓]，HNO_3(浓)，$NH_3\cdot H_2O$[2%(质量分数)，8 mol/L]。

【实验步骤】

1. 分解白钨矿(在通风橱内进行)

在 100 mL 锥形瓶中加入 15 g 研细的白钨矿、25 mL 浓盐酸、2 mL 浓 HNO_3，摇匀，盖上表面皿(或加一个玻璃漏斗)，水浴加热 30 min，反应过程中要经常摇动。生成的黄钨酸用 3 号烧结玻璃漏斗减压过滤，滤液倒入回收瓶集中处理，沉淀先用热水洗涤 2 次，再用 1%热盐酸洗涤 3 次(每次约 5 mL)，观察反应产物的颜色和状态。

2. 仲钨酸铵的制备

将沉淀转入烧杯中加入 45 mL 8 mol/L $NH_3\cdot H_2O$，在水浴上温热并不断搅拌。待黄钨酸全部溶解后，减压过滤并用 2% $NH_3\cdot H_2O$ 洗涤残渣 2 次(每次约 5 mL)。弃去残渣，把滤液转入蒸发皿内，于水浴上浓缩至有较大量晶体析出，停止加热，冷却、减压过滤，观察产物的颜色和状态，滤液回收集中处理。

3. 三氧化钨的制备

将仲钨酸铵晶体转入蒸发皿中，小火加热，烘干晶体，然后大火加热，并经常搅动，直至粉末变成橙红色，冷却，观察三氧化钨的颜色和状态，称其质量，并根据矿石的含量计算产率。

【注释】

[1] 黄钨酸组成不确定，近年文献报道写成 $WO_3\cdot xH_2O$。

【实验关键】

分解白钨矿时要将钼酸、钨酸分离完全，以保证产品纯净。

【思考题】

(1)根据钨、钼化合物性质上的差异如何除去白钨矿中的杂质钼？

(2) 怎样才能加速白钨矿的分解？

(3) 分解白钨矿时产生的白钨酸对本实验有何影响？如何防止白钨酸的生成？

【附：氢还原法制备钨粉】

用氢气还原三氧化钨可以制得金属钨粉。还原过程如下：

$$WO_3 + H_2 \xrightarrow{923\ K} WO_2 + H_2O$$

$$WO_2 + 2H_2 \xrightarrow{1093\ K} W + 2H_2O$$

如图 2.8 所示，通入的氢气必须净化。在净化系统中的洗气瓶 3、4 中加入浓 H_2SO_4，洗气瓶 2 中加入 0.1 mol/L $KMnO_4$ 溶液，缓冲瓶 5 加少量玻璃丝，在干燥洁净的瓷舟 7 中均匀铺上 2 g 经烘干的疏松的三氧化钨，并同瓷舟一起称其质量（准确至 0.1 g）。将瓷舟放入管式炉的中央位置，用带尖嘴的弯成 90° 的玻璃管的塞子塞紧瓷管出口。

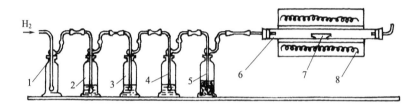

图 2.8　氢还原三氧化钨装置示意图

1,5. 缓冲瓶；2. 洗气瓶（$KMnO_4$溶液）；3,4. 洗气瓶（浓 H_2SO_4）；6. 瓷管；7. 瓷舟（WO_3）；8. 管式炉

将各部分仪器连接好后，检查各接口严密不漏气，方可通入氢气（由氢气钢瓶或启普发生器产生），氢气的流速要均匀稳定，以看到洗气瓶内产生一个一个连续气泡为宜，不能时快时慢甚至中途停顿，否则系统中压力改变容易引入空气发生危险。通气几分钟，待系统中的空气完全被排除后，检查氢气的纯度（可在瓷管出口弯曲尖嘴玻璃管上收集氢气，试管口点火试验氢气的纯度，直至不发出刺耳的爆鸣音），确证氢气已经纯净，方可在管式炉出口处的玻璃尖嘴上点燃氢气。

接上管式炉的电源（在未确证氢气纯净之前严禁加热），调节温度控制器，控制温度恒定在 1093 K 的工作状态，加热 0.5 h 后，停止加热，继续通入氢气至温度降到 523 K，才可以停止通氢气（防止在高温时钨粉被氧化）。小心取出瓷舟，称其质量，计算产率。

实验 16　由钛铁矿提取二氧化钛

【实验目的】

(1) 了解用硫酸分解钛铁矿的原理和操作方法。

(2) 了解钛盐的某些特性及在高酸度下使 TiO^{2+} 水解的方法。

【实验原理】

钛在自然界中含量高，但制取困难。钛的主要矿物有钛铁矿 $FeTiO_3$ 和金红石 TiO_2。金属钛是一种新兴的结构材料，钛的机械强度与铜相似。

$$\varphi_A^{\ominus}/V \quad TiO^{2+} \xrightarrow{\ 0.1\ } Ti^{3+} \xrightarrow{\ -0.37\ } Ti^{2+} \xrightarrow{\ -1.63\ } Ti$$

$$\underset{-0.88}{\underline{\qquad\qquad\qquad\qquad\qquad}}$$

从标准电极电势来看，钛是还原性强的金属，但在钛的表面形成致密的、钝性的氧化物保护膜，使钛具有优良的抗腐蚀性。

自然界中 TiO_2 有三种晶型，最重要的是金红石型，呈红色或桃红色。钛白是经化学处理制造出来的纯净的二氧化钛，它是重要的化工原料，可用于制取高级白色油漆。

钛铁矿的主要成分为 $FeTiO_3$，杂质主要为 Mg、Mn、V、Al 等。由于这些杂质的存在，以及部分 Fe(II) 在风化过程中转化为 Fe(III) 而失去，所以 TiO_2 的含量变化范围较大，一般在 50%(质量分数) 左右。

在 433～473 K 时，过量的浓硫酸与钛铁矿发生下列反应：

$$FeTiO_3 + 2H_2SO_4 \longrightarrow TiOSO_4 + FeSO_4 + 2H_2O$$

$$FeTiO_3 + 3H_2SO_4 \longrightarrow Ti(SO_4)_2 + FeSO_4 + 3H_2O$$

它们都是放热反应，反应一旦开始，便进行得较为剧烈。

用水浸取分解产物，这时钛和铁等以 $TiOSO_4$ 和 $FeSO_4$ 形式进入溶液。此外，部分 $Fe_2(SO_4)_3$ 也进入溶液，因此需在浸出液中加入金属铁粉，把 Fe(III) 完全还原为 Fe(II)，铁粉应当过量一些，把少量的 TiO^{2+} 还原为 Ti^{3+}，以保护 Fe(II) 不被氧化。有关的电极电势如下：

$$Fe^{2+} + 2e^- \rightleftharpoons Fe \qquad \varphi_{Fe^{2+}/Fe}^{\ominus} = -0.447\ V$$

$$Fe^{3+} + e^- \rightleftharpoons Fe^{2+} \qquad \varphi_{Fe^{3+}/Fe^{2+}}^{\ominus} = +0.771\ V$$

$$TiO^{2+} + 2H^+ + e^- \rightleftharpoons Ti^{3+} + H_2O \qquad \varphi_{TiO^{2+},H^+/Ti^{3+}}^{\ominus} = +0.10\ V$$

将溶液冷却至 273 K 以下，便有大量 $FeSO_4 \cdot 7H_2O$ 晶体析出。剩下的 Fe(II) 可以在偏钛酸的水洗过程中除去。

为了使 $TiOSO_4$ 在高酸度下水解，可先取一部分上述 $TiOSO_4$ 溶液，使其水解并分散为偏钛酸胶体，以此作为沉淀凝聚中心与其余的 $TiOSO_4$ 溶液一起加热至沸腾，使其进行水解，即得"偏钛酸"沉淀：

$$TiOSO_4 + (n+1)H_2O \longrightarrow TiO_2 \cdot nH_2O + H_2SO_4$$

将偏钛酸在 1073～1273 K 灼烧，即得二氧化钛。

$$TiO_2 \cdot nH_2O \longrightarrow TiO_2 + nH_2O$$

【仪器、药品及材料】

台秤，温度计(523 K)，电动搅拌器，瓷蒸发皿，瓷坩埚，布氏漏斗，抽滤瓶。

钛铁矿粉(325 目)，工业浓硫酸，铁粉，冰，食盐。

【实验步骤】

1. 分解钛铁矿

称取 25 g 钛铁矿粉(325 目),放入瓷蒸发皿中,加入 20 mL 浓硫酸,搅拌均匀。然后放在砂浴上加热并不断搅拌。用温度计测量反应物温度,当温度升至 383~393 K 时,要不停地搅拌反应物,注意观察反应物的变化(有无气体放出?反应物的颜色如何?黏度有何变化?)。当温度升至 423 K 左右时,反应剧烈进行,反应物也迅速变硬,这一过程几分钟内即可结束,故在这段时间内要大力搅拌,避免反应物凝固在蒸发皿上。剧烈反应后,把温度计插入砂浴中,在 473 K 左右保持温度 0.5 h,冷至室温。

2. 浸取

将产物放在烧杯中,加入 60 mL 水,搅拌至产物全部分散(约需 1 h)。为了加速溶解,可微热,但在整个浸取过程中,温度不能超过 343 K,以免 $TiOSO_4$ 过早水解为牛奶状而难以过滤。抽滤,滤渣用约 10 mL 水洗涤一次后弃去。

3. 分离硫酸亚铁

往滤液中慢慢加入总量约 1 g 的铁粉,不断搅拌至溶液变为紫黑色(Ti^{3+}呈紫色)。抽滤,滤液用冰-盐混合物冷至 273 K 以下,观察 $FeSO_4 \cdot 7H_2O$ 结晶析出。再冷却一段时间后,进行抽滤,回收 $FeSO_4 \cdot 7H_2O$。

4. 钛盐水解

先取经分离 $FeSO_4 \cdot 7H_2O$ 后的浸出液约 1/5 体积,在不断搅拌下,逐滴加入为浸出液总体积 8~10 倍的沸水中,继续煮沸 10~15 min 后,再慢慢加入其余全部浸出液,继续煮沸约半小时(应适当补充水)。静置沉降,用倾析法洗涤沉淀(先用热的体积分数为 10%的 H_2SO_4 洗 2 次,再用热水洗涤沉淀多次,直至检查不到 Fe^{2+})。抽滤,得到偏钛酸。

5. 煅烧

将偏钛酸放在瓷坩埚中,先小火烘干,然后用大火烧至不再冒白烟(也可在马弗炉内于 1123 K 灼烧),冷却,即得白色的二氧化钛粉末。称其质量,计算产率。

【实验关键】

(1)酸处理钛铁矿时不要使反应物凝固。
(2)硫酸亚铁要分离彻底。

【思考题】

(1)钛盐在水溶液中能否以 Ti^{4+}、TiO_4^{4-} 或 Ti^{2+} 等形式稳定存在?
(2)在本实验中,为使 Fe(III) 以 $FeSO_4 \cdot 7H_2O$ 的形式除去,可否用其他金属如 Zn、Al 或 Mg 等将 Fe^{3+} 还原为 Fe^{2+}?

(3)欲除去浸取液中少量的重金属离子，应如何处理？

实验 17　钼硅酸的制备并测试其性质

【实验目的】

(1)了解杂多化合物的生成原理，掌握杂多化合物制备的一般方法。

(2)了解杂多化合物的常见性质。

【实验原理】

某些简单的含氧酸根在酸性溶液中具有很强的缩合倾向。缩合脱水的结果是通过共用氧原子(称为氧桥)把简单的含氧酸根连接在一起形成多酸。例如：

$$2CrO_4^{2-} + 2H^+ \rightleftharpoons Cr_2O_7^{2-} + H_2O$$

$$12WO_4^{2-} + 18H^+ \rightleftharpoons H_2W_{12}O_{40}^{6-} + 8H_2O$$

类似地，MoO_4^{2-}、VO_3^-、MoO_3^-、TaO_3^- 等也可以形成多酸。根据多酸的组成可以把多酸分为同多酸和杂多酸。由同种含氧酸根缩合而成的多酸称为同多酸，如 $H_2Mo_3O_{10}$、$H_2W_{12}O_{40}^{6-}$，同多酸的盐称为同多酸盐。由不同种含氧酸根缩合而成的多酸称为杂多酸，相应的盐称为杂多酸盐。我们把杂多酸和杂多酸盐统称为杂多化合物，如 $H_3PW_{12}O_{40}$、$H_4SiMo_{12}O_{40}$ 都是杂多酸。

由钨酸根和磷酸根形成的杂多酸称为钨磷酸。习惯上把其中的磷称为杂原子(因其量少而得名)，而把其中的钨原子称为多原子或重原子(因其含量大，且多为钨、钼等重原子而得名)。杂原子与多原子的比例不同时，形成的杂多酸的结构不同。当 P、W 比值为 1:12 时，其分子式为 $H_3PW_{12}O_{40}$，其结构式常写成 $H_3[P(W_3O_{10})_4]$，这种结构称为 Keggin 结构，如图 2.9 所示。具有 Keggin 结构的杂多酸根还有 $AsW_{12}O_{40}^{3-}$、$SiMo_{12}O_{40}^{4-}$、$SiW_{12}O_{40}^{4-}$、$GeW_{12}O_{40}^{4-}$ 等。在 Keggin 结构中，P^{5+}、As^{5+}、Si^{4+}、Ge^{4+} 等处于整个结构的中心，因此又得名中心杂原子。多原子则以 $W_3O_{10}^{2-}$、Mo_3O_{10} 等三金属簇形式配位到中心杂原子上。从结构上看杂多酸及其盐是一种特殊的配合物。

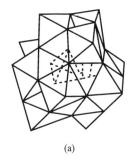　　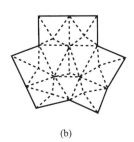

(a)　　　　　　　　　　(b)

图 2.9　(a)、(b)为不同角度看 $\chi M_{12}O_{40}^{n-}$ 的结构

Keggin 结构会被破坏，生成简单的含氧酸根，如

$$PW_{12}O_{40}^{3-} + 24OH^- \xrightarrow{\triangle} PO_4^{3-} + 12WO_4^{2-} + 12H_2O$$

因此，用 NaOH 滴定杂多酸的水溶液时，NaOH 的用量不同时，结果可能完全不同。

【仪器、药品及材料】

电磁搅拌器，碱式滴定管(50 mL)，G3 玻璃砂芯漏斗，干燥器，洗气瓶，热分析仪，分液漏斗(250 mL，150 mL)，烧杯(500 mL，50 mL)。

钼酸钠(s)，硅酸钠(s)，HCl(浓，3 mol/L)，H_2O_2(3%)，乙醚(C.P.)，酚酞(1%)，甲基橙(0.1%)，NaOH 标准溶液(0.1 mol/L)。

【实验步骤】

1. 十二钼硅酸的制备

(1)合成。称取 50 g $Na_2MoO_4 \cdot 2H_2O$ 溶于 200 mL 水中，加热至 60℃，加入 250 mL 浓盐酸(在通风橱内进行)，在电磁搅拌的同时加入硅酸钠的水溶液(5 g 硅酸钠溶于 50 mL 蒸馏水)，其密度为 1.375 g/cm³。继续搅拌并用滴液漏斗滴加 60 mL 浓盐酸，反应完毕后用玻璃砂芯漏斗过滤除去少量的硅酸沉淀，保留滤液。

(2)萃取。待上述反应液冷却后，取一部分倒入 250 mL 分液漏斗中，加入足量的乙醚(使乙醚层的高度为 0.5 cm 即可)，采用旋转式摇动使反应液与乙醚充分接触(此处应注意防止剧烈振荡后产生的大量乙醚蒸气溅出，或把分液漏斗盖子弹出造成液体飞溅)，待静止后，分出最下层的十二钼硅酸乙醚加合物(简称醚合物)。向剩余水溶液与乙醚层中加入浓盐酸并振荡，直至无杂多酸醚合物生成，分出醚合物，再放出残余的水相(弃去)。向含有乙醚的分液漏斗中加入(1)中所得的混合液，补充乙醚后重复萃取操作，分出醚合物，合并于同一容器内。

(3)纯化。将所得到的醚合物全部注入小分液漏斗中，加入足量的乙醚(约 25 mL)，再萃取 1 次，分出十二钼硅酸的乙醚加合物。

(4)除醚、结晶。可以用两种方法除去醚合物中的乙醚：一是向醚合物中通入经浓硝酸洗涤过的空气；二是向醚合物中加入其 1/2 体积的蒸馏水，再通入洗涤过的空气。如果溶液变绿，则可以加入少量 H_2O_2 使其恢复原来的黄色，溶液很容易析出结晶。

(5)制取产品。将上面所得钼硅酸晶体溶于 60 mL 3 mol/L 盐酸中，用乙醚再萃取 1 次，除去其中的乙醚。在 40℃条件下浓缩，最后在室温下用蒸馏水重结晶。这样得到的晶体中约含 29 个水分子。将晶体置于干燥器中干燥，可以将大部分结晶水除去，此时得到的晶体含 5～6 个结晶水。

2. 十二钼硅酸的性质

1)热性质

称取少量样品(根据热分析仪的灵敏度而定，少则几毫克，多则数百毫克)。测定条件为：静态空气气氛，铝质样品池，α-Al_2O_3 为参比物，升温速率为 10℃/min，测定样品从室温到 500℃范围内的热性质。

2) 与 NaOH 的反应

(1) 称取 1.0000 g 左右的样品，以甲基橙为指示剂，用 0.1 mol/L NaOH 标准溶液滴定其水溶液。

(2) 称取 0.2000 g 左右的样品，加水溶解后，加热至近沸，以酚酞为指示剂，用 0.1 mol/L NaOH 标准溶液滴定至终点。

比较以上两种情况，滴定结果有何不同？这说明了什么问题？

【实验关键】

注意反应条件，在合成十二钼硅酸时防止 H_2MnO_4 的生成。

【思考题】

(1) 在 Keggin 结构中，O_a、O_b、O_c、O_d 各有多少个？哪种氧原子与重原子的结合力最大？为什么？

(2) 在杂多酸晶体中，哪种水最易失去？哪种水最难失去？结构水的失去意味着什么？

(3) 用乙醚作萃取剂时，振荡后乙醚的蒸气压增大，易把分液漏斗的盖弹出，甚至可能发生爆炸性的飞溅现象，实验过程中应如何避免这种事故？

实验 18　无机颜料(铁黄)的制备

【实验目的】

(1) 了解用亚铁盐制备氧化铁黄的原理和方法。

(2) 熟练掌握恒温水浴加热方法、溶液 pH 的调节、沉淀的洗涤、结晶的干燥和减压过滤等基本操作。

【实验原理】

氧化铁黄又称羟基铁(简称铁黄)，化学分子式为 $Fe_2O_3 \cdot H_2O$ 或 $FeO(OH)$，呈黄色粉末状，色泽为带有鲜明而纯洁的赭黄色。它是化学性质比较稳定的碱性氧化物，不溶于碱，微溶于酸，在热浓盐酸中可完全溶解，热稳定性较差，加热至 150～200℃时开始脱水，当温度升至 270～300℃，脱水迅速并变为铁红(Fe_2O_3)。

铁黄无毒，具有良好的颜料性能，耐候性好，在涂料中使用遮盖力强，故应用广泛。常用于墙面粉饰、马赛克地面、水泥制品、油墨、橡胶及造纸等的着色剂。此外，铁黄还可作为生产铁红、铁黑、铁棕及铁绿的原料。医药上也可用于药片的糖衣着色，另外在化妆品、绘图中也有应用。

本实验制取铁黄是采用湿法亚铁盐氧化法。除空气参加氧化外，用氯酸钾($KClO_3$)作为主要的氧化剂可以大大加速反应的进程。制备过程分为两个阶段。

1. 晶种的形成

铁黄是晶体结构，要得到它的结晶，必须先形成晶核，晶核长大成为晶种。晶种生成过

程的条件决定着铁黄的颜色和质量,所以制备晶种是关键的一步。形成铁黄晶种的过程大致分为两步:

(1)生成氢氧化亚铁胶体。在一定温度下,向硫酸亚铁铵(或硫酸亚铁)溶液中加入碱液(主要是氢氧化钠,用氨水也可),立刻有胶状氢氧化亚铁生成,反应如下:

$$FeSO_4 + 2NaOH \longrightarrow Fe(OH)_2 \downarrow + Na_2SO_4$$

由于氢氧化亚铁溶解度非常小,晶核生成的速度相当迅速。为使晶种粒子细小而均匀,反应要在充分搅拌下进行,溶液中要留有硫酸亚铁晶体。

(2)FeO(OH)晶核的形成。要生成铁黄晶种,需将氢氧化亚铁进一步氧化,反应如下:

$$4Fe(OH)_2 + O_2 \longrightarrow 4FeO(OH) + 2H_2O$$

由于氢氧化亚铁(Ⅱ)氧化成铁(Ⅲ)是一个复杂的过程,所以反应温度和 pH 必须严格控制在规定范围内,温度控制在 20～25℃,调节溶液 pH 保持在 4～4.5。如果溶液 pH 接近中性或略偏碱性,可得到由棕黄到棕黑,甚至黑色的一系列过渡色。pH>9 则形成红棕色的铁红晶种。若 pH>10,则又产生一系列过渡色相的铁氧化物,失去作为晶种的作用。

2. 铁黄的制备(氧化阶段)

氧化阶段的氧化剂主要为 $KClO_3$。另外,空气中的氧也参加氧化反应。氧化时必须升温,温度保持在 80～85℃,控制溶液的 pH 为 4～4.5。氧化过程的化学反应如下:

$$4FeSO_4 + O_2 + 6H_2O \longrightarrow 4FeO(OH) \downarrow + 4H_2SO_4$$

$$6FeSO_4 + KClO_3 + 9H_2O \longrightarrow 6FeO(OH) \downarrow + 6H_2SO_4 + KCl$$

氧化反应过程中,沉淀的颜色由灰绿→墨绿→红棕→淡黄(或赭黄)。

【仪器、药品及材料】

恒温水浴槽,台秤,布氏漏斗,抽滤瓶,蒸发皿,水泵等。

硫酸亚铁铵(s),氯酸钾(s),NaOH(2 mol/L),$BaCl_2$(0.1 mol/L);pH 试纸(pH 1～14)。

【实验步骤】

称取 10.0 g$(NH_4)_2Fe(SO_4)_2 \cdot 6H_2O$ 放在 100 mL 烧杯中,加水 13 mL,在恒温水浴中加热至 20～25℃搅拌溶解(有部分晶体不溶)。检验此时溶液的 pH,慢慢滴加 2 mol/L NaOH,边加边搅拌至溶液 pH≤4,停止加碱。观察反应过程中沉淀颜色的变化。

取 0.3 g $KClO_3$ 倒入上述溶液中,搅拌后检验溶液的 pH。将恒温水浴温度升到 60～80℃进行氧化反应。不断滴加 2 mol/L NaOH,随着氧化反应的进行,溶液的 pH 不断降低,至 pH 为 4～4.5 时停止加碱。整个氧化反应约需加 10 mL 2 mol/L NaOH 溶液。接近此碱液体积时,每加 1 滴碱液后即检查溶液的 pH。因可溶盐难以洗净,故对最后生成的淡黄色颜料要用 60℃左右的自来水倾泻法洗涤颜料,至溶液中基本无 SO_4^{2-}(以自来水作空白实验)。减压过滤得黄色颜料滤饼,弃去母液,将黄色颜料滤饼转入蒸发皿中,在水浴加热下进行烘干,称其质量,计算产率。

【思考题】

(1)铁黄制备过程中，随着氧化反应的进行虽然不断滴加碱液，为什么溶液的 pH 还是逐渐降低？

(2)在洗涤黄色颜料过程中如何检验溶液中基本无 SO_4^{2-}，目视观察达到什么程度算合格？

(3)如何从铁黄制备铁红、铁绿、铁棕和铁黑？

实验 19　乙酸亚铬水合物的合成

【实验目的】

(1)要求学生掌握通用的 Schlenk 技术中的抽空充氮、对接、液体加料、反应及过滤等基本单元操作。

(2)合成乙酸亚铬水合物，了解亚铬盐的性质。

(3)通过磁化率的测定，了解乙酸亚铬水合物的成键特征，把握金属-金属键的概念。

【实验原理】

砖红色晶体乙酸亚铬水合物 $[Cr(O_2CCH_3)_2]_2 \cdot 2H_2O$，是一种人们最熟悉、最稳定的亚铬化合物，通常由亚铬盐水溶液和乙酸钠水溶液反应制取。从电极电势看：

$$Cr^{3+} + e^- \Longrightarrow Cr^{2+} \qquad \varphi^{\ominus}_{(Cr^{3+}/Cr^{2+})} = -0.41 \, V$$

Cr^{3+} 的还原性很强，容易被空气中的氧气氧化，在隔绝空气的条件下，将金属铬溶于稀无机酸，或用锌汞齐、电解等方法还原 Cr(III)盐水溶液，均可得到天蓝色的 Cr(II)盐溶液。本实验在无氧条件下，先用金属锌还原 Cr(III)盐的酸性溶液，制得 Cr(II)盐溶液，然后再与乙酸钠水溶液反应，溶解度较小的乙酸亚铬水合物晶体即从溶液中析出，而与锌离子分离：

$$2Cr^{3+} + Zn \Longrightarrow 2Cr^{2+} + Zn^{2+}$$

$$2Cr^{2+} + 4CH_3COO^- + 2H_2O \Longrightarrow [Cr(O_2CCH_3)_2]_2 \cdot 2H_2O$$

鉴于 Cr(II)对氧化反应的敏感性，已知的各种合成方法均设计专用的玻璃仪器系统，能在 N_2 或 CO_2 保护气氛下进行操作。本实验采用通用的 Schlenk 技术制取纯净的二聚乙酸亚铬水合物。

二聚乙酸亚铬水合物是一种典型的、具有金属-金属多重键的双核簇合物，其结构式示意图如图 2.10 所示。分子中两个铬原子以四个羧桥连接，原子间距为 Cr—O(乙酸根)0.197 nm、Cr—Cr 0.246 nm。Cr—Cr 距离短表明两个铬原子之间存在强的相互作用。化合物的有效磁矩 $\mu_{eff} = 0.53$，几乎呈反磁性。若 d^4 构型的 Cr(II)通过形成金属-金属 $\sigma\pi^2\delta$ 四重键而实现 d 电子的完全配对，就可能呈反磁性。估计此化合物中存在铬铬四重键 $Cr\equiv Cr$。本实验将通过测定化合物的磁化率计算其有效磁矩，验证 $[Cr(O_2CCH_3)_2]_2 \cdot 2H_2O$ 具有 $Cr\equiv Cr$ 多重键结构。

$[Cr(O_2CCH_3)_2]_2 \cdot 2H_2O$ 在空气中不稳定，会缓慢地氧化变成灰蓝色，但在密闭容器中可长期保存。

图 2.10　二聚乙酸亚铬水合物的多重键结构示意图

【仪器、药品及材料】

抽滤瓶(125 mL)，砂芯漏斗(3 号)，电磁搅拌器，水浴装置，无水无氧操作系统，标准磨口 Schlenk 管(包括反应管、过滤管、弯接管等)，Gouy 磁天平(由电磁铁、直流励磁电源、高斯计、半微量电光分析天平和玻璃样品管等组成)。

CrCl₃·6H₂O(C.P.)，锌粒(C.P.)，浓 HCl(C.P.)，乙酸钠 CH₃COONa·3H₂O(C.P.)，乙醇(C.P.)，乙醚(C.P.)，冰水，硫代硫酸三乙二胺合镍 Ni(en)₃S₂O₃。

【实验步骤】

1. 氯化亚铬的制备

$$2CrCl_3 + Zn === 2CrCl_2 + ZnCl_2$$

称取 5 g CrCl₃·6H₂O(约 0.02 mol)溶于 17 mL 蒸馏水，将所得 CrCl₃溶液和 4 g 锌粒置于反应管 1 中，按图 2.11(a)安装好装置。关闭活塞 3，开启活塞 4、5，将装置与无水无氧操作系统连接，反复抽真空和充氮气各 2 次，以除去反应管 1、2 中的空气(注意：管中真空度高，CrCl₃溶液会沸腾，此时应及时转为充氮)。第 2 次充氮时，在反应管 1 尚未达正压前，就应关闭活塞 4。继续充氮至反应管 2 略呈正压，开启反应管 2 的磨口塞 6，在充氮条件下，加

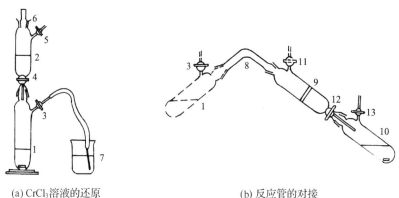

(a) CrCl₃溶液的还原　　　　(b) 反应管的对接

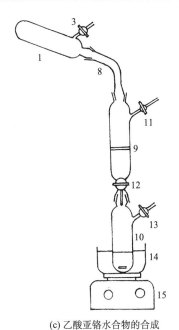

(c) 乙酸亚铬水合物的合成

图 2.11　合成乙酸亚铬水合物的实验装置

1, 2, 10. 反应管；3, 4, 5, 11, 12, 13. 活塞；6. 磨口塞；7. 水封槽；8. 弯接管；
9. 过滤管；14. 水浴；15. 电磁搅拌器

入浓盐酸 8 mL，塞上磨口塞。缓慢开启活塞 4，使反应管 2 中的盐酸滴入反应管 1。随着反应发生，氢气释放，为使反应管 2 中的盐酸能继续下滴，可以开启活塞 3，使气体从水封槽中逸出。待盐酸滴完后，立即关闭活塞 4、5，让反应管 1 中的反应继续进行，溶液颜色由深绿色逐渐变蓝。当溶液呈纯蓝色时，即得 Cr(Ⅱ) 盐溶液。

2. 乙酸亚铬水合物的合成

$$2CrCl_2 + 4CH_3COONa + 2H_2O \Longrightarrow [Cr(O_2CCH_3)_2]_2 \cdot 2H_2O + 4NaCl$$

在反应管 10 中加入乙酸钠溶液（30 g CH_3COONa·3H_2O 约 0.2 mol，溶于 27 mL 水中）、2 mL 浓盐酸和一颗电磁搅拌子，按图 2.11 的实线部分搭好装置（此时图中虚线部分应为 1 只磨口塞）。关闭活塞 13，开启活塞 11、12，连接无水无氧操作系统，抽真空、充氮 2 次以除去装置中的空气。在第 2 次充氮时，早些关闭活塞 12，使反应管 10 保持一定负压。继续充氮至管 9 呈正压后，打开弯曲管上的磨口塞，立即同与反应管 2 脱开的反应管 1 按图 2.11 (b) 所示的虚线部分连接。将整套装置按图 2.11 (c) 所示的方式竖直，套上热水浴 14，在电磁搅拌器 15 上固定装置。

在加热及搅拌的条件下，开启活塞 12，使反应管 1 中的 CrCl_2 溶液经过过滤管 9 进入反应管 10（若反应管 10 负压不够，过滤操作难以继续进行时，可将反应管 10 与系统连接，开启活塞 13 抽真空）。待 CrCl_2 溶液完全流入反应管 10 后，关闭活塞 11、12 及 13，停止加热，放置冷却。

3. 乙酸亚铬水合物的过滤和干燥

在热溶液中反应得到的乙酸亚铬水合物的晶体颗粒较大,可在空气中抽滤。潮湿晶体与空气直接接触时仍易氧化,在过滤和洗涤过程中务必注意不要搅动漏斗中的沉淀,更不能将液层完全抽干,而使空气通过沉淀层。

沉淀用冰水洗 4 次(每次 15 mL)、95%乙醇洗 2 次(每次 12.5 mL)、乙醚洗 2 次(每次 12.5 mL),漏斗中的干燥产物尽快装入已称量的净样品管内,抽真空后封口,称出产品质量,计算产率。

4. 产品磁化率的测定

为避免样品在研细过程中被空气氧化,可用图 2.12 所示的装置研磨和装样。将装样管 1 接系统,开启活塞 2,抽真空后充氮,打开磨口帽 3 加入样品,用粗玻璃棒在充氮条件下将样品研细后,打开磨口帽 4,套上样品管 5 及磨口帽 3,抽真空后关闭活塞 2,将装样管旋转 90°,用振荡器将样品移入样品管,开启活塞 2 充氮至正压,将样品管与装样管分离,立即盖上磨口塞 6。以 $Ni(en)_3S_2O_3$ 为标定物,测定乙酸亚铬水合物的磁化率,计算铬原子的有效磁矩。

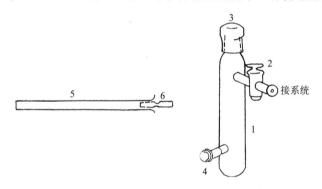

图 2.12　氮气气氛下产品的研磨和装样装置
1. 装样管；2. 活塞；3,4. 磨口帽；5. 样品管；6. 磨口塞

【思考题】

(1)在制取亚铬溶液时,何时才能开启活塞 3?为什么?

(2)在制取乙酸亚铬水合物的实验步骤中,为何要用弯接管?

(3)乙酸钠溶液中加入 2 mL 浓盐酸有何作用?

实验 20　磷酸二氢钠和磷酸氢二钠的制备

【实验目的】

(1)练习减压过滤、蒸发浓缩、洗涤晶体等基本操作。

(2)理解多元酸电离平衡与 pH 间的关系,掌握控制溶液 pH 制备无机盐的方法。

(3)制备 NaH_2PO_4 和 Na_2HPO_4。

【实验原理】

磷酸是三元酸，有三个可以被金属取代的氢。它在水溶液中分三步电离，在与碱中和时，可以在不同条件下生成三种盐。

在弱酸性溶液下，生成 NaH_2PO_4：

$$H_3PO_4 + NaOH \Longrightarrow NaH_2PO_4 + H_2O$$

在弱碱性溶液下，生成 Na_2HPO_4：

$$H_3PO_4 + 2NaOH \Longrightarrow Na_2HPO_4 + 2H_2O$$

在强碱性溶液下，生成 Na_3PO_4：

$$H_3PO_4 + 3NaOH \Longrightarrow Na_3PO_4 + 3H_2O$$

当用碳酸钠或氢氧化钠和磷酸反应时，中和掉磷酸的一个氢离子(pH 4.2～4.6)，浓缩后得到 $NaH_2PO_4 \cdot 2H_2O$。它为无色菱形晶体，57.4℃时熔化，100℃时脱水，200℃时生成焦磷酸二氢钠($Na_2H_2P_2O_7$)。如果中和掉磷酸的两个氢离子(pH 约 9.2)，则浓缩后得到 $Na_2HPO_4 \cdot 12H_2O$。它是无色透明单斜晶系菱形结晶，在空气中迅速风化，可溶于水并呈碱性(0.1～1.0 mol/L 溶液的 pH 约为 9.0)，38℃时熔化，100℃时失去结晶水，250℃时生成 $Na_4P_4O_7$。所以，本实验可在上述条件下分别制备 $NaH_2PO_4 \cdot 2H_2O$ 和 $Na_2HPO_4 \cdot 12H_2O$。在磷酸盐(包括 Na_3PO_4、Na_2HPO_4 和 NaH_2PO_4)溶液中，加入 $AgNO_3$ 皆生成 Ag_3PO_4 黄色沉淀。

【仪器、药品及材料】

托盘天平，烧杯，抽滤瓶，布氏漏斗，水泵，普通漏斗，量筒，试管，蒸发皿，表面皿，坩埚钳。

$H_3PO_4(\geqslant 85\%)$，无水 C_2H_5OH，$NaOH$(2.0 mol/L，6.0 mol/L)，无水 Na_2CO_3(固体)，$NaH_2PO_4 \cdot 2H_2O$(作晶种)，$AgNO_3$(0.1 mol/L)，冰。

精密 pH 试纸，广泛 pH 试纸，滤纸。

【实验步骤】

1. $NaH_2PO_4 \cdot 2H_2O$ 的制备

取 5 mL 化学纯的磷酸于 200 mL 烧杯中，加入 80 mL 蒸馏水，搅匀。加热，分多次并缓慢地加入无水 Na_2CO_3(约需 9 g)，调节 pH 为 4.2～4.6(交替使用广泛 pH 试纸和精密 pH 试纸进行检查)。将溶液转到蒸发皿中，在水浴上加热浓缩至表面有较多晶膜出现(浓度大一些结晶较好)。用冰水冷却至室温以下，加入晶种 $NaH_2PO_4 \cdot 2H_2O$，待晶体析出后，抽滤，晶体用少量无水乙醇洗涤 2～3 次(每次用 3～6 mL)，吸干后，称量，计算产率。取少量晶体溶于水，测其 pH，其余晶体交给指导教师。

2. $Na_2HPO_4 \cdot 12H_2O$ 的制备

取 5 mL 化学纯磷酸于 200 mL 烧杯中，加入 70 mL 蒸馏水，搅匀。加入 6.0 mol/L NaOH 溶液(共约需 30 mL)，调节 pH 至 9.2(注意：中和到 pH=7～8 时，要缓慢滴加或改用 2.0 mol/L

NaOH 溶液调节到 pH=9.2(如 pH 超过 9.2，可用磷酸调回)。将溶液转到蒸发皿中，在水浴上加热浓缩至表面刚有微晶出现(不要过分浓缩)，冷却至室温(可适当搅动，防止晶体结块)，待晶体析出后，抽滤，称量，计算产率。取少量晶体溶于水，测其 pH，其余晶体交给指导教师。

【思考题】

(1)试以两种酸式磷酸盐为例，说明酸式盐的水溶液是否都具有酸性？为什么？

(2)现有一瓶无色的磷酸盐溶液，如何鉴别它是 NaH_2PO_4、Na_2HPO_4、Na_3PO_4 或 $Na_4P_2O_7$?

实验 21　乙酸铜的制备与分析

【实验目的】

(1)练习减压过滤、蒸发浓缩、洗涤晶体等基本操作。

(2)掌握乙酸铜的制备方法。

(3)熟悉配位滴定法测定铜含量的方法。

【实验原理】

乙酸铜 $Cu(CH_3COO)_2 \cdot H_2O$ 为暗蓝绿色单斜晶体，能溶于水、乙醇和乙醚，20℃时在水中的溶解度为 7.2 g(100 mL)，100℃以上时失去结晶水，其熔点为 115℃，可应用于催化剂、医药、陶瓷、涂料等行业。

$Cu(CH_3COO)_2 \cdot H_2O$ 可由铜、氧化铜或碳酸铜与乙酸一起加热反应制得。本实验以 $CuSO_4 \cdot 5H_2O$ 为原料，与 Na_2CO_3 反应生成 $CuCO_3$。将 $CuCO_3$ 溶解在乙酸中，即制得 $Cu(CH_3COO)_2 \cdot H_2O$，反应式如下：

$$CuSO_4 + Na_2CO_3 == Na_2SO_4 + CuCO_3$$
$$CuCO_3 + 2CH_3COOH == Cu(CH_3COO)_2 \cdot H_2O + CO_2\uparrow$$

产物中铜的含量采用配位滴定法测定。

【仪器、药品及材料】

微孔玻璃漏斗(3 号)，抽滤瓶，水泵，蒸发皿，容量瓶，锥形瓶，温度计，滴定管。

H_2SO_4(2 mol/L)，碳酸钠($Na_2CO_3 \cdot 10H_2O$)，硫酸铜($CuSO_4 \cdot 5H_2O$)，$BaCl_2$(0.1 mol/L)，冰醋酸，HAc-NaAc 缓冲溶液(pH=5)，EDTA 标准溶液(0.02 mol/L)，PAN 指示剂(0.2%乙醇溶液)。

【实验步骤】

1. $Cu(CH_3COO)_2 \cdot H_2O$ 的制备

称取 12 g $CuSO_4 \cdot 5H_2O$ 溶于 120 mL 热水中，另取 13.5 g $Na_2CO_3 \cdot 10H_2O$ 溶于 60 mL 热水，剧烈搅拌下将 $CuSO_4$ 溶液加到 Na_2CO_3 溶液中，立即产生 $CuCO_3$ 沉淀。待溶液澄清后，用微

孔玻璃漏斗减压过滤。沉淀用 50℃左右热水洗涤数次，直至将 SO_4^{2-} 洗净。

在 6 mL 冰醋酸和 50 mL 温水的混合液中，搅拌下缓慢加入洗净的 $CuCO_3$ 沉淀，溶解，于 60℃水浴上蒸发浓缩至原体积的 1/3，此时将析出较多的乙酸铜晶体，冷却，减压过滤，称量，计算产率。

2. $Cu(CH_3COO)_2 \cdot H_2O$ 产品中铜含量的测定

准确称取 $Cu(CH_3COO)_2 \cdot H_2O$ 产品 1 g 左右于 150 mL 小烧杯中，加 25 mL 水及 2 mol/L H_2SO_4 约 1 mL，溶解后，转移至 250 mL 容量瓶中，稀释至标线，摇匀。

移取该产品溶液 25 mL 三份，分别置于 250 mL 锥形瓶中，加入 HAc-NaAc 缓冲溶液 15 mL，加热至 70~80℃，加入 PAN 指示剂 5 滴，以 0.02 mol/L EDTA 标准溶液滴定，溶液由紫红色突变至绿色，即为终点。

计算 $Cu(CH_3COO)_2 \cdot H_2O$ 产品中铜的含量。

【注意事项】

(1) 收集滤液，用 $BaCl_2$ 溶液检验 SO_4^{2-} 是否洗净。

(2) 临近滴定终点时应充分振荡，并缓慢滴定。

【思考题】

(1) 硫酸铜与碳酸钠反应生成 $CuCO_3$ 沉淀，洗涤沉淀时能否用沸水？为什么？

(2) 在以 PAN 为指示剂、用 EDTA 配位滴定法直接测定铜含量时，为什么需将溶液加热至 70~80℃，并特别注意临近终点时充分振荡、缓慢滴定？

实验 22　过碳酸钠 $(2Na_2CO_3 \cdot 3H_2O_2)$ 的制备及产品质量检验

【实验目的】

(1) 掌握常温下湿法制备过碳酸钠的方法。

(2) 采用盐析法和醇析法提高过碳酸钠的产率。

(3) 学会产品质量的检测。

【实验原理】

碳酸钠和双氧水在一定条件下反应生成过碳酸钠，过碳酸钠的理论活性氧含量为 15.3%，反应为放热反应，其反应式如下：

$$2Na_2CO_3 + 3H_2O_2 \longrightarrow 2Na_2CO_3 \cdot 3H_2O_2 + Q$$

由于过碳酸钠不稳定，重金属离子或其他杂质污染，高温、高湿等因素都易使其分解，从而降低过碳酸钠活性氧含量，其分解反应式为

$$2Na_2CO_3 \cdot 3H_2O_2 \longrightarrow 2Na_2CO_3 \cdot H_2O + H_2O + \frac{3}{2}O_2 \uparrow$$

【仪器、药品及材料】

电子天平(0.01 g)，循环水真空泵，数字显示烘箱，可见分光光度计，磁力搅拌器及磁子，60 mL 玻璃砂芯漏斗(3 号)，抽滤瓶，电子分析天平(0.1 mg)，移液管(1 mL 2 根，10 mL 1 根)，100 mL 容量瓶，温度计，50 mL 棕色酸式滴定管。

30% H_2O_2，无水 Na_2CO_3，硫酸镁($MgSO_4·7H_2O$)，硅酸钠($Na_2SiO_3·9H_2O$)，氯化钠，无水乙醇，2 mol/L H_2SO_4，HCl(1∶1)溶液，$KMnO_4$ 标准溶液，10% $NH_3·H_2O$，10%盐酸羟胺溶液，HAc-NaAc 缓冲溶液(pH=4.5)，0.2%邻菲咯啉溶液。

【实验步骤】

1. 产品 I 的制备

(1)配制反应液 A：称取 0.15 g 硫酸镁于烧杯中，加入 25 mL 30% H_2O_2 搅拌至溶解。

(2)配制反应液 B：称取 0.15 g 硅酸钠和 15 g 无水 Na_2CO_3 于烧杯中，分批加入适量的蒸馏水中，搅拌至溶解。

(3)将反应液 A 分批加入盛有反应液 B 的烧杯中(如有需要可添加少许蒸馏水)，磁力搅拌反应，控制反应温度在 30℃以下。加完后继续搅拌 5 min。

(4)在冰水浴中将反应物温度冷却至 0~5℃。

(5)反应物转移至布氏漏斗，抽滤至干，滤液定量转移至量筒，记录体积。

(6)产品用适量无水乙醇洗涤 2~3 次，抽滤至干。

(7)产品转移至表面皿中，放入烘箱，50℃干燥 60 min。

(8)冷却至室温，即得产品 I，称量(精确至 0.01 g)，记录数据，计算产率。

2. 产品 II 的制备

(1)用量筒将滤液平均分成两部分(如有沉淀物需搅拌混合均匀)，分别放入两个烧杯。

(2)在一个盛有滤液的烧杯中加入 5.0 g NaCl 固体，磁力搅拌 5 min(如有需要可添加少许蒸馏水)。

(3)随后操作参照产品 I 的制备[从(4)操作开始]，可得产品 II，称量(精确至 0.01 g)，记录数据。

3. 产品 III 的制备

(1)在另一个盛有滤液的烧杯中，加入 10 mL 无水乙醇，磁力搅拌 5 min(如有需要可添加少许蒸馏水)。

(2)随后操作参照产品 I 的制备[从(4)操作开始]，可得产品 III，称量(精确至 0.01 g)，记录数据。

4. 计算过碳酸钠(产品Ⅰ、Ⅱ和Ⅲ)的总产率

5. 产品质量的检测

1)活性氧含量的测定

(1)准确称取产品Ⅰ、Ⅱ和Ⅲ 0.2000～0.2200 g，放入 250 mL 锥形瓶中，加 50 mL 去离子水溶解，再加 50 mL 2 mol/L H_2SO_4。

(2)用 $KMnO_4$ 标准溶液滴定至终点(至溶液呈粉红色并在 30 s 内不消失即为终点)，记录所消耗 $KMnO_4$ 溶液的体积。

(3)每个产品测定三个平行样品。

(4)计算产品活性氧的含量(%)。

2)铁含量的测定

(1)准确称取 0.2000～0.2200 g 产品Ⅰ(平行测定三次)，置于小烧杯中，用 10 mL 去离子水润湿，加 2 mL HCl(1∶1)至样品完全溶解。

(2)添加去离子水约 10 mL，用 10% $NH_3 \cdot H_2O$ 调节溶液的 pH 为 2～2.5。

(3)混合溶液定量转移至 100 mL 容量瓶中，加 1 mL 10%盐酸羟胺溶液，摇匀；放置 5 min 后，再加 1 mL 0.2%邻菲啰啉溶液和 10 mL HAc-NaAc 缓冲溶液(pH=4.5)混合，稀释至刻度，放置 30 min，待测。

(4)以空白试样为参比溶液，在 510 nm 波长处，用 1 cm 比色皿测定试液的吸光度，记录数据。

(5)对照标准曲线即可算得样品中 Fe 的含量(%)。

3)热稳定性的检测

(1)准确称取 0.3000～0.3500 g 产品Ⅰ于表面皿上(平行测定三次)。

(2)放入烘箱，100℃加热 60 min。

(3)冷却至室温，称量(精确至 0.0001 g)，记录数据。

(4)根据加热前后质量的变化，结合产品Ⅰ的活性氧的测定结果对产品的热稳定性进行讨论。

【思考题】

(1)制备过碳酸钠产品时，加入硫酸镁和硅酸钠有什么作用？

(2)要得到高产率和高活性氧的过碳酸钠产品的关键因素有哪些？

实验 23　过二硫酸钾的制备与性质

【实验目的】

(1)学习电解法制备无机化合物的一般操作步骤。

(2)掌握电解法制备过二硫酸钾的实验条件。

(3)学习过二硫酸钾的强氧化性。

【实验原理】

电解合成是无机化合物合成的重要途径，可大规模制备化学工业产品。例如，电解 NaCl 的水溶液可得到重要的化工产品 NaOH、Cl_2 和 H_2，电解熔融 NaCl 可得到金属钠和 Cl_2 等。有时电解是制取某些化学物质的最有效的方法，如氟单质的制备。电解合成时反应体系及其产物不会引入杂质，减少分离带来的困难，所以电解法是常用的行之有效的合成方法。

一般电解法多用于制备最高价、特殊高价、中间价态和特殊低价等用化学法难以合成的化合物。例如，高价的含氧酸盐及含氧化合物（$K_2S_2O_8$、$KClO_4$ 等）的制备，低氧化态的过渡金属（Tl^+、Ni^+、W^{3+} 等）化合物的制备。近年来，在非水体系中用电解法直接合成低价金属配合物、金属有机化合物等有了较大的发展，为无机化合物的合成提供了新的途径。

在本实验中，用电解 $KHSO_4$ 饱和水溶液或 H_2SO_4 与 K_2SO_4 混合溶液的方法制备过二硫酸钾，电极反应为

阴极反应：$2H^+ + 2e^- \rightleftharpoons H_2$

阳极反应：$2HSO_4^- \rightleftharpoons S_2O_8^{2-} + 2H^+ + 2e^-$

有报道认为 pH 对电极反应并无影响，否定了 HSO_4^- 参与电极反应的可能性，只是 SO_4^{2-} 在阳极放电。

在阳极除了生成 $S_2O_8^{2-}$ 外，也有 H_2O 被电解为 O_2 的氧化反应。从标准电极电势判断，H_2O 的氧化反应比 HSO_4^- 的氧化反应优先发生。实际上由于动力学的原因，生成 O_2 需要较高的超电势，且超电势与阳极材料有关。氧在 1 mol/L KOH 溶液中的超电势为：Ni 0.87 V，Cu 0.84 V，Ag 1.14 V，Pt 1.38 V。O_2 在 Pt 上有较高的超电势，所以在制备 $K_2S_2O_8$ 时用 Pt 作阳极。

超电势随电流密度增加而增大，所以采用较高的电流有利于获得 $K_2S_2O_8$ 并尽可能减少 O_2 的生成。电解在低温下进行反应速率慢，水被氧化的速率也会变小，使氧的超电势增加，所以低温对生成 $S_2O_8^{2-}$ 是有利的。提高 HSO_4^- 浓度，会使 $K_2S_2O_8$ 的产量提高。综上所述，在电解制备 $S_2O_8^{2-}$ 时将采用 Pt 电极、高电流密度、低温及饱和的 $KHSO_4$ 溶液。

在任何电解过程中，产物在阳极产生后会向阴极扩散并可能被还原为原来的物质。因此，一般阳极和阴极必须分开，或用隔膜隔开。本实验中，阳极产生的 $S_2O_8^{2-}$ 将向阴极扩散生成溶解度小的 $K_2S_2O_8$，在到达阴极以前就从溶液中析出。

Pt 电极采用直径较小的丝，电极反应的电流密度控制在 2.0 A/cm²。

工业上由在酸性溶液中水解制备 H_2O_2。

$S_2O_8^{2-}$ 是已知最强的氧化剂之一，可以把许多元素氧化为最高氧化态。例如，可将 Cr^{3+} 氧化为 $Cr_2O_7^{2-}$，将 Mn^{2+} 氧化为 MnO_4^-，但反应较慢，需加入 Ag^+ 作催化剂。

【仪器、药品及材料】

台秤，直流稳压电源，电流表，Pt 片电极、Pt 丝电极（10 mm×0.64 mm），抽滤装置，熔砂玻璃漏斗，碘量瓶，烧杯（1000 mL），大试管，干燥器，温度计。

$KHSO_4$ 固体，乙醇（95%），HAc，$MnSO_4$，$Cr_2(SO_4)_3$，KI，$AgNO_3$ 溶液，乙醚，$CaCl_2$，冰块。

【实验步骤】

1. K$_2$S$_2$O$_8$ 的合成

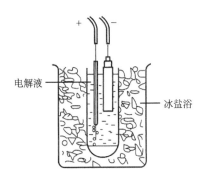

图 2.13　电解制备 K$_2$S$_2$O$_8$ 装置

将 60 g KHSO$_4$ 溶于 120 mL 水中，冰盐浴冷却至约 -4℃。取 100 mL 溶液倒入大试管中。安装 Pt 丝阳极和 Pt 薄片阴极，调节两极间的距离并使其固定，如图 2.13 所示。

将试管放入 1000 mL 烧杯中，周围用冰盐浴冷却。通直流电 1.5～2 h，控制电流约 2 A。逐渐有 K$_2$S$_2$O$_8$ 晶体在试管底部析出，待 HSO$_4^-$ 将耗尽时反应变慢。由于溶液对电流的阻抗将产生热量，所以在电解过程中每隔 30 min 向冰盐浴中补充冰，以保证温度控制在 -4℃左右。

反应结束后，关闭电源并记录时间。抽滤，先用 95%乙醇、后用乙醚洗涤晶体。用滤纸吸干后，称量，若产品少于 3 g 则需加入新的 KHSO$_4$ 饱和溶液再进行电解。产品在干燥器中干燥 1～2 d。称量，计算产率。

2. K$_2$S$_2$O$_8$ 氧化性实验

将约 0.75 g 自制的 K$_2$S$_2$O$_8$ 溶解在少量水中制成饱和溶液。将 K$_2$S$_2$O$_8$ 溶液分别滴入下列溶液的试管中，微热，观察实验现象，写出反应方程式。

(1) H$_2$SO$_4$ 酸化的 KI 溶液。

(2) H$_2$SO$_4$ 酸化的 MnSO$_4$ 溶液(加入 1 滴 AgNO$_3$ 溶液)。

(3) H$_2$SO$_4$ 酸化的 Cr$_2$(SO$_4$)$_3$ 溶液(加入 1 滴 AgNO$_3$ 溶液)。

【思考题】

(1) 为什么在电解液中阳极和阴极不能靠得很近？

(2) 如果用铜丝代替铂丝作阳极，能生成 K$_2$S$_2$O$_8$ 吗？为什么？

(3) 为什么不能用电解 K$_2$SO$_4$ 制备 K$_2$S$_2$O$_8$？

实验 24　稀土有机配合物的合成、表征与发光性能

【实验目的】

(1) 了解共沉淀法合成稀土有机配合物的方法。

(2) 了解紫外光谱分析在稀土有机配合物的结构表征中的作用。

(3) 了解红外光谱分析在稀土有机配合物的结构表征及热稳定性分析方面的作用。

(4) 了解荧光光谱分析在稀土有机配合物发光性能研究中的作用。

【实验原理】

稀土有机配合物是稀土荧光材料之一，主要作光致发光和电致发光材料，用于制备可控

性的转光农膜、荧光防伪油墨、荧光涂料、荧光塑料等高分子化合物和电致发光器件。本实验以邻菲咯啉、噻吩甲酰三氟丙酮为第一配体,乙烯基吡啶、乙烯基咔唑、顺丁烯二酸酐、丙烯腈、十一烯酸、油酸、亚油酸为第二配体,采用共沉淀法合成具有优良光致发光性能的稀土有机配合物。通过紫外光谱分析,比较配体在配位前后紫外光特征吸收峰的变化,通过荧光光谱分析,研究目标稀土有机配合物的激发光谱和发射光谱特征,并研究不同配体对稀土有机配合物发光性能的影响规律。

稀土有机配合物发光材料的合成涉及配位化学和光谱分析等方面的知识,其中包括稀土氯化物的制备、第一配体和第二配体的选择、配合物合成条件的控制及稀土有机配合物发光性能的评价。

稀土离子的基态和激发态都为 $4f^n$ 电子构型,由于 f 轨道被外层 s 和 p 轨道有效地屏蔽,引起 f-f 跃迁呈现尖锐的线状谱带,其激发态具有相对长的寿命,这是稀土离子发光的独特优势;但是稀土离子在紫外和可见光区的吸收系数十分低,这是稀土离子发光的弱点。而某些有机化合物 $\pi \rightarrow \pi^*$ 跃迁的激发能量低,且吸收系数高,作为配体与稀土离子配位后,若其三重激发态能级与稀土离子激发态能级相匹配,当配体受到紫外光或可见光照射,发生 $\pi \rightarrow \pi^*$、$n \rightarrow \pi^*$ 吸收,经过 S_0 单重态到 S_1 单重态的电子跃迁,再经过系间蹿跃到三重态 T_1,接着由最低激发三重态 T_1 向稀土离子振动能级进行能量转移,稀土离子基态受激发后跃迁到激发态,当电子由激发态能级回到基态时,发出稀土离子的特征荧光。

【仪器、药品及材料】

紫外分光光度计,荧光光谱仪,恒温磁力搅拌器,分析天平,循环水多用真空泵,真空干燥箱等。

邻菲咯啉,噻吩甲酰三氟丙酮,乙烯基吡啶,乙烯基咔唑,顺丁烯二酸酐,丙烯腈,十一烯酸,油酸,亚油酸,乙醇钠,无水乙醇,丙酮,浓盐酸等,均为分析纯。

【实验步骤】

1. 稀土氯化物的制备

称取 2 mmol 稀土氧化物置于烧杯中,加 30 mL 浓盐酸,在恒温磁力搅拌器上加热溶解完全,呈无色透明溶液。继续加热,直至液体完全被蒸干,得到白色粉末状氯化稀土。待其冷却后,加 15 mL 无水乙醇溶解,得无色透明的氯化稀土无水乙醇溶液。

2. 稀土有机配合物的合成

称取 4 mmol 第一配体,加 10 mL 无水乙醇溶解,得无色透明溶液。将第一配体的无水乙醇溶液逐滴加入上述氯化稀土乙醇溶液中,溶液逐渐变成淡红色的混浊液。反应 0.5 h 后,用滤纸沾上溶液,用电吹风烘干,放在紫外灯下检测其发光现象。称取 12 mmol 第二配体,用无水乙醇溶解,得澄清溶液。如果第二配体是酸,则需加乙醇钠无水乙醇溶液中和。把氯化稀土和第一配体的反应液滴加到第二配体中,用乙醇钠无水乙醇溶液调节反应液 pH 为 6~7,反应 0.5 h 后,在紫外灯下检测所得配合物的发光现象。继续反应 1 h,静置让沉淀完全析出,抽滤,用无水乙醇洗涤至产物无氯离子,再用丙酮洗涤一次,将产物真空干燥至恒量,碾磨得稀土有机配合物粉末。

3. 稀土有机配合物的表征与发光性能评价

采用紫外分光光度计，分析比较配体在配位前后紫外特征吸收峰的变化，通过荧光光谱分析，研究目标稀土有机配合物的发光性能。

【思考题】

(1) 稀土有机配合物的发光与稀土离子的电子结构有什么关系？

(2) 第二配体的加入对稀土有机配合物发光性能有什么影响？

(3) 稀土有机配合物的紫外特征吸收峰与其激发光谱有什么关系？

实验 25 水溶液中 Na^+、K^+、NH_4^+、Mg^{2+}、Ca^{2+}、Ba^{2+} 等离子的分离和检出

【实验目的】

(1) 了解碱金属、碱土金属的结构对其性质的影响。

(2) 熟悉碱金属、碱土金属微溶盐的有关性质。

【实验原理】

1. Mg^{2+} 的鉴定

镁试剂 1 在酸性溶液中为黄色，在碱性溶液中呈红色或紫色。Mg^{2+} 与镁试剂 1 在碱性溶液中生成蓝色螯合物沉淀。

镁试剂 1：对硝基苯偶氮间苯二酚的结构式为

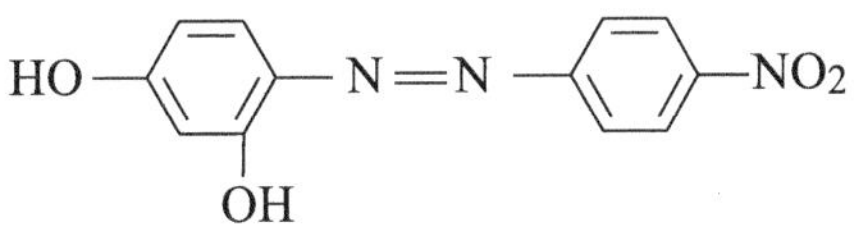

2. Na^+ 的鉴定

乙酸铀酰锌与 Na^+ 在乙酸缓冲溶液中生成淡黄色结晶状乙酸铀酰锌钠沉淀。

3. K^+ 的鉴定

亚硝酸钴与 K^+ 作用生成黄色沉淀，反应在中性或弱酸性溶液中进行。

4. NH_4^+ 的鉴定

NH_4^+ 与奈斯勒试剂反应生成红棕色沉淀：

$$NH_4^+ + 2[HgI_4]^{2-} + 4OH^- \longrightarrow \left[O \begin{array}{c} Hg \\ \\ Hg \end{array} NH_2 \right] I\downarrow + 3H_2O + 7I^-$$

5. Ca^{2+} 的鉴定

乙二醛双缩[2-羟基苯胺]与 Ca^{2+} 在碱性溶液中生成红色螯合物沉淀，该沉淀可溶于 $CHCl_3$ 中。

6. Ba^{2+} 的鉴定

K_2CrO_4 与 Ba^{2+} 反应生成黄色 $BaCrO_4$ 沉淀，不溶于 HAc，Ba^{2+} 与玫瑰红酸钠在中性溶液中生成红棕色沉淀，加入稀盐酸后沉淀变为鲜红色。

7. Na^+、K^+、NH_4^+、Mg^{2+}、Ca^{2+}、Ba^{2+} 的分离和检出

Na^+、K^+、NH_4^+、Mg^{2+}、Ca^{2+}、Ba^{2+} 的分离和检出的流程为

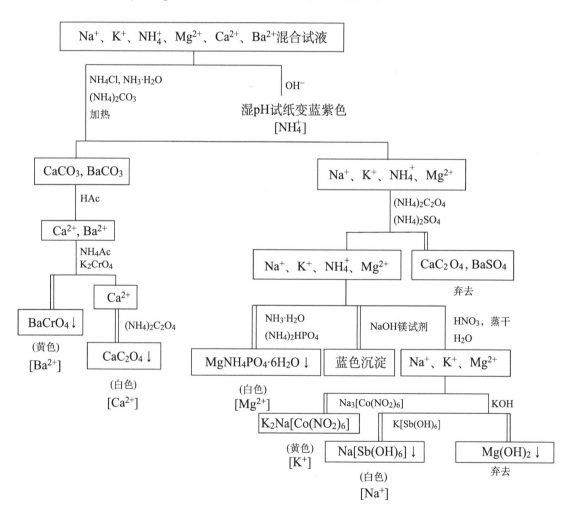

【仪器、药品及材料】

离心机，小坩埚，酒精灯，奈斯勒试剂，pH 试纸(pH 为 1~12)。

HAc(2 mol/L)，HNO$_3$(浓)，NaOH(6 mol/L)，KOH(6 mol/L)，NH$_3$·H$_2$O(6 mol/L)，(NH$_4$)$_2$CO$_3$、K$_2$CrO$_4$、(NH$_4$)$_2$HPO$_4$、(NH$_4$)$_2$SO$_4$(以上浓度均为 1 mol/L)、NH$_4$Cl(3 mol/L)、NH$_4$Ac(3 mol/L)，(NH$_4$)$_2$C$_2$O$_4$(0.5 mol/L)，NaHC$_4$O$_4$H$_6$(饱和)，K[Sb(OH)$_6$](饱和)。

【实验步骤】

取 Na$^+$、K$^+$、NH$_4^+$、Mg^{2+}、Ca^{2+}、Ba^{2+}试液各 5 滴，加到离心试管中，混合均匀后，按以下步骤进行分离和检出。

(1) NH$_4^+$的检出。取 3 滴混合试液加到小坩埚中滴加 6 mol/L NaOH 溶液至显强碱性，取一表面皿，在它的凸面上贴一块湿的 pH 试纸，将此表面皿盖在坩埚上，试纸较快地变成蓝紫色，说明试液中有 NH$_4^+$。

(2) Ca^{2+}、Ba^{2+}的沉淀。在试液中加 6 滴 3 mol/L NH$_4$Cl 溶液，并加入 6 mol/L NH$_3$·H$_2$O 使溶液呈碱性，再多加 3 滴，在搅拌下加入 10 滴 1 mol/L (NH$_4$)$_2$CO$_3$ 溶液，在 60℃的热水中加热几分钟。然后离心分离，把清液移到另一离心试管中，按(5)操作处理，沉淀供(3)用。

(3) Ba^{2+}的分离和检出。(2)的沉淀用 10 滴热水洗涤，弃去洗液，用 2 mol/L HAc 溶液溶解时需加热并不断搅拌，然后加入 5 滴 3 mol/L NH$_4$Ac 溶液，加热后滴加 1 mol/L K$_2$CrO$_4$ 溶液，产生黄色沉淀，表示有 Ba^{2+}，离心分离，清液留作检出 Ca^{2+}时用。

(4) Ca^{2+}的检出。当(3)所得到的清液呈橘黄色时，表明 Ba^{2+}已沉淀完全，否则还需要加 1 mol/L K$_2$CrO$_4$ 使 Ba^{2+}沉淀完全。向此清液中加 1 滴 6 mol/L NH$_3$·H$_2$O 和几滴 0.5 mol/L (NH$_4$)$_2$C$_2$O$_4$ 溶液，加热后产生白色沉淀，表示有 Ca^{2+}。

(5) 残余 Ba^{2+}、Ca^{2+}的除去。向(2)的清液内加 0.5 mol/L (NH$_4$)$_2$C$_2$O$_4$ 和 1 mol/L (NH$_4$)$_2$SO$_4$各 1 滴，加热几分钟，如果溶液混浊，离心分离，弃去沉淀，把清液移到坩埚中。

(6) Mg^{2+}的检出。取几滴(5)的清液加到试管中，再加 1 滴 6 mol/L NH$_3$·H$_2$O 和 1 滴 1 mol/L (NH$_4$)$_2$HPO$_4$溶液，摩擦试管内壁，产生白色结晶形沉淀，表示有 Mg^{2+}。

(7) 铵盐的除去。小心地将(5)中坩埚内的清液蒸发至只剩下几滴，再加 8~10 滴浓 HNO$_3$，然后蒸发至干。在蒸发至最后 1 滴时，移开酒精灯，借石棉网的余热把它蒸发干，最后用大火灼烧至不再冒白烟，冷却后向坩埚内加 8 滴蒸馏水。取 1 滴坩埚中的溶液加在点滴板中，再加 2 滴奈斯勒试剂，若不产生红褐色沉淀，表明铵盐已被除尽，否则还需加浓 HNO$_3$进行蒸发，以除尽铵盐。除尽后的溶液供(8)和(9)检出 K$^+$和 Na$^+$。

(8) K$^+$的检出。取 2 滴(7)的溶液加到试管中，再加 2 滴饱和 NaHC$_4$O$_4$H$_6$溶液，产生黄色沉淀表示有 K$^+$。

(9) Na$^+$的检出。取 3 滴(7)的溶液加到离心试管中，加 6 mol/L KOH 溶液至强碱性，加热后离心分离，弃去 Mg(OH)$_2$沉淀，向清液中加等体积的饱和 K[Sb(OH)$_6$]溶液，用玻璃棒摩擦试管壁，若放置后产生白色结晶形沉淀，表示有 Na$^+$，若没有沉淀产生，可放置较长时间再观察。

【实验关键】

分离离子时要完全，以免干扰实验现象。

【思考题】

(1)在用$(NH_4)_2CO_3$沉淀Ba^{2+}、Ca^{2+}时，为什么既要加NH_4Cl溶液又要加$NH_3 \cdot H_2O$?如果$NH_3 \cdot H_2O$加得太多，对分离有何影响？为什么加热至60℃？

(2)溶解$CaCO_3$、$BaCO_3$沉淀时，为什么用HAc而不用HCl?

(3)若Ca^{2+}、Ba^{2+}沉淀不完全，对Mg^{2+}、Na^+等的检出有什么影响？

(4)若用HNO_3除去铵盐时不小心将坩埚上的铁锈带入坩埚中，当检验是否除净时，铁锈将干扰NH_4^+的检出，为什么？

实验 26   p 区元素重要化合物的性质

【实验目的】

(1)了解卤素单质、氧族与氮族元素单质及其化合物的结构对其性质的影响。

(2)掌握卤素的氧化性，卤素离子的还原性，氧族元素、氮族元素的含氧酸及其盐的性质。

(3)掌握次卤酸盐及卤酸盐的氧化性。

【实验原理】

1. 卤素的性质

1)氧化还原

氧化还原电对	F_2/F^-	Cl_2/Cl^-	Br_2/Br^-	I_2/I^-	O_2/H_2O
$\varphi^{\ominus}/V$	2.87	1.36	1.08	0.535	0.816

由$\varphi^{\ominus}$可知，氟、氯、溴氧化水的反应可进行，而碘氧化水的反应不能进行。

卤素的氧化能力依次减弱：$F_2 > Cl_2 > Br_2 > I_2$；卤素离子的还原能力依次减弱：$I^- > Br^- > Cl^- > F^-$。

2)次卤酸

次卤酸酸性按HClO > HBrO > HIO顺序减弱，次卤酸均为强氧化剂。

3)卤酸

卤酸酸性依次减弱：$HClO_3 > HBrO_3 > HIO_3$；氧化能力依次减弱：$HBrO_3 > HClO_3 > HIO_3$。

氯酸盐在中性溶液中没有明显的氧化性，但在酸性介质中能表现出明显的氧化性。

4)卤化物

Cl^-、Br^-和I^-能与Ag^+反应生成难溶于水的AgCl(白)、AgBr(淡黄)、AgI(黄)沉淀，它们的溶度积常数依次减小，都不溶于稀HNO_3。AgCl在稀氨水或$(NH_4)_2CO_3$溶液中，因生成配离子$[Ag(NH_3)_2]^+$而溶解，再加HNO_3时，AgCl会重新沉淀出来：

$$[Ag(NH_3)_2]^+ + Cl^- + 2H^+ \Longrightarrow AgCl(s) + 2NH_4^+$$

AgBr 和 AgI 则不溶。

如用锌在 HAc 介质中还原 AgBr、AgI 中的 Ag^+ 为 Ag，会使 Br^- 和 I^- 转入溶液中，如遇氯水则被氧化为单质。Br_2 和 I_2 易溶于 CCl_4 中，分别呈现橙黄色和紫色。

2. 过氧化氢、硫化氢、硫化物的性质

H_2O_2 具有极弱的酸性，酸性比 H_2O 稍强。H_2O_2 不太稳定，在室温下分解较慢，见光受热或当有 MnO_2 及其他重金属离子存在时可加速其分解。

S^{2-} 能与稀酸反应产生 H_2S 气体。可以根据 H_2S 特有的腐蛋臭味，或能使 $Pb(Ac)_2$ 试纸变黑的现象而检验出 S^{2-}；此外在弱碱性条件下，它能与亚硝酰铁氰化钠 $Na_2[Fe(CN)_5NO]$ 反应生成红紫色配合物，利用该特征反应也能鉴定 S^{2-}。

$$S^{2-} + [Fe(CN)_5NO]^{2-} \longrightarrow [Fe(CN)_5NOS]^{4-}$$

3. 硫的部分含氧酸及其盐的性质

亚硫酸及其盐既有氧化性又有还原性，但以还原性为主。亚硫酸的热稳定性差，易分解。硫代硫酸及其盐具有还原性，为中强还原剂，与强氧化剂(如 Cl_2、Br_2 等)作用被氧化成硫酸盐；与较弱氧化剂(如 I_2)作用被氧化成连四硫酸盐。过二硫酸盐的热稳定性差，加热易分解，且具有强氧化性。

SO_3^{2-} 能与 $Na_2[Fe(CN)_5NO]$ 反应生成红色化合物，加入硫酸锌的饱和溶液和 $K_4[Fe(CN)_6]$ 溶液，可使红色显著加深，利用这个反应可以鉴定 SO_3^{2-} 的存在。

硫代硫酸不稳定，易分解为 S 和 SO_2：

$$H_2S_2O_3 \longrightarrow H_2O + S\downarrow + SO_2$$

$S_2O_3^{2-}$ 与 Ag^+ 生成白色 $Ag_2S_2O_3$ 沉淀，会迅速变成黄色、棕色，最后变为黑色的硫化银沉淀。这是 $S_2O_3^{2-}$ 最特殊的反应之一，可用来鉴定 $S_2O_3^{2-}$ 的存在。

如果溶液中同时存在 S^{2-}、SO_3^{2-} 和 $S_2O_3^{2-}$，需要逐个加以鉴定时，必须先将 S^{2-} 除去，因为 S^{2-} 的存在妨碍 SO_3^{2-} 和 $S_2O_3^{2-}$ 的鉴定。除去 S^{2-} 的方法是在含有 S^{2-}、SO_3^{2-} 和 $S_2O_3^{2-}$ 的混合溶液中加入 $CdCO_3$ 固体，使 $CdCO_3$ 转化为 CdS 黄色沉淀，离心分离后，在清液中再分别鉴定 SO_3^{2-} 和 $S_2O_3^{2-}$。

4. 氮的部分含氧酸及其盐的性质

亚硝酸可通过亚硝酸盐和酸的相互作用而制得，但亚硝酸不稳定，易分解：

$$2HNO_2 \underset{冷}{\overset{热}{\rightleftharpoons}} H_2O + N_2O_3 \underset{冷}{\overset{热}{\rightleftharpoons}} H_2O + NO + NO_2$$

N_2O_3 为中间产物，在水溶液中呈浅蓝色，不稳定，进一步分解为 NO 和 NO_2。

HNO_2 及其盐既有氧化性，又有还原性。

H_3PO_4 是一种非挥发性的中强酸，它可以形成三种不同类型的盐，在各类磷酸盐溶液中加入 $AgNO_3$ 溶液都可得到黄色的 Ag_3PO_4 沉淀，磷酸的各种钙盐在水中的溶解度不同。

$Ca(H_2PO_4)_2$ 易溶于水，$Ca_3(PO_4)_2$ 和 $CaHPO_4$ 难溶于水，但能溶于 HCl。PO_4^{3-} 能与钼酸铵反应，在酸性条件下生成黄色难溶的晶体，故可用钼酸铵鉴定 PO_4^{3-}。

$$PO_4^{3-} + 3NH_4^+ + 12MoO_4^{2-} + 24H^+ \longrightarrow (NH_4)_3PO_4 \cdot 12MoO_3 \cdot 6H_2O \downarrow + 6H_2O$$

NO_3^- 可用棕色环法鉴定：

$$3Fe^{2+} + NO_3^- + 4H^+ \longrightarrow 3Fe^{3+} + 2H_2O + NO$$

$$NO + Fe^{2+} =\!=\!= Fe(NO)^{2+}（棕色）$$

NO_2^- 也能产生同样的反应，因此当有 NO_2^- 存在时，必须先将 NO_2^- 除去。除去的方法是在混合溶液中加饱和 NH_4Cl，一起加热，反应如下：

$$NH_4^+ + NO_2^- \longrightarrow N_2 \uparrow + 2H_2O$$

NO_2^- 和 $FeSO_4$ 在 HAc 溶液中能生成棕色 $[Fe(NO)]SO_4$ 溶液，利用这个反应可以鉴定 NO_2^- 的存在（检验 NO_3^- 时，必须用浓 H_2SO_4）。

$$NO_2^- + Fe^{2+} + 2HAc \longrightarrow NO + Fe^{3+} + 2Ac^- + H_2O$$

$$NO + Fe^{2+} =\!=\!= Fe(NO)^{2+}（棕色）$$

NH_4^+ 常用两种方法鉴定：

(1) 用 NaOH 和 NH_4^+ 反应生成 NH_3，使湿润红色石蕊试纸变蓝。

(2) 用奈斯勒试剂（$K_2[HgI_4]$ 的碱性溶液）与 NH_4^+ 反应产生红棕色沉淀，其反应为

$$NH_4^+ + 2[HgI_4]^{2-} + 4OH^- \longrightarrow \left[O \diagdown \begin{matrix} Hg \\ \\ Hg \end{matrix} \diagup NH_2 \right] I \downarrow + 3H_2O + 7I^-$$

5. 锡、铅、锑、铋重要化合物的性质

(1) 砷、锑、铋的氧化物及其水合物的性质变化规律概括如下：

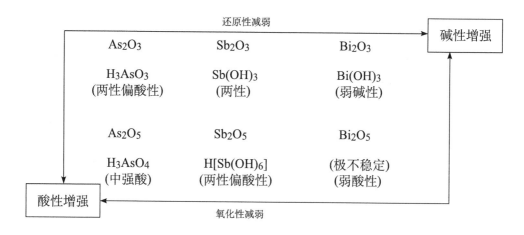

(2)锡、铅的氧化物和氢氧化物的酸碱性递变规律：

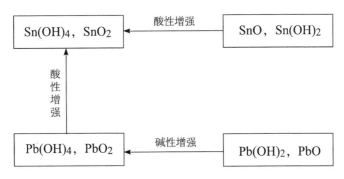

锡、铅和锑(III)、铋(III)盐具有较强水解作用，因此配制盐溶液时必须溶解在相应的酸溶液中以抑制水解。$SnCl_2$ 是实验室中常用的还原剂，它可以被空气氧化，配制时应加入锡粒防止氧化。除铋外，它们的氢氧化物都呈两性，溶于碱的反应为

$$Sn(OH)_2 + 2OH^- \Longrightarrow [Sn(OH)_4]^{2-}$$

$$Pb(OH)_2 + OH^- \Longrightarrow [Pb(OH)_3]^-$$

$$Sb(OH)_3 + 3OH^- \Longrightarrow [Sb(OH)_6]^{3-}$$

(3)锡、铅、锑、铋硫化物的性质。

锡、铅、锑、铋都能形成有色硫化物，它们都不溶于水和稀酸，除 SnS、PbS、Bi_2S_3 外都能与 Na_2S 或 $(NH_4)_2S$ 作用生成相应的硫代酸盐：

$$Sb_2S_3 + 3Na_2S \Longrightarrow 2Na_3SbS_3$$

$$SnS_2 + Na_2S \Longrightarrow Na_2SnS_3$$

SnS 能溶于多硫化钠溶液中，是由于 S_2^{2-} 具有氧化作用，可把 SnS 氧化成 SnS_2 而溶解。

$$SnS + Na_2S_2 \Longrightarrow Na_2SnS_3$$

所有硫代酸盐只能存在于中性或碱性介质中，遇酸生成不稳定的硫代酸，继而分解为相应的硫化物和硫化氢。

(4)锡、铅、锑、铋化合物的氧化还原性。

锡(II)是较强的还原剂，在碱性介质中亚锡酸根能与铋(III)进行反应：

$$3[Sn(OH)_4]^{2-} + 2Bi(OH)_3 \longrightarrow 3[Sn(OH)_6]^{2-} + 2Bi\downarrow(黑色)$$

在酸性介质中 $SnCl_2$ 能与 $HgCl_2$ 进行反应：

$$SnCl_2 + 2HgCl_2 \longrightarrow SnCl_4 + Hg_2Cl_2\downarrow（白色）$$

$$SnCl_2 + Hg_2Cl_2 \longrightarrow SnCl_4 + 2Hg\downarrow（黑色）$$

但 Bi(III)要在强碱性条件下选用强氧化剂 Na_2O_2、Cl_2、Br_2 等才能被氧化：

$$Bi(OH)_3 + Br_2 + 3NaOH \longrightarrow NaBiO_3 + 2NaBr + 3H_2O$$

Pb(IV)和 Bi(V)为较强的氧化剂，在酸性介质中能与 Mn^{2+}、Cl^- 等还原剂发生反应：

$$5PbO_2 + 2Mn^{2+} + 5SO_4^{2-} + 4H^+ \longrightarrow 5PbSO_4 + 2MnO_4^- + 2H_2O$$

$$5NaBiO_3 + 2Mn^{2+} + 14H^+ \longrightarrow 2MnO_4^- + 5Bi^{3+} + 5Na^+ + 7H_2O$$

(5)在分析上常利用以下反应来鉴定这些离子。

铅能生成很多难溶化合物，如：

$$Pb^{2+} + CrO_4^{2-} \longrightarrow PbCrO_4 \downarrow$$

Sb^{3+}和SbO_4^{3-}在锡片上可以被还原为金属锑，使锡片显黑色：

$$2Sb^{3+} + 3Sn \longrightarrow 2Sb \downarrow + 3Sn^{2+}$$

铋(Ⅲ)在碱性条件下与亚锡酸钠反应生成黑色金属铋。

锡(Ⅱ)在酸性条件下与$HgCl_2$反应生成Hg。

【仪器、药品及材料】

离心机。

Zn 粉，H_2SO_4(浓，3 mol/L，1∶1，6 mol/L，2 mol/L)，$(NH_4)_2CO_3$(12%)，氯水[NaClO(s)，浓 HCl]，$MnSO_4$(0.002 mol/L)，MnO_2(s)，$K_2S_2O_8$(s)，$FeSO_4 \cdot 7H_2O$(s)，HCl(2 mol/L)，HNO_3(2 mol/L，6 mol/L，浓)，HAc(2 mol/L)，NaOH(40%，2 mol/L，6 mol/L)，$NH_3 \cdot H_2O$(2 mol/L，6 mol/L，浓)，KI、$Pb(NO_3)_2$、$MnSO_4$、$SnCl_2$、$SbCl_3$、$SnCl_4$、$Na_2S_2O_3$、$BaCl_2$、$AgNO_3$、$NaNO_2$、$NaPO_3$、H_3PO_4、KCl、KBr、$Na_4P_2O_7$、Na_3PO_4、Na_2HPO_4、NaH_2PO_4、$CaCl_2$、Na_2S、$K_4[Fe(CN)_6]$、KNO_3、NH_4Cl、$Bi(NO_3)_3$、$HgCl_2$、K_2CrO_4、$FeCl_3$、KSCN(以上溶液的浓度均为 0.1 mol/L)，$ZnSO_4$(饱和)，Na_2S(0.5 mol/L)，$Na_2[Fe(CN)_5NO]$(1%)，$NaNO_2$(饱和)，$KMnO_4$(0.01 mol/L)，H_2O_2(3%)，无水乙醇，H_2S水溶液(饱和)，NH_4Ac(饱和)，碘水，蛋白液，奈斯勒试剂、$(NH_4)_2MnO_4$饱和溶液，CCl_4溶液。

红色石蕊试纸，滤纸条。

【实验步骤】

(1)卤素离子的分离和鉴定。可用下页的流程图说明。

写出执行各步操作的原因及反应式。

(2)过二硫酸钾的氧化。利用 $MnSO_4$、H_2SO_4、$AgNO_3$ 溶液，$K_2S_2O_8$ 固体，设计实验验证 $K_2S_2O_8$ 的氧化性，并说明 $AgNO_3$ 在其中的作用。写出反应式。

(3)设计实验验证亚硝酸的氧化及还原性。

(4)设计实验鉴别磷酸根、焦磷酸根、偏磷酸根。

(5)设计实验，用 $AgNO_3$ 定性检验 $S_2O_3^{2-}$，记录现象，写出化学反应式。

(6)设计棕色环实验验证 NO_3^- 的存在。

(7)设计棕色环实验验证 NO_2^- 的存在。

说明实验 6 和实验 7 的异同。

(8)分别设计一个实验验证 Sn(Ⅱ)的还原性，Pb(Ⅳ)的氧化性，Sb(Ⅲ)、Bi(Ⅲ)的还原性，Bi(Ⅴ)的氧化性。

(9)硫化物和硫代酸盐的生成和性质。

①分别制取少量 Sb_2S_3、Bi_2S_3、SnS、SnS_2、PbS，观察现象。试验各种硫化物在稀 HCl、浓 HCl、稀 HNO_3、Na_2S 溶液中的溶解情况。如能溶解，写出反应方程式。

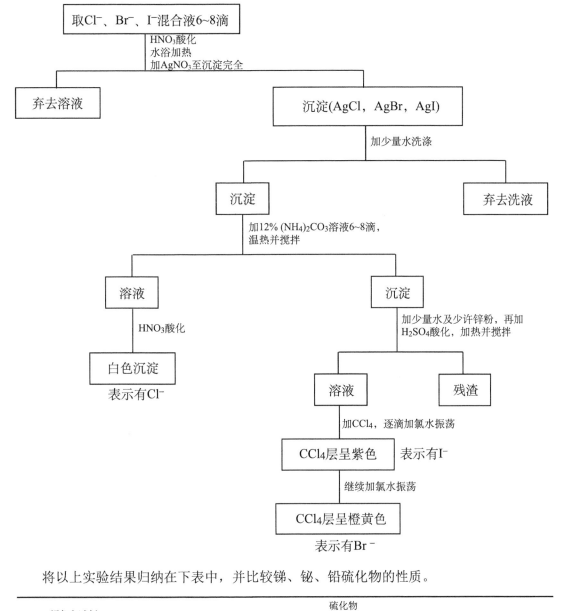

将以上实验结果归纳在下表中，并比较锑、铋、铅硫化物的性质。

颜色和试剂	硫化物				
	Sb_2S_3	Bi_2S_3	SnS	SnS_2	PbS
颜色					
2 mol/L HCl					
浓 HCl					
2 mol/L HNO_3					
0.5 mol/L Na_2S					

②制取硫化酸盐，并试验它们在酸性溶液中的稳定性，写出反应方程式。

【思考题】

(1)溶液 A 中加入 NaCl 溶液后有白色沉淀 B 析出，B 可溶于氨水，得溶液 C，把 NaBr

溶液加入 C 中则产生浅黄色沉淀 D，D 见光后易变黑，D 可溶于 $Na_2S_2O_3$ 中得到 E，在 E 中加 NaI 则有黄色沉淀 F 析出，自溶液中分离出 F，加少量 Zn 粉煮沸，加 HCl 除去 Zn 粉得固体 G，将 G 自溶液中分离出来，加 HNO_3 得溶液 A。判断 A～G 各为何物，写出实验过程中有关反应方程式。

(2) 哪些硫化物能溶于 Na_2S 或 $(NH_4)_2S$ 中？哪些硫化物能溶于 Na_2S_x 或 $(NH_4)_2S_x$ 中？

(3) H_2O_2 能否将 Br^- 氧化为 Br_2？H_2O_2 能否将 Br_2 还原为 Br^-？

(4) 某学生将少量 $AgNO_3$ 溶液滴入 $Na_2S_2O_3$ 溶液中，出现白色沉淀，振荡后沉淀马上消失，溶液又呈现无色透明，为什么？

(5) 在 $NaNO_2$ 与 $KMnO_4$、KI 的反应中是否需要加酸酸化，为什么？选用什么酸为好，为什么？

(6) NO_2^- 在酸性介质中与 $FeSO_4$ 也能产生棕色反应，那么在 NO_3^- 与 NO_2^- 混合液中怎样鉴出 NO_3^-？

(7) 如何配制 $SnCl_2$、$Pb(NO_3)_2$、$SbCl_3$、$BiCl_3$ 溶液？

实验 27　ds 区元素重要化合物的性质

【实验目的】

(1) 了解 ds 区元素单质及化合物的结构对其性质的影响。

(2) 掌握 ds 区元素的氧化物或氢氧化物的酸碱性。

(3) 掌握 ds 区元素的金属离子形成配合物的特征以及铜和汞的氧化态变化。

【实验原理】

1. 铜、银、锌、镉、汞氢氧化物的性质

$Cu(OH)_2$ 和 $Zn(OH)_2$ 显两性，$Cd(OH)_2$ 显碱性。$Cu(OH)_2$ 不太稳定，加热或放置会脱水生成 CuO，银和汞的氢氧化物极不稳定，极易脱水成为 Ag_2O、HgO、Hg_2O(HgO+Hg)，所以在银盐、汞盐溶液中加碱得不到氢氧化物，而生成相应的氧化物。

2. 氨合物的性质

Cu^{2+}、Ag^+、Zn^{2+}、Cd^{2+} 与过量氨水反应时，分别生成氨配合物。但 Hg^{2+} 和 Hg_2^{2+} 与过量氨水反应时，在没有大量 NH_4^+ 存在的情况下并不生成氨配离子：

$$HgCl_2 + 2NH_3 \longrightarrow HgNH_2Cl\downarrow(白) + NH_4Cl$$

$$Hg_2Cl_2 + 2NH_3 \longrightarrow HgNH_2Cl\downarrow(白) + Hg\downarrow(黑) + NH_4Cl$$

$$2Hg(NO_3)_2 + 4NH_3 + H_2O \longrightarrow HgO \cdot HgNH_2NO_3\downarrow(白) + 3NH_4NO_3$$

$$2Hg_2(NO_3)_2 + 4NH_3 + H_2O \longrightarrow HgO \cdot HgNH_2NO_3\downarrow(白) + 2Hg\downarrow(黑) + 3NH_4NO_3$$

3. 铜、银、汞的氧化还原性

Cu^{2+} 具有氧化性，与 I^- 反应时生成白色 CuI 沉淀：

$$2Cu^{2+} + 4I^- \longrightarrow 2CuI\downarrow + I_2$$

CuI 能溶于过量的 KI 中生成 $[CuI_2]^-$ 配离子：

$$CuI + I^- \Longrightarrow [CuI_2]^-$$

将 $CuCl_2$ 溶液和铜屑混合，加入浓 HCl，加热得棕黄色 $[CuCl_2]^-$ 配离子：

$$Cu^{2+} + Cu + 4Cl^- \Longrightarrow 2[CuCl_2]^-$$

生成的 $[CuI_2]^-$ 与 $[CuCl_2]^-$ 都不稳定，将溶液加水稀释时，又可得到白色 CuI 和 CuCl 沉淀。

在铜盐溶液中加入过量 NaOH，再加入葡萄糖，Cu^{2+} 能还原成 Cu_2O 沉淀：

$$2Cu^{2+} + 4OH^- + C_6H_{12}O_6 \xrightarrow{\triangle} Cu_2O\downarrow + C_6H_{12}O_7 + 2H_2O$$

在银盐溶液中加入过量氨水，再用甲醛或葡萄糖还原便可制得银镜：

$$2Ag^+ + 2NH_3 + H_2O \longrightarrow Ag_2O + 2NH_4^+$$

$$Ag_2O + 4NH_3 + H_2O \Longrightarrow 2[Ag(NH_3)_2]^+ + 2OH^-$$

$$2[Ag(NH_3)_2]^+ + HCHO + 2OH^- \longrightarrow HCOONH_4 + 3NH_3 + 2Ag\downarrow + H_2O$$

Hg^{2+}、Hg_2^{2+} 与 I^- 作用，分别生成难溶于水的 HgI_2 和 Hg_2I_2 沉淀。橙红色 HgI_2 易溶于过量 KI 中生成 $[HgI_4]^{2-}$：

$$HgI_2 + 2KI \Longrightarrow K_2[HgI_4]$$

黄绿色 Hg_2I_2 与过量 KI 反应时，发生歧化反应生成 $[HgI_4]^{2-}$ 和 Hg：

$$Hg_2I_2 + 2KI \longrightarrow K_2[HgI_4] + Hg$$

4. Cu^{2+}、Zn^{2+}、Cd^{2+}、Hg^{2+} 的鉴定

Cu^{2+} 能与 $K_4[Fe(CN)_6]$ 反应生成红棕色 $Cu_2[Fe(CN)_6]$ 沉淀，可以利用这个反应鉴定 Cu^{2+}。Zn^{2+} 在强碱性溶液中与二苯硫腙反应生成粉红色螯合物，Cd^{2+} 与 H_2S 饱和溶液反应能生成黄色 CdS 沉淀，Hg^{2+} 与 $SnCl_2$ 反应生成白色 Hg_2Cl_2，Hg_2Cl_2 与过量 $SnCl_2$ 反应能生成黑色 Hg，利用上述特征反应可鉴定 Zn^{2+}、Cd^{2+}、Hg^{2+}。

【仪器、药品及材料】

固体试剂(铜屑，NaCl)，HCl(2 mol/L，浓)，HNO_3(2 mol/L)，H_2SO_4(2 mol/L)，NaOH(2 mol/L，6 mol/L)，$NH_3\cdot H_2O$(2 mol/L，6 mol/L)，$CuSO_4$、$ZnSO_4$、$CdSO_4$、$Hg(NO_3)_2$、$Hg_2(NO_3)_2$、$AgNO_3$、$K_4[Fe(CN)_6]$、NH_4Cl、NaCl、KBr、KI、$Na_2S_2O_3$、$CoCl_2$、$SnCl_2$(以上溶液浓度均为 0.1 mol/L)，KSCN(25%)，KI(2 mol/L)，$CuCl_2$(1 mol/L)，葡萄糖(10%)，淀粉溶液。

【实验步骤】

1. 氢氧化物的生成与性质

分别取 1 滴浓度为 0.1 mol/L 的 $CuSO_4$、$ZnSO_4$、$CdSO_4$、$Hg(NO_3)_2$、$Hg_2(NO_3)_2$ 及 $AgNO_3$

溶液制得相应的氢氧化物，记录它们的颜色，并试验其酸碱性和对热的稳定性，结果列入下表，写出有关反应方程式。

		Cu^{2+}	Ag^+	Zn^{2+}	Cd^{2+}	Hg^{2+}	Hg_2^{2+}
盐+NaOH							
氢氧化物或 氧化物	+NaOH （现象）						
	＋酸 （现象）						
结论	酸碱性						
	脱水性						

2. 与氨水作用

分别取 2 滴浓度均为 0.1 mol/L 的 $CuSO_4$、$ZnSO_4$、$CdSO_4$、$Hg(NO_3)_2$、$Hg_2(NO_3)_2$ 及 $AgNO_3$ 溶液，分别逐滴加入 $NH_3 \cdot H_2O$（6 mol/L），记录沉淀的颜色并试验沉淀是否溶于过量的 $NH_3 \cdot H_2O$，若沉淀溶解，再加入 1 滴 NaOH 溶液（2 mol/L），观察是否有沉淀产生。归纳以上实验结果填写下表，写出反应方程式。

	$CuSO_4$	$AgNO_3$	$ZnSO_4$	$CdSO_4$	$Hg(NO_3)_2$	$Hg_2(NO_3)_2$
氨水（少量） 现象 产物						
氨水（过量） 现象 产物						

3. 配合物

1）银的配合物

利用 $AgNO_3$、NaCl、KBr、KI、$Na_2S_2O_3$、2 mol/L $NH_3 \cdot H_2O$ 等试剂设计系列试管实验，比较 AgCl、AgBr 和 AgI 溶解度的大小以及 Ag^+ 与 $NH_3 \cdot H_2O$、$Na_2S_2O_3$ 生成的配合物稳定性的大小。记录有关现象，写出反应方程式。

2）汞的配合物

(1)利用 $Hg(NO_3)_2$ 和 KI 溶液，验证 NH_4^+。

(2)在 $Hg_2(NO_3)_2$ 溶液中逐滴加入 KI 溶液，观察沉淀的生成与溶解，写出反应方程式。

(3)利用 $Hg(NO_3)_2$ 和 KSCN 的反应产物，分别鉴定锌盐和钴盐，定性检验 Zn^{2+}、Co^{2+}。

4. Cu^{2+}、Ag^+ 的氧化性

(1)碘化亚铜（Ⅰ）的形成。在 $CuSO_4$ 溶液中加入 KI 溶液，观察现象，用实验验证反应产物，写出反应方程式。

(2)氯化亚铜(Ⅰ)的形成和性质。取 1 mL CuCl₂ 溶液(1 mol/L)，加少量 NaCl(s)和一小片铜片，加热至沸，当溶液变为泥黄色时，停止加热，将溶液迅速倒入盛有 20 mL 水的 50 mL 烧杯中，静置沉降，用倾析法分出溶液，将沉淀 CuCl 分为两份，分别加入 NH₃·H₂O 溶液(2 mol/L)和 HCl 溶液(浓)，观察现象，写出反应方程式。

(3)制作银镜。

(4)氧化亚铜(Ⅰ)的形成和性质。在 CuSO₄ 溶液中加入过量的 6 mol/L NaOH 溶液，使最初生成的沉淀完全溶解。然后再加入数滴 10%葡萄糖溶液，摇匀，微热，观察现象。若生成沉淀，离心分离，并用蒸馏水洗涤沉淀。向沉淀中加入 2 mol/L H₂SO₄ 溶液，再观察现象，写出反应方程式。

【思考题】

(1)Cu(Ⅱ)与 Cu(Ⅰ)各自稳定存在和相互转化的条件是什么？

(2)现有 5 瓶没有标签的溶液：AgNO₃、Zn(NO₃)₂、Cd(NO₃)₂、Hg(NO₃)₂、Hg₂(NO₃)₂，试用最简单的方法鉴别它们。

(3)Hg²⁺、Hg₂²⁺ 和氨水反应，当溶液中存在大量 NH₄⁺ 时将出现什么变化？为什么？

实验 28　水溶液中 Ag⁺、Pb²⁺、Hg²⁺、Cu²⁺、Bi³⁺、Zn²⁺等离子的分离和检出

【实验目的】

(1)将 Ag⁺、Pb²⁺、Hg²⁺、Cu²⁺、Bi³⁺、Zn²⁺等离子进行分离和检出，掌握它们的分离条件和检出条件。

(2)熟悉以上各离子的有关性质。

【实验原理】

本实验所用的方法基本上是根据硫化氢系统分析法拟定的。硫化氢系统分析法以硫化物溶解度的不同为基础，它用 4 种试剂把常见的阳离子分为 5 个组，再利用组内离子性质的差异性用各种试剂和方法一一进行检出。在含有阳离子的酸性溶液中加盐酸，Ag⁺、Pb²⁺形成氯化物沉淀称为盐酸组；分离沉淀后调节所得清液中 HCl 浓度为 0.3 mol/L，通入硫化氢或加入硫代乙酰胺，Hg²⁺、Cu²⁺、Bi³⁺、Pb²⁺形成硫化物沉淀，称为硫化氢组。Zn²⁺不属于硫化氢组，但因与 Ag⁺、Hg²⁺等同属 ds 区且性质相近，故一并进行实验。

1. 盐酸组离子的检出

(1)Pb²⁺的检出与证实。由于 PbCl₂ 在水中溶解度随温度变化较大，所以用热水处理氯化物沉淀时 PbCl₂ 溶解，所得清液中有 Pb²⁺和 Cl⁻。若铅量很大，冷却后即有白色针状 PbCl₂ 晶体析出；若铅量不大或成过饱和溶液而无结晶析出时，可在 HAc 介质中用 K₂CrO₄ 试剂检出 Pb²⁺，生成 PbCrO₄ 黄色沉淀，此沉淀能溶于 NaOH，溶后再加 HAc，黄色沉淀又会析出，从而证实 Pb²⁺的存在(黄色的 BaCrO₄ 不溶于 NaOH)。

$$PbCrO_4 + 4OH^- \Longrightarrow [Pb(OH)_4]^{2-} + CrO_4^{2-}$$

$$[Pb(OH)_4]^{2-} + CrO_4^{2-} + 4HAc \longrightarrow PbCrO_4 \downarrow + 4Ac^- + 4H_2O$$

(2)Ag^+的检出。用热水处理后的沉淀，再用氨水处理，则 AgCl 成氨配离子而溶解，溶解后的清液再用硝酸酸化，随着配位剂 NH_3 变为 NH_4^+，AgCl 又沉淀出来，表示有 Ag^+：

$$AgCl + 2NH_3 \Longrightarrow [Ag(NH_3)_2]^+ + Cl^-$$

$$[Ag(NH_3)_2]^+ + Cl^- + 2H^+ \longrightarrow 2NH_4^+ + AgCl\downarrow$$

2. 硫化氢组的分离和检出

(1)硫化氢组的沉淀。盐酸组沉淀后，溶液中 H^+ 的浓度是未知的，所以通常先用氨水将溶液中和到近中性(用 pH 试纸检验)，再加入原溶液体积的 1/6，这样得到的溶液中盐酸浓度即为 0.3 mol/L，然后加入硫代乙酰胺溶液，将试液加热，这时硫代乙酰胺发生下列水解反应而均匀地产生 H_2S(加热还可防止胶体溶液的生成)，硫化物开始沉淀：

$$H_3C-\overset{\overset{S}{\underset{\|}{}}}{\underset{NH_2}{C}} + 2H_2O \xrightarrow{\triangle} \left[H_3C-\overset{\overset{O}{\underset{\|}{}}}{\underset{O}{C}} \right]^- + NH_4^+ + H_2S$$

$$Cu^{2+}(Pb^{2+}、Hg^{2+}、Bi^{3+}) + H_2S \longrightarrow CuS\downarrow(PbS\downarrow、HgS\downarrow、Bi_2S_3\downarrow) + 2H^+$$

由上式可见，随着硫化物沉淀的生成，溶液中 H^+ 浓度增加，以至大于 0.3 mol/L，最后溶解度较大的 PbS 会因此而沉淀不完全，所以反应一段时间后，要将溶液适当稀释，使 Pb^{2+} 完全沉淀。

(2)硫化氢组沉淀的溶解。在所得黑色沉淀上加 6 mol/L HNO_3，加热，则 PbS、CuS、Bi_2S_3 溶解，离心分离。

$$3PbS(CuS、Bi_2S_3) + 2NO_3^- + 8H^+ \longrightarrow 3Pb^{2+}(Cu^{2+}、Bi^{3+}) + 2NO\uparrow + 3S\downarrow + 4H_2O$$

(3)Hg^{2+} 的检出。在不溶于硝酸的残渣上加王水并加热，HgS 溶解：

$$3HgS + 2NO_3^- + 12Cl^- + 8H^+ \longrightarrow 3HgCl_4^{2-} + 3S\downarrow + 4H_2O + 2NO\uparrow$$

HgS 全部溶解后，再加热几分钟(为什么？)：

$$NO_3^- + 3Cl^- + 4H^+ \longrightarrow NOCl + Cl_2\uparrow + 2H_2O$$

王水分解后，用 $SnCl_2$ 试剂检出 Hg^{2+}：

$$2HgCl_4^{2-} + SnCl_2 \longrightarrow Hg_2Cl_2\downarrow(白色) + SnCl_4 + 4Cl^-$$

$$Hg_2Cl_2 + SnCl_2 \longrightarrow 2Hg(黑色) + SnCl_4$$

(4)Pb^{2+} 的分离和检出。在含 Pb^{2+}、Bi^{3+}、Cu^{2+} 的溶液中加入硫酸，然后加热蒸发至有硫酸分解的 SO_3 白烟冒出时，冷却后加水稀释，可得白色 $PbSO_4$ 沉淀，为进一步证实，可用水洗去沉淀上黏附的硫酸，然后用 3 mol/L NH_4Ac 溶液处理：

$$PbSO_4 + 3Ac^- \Longrightarrow PbAc_3^- + SO_4^{2-}$$

再向已溶解的清液中加 HAc 和 K_2CrO_4，生成黄色沉淀，证实 Pb^{2+} 的存在。

（5）Bi^{3+}的分离和检出。分离 $PbSO_4$ 沉淀后的溶液中含 Bi^{3+}、Cu^{2+}，向此溶液加入过量氨水生成含$[Cu(NH_3)_4]^{2+}$的溶液与 $Bi(OH)_3$ 沉淀，在分离出的白色沉淀上加新制备的亚锡酸钠溶液，$Bi(OH)_3$ 立刻被还原成黑色金属铋：

$$2Bi(OH)_3 + 3[Sn(OH)_4]^{2-} \longrightarrow 2Bi\downarrow + 3[Sn(OH)_6]^{2-}$$

（6）Cu^{2+}的检出。用 HAc 酸化含$[Cu(NH_3)_4]^{2+}$的清液后，加入 $K_4[Fe(CN)_6]$试剂，Cu^{2+}存在时生成红褐色的 $Cu_2[Fe(CN)_6]$沉淀：

$$[Cu(NH_3)_4]^{2+} + 4HAc \longrightarrow Cu^{2+} + 4NH_4^+ + 4Ac^-$$

$$2Cu^{2+} + [Fe(CN)_6]^{4-} =\!=\!= Cu_2[Fe(CN)_6]\downarrow (红褐色)$$

（7）Zn^{2+}的检出和证实。在分离硫化氢组沉淀后，加入氨水降低溶液酸度，析出白色 ZnS 沉淀，若沉淀不白或量少不能肯定时，可将沉淀溶于稀 HCl，煮沸除去 H_2S，在清液中加$(NH_4)_2[Hg(SCN)_4]$，生成白色 $Zn[Hg(SCN)_4]$沉淀，表示有 Zn^{2+}。

（8）混合试液中 Ag^+、Pb^{2+}、Hg^{2+}、Cu^{2+}、Bi^{3+}、Zn^{2+}等离子的分离和检出流程：

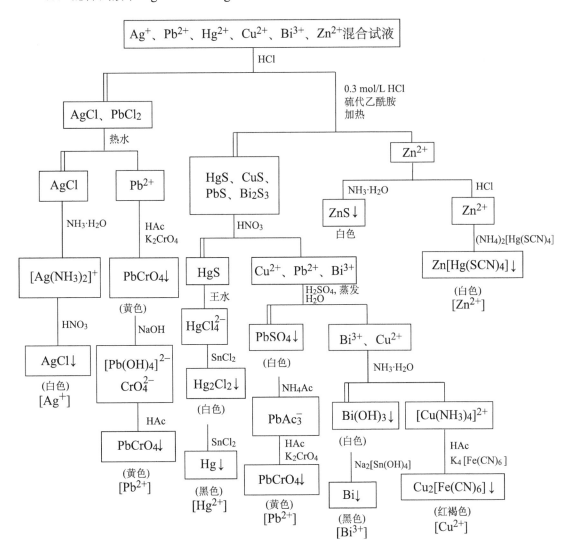

【仪器、药品及材料】

离心机，坩埚等。

HCl（浓，6 mol/L，2 mol/L），HAc（6 mol/L，2 mol/L），HNO$_3$（浓，6 mol/L），H$_2$SO$_4$（浓），NH$_3$·H$_2$O（浓，6 mol/L，2 mol/L），NaOH（6 mol/L），AgNO$_3$、Pb(NO$_3$)$_2$、Hg(NO$_3$)$_2$、CuSO$_4$、Bi(NO$_3$)$_3$、Zn(NO$_3$)$_2$、K$_4$[Fe(CN)$_6$]、(NH$_4$)$_2$[Hg(SCN)$_4$]（以上溶液浓度均为 0.1 mol/L），K$_2$CrO$_4$（1 mol/L），NH$_4$NO$_3$（1 mol/L），SnCl$_2$（0.5 mol/L），NH$_4$Ac（3 mol/L），硫代乙酰胺（5%）。

【实验步骤】

Ag$^+$ 试液 2 滴和 Pb^{2+}、Hg^{2+}、Cu^{2+}、Bi^{3+}、Zn^{2+} 试液各 5 滴，加到离心试管中，混合均匀后，按以下步骤进行分离和检出。

1. Ag$^+$、Pb^{2+} 的沉淀

在试液中加 1 滴 6 mol/L HCl，剧烈搅拌。有沉淀生成时再滴加 HCl 至沉淀完全，然后多加 1 滴，搅拌片刻，离心分离，把清液移到另一支离心试管中，按步骤 4 处理。沉淀用 1 滴 6 mol/L HCl 和 10 滴蒸馏水洗涤，洗涤液并入上面的清液中。

2. Pb^{2+} 的检出和证实

在步骤 1 所得的沉淀上加 1 mL 蒸馏水，放在水浴中加热 2 min，不时搅拌，趁热离心分离，立即将清液移到另一支试管中，沉淀按步骤 3 处理。

向清液中加 1 滴 6 mol/L HAc 和 5 滴 1 mol/L K$_2$CrO$_4$ 溶液，生成黄色沉淀，表示有 Pb^{2+}。把沉淀溶于 6 mol/L NaOH 溶液中，然后用 6 mol/L HAc 酸化，又会析出黄色沉淀，可以进一步证实有 Pb^{2+}。

3. Ag$^+$ 的检出

用 1 mL 蒸馏水加热洗涤步骤 2 所得的沉淀，离心分离，弃去清液。向沉淀上加入 2 mol/L NH$_3$·H$_2$O，搅拌使其溶解，如果溶液混浊，可再进行离心分离，在所得清液中加 6 mol/L HNO$_3$ 酸化，白色沉淀析出，表示有 Ag$^+$。

4. Hg^{2+}、Cu^{2+}、Pb^{2+}、Bi^{3+} 沉淀

向步骤 1 所得的清液中滴加 6 mol/L NH$_3$·H$_2$O 至显碱性，然后慢慢滴加 2 mol/L 盐酸，调节溶液近中性，再加 2 mol/L 盐酸（其量为原溶液体积的 1/6），此时溶液中盐酸浓度约为 0.3 mol/L。加入 5% 硫代乙酰胺溶液 10～12 滴，放在水浴中加热 5 min，并不时搅拌，再加 1 mL 蒸馏水稀释，加热 3 min，搅拌，冷却，离心分离，然后加 1 滴硫代乙酰胺检验沉淀是否完全。离心分离，清液中含有 Zn^{2+}，按步骤 11 处理。沉淀用 1 滴 1 mol/L NH$_4$NO$_3$ 溶液和 10 滴蒸馏水洗涤 2 次，弃去洗涤液，沉淀按步骤 5 处理。

5. Hg^{2+} 的分离

向步骤 4 获得的沉淀上加 10 滴 6 mol/L HNO$_3$，放在水浴中加热数分钟，搅拌，使 PbS、

CuS、Bi_2S_3 沉淀溶解后，溶液移到坩埚中按步骤 7 处理，不溶残渣用蒸馏水洗涤 2 次，第 1 次洗涤液合并到坩埚中，沉淀按步骤 6 处理。

6. Hg^{2+} 的检出

向步骤 5 所得的残渣上加 3 滴浓 HCl 和 1 滴浓 HNO_3，使沉淀溶解后，再加热几分钟使王水分解，以赶尽氯气。溶液用几滴蒸馏水稀释，然后逐滴加入 0.5 mol/L $SnCl_2$ 溶液，产生白色沉淀并逐渐变黑，表示有 Hg^{2+}。

7. Pb^{2+} 的分离和检出

向步骤 5 的坩埚内加 3 滴浓 H_2SO_4，放在石棉网上小火加热，直到冒出刺激性的白烟（SO_3）为止，切勿将 H_2SO_4 蒸干！冷却后，加 10 滴蒸馏水，用滴管将坩埚中的混浊液吸入离心试管中，放置后析出白色沉淀，表示有 Pb^{2+}。离心分离，把清液移到另一支离心试管中，按步骤 9 处理。

8. Pb^{2+} 的证实

在步骤 7 所得的沉淀上加 10 滴 3 mol/L NH_4Ac 溶液，加热搅拌，如果溶液混浊，还要进行离心分离，把清液加到另一支试管中，再加 1 滴 2 mol/L HAc 和 2 滴 1 mol/L K_2CrO_4 溶液，产生黄色沉淀，证实有 Pb^{2+}。

9. Bi^{3+} 的分离和检出

在步骤 7 所得的清液中加浓 $NH_3 \cdot H_2O$ 至显碱性，并加入过量 $NH_3 \cdot H_2O$（能嗅到氨味），产生白色沉淀，表示有 Bi^{3+}。溶液为蓝色，表示有 Cu^{2+}。离心分离，把清液移到另一支试管中，按步骤 10 处理。沉淀用蒸馏水洗涤 2 次，弃去洗涤液，向沉淀上加少量新配制的亚锡酸钠溶液，立即变黑，表示有 Bi^{3+}。

10. Cu^{2+} 的检出

将步骤 9 所得的清液用 6 mol/L HAc 酸化，再加 2 滴 0.1 mol/L $K_4[Fe(CN)_6]$ 溶液，产生红褐色沉淀，表示有 Cu^{2+}。

11. Zn^{2+} 的检出和证实

在步骤 4 所得的溶液中加 6 mol/L $NH_3 \cdot H_2O$，调节 pH 为 3~4。再加 1 滴硫代乙酰胺溶液，在水浴中加热，生成白色沉淀，表示有 Zn^{2+}。

如果沉淀不白，可将它溶解在 HCl（2 滴 2 mol/L HCl 加 8 滴蒸馏水）中，然后把清液移到坩埚中，加热除去 H_2S，再将清液加到试管中，加等体积的 $(NH_4)_2[Hg(SCN)_4]$ 溶液，用玻璃棒摩擦管壁，生成白色沉淀，证实有 Zn^{2+}。

【思考题】

(1)在用硫代乙酰胺从离子混合试液中沉淀 Cu^{2+}、Hg^{2+}、Bi^{3+}、Pb^{2+} 等离子时，为什么要控制溶液中 HCl 的浓度为 0.3 mol/L？酸度太高或太低对分离有何影响？控制酸度为什么用盐酸而不用硝酸？在沉淀过程中，为什么还要加水稀释溶液？

(2)洗涤 CuS、HgS、Bi_2S_3、PbS 沉淀时，为什么要加 1 滴 NH_4NO_3 溶液？如果沉淀没有洗净还沾有 Cl^-，对 HgS 与其他硫化物的分离有何影响？

(3)当 HgS 溶于王水后，为什么要继续加热使剩余的王水分解？不分解完全有何影响？

(4)在分离检出 Pb^{2+} 时，如果坩埚内溶液被蒸干，对分离有何影响？

实验 29   d 区元素重要化合物的性质

【实验目的】

(1)了解 d 区元素单质及其化合物的结构对其性质的影响。

(2)掌握 d 区元素某些化合物的性质。

【实验原理】

1. 锰的重要化合物的性质

锰的电势图：

$$\varphi_a^\ominus/V \quad MnO_4^- \xrightarrow{0.56} MnO_4^{2-} \xrightarrow{2.26} MnO_2 \xrightarrow{0.906} Mn^{3+} \xrightarrow{1.51} Mn^{2+} \xrightarrow{-1.029} Mn$$

$$MnO_4^- \xrightarrow{\quad 1.679 \quad} MnO_2 \qquad Mn^{3+} \xrightarrow{\quad 1.208 \quad} Mn^{2+}$$

$$MnO_4^- \xrightarrow{\qquad\qquad 1.51 \qquad\qquad} Mn^{2+}$$

$$\varphi_b^\ominus/V \quad MnO_4^- \xrightarrow{0.56} MnO_4^{2-} \xrightarrow{0.60} MnO_2 \xrightarrow{0.1} MnO(OH)_2 \xrightarrow{-1.47} Mn$$

$$MnO_4^- \xrightarrow{\quad 0.59 \quad} MnO_2$$

由电势图可知，在酸性介质中，Mn^{3+} 和 MnO_4^{2-} 均不稳定，易发生歧化反应；在碱性介质中，$Mn(OH)_2$ 不稳定，易被空气中的氧气氧化为 $MnO(OH)_2$；MnO_4^{2-} 与 Mn^{2+} 不能共存。

$KMnO_4$ 为强氧化剂，其还原产物随介质不同而不同，在酸性介质中被还原为 Mn^{2+}，在中性介质中被还原为 MnO_2，而在强碱性介质中和有少量还原剂作用时则被还原为 MnO_4^{2-}。

在 HNO_3 溶液中，Mn^{2+} 可以被 $NaBiO_3$ 氧化为紫红色的 MnO_4^-，利用这个反应来鉴定 Mn^{2+}：

$$5NaBiO_3 + 2Mn^{2+} + 14H^+ = 2MnO_4^- + 5Bi^{3+} + 5Na^+ + 7H_2O$$

2. 铬的重要化合物的性质

Cr^{3+} 的氢氧化物具有两性，溶液中的酸碱平衡如下：

$$Cr^{3+} + 3OH^- \Longleftrightarrow Cr(OH)_3 \underset{H^+}{\overset{OH^-}{\Longleftrightarrow}} [Cr(OH)_4]^-$$

Cr^{3+} 易水解生成 $Cr(OH)_3$。

酸性溶液中 $Cr_2O_7^{2-}$ 为强氧化剂，易被还原为 Cr^{3+}，而碱性溶液中 $[Cr(OH)_4]^-$ 为较强的还原剂，易被氧化为 CrO_4^{2-}：

$$Cr_2O_7^{2-} + 4H_2O_2 + 2H^+ = 2CrO_5 + 5H_2O$$

$$CrO_5 + (C_2H_5)_2O \longrightarrow CrO_5(C_2H_5)_2O(深蓝色)$$

$$4CrO_5 + 12H^+ \longrightarrow 4Cr^{3+} + 7O_2 \uparrow + 6H_2O$$

这个反应常用来鉴定 $Cr_2O_7^{2-}$ 或 Cr^{3+}。

3. 铁、钴、镍重要化合物的性质

Fe、Co、Ni 在碱性介质中 M(Ⅱ)的还原性大于酸性介质中 M(Ⅱ)的还原性:

还原性减弱 →

还原性增强 ↓

| | Fe^{2+} | Co^{2+} | Ni^{2+} |
| | $Fe(OH)_2$ | $Co(OH)_2$ | $Ni(OH)_2$ |

Fe、Co、Ni 的+2 价氢氧化物都呈碱性。在空气中 $Fe(OH)_2$ 很快被氧化成 $Fe(OH)_3$,$Co(OH)_2$ 缓慢被氧化为 $Co(OH)_3$,$Ni(OH)_2$ 与氧则不发生作用,但与强氧化剂(如 Br_2)反应如下:

$$2NiSO_4 + Br_2 + 6NaOH === 2Ni(OH)_3 \downarrow + 2NaBr + 2Na_2SO_4$$

除 $Fe(OH)_3$ 外,$Ni(OH)_3$、$Co(OH)_3$ 与 HCl 作用,都能产生氯气,如:

$$2Co(OH)_3 + 6HCl === 2CoCl_2 + Cl_2 \uparrow + 6H_2O$$

Fe(Ⅱ、Ⅲ)盐的水溶液易水解。

Fe、Co、Ni 都能生成不溶于水而易溶于稀酸的硫化物,自溶液中析出 FeS、CoS、NiS,经放置后,由于结构改变成为不再溶于稀酸的难溶物质。

Fe、Co、Ni 能生成很多配合物,其中常见的有 $K_4[Fe(CN)_6]$、$K_3[Fe(CN)_6]$、$[Co(NH_3)_6]Cl_3$、$K_3[Co(NO_2)_6]$、$[Ni(NH_3)_4]SO_4$ 等,Co(Ⅱ)的配合物不稳定,易被氧化为 Co(Ⅲ)的配合物:

$$4[Co(NH_3)_6]^{2+} + O_2 + 2H_2O === 4[Co(NH_3)_6]^{3+} + 4OH^-$$

而 Ni 的配合物则以+2 价为稳定。

在 Fe^{3+} 溶液中加入 $K_4[Fe(CN)_6]$ 溶液、在 Fe^{2+} 溶液中加入 $K_3[Fe(CN)_6]$ 溶液都能产生"铁蓝"沉淀:

$$Fe^{3+} + [Fe(CN)_6]^{4-} + K^+ + H_2O === KFe[Fe(CN)_6] \cdot H_2O \downarrow$$

$$Fe^{2+} + [Fe(CN)_6]^{3-} + K^+ + H_2O === KFe[Fe(CN)_6] \cdot H_2O \downarrow$$

在 Co^{2+} 溶液中加入饱和 KSCN 溶液生成蓝色配合物 $[Co(SCN)_4]^{2-}$。配合物在水溶液中不稳定,易溶于有机溶剂中(如丙酮),使蓝色更为显著。

Ni^{2+} 溶液与丁二酮肟在氨性溶液中作用,生成鲜红色螯合物沉淀:

利用形成配合物的特征颜色可以鉴定 Fe^{2+}、Co^{2+}、Ni^{2+}、Fe^{3+}。

【仪器、药品及材料】

离心机等。

锌粒（或锌粉），$NaBiO_3(s)$，$MnO_2(s)$，盐酸（2 mol/L，6 mol/L），H_2SO_4（2 mol/L，6 mol/L），饱和 H_2S，NaOH（2 mol/L，6 mol/L，40%），$KMnO_4$（0.01 mol/L），$(NH_4)_2Fe(SO_4)_2$（0.1 mol/L，1 mol/L），KI（0.1 mol/L），$AgNO_3$（0.1 mol/L），$FeCl_3$（0.1 mol/L），$MnSO_4$（0.1 mol/L），$CoCl_2$（0.1 mol/L），$Cr_2(SO_4)_3$（1 mol/L），$NiSO_4$（0.1 mol/L），Na_2SO_3（0.1 mol/L），溴水，NaF(s)，$Na_2C_2O_4(s)$，EDTA(s)，$NH_3·H_2O$（2 mol/L，6 mol/L），$Cr(NO_3)_3$（1 mol/L），饱和 KSCN，H_2O_2（质量分数 3%），$K_4[Fe(CN)_6]$（0.1 mol/L），$K_3[Fe(CN)_6]$（0.1 mol/L），乙醚，戊醇，丙酮，四氯化碳，乙二胺（质量分数 1%），丁二酮肟（质量分数 1%）。

淀粉试纸。

【实验步骤】

1. 设计实验验证+2 价铁、钴、镍的还原性

根据结果比较它们还原性的差异。

2. 设计实验验证+3 价铁、钴、镍的氧化性

根据结果比较它们氧化性的差异。

3. $Mn(Ⅳ)$、$Mn(Ⅶ)$的氧化还原性

(1) 用固体 MnO_2、浓 HCl、0.01 mol/L $KMnO_4$、0.1 mol/L $MnSO_4$ 设计一组实验，验证 MnO_2、$KMnO_4$ 的氧化性，写出反应式。

(2) $Mn(Ⅶ)$的氧化性。分别试验 Na_2SO_3 溶液在酸性、中性和碱性介质中与 $KMnO_4$ 的作用，写出反应式。

4. 铁、钴、镍的硫化物的性质

在 3 支试管中分别加入 1 mL $(NH_4)_2Fe(SO_4)_2$（0.1 mol/L）、$CoCl_2$（0.1 mol/L）和 $NiSO_4$（0.1 mol/L），酸化后滴加 H_2S 饱和溶液有无沉淀生成？再加入 $NH_3·H_2O$ 溶液（2 mol/L）有何现象？离心分离，在各沉淀中滴加 HCl 溶液（2 mol/L），观察沉淀的溶解。

5. 铬的氧化还原性

铬的不同氧化态的氧化还原性利用 $Cr_2(SO_4)_3$、3% H_2O_2、2 mol/L NaOH、2 mol/L H_2SO_4 等试剂设计系列试管实验，说明在不同介质下，铬的不同氧化态的氧化还原性和它们之间相互转化的条件，写出反应式。

6. 某些金属离子配合物

(1) 氨合物。分别向 $Cr_2(SO_4)_3$、$MnSO_4$、$FeCl_3$、$(NH_4)_2Fe(SO_4)_2$、$CoCl_2$ 和 $NiSO_4$ 溶液中滴加 6 mol/L $NH_3 \cdot H_2O$，观察现象，写出反应式，总结上述金属离子形成氨合物的能力。

(2) 配合物的形成对氧化还原性的影响。

① 向 KI 和 CCl_4 混合溶液中加入 $FeCl_3$ 溶液，观察现象。若上述试液在加入 $FeCl_3$ 前先加入少量固体 NaF，观察现象有什么不同，解释并写出反应式。

② 在室温下分别对比 0.1 mol/L $(NH_4)_2Fe(SO_4)_2$ 溶液在有 EDTA 存在下与没有 EDTA 存在下和 $AgNO_3$ 溶液的反应，并解释。

(3) 配合物的稳定性与配体的关系。

① 在 $Cr_2(SO_4)_3$ 溶液中加入少量固体 $Na_2C_2O_4$ 振荡，观察溶液颜色的变化，再逐滴加入 2 mol/L NaOH，观察现象，写出反应式。

② 在 $FeCl_3$ 溶液中加入少量 KSCN 溶液，观察现象。然后加入少量固体 $Na_2C_2O_4$，观察溶液颜色变化，解释并写出反应式。

③ 在 $NiSO_4$ 溶液中加入过量 2 mol/L $NH_3 \cdot H_2O$，观察现象。然后逐滴加入 1% 乙二胺溶液，观察现象，写出反应式。

(4) 铁的配合物。

① 在点滴板的圆穴内加入 1 滴 $FeCl_3$ 溶液和 1 滴 $K_4[Fe(CN)_6]$ 溶液，观察现象。

② 用 $FeSO_4$ 溶液与 $K_3[Fe(CN)_6]$ 溶液作用，观察现象。

7. 配合物的应用——金属离子的鉴定

利用生成配合物的反应设计一组实验鉴定下列离子：
① Fe^{2+}；② Fe^{3+}；③ Fe^{3+} 和 Co^{2+} 混合液中的 Co^{2+}。
提示：

(1) 用生成 $[Co(SCN)_4]^{2-}$ 法鉴定 Co^{2+} 时，应如何除去 Fe^{3+} 对 Co^{2+} 鉴定的干扰？

(2) 由于 $[Co(SCN)_4]^{2-}$ 在水溶液中不稳定，鉴定时要加饱和 KSCN 溶液或固体 KSCN，并加入乙醚萃取，使 $[Co(SCN)_4]^{2-}$ 更稳定，蓝色更显著。写出相应的反应式。

(3) 镍(Ⅱ) 的鉴定。$NiSO_4$ 溶液中加入 2 mol/L $NH_3 \cdot H_2O$ 至呈弱碱性，再加入 1 滴 1%(质量分数) 丁二酮肟溶液，观察现象。

8. 分离并鉴定 Cr^{3+}、Al^{3+}、Mn^{2+} 的混合液

(略)

【实验关键】

仔细观察实验现象，注意一些氧化还原反应的介质条件。

【思考题】

(1) 为什么制取 $Fe(OH)_2$ 时要先将有关溶液煮沸？

(2)钛和钒各有几种常见氧化态？指出它们在水溶液中的状态和颜色。

(3)在水溶液中能否制取 Cr_2S_3？若不能，应用什么方法制取？

(4)为什么 d 区元素水合离子具有颜色？

(5)钛、钴、镍是否都能生成+2 价和+3 价的配合物？

(6)$FeCl_3$ 的水溶液呈黄色，当它与什么物质作用时，会呈现下列现象：

①红棕色沉淀；②血红色；③无色；④深蓝色沉淀。

实验 30　水溶液中 Fe^{3+}、Co^{2+}、Ni^{2+}、Mn^{2+}、Al^{3+}、Cr^{3+}、Zn^{2+} 等 离子的分离和检出

【实验目的】

(1)掌握分离、检出这些离子的条件。

(2)熟悉以上各离子的有关性质(如氧化还原性、两性、配位性等)。

【实验原理】

1. Mn^{2+}的鉴定

Mn^{2+}被固体铋酸钠氧化成深紫色的 MnO_4^-。

2. Al^{3+}的鉴定

茜素磺酸钠与 Al^{3+}形成红色螯合物沉淀。

3. Cr^{3+}的鉴定

强碱性介质中，H_2O_2 可将 Cr^{3+}氧化为 CrO_4^{2-}，生成的 CrO_4^{2-} 可在 HAc 介质中与 Pb^{2+}生成黄色 $PbCrO_4$ 沉淀。

4. Ni^{2+}的鉴定

丁二酮肟与 Ni^{2+}在氨性溶液中生成鲜红色螯合物沉淀。

5. Co^{2+}的鉴定

Co^{2+}与 NH₄SCN 生成蓝色配合物 $[Co(SCN)_4]^{2-}$，加入丙酮可提高配合物的稳定性，或者将蓝色配合物萃取于异丁醇-乙醚混合溶剂中。

6. Zn^{2+}的鉴定

在中性或微酸性溶液中，Zn^{2+}与 $(NH_4)_2[Hg(SCN)_4]$生成白色结晶形沉淀。

7. 混合试液中 Fe^{3+}、Co^{2+}、Ni^{2+}、Mn^{2+}、Al^{3+}、Cr^{3+}、Zn^{2+} 的分离与检出流程

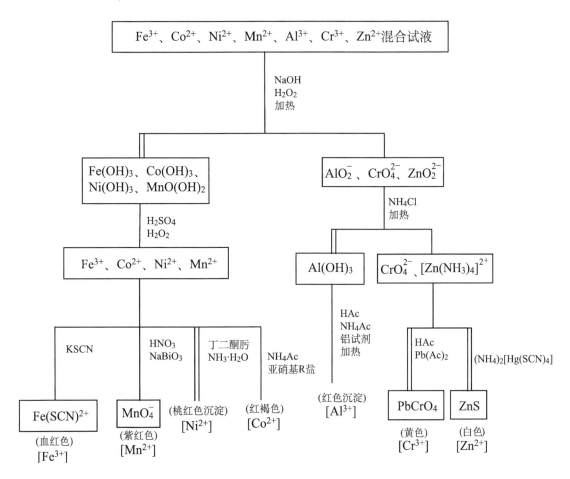

【仪器、药品及材料】

离心机等。

H_2SO_4（2 mol/L），HNO_3（2 mol/L），HAc（2 mol/L，6 mol/L），NaOH（6 mol/L），$NH_3 \cdot H_2O$（2 mol/L），$FeCl_3$、$CoCl_2$、$NiCl_2$、$MnCl_2$、$Al_2(SO_4)_3$、$CrCl_3$、$ZnCl_2$、$K_4[Fe(CN)_6]$（以上各溶液浓度均为 0.1 mol/L），KSCN（1 mol/L），NH_4Ac（3 mol/L），NH_4SCN（饱和溶液），$Pb(Ac)_2$（0.5 mol/L），Na_2S（2 mol/L），$NaBiO_3$（s），NH_4F（s），NH_4Cl（s），H_2O_2（3%），丙酮，丁二酮肟，铝试剂，亚硝基 R 盐。

【实验步骤】

取 Fe^{3+}、Co^{2+}、Ni^{2+}、Mn^{2+}、Al^{3+}、Cr^{3+}、Zn^{2+} 试液各 5 滴，加到离心试管中，混合均匀后，按以下步骤进行分离和检出。

(1) Fe^{3+}、Co^{2+}、Ni^{2+}、Mn^{2+} 与 Al^{3+}、Cr^{3+}、Zn^{2+} 的分离。向试液中加入 6 mol/L NaOH 溶液至呈强碱性后，再多加 5 滴 NaOH 溶液。然后逐滴加入 3% H_2O_2 溶液，每加 1 滴 H_2O_2 溶液，即用搅拌棒搅拌。加完后继续搅拌 3 min，加热使过剩的 H_2O_2 完全分解，至不再产生气

泡。离心分离，把清液移到另一支离心试管中，按步骤(7)处理。沉淀用热水洗 1 次，离心分离，弃去洗涤液。

(2)沉淀的溶解。向步骤(1)所得的沉淀上加 10 滴 2 mol/L H_2SO_4 和 2 滴 3% H_2O_2 溶液，搅拌后，放在水浴中加热至沉淀全部溶解、H_2O_2 全部分解，把溶液冷至室温，进行以下实验。

(3)Fe^{3+} 的检出。取 1 滴步骤(2)所得的溶液加到点滴板穴中，加 1 滴 0.1 mol/L $K_4[Fe(CN)_6]$ 溶液，产生蓝色沉淀，表示有 Fe^{3+}。取 1 滴步骤(2)所得的溶液加到点滴板穴中，加 1 滴 1 mol/L KSCN 溶液，溶液变成血红色，表示有 Fe^{3+}。

(4)Mn^{2+} 的检出。取 1 滴步骤(2)所得的溶液，加 3 滴蒸馏水和 3 滴 2 mol/L HNO_3 及一小勺 $NaBiO_3$ 固体，搅拌，溶液变为紫红色，表示有 Mn^{2+}。

(5)Co^{2+} 的检出。在试管中加 2 滴步骤(2)所得的溶液和 1 滴 3 mol/L NH_4Ac 溶液，再加入 1 滴亚硝基 R 盐溶液，溶液呈红褐色，表示有 Co^{2+}。

在试管中加 2 滴步骤(2)所得的溶液和少量 NH_4F 固体，再加入等体积的丙酮，然后加入饱和 NH_4SCN 溶液。溶液呈蓝色(或蓝绿色)，表示有 Co^{2+}。

(6)Ni^{2+} 的检出。在离心试管中加几滴步骤(2)所得的溶液，并加 2 mol/L $NH_3 \cdot H_2O$ 至呈碱性，如果有沉淀生成，还要离心分离，然后向上层清液中加 1～2 滴丁二酮肟，产生桃红色沉淀，表示有 Ni^{2+}。

(7)Al(III)和 Cr(VI)、Zn(II)的分离及 Al^{3+} 的检出。向步骤(1)所得的清液中加 NH_4Cl 固体，加热，产生白色絮状沉淀即为 $Al(OH)_3$。

离心分离，把清液移到另一支试管中，按步骤(8)和步骤(9)处理。沉淀用 2 mol/L 氨水洗 1 次，离心分离，洗涤液并入清液，加 4 滴 6 mol/L HAc，加热使沉淀溶解，再加 2 滴蒸馏水、2 滴 3 mol/L NH_4Ac 溶液和 2 滴铝试剂，搅拌后微热，产生红色沉淀，表示有 Al^{3+}。

(8)Cr^{3+} 的检出。如果步骤(7)所得清液呈淡黄色，则有 CrO_4^{2-}，用 6 mol/L HAc 酸化溶液，再加 2 滴 0.5 mol/L $Pb(Ac)_2$ 溶液，产生黄色沉淀，表示有 Cr^{3+}。

(9)Zn^{2+} 的检出。取几滴步骤(7)所得的清液，滴加 2 mol/L Na_2S 溶液，产生白色沉淀，表示有 Zn^{2+}。

取几滴步骤(7)所得的清液，用 2 mol/L HAc 酸化，再加入等体积的 $(NH_4)_2[Hg(SCN)_4]$ 溶液，摩擦试管壁，生成白色沉淀，表示有 Zn^{2+}。

【思考题】

(1)在分离 Fe^{3+}、Co^{2+}、Ni^{2+}、Mn^{2+} 与 Al^{3+}、Cr^{3+}、Zn^{2+} 时，为什么要加过量的 NaOH，同时加 H_2O_2？反应完全后，过量的 H_2O_2 为什么要完全分解？

(2)在使 $Fe(OH)_3$、$Co(OH)_3$、$Ni(OH)_3$、$MnO(OH)_2$ 等沉淀溶解时，除加 H_2SO_4 外，为什么还要加 H_2O_2？H_2O_2 在这里起的作用与生成沉淀时起的作用是否一样？过量的 H_2O_2 为什么也要分解？

(3)分离 $[Al(OH)_4]^-$、CrO_4^{2-}、$[Zn(OH)_4]^{2-}$ 时，加入 NH_4Cl 的作用是什么？

(4)用 $Pb(Ac)_2$ 溶液检出 Cr^{3+} 时，为什么要用 HAc 酸化溶液？

实验 31　阴离子定性分析

【实验目的】

(1)熟悉常见阴离子的有关性质。

(2)检出未知液中的阴离子。

【实验原理】

阴离子的初步检验分以下 5 个方面：

1. 与稀硫酸作用

在试样上加稀硫酸并加热，产生气泡，表示可能含有 S^{2-}、SO_3^{2-}、$S_2O_3^{2-}$、CO_3^{2-}、NO_2^-（如试样是溶液，所含离子的浓度又不定时，就不一定能观察到明显的气泡）。

2. 与 $BaCl_2$ 溶液的作用

中性或弱碱性试液中滴加 $BaCl_2$ 溶液，生成白色沉淀，表示 SO_4^{2-}、SO_3^{2-}、CO_3^{2-}、PO_4^{3-}、$S_2O_3^{2-}$（当浓度大于 4.5 g/L）可能存在，若没有沉淀生成，表示 SO_4^{2-}、SO_3^{2-}、CO_3^{2-}、PO_4^{3-} 不存在，$S_2O_3^{2-}$ 则不能肯定。

3. 与 $AgNO_3$、HNO_3 的作用

试液中加 $AgNO_3$ 溶液，生成沉淀，然后用稀硝酸酸化，仍有沉淀，表示可能有 S^{2-}、Cl^-、Br^-、I^-、$S_2O_3^{2-}$。由沉淀颜色还可以初步判断：沉淀呈纯白色，为 Cl^-；淡黄色，为 Br^-、I^-；黑色，为 S^{2-}（黑色还会掩盖其他沉淀的颜色）；沉淀由白色变黄色、橙色、褐色，最后呈黑色，为 $S_2O_3^{2-}$。如无沉淀生成，表明以上离子都不存在。

4. 还原性阴离子的检验

强还原性阴离子 S^{2-}、SO_3^{2-}、$S_2O_3^{2-}$ 可以被碘氧化，因此根据加入碘-淀粉溶液后溶液是否褪色，可判断这些阴离子是否存在。若用强氧化剂 $KMnO_4$ 溶液试验，则一些弱的还原性阴离子 Br^-、I^-、NO_2^- 也可与其反应。因此，在酸化的试液中加一滴 $KMnO_4$ 稀溶液，如红色褪去，表明 S^{2-}、SO_3^{2-}、$S_2O_3^{2-}$、Br^-、I^-、NO_2^- 可能存在；若红色不褪，则上述阴离子都不存在。

5. 氧化性阴离子的检验

在酸化的试液中加 KI 溶液和 CCl_4，若摇荡后 CCl_4 层显紫色，则有氧化性阴离子。在我们讨论的阴离子中，只有 NO_2^- 有此反应。

以上 5 个方面的内容汇于表 2.5 中。

表 2.5　阴离子的初步检验

试剂	稀 H_2SO_4	$BaCl_2$	$AgNO_3$ (稀 HNO_3)	I_2-淀粉	$KMnO_4$ (H_2SO_4)	KI (CCl_4)
SO_4^{2-}		+				
SO_3^{2-}	+	+		+	+	
$S_2O_3^{2-}$	+	+*	+	+	+	
CO_3^{2-}	+	+				
PO_4^{3-}		+				
S^{2-}	+		+	+	+	
Cl^-			+			
Br^-			+		+	
I^-			+		+	
NO_3^-						
NO_2^-	+				+	+

*表示 $S_2O_3^{2-}$ 浓度大时才产生沉淀。

用 $BaCl_2$ 能沉淀的 SO_4^{2-}、SO_3^{2-}、CO_3^{2-}、PO_4^{3-}、$S_2O_3^{2-}$ 等阴离子可称为钡组离子；用 $AgNO_3$ 能沉淀的 Cl^-、Br^-、I^-、S^{2-}、$S_2O_3^{2-}$ 等阴离子可称为银组离子。$BaCl_2$、$AgNO_3$ 就是相应的组试剂，可以试验整组离子是否存在。

经过初步检验后，就可以判断哪些离子可能存在。不可能存在的离子可不必检出。如果试样组成简单(实际情形常是如此)，经初步检验后，可能存在的离子常常只剩下 2～3 种，再进行必要的检定反应，就可以很快得到结果。

6. SO_4^{2-} 的检出

溶液用 HCl 酸化，在所得清液中加 $BaCl_2$ 溶液，生成白色沉淀，表示有 SO_4^{2-} 存在。钡组其他阴离子都不干扰。

7. CO_3^{2-} 的检出

一般用 $Ba(OH)_2$ 气体瓶法检出 CO_3^{2-}。用此方法时，SO_3^{2-}、$S_2O_3^{2-}$ 有干扰，因为酸化时产生的 SO_2 也会使 $Ba(OH)_2$ 溶液混浊：

$$SO_2 + Ba(OH)_2 \longrightarrow BaSO_3 \downarrow + H_2O$$

$$S_2O_3^{2-} + 4H_2O_2 + 2OH^- \Longrightarrow 2SO_4^{2-} + 5H_2O$$

8. PO_4^{3-} 的检出

一般用生成磷钼酸铵的反应来检出，但是 SO_3^{2-}、$S_2O_3^{2-}$、S^{2-} 等还原性阴离子、硅酸盐(由玻璃上溶下的微量硅)及大量 Cl^- 都干扰检出。还原性阴离子能将钼还原成低氧化态而破坏试剂，硅酸盐也能生成硅钼酸铵沉淀，大量的 Cl^- 能降低反应的灵敏度。因此，这些干扰离子存在时，要先滴加浓 HNO_3，煮沸，以除去干扰(硅钼酸铵可溶于 HNO_3)。

$$SO_3^{2-} + 2NO_3^- + 2H^+ \longrightarrow SO_4^{2-} + 2NO_2 + H_2O$$

$$S_2O_3^{2-} + 2NO_3^- + 2H^+ \longrightarrow SO_4^{2-} + S\downarrow + 2NO_2 + H_2O$$

$$3S^{2-} + 2NO_3^- + 8H^+ \longrightarrow 3S\downarrow + 2NO + 4H_2O$$

$$3Cl^- + NO_3^- + 4H^+ \longrightarrow Cl_2 + 2H_2O + NOCl$$

此外，磷钼酸铵能溶于磷酸盐，所以反应时要加入过量的试剂。

9. S^{2-}的检出

试液中 S^{2-}含量多时，可酸化试液，用 $Pb(Ac)_2$ 试纸检查 H_2S。S^{2-}含量少时，可在碱性溶液中加入 $Na_2[Fe(CN)_5NO]$检验，S^{2-}存在时溶液变紫，形成 $Na_4[Fe(CN)_5NOS]$。

10. S^{2-}的除去

S^{2-}妨碍SO_3^{2-}和$S_2O_3^{2-}$的检出，因此在检出SO_3^{2-}和$S_2O_3^{2-}$前必须把 S^{2-}除去。方法是在溶液中加入 $CdCO_3$固体，利用沉淀的转化除去 S^{2-}：

$$S^{2-} + CdCO_3(s) \longrightarrow CdS(s) + CO_3^{2-}$$

SO_3^{2-}、$S_2O_3^{2-}$ 都不能被 $CdCO_3$转化，留在溶液中。

11. $S_2O_3^{2-}$ 的检出

在除去 S^{2-}的溶液中加入稀盐酸并加热，溶液变混浊，表示有$S_2O_3^{2-}$：

$$S_2O_3^{2-} + 2H^+ \longrightarrow S\downarrow + SO_2\uparrow + H_2O$$

12. SO_3^{2-} 的检出

$S_2O_3^{2-}$妨碍SO_3^{2-}的检出，在检出SO_3^{2-}前应将其分出。在除去 S^{2-}的溶液中加 $Sr(NO_3)_2$溶液，溶解度很小的 $SrSO_3$和其他难溶于水的锶盐(如 $SrCO_3$、$SrSO_4$ 等)生成沉淀，而溶解度很大的 SrS_2O_3留在溶液中。将含有SO_3^{2-}的沉淀溶于盐酸，加入 $BaCl_2$ 溶液，SO_4^{2-}可通过产生$BaSO_4$沉淀将其分离除去，然后在溶液中加入数滴 3% H_2O_2 溶液，此时SO_3^{2-}被氧化为SO_4^{2-}，产生白色 $BaSO_4$沉淀。

13. Cl^-、Br^-、I^-的检出

由于强还原性阴离子妨碍 Br^-、I^-的检出，所以一般将 Cl^-、Br^-、I^-沉淀为银盐，再以 2 mol/L 氨水处理沉淀，在所得银氨溶液中先检出 Cl^-。氨水处理后，残渣再用锌粉处理，在所得清液中加氯水，先检出 I^-，再检出 Br^-。这样连续检出 Br^-、I^-的方法只适用于含有少量 I^-和大量 Br^-的溶液，如果 I^-浓度很大，I_2在 CCl_4 层的紫色会干扰溴的检出，加入很多氯水也难以使紫色褪去。这时可在溶液中加入 H_2SO_4 和 KNO_2并加热，使 I^-氧化成 I_2，蒸发除去，然后再检出 Br^-。

14. NO_2^- 的检出

一种检出方法是酸性介质中加 KI 和 CCl_4，在我们讨论的阴离子范围内，只有 NO_2^- 能把 I^- 氧化成 I_2：

$$2NO_2^- + 2I^- + 4H^+ \longrightarrow I_2 + 2NO + 2H_2O$$

另一种检出方法是加入对氨基苯磺酸和 α-萘胺，生成红色的偶氮染料。此方法适宜于检出少量 NO_2^-，当 NO_2^- 浓度大时，粉红色很快褪去，生成黄色溶液或褐色沉淀：

15. NO_3^- 的检出

NO_2^- 不存在时，可用二苯胺检出。NO_2^- 存在时，因 NO_2^- 与二苯胺也能发生相似的反应，所以必须先除去 NO_2^-。因此，加入尿素并加热，使 NO_2^- 分解：

$$2NO_2^- + CO(NH_2)_2 + 2H^+ === CO_2\uparrow + 2N_2\uparrow + 3H_2O$$

通过检查确无 NO_2^- 时，再作 NO_3^- 的检出。

以上 11 种阴离子的检出列于表 2.6 中。

表 2.6   11 种阴离子的检出

离子	试剂	现象	条件
SO_4^{2-}	$HCl+BaCl_2$	白色沉淀($BaSO_4$)	酸性介质
CO_3^{2-}	$Ba(OH)_2$	$Ba(OH)_2$ 溶液混浊，($BaCO_3$)↓	酸化试液
PO_4^{3-}	$(NH_4)_2MoO_4$	磷钼酸铵黄色沉淀	HNO_3 介质，过量试剂
S^{2-}	HCl	$Pb(Ac)_2$ 试纸($PbS\downarrow$)	酸性介质
S^{2-}	$Na_2[Fe(CN)_5NO]$	紫色 $Na_4[Fe(CN)_5NOS]$	碱性介质
$S_2O_3^{2-}$	HCl	溶液变混浊($S\downarrow$)	酸性，加热
SO_3^{2-}	$BaCl_2+H_2O$	白色沉淀($BaSO_4$)	酸性介质
Cl^-	银氨溶液+ HNO_3	白色沉淀($AgCl$)	—
Br^-	氯水+ CCl_4	CCl_4 层黄色或橙黄色(Br_2)	—
I^-	氯水+ CCl_4	CCl_4 层紫色(I_2)	—
NO_2^-	KI + CCl_4	CCl_4 层紫色(I_2)	HAc 介质
NO_2^-	对氨基苯磺酸+α-萘胺	红色染料	HAc 介质
NO_3^-	二苯胺	蓝色环	硫酸介质
NO_3^-	$FeSO_4(s)$+浓 H_2SO_4	棕色环	—

【仪器、药品及材料】

离心机等，$Pb(Ac)_2$ 试纸，pH 试纸。

Zn 粉，$CdCO_3(s)$，$FeSO_4(s)$，$HNO_3(2\ mol/L，浓)$，$HCl(2\ mol/L，浓)$，$H_2SO_4(2\ mol/L，浓)$，$NaOH(2\ mol/L，6\ mol/L)$，$NH_3 \cdot H_2O(6\ mol/L)$，$AgNO_3$、KI、$Na_2S_2O_3$、$Sr(NO_3)_2$（以上溶液浓度均为 0.1 mol/L），$BaCl_2(0.5\ mol/L)$，$KMnO_4(0.01\ mol/L)$，$(NH_4)_2CO_3(12\%)$，$Na_2[Fe(CN)_5NO](1\%)$；另配一组供教师用：$NaNO_3$、$NaNO_2$、$Na_2S$、NaCl、NaBr、NaI、$Na_2SO_4$、$Na_2S_2O_3$、$Na_3PO_4$、$Na_2CO_3$、$Na_2SO_3$（浓度均为 0.05 mol/L）；碘–淀粉溶液，CCl_4，$H_2O_2(3\%)$，氯水（饱和），未知液 I（Cl^-、Br^-、I^-），未知液 II（S^{2-}、$S_2O_3^{2-}$、SO_3^{2-}、PO_4^{3-}）。

【实验步骤】

1. 已知阴离子混合物的分离与鉴定

(1) Cl^-、Br^-、I^- 混合液的分离与鉴定。
(2) S^{2-}、$S_2O_3^{2-}$、SO_3^{2-}、PO_4^{3-} 混合液的分离与鉴定。

2. 未知阴离子混合液的分析

（略）

【思考题】

(1) 试液显酸性时，上述 11 种阴离子中哪些离子不可能存在？
(2) SO_3^{2-} 的存在干扰 CO_3^{2-} 的鉴定，如何防止？
(3) 请指出一种能区别以下 5 种溶液的试剂：

$$NaNO_3 \qquad Na_2S \qquad NaCl \qquad Na_2S_2O_3 \qquad Na_2HPO_4$$

第 3 章　有机化学实验

I　有机化学常用知识

3.1　加热与冷却

有机化学反应都是在一定的温度下进行的，有些反应在室温下难以进行或反应较慢，常需加热来加快反应速率，如正溴丁烷的制备。而有些反应又很剧烈，释放出大量的热使副反应增多，因此须进行适当的冷却将反应温度控制在一定范围内，如重氮盐的相关反应。

3.1.1　加热

一般情况下，化学反应的速率随温度的升高而加快。一般反应温度每升高 10℃，反应速率就会增加一倍。所以，为了增加反应速率，往往需要在加热下进行反应。此外，有机化学实验的许多基本操作如回流、蒸馏、溶解、重结晶、熔融等都需要加热。

加热有直接加热和间接加热两种形式。玻璃仪器一般不能用火焰直接加热，因为剧烈的温度变化和不均匀的加热会破坏玻璃仪器，甚至导致燃烧、爆炸事故。同时由于局部过热，还可能引起部分有机化合物的分解。为了避免直接加热可能带来的问题，加热时可根据液体的沸点、有机化合物的特性和反应要求选用适当的加热方法。

1. 直接加热

酒精灯、电炉、燃气灯等通过石棉网加热，是最简便的加热方式。但这种加热仍很不均匀，所以回流低沸点易燃物或减压蒸馏等操作中不能应用。

2. 间接加热

在实验中，为了保证加热均匀和操作安全，经常选用适合的热浴来进行间接加热(热浴的液面高度皆应略高于容器中的液面)。热浴，是将容器置于热浴物质中，让热浴物质的温度缓慢升高到一定程度，再让其缓慢冷却，从而改善容器热传递性能，获得均匀受热的效果。这种间接加热的特点是避免明火，加热均匀。热源有酒精灯、煤气灯、电炉等，传热介质有空气、水、油等。常见热浴及相关装置见下。

1) 空气浴

空气浴就是让热源将局部空气加热，空气再把热能传递给反应容器。沸点在 80℃以上的液体原则上都可以采用空气浴加热。实验室中常用的电热套(电热帽)(图 3.1)就是一种简单的空气浴加热装置，它是一种简便、安全、无明火、热效率高的加热装置，市面上各种规格的加热套均有，有的还配有调压变压器。能从室温加热到 200℃左右。

　　使用电热套的注意事项：①在安装仪器时，应将反应瓶的外壁与电热套内壁至少保持 1 cm 左右距离，以便热空气传热和防止局部过热；②用电热套进行蒸馏时，随瓶内物质越来越少，会使瓶壁过热，有造成蒸馏物被烧焦的危险。实验过程中，特别是在蒸馏的后期，应不断降低支持电热套升降台的高度。

图 3.1　电热套

　　2) 水浴

　　当被加热的物体要求受热均匀，温度不超过 80℃时，可以用水浴加热。将盛有样品的容器如烧杯、烧瓶等浸入水浴中，容器底部不能触及水浴锅底，通过酒精灯或电热器对水浴锅加热，使水浴温度达到所需温度范围。若需长时间加热，水浴中的水会气化蒸发，需及时补水。还可在水面上加几片石蜡，因石蜡受热熔化后覆盖在水面上，可减少水的蒸发。

　　现在普遍使用的电热恒温水浴，能有效减缓水的蒸发，并准确控制加热温度，是目前安全性相对较高的水浴加热装置。另外，在水中加入各种无机盐(如 NaCl、CaCl$_2$ 等)使之饱和，则水浴温度可提高到 100℃以上。如果加热温度接近 100℃，如蒸发浓缩溶液时，可将蒸发皿或者坩埚等置于水浴锅盖上，通过水蒸气来加热，这就是水蒸气浴。

　　使用水浴的注意事项：对于加热如乙醚等低沸点易燃溶剂时，应预先加热好水浴，以避免使用明火，但是必须强调指出，当用到金属钾或钠的操作时，决不能在水浴上进行。另外，还应注意：①不要在锅内或杯内加沸石；②加热可用加热棒或电炉；③用后应将水倒掉，不得在锅内长期存水。

图 3.2　油浴锅

　　3) 油浴

　　油浴就是使用油作为热浴物质的热浴方法。将加热用油置于锅内，放入加热棒或用电炉在底部加热即组成油浴(图 3.2)。另外，可在油浴中安装温度计，以便随时观察和调节温度。带有控温仪的油浴可将温度控制在一定范围内，容器内的反应物料受热均匀。容器内的反应温度一般要比油浴温度低 20℃左右。油浴随加热油不同温度范围不同(表 3.1)。

表 3.1　常用导热油及加热温度

导热介质	加热温度/℃	备注
甘油	140~150	温度过高时则会分解；甘油吸水性强，若放置过久，使用前应加热蒸去所吸水分，再用于油浴
甘油-邻苯二甲酸二丁酯	140~180	温度过高则分解
植物油	220	由于植物油在高温下易发生分解，可在油中加入 1%对苯二酚，以增加其热稳定性
液体石蜡	220	温度稍高虽不易分解，但易燃烧
固体石蜡	220	室温下为固体，便于保存
硅油/真空泵油	250	热稳定性好，但价格较贵

　　进行油浴加热时需要谨慎操作，防止油外溢或油浴升温过高，引起失火。使用时应注意：①油浴锅内应放置温度计指示温度，温度计水银球不要放到油浴锅底；②用电炉加热时，应垫上石棉网；③加热油使用时间较长时应及时更换，否则易出现溢油着火；④在油浴加热时，必须注意采取措施，不要让水溅入油中，否则加热时会产生泡沫或引起飞溅，因此可用一块中间有圆孔的石棉板盖住油浴锅；⑤使用油浴时最好使用调压器调整加热速度。

　　4）砂浴

　　当加热温度在 250~350℃时应采用砂浴。将清洁而又干燥的细砂平铺在铁盘上，把盛有被加热物料的容器埋在砂中，加热铁盘。由于砂浴温度分布不均匀，且传热慢，温度上升慢，散热又太快，所以使用范围有限。因为砂对热的传导能力较差而散热却较快，所以容器底部与砂浴接触处的砂层要薄些，以便于受热。

　　5）盐浴

　　当需要高温加热时，可使用熔融的盐作为传热介质进行盐浴。例如，等质量的 $NaNO_3$ 和 KNO_3 混合物在 218℃熔化，在 700℃以下是稳定的。含有 40% $NaNO_2$、53% KNO_3、7% $NaNO_3$ 的混合物在 142℃熔化，使用范围为 150~500℃。但必须小心的是，熔融的盐若触及皮肤，会引起严重的烧伤。注意盐浴中切勿溅入水。用过后的盐浴冷却后保存于干燥器中。

　　以上为实验室中较常用的几种加热方式，无论用哪种方式加热，都要注意相关的安全事项，尽量做到加热均匀稳定，尽量减少热损失，以满足实验的要求。

3.1.2　冷却

　　在有机实验中，有些反应的中间体在室温下不够稳定，所以反应必须在低温下进行。有些放热反应所产生的大量热使反应难以控制，并引起易挥发化合物的损失，或导致有机物分解或副反应增加，甚至会发生冲料和爆炸事故。为了除去过剩的热量，就需要对反应进行冷却。此外，为了减少固体化合物在溶剂中的溶解度，使其易于析出结晶，也常需要冷却。

　　冷却技术可分为直接冷却和间接冷却两种。但在大多数情况下使用间接冷却，即通过玻璃器壁向周围的冷却介质自然散热，达到降低温度的目的。根据实验的不同要求，可以选择合适的冷却方法和制冷剂。

1. 自然冷却

　　将热溶液在空气中放置一段时间，任其自然冷却到室温。例如，在重结晶时，要得到纯度高、结晶较大的产品，一般只要把热溶液静置冷却至室温即可。

2. 冷风冷却和流水冷却

　　当需要快速冷却时，可将盛有反应液的容器用鼓风机吹风或将其浸入冷水中冷却，也可在冷水流中冲淋冷却。

3. 制冷剂冷却

　　需要低于室温的操作条件时，可将适当的制冷剂放进设备中，然后将所需冷却的反应物置于设备中，待温度适宜后再进行相应的操作。常用制冷剂的组成及冷却温度如表 3.2 所示。

表 3.2　常用制冷剂组成及冷却温度

制冷剂组成	冷却温度/℃	制冷剂组成	冷却温度/℃
碎冷(或冰-水)	0	液氮-甲苯	−95
碎冰(3 份)-氯化钠(1 份)	−20	干冰-乙醚	−100
液氮-氯苯	−45	液氮-乙醚	−116
干冰-乙醇	−72	液氮-异戊烷	−160
干冰-丙酮	−78	液氮	−196

使用低温制冷剂时，要注意以下几点：

(1)严禁用手直接接触低温制冷剂，以免发生冻伤事故。不要使用超过所需范围的制冷剂，否则既增加了成本，又影响了反应速率。

(2)温度若低于−38℃，不能使用水银温度计(水银的凝固点为−38.87℃)，应使用内装有有机液体(如内装：甲苯，−90℃；正戊烷，−130℃)及少许颜料的低温温度计。但由于有机液体传热较差和黏度较大，这种温度计达到平衡的时间较长。

常将干冰及其混合物等放在保温瓶或绝热效果好的容器中，上口用铝箔或棉布覆盖，以降低其挥发速度，保持良好的冷却效果。

4. 低温浴槽

低温浴槽(图 3.3)是在冰箱基础上组建而成的，可代替干冰和液氮提供低温条件。进行低温反应时，一般选用乙二醇的水溶液或无水乙醇作冷却介质，低温恒温槽内的介质工作温度可在−110～5℃。

图 3.3　低温浴槽

【思考题】

(1)有机化学反应加热有哪些方法？

(2)为什么温度低于−38℃时不能使用水银温度计？

3.2　干燥和干燥剂

干燥是从目标物中除去少量水分的实验操作。如果目标物中存在大量水分，那么就要先进行分离操作，如蒸馏、分液等。

干燥有多种方法，其中最常用的干燥方法是使用干燥剂，干燥剂有很多种，包括无水的无机盐(如氯化钙、硫酸镁、硫酸钠、碳酸钾等)；酸性或碱性的氧化物(氧化钙、五氧化二磷等)；碱金属(金属钠等)；具有吸水性的强酸/强碱(浓硫酸、氢氧化钠等)；以及人工合成的吸水高分子(变色硅胶、分子筛)等。

实验者使用哪种干燥方法或哪种干燥剂来干燥，是由被干燥物的性质决定的，要保证被干燥物的性质不会被破坏或干扰，通常来说，酸性物质用酸性干燥剂，碱性物质用碱性干燥剂，中性干燥剂适用性较广，但有时也会和有机物生成配合物。用一句话概括就是：酸酸碱碱怕配合。另外，也要兼顾干燥的时间和干燥剂的用量等方面。

3.2.1　固体的干燥

固体原料反应后得到的产物干燥，广义上也包括实验用的玻璃器皿，都属于固体的干燥。

首先要判断物质在空气中的吸湿性，如果待干燥的物质不吸潮，在空气中稳定，就可以自然晾干；如果不但在空气中稳定，加热也稳定，不会分解或熔化，用烘箱烘干有更高的效率。但如果目标物吸潮或者在空气中不稳定，这时就要用到干燥器。

干燥器是一个闭合的玻璃容器，干燥剂和需要干燥的物质放在容器内，用隔板隔开，在长时间的静置中，用干燥剂的吸潮能力实现物质的干燥。开闭干燥器的边缘是一圈宽大的磨口玻璃，用于密封，为了加强密封性，通常还会在磨口处涂抹一层凡士林。需要注意的是，在开闭干燥器时，上盖并不是直上直下的，而是要有一个横向推的动作，来确保密封。对于一些易在空气中氧化的活泼物质，还需要进一步使用真空干燥器(图3.4)。这种干燥器的上盖顶部，多了一个抽气阀，闭合后经这个抽气口抽空干燥器中的空气来保护其中的敏感物质。

图3.4　真空干燥器

由于干燥器中的干燥剂不直接和目标物质接触，选择性较液体大，但要保持结构疏松，不能选择粉末状的干燥剂。无水氯化钙颗粒、分子筛、变色硅胶、片状氢氧化钠都是常见的选择。另外要注意的是，分子筛使用前要高温烘烤活化，干燥剂板结或变色表明失去干燥能力，需要更换。

洗过的玻璃器皿可以倒置自然晾干，也可用烘箱烘干，但对于磨口或有活塞的部位，必须要把部件拆开，避免热胀冷缩引起活塞变形、碎裂、粘连。如果急于使用洗好的器皿，也可以用少量乙醇润洗，带走残余水分，然后用冷风吹干(为什么不用热风？)。

以上是常规干燥手段，但是除了加热干燥，降温也可以干燥。图3.5是在生物化学领域经常使用的真空冷冻干燥机，使用时，它先制造低温，使物料中的水分结冰，然后将物料置放在密闭容器中抽真空，当压力低于水的三相点时，物料中的水分子会不经液态直接升华成水蒸气被抽走，达到干燥的目的。这种操作不但能保持物料的化学成分稳定，而且由于冰的支撑作用，干燥过程中物料不会塌缩，可以保持物料的生物和化学结构稳定，这在生物化学、制药科学中是不可缺少的。

图3.5　真空冷冻干燥机

3.2.2　气体的干燥

气体干燥分两种情况，第一种是实验室中临时制备的或由气瓶中导出的气体在参与反应前往往需要干燥，这时干燥以气路流经干燥剂进行；第二种是在进行无水反应或蒸馏无水溶剂时，为了避免空气中水汽的进入，也需要对可能进入反应装置的空气进行干燥保护——

此时干燥以反应装置出口安装干燥管来进行。常用的气体干燥剂及适用范围见表 3.3。

表 3.3　常用的气体干燥剂及适用范围

干燥剂	适用气体
无水氯化钙	H_2、O_2、N_2、CO_2、HCl、SO_2、空气、烷烃等
分子筛	H_2、O_2、N_2、CO_2、HCl、SO_2、烷烃等
碱石灰，NaOH	H_2、O_2、N_2、 NH_3、烷烃等
浓硫酸	H_2、O_2、N_2、CO_2、Cl_2、SO_2、空气、烷烃等
五氧化二磷	H_2、O_2、N_2、CO_2、SO_2、空气、烷烃等

实验室常用的干燥气体装置有洗气瓶、干燥塔和干燥管(图 3.6)。使用液体干燥剂如浓硫酸进行干燥时适用洗气瓶，洗气瓶有长短两根导气管，液体干燥剂液面在两根气管管口之间，需要干燥的气体从洗气瓶的长管进，短管出，同时洗气瓶前后要放空瓶作为安全瓶避免干燥剂倒吸。

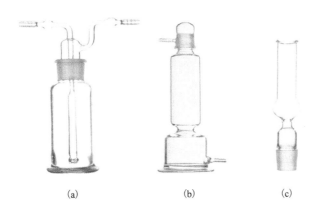

(a)　　　　　　　(b)　　　　　　　(c)

图 3.6　洗气瓶(a)、干燥塔(b)和干燥管(c)

干燥塔和干燥管则盛放固体干燥剂，干燥剂必须是颗粒状的，放在干燥塔塔身上部和干燥管球泡处，上下用棉花封堵。流经干燥塔的气体下进上出，干燥管则是用于反应装置的出口处。

3.2.3　液体的干燥

液体的干燥通常是向待干燥的液体中加入合适的干燥剂，封闭后振荡摇晃，再静置一段时间，待干燥剂吸收了水分后将其滤除。液体干燥的常用干燥剂和干燥范围见表 3.4。

表 3.4　液体干燥的常用干燥剂和干燥范围

干燥剂	吸水量与速度	适用范围
无水氯化钙	强，较快	烃类，卤代烃
无水硫酸镁	弱，快	大部分有机液体均可
无水硫酸钠	较强，慢	大部分有机液体均可，但效率较低

续表

干燥剂	吸水量与速度	适用范围
无水碳酸钠	弱，慢	弱碱性，可用于大部分中性和碱性有机物
分子筛	强，快	均可，但使用前需活化
氧化钙	强，较快	低级醇类
氢氧化钠	较强，快	强碱性，可用于碱性化合物
金属钠	强，快	烃类，卤代烃，醚类
五氧化二磷	强，快	烃类，卤代烃，醚类，腈类

　　干燥剂的用量最好是稍微过量，以保证充分干燥，同时减少干燥剂吸附物料带来的损失。一开始可以先少量加入，振荡静置后若发现干燥剂黏结或液体仍有混浊，再少量多次补加。干燥的时间取决于干燥剂的吸水速度，快的干燥剂可能在数分钟内就能达成基本干燥，慢的干燥剂可能要放置一天。干燥剂的吸水通常是一个放热的过程，因此不宜升温。

　　在一些要求较高的有机实验中，为了得到大量的严格除水的溶剂，会使用蒸馏球装置，蒸馏球的形状较为复杂，上下有磨口，下面的磨口连接一个内部的通气管，还有一个三通的支管(图3.7)。以金属钠干燥二氯甲烷为例介绍蒸馏球装置的使用(图3.8)：需干燥的二氯甲烷被注入单口瓶中，随后加入搅拌子和擦干切成小块的金属钠，以及指示剂二苯甲酮，将蒸馏球的下口与单口瓶对接，上口接球形冷凝回流管与干燥管，将蒸馏球的三通旋转到蒸馏球和单口瓶连通的位置，然后对下面的单口瓶加热，使二氯甲烷受热沸腾，蒸气经通气管进入蒸馏球的球体，这时由于球体外的冷空气和上接冷凝管的共同冷凝作用，二氯甲烷冷凝下来，落在蒸馏球内，经支管流回单口瓶中。在这个不断的循环过程中，二氯甲烷与金属钠充分接触，拔除了痕量的水分。当水分低到一定程度时，由于单口瓶中二苯甲酮的存在，溶液显示出蓝色，这时转动三通，关闭冷凝的二氯甲烷流回单口瓶的通路，这时得到干燥纯净的二氯甲烷(二苯甲酮的沸点很高，不会被蒸上来)，待二氯甲烷接近全部被蒸入蒸馏球时，停止加热，转动三通，使蒸馏球与支管出口连通，收集流出的二氯甲烷，密闭放入干燥器中保存。

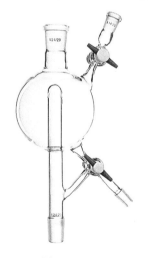

图3.7　蒸馏球

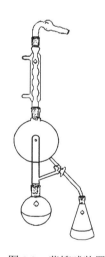

图3.8　蒸馏球装置

【思考题】

(1) 小明要将合成的对氨基苯甲酸(熔点 187℃)干燥保存，不能用( )干燥剂。

    A. 蓝色的变色硅胶　　　B. 五氧化二磷

    C. 片状的氢氧化钠　　　D. 无水氯化钙

(2) 次日小明发现干燥器无法打开，可能是( )的原因。

    A. 氨基分解放出氨气使磨口腐蚀黏合

    B. 真空干燥器没有开启活塞撤掉负压

    C. 没有正确关闭干燥器

    D. 干燥剂五氧化二磷产生的磷酸腐蚀了磨口

3.3　无水无氧技术

有机化学研究工作中经常会遇到一些非常活泼的化合物，它们具有显著活性的同时，对空气中的氧气和水十分敏感；为了顺利研究和使用这些化合物，科学家们通过干燥和营造惰性气体氛围的方式实现无水无氧环境。

在前面的章节中已讲解过干燥的操作，惰性气体则通常是使用氮气，高纯氮气中氮气含量 99.99% 以上，含氧和含水总量小于 50 ppm①，可满足一般的无氧条件需求。实验要求较高或反应试剂可以与氮气反应时，则使用成本较高的高纯氦气或氩气。具体实现气体保护的手段视反应的具体要求和实验室的条件而有所不同，其中使用最广泛、发展最成熟的两个方法是 Schlenk 技术和手套箱。

3.3.1　Schlenk 技术

Schlenk 技术俗称"双排管法"，因为这套装置的核心部分是一根双排管(图 3.9)，它是两根并排的具支玻璃管，一根连通保护气瓶，一根连通抽气泵，下面的支管则经三通阀门进行控制与导气管相连，实验时导气管与反应体系相通，经由拨动阀门，可以对体系进行抽真空和充惰性气体两种互不影响的实验操作，从而使体系达到实验所需要的无水无氧的环境要求。

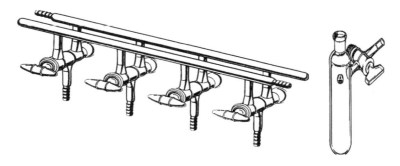

图 3.9　双排管与 Schlenk 反应瓶

---

① ppm: 百万分之一。

Schlenk 反应瓶是专门为无水无氧反应设计的反应瓶。它的密封性更好，且自带活塞阀门，操作比较方便，如果没有 Schlenk 反应瓶，也可以用普通的烧瓶搭配橡胶塞和玻璃管代替。Schlenk 装置如图 3.10 所示。

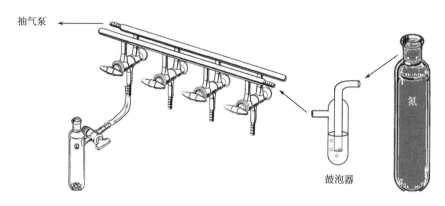

图 3.10   Schlenk 装置示意图

无水无氧反应所使用的器皿和试剂都应该是严格干燥过的，固体试剂通常在反应前加入反应瓶中。

Schlenk 操作：打开氮气钢瓶与气路，观察气路上游的鼓泡器，确认氮气气流稳定，关闭阀门，安装好反应瓶，拨动反应瓶上的三通，使反应瓶与泵相连，开启气泵，对反应体系抽真空，然后转换为氮气通入；这样抽气通气，反复置换，三次后基本可以认为反应装置中的空气已经完全被保护气体取代，然后开始反应所需的加热、搅拌等操作。实验中切记不可在反应瓶负压连通的状态下关闭气泵，以避免倒吸；实验完成后，记得关闭惰性气流。

如果需要在反应过程中加入试剂，可以在保持氮气流通的情况下加入，反应条件允许的情况下可以再次置换反应瓶中的气体；如果是后加液体样品，最好的办法是使用翻口橡胶塞和注射器。

3.3.2   敏感液体的移取

在化学实验中，也经常会遇到需要移取敏感试剂的情况，要将这些储存在带有保护气体的容器内的试剂移取到反应装置中，固体需要在手套箱中操作，液体可利用橡胶塞和注射器以双针法移取。

所谓双针法，是因为除了注射器抽取外，还需要扎入一个针头通氮气或连接氮气球以平衡压力（图 3.11）。实验用针头较长且可弯曲，以配合操作。使用前，注射器要先行干燥检漏，检漏的方法是将吸入一段气体的注射器扎入实心橡胶塞中，然后推动活塞一小段距离，松手后如果活塞能回到原位，说明注射器密封性较好。检漏后用抽推保护气的方式冲洗注射器再抽取物料。取液时稍加过量，随后提高并弯曲针头，使其离开液面但不抽出储瓶，同时针筒翻转，排出注射器内气泡及过量试剂，并抽入一段保护气体留在针头及注射器顶部，然后再将针头缓缓抽出。这样，移取的过程中试剂依然一直受到保护。

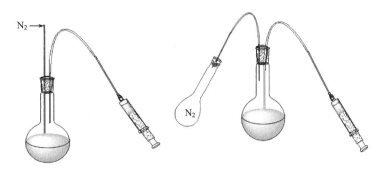

图 3.11 双针法移液示意图

3.3.3 手套箱

双排管法操作灵活简单，足以进行大多数的反应，但对于一些需要如碾磨、称量、萃取等开放性操作的敏感实验，则无能为力，这时就要使用手套箱。手套箱(图3.12)是一个带手套的密封箱子，箱子上有抽气和充气的接嘴，同样通过抽真空和充气体的反复置换，实现惰性氛围；随后，操作员隔着手套在箱中操作。虽然手套箱应用范围比双排管更广泛，但操作相对不便，且成本更高。

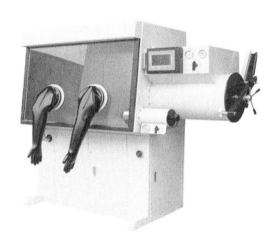

图 3.12 手套箱

3.3.4 简易无水无氧装置

并不是所有的实验室都配备有双排管或手套箱，但从本质上来说，只要能实现惰性氛围，就能进行无水无氧反应，所以可以用简易的气球法和通气法实现无水无氧环境(图3.13)。

气球法是以三通连接氮气球、密闭反应瓶和真空泵的方法，本质与双排管一样，通过旋转三通阀门，对体系进行抽真空和充惰性气体两种互不影响的实验操作，从而获得无水无氧的环境。操作时也同样要进行反复置换，由于气球容量有限，在反应过程中一定要保证密封性，保证惰性气体压力。另外，充氮气球时也要进行多次置换。

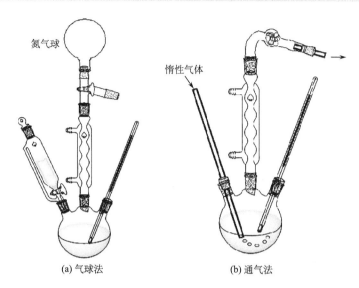

(a) 气球法   (b) 通气法

图 3.13　简易无水无氧装置示意图

通气法更为简单直接，选用三颈烧瓶进行反应，从不同瓶口接入两根导气管，惰性气体入口一端气管较长，伸到反应器底部，出气一端只接到瓶口，且通过干燥管后再通向外界。在反应开始前通一段时间惰性气体，让惰性气体将空气排出后，再开始反应。这个方法只适用于对无水无氧要求不高的实验。

【思考题】

无水无氧操作有哪几种具体技术？相比各有什么特点？

3.4　萃　取

3.4.1　实验原理

使溶质从一种溶剂中转移到与原溶剂不相混溶的另一种溶剂中，或者使固体混合物中的某一种或某几种成分转移到溶剂中的过程称为萃取，也称提取或抽提。萃取是有机化学实验室中用来提取、分离和纯化有机化合物的常用操作之一，应用萃取可以从固体或液体混合物中分离所需的有机化合物，以除去物质中的少量杂质为目的的萃取常称为洗涤。天然产物中各种生物碱、脂肪、蛋白质、芳香油和中草药的有效成分等都可以用萃取的方法从动植物中获得。

根据被萃取物质形态的不同，萃取又可分为从溶液中萃取(液-液萃取)和从固体中萃取(固-液萃取)两种萃取方法。依据萃取所采用的方法不同，可分为分次萃取和连续萃取。

3.4.2　液-液萃取——使用分液漏斗的分次萃取

这是利用物质在两种不互溶(或微溶)溶剂中溶解度或分配比的不同来达到分离、提取或纯化目的的一种操作。一般常使用分液漏斗进行操作。将含有有机化合物的水溶液用有机溶剂萃取时，有机化合物就在两液相之间进行分配。在一定温度下，此有机化合物在有机相中和在水相中的浓度比为一常数,即所谓"分配定律"。假如一物质在两液相 A 和 B 中的浓度分别为 c_A 和 c_B,则在一定温度条件下,$c_A/c_B=K$,K 是一常数,称为"分配系数",它可以近似地看作此物质在两溶剂中溶解度之比。有机物质在有机溶剂中的溶解度一般比在水中的溶解度大,所以可以将它们从水溶液中萃取出来。但是除非分配系数极大,否则用一次萃取是不可能将全部物质移入新的有机相中的。用相同体积的溶剂,分多次萃取比一次萃取的效率高。萃取次数一般以 3~5 次为宜。

萃取操作最常用的仪器包括铁架台、分液漏斗架、分液漏斗及接收瓶,装置如图 3.14 所示。实验室中常见的有球形分液漏斗(图 3.15)和梨形分液漏斗(图 3.16)。在选取分液漏斗时,遵循的原则是被萃取液与萃取剂两者的总体积一般不超过分液漏斗总体积的 1/2,以 1/3 为宜。通常情况下,漏斗越长,振摇后分层所需的时间也越长。当两液体密度接近时,采用球形分液漏斗较为合适。

图 3.14 萃取的实验装置图   图 3.15 球形分液漏斗   图 3.16 梨形分液漏斗

溶剂对萃取分离效果的影响很大,选择合适萃取剂的原则如下:

(1)一般从水中萃取有机物,要求溶剂在水中溶解度很小或几乎不溶。

(2)被萃取物在溶剂中要比在水中溶解度大;对杂质溶解度要小。

(3)溶剂化学稳定性好,与水和被萃取物都不反应。

(4)溶剂沸点不宜过高,萃取后溶剂应易于用常压蒸馏回收。

(5)价格便宜、操作方便、毒性小、黏度小、密度适当也是应考虑的条件。

从其他溶剂中萃取有机物时,可参照以上原则选择合适的萃取溶剂,在实际中能完全满足这些条件的溶剂几乎是不存在的,故只能择优选用。一般地讲:难溶于水的物质用石油醚萃取;较易溶于水的物质用乙醚或苯萃取;易溶于水的物质则用乙酸乙酯或类似的物质萃取效果较好。

萃取操作步骤:

(1)分液漏斗的准备。将分液漏斗活塞擦干,在活塞上均匀涂上一层凡士林(切勿涂得太厚或使凡士林进入活塞孔中,以免污染萃取液)。塞好后再把活塞旋转几圈,使凡士林均匀分布,看上去透明即可(如为聚四氟乙烯的塞子则不必涂凡士林),用橡皮筋或胶圈固定活塞,分液漏斗上部玻璃塞(顶塞)切勿涂抹凡士林。

(2)检漏。将水加入分液漏斗中并振摇,检查分液漏斗的顶塞与活塞处是否渗漏,确认不漏水时方可使用(如活塞处漏水,需重新密封后再使用,如顶塞处漏水,则需更换分液漏斗）。将检查合格的分液漏斗放置在合适的并固定在铁架上的铁圈中，关好活塞。

（3）漏斗下方放一烧杯或锥形瓶，将被萃取液和萃取剂依次从上口倒入漏斗中，塞紧顶塞。每次使用萃取剂的体积一般是被萃取液的 1/5～1/3，第一次萃取时所使用溶剂的量常较以后几次多一些，这主要是为了补足由于它稍溶于水而引起的损失。盖好玻璃塞，将玻璃塞上的小槽与漏斗磨口处的小孔错开。

（4）取下分液漏斗，用右手手掌顶住漏斗顶塞并握住漏斗颈，左手握住漏斗活塞处，大拇指、食指和中指压紧活塞，把漏斗下部支管向上倾斜并前后振荡：开始振荡要慢，振荡后，使漏斗仍保持原倾斜状态，下部支管口指向无人处，左手仍握在活塞支管处，用拇指和食指旋开活塞，释放出漏斗内的蒸气或产生的气体，使内外压力平衡，此操作也称"放气"。如此重复至放气时只有很小压力后，将漏斗放回铁圈中，将玻璃塞上的小槽与漏斗磨口处的小孔对齐后静置。若不注意放气，分液漏斗振摇后，由于漏斗中的压力超过了大气压，塞子可能被顶开，出现漏液危险。

（5）待两层液体完全分开后，将活塞缓缓旋开，下层液体自活塞放出至接收瓶，漏斗尖端应紧靠接收瓶内壁，防止液体飞溅；刚开始液体流出速度可较快，两相界线接近活塞处时，需将活塞部分关闭，以减慢流出速度。如果下层放得太快，漏斗壁上附着的一层下层液膜来不及随下层分出。所以应在下层将要放完时，关闭活塞静置几分钟，然后再重新打开活塞分液，特别是最后一次萃取更应如此。应在下层液体完全流出后立刻关闭活塞，不能让上层液体流出，将上层液体从分液漏斗上口倒出。根据需要收集液体。

萃取注意事项：

（1）分液漏斗在长期放置时，为防止盖子的旋塞粘在一起，一般都衬有一层纸。使用前，要先去掉衬纸，涂凡士林时，应在活塞上涂薄薄一层，插上旋转几周；但孔的周围不能涂，以免堵塞孔洞。

（2）检漏时若活塞处漏水，需重新密封后再使用，若顶塞处漏水，则需更换分液漏斗。

（3）将分液漏斗活塞关严后，再加入溶液，以免溶液流失，影响产率。

（4）萃取时要充分振摇，注意正确的操作姿势和方法。不能无序剧烈振摇，以免压力过大造成漏液等危险。

（5）振摇时，往往会有气体产生，要及时放气，以免分液漏斗内压过高，溶液从玻璃接缝中渗出，甚至可能冲掉塞子，造成产品损失或打掉塞子。特别严重时还会引起漏斗爆炸，造成伤人事故。用乙醚萃取时，应特别注意周围不要有明火。振荡时，用力要小，时间要短，多摇多放气。否则，蒸气压过大，液体易冲出而损失。

（6）溶液倒入前或在静置过程中，应在漏斗下方置一三角烧瓶或烧杯作为接收器，以备操作错误时补救。

（7）振摇后，静置要充分，分层完全后再分离。若有乳化现象出现，破乳后再分离。静置分层时要旋转顶塞，使出气槽对准小孔，或去掉塞子，以便与大气相通，这样不仅分层速度快，也可避免放液体时流不出来。

（8）分液时，下层液体应从旋塞放出，上层液体应从上口倒出。

（9）一般情况下，液层分离时密度大的溶剂在下层，但也有例外，因为溶质的性质及浓度可能使两种溶液的相对密度颠倒过来，所以要特别留心。如果遇到两液层分辨不清时，可用试管取少量下层液体，加入水后看是否分层，若不分层说明下层为水层，否则为有机层。

为保险起见，在萃取和分液时，上下两层液体都应该保留到实验完毕。以便操作失误时，能够补救。

(10)分液时一定要尽可能分离干净，有时两相间可能出现一些絮状物。若萃取剂的相对密度小于被萃取液的相对密度，下层液体尽可能放干净，絮状物也应同时放去，将上层液体从分液漏斗的上口倒出后，再将下层液体倒回分液漏斗中，并用新的萃取剂萃取；若萃取剂的相对密度大于被萃取液的相对密度，则下层液体从活塞放出，但不要将絮状物放出，再从漏斗口加入新萃取剂，重复萃取 2～4 次。

(11)在萃取时，若在水溶液中先加入一定量的电解质(如氯化钠)，利用所谓"盐析效应"降低有机化合物和萃取剂在水溶液中的溶解度，常可提高萃取效果。

(12)在结束阶段，有机相可进行盐洗(饱和 NaCl 溶液)，以除去溶于有机相中的水，起到"干燥"有机层的作用。

(13)分液漏斗用毕，要洗净，将盖子和旋塞分别用纸条衬好。

在分液漏斗的使用中，偶尔也会出现一些意想不到的问题。下面就操作中一些可能出现的复杂情况及解决方法进行介绍。

(1)混合物的颜色深，界面不清楚。有时分液漏斗内的混合物颜色较深，有机相和无机相之间的界面看不清楚。如果出现这种情况，可以迎着光观察分液漏斗，或者直接在分液漏斗的后面放一盏台灯。有了更亮一些的光源，就可以看到两层的界面了。如果这样做还是看不清界面，就慢慢旋动活塞，让液体慢速流下，并仔细观察所流出的液体。一般可以根据液体的性质，判断流出的液体是水还是有机溶剂，不同的液体其表面张力、挥发性和黏度系数是不一样的。

(2)混合物是透明的，界面不清楚。即使分液漏斗中的液体是透明的，两层之间的界面也不一定能看得清楚。尤其是两相液体具有相似的折光率时，这种现象更容易发生。这时可以向分液漏斗中加少许活性炭，活性炭将在两层之间的界面上被清楚地看到。

(3)只看到一层(看不到分层)。这种现象往往是反应结束后，反应混合物中还含有许多易溶于水的溶剂如乙醇、丙酮等。这些溶剂既溶于萃取剂又溶于水，因而在分液漏斗中观察不到分层现象。尽管这种问题可以通过向其中加入更多的水或加入更多的有机溶剂来促进溶液的分层，但最好是反应结束，进行萃取前就除去反应混合物中的这些有机溶剂。

(4)在两相界面上有一些不溶物。这是比较常见的问题，而且大多数萃取过程都会在两相之间出现一些不溶物。遇到这种现象时不用担心，因为所分离后的液体还需进一步处理，那些不溶的杂质可通过过滤除掉。

(5)形成乳浊液。当一种液体的液滴悬浮在另一种液体中时，形成乳浊液，这种悬浮的乳浊液很难通过重力来分离。一旦分液漏斗中出现乳浊液会比较麻烦。虽然有的乳浊液只要静置几分钟，也会慢慢出现分层，但是大多数乳浊液放置很长时间也不分层。在提取某些含有碱性或表面活性较强的物质时(如蛋白质、长链脂肪酸等)，或溶液经强烈振摇后，易出现乳化，使溶液不能分层或不能很快分层。这可能是碱性溶液(如氢氧化钠等)能稳定乳状液的絮状物而使分层困难，或两相分界之间存在少量轻质的沉淀、两液相交界处的表面张力小或由于两液相密度相差太小等原因造成的。

常用的破乳方法有：①采取长时间静置。②利用盐析效应。在水溶液中先加入一定量电解质(如氯化钠)或加饱和食盐水溶液，以提高水相的密度，同时又可以减小有机物在水相中的溶解度。③改变表面张力,如滴加数滴醇类化合物。④加热破坏乳状液(注意防止易燃溶剂着火)。⑤过滤。除去少量轻质固体物(必要时可加入少量吸附剂,滤除絮状固体)。⑥改变 pH。如在萃取含有表面活性剂的溶液时形成乳状溶液,当实验条件允许时,可小心地改变 pH,使之分层。⑦加入过量的酸或碱。当遇到某些有机碱或弱酸的盐类,因在水溶液中能发生一定程度解离,很易被有机溶剂萃取出水相,为此,在溶液中要加入过量的酸或碱,既能破乳又能达到顺利萃取的目的。⑧轻摇与搅动。遇到轻度乳化,可将溶液在分液漏斗中轻轻旋摇,或缓缓地搅拌,对破乳有时会有帮助。⑨预防。为预防乳化现象的发生,开始振摇时,动作幅度要小,并不时观察分层情况,若振摇后分层很快,可加大振摇力度,否则应继续轻摇或来回晃动,尽可能避免乳化。如果通过先前的实验已知一溶液有形成乳浊液的倾向,那么混合时应该缓慢,振摇时也不宜剧烈,要用缓缓地旋摇代替振摇进行萃取,或者缓缓地将分液漏斗翻转数次,总之,在这些情况中都切忌剧烈振摇分液漏斗。

(6)蒸发有机溶剂后并没有得到产品。分离出有机层后,需要干燥有机溶液,然后蒸除有机溶剂以分离产品。有时产品会很少甚至没有产品。这意味着该产品的极性比较大,在水中的溶解度较大,在有机溶剂中的溶解度较小,因而很少被萃取,这时就需要将水溶液重新倒回分液漏斗,用极性较大的有机溶剂重新萃取。所以,在实验过程中,每一步分离出的水层均应保留至所有的萃取操作完成。

3.4.3 连续萃取

连续萃取是利用一套仪器,使溶剂在进行提取后,自动流入加热器中蒸发成为气体,遇冷凝器冷凝成液体,再进行提取,如此循环,即能用较少的溶剂提取出绝大部分的物质。主要用于提取某些物质在溶液中的溶解度极大而在萃取剂中溶解度较小时,用分次提取效率很差的情况。此法的提取效率很高,溶剂用量很少,唯一的缺点是操作时间较长。另外,该法不适用于因受热分解或变色的物质。

选择连续萃取方法时,需视所用溶剂的相对密度大于或小于被提取溶液相对密度的情况,而采用不同的仪器,但都是基于同一分离原理。装置如图 3.17 和图 3.18 所示。

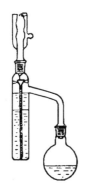

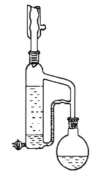

图 3.17 轻溶剂萃取器   图 3.18 重溶剂萃取器

3.4.4 固-液萃取:索氏提取器

自固体中萃取化合物,通常是用长期浸出法或采用索氏提取器,前者是靠溶剂长期的浸润溶解而将固体物质中的需要成分浸出来，效率低，所需溶剂量大。索氏提取器是利用溶剂回流和虹吸原理，使固体物质连续不断地被纯的溶剂所萃取，因而效率较高。为增加液体浸溶的面积，萃取前应先将固体物质研细。该法的优点是操作简单，效率高，节省溶剂；缺点是对受热易分解或变色的物质不宜采用，此仪器也不适合应用高沸点溶剂进行提取。

图 3.19　索氏提取器

用索氏提取器(图 3.19)进行萃取。操作方式如下：将一张大小合适的方形滤纸卷成直径略小于提取器内径的滤纸筒，纸筒一端用棉线扎紧。在滤纸筒内放入适量的被萃取物，将滤纸筒上口向内折成凹形，封住上口，然后放入索氏提取器中，筒高略低于虹吸管上沿，安装圆底烧瓶。加入沸石或磁子，烧瓶与索氏提取器连接，加入溶剂直至虹吸管刚好溢流，再多加 20～30 mL 溶剂，安装冷凝管，通冷却水，打开加热开关，萃取剂经加热、蒸发，再冷凝为液体，并与被萃取物料接触，进行萃取。含有萃取物的萃取液累积到一定量后，从虹吸管溢流到烧瓶中，连续抽提达到所需要求，并在冷凝液刚刚虹吸下去时，停止加热，冷却。拆卸装置，取出滤纸筒，收集含有萃取物的萃取液。再通过其他方法将萃取物与萃取液分离。

3.4.5　化学萃取洗涤

化学萃取(利用萃取剂与被萃取物发生化学反应)也是常用的分离方法之一，主要用于洗涤或分离混合物，操作方法和前面的分次萃取相同。常用的这类萃取剂有 5%氢氧化钠水溶液、5%或 10%的碳酸钠水溶液、碳酸氢钠水溶液、稀盐酸、稀硫酸及浓硫酸等。碱性萃取剂可以从有机相中移出有机酸，或从溶于有机溶剂的有机化合物中除去酸性杂质(使酸性杂质形成钠盐溶于水中)；酸性萃取剂可从混合物中萃取出有机碱性物质或用于除去碱性杂质；浓硫酸可应用于从饱和烃中除去不饱和烃，从卤代烷中除去醇及醚等。大多数情况下，当杂质既非酸性又非碱性时，可用蒸馏水洗涤，以除去各种无机杂质。

【思考题】

(1)用一定量的溶剂进行萃取，是一次萃取好还是分多次萃取好？萃取次数是否越多越好？究竟应进行几次萃取？

(2)常用的破乳方法有哪些？如何预防乳化现象的出现？

3.5　熔点的测定

3.5.1　基本原理

熔点是固体化合物在大气压下固、液两态达到平衡时的温度。纯固体有机化合物一般都有固定的熔点，即在一定压力下，固、液两态之间的变化是非常敏锐的，从初熔至全熔(熔点范围称为熔程)，温度不超过 $0.55～1℃$。若该物质含有杂质，则其熔点往往比纯物质低，且熔程也较长。以此可鉴定纯固体有机化合物，同时根据熔程长短又可定性地估计该化合物的纯度。

纯物质的熔点和凝固点是一致的。由图 3.20 可知，当加热纯固体化合物时，在一段时间内温度上升，固体不熔。当固体开始熔化时，温度不会上升，直至所有固体都转变为液体，温度才上升。反过来，当冷却一种纯液体化合物时，在一段时间内温度下降，液体未固化。当开始有固体出现时，温度不会下降，直至液体全部固化后，温度才会再下降。

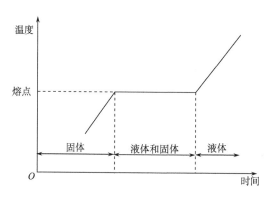

图 3.20   相随时间和温度的变化

纯物质的熔点可以从蒸气压与温度的变化曲线(图 3.21)来理解。图中曲线 OM 表示固体蒸气压随温度升高而增大的曲线，ML 表示液体物质的蒸气压随温度升高而增大的曲线。由于固相的蒸气压随温度变化的速率较相应的液相大，最后两曲线相交，在交点 M 处(只能在此温度时)固、液两相可并存，此时的温度 T_M 即为该物质的熔点。当温度高于 T_M 时，固相的蒸气压已比液相的蒸气压大，因而就可使所有的固相全部转变为液相；若低于 T_M 时，则由液相转变为固相；只有当温度为 T_M 时，固、液两相的蒸气压才是一致的，此时固、液两相可同时并存。这就是纯晶体物质之所以有固定和敏锐熔点的原因。一旦温度超过 T_M，甚至只有几分之一度时，如有足够的时间，固体就可全部转变为液体。所以要精确测定熔点，在接近熔点时加热速度一定要慢，温度的升高每分钟不能超过 $1\sim2℃$。只有这样，才能使整个熔化过程尽可能接近于两相平衡的条件。

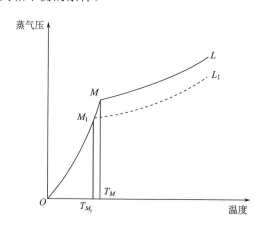

图 3.21   蒸气压与温度的变化曲线

当有杂质存在时(假定两者不形成固溶体)，根据拉乌尔(Raoult)定律可知，在一定的压力和温度下，在溶剂中增加溶质的物质的量，导致溶剂蒸气分压降低，化合物的熔点比纯物质低。将出现新的液体曲线 M_1L_1,如图 3.21 所示,在 M_1 点建立新的平衡,相应的温度为 T_{M_1},即发生熔点下降。应当指出,当有杂质存在时,熔化过程中固相和液相平衡时的相对量在不断改变,因此两相平衡不是一个温度点 T_{M_1},而是从最低的熔点(与杂质共同结晶或共混合物,其熔化的温度称为最低共熔点)到 T_{M_1} 段。这说明杂质的存在不仅使初熔温度降低,而且会使熔程变长,故测定熔点时一定要记录初熔和全熔的温度。

将杂质加入纯化合物中产生熔点下降的方法可用于化合物的鉴定。通常把熔点相同或相近的两种化合物混合后测定的熔点称为混合熔点。如混合熔点仍为原来的熔点,一般可认为两种化合物相同;如果混合熔点下降,且熔程较长,则可确定为不是相同的化合物。故此种混合熔点实验是检验两种熔点相同或相近的有机物是否为同一物质的最简便方法。多数有机物的熔点都在 300℃ 以下,较易测定。但也有一些有机物在其熔化前就发生分解,只能测得分解点。

测定时一般将两个样品以 1∶9、1∶1、9∶1 三种不同比例混合,然后分别测其熔点,从而比较测得的结果。

3.5.2 提勒管法测熔点

1) 熔点管的制备(可购买)

用铬酸洗液和蒸馏水洗净玻璃管并烘干,将其平持在强氧化焰上旋转加热,待呈暗樱红色时将玻璃管移开火焰,开始慢拉,然后较快地拉长,同时往复地旋转玻璃管,直到拉成外径 1~1.2 mm 为止,截取 80 mm 长的一段,将其两端用小火焰的边缘熔触,使之封闭(封闭的管底要薄),以免有灰尘进入[1],需要时,把毛细管在中间截断,就成为两根约 40 mm 长的熔点管。

2) 样品的装入

放少许待测熔点的干燥样品[2]于干净的表面皿上,用玻璃棒或不锈钢刮刀将它研成粉末并集成一堆[3]。将熔点管开口端向下插入粉末中,然后把熔点开口端向上,轻轻地在桌面上敲击,使粉末落入和填紧管底。最好取一支长 30~40 cm 的玻璃管,垂直于一干净的表面皿上,将熔点管从玻璃管上端自由落下,可更好地达到上述目的。为了使管内装入高 2~3 mm 紧密结实的样品[4],一般需如此重复数次。一次不宜装入太多,否则不易夯实。沾于管外的粉末需拭去,以免沾污加热浴液。要测得准确的熔点,样品一定要研得极细,装得结实,使热量的传导迅速均匀。对于蜡状的样品,为了解决研细及装管困难的问题,只得选用较大口径(2 mm 左右)的熔点管。样品的装填见图 3.22。

3) 熔点浴

熔点浴的设计最重要的是要使受热均匀,便于控制和观察温度。下面介绍两种在实验室中最常用的熔点浴。

(1) 提勒(Thiele)管又称 b 形管,如图 3.23(a)所示。管口装有开口软木塞,温度计插入其中,刻度应面向木塞开口,其水银球位于 b 形管上下两叉管口之间,装好样品的熔点管,借少许浴液黏附于温度计下端,使样品部分置于水银球侧面中部[图 3.23(c)]。b 形管中装入加热液体(浴液),高度达上叉管处即可。在图示的部位加热,受热的浴液沿管做上升运动,从而促成了整个 b 形管内浴液呈对流循环,使温度较为均匀。

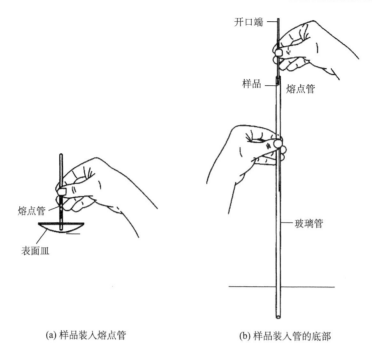

(a) 样品装入熔点管   (b) 样品装入管的底部

图 3.22   熔点管样品的装填

(2) 双浴式如图 3.23(b)所示。将试管经开口软木塞插入 250 mL 平底(或圆底)烧瓶内,直至离瓶底约 1 cm 处,试管口也配一个开口橡胶塞或软木塞,插入温度计,其水银球应距试管底 0.5 cm。瓶内装入约占烧瓶 2/3 体积的加热液体,试管内也放入一些加热液体,使插入温度计后,其液面高度与瓶内相同。熔点管黏附于温度计水银球旁,与在 b 形管中相同。

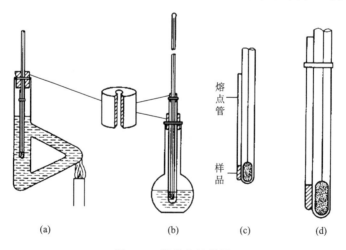

(a)   (b)   (c)   (d)

图 3.23   测熔点的装置

在测定熔点时凡是样品熔点在 220℃ 以下的,可采用浓硫酸作为浴液。但在高温时,浓硫酸将分解放出三氧化硫和水。长期不用的熔点浴应先渐渐加热去掉吸入的水分,若加热过快,会有冲出的危险。

当有机物和其他杂质混入浓硫酸时,会使浓硫酸变黑,影响熔点的观察,此时可加少许硝酸钾晶体共热后使其脱色。除浓硫酸以外，还可采用磷酸(可用于 300℃以下)、石蜡油或有机硅油等。

4) 熔点的测定

将提勒管垂直夹于铁架上，按前述方法装配完备，以浓硫酸作为加热液体，用温度计水银球蘸取少许浓硫酸滴于熔点管上端外壁上，即可使其黏着。或剪取一小段橡胶管，将其套在温度计和熔点管的上部[图 3.23 (d)]。将黏附有熔点管的温度计小心地伸入浴液中，以小火在图示部位缓缓加热。开始时升温速度可以较快，到距离熔点 10~15℃时，调整火焰使温度每分钟上升 1~2℃。越接近熔点，升温速度应越慢(掌握升温速度是准确测定熔点的关键)[5]。这一方面是为了保证有充分的时间让热量由管外传至管内，使固体熔化；另一方面因观察者不能同时观察温度计所示度数和样品的变化情况，只有缓慢加热，才能使此项误差减小。记下样品开始塌落并有液相(俗称出汗)产生时(初熔)和固体完全消失时(全熔)的温度计读数，即为该化合物的熔程。要注意在加热过程中试样是否有萎缩、变色、发泡、升华、碳化等现象，均应如实记录。

熔点测定，至少要有两次重复的数据。每一次测定都必须用新的熔点管另装样品，不能将已测过熔点的熔点管冷却，使其中的样品固化后再做第二次测定。因为有时某些物质会发生部分分解，有些会转变成具有不同熔点的其他结晶形式。测定易升华物质的熔点时，应将熔点管的开口端烧熔封闭，以免升华。

如果要测定未知物的熔点，应先对样品粗测一次。加热速度可以稍快，知道大致的熔点范围后，待浴温冷至熔点以下约 30℃，再取另一根装样的熔点管做精密的测定。

熔点测好后，温度计的读数需对照温度计校正图进行校正。

一定要待熔点浴冷却后，方可将浓硫酸倒回瓶中。温度计冷却后，用废纸擦去浓硫酸，方可用水冲洗，否则温度计极易炸裂。

3.5.3　显微熔点测定仪测熔点

显微熔点测定法用毛细管法测定熔点，其仪器简单、操作方便，但不能清晰地观察样品在受热过程中的变化情况，使用显微熔点测定仪(图 3.24 为 X-4 型显微熔点测定仪)可以弥补这些不足，能清晰地观察到晶体在受热过程中的细微变化，还可以对微量样品和熔点较高的化合物进行熔点测定。

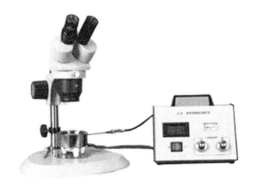

图 3.24　X-4 型显微熔点测定仪

这类仪器型号较多，但共同特点是使用样品量少(2～3 颗小晶粒)，能测量样品的熔点为室温～300℃。其具体操作为：在干净且干燥的载玻片上放置微量晶粒并盖一片载玻片，放在加热台上。调节显微镜对焦样品，观察被测物质的晶形，开启加热器，先快速后慢速加热，温度快升至熔点时，控制温度上升的速度为每分钟 1～2℃，当样品晶体棱角开始变圆时，表示熔化已开始，晶体形状完全消失表示熔化已完成。可以看到样品变化的全过程，如晶体的失水、多晶的变化及分解。测毕停止加热，稍冷，用镊子拿走载玻片，将铝板盖放在加热台上，可快速冷却，以便再次测试或收存仪器。在使用这种仪器前必须仔细阅读使用指南，严格按操作规程进行。

3.5.4　温度计的校正

测熔点时，温度计上的熔点读数与真实熔点之间常有一定的偏差。这可能是由以下原因引起：①温度计的制作质量差，如毛细孔径不均匀，刻度不准确；②温度计有全浸式和半浸式两种，全浸式温度计的刻度是在温度计汞线全部均匀受热的情况下刻出来的，而测熔点时仅有部分汞线受热，因而露出的汞线温度较全部受热时低；③经长期使用的温度计，玻璃也可能发生体积变形而使刻度不准。因此，若要精确测定物质的熔点，则需校正温度计。为了校正温度计，可选用纯有机化合物的熔点作为标准或选用一标准温度计校正。

选择数种已知熔点的纯化合物为标准，测定它们的熔点，以观察到的熔点作纵坐标，测得熔点与已知熔点差值作横坐标，作成曲线，即可从曲线上读出任一温度的校正值。

常用标准化合物的熔点见表 3.5，校正时可具体选择。

表 3.5　校正温度计常用标准样品及其熔点

标准样品名称	标准熔点/℃	标准样品名称	标准熔点/℃
蒸馏水-冰	0	二苯基羟基乙酸	151
α-萘胺	50	水杨酸	159
二苯胺	53～54	D-甘露醇	168
苯甲酸苄酯	71	对苯二酚	173～174
萘	80.55	马尿酸	187
间二硝基苯	90.02	3,5-二硝基苯甲酸	205
二苯乙二酮	95～96	蒽	216.2～216.4
乙酰苯胺	114.3	咖啡因	236
苯甲酸	122.4	酚酞	262～263
尿素	132.7		

【注释】

[1] 熔点管必须洁净，若含有灰尘等，会产生 4～10℃的误差。

[2] 样品不干燥或含有杂质，会使熔点偏低，熔程变大。

[3] 样品粉碎要细，填装要实，否则产生空隙，不易传热，造成熔程变大。

[4] 样品量太少不便观察，而且熔点偏低；太多会造成熔程变大，熔点偏高。

[5] 升温速度应慢，让热传导有充分的时间。升温速度过快，熔点偏高。

实验 1　熔点的测定实验

【实验步骤】

(1) 用毛细管法和显微熔点仪法分别测定乙酰苯胺的熔点(m.p. 116℃)和苯甲酸的熔点(m.p. 122.13℃)。

(2) 用毛细管法测定 50%乙酰苯胺和 50%苯甲酸混合样品的熔点及未知样品的熔点。

(3) 从表 3.5 中选取 5 种标准物质，分别测定其熔点，记录测得数据，作出温度计校正曲线。

【思考题】

测熔点时，若有下列情况将会导致熔点产生什么影响？

①熔点管壁太厚；②熔点管底部未完全封闭，尚有一针孔；③熔点管不洁净；④样品未完全干燥或含有杂质；⑤样品研得不细或装得不紧实；⑥加热太快。

3.6　重　结　晶

从有机合成制备或天然产物中提取得到的化合物中通常混有与目标化合物不同的物质，称为杂质。除去这些杂质最有效的方法之一是选择适当的溶剂进行重结晶，并且重结晶是纯化固体化合物最后阶段常采用的方法。

3.6.1　基本原理

重结晶是利用在一定的溶剂中各种组分溶解度的不同和有机化合物在不同温度下溶解度的改变来进行分离纯化的方法。固体有机物在溶剂中的溶解度与温度有密切的关系，一般是温度升高溶解度增大。若把固体溶解在热的溶剂中达到饱和，趁热滤去不溶性杂质，冷却时由于溶解度降低，溶液变成过饱和溶液，被提纯的有机化合物以一定的形状结晶析出，而易溶性杂质大部分或全部留在溶液中，经过滤将结晶从滤液中分离出来，达到提纯的目的。

重结晶的关键是理想溶剂的选择，理想的溶剂必须具备下列条件：

(1) 溶剂不与被提纯物质发生化学反应。

(2) 在较高温度时溶剂能溶解大部分被提纯物质，而在室温或更低的温度时只能溶解很少量。

(3) 对杂质的溶解度非常大或非常小(前一种情况是使杂质留在母液中不随被提纯物质的晶体一同析出，后一种情况是使杂质在热过滤时被滤去)。

(4) 溶剂容易挥发(沸点较低)，干燥时易与被提纯物质分离除去。

(5) 能结晶出较好的晶体。

3.6.2　操作步骤

1. 溶解

溶解的目的是用溶剂充分分散产物和杂质，以利于分离提纯。一般在锥形瓶或圆底烧瓶（若溶剂易燃或有毒时，应装回流冷凝器）中加入沸石和已称量好的粗产品，先加少量溶剂，加热至沸，在沸腾下逐滴加入溶剂，边滴加溶剂边观察固体溶解情况，固体刚好全部溶解时停止滴加溶剂，记录溶剂用量。再加入 20% 左右的过量溶剂，避免溶剂挥发和热过滤时因温度降低，晶体过早地在滤纸上析出造成产品损失。有些固体溶解缓慢，加溶剂溶解时，要有一定的时间间隔。

2. 脱色

有色杂质需要用脱色剂来脱色除去。最常用的脱色剂是活性炭，它是一种多孔物质，可以吸附色素和树脂状杂质，加入量不宜太多，防止吸附产品，一般为粗产品质量的 1%～5%。具体方法：待上述热的饱和溶液稍冷却后，加入适量的活性炭摇动，使其均匀分布在溶液中，加热煮沸 5～10 min 即可。（注意：千万不能在沸腾的溶液中加入活性炭，否则会引起暴沸，使溶液冲出容器造成产品损失。）

3. 趁热过滤

为了除去不溶性杂质，热溶液需要进行过滤。为了尽量减少过滤过程中晶体的损失，操作时应做到：仪器热（将所用仪器用烘箱或气流烘干器烘热待用）、溶液热、动作快。热过滤有两种方法，即常压过滤（重力过滤）和减压过滤（抽滤）。

常压过滤时要使用短颈漏斗或保温漏斗，折叠滤纸进行过滤，滤入另一锥形瓶中（图 3.25）。

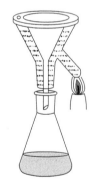

(a) 菊形滤纸热过滤装置　　　　(b) 保温过滤装置（短颈漏斗保温过滤）

图 3.25　热过滤装置

折叠滤纸的方法如图 3.26 所示。将滤纸对折，然后再对折成四份；将 2 与 3 对折成 4，1 与 3 对折成 5[图 3.26(a)]；2 与 5 对折成 6，1 与 4 对折成 7[图 3.26(b)]；2 与 4 对折成 8，1 与 5 对折成 9[图 3.26(c)]。这时，折好的滤纸边全部向外，角全部向里[图 3.26(d)]；再将滤纸反方向折叠，即在相邻的两条边 1 和 9 及 9 和 5 之间，向相反方向折出新折纹，得折扇一样的形状排列[图 3.26(e)]；然后将图 3.26(e)中的 1 和 2 向相反的方向折叠一次，打开，可以得到一个完好的折叠滤纸[图 3.26(f)]，翻转[图 3.26(g)]，备用。在折叠过程中应注意：所有折叠方向要一致，滤纸中央圆心部位不要用力折，否则滤纸的中央在过滤时容易破裂。热过滤时动作要快，以免液体或仪器冷却后，晶体过早地在漏斗中析出，若发现此现象，应用少量热溶剂洗涤，使晶体溶解进入到滤液中。如果晶体在漏斗中析出太多，应重新加热溶解再进行热过滤。

减压热过滤装置如图 3.27 所示。减压热过滤的优点是过滤快，缺点是当用沸点低的溶剂时，因减压会使热溶剂蒸发或沸腾，导致溶液浓度变大，晶体过早析出。

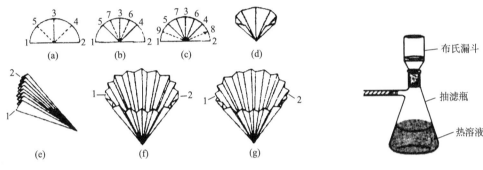

图 3.26 菊形滤纸的折叠示意图   图 3.27 减压热过滤

4. 冷却结晶

上述热的饱和溶液冷却后，晶体可以析出，从而与溶解在溶剂中的杂质分离。为了得到形状好、纯度高的晶体，在结晶析出的过程中应注意以下几点：

(1)为了保证晶形及纯度，饱和溶液冷却时，应控制好冷却速度，应在室温下慢慢冷却至有固体出现时，再用冷水或冰进行冷却。否则，直接用冰水冷却，冷却太快，会使晶体颗粒太小，因其表面积大，易吸附杂质，加大洗涤的难度。如果冷却太慢时，晶体颗粒有时太大(超过 2 mm)，易包藏溶液，难以干燥，干燥时有杂质。

(2)在冷却结晶过程中，不宜剧烈摇动或搅拌，否则会造成晶体颗粒太小。若大晶体正在形成，可稍微摇动或搅拌几下，以减小晶体平均尺寸。

5. 抽滤——真空过滤

抽滤的优点是将留在溶剂(母液)中的可溶性杂质与晶体(产品)彻底分离。在晶体抽滤过程中应注意以下几点：

(1)滤液应该是冷的，并在晶体全部析出后进行，所收集的是固体而不是液体。

(2)瓶中的残留晶体进行转移时，不能用新的溶剂转移，应用母液转移，防止溶剂将晶体溶解造成产品损失。用母液转移的次数一般为 2～3 次即可，每次母液的用量都不宜太多。

(3)母液滤完后，滴入少量冷的新鲜溶剂进行洗涤，然后将溶剂抽干。这样反复 2～3 次，可将晶体吸附的杂质洗干净。晶体抽滤洗涤后，将其倒入表面皿或培养皿中进行干燥。

6. 晶体的干燥

晶体经过抽滤可以将溶剂彻底去除。如果使用的溶剂沸点比较低，可在室温下使溶剂自然挥发达到干燥的目的。如果使用的溶剂沸点比较高（如水）而产品又不易分解和升华时，可用红外灯烘干。如果产品易吸水或吸水后易发生分解时，可应用真空干燥器进行干燥。干燥后测熔点，如发现纯度低，可重复上述操作。

实验 2　乙酰苯胺重结晶实验

【实验方法一】

(1) 溶解：在 100 mL 烧杯中，加入 2 g 乙酰苯胺粗品及 60 mL 水，盖上表面皿，在恒温磁力搅拌器上加热至沸，观察乙酰苯胺是否完全溶解，如果不溶，可以补加少量的水。

(2) 脱色：纯乙酰苯胺无色，如溶液有色，需用活性炭脱色。稍冷[1]，加少量活性炭到溶液中，再煮沸几分钟。同时，准备布氏漏斗、滤纸和收集滤液的锥形瓶。

(3) 热过滤和结晶：将布氏漏斗倒置于水浴中加热，取出后，放置滤纸，准备好抽滤瓶，趁热抽滤。待所有溶液滤完后，去真空，用少量热水洗涤滤渣，再抽滤，滤液用锥形瓶收集，塞上塞子，静置。冷至室温，当不再有晶体析出时，再把锥形瓶放入冰水中至少 15 min，使结晶完全。

(4) 分离干燥：用布氏漏斗抽滤（滤纸应先用冷水润湿），收集晶体。用少量冷水洗涤滤饼，并用刮刀或塞子尽量将样品压干，将乙酰苯胺摊开在表面皿上，盖上滤纸防止灰尘污染，室温或烘箱内干燥（烘箱内温度必须比乙酰苯胺熔点低 20℃以上）。称量，测定熔点，计算回收率。

【实验方法二】

(1) 溶解：在 25 mL 圆底烧瓶中投入磁子或沸石，加入 2 g 乙酰苯胺粗品及 30%的乙醇-水约 10 mL[2]，安装回流冷凝管[3]，打开热源加热至溶剂沸腾，回流几分钟，观察固体样品是否完全溶解。若有不溶解固体或出现油状物，从冷凝管上口补加 1~2 mL 溶剂，再加热回流几分钟，再观察，重复操作直到固体或油状物全部溶解（或补加溶剂后固体一直不变，确认为不溶性杂质）。统计全部所加入溶剂的量，再加入所加入量的 20%~30%的过量溶剂。

(2) 脱色：纯乙酰苯胺无色，若溶液有色，需用活性炭脱色。稍冷，加少量活性炭到溶液中，再回流 5~10 min。同时，准备漏斗、折叠滤纸和收集滤液的锥形瓶。

(3) 热过滤和结晶：在保温漏斗中注入水（加入水的高度为漏斗高度的 3/4~4/5），放入短颈玻璃漏斗和折叠滤纸一起加热，准备好接收瓶。达到所需温度，灭火（熄灭酒精灯），先用热溶剂润湿折叠滤纸，然后将脱色后的热溶液用保温漏斗趁热过滤。若不能一次倾入漏斗，溶液继续加热保温，分批倾入（也可用预热好的无颈漏斗和折叠滤纸进行热过滤）。待所有溶液滤完后，用塞子盖上锥形瓶，以防止溶剂挥发或空气中的杂质进入滤液。静置，冷至室温。当不再有晶体[4]析出时，再把锥形瓶放入冰水中冷却，使结晶完全。

(4) 分离干燥：用玻璃漏斗过滤或用布氏漏斗抽滤（滤纸必须用冷的 30%乙醇润湿），收集晶体。用少量冷 30%乙醇-水洗涤滤饼 1～2 次，并用刮刀或塞子尽量将样品压干，将乙酰苯胺转移到表面皿上，盖上滤纸防止灰尘污染，室温或烘箱内干燥。称量，测定熔点，计算回收率。

【实验方法三】

(1)溶解：将溶剂改成乙醇，用量适当减少，其他同实验方法二。

(2)脱色：同实验方法二。

(3)热过滤和结晶：热过滤同实验方法二。在所得的热滤液中小心地加入热水，直至所出现的混浊不再消失为止，再加入少量的热乙醇或稍微加热溶液使其恰好透明[5]，然后将该溶液静置冷却至室温，使结晶析出，最后再用冰水冷却使结晶完全。

(4)分离干燥：同实验方法二。

【注释】

[1] 不能将活性炭加到正在沸腾的溶液中，否则可能造成暴沸。

[2] 如果难以选择一种合适的溶剂，可使用混合溶剂，即一种良溶剂与另一种不良溶剂。两种溶剂的比例用尝试法确定，它们必须混溶，常用混合溶剂有 95%乙醇、甲苯-石油醚、乙酸-水、乙醚-乙醇和乙醚-石油醚。样品溶于良溶剂，然后加不良溶剂至刚混浊为止，再滴加良溶剂，使其刚好澄清。通常先热过滤，然后再加不良溶剂，以免过滤时析晶。

[3] 易燃溶剂如醚、醇、烃不能放在敞口瓶里用明火加热。用这些溶剂作重结晶溶剂时，需装上回流冷凝管。

[4] 重结晶过程中可以留一点粗品，当析晶困难时，可加入晶种，诱导结晶。

[5] 避免溶剂过量，以获得较好的回收率。固体在冷溶剂中有一定的溶解度，回收率与溶解度及溶剂量有关。

【思考题】

(1)列出重结晶的主要步骤，并简单说明每步操作的目的。

(2)重结晶加热溶解样品时，为什么先加入比计算量略少的溶剂，然后再逐渐加至恰好溶解，最后再多加入少量溶剂？

(3)为什么活性炭要在固体物质全部溶解后加入？

(4)重结晶如何选择溶剂？在什么情况下使用混合溶剂？

(5)重结晶操作的目的是获得最大回收率的精制品，操作过程中哪些步骤会降低回收率？

3.7　蒸　馏　实　验

液体有机化合物的纯化和分离、溶剂的回收经常采用蒸馏的方法来完成。常量法沸点的测定也是通过蒸馏来进行的。蒸馏、分馏、减压蒸馏和水蒸气蒸馏都是有机制备中常用的重要操作。

3.7.1　基本原理

液体化合物在一定的温度下均有一定的蒸气压，液体温度升高，蒸气压增大，当液体的蒸气压等于液体表面的大气压时，液体开始沸腾，沸腾时的温度称为该液体的沸点。

将液体加热至沸腾，使液体变为蒸气，然后使蒸气冷却再凝结为液体，这两个过程的联合操作称为蒸馏。蒸馏可将易挥发和不易挥发的物质分离开，也可将沸点不同的液体混合物分离开。但液体混合物各组分的沸点必须相差至少 30～40℃以上才能得到较好的分离效果。在常压下进行蒸馏时，由于大气压往往不是恰好为 0.1 MPa，因而严格来说，应对观察到的沸点加上校正值，但由于偏差一般都很小，即使大气压相差 2.7 kPa，这项校正值也不过±1℃左右，因此可以忽略不计。

液体混合物之所以能用蒸馏方法加以分离，是由于组成混合物的各组分具有不同的挥发度。当一个液体混合物沸腾时，液体上面的蒸气组成与液体混合物的组成不同，蒸气富集的是易挥发的组分，即低沸点的组分。假如把沸腾时液体上面的蒸气进行收集并冷却成液体，这时冷却收集到的液体的组成与蒸气的组成相同。随着易挥发组分的蒸出，混合物的易挥发组分将变少，因而混合物的沸点稍有升高，这是由于组成发生了变化。当温度相对稳定时，收集到的蒸出液将是原来混合物的一个纯组分。

在加热过程中，液体底部和容器玻璃受热的接触面上有蒸气的气泡形成。溶解在液体内部的空气或以薄膜形式吸附在瓶壁上的空气有助于这种气泡的形成。玻璃的粗糙面也起促进作用。这样的小气泡(称为气化中心)可作为大的蒸气气泡的核心。在沸点时，液体释放大量蒸气至小气泡中，待气泡中的总压力增加到超过大气压，并足够克服由于液柱所产生的压力时，蒸气的气泡就上升逸出液面。因此，假如在液体中有许多小空气泡或其他的气化中心时，液体就可平稳地沸腾。如果液体中几乎不存在空气，瓶壁又非常洁净和光滑，形成气泡就非常困难。这样加热时，液体的温度可能上升到超过沸点很多而不沸腾，这种现象称为"过热"，一旦有一个气泡形成，由于液体在此温度时的蒸气压已远远超过大气压和液柱压力之和，因此上升的气泡增大得非常快，甚至将液体冲溢出瓶外，这种不正常沸腾称为"暴沸"。因而在加热前应加入助沸物以引入气化中心，保证沸腾平稳。助沸物一般是表面疏松多孔、吸附有空气的物体，如碎瓷片、沸石或玻璃沸石等。另外也可用几根一端封闭的毛细管以引入气化中心(注意毛细管有足够的长度，使其上端可搁在蒸馏瓶的颈部，开口的一端朝下)。在任何情况下，切忌将助沸物加至已受热接近沸腾的液体中，否则常因突然放出大量蒸气而将大量液体从蒸馏瓶口喷出造成危险。如果加热前忘了加入助沸物，补加时必须先移去热源，待加热液体冷至沸点以下后方可加入。如果沸腾中途停止过，则在重新加热前应加入新的助沸物。因为起初加入的助沸物在加热时逐出了部分空气，在冷却时吸附了液体，因而可能已经失效。另外，如果采用浴液间接加热，应保持浴温不要超过蒸馏液沸点 20℃，这种加热方式不但可大大减少瓶内蒸馏液中各部分之间的温差，而且可使蒸气的气泡不只从烧瓶的底部上升，也可沿着液体的边沿上升，因而也可大大减小过热的可能。

纯液体有机化合物在一定的压力下具有一定的沸点，但是具有固定沸点的液体不一定都是纯化合物，因为某些有机化合物常与其他组分形成二元或三元共沸混合物，它们也有一定的沸点。不纯物质的沸点则取决于杂质的物理性质以及它和纯物质间的相互作用。假如杂质是不挥发的，则溶液的沸点比纯物质的沸点略有升高(但在蒸馏时，实际上测量的并不是溶液的沸点,而是逸出蒸气与其冷凝液平衡时的温度,即是馏出液的沸点而不是瓶中蒸馏液的沸点)。若杂质是挥发性的,则蒸馏时液体的沸点会逐渐上升,或者由于两种或多种物质组成了共沸点混合物,在蒸馏过程中温度可保持不变,停留在某一范围内。因此,沸点恒定并不一定意味着它是纯化合物。

3.7.2 蒸馏装置及安装

图 3.28 为常用的蒸馏装置,由蒸馏瓶、温度计、冷凝管、接引管和接收瓶组成。蒸馏瓶与蒸馏头之间有时需借助大小接头连接。磨口温度计可直接插入蒸馏头,普通温度计通常借助温度计套管固定在蒸馏头的上口处。温度计水银球的上限应和蒸馏头侧管的下限在同一水平线上,冷凝水应从冷凝管的下口流入,上口流出,以保证冷凝管的套管中始终充满水。用不带支管的接引管时,接引管与接收瓶之间不可用塞子连接,以免造成封闭体系,使体系压力过大而发生爆炸。所用仪器必须清洁干燥,规格合适。

图 3.28 常用蒸馏装置

安装仪器前,首先要根据蒸馏物的量选择大小合适的蒸馏瓶。蒸馏物液体的体积一般不要超过蒸馏瓶容积的 2/3,也不要少于 1/3。仪器的安装顺序一般是自下而上、从左到右、准确端正、横平竖直。先在架设仪器的铁台上放好电热帽或燃气灯,再根据电热帽或燃气灯火焰的高低依次安装铁圈(或三脚架)、石棉网(或水浴、油浴),然后安装蒸馏瓶。注意瓶底应距石棉网底部 1~2 mm,不要触及石棉网;用水浴、油浴或电热帽时,瓶底应距水浴(或油浴)锅底或电热帽内套底部 1~2 cm。蒸馏瓶用铁夹垂直夹好。安装冷凝管时,应先调整它的位置使其与已装好的蒸馏瓶高度相适应并与蒸馏头的侧管同轴,然后松开固定冷凝管的铁夹,使冷凝管沿此轴移动与蒸馏瓶连接。铁夹不应夹得太紧或太松,以夹住后稍用力尚能转动为宜。完好的铁夹内通常垫以橡胶等软性物质,以免夹破仪器。在冷凝管尾部通过接引管连接接收瓶(用锥形瓶或圆底烧瓶)。仪器接口处最好用卡夹加以固定,以防止脱落。正式接收馏出液的接收瓶应事先称量并做记录。

3.7.3 蒸馏操作

(1)加料。将待蒸馏液通过玻璃漏斗小心倒入蒸馏瓶中。要注意不使液体从支管流出。加入几粒助沸物,塞好带温度计的塞子。再一次检查仪器的各部分连接是否紧密和妥善。

（2）加热。用水冷凝时，先由冷凝管下口缓缓通入冷水，自上口流出引至水槽中，然后开始加热。加热时可以看见蒸馏瓶中液体逐渐沸腾，蒸气逐渐上升，温度计的读数也略有上升。当蒸气的顶端达到温度计水银球部位时，温度计读数就急剧上升。这时应适当调小燃气灯的火焰或降低电热帽的电压，使加热强度略为降低，蒸气顶端停留在原处，使瓶颈上部和温度计受热，让水银球上液滴和蒸气温度达到平衡。然后再稍稍加大火焰或加热器电压，进行蒸馏。控制加热温度，调节蒸馏速度，通常以每秒 1～2 滴为宜。在整个蒸馏过程中，应使温度计水银球上常有被冷凝的液滴，此时的温度即为液体与蒸气平衡时的温度。温度计的读数就是液体（馏出液）的沸点。蒸馏时加热的电热帽温度不能太高，使用水浴（油浴）时燃气灯的火焰不能太大，否则会在蒸馏瓶的颈部造成过热现象，使温度计读得的沸点偏高；另外，蒸馏也不能进行得太慢，否则由于温度计的水银球不能被馏出液蒸气充分浸润而使温度计上所读得的沸点偏低或不规则。

（3）观察沸点及收集馏出液。进行蒸馏前，至少要准备两个接收瓶。因为在达到预期物质的沸点前，常有沸点较低的液体先蒸出。这部分馏出液称为"前馏分"或"馏头"。前馏分蒸完，温度趋于稳定后，蒸出的就是较纯的物质，这时应更换一个洁净干燥的接收瓶接收，记下这部分液体开始馏出时和最后一滴时温度计的读数，即是该馏分的沸程（沸点范围）。一般液体中或多或少地含有一些高沸点杂质，在所需要的馏分蒸出后，若再继续升高加热温度，温度计的读数会显著升高，若维持原来的加热温度，就不会再有馏出液蒸出，温度会突然下降。这时就应停止蒸馏。即使杂质含量极少，也不要蒸干，以免蒸馏瓶破裂或发生其他意外事故。

（4）蒸馏完毕，先应关闭加热器电源或熄灭燃气灯，然后停止通水，拆下仪器。拆除仪器的顺序和装配的顺序相反，先撤下接收器，然后拆下接引管、冷凝管、蒸馏头和蒸馏瓶等。

液体的沸程常可代表它的纯度。纯液体沸程一般不超过 1～2℃，对于合成实验的产品，因大部分是从混合物中采用蒸馏法提纯，由于蒸馏方法的分离能力有限，因此在普通有机化学实验中收集的产品沸程较宽。

当溶液体积较小时，也可用图 3.28 的装置，但要省掉冷凝管，缩短路径长度以减小黏附带来的损失。

实验 3　工业乙醇的蒸馏

【实验步骤】

按图 3.28 装配仪器，用水浴代替电热帽进行加热。用蒸馏的方法将混有其他不挥发性或低挥发性的杂质的乙醇提纯为 95% 的乙醇[1]。

在 125 mL 蒸馏瓶中，加入 80 mL 上述含有杂质的乙醇进行蒸馏，蒸馏速度不要过快[2]，以每秒蒸出 1～2 滴为宜，分别收集 77℃ 以下和 77～79℃ 的馏分[3]，并测量馏分的体积。

【注释】

[1] 95% 乙醇是共沸混合物，而非纯物质，它具有一定的沸点和组成，不能借助普通蒸馏法进行分离。

[2] 冷却水的流速以能保证蒸气充分冷凝为宜，通常只需保持缓缓的水流。

[3] 蒸馏有机溶剂均应用小口接收器，如锥形瓶等。

实验 4　乙醚的蒸馏

【实验步骤】

在图 3.28 装置仪器上多加两个装置，即尾接管的支管接胶管通下水道或通室外[1]；接收瓶用冰水浴或冰盐浴冷却。另外，用水浴代替电热帽进行加热。用蒸馏的方法将混有其他不挥发性或低挥发性的杂质的乙醚(必须确保是无过氧化物的乙醚)提纯。

在 50 mL 蒸馏瓶中，加入 25 mL 上述含有杂质的乙醚进行蒸馏，蒸馏速度不要过快[2]，以每秒蒸出 1～2 滴为宜，收集 33～37℃的馏分，并测量馏分的体积。

【注释】

[1] 蒸馏乙醚的过程中严禁有明火。同时为避免室内乙醚蒸气污染，蒸馏装置中尾接管的支管接胶管通下水道或通室外，而接收瓶用冰水浴或冰盐浴冷却，避免乙醚逸出。

[2] 为保证蒸气冷却，冷却水的流速相比一般的要稍大。

【思考题】

(1) 什么是沸点？液体的沸点和大气压有什么关系？文献上记载的某物质的沸点温度是否是在当地实测的沸点温度？

(2) 蒸馏时为什么蒸馏瓶所盛液体的量不应超过容积的 2/3 也不应少于 1/3？

(3) 蒸馏时加入沸石的作用是什么？如果蒸馏前忘记加沸石，能否立即将沸石加至接近沸腾的液体中？当重新进行蒸馏时，用过的沸石能否继续使用？

(4) 为什么蒸馏时最好控制馏出液的速度为每秒 1～2 滴？

(5) 如果液体具有恒定的沸点，能否认为它是单一物质？

(6) 在微量蒸馏时，装在蒸馏装置上部的温度计水银球为什么应位于连接冷凝管的出口处附近？

(7) 解释温度计水银球的位置在出口处以上或以下对温度计读数有什么影响。

3.8　分　馏　实　验

应用分馏柱将几种沸点相近的混合物进行分离的方法称为分馏，它在化学工业和实验室中被广泛应用。现在最精密的分馏设备已能将沸点相差仅 1～2℃的混合物分开，利用蒸馏或分馏来分离混合物的原理是一样的，实际上分馏就是多次蒸馏。

3.8.1　基本原理

如果将几种具有不同沸点而又可以完全互溶的液体混合物加热，当其总蒸气压等于外界压力时，就开始沸腾气化，蒸气中易挥发液体的含量比在原混合液中多，这可从下面的分析中看出。为了简化，我们仅讨论混合物是二组分理想溶液的情况，所谓理想溶液是指在这种溶液中，相同分子间的相互作用与不同分子间的相互作用是一样的，也就是各组分在混合时无热效应产生，体积没有改变，只有理想溶液才遵守拉乌尔定律。这时，溶液中每一组分的蒸气压等于此纯物质的蒸气压和它在溶液中的摩尔分数的乘积，即

$$p_A = p_A^* x_A \qquad p_B = p_B^* x_B$$

式中：p_A、p_B 分别为溶液中 A 和 B 组分的分压；p_A^*、p_B^* 分别为纯 A 和纯 B 的蒸气压；x_A、x_B 分别为 A 和 B 在溶液中的摩尔分数。

溶液的总蒸气压：
$$p = p_A + p_B$$

根据道尔顿分压定律，气相中每一组分的蒸气压和它的摩尔分数成正比，因此在气相中各组分蒸气的含量为

$$x_A^气 = \frac{p_A}{p_A + p_B} \qquad x_B^气 = \frac{p_B}{p_A + p_B}$$

由上式推知，组分 B 在气相和溶液中的相对浓度为

$$\frac{x_B^气}{x_B} = \frac{p_B}{p_A + p_B} \frac{p_B^*}{p_B} = \frac{1}{x_B + \frac{p_A^*}{p_B^*} x_A}$$

因为在溶液中 $x_A + x_B = 1$，所以若 $p_A^* = p_B^*$，则 $\frac{x_B^气}{x_B} = 1$，表明此时液相的成分和气相的成分完全相同，这样的 A 和 B 就不能用蒸馏(或分馏)分离。如果 $p_A^* < p_B^*$，则 $\frac{x_B^气}{x_B} > 1$，表明沸点较低的 B 在气相中的浓度比在液相中的大(在 $p_A^* > p_B^*$ 时，也可做类似的讨论)。将此蒸气冷凝后得到的液体中 B 的含量比在原来的液体中多(这种气体冷凝的过程就相当于蒸馏的过程)。如果将所得的液体再进行气化，它的蒸气经冷凝后的液体中易挥发的组分又将增加。如此多次重复，最终就能将这两个组分分开(凡形成共沸混合物者不在此列)。分馏就是利用分馏柱来实现这一"多次重复"的蒸馏过程。分馏柱主要是一根长而垂直、柱身有一定形状的空管，或者在管中填以特制的填料，其目的是增大液相和气相接触的面积，提高分离效率。当沸腾的混合物进入分馏柱(工业上称为精馏塔)时，因为沸点较高的组分易被冷凝，所以冷凝液中含有较多较高沸点的物质，而蒸气中低沸点的成分就相对地增多。冷凝液向下流动时又与上升的蒸气接触，二者之间进行热量交换，即上升的蒸气中高沸点的物质被冷凝下来，低沸点的物质仍呈蒸气上升，而在冷凝液中低沸点的物质则受热气化，高沸点的仍呈液态。如此经多次的液相与气相的热交换，使低沸点的物质不断上升，最后被蒸馏出来，高沸点的物质则不断流回加热的容器中，从而将沸点不同的物质分离。所以在分馏时，柱内不同高度的各段，其组分是不同的。相距越远，组分的差别就越大，也就是说，在柱的动态平衡情况下，沿着分馏柱存在着组分梯度。

了解分馏原理最好是应用恒压下的沸点-组成曲线图(称为相图，表示这两组分体系中相的变化情况)。通常它是通过实验测定在各温度时气液平衡状态下的气相和液相的组成，然后以横坐标表示组成，纵坐标表示温度而作出的(如果是理想溶液，则可直接由计算作出)。

图 3.29 是 0.1 MPa 下的苯−甲苯溶液的沸点−组成图, 从图中可以看出, 由摩尔分数 20%的苯和 80%的甲苯组成的液体(L_1)在 102℃时沸腾, 与此液相平衡的蒸气(V_1)组成约为苯 40%和甲苯 60%。

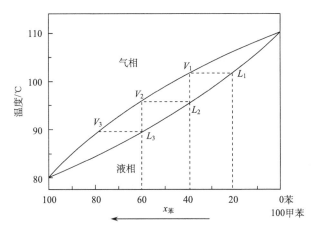

图 3.29　苯−甲苯溶液的沸点−组成曲线图

若将此组成的蒸气冷凝成同组成的液体(L_2), 则与此溶液达成平衡的蒸气(V_2)组成约为苯 60%和甲苯 40%。显然如此继续重复, 即可获得接近纯苯的气相。

3.8.2　分馏柱及分馏的效率

分馏柱的种类较多, 普通有机化学实验中常用的有填充式分馏柱和刺形分馏柱[又称韦氏 (Vigreux) 分馏柱] (图 3.30)。填充式分馏柱是在柱内填上各种惰性材料, 以增加表面积。填料包括玻璃珠、玻璃管、陶瓷或螺旋形、马鞍形、网状等各种形状的金属片或金属丝, 它效率较高, 适合分离一些沸点差距较小的化合物。韦氏分馏柱结构简单, 且比填充式分馏柱黏附的液体少, 缺点是比同样长度的填充柱分馏效率低, 适合分离少量且沸点差距较大的液体。若欲分离沸点相距很近的液体化合物, 则必须使用精密分馏装置。

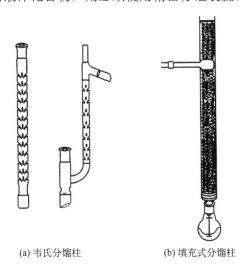

(a) 韦氏分馏柱　　　　　(b) 填充式分馏柱

图 3.30　分馏柱

分馏的效率和分馏柱的设计与操作有关。使用适当高度的分馏柱、选择好填料、控制一定的回流比(单位时间内从分馏柱顶端冷却返回到分馏柱中的液量与馏出液的液量之比为回流比,回流比大,分离效果好,但所耗时间长,样品损失大)、操作得当时,可以分离得到较纯的馏分。

提高分馏效率必须综合考虑。要达到良好的分离效果,必须注意以下事项:

(1)根据被分馏混合物的沸点差选择合适的分馏柱。

(2)分馏要缓慢进行,使分馏柱内的气液相广泛密切地接触,以利于热量的交换和传递。因此,必须选择好合适的热浴,一般以油浴为佳。

(3)选择好合适的回流比,使有相当数量的液体流回烧瓶中。

(4)尽量减少分馏柱的热量损失,通常可在分馏柱外裹以石棉绳、石棉布或玻璃棉等保温材料。

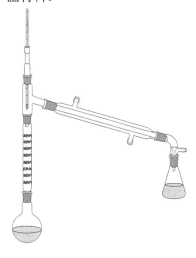

图 3.31   简单分馏装置

值得注意的是,效率再高的分馏也不能将共沸混合物彻底分开。

3.8.3   分馏装置

简单分馏实验中简单的分馏装置包括热源、蒸馏器、分馏柱、冷凝管和接收器五个部分(图 3.31)。安装操作与蒸馏类似,自下而上,先夹住蒸馏瓶,再装上韦氏分馏柱和蒸馏头。调节夹子使分馏柱垂直,装上冷凝管并在指定的位置夹好夹子,夹子一般不宜夹得太紧,以免应力过大造成仪器破损。连接接引管并用卡夹或橡皮筋固定,再将接收瓶与接引管用卡夹或橡皮筋固定,但切勿使橡皮筋支持太重的负荷。若接收瓶较大或分馏过程中需接收较多的馏出液,则最好在接收瓶底垫上用铁圈支撑的石棉网,以免发生意外。

3.8.4   简单分馏操作

简单分馏操作和蒸馏大致相同,仪器装置如图 3.31 所示,将待分馏的混合物放入圆底烧瓶中,加入沸石。柱的外围可用石棉绳包住,这样可减小柱内热量的散发,减小风和室温的影响,选用合适的热浴加热。

液体沸腾后要注意调节浴温,使蒸气慢慢升入分馏柱,10～15 min 后蒸气到达柱顶(可用手摸柱壁,若烫手表示蒸气已达该处)。在有馏出液滴出后,调节浴温使蒸出液体的速度控制在每 2～3 s 一滴,这样可以得到比较好的分馏效果,待低沸点组分蒸完后,再逐渐升高温度。当第二个组分蒸出时,沸点会迅速上升。上述情况是假定分馏体系有可能将混合物的组分进行严格的分馏,如果不是这种情况,一般有相当大的中间馏分(除非沸点相差很大)。

实验 5　甲醇–水混合物的分馏

【实验步骤】

在 100 mL 圆底烧瓶中加入 25 mL 甲醇和 25 mL 水的混合物，加入几粒沸石。按图 3.31 装好分馏装置。用水浴慢慢加热，开始沸腾后，蒸气慢慢进入分馏柱中，此时要仔细控制加热温度。使温度慢慢上升，以保持分馏柱中有均匀的温度梯度。当冷凝管中有馏出液流出时迅速记录温度计所示的温度。控制加热速度，使馏出液缓慢地、均匀地以每分钟 2 mL（约 60 滴）的速度流出。当柱顶温度维持在 65℃时，约收集 10 mL 馏出液（A）。随着温度上升，分别收集 65～70℃（B）、70～80℃（C）、80～90℃（D）、90～95℃（E）的馏分，瓶内所剩为残留液。90～95℃的馏分很少，需要隔石棉网直接进行加热。将不同馏分分别量出体积，以馏出液体积为横坐标，温度为纵坐标，绘制分馏曲线，如图 3.32 所示。

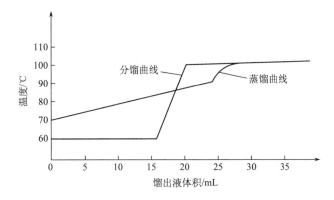

图 3.32　甲醇–水混合物（1∶1）的蒸馏和分馏曲线

【思考题】

(1) 若加热太快，馏出液每秒的滴数超过要求量，用分馏法分离两种液体的能力会显著下降，为什么？

(2) 用分馏法提纯液体时，为了取得较好的分离效果，为什么分馏必须保持回流液？

(3) 在分离两种沸点相近液体时，为什么装有填料的分馏柱比不装填料的效率高？

(4) 什么是共沸混合物？为什么不能用分馏法分离共沸混合物？

(5) 分馏时通常用水浴或油浴加热，与直接用火加热相比有什么优点？

(6) 根据甲醇–水混合物的蒸馏和分馏曲线，哪种方法分离混合物各组分的效率较高？为什么？

3.9　减压蒸馏

减压蒸馏是分离和提纯有机化合物的一种重要方法，它适用于那些在常压蒸馏时未达沸点即已受热分解、氧化或聚合的物质。

3.9.1　基本原理

液体的沸点是指它的蒸气压等于外界大气压时的温度，所以液体沸腾的温度是随外界压力的降低而降低的，因而若用真空泵连接盛有液体的容器，使液体表面上的压力降低，即可降低液体的沸点，这种在较低压力下进行蒸馏的操作称为减压蒸馏。

减压蒸馏时物质的沸点与压力有关，有时在文献中查不到与减压蒸馏选择的压力相应的沸点，则可根据下面的一个经验曲线(图 3.33)找出该物质在此压力下的沸点(近似值)。

在应用图 3.33 时，可以用一把直尺，通过表中的两个数据，便可知道第三个数据。例如，已知一种液体在常压时的沸点为 200℃，那么若用水泵蒸馏，水泵的压力为 30 mmHg (1 mmHg=133 Pa)，若要知道此压力下的沸点，可将直尺通过 B 的 200℃点和 C 的 30 mmHg 点，便可看到直尺通过直线 A 的点为100℃，即为该液体在 30 mmHg 真空度的水泵抽气下，在 100℃左右蒸出。又如，根据文献报道，某化合物在真空度 0.3 mmHg 时沸点为 100℃，但要在真空度为 1 mmHg 下蒸馏，求其沸点。此时可以将直尺放在 A 线的 100℃点上，C 线的 0.3 mmHg 点上，则可以看到直尺通过 B 线的 310℃，然后将直尺通过 B 线的 310℃及 C 线的 1 mmHg，则直尺与 A 线的 125℃相交，这是指该化合物如用真空度为 1 mmHg 的油泵蒸馏，将在 125℃沸腾。

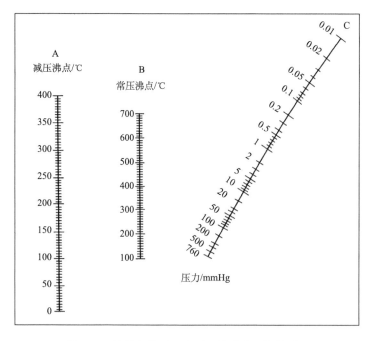

图 3.33　液体在常压、减压下的沸点近似关系图

在给定压力下的沸点还可以近似地由下列公式求出：

$$\lg p = A + \frac{B}{T}$$

式中：p 为蒸气压；T 为沸点(热力学温度)；A、B 为常数。如以 $\lg p$ 为纵坐标，$1/T$ 为横坐标作图，可以近似地得到一直线。因此，可从两组已知的压力和温度算出 A 和 B 的数值，再将所选择的压力代入上式计算出液体的沸点。当要进行减压蒸馏时，预先粗略地估计出相应的沸点，对具体操作和选择合适的温度计与热浴都有一定的参考价值。

3.9.2　减压蒸馏装置

图 3.34(a)、(b)是常用的减压蒸馏装置。整个装置可分为蒸馏、抽气(减压)以及在它们之间的保护和测压装置三部分。

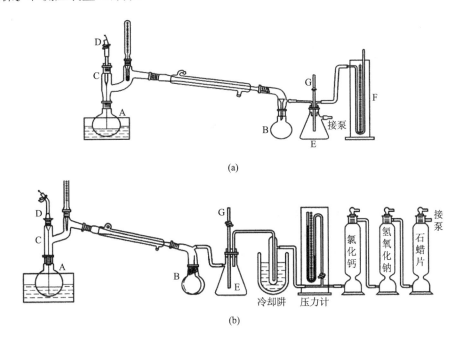

(a)

(b)

图 3.34　减压蒸馏装置

1) 蒸馏部分

A 是减压蒸馏瓶[又称克氏(Claisen)蒸馏瓶，在磨口仪器中用克氏蒸馏头配圆底烧瓶代替]，有两个颈，其目的是避免减压蒸馏时瓶内液体由于沸腾而冲入冷凝管中。瓶的一颈中插入温度计；另一颈中插入一根毛细管 C[1]。其长度恰好使其下端距瓶底 1～2 mm。毛细管上端连有一段带螺旋夹 D 的乳胶管。螺旋夹用以调节进入空气的量，使极少量的空气进入液体，呈微小气泡冒出，代替沸石作为液体沸腾的气化中心，使蒸馏平稳进行。接收器可采用蒸馏瓶或抽滤瓶，但切不可用平底烧瓶或锥形瓶。蒸馏时若要收集不同的馏分而又不中断蒸馏，则可用两尾或多尾接引管(图 3.35)，多尾接引管的几个分支管和作为接收器的圆底烧瓶连接起来。转动多尾接引管，就可使不同的馏分进入指定的接收器中。

2) 抽气部分

实验室通过用水泵或油泵进行减压。

图 3.35　多尾接引管

(1) 水泵常用循环水真空泵(图 3.36)，水泵可达 6～25 mmHg，为粗真空度。它还可提供冷凝水，更为方便实用且可以节约用水。

图 3.36　循环水真空泵

(2)油泵的效能取决于泵的机械结构及真空泵油的好坏(油的蒸气压必须很低)。好的油泵能抽至真空度为 $10^{-3} \sim 10^{-1}$ mmHg,油泵结构较精密,工作条件要求较严。蒸馏时,如果有挥发性的有机溶剂、水或酸的蒸气,都会损坏油泵。因为挥发性的有机溶剂蒸气被油吸收后,就会提高油的蒸气压,影响真空效能。酸性蒸气会腐蚀油泵的机件。水蒸气凝结后与油形成浓稠的乳浊液,破坏了油泵的正常工作,因此使用时必须十分注意保护油泵。一般使用油泵时系统的压力常控制在 $1 \sim 5$ mmHg,因为在沸腾液体表面上要获得 1 mmHg 以下的压力比较困难。这是由于蒸气从瓶内的蒸发面逸出而经过瓶颈和支管(内径为 $4 \sim 5$ mm)时,有一定的压力差,用时为了保护油泵设置的吸收装置也会抵消一部分真空度。若需要在更高的真空度下减压蒸馏,可在冷却阱中装入液氮冷却并拆除吸收塔。使用油泵减压蒸馏前,样品必须除去酸并充分干燥,再用水泵抽尽低沸点溶剂。即使如此,还需注意油泵的维护,加上保护装置。在使用一段时间后,发现真空度有所降低时,应及时换上新油,以免油泵机件被腐蚀。

3)保护及测压装置部分

当用油泵进行减压时,为了保护油泵,必须在馏出液接收器与油泵之间顺次安装冷却阱和几种吸收塔,以免污染泵油、腐蚀机件使真空度降低。冷却阱的构造如图 3.37 所示,将其置于盛有冷却剂的广口保温瓶中,冷却剂的选择随需要而定,如可用冰-水、冰-盐、干冰与丙酮等。后者能使温度降至-78℃。若用铝箔将干冰-丙酮的敞口部分包住,能使用较长时间,十分方便。吸收塔(又称干燥塔)(图 3.38)通常设两个,前一个装无水氯化钙(或硅胶),后一个装粒状氢氧化钠。有时为了吸除烃类气体,可再加一个装石蜡片的吸收塔。

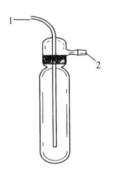

图 3.37　冷却阱

图 3.38　吸收塔

实验室通常采用水银压力计测量减压系统的压力。图 3.39(a)为开口式水银压力计,两臂汞柱高度之差即为大气压力与系统中压力之差。因此,蒸馏系统内的实际压力(真空度)应是大气压力减去这一压力差。封闭式水银压力计[图 3.39(b)],(b1)中两臂液面高度之差即为蒸馏系统中的真空度。测定压力时,可将管后木座上的滑动标尺的零点调整到右臂的汞柱顶端线上,这时左臂的汞柱顶端线所指示的刻度即为系统的真空度;(b2)中汞柱上升的高度即为系统的真空度。开口式压力计较笨重,读数方式也较麻烦,但读数比较准确。封闭式压力计比较轻巧,读数方便,但常常因为有残留空气以致不够准确,需用开口式来校正。若体系内压力要降至 1 mmHg 以下,则要用转动式真空规,又称麦氏真空规(McLeod vacuum gauge)。

平时麦氏真空规横向放置(图 3.40)，待系统减压后，欲观察压力时，才将真空规向左旋至垂直位置令右臂水银面升至一标准线，此时左臂水银液面所达到的刻度即为系统内压力。读数完毕应将真空规缓慢向右旋转至横向位置。无论使用何种压力计，都应避免水或其他污物进入压力计内，否则将严重影响其准确度。

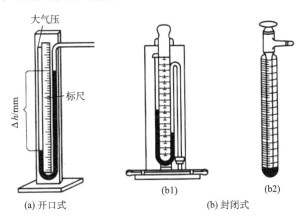

图 3.39　水银压力计

在泵前还应接上一个安全瓶 E，瓶上的两通旋塞 G 供调节系统压力及放气用(图 3.34)。减压蒸馏的整个装置必须保持密封不漏气，所以选用橡胶塞的大小及钻孔都要十分合适。所有橡胶管应用真空橡胶管。各磨口玻璃塞部位都应仔细涂好真空脂。

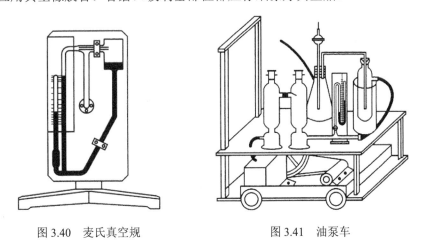

图 3.40　麦氏真空规　　　　　图 3.41　油泵车

在普通有机实验室里，可设计一小推车(图 3.41)安放油泵、保护及测压设备。车中有两层，底层放置油泵，上层放置其他设备，这样既能缩小安装面积又便于移动。

3.9.3　减压蒸馏操作

当被蒸馏物中含有低沸点的物质时，应先进行普通蒸馏，然后用水泵减压蒸去低沸点物质，最后再用油泵减压蒸馏。

在克氏蒸馏瓶中，放置待蒸馏的液体(不超过容积的 1/2)。按图 3.34 装好仪器，旋紧毛细管上的螺旋夹 D，打开安全瓶上的二通旋塞 G，然后开泵抽气(若用水泵，此时应开至最大流量)。逐渐关闭 G,从压力计 F 上观察系统所能达到的真空度。如果是因为漏气(而不是因水泵、油泵本身效率的限制)而不能达到所需的真空度,可检查各部分塞子和橡胶管的连接处是否紧密等。必要时可用熔融的固体石蜡密封(密封应在解除真空后才能进行)。如果超过所需的真空度,可小心地旋转旋塞 G,慢慢地引进少量空气,以调节至所需的真空度。调节螺旋夹 D,使液体中有连续平稳的小气泡通过(若无气泡可能因为毛细管已阻塞,应更换)。开启冷凝水,选用合适的热浴加热蒸馏。加热时,克氏蒸馏瓶的圆球部位至少应有 2/3 浸入浴液中。在浴液中放一温度计,控制浴温,待蒸馏液体的沸点高 20~30℃,使每秒馏出 1~2 滴,在整个蒸馏过程中,都要密切注意瓶颈上的温度计和压力的读数。经常注意蒸馏情况和记录压力、沸点等数据。纯物质的沸点范围一般不超过 1~2℃,假如起始蒸出的馏出液比要收集物的沸点低,则在蒸至接近预期的温度时需要调换接收器。此时先移去热源,取下热浴,待稍冷后,渐渐打开二通旋塞 G,使系统与大气相通(注意:一定要慢慢地旋开旋塞,使压力计中的汞柱缓缓地恢复原状。否则,汞柱急速上升,有冲破压力计的危险。为此,可将 G 的上端拉成毛细管,即可避免)。然后松开毛细管上的螺旋夹 D,这样可防止液体吸入毛细管。切断油泵电源,卸下接收瓶,装上另一洁净的接收瓶,再重复前述操作:开泵抽气,关闭 G,调节毛细管控制空气流量,加热蒸馏,收集所需产物。若有多尾接引管,则只要转动其位置即可收集不同馏分,可免去这些繁杂的操作。

要特别注意真空泵的转动方向。如果真空泵接线位置出错,会使泵反向转动,导致水银冲出压力计,污染实验室。

蒸馏完毕时,与蒸馏过程中需要中断时(如调换毛细管、接收瓶)相同,关闭加热电源或熄灭火源,撤去热浴,待稍冷后缓缓解除真空,使系统内外压力平衡后,方可关闭油泵。否则,由于系统中的压力较低,油泵中的油就有吸入干燥塔的可能。

实验 6   呋喃甲醛(或苯甲醛)粗品的减压蒸馏纯化

【实验步骤】

按图 3.34 装好仪器,磨口处涂上真空脂,检查系统是否漏气。检查处理妥当后,打开安全瓶上的二通旋塞通大气。

小心取下毛细管套管,通过长颈漏斗向烧瓶中加入呋喃甲醛粗品,塞好套管,旋紧螺旋夹,开通真空泵,逐渐关闭安全瓶上的二通旋塞。调节毛细管所导入的气体量,以能冒出连续平稳的小气泡为宜。当压力稳定后,读出当日大气压及压力计的读数,计算出系统压力,并利用图 3.33 得到减压沸点的估计值。开始加热,液体沸腾后注意控制温度及观察沸点变化情况,保持蒸馏过程中蒸馏速度为每 1~2 s 一滴。通过转动多尾接引管的位置收集不同馏分。

蒸馏完毕,先停止加热,移走热源,慢慢打开安全瓶上的二通旋塞,解除真空,使系统内外压力平衡后,关闭油泵。将收集得到的产品和残留液分别收到指定的收集瓶中。

【思考题】

(1)具有什么性质的化合物需用减压蒸馏进行提纯?

(2)使用水泵减压蒸馏时,应采取什么预防措施?

(3)进行减压蒸馏时,为什么必须用油浴加热?为什么必须先抽真空后加热?

(4)使用油泵减压时，要有哪些吸收和保护装置？其作用是什么？

(5)当减压蒸馏完所需要的化合物后，应如何停止减压蒸馏？为什么？

3.10　水蒸气蒸馏

水蒸气蒸馏是分离和纯化有机物的常用方法之一，尤其是在反应产物中有大量树脂状或焦油状杂质的情况下，效果比一般蒸馏或重结晶好。使用这种方法时，被提纯物质应该具备下列条件：不溶或几乎不溶于水，在沸腾下长时间与水共存而不发生化学变化；在 100℃ 左右时必须具有一定的蒸气压，一般不小于 1.33 kPa(10 mmHg)。

3.10.1　基本原理

当与水不相混溶的物质与水一起存在时，根据道尔顿分压定律，它们的蒸气压 p 应为水蒸气压 p_A 和此物质蒸气压 p_B 之和，即

$$p = p_A + p_B$$

p 随温度升高而增大，当温度升高到使 p 等于外界大气压时，该体系开始沸腾，这时的温度为该体系的沸点，此沸点必较体系中任一组分的沸点都低。蒸馏时，混合物沸点保持不变，直至该物质全部随水蒸出，温度才会上升至水的沸点。蒸出的是水和与水不混溶的物质，很容易分离，从而达到纯化的目的。

图 3.42 表示出水(b.p. 100℃)和溴苯(b.p. 156℃)两个不互溶的化合物，以及两个化合物的混合蒸气压对温度的关系。图中虚线表示混合物应在 95℃ 左右沸腾，该温度的总蒸气压就等于大气压。如上述原理所指出的，该温度低于水的沸点，而在这个混合物中水是最低沸点组分。因此，要在 100℃ 或更低温度蒸馏化合物，水蒸气蒸馏是有效方法。

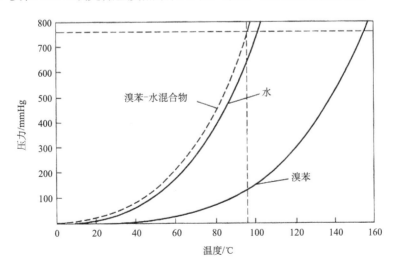

图 3.42　溴苯、水及溴苯-水混合物的蒸气压与温度的关系

根据气体方程，蒸出的混合蒸气中气体分压之比 p_A/p_B 等于它们的摩尔比 (n_A/n_B)，即

$$p_A / p_B = n_A / n_B$$

物质的量 n 为质量 m 除以相对分子质量 M，将 $n_A=m_A/M_A$ 和 $n_B=m_B/M_B$ 代入上式得

$$\frac{m_A}{m_B}=\frac{p_A M_A}{p_B M_B}$$

即蒸出混合物的质量之比与它们的蒸气压和相对分子质量成正比。

　　水具有低的相对分子质量和较大的蒸气压，有可能用来分离较高相对分子质量和较低蒸气压的物质。以溴苯为例，它的沸点 156℃，且与水不相混溶。当与水一起加热到 95.5℃时，水的蒸气压为 646 mmHg，溴苯的蒸气压为 114 mmHg，两者总压力为 0.1 MPa，于是混合物开始沸腾蒸出。将它们的蒸气压、溴苯的相对分子质量 157 和水的相对分子质量 18 代入上式得

$$\frac{m_A}{m_B}=\frac{646\times18}{114\times157}\approx\frac{6.5}{10}$$

即蒸出 6.5 g 水可带出 10 g 溴苯，溴苯在蒸出混合物中的质量分数为 60.6%。由于各种有机化合物或多或少溶于水，导致水的蒸气压降低，故实际蒸出的质量分数与理论计算值略有偏差。

　　从上例可以看出，由于溴苯的相对分子质量是水的 9 倍左右，虽然它的蒸气压是水的 1/6，馏出液中溴苯还是较多的。但当某化合物相对分子质量很大，而其蒸气压过低，就不能用水蒸气蒸馏提纯。一般来说，物质的蒸气压在 100℃左右为 10 mmHg 以上才能用水蒸气蒸馏提纯。在 100℃左右蒸气压为 1～5 mmHg 的有机化合物可以用过热水蒸气蒸馏，因为这时温度较 100℃高，被提纯物质具有较高蒸气压，从而提高了馏出液中该物质的质量分数。

3.10.2　实验操作

　　常用水蒸气蒸馏的简单装置如图 3.43 所示。A 是水蒸气发生器，通常盛水量是其容积的 3/4 为宜。如果太满，沸腾时水将冲至烧瓶。安全玻璃管 C 几乎插到发生器 A 的底部。当容器内气压太大时，水可沿着玻璃管上升，以调节内压。如果系统发生阻塞，水会从管的上口喷出，此时应检查导管是否被阻塞。侧管 B 可观察水蒸气发生器中的水位。

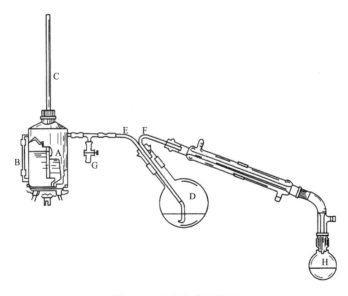

图 3.43　水蒸气蒸馏装置

蒸馏通常是用 500 mL 以上的长颈圆底烧瓶进行。为了防止瓶中液体因跳溅而冲入冷凝管内，故将烧瓶的位置向发生器的方向倾斜 45°，瓶内液体不宜超过其容积的 1/3。蒸气导入管 E 的末端应弯曲，使其垂直地正对瓶底中央并伸到接近瓶底。蒸气导出管 F(弯角约 30°)孔径最好比管 E 大一些，一端插入双孔木塞，露出约 5 mm，另一端和冷凝管连接。馏出液通过接引管进入接收器 H。接收器外围可用冷水浴冷却。

水蒸气发生器与圆底烧瓶之间应装上一个 T 形管。在 T 形管下端连一个弹簧夹，以便及时除去冷凝下来的水滴。应尽量缩短水蒸气发生器与圆底烧瓶之间的距离，以减少水汽的冷凝。

进行水蒸气蒸馏时，先将溶液(混合液或混有少量水的固体)置于 D 中，加热水蒸气发生器，直至接近沸腾后才将弹簧夹夹紧，使水蒸气均匀地进入圆底烧瓶。为了使蒸气不致在 D 中冷凝而积聚过多，必要时可在 D 下置一石棉网，用小火加热。必须控制加热速度，使蒸气能全部在冷凝管中冷凝下来。如果随水蒸气挥发的物质具有较高的熔点，在冷凝后易于析出固体，则应调小冷凝水的流速，使它冷凝后仍然保持液态。假如已有固体析出，并且接近阻塞时，可暂时停止冷凝水的流通，甚至需要将冷凝水暂时放出，以使物质熔融后随水流入接收器中。必须注意当冷凝管夹套中要重新通入冷却水时，要小心而缓慢，以免冷凝管因骤冷而破裂。万一冷凝管已被阻塞，应立即停止蒸馏，并设法疏通(如用玻璃棒将阻塞的晶体捅出或用电吹风的热风吹化晶体，也可在冷凝管夹套中灌以热水使其熔出)。

在蒸馏需要中断或蒸馏完毕后，一定要先打开螺旋夹通大气，然后方可停止加热，否则 D 中的液体将会倒吸到 A 中。在蒸馏过程中，如发现安全管 B 中的水位迅速上升，则表示系统发生了堵塞。此时应立即打开螺旋夹，然后移去热源。待排除了堵塞后再继续进行水蒸气蒸馏。

少量物质的水蒸气蒸馏，可用克氏蒸馏瓶或三颈烧瓶代替圆底烧瓶，如图 3.44(a) 和图 3.44(b) 所示。

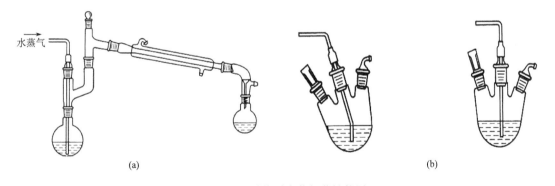

图 3.44 少量物质水蒸气蒸馏装置

在 100℃ 左右蒸气压较低的化合物可利用过热蒸气进行蒸馏。例如，可在 T 形管 G 和烧瓶之间串联一段铜管(最好是螺旋形的)。铜管下用火焰加热，以提高蒸气的温度，烧瓶再用油浴保温。

简化的水蒸气蒸馏装置可用蒸馏装置替代，在蒸馏烧瓶中加入适量的水，进行蒸馏操作，当温度计的读数至 100℃时，停止蒸馏。采用这一方法进行微量样品的水蒸气蒸馏特别方便。

实验 7　苯甲酸乙酯的水蒸气蒸馏

【实验步骤】

　　按图 3.43 安装水蒸气蒸馏装置，在 100 mL 蒸馏烧瓶中加入 20 mL 苯甲酸乙酯，检查各接口不漏气，旋开 T 形管上的螺旋夹，加热水蒸气发生器，待有大量水蒸气从 T 形管的支管冲出时，再旋紧夹子，让水蒸气通入烧瓶中（为了使蒸气不致在蒸馏烧瓶中冷凝而积累过多，必要时可在蒸馏烧瓶下进行加热），这时可以看到蒸馏烧瓶中的混合物沸腾，然后在冷凝管中出现有机物和水的混合液（白色混浊液）。调节温度，使蒸馏烧瓶内的混合物不致飞溅得太厉害，并控制馏出液的速度为每秒 2～3 滴。

　　在操作过程中，要时刻注意安全管中的水柱是否发生不正常的上升现象，以及烧瓶中的液体是否发生倒吸现象。一旦发生这种现象，应立即打开 T 形管上的夹子，移除热源，找出故障原因，排除故障后方可继续。

　　当馏出液由混浊变澄清时，苯甲酸乙酯已经全部蒸出，打开螺旋夹，停止加热，结束蒸馏。将接收瓶内的液体分液，去除水层，用干燥剂干燥，过滤，称量，计算回收率。

【思考题】

　　(1) 水蒸气蒸馏和普通蒸馏在原理上有何不同？
　　(2) 实验装置中安全管起何作用？
　　(3) 蒸馏时如何控制加热速度？

3.11　薄层层析

3.11.1　实验原理

　　薄层层析又称为薄层色谱，常用 TLC 表示，是一种微量、快速和简便的色谱方法，可用于分离混合物和精制化合物。它展开时间短（几十分钟就可达到分离目的），分离效果好，需要样品少（几到几十微克甚至 0.01 μg）。如果将吸附层加厚，样品点成一条线时，又可用作制备色谱，分离多达 500 mg 的样品，用于精制样品。薄层色谱可用于化合物的鉴定和分离；监测反应进程，特别为新反应探索最佳的反应条件；作为制备柱色谱分离的先导，为柱色谱提供理想的吸附剂和洗脱剂；少量精制样品。

　　薄层色谱的操作是在干净的玻璃板（10 cm×3 cm）上均匀地涂一层吸附剂或支持剂，待干燥、活化后将样品溶液用管口平整的毛细管滴加在距薄层板一端约 1 cm 处的起点线上，晾干或吹干后置薄层板于盛有展开剂的展开槽内，浸入深度为 0.5 cm。待展开剂前沿距顶端约 1 cm 附近时，将色谱板取出，干燥后喷以显色剂，或在紫外灯下显色。记录原点至主斑点中心及展开剂前沿的距离，计算 R_f 值：

$$R_f = \frac{溶剂的最高浓度中心至原点中心的距离}{溶剂前沿至原点中心的距离}$$

　　图 3.45 是二组分混合物展开后各组分的 R_f 值。良好的分离，R_f 值应在 0.15～0.75，否则

应更换展开剂重新展开。

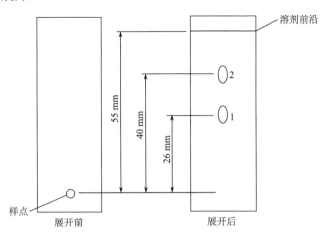

图 3.45　二组分混合物的 TLC

3.11.2　实验操作

1. 薄层色谱的吸附剂和支持剂

最常用的薄层吸附色谱的吸附剂是氧化铝和硅胶，分配色谱的支持剂为硅藻土和纤维素。

硅胶是无定形多孔型物质，略具酸性，适用于酸性物质的分离和分析。薄层色谱用的硅胶分为"硅胶 H"——不含黏合剂，"硅胶 G"——含煅石膏黏合剂，"硅胶 HF_{254}"——含荧光物质，可于波长 254 nm 紫外光下观察荧光，"硅胶 GF_{254}"——既含煅石膏又含荧光剂等类型。与硅胶相似，氧化铝也因含黏合剂或荧光剂而分为氧化铝 G、氧化铝 GF_{254} 及氧化铝 HF_{254}。

黏合剂除煅石膏($2CaSO_4 \cdot H_2O$)外，还可用淀粉及羧甲基纤维素钠(CMC)等。其中羧甲基纤维素钠的效果较好，一般先将羧甲基纤维素钠放在少量水中浸泡，配成 0.5%～1% 溶液，经 3 号砂芯漏斗过滤即得可供使用的澄清溶液。通常将薄层板按加黏合剂和不加黏合剂分为两种，加黏合剂的薄层板称为硬板，不加黏合剂的称为软板。

氧化铝的极性比硅胶大，比较适用于分离极性较小的化合物(烃、醚、醛、酮、卤代烃等)，因为极性化合物被氧化铝较强烈地吸附，分离较差，R_f 值较小；相反，硅胶适用于分离极性较大的化合物(羧酸、醇、胺等)，而非极性化合物在硅胶板上吸附较弱，分离较差，R_f 值较大。

薄层板制备的好坏直接影响层析的效果，薄层应尽量均匀而且厚度(0.25～1 mm)要一致，否则在展开时溶剂前沿不齐，层析结果也不易重复。

2. 薄层板的制备

薄层板分为"干板"与"湿板"。干板在涂层时不加水，一般用氧化铝作吸附剂时使用。这里主要介绍湿板，制法有以下两种。

(1)平铺法是用商品或自制的薄层涂布器(图 3.46)进行制板，它适合于科研工作中需要数量较多要求较高时。若无涂布器，可将调好的吸附剂平铺在玻璃板上，也可得到厚度均匀的薄层板(图 3.47)。

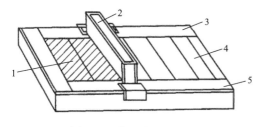
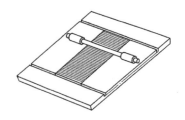

图 3.46   薄层涂布器   图 3.47   涂布大薄层板示意图

1. 吸附剂薄层；2. 涂布器；3, 5. 夹玻板；4. 玻璃板(10 cm×3 cm)

适合于教学实验的是一种简易平铺法。取 3 g 硅胶 G 与 6～7 mL 0.5%～1%的羧甲基纤维素钠的水溶液在烧杯中调成糊状物，铺在清洁干燥的载玻片上，用手轻轻在玻璃板上来回振摇，使表面均匀平滑，室温晾干后进行活化。3 g 硅胶大约可铺 5～6 块大小为 7.5 cm×2.5 cm 的载玻片。

(2)浸渍法是把两块干净的玻璃片背靠背贴紧，浸入调制好的吸附剂中，取出后分开、晾干。

3. 薄层板的活化

把涂好的薄层板置于室温晾干后，放在烘箱内加热活化，活化条件根据需要而定。硅胶板一般在烘箱中渐渐升温，维持 105～110℃活化 30 min。氧化铝板在 200℃烘 4 h 可得活性 II 级的薄层，150～160℃烘 4 h 可得活性III～IV级的薄层。薄层板的活性与含水量有关，其活性随含水量的增加而下降。活化后的薄层板放在干燥器内保存备用。

4. 点样

通常将样品溶于低沸点溶剂(丙酮、甲醇、乙醇、氯仿、乙醚和四氯化碳等)，根据使用的固定相配成 0.5%～5%溶液，用内径小于 1 mm 管口平整的毛细管点样。点样前，先用铅笔在薄层板上距一端 1 cm 处轻轻画一横线作为起始线，然后用毛细管吸取样品，在起始线上小心点样，斑点直径一般不超过 2 mm，因溶液太稀，一次点样往往不够，如需重复点样，则应待前次点样的溶剂挥发后方可重点，以防样点过大，造成拖尾、扩散等现象，影响分离效果。若在同一板上点几个样，样点间距应为 1～1.5 cm。点样结束，待样点干燥后，方可进行展开。点样要轻，不可刺破薄层。

样品的浓度对展开效果影响很大，通常以 1%～2%为宜，不同浓度在展开时往往呈现不同的效果。低浓度时，样品所有部分以相同的速率扩散，样点与展开点彼此呈线性关系，即为圆形分布；高浓度时，由于扩散速率比低浓度快，往往出现拖尾现象，展开点为钟状，影响分离效果。样品的用量对物质的分离效果有很大影响，样品太少时，斑点不清楚，难以观察，但是样品太多时往往出现斑点太大或拖尾现象，以致不容易分开。

5. 展开

(1)展开剂的选择。选择合适的展开剂对薄层色谱至关重要。展开剂的选择主要根据样品的极性、溶解度和吸附剂的活性等因素考虑。溶剂的极性越大，对化合物的展开能力越强。表 3.6 给出了常见溶剂在硅胶板上的极性和展开能力。单一的展开剂效果不好时，可选择混合展开剂。

表 3.6　TLC 常用的展开剂

溶剂名称
烷烃(己烷、环己烷、石油醚)，甲苯，二氯乙烷，乙醚，氯仿，乙酸乙酯，异丙醇，丙酮，乙醇，甲醇，乙腈，水
极性及展开能力从左到右依次增加 →

对于烃类化合物，一般采用非极性或极性较小的己烷、石油醚或甲苯作展开剂。例如，将己烷或石油醚与甲苯或乙醚以各种比例混合能配成中等极性的溶剂，可适用于许多含一般官能团的化合物的分离；对极性物质的分离常采用极性较大的溶剂如乙酸乙酯、丙酮或甲醇等。不同极性化合物的混合物选用不同极性的溶剂作展开剂分离的效果见图 3.48。

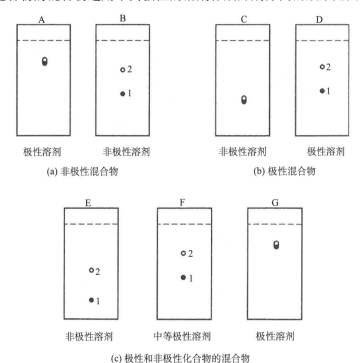

(a) 非极性混合物　　　　　　　　(b) 极性混合物

(c) 极性和非极性化合物的混合物

图 3.48　假设不同极性混合物的分离(在所有情况下，化合物 1 的极性大于化合物 2)

展开剂的选择有时需经过反复试验，简易的试验方法是将涂有吸附剂的载玻片上每间隔 1 cm 点几个样品点，然后用吸有溶剂的毛细管轻轻接触一个样品点的中心，此时溶剂扩散成一个圆点，溶剂前沿用铅笔作一记号。再用不同溶剂试验其余各点。样品原点将扩展为如图 3.49 所示的同心环，从扩散的图像来确定适宜的溶剂作展开剂。在实际操作中，常用两种或三种溶剂的混合物作展开剂，这样的分离效果往往比用单一的溶剂好，因为这样更有利于细致地调配展开剂的极性。

(2)展开操作。薄层色谱展开在密闭器中进行。为使溶剂蒸气迅速达到平衡，可在层析缸内衬一滤纸，一般可按下列方式展开。

单向展开：将点样后的层析板放入盛有展开剂的广口瓶中，广口瓶内衬一滤纸。展开剂浸入薄层的高度约为 0.5 cm。对无黏合剂的软板宜在层析缸内倾斜 15°角[图 3.50(a)]；含有黏合剂的层析板可以 30°~45°角或垂直方式放置[图 3.50(b)]。

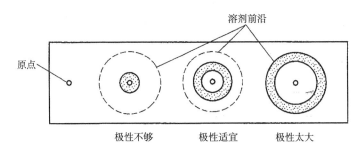

图 3.49　选择展开剂的同心环方法

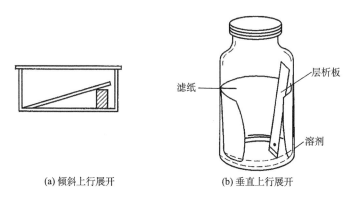

图 3.50　展开示意图

双向展开：使用方形或玻璃板铺制薄层，样品点在角上，先向一个方向展开。然后转动90°角的位置，再换另一种展开剂展开(图 3.51)。这样，成分复杂的混合物可以得到较好的分离效果。

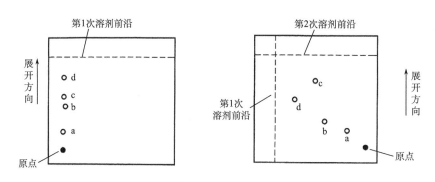

图 3.51　双向展开

6. 显色

薄层展开后，如果样品本身是有颜色的，可以直接观察到分离的过程。然而许多化合物是无色的，这就存在一个显色问题，常用的显示方法有以下几种：

(1)碘熏显色最常用的显色剂为碘，它与许多有机化合物形成褐色的配合物。方法是将几粒碘置于密闭的容器中，待容器充满碘的蒸气后，将展开后干燥的层析板放入，碘与展开后的有机化合物可逆地结合，在几秒到几分钟内化合物的斑点位置呈褐色。但需注意有些化合物如酚类等与碘反应，则不能用此法显色。此外，当层析板上仍有溶剂时，由于碘蒸气也能与溶剂结合，层析板显淡棕色，有碍观察，故放入前需将层析板晾干。层析板取出后，碘升华逸出，故必须立即用铅笔标出化合物的位置。

(2) 紫外灯显色。如果样品本身是发荧光的物质，可以在紫外灯下，观察斑点所呈现的荧光(图 3.52)。对于不发荧光的样品，可用含有荧光剂(硫化锌镉、硅酸锌、荧光黄)的层析板在紫外灯下观察，展开后的有机化合物在亮的荧光背景下呈暗色斑点。

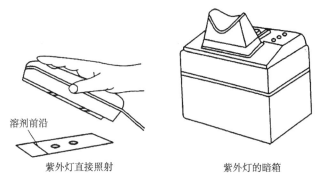

溶剂前沿

紫外灯直接照射　　　　　　紫外灯的暗箱

图 3.52　紫外灯显色

(3) 喷显色剂。非荧光性物质也可用喷雾器喷以适当的显色剂，如浓硫酸、三氯化铁水溶液等显色剂，使样品斑点呈现颜色。喷雾时，为使薄层不受损失，显色剂雾滴要小，并且喷雾均匀。

一些常用的显色剂见表 3.7。

表 3.7　一些常用显色剂示例

显色剂	配制方法	被检出物质
浓硫酸	90%的浓硫酸	通用试剂，大多数有机物在加热后显黑色斑点
香兰素-浓硫酸	1%香兰素的浓硫酸溶液	冷时可检出萜类化合物，加热时为通用显色剂
四氯邻苯二甲酸酐	2%四氯邻苯二甲酸酐溶液，溶剂：丙酮：氯仿=10∶1	可检出芳香烃
硝酸铈铵	6%硝酸铈铵的 2 mol/L 硝酸溶液	检出醇类
铁氰化钾-三氯化铁	1%铁氰化钾水溶液与 2%三氯化铁水溶液使用前等体积混合	检出酚类
2,4-二硝基苯肼	0.4% 2,4-二硝基苯肼的 2 mol/L 盐酸溶液	检出醛酮
溴酚蓝	0.05%溴酚蓝的乙醇溶液	检出有机酸
茚三酮	0.3 g 茚三酮溶于 100 mL 乙醇中	检出胺、氨基酸
三氯化锑	三氯化锑的氯仿饱和溶液	甾体、萜类、胡萝卜素等
二甲氨基苯胺	1.5 g 二甲氨基苯胺溶于 25 mL 甲醇、25 mL 水及 1 mL 乙酸组成的混合溶液中	检出过氧化物

注：以 CMC 为黏合剂的硬板不宜用硫酸显色，因为硫酸也会使 CMC 炭化变黑，使整板呈黑色而显不出斑点位置。

7. 制备薄层色谱

薄层色谱最广泛的应用是分析和鉴别,即确定混合物中组分的数目和本性,但也可以从混合物中分离和提纯化合物,后一过程称为制备薄层色谱。其原理与前者相似,二者的主要区别在于样品和吸附剂的用量。用于鉴别的 TLC 吸附剂的厚度约为 0.25 mm,而制备 TLC 则至少不低于 3 mm。一块制备 TLC 板(20 cm×20 cm)能够分离样品的量最大可达 200~500 mg,而分析 TLC 仅为几毫克,因此制备 TLC 通常用巴斯德滴管代替毛细管点样。色谱按常规方法展开后接着显色。最理想的显色方法是使用荧光指示剂,也可用碘或合适的显色剂显色。当用碘显色时,通常是在薄板的一侧,以免污染板上其余的化合物。为此可以借助形状类似船的小容器,将少量碘的丙酮溶液(0.1%~0.5%)置于其中,在通风橱中蒸发显色。碘船置于薄板一侧的底部(图 3.53),板上的褐色斑点指示被分离的化合物。

图 3.53   制备薄层色谱

薄板上的组分确定后,用刮刀将谱带刮下,将吸附剂和组分的混合物置于小烧杯或锥形瓶中,用合适的溶剂从吸附剂中萃取化合物。对大多数有机物而言,丙酮是良好的溶剂,它易溶解有机物,但不溶解被吸附的荧光指示剂。滤去吸附剂,必要时可用丙酮多次萃取,最后除去溶剂。用溶剂从固定相中萃取化合物的过程也称为洗脱。

实验 8   偶氮苯和苏丹Ⅲ的分离

【实验步骤】

由于偶氮苯和苏丹Ⅲ二者极性不同,利用薄层色谱(TLC)可以将二者分离。

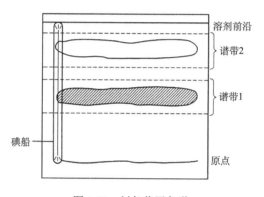

偶氮苯   苏丹Ⅲ

(1)薄层板的制备。取 7.5 cm×2.5 cm 左右的载玻片[1]5 片，洗净晾干。在 50 mL 烧杯中，放置 3 g 硅胶 G，逐渐加入 0.5%羧甲基纤维素钠(CMC)水溶液 8 mL，调成均匀的糊状，用滴管吸取此糊状物，涂于上述洁净的载玻片上，用手将带浆的载玻片在玻璃板或水平的桌面上做上下轻微的颠动，并不时转动方向，制成薄厚均匀、表面光洁平整的薄层板[1]，涂好硅胶 G 的薄层板置于水平的玻璃板上，在室温放置 0.5 h 后，放入烘箱中，缓慢升温至 110℃，恒温 0.5 h，取出，稍冷后置于干燥器中备用。

(2)点样。取 2 块用上述方法制好的薄层板。分别在距一端 1 cm 处用铅笔轻轻画一横线作为起始线。取管口平整的毛细管[2]插入样品溶液中，在一块板的起点上点 1%偶氮苯的甲苯溶液和混合液[2]两个样点。在第二块板的起点线上点 1%苏丹Ⅲ甲苯溶液和混合液两个样点，样点间相距 1~1.5 cm。如果样点的颜色较浅，可重复点样，重复点样前必须待前次样点干燥后进行。样点直径不应超过 2 mm。

(3)展开。用 9︰1(体积比)的甲苯-乙酸乙酯为展开剂，待样点干燥后，小心放入已加入展开剂的 250 mL 广口瓶中进行展开。瓶的内壁贴一张高 5 cm，环绕周长约 4/5 的滤纸，下面浸入展开剂中，使容器被展开剂蒸气饱和。点样一端应浸入展开剂 0.5 cm。盖好瓶塞，观察展开剂前沿上升至距板的上端 1 cm 处取出，尽快用铅笔在展开剂上升的前沿处作一记号，晾干后观察分离的情况，比较二者 R_f 值的大小。

【注释】

[1] 制板时要求薄层平滑均匀。为此，宜将吸附剂调得稍稀些，尤其制硅胶板时更是如此，否则若吸附剂调得很稠，就很难做到均匀。另一个制板的方法是：在一块较大的玻璃板上，放置两块 3 mm 厚的长条玻璃板，中间夹一块 2 mm 厚的薄层用载玻片，倒上调好的吸附剂，用宽于载玻片的刀片或油灰刮刀顺一个方向刮去。倒料多少要合适，以便一次刮成。

[2] 点样用的毛细管必须专用，不得弄混。点样时，使毛细管液面刚好接触到薄层即可，切勿点样过重而使薄层破坏。

实验 9　邻硝基苯胺与对硝基苯胺的分离

【实验步骤】

邻硝基苯胺由于形成分子内氢键，极性小于对硝基苯胺，利用 TLC 可以将二者分离。

邻硝基苯胺　　　　　　　对硝基苯胺

(1)薄层板的制备。具体操作同本章实验 8。

(2)点样。取 2 块制好的薄层板。分别在距一端 1 cm 处用铅笔轻轻画一横线作为起始线。取管口平整的毛细管插入样品溶液中，在一块板的起点上点邻硝基苯胺的丙酮溶液和混合液两个样点。在第二块板的起点线上点对硝基苯胺的丙酮溶液和混合液两个样点，样点间相距 1～1.5 cm。如果样点的颜色较浅，可重复点样，重复点样前必须待前次样点干燥后进行。样点直径不应超过 2 mm。

(3) 展开。用 5∶1 的石油醚-乙酸乙酯作展开剂，其他操作同本章实验 8。晾干后观察分离的情况，比较二者 R_f 值的大小。

【思考题】

(1) 展开剂的高度若超过了点样线，对薄层色谱有何影响？

(2) 在一定的操作条件下为什么可利用 R_f 值来鉴定化合物？

(3) 在混合物薄层色谱中，如何判定各组分在薄层上的位置？

3.12 柱 层 析

3.12.1 基本原理

柱色谱法又称柱上层析法，简称柱层析。它是提纯少量物质的有效方法。常见的有吸附色谱、分配色谱和离子交换色谱。吸附色谱常用氧化铝和硅胶为吸附剂，填装在柱中的吸附剂将混合物中各组分先从溶液中吸附到其表面上，而后用溶剂洗脱。溶剂流经吸附剂时发生无数次吸附和脱附的过程，由于各组分被吸附的程度不同，吸附强的组分移动得慢在柱的上端，吸附弱的组分移动得快在柱的下端，从而达到分离的目的。分配色谱与液-液连续萃取法相似，它是利用混合物中各组分在两种互不相溶的液相间的分配系数不同而进行分离，常以硅胶、硅藻土和纤维素作为载体，以吸附的液体作为固定相。离子交换色谱是基于溶液中的离子与离子交换树脂表面的离子之间的相互作用，使有机酸、碱或盐类得到分离。

3.12.2 实验操作

1. 吸附剂

常用的吸附剂有氧化铝、硅胶、氧化镁、碳酸钙和活性炭等。吸附剂一般要经过纯化和活性处理，颗粒大小应当均匀。对吸附剂来说粒子小、表面积大，吸附能力就强，但是颗粒小时，溶剂的流速慢，因此应根据实际分离需要而定。通常使用的吸附剂颗粒大小以 100～150 目为宜。供柱色谱使用的氧化铝有酸性、中性和碱性 3 种。酸性氧化铝是用 1% 盐酸浸泡后，用蒸馏水洗至氧化铝的悬浮液 pH 为 4，适用于分离有机酸类化合物；中性氧化铝 pH 约为 7.5，适用于醛、酮、醌及酯类化合物的分离；碱性氧化铝 pH 约为 10，适用于胺、生物碱类碱性化合物及烃类化合物的分离。

吸附剂的活性与其含水量有关，含水量越低，活性越高。多数吸附剂都容易吸水，使其活性降低，使用时一般需经加热活化。

2. 溶质的结构与吸附能力的关系

化合物的吸附性与它们的极性成正比，化合物分子中含有极性较大的基团时，吸附性也较强，氧化铝对各种化合物的吸附性按以下次序递减：

酸和碱 ＞ 醇、胺、硫醇 ＞ 酯、醛、酮 ＞ 芳香族化合物 ＞ 卤代物、醚 ＞ 烯 ＞ 饱和烃非极性物质与吸附剂之间的作用主要依靠诱导力,作用力较弱。极性物质与氧化铝的作用类型有偶极-偶极作用、氢键、配位作用及盐的形成等几种。作用力的强度按下列次序递降:

盐的形成 > 配位作用 > 氢键作用力 > 偶极-偶极作用 > 诱导力

3. 溶解样品溶剂的选择

样品溶剂的选择也是重要的一步,通常根据被分离化合物中各种成分的极性、溶解度和吸附剂活性等考虑:①溶剂要求较纯,否则会影响样品的吸附和洗脱;②溶剂和氧化铝不能发生化学反应;③溶剂的极性应比样品极性小一些,否则样品不易被氧化铝吸附;④样品在溶剂中的溶解度不能太大,否则影响吸附,也不能太小,如太小,溶液的体积增加,易使色谱分散,常用的溶剂有石油醚、甲苯、乙醇、乙醚、氯仿等;⑤溶剂的沸点不宜过高,一般为40~80℃。有时也可用混合溶剂。如有的成分含有较多的极性基团,在极性较小的溶剂中溶解度太小时,可先选用极性较大的氯仿溶解,然后加入一定量的甲苯,这样既降低了溶液的极性,又减小了溶液的体积。

4. 洗脱剂

样品吸附在氧化铝柱上后,用合适的溶剂进行洗脱,这种溶剂称为洗脱剂。洗脱剂的选择通常是先用薄层色谱法进行探索,这样只需花较少的时间就能完成对溶剂的选择试验,然后将薄层色谱法找到的最佳溶剂或混合溶剂用于柱色谱。

层析的展开首先使用非极性溶剂,用来洗脱出极性较小的组分。然后用极性稍大的溶剂将极性较大的化合物洗脱下来。通常使用混合溶剂,在非极性溶剂中加入不同比例的极性溶剂,这样使极性不会剧烈增加,防止柱上"色带"很快洗脱下来。常用溶剂和混合溶剂的洗脱力见表 3.8。

表 3.8　溶剂、混合溶剂的极性和洗脱力

石油醚(己烷,戊烷)	
环己烷	极
甲苯	性
二氯甲烷	和
氯仿	洗
环己烷-乙酸乙酯(8:20)	脱
二氯甲烷-乙醚(80:20)	力
二氯甲烷-乙醚(60:40)	增
环己烷-乙酸乙酯(20:80)	加
乙醚	
乙醚-甲醇(99:1)	
乙酸乙酯	
丙酮	
正丙醇	
乙醇	
甲醇	
水	↓
乙酸	

影响柱色谱分离的因素包括：①吸附剂；②溶剂的极性；③相对于待分离的物料量的柱子尺寸（长度和直径）；④洗脱的速率。借助于仔细选择各种条件，几乎任何混合物均可被分离，甚至可以用光学活性的固定相来分离对映异构体。

5. 柱色谱装置

色谱柱装置是一根带有下旋塞或无下旋塞的玻璃管，如图 3.54 所示。一般来说，吸附剂的质量应是待分离物质质量的 25～30 倍，所用柱的高度和直径比应为 8：1。表 3.9 给出了样品质量、吸附剂质量与柱高和直径之间的关系，实验者可根据实际情况参照选择。

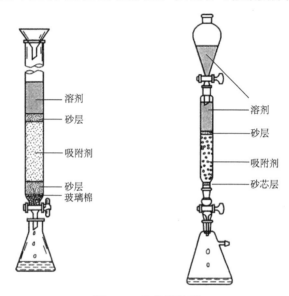

图 3.54　柱色谱装置

表 3.9　样品和吸附剂质量与色谱柱直径和高度的关系

样品质量/g	吸附剂质量/g	色谱柱直径/cm	色谱柱高度/cm
0.01	0.3	3.5	30
0.10	3.0	7.5	60
1.00	30.0	16.0	130
10.00	300.0	35.0	280

6. 操作方法

1）装柱

装柱是柱色谱中最关键的操作，装柱的好坏直接影响分离效果。装柱前应先将色谱柱洗干净，进行干燥，垂直固定在铁架上。在柱底铺一小块脱脂棉，再铺约 0.5 cm 厚的石英砂，然后进行装柱。装柱分为湿法装柱和干法装柱两种，下面分别加以介绍。

（1）湿法装柱。将吸附剂（氧化铝或硅胶）用洗脱剂中极性最低的洗脱剂调成糊状，在柱内先加入约 3/4 柱高的洗脱剂，再将调好的吸附剂边敲打边倒入柱中，同时打开下旋塞，在色谱柱下面放一个干净且干燥的锥形瓶，接收洗脱剂。当装入的吸附剂有一定高度时，洗脱剂下流速度变慢，待所用吸附剂全部装完后，用流下来的洗脱剂转移残留的吸附剂，并将柱内壁残留的吸附剂淋洗下来。在此过程中，应不断敲打色谱柱，使色谱柱填充均匀并没有气泡。柱子填充完后，在吸附剂上端覆盖一层约 0.5 cm 厚的石英砂。覆盖石英砂的目的是使样品均匀地流入吸附剂表面；并当加入洗脱剂时，防止吸附剂表面被破坏。在整个装柱过程中，柱内洗脱剂的高度始终不能低于吸附剂最上端，否则柱内会出现裂痕和气泡。

(2) 干法装柱。在色谱柱上端放一个干燥的漏斗，将吸附剂倒入漏斗中，使其成为细流连续不断地装入柱中，并轻轻敲打色谱柱柱身，使其填充均匀，再加入洗脱剂湿润。也可以先加入 3/4 的洗脱剂，然后再倒入干的吸附剂。因为硅胶和氧化铝的溶剂化作用易使柱内形成缝隙，所以这两种吸附剂不宜使用干法装柱。

装柱时表面不平整或柱子未被夹持在两个平面中完全垂直的位置，会造成谱带重叠。第二条谱带最前面的边缘在第一条谱带洗脱完毕前就开始洗脱出来(图 3.55)。吸附剂表面或内部不均匀，有气泡或裂缝，会使谱带前沿的一部分从谱带主体部分中向前伸出，形成沟流(图 3.56)。

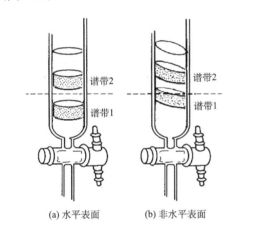
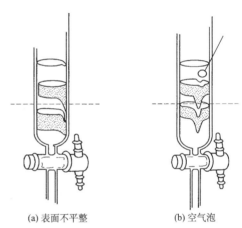

图 3.55　水平的和非水平的谱带前沿的对比　　　图 3.56　表面不平整或空气泡造成的沟流

2) 展开及洗脱

当溶剂下降到吸附剂表面时，立即开始使用色谱柱。把样品溶解在最少量体积的溶剂中，该溶剂一般是展开色谱的第一个洗脱剂。用滴管把样品溶液转移到色谱柱中，并用少量溶剂分几次洗涤柱壁上所沾试液，直至无色。注意不要让溶剂将吸附剂冲松浮起。样品加完后，打开下旋塞，使样品进入石英砂层后，再加入洗脱剂进行洗脱。样品中各组分在吸附剂上经过吸附、溶解、再吸附、再溶解……按极性大小有规律地自上而下移动而相互分离。

色谱带的展开过程也就是样品的分离过程。在此过程中应注意：

(1) 洗脱剂应连续平稳地加入，不能中断。样品量少时，可用滴管加入。样品量大时，用滴液漏斗作储存洗脱剂的容器，控制好滴加速度，可得到更好的效果。

(2) 在洗脱过程中，应先使用极性最小的洗脱剂淋洗，然后逐渐加大洗脱剂的极性，使洗脱剂的极性在柱中形成梯度，以形成不同的色带环。也可以分步进行淋洗，即将极性小的组分分离出来后，再改变洗脱剂的极性分出极性较大的组分。

(3)在洗脱过程中，样品在柱内的下移速度不能太快，但是也不能太慢(甚至过夜)，因为吸附表面活性较大，时间太长会造成某些成分被破坏，使色谱扩散，影响分离效果。通常流出速度为每分钟 5～10 滴，若洗脱剂下移速度太慢，可适当加压或用水泵减压。

(4)当色谱带出现拖尾时，可适当提高洗脱剂极性。

3)层析柱的检测

在分离有色物质时，可以直接观察到分离后的"色带"，然后用洗脱剂将分离后的"色带"依次自柱中洗脱出来，分别收集在不同容器中，或者将柱吸干，挤压出柱内固体，按"色带"分割开，再用适宜溶剂将溶质萃取出来。然而大多数有机化合物是无色的，因此最常用的方法是收集一系列固定体积的馏分，用薄层色谱进行检测，确定哪些馏分中的化合物是相同的，然后把它们合并。

另一检测方法是将无机磷光体混合于吸附剂中，经此法处理过的吸附剂填充柱在紫外光照射下会发射荧光。当有溶质存在时，荧光消失，并出现暗带，从而可观察到分离后各"色带"的位置。

在研究工作中，重力柱色谱已大量被加压柱色谱所代替。由于使用的吸附剂更细(23～24 μm，230～240 目)，加压柱色谱不仅省时，且更有效。从开始到完成洗脱，通常约需 15 min。小直径吸附剂固定相每平方厘米需 100～200 kPa 压力，为此需要特殊的装置(图 3.57)，用压缩空气或氮气作为施压气体。

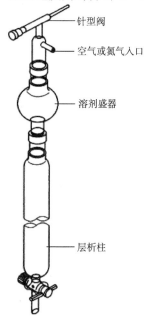

针型阀
空气或氮气入口
溶剂盛器
层析柱

图 3.57　加压柱色谱装置

7. 微量柱色谱

微量柱色谱可分离 10～30 mg 的样品，常用来除去产物中的杂质。微量柱色谱通常用硅胶作吸附剂(用量约 3 g)，用尺寸合适体积较大的滴管作色谱柱，用薄层色谱作为先导选择合适的洗脱剂。将硅胶与极性最小的洗脱剂调成糊状，用滴管转移至色谱柱。基本操作与常量色谱法相同。

8. 快速柱色谱

快速柱色谱(flash chromatography)是一种广泛应用的快速、有效分离有机化合物的方法，与传统柱色谱相比，快速柱色谱所用硅胶粒度更细(如 300～400 目)，用量较少，装柱高度一般为柱直径的 1.5～4 倍。快速柱色谱通过加压方式提高洗脱速度，达到快速分离效果。选择合适的洗脱剂对于快速柱色谱的分离效果至关重要，可用 TLC 法辅助选择合适极性的洗脱剂，洗脱剂的极性可通过两种或多种不同极性的溶剂以适当的比例混合来调节，一般以能使主产物 TLC 的 R_f 值在 0.3 左右的为宜。装柱可采用湿法或干法两种，其中干法装柱由于操作较为方便、快速被更广泛地应用。下面介绍干法装柱及快速柱色谱具体操作步骤：

干法装柱：取合适层析柱，通过漏斗缓慢加入适量 300～400 目的硅胶，轻敲层析柱上端(也可用橡胶棒等轻敲硅胶柱)，使硅胶面平整。在层析柱下端连接水泵，减压使柱中硅胶抽紧，关闭层析柱活塞，在硅胶柱上表面均匀地平铺一层石英砂。自层析柱上端沿壁缓慢加入低极性溶剂，不要冲动石英砂。打开活塞，水泵减压，当有液体流出时，关闭活塞，断开水泵。连接加压球,用橡皮筋或环扣固定,打开活塞,加压将柱中剩余溶剂压出,当溶剂液面接近硅胶面上沿(略高出 1~2 mm)时,停止加压,关闭活塞,打开加压球边上放气旋钮,解除柱中压力,完成装柱。

上样和分离:将粗产物的硅胶吸附物自漏斗加入层析柱,轻敲使其表面平整,加一层石英砂(厚度约为 2 mm)。装上溶剂球(储液球),用橡皮筋或环扣固定,小心沿壁加入适量洗脱剂,加压层析,用干净试管接收流出液,通过调节压力将洗脱剂流出速度控制在连续流动状态。若需补加洗脱剂,应先解除柱中压力,再重复上述操作。通过 TLC 识别含有产物的流出液,合并并旋转蒸发除去溶剂,浓缩得产物。

注意事项:装柱和洗脱过程中不能使硅胶干裂,以免影响分离效果。

实验 10　荧光黄和碱性湖蓝 BB 的分离

【实验步骤】

荧光黄为橙红色,商品一般是二钠盐,稀的水溶液带有荧光黄色。碱性湖蓝 BB 又称为亚甲基蓝,为深绿色有青铜光泽的晶体,其稀的水溶液为蓝色,其结构式如下:

荧光黄　　　　　　　　　　碱性湖蓝BB

实验装置见图 3.54。

取 15 cm×1.5 cm 色谱柱一根或用 25 mL 酸式滴定管一支作色谱柱[1],垂直装置,以 25 mL 锥形瓶作洗脱剂的接收器。

用镊子取少许脱脂棉(或玻璃棉)放于干净的色谱柱底部,轻轻塞紧,再在脱脂棉上盖一层厚 0.5 cm 的石英砂(或用一张比柱内径略小的滤纸代替),关闭旋塞,向柱中倒入 95%乙醇至约为柱高的 3/4 处,打开旋塞,控制流出速度为每秒 1 滴。通过一干燥的玻璃漏斗慢慢加入色谱用中性氧化铝,或将 95%乙醇与中性氧化铝先调成糊状,再徐徐倒入柱中。用木棒或带橡胶塞的玻璃棒轻轻敲打柱身下部,使填装紧密[2],当装柱至 3/4 时,再在上面加一层 0.5 cm 厚的石英砂[3]。

操作时一直保持上述流速,注意不能使液面低于砂子的上层[4]。

当溶剂液面刚好流至石英砂面时,立即沿柱壁加入 1 mL 已配好的含有 1 mg 荧光黄与 1 mg 碱性湖蓝 BB 的 95%乙醇溶液[5],当此溶液流至接近石英砂面时,立即用 0.5 mL 95%乙醇溶液洗下管壁的有色物质,如此连续 2~3 次,直至洗净为止。然后在色谱柱上装滴液漏斗[6],用 95%乙醇作洗脱剂进行洗脱,控制流出速度如前[7]。

蓝色的碱性湖蓝 BB 因极性小,首先向柱下移动,极性较大的荧光黄则留在柱的上端。当蓝色的色带快洗出时,更换另一接收器,继续洗脱,至滴出液近无色为止,再换一接收器。改用水作洗脱剂至黄色的荧光黄开始滴出,用另一接收器收集至黄色全部洗出为止,分别得到两种染料的溶液。

【注释】

[1] 色谱柱的大小取决于被分离物的量和吸附性。一般的规格是：柱的直径为其长度的 1/10～1/4，实验室中常用的色谱柱直径为 0.5～10 cm。当吸附物的色层带占吸附剂高度的 1/10～1/4 时，此色谱柱已经可作色谱分离了。色谱柱或酸滴定管的活塞不宜涂润滑脂，以免洗脱时混入样品中。

[2] 色谱柱填装紧密与否，对分离效果有很大影响。若柱中留有气泡或各部分松紧不匀（更不能有断层或暗沟）时，会影响渗滤速度和显色的均匀性。但如果填装时过分敲击，又会因太紧密而使流速太慢。

[3] 加入细砂的目的是在加料时不致把吸附剂冲起，影响分离效果。若无细砂也可用玻璃棉或剪成比柱子内径略小的滤纸压在吸附剂上面。

[4] 为了保持色谱柱的均一性，使整个吸附剂浸泡在溶剂或溶液中是必要的。否则当柱中溶剂或溶液流干时，就会使柱身干裂，影响渗滤和显色的均一性。

[5] 最好用移液管或滴管将分离溶液转移至柱中。

[6] 若不装滴液漏斗，也可用每次倒入 10 mL 洗脱剂的方法进行洗脱。

[7] 若流速太慢，可将接收器改成小抽滤瓶，安装合适的塞子，接上水泵，用水泵减压保持适当的流速。也可在柱子上端安一导气管，后者与气袋或双链球相连，中间加一螺旋夹。利用气袋或双链球的气压对柱子施加压力。用螺旋夹调节气流的大小，这样可加快洗脱的速度。

实验 11   邻硝基苯胺和对硝基苯胺的分离

【实验步骤】

邻硝基苯胺由于形成分子内氢键，极性小于对硝基苯胺，对硝基苯胺可与吸附剂形成氢键，利用柱色谱可将二者分离。

邻硝基苯胺   对硝基苯胺

将邻硝基苯胺和对硝基苯胺混合样(0.055 g 对硝基苯胺和 0.07 g 邻硝基苯胺)用 1000 mL 丙酮溶解，取 30 mL，并加入一定量的硅胶混合均匀，然后旋转蒸干丙酮，获得样品的硅胶吸附物，即上样样品。

选择色谱柱。用硅胶和适量的石油醚按照上述方法制备色谱柱。

当石油醚的液面恰好降至柱中硅胶上表面(或刚好至硅胶上的石英砂)时，立即加入上述样品的硅胶吸附物。用滴管滴入石油醚洗去黏附在柱壁上的混合物，每次洗涤液的液柱高度不能超过加样的样品高度，少量多次。然后在样品上层再加一层石英砂，最后在色谱柱上装滴液漏斗，用石油醚和乙酸乙酯(石油醚：乙酸乙酯=5：1)淋洗，控制滴加速度如前，直至观察到色层带的形成相分离。当黄色邻硝基苯胺色层带到达柱底时，立即更换另一接收器，收集全部此色层带。然后继续洗脱，并收集淡黄色对硝基苯胺色层带。

将收集的邻硝基苯胺的溶液和对硝基苯胺的溶液分别用泵减压蒸去溶剂，冷却结晶，干燥后测定熔点。邻硝基苯胺的熔点为 71~71.5℃，对硝基苯胺的熔点为 147~148℃。

【思考题】

(1) 柱色谱中为什么极性大的组分要用极性较大的溶剂洗脱？

(2) 柱中若留有空气或填装不匀，对分离效果有何影响？如何避免？

(3) 为什么滴定管旋塞不涂油脂更适合柱色谱使用？

(4) 试解释邻硝基苯胺和对硝基苯胺在色谱柱上哪个吸附得更加牢固？

II　有机化合物的制备与反应

3.13　烯烃的制备

实验 12　环己烯的制备

【实验目的】

(1) 掌握环己烯制备的原理和方法。

(2) 掌握分馏的基本原理和操作。

(3) 巩固水浴蒸馏、洗涤等基本操作。

【实验原理】

烯烃的实验室制备主要采用醇的脱水和卤代烷脱卤化氢两种方法。而采用醇脱水方法中，常用的脱水剂有硫酸、磷酸、对甲苯磺酸等，也可用氧化铝或分子筛在高温下进行催化脱水。由于高浓度的硫酸还会使烯烃二聚、分子间脱水以及碳架重排，并常易发生碳化现象，因此本实验用浓磷酸作脱水剂，使环己醇脱水形成环己烯。反应式如下：

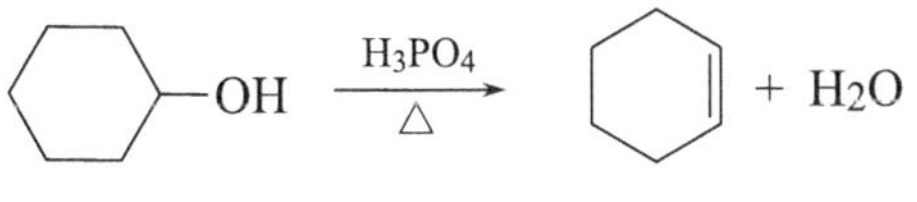

$$\text{\Large$\bigcirc$}\!\!-\!OH \xrightarrow[\triangle]{H_3PO_4} \text{\Large$\bigcirc$} + H_2O$$

【仪器、药品及材料】

圆底烧瓶，锥形瓶，韦氏分馏柱，蒸馏装置，折光仪等。

环己醇[1] 5 mL (0.05 mol)，磷酸 (85%)[2] 2 mL，氯化钠，无水氯化钙等。

【实验步骤】

在圆底烧瓶中加入 5 mL 环己醇和 2 mL 85%磷酸，加入 2~3 粒沸石，振摇均匀后安装成分馏装置，小火加热蒸馏，用锥形瓶收集 90℃以前的馏分[3]，直至温度有下降趋势或反应液剩 2～3 mL 时，停止加热。加少许氯化钠饱和馏出液，分出上层粗产物于干燥的锥形瓶中，用无水氯化钙[4]干燥后蒸馏，收集 81～85℃馏分，产量 2.5～3 g。

主要试剂及产物的物理常数如下：

名称	相对分子质量	性状	密度 ρ/(g/cm³)	熔点/℃	沸点/℃	折射率 n_D^t	溶解性/[g/(100 mL 溶剂)]		
							水	乙醇	乙醚
环己醇	100.16	黏稠液体	0.9624_4^{20}	25.15	161.1	1.4641^{20}	3.6(20℃)	溶解	溶解
环己烯	82.15	无色液体	0.8102_4^{20}	−103.50	82.98	1.4465^{20}	不溶	混溶	混溶

【注释】

[1] 环己醇在常温下是黏稠液体(熔点 24℃)，在量取时应注意防止转移中的损失。若在水浴上温热后，则黏度明显降低，量取比较方便。

[2] 也可用浓硫酸作脱水剂。

[3] 防止原料环己醇被蒸出。

[4] 无水氯化钙也可除去未作用的醇。

【思考题】

(1) 粗制的环己烯馏出液中加入氯化钠饱和馏出液的目的是什么？

(2) 为什么温度有下降趋势是蒸馏粗产物完全的标志？

(3) 在蒸馏终止前，出现的阵阵白雾是什么？

(4) 写出无水氯化钙吸水后的化学变化方程式，为什么蒸馏前一定要将它过滤掉？

(5) 写出下列醇与浓硫酸进行脱水的产物：

①3-甲基-1-丁醇；②3-甲基-2-丁醇；③3,3-二甲基-2-丁醇。

(6) 指出环己烯的 IR 谱图(图 3.58)中烯键伸缩振动和面外弯曲振动及烯键伸缩吸收峰的位置。

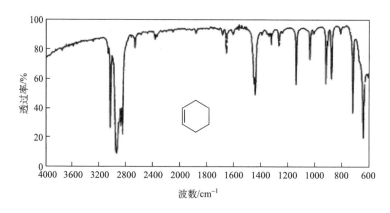

图 3.58　环己烯的 IR 谱图

(7) 指出环己烯的 ^{1}H NMR 谱图(图 3.59)中不同 δ 值的吸收峰所对应的氢核。

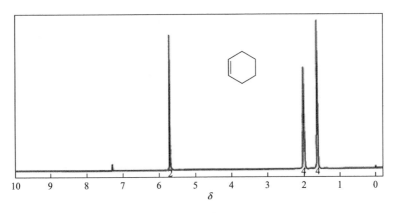

图 3.59　环己烯的 ^{1}H NMR 谱图

3.14　卤代烃的制备

实验 13　正溴丁烷的制备

【实验目的】

(1) 掌握正溴丁烷制备的原理和方法。

(2) 熟悉带气体吸收装置的加热回流操作。

(3) 巩固蒸馏、萃取、洗涤、液体干燥等基本操作。

【实验原理】

　　卤代烷可以通过多种方法来制备，最常用的方法是以相应结构的醇为原料，通过亲核取代反应使羟基被卤原子置换。为了使难以离去的基团——OH 变为易于离去的基团 $\overset{+}{H_2O}$——，在反应中常加入路易斯酸。其中最常用的试剂有氢卤酸、三卤化磷和氯化亚砜。

　　醇与氢卤酸反应的难易程度随所用醇的结构与氢卤酸的不同而有所不同，反应的活性次序为：叔醇 > 仲醇 > 伯醇；HI > HBr > HCl。

　　实验室中，制备一卤代烷的最简单的方法是通过氢卤酸与醇发生亲核取代反应制备。

$$R—OH + HX \underset{}{\overset{H^+}{\rightleftharpoons}} R—X + H_2O$$

　　醇和氢卤酸的反应是一个可逆反应，为了使反应平衡正向移动，可以增加醇或氢卤酸的浓度，也可以设法不断除去生成的卤代烷或水，或者两者并用。

　　本实验利用正丁醇与氢溴酸作用生成正溴丁烷，实验原理可用下列反应式表示。

主反应：

$$NaBr + H_2SO_4 \rightleftharpoons HBr + NaHSO_4^{[1]}$$

$$CH_3CH_2CH_2CH_2OH + HBr \longrightarrow CH_3CH_2CH_2CH_2Br + H_2O$$

副反应：

$$C_4H_9OH \xrightarrow{H_2SO_4} C_4H_8 + H_2O$$

$$2C_4H_9OH \xrightarrow{H_2SO_4} C_4H_9OC_4H_9 + H_2O$$

$$H_2SO_4(浓) + 2HBr \longrightarrow Br_2 + 2H_2O + SO_2$$

【仪器、药品及材料】

圆底烧瓶，气体吸收装置，搅拌装置，蒸馏装置等。

正丁醇 3 mL（0.033 mol），溴化钠（无水）5.1 g（0.05 mol），浓硫酸 5 mL（0.094 mol），水[2] 4.1 mL，碳酸钠，无水氯化钙等。

【实验步骤】

在圆底烧瓶中加入 4.1 mL 水和 5 mL 浓硫酸，混合均匀并冷至室温后，加入 3 mL 正丁醇，最后加入 5.1 g 溴化钠[3]和 2～3 粒沸石。安装带有气体吸收的回流装置。加热回流 0.5 h，稍冷后改回流装置为蒸馏装置。加热蒸馏至正溴丁烷全部蒸出[4]。将馏出液倒入分液漏斗中，将下层放入干燥的锥形瓶中[5]，在水冷却下慢慢加入等体积的浓硫酸[6]，摇匀后倒入干燥的分液漏斗中。仔细分出下层硫酸，分别用 10%碳酸钠溶液、水洗涤有机层。将洗涤后的有机层放于干燥锥形瓶中，用 1～2 小块无水氯化钙干燥至澄清后蒸馏。收集 98～102℃馏分。产量 2～2.5 g。

主要试剂及产物的物理常数如下：

名称	相对分子质量	性状	密度 $\rho/(g/cm^3)$	熔点/℃	沸点/℃	折射率 n_D^t	溶解性/[g/(100 mL 溶剂)]		
							水	乙醇	乙醚
正溴丁烷	137.03	无色液体	1.2758_4^{20}	−112.4	101.6	1.4401^{20}	0.06(16℃)	混溶	混溶
正丁醇	74.12	无色液体	0.8098_4^{20}	−89.53	117.25	1.3993^{20}	9(15℃)	混溶	混溶

【注释】

[1] 不用溴化钠和硫酸，而用含 48%溴化氢的氢溴酸也可以，但产率低。若同时加入适量的浓硫酸作脱水剂，产率明显提高。

[2] 加入量由计算而得。一般反应产生的溴化氢与水的质量比为 1：1。水太多，氢溴酸的浓度低，产率明显降低；水太少，产生的溴化氢易挥发，既浪费原料又污染环境。

[3] 如果是含结晶水的溴化钠，可按计算增加结晶溴化钠的用量，并相应地减少加入的水量。溴化钠可不必研得很细，因反应不需要溴化氢立即全部产生，稍大块的溴化钠可逐步与酸作用，所产生的溴化氢可更有效地被利用。

[4] 正溴丁烷全部蒸馏出的标志为：馏出液由混浊变澄清；反应液上层消失并澄清。

[5] 分出的下层粗产物尽量不带水，并用干燥的锥形瓶接收，以免下步用浓硫酸洗涤时因有水而发热至产品挥发。

[6] 浓硫酸洗去产物中未作用的正丁醇和副产物正丁醚。

【思考题】

(1) 正丁醇与溴化氢作用生成正溴丁烷和水的反应是可逆反应，可是本实验在反应前还要加入水，这是为什么？

(2) 从反应混合物中分离出粗产物正溴丁烷，为什么要用蒸馏的方法，而不直接用分液漏斗分离？

(3) 对粗产物的各步洗涤目的是什么？

实验 14 溴乙烷的制备

【实验目的】

(1) 了解从醇制备溴乙烷的原理和方法。
(2) 巩固蒸馏、分液、液体干燥等基本操作。

【实验原理】

本实验利用乙醇与氢溴酸作用生成正溴丁烷(卤代烷制备的详细内容见正溴丁烷的制备实验)。实验原理可用下列反应式表示。

主反应：

$$NaBr + H_2SO_4 \rightleftharpoons HBr + NaHSO_4$$
$$CH_3CH_2OH + HBr \longrightarrow CH_3CH_2Br + H_2O$$

副反应：

$$C_2H_5OH \xrightarrow{H_2SO_4} C_2H_4 + H_2O$$
$$2C_2H_5OH \xrightarrow{H_2SO_4} C_2H_5OC_2H_5 + H_2O$$
$$H_2SO_4(浓) + 2HBr \longrightarrow Br_2 + 2H_2O + SO_2$$

【仪器、药品及材料】

圆底烧瓶，搅拌装置，分液漏斗，蒸馏装置等。
95%乙醇 5 mL(4.0 g，0.086 mol)，无水溴化钠 7.7 g(0.075 mol)，浓硫酸等。

【实验步骤】

在 50 mL 圆底烧瓶中加入 5 mL 95%乙醇及 4 mL 水[1]。在不断摇动和冷水冷却下，慢慢加入 10 mL 浓硫酸。冷至室温后，加入 7.7 g 溴化钠[2]及沸石，装上蒸馏装置[3]。接收瓶放入少量冷水并浸入冷水浴中，接引管末端则浸没在接收瓶的冷水中[4]。

打开加热器，小火[5]加热烧瓶，约 30 min 后慢慢加大火焰，直至无油状物馏出为止[6]。

将馏出液倒入分液漏斗中，分出有机层[7](哪一层？)，置于 25 mL 干燥的锥形瓶中。将锥形瓶浸入冰水浴，在搅拌下或摇动下慢慢滴加约 3 mL 浓硫酸[8]。用干燥的分液漏斗分去硫酸，溴乙烷倒入 25 mL 蒸馏烧瓶中，加入沸石，用水浴加热蒸馏[9]。用已经称量的干燥锥形瓶作接收瓶，并浸入冰水浴中冷却。收集 34~40℃的馏分[10]，产量约 5 g。

主要试剂及产物的物理常数如下:

名称	相对分子质量	性状	密度 ρ/(g/cm^3)	熔点/℃	沸点/℃	折射率 n_D^t	溶解性/[g/(100 mL 溶剂)]		
							水	乙醇	乙醚
乙醇	46.07	无色液体	0.7893_4^{20}	-117.3	78.5	1.3611^{20}	混溶	混溶	混溶
溴乙烷	108.96	无色液体	1.4612_4^{20}	-119	38.4	1.4239^{20}	0.914(20℃)	混溶	混溶

【注释】

[1] 加入少量水可防止反应进行时产生大量泡沫,减少副产物乙醚的产生和避免氢溴酸挥发。

[2] 用相当量的 NaBr·2H$_2$O 或 KBr 代替均可,但后者价格较贵。

[3] 由于溴乙烷的沸点较低,为使冷凝充分,必须选用效果较好的冷凝管,装置的各接头处要求严密不漏气。选用没有支管的接引管或将支管通过胶管接上玻璃管一起浸入接收瓶的冷水中(避免溴乙烷挥发逸出)。

[4] 溴乙烷在水中的溶解度很小(1∶100)。为了减少其挥发,常在接收瓶内预盛冷水,并将接引管的末端稍微浸入水中。

[5] 蒸馏速度宜慢,否则蒸气来不及冷却而逸失,而且在开始加热时,常有很多泡沫发生,若加热太剧烈,会将反应物冲出。

[6] 馏出液由混浊变澄清时,表示已经蒸完。关闭热源前,应先将接引管从接收瓶的液体中分离,以防倒吸。稍冷后,将瓶内物趁热倒出,以免硫酸氢钠等冷后结块,不易倒出。

[7] 尽可能将水分净,否则当用浓硫酸洗涤时会产生热量而使产物挥发损失。

[8] 加浓硫酸可除去乙醚、乙醇及水等杂质。为防止产物挥发,应在冷却下操作。

[9] 水浴蒸馏装置比普通蒸馏装置多了几处不同:热源为水浴;接引管的支管接胶管通下水道或室外;接收瓶冷水浴或冰水浴。

[10] 当洗涤不够时,馏分中仍可能含有少量水及乙醇,它们与溴乙烷分别形成共沸物(溴乙烷-水,沸点 37℃,含水约 1%;溴乙烷-乙醇,沸点 37℃,含醇 3%)。

【思考题】

(1)在本实验中,哪一种原料是过量的?为什么?

(2)浓硫酸洗涤的目的是什么?

3.15 醚 的 制 备

实验 15 正丁醚的制备

【实验目的】

(1)掌握醇分子间脱水制醚的反应原理和实验方法。

(2)熟悉带分水器的回流操作。

【实验原理】

脂肪族低级单纯醚通常用两分子醇在酸性催化剂存在下发生分子间脱水制备。实验室中常用浓硫酸作脱水剂，此外还可以用浓磷酸、芳香族磺酸或离子交换树脂等作为脱水剂。该法适合于低级伯醇制备单纯醚，反应是 S_N2 反应；用仲醇制醚时产量不高；以叔醇为原料，则主要发生分子内脱水生成烯烃的反应。混合醚和冠醚通常用 Williamson 合成法制备。工业上常采用在脱水催化剂(氧化铝、硫酸铝等)存在下进行气相醚化制取醚。

醇脱水制醚的反应是可逆反应，因此在实验操作上通常采用蒸出反应产物(醚或水)的方法，使反应向有利于生成醚的方向移动。

本实验采用正丁醇为原料，以浓硫酸为催化剂制备正丁醚，反应方程式为

主反应：

$$2CH_3CH_2CH_2CH_2OH \xrightleftharpoons[135℃]{H_2SO_4} (CH_3CH_2CH_2CH_2)_2O + H_2O$$

副反应：

$$CH_3CH_2CH_2CH_2OH \xrightleftharpoons[\triangle]{H_2SO_4} CH_3CH_2CH=CH_2 + H_2O$$

$$CH_3CH_2CH_2CH_2OH \xrightarrow{H_2SO_4} CH_3CH_2CH_2COOH + SO_2\uparrow + H_2O$$

$$SO_2 + H_2O \longrightarrow H_2SO_3$$

【仪器、药品及材料】

三颈烧瓶，回流冷凝管，水分离器，蒸馏装置等。

正丁醇 5 mL（0.054 mol），浓硫酸 1 mL，无水氯化钙，碳酸氢钠，氯化钠等。

【实验步骤】

如图 3.60 安装回流分水装置，在烧瓶中加正丁醇 5 mL、浓硫酸 1 mL。振摇均匀[1]，加几粒沸石。在分水器中加入$(V-0.6\ mL)$饱和食盐水[2]。然后加热烧瓶，保持反应温度在 140℃左右，直至分水器全部被水充满时停止加热。稍冷后把反应液连同分水器中的食盐水倒入分液漏斗中，缓慢加入 5 mL 5%碳酸氢钠溶液，振摇后静置分层。分去下层液体，再用 5 mL 水洗涤一次，分去下层，上层转入干燥的锥形瓶中，用无水氯化钙[3]干燥至澄清后蒸馏。收集 138～142℃馏分，产量 1～1.2 g。

主要试剂及产物的物理常数如下：

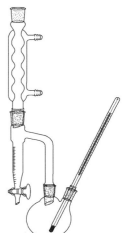

图 3.60　回流分水装置

名称	相对分子质量	性状	密度 ρ/(g/cm³)	熔点/℃	沸点/℃	折射率 n_D^t	溶解性/[g/(100 mL 溶剂)]		
							水	乙醇	乙醚
正丁醇	74.12	无色液体	0.8098_4^{20}	−89.53	117.25	1.3993^{20}	9(15℃)	混溶	混溶
正丁醚	130.23	无色液体	0.7689_4^{20}	−95.3	142	1.3992^{20}	<0.05	混溶	混溶

【注释】

[1] 必须振摇均匀，否则浓硫酸沉于底部，加热后浓硫酸使有机物脱水变黑(也可用 2.5 mL 左右的浓磷酸代替浓硫酸，避免有机物碳化)。

[2] V 为分水器的体积。用饱和食盐水是为了降低正丁醚和正丁醇在水中的溶解度。

[3] 无水氯化钙既可吸水，又可除去未作用的正丁醇。

【思考题】

(1) 假如正丁醇的用量为 10 g，则在反应中生成多少体积的水？

(2) 如何知道反应已经比较完全了？

(3) 从分水器中量得反应生成的水往往比计算的多，请分析原因。

(4) 反应物冷却后，为什么要把分水器中的水倒入反应液中？各步洗涤的目的是什么？

3.16　羧酸的制备

实验 16　己二酸的绿色合成

【实验目的】

(1) 学习环己醇氧化制备己二酸的原理和方法。

(2) 巩固浓缩、过滤、重结晶等操作。

【实验原理】

己二酸是合成尼龙-66 的主要原料之一，其制备主要采用环己醇或环己酮为原料通过硝酸或高锰酸钾氧化而得。该法使用强氧化性的硝酸及高锰酸钾，设备腐蚀严重，产生污染物多，反应时间长。Na_2WO_4/H_3PO_4 具有极佳的水溶性，分离产物后的催化剂溶液经浓缩后可重复使用。这是一条合成己二酸的典型绿色途径，克服了目前有机化学实验教材中采用的浓 HNO_3 或 $KMnO_4$ 氧化法存在的污染严重、时间长等缺点。

本实验采用环己醇作原料，Na_2WO_4/H_3PO_4 作催化剂制备己二酸。反应式如下：

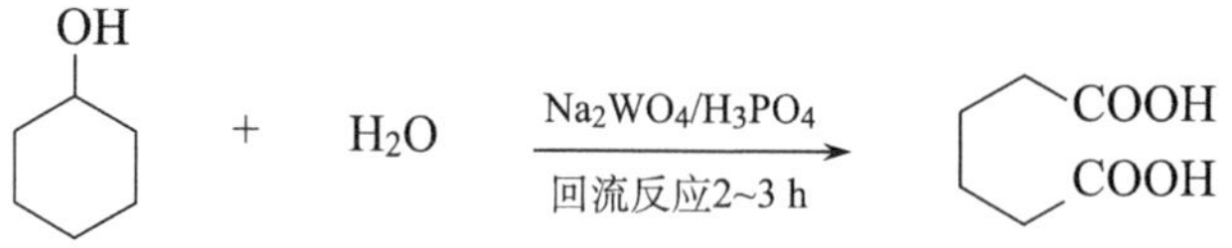

【仪器、药品及材料】

锥形瓶，冷凝管，抽滤装置等。

$Na_2WO_4 \cdot 2H_2O$ 1.25 mmol(0.83 g)；浓磷酸 1.25 mmol；30% H_2O_2；环己醇 5 mL 等。

【实验步骤】

在 50 mL 锥形瓶中依次加入 $Na_2WO_4 \cdot 2H_2O$(0.83 g)、0.35 mL 浓磷酸，滴加 25 mL 30% 过氧化氢[1]，加热回流 5～10 min，然后加入 5 mL 环己醇，加热回流 2～3 h，温度高时反应时间可短些。反应结束后，用冰水浴将反应液冷却，己二酸从水相中结晶出来，抽滤并用 3 mL 左右的冰水洗涤 2～3 次，得到己二酸晶体(如果冰浴过夜产率更高。将滤液和洗涤液蒸发溶剂后得到催化剂，再加过氧化氢和环己醇，可重复使用 3～5 次，产率仍可维持在 70%以上)。

主要试剂及产物的物理常数如下：

名称	相对分子质量	性状	密度 ρ/(g/cm³)	熔点/℃	沸点/℃	折射率 n_D^t	溶解性/[g/(100 mL 溶剂)]		
							水	乙醇	乙醚
环己醇	100.16	黏稠液体	0.9624_4^{20}	25.15	161.1	1.4641^{20}	3.6(20℃)	溶解	溶解
己二酸	146.14	白色晶体	1.36	152	330.5(分解)	1.4283^{20}	微溶	易溶	易溶

【注释】

[1] 过氧化氢对皮肤有强烈刺激性，应避免接触皮肤。

【思考题】

(1)为什么 30%过氧化氢要滴入反应体系？
(2)如何判断反应终点？

3.17　酯化反应

实验 17　乙酸乙酯的合成

【实验目的】

(1)了解从有机酸合成酯的一般原理及方法。
(2)进一步巩固蒸馏、分液等基本操作。

【实验原理】

羧酸酯常用的制备方法有：羧酸和醇在催化剂存在下直接发生酯化反应；酰氯、酸酐、酯和腈的醇解；羧酸盐和卤代烷或硫酸酯的反应。

酸催化的直接酯化反应是工业上和实验室制备羧酸酯最重要的方法。酸催化的作用是使羰基质子化从而提高羰基的反应活性。

酯化反应是一个典型的、酸催化的可逆反应。为了使平衡向有利于生成酯的方向移动，可以使反应物之一的醇或酸过量，以提高另一种反应物的转化率，也可把生成的酯或水及时蒸出，或两者并用。

本实验以乙醇和冰醋酸为原料，以浓硫酸为催化剂制备乙酸乙酯。反应方程式为主反应：

$$CH_3COOH + CH_3CH_2OH \underset{110\sim120℃}{\overset{H_2SO_4}{\rightleftharpoons}} CH_3COOCH_2CH_3 + H_2O$$

副反应：

$$2CH_3CH_2OH \overset{H_2SO_4}{\rightleftharpoons} (CH_3CH_2)_2O + H_2O$$

$$CH_3CH_2OH + H_2SO_4 \longrightarrow CH_3CHO + SO_2\uparrow + 2H_2O$$

$$CH_3CHO + H_2SO_4 \longrightarrow CH_3COOH + SO_2\uparrow + H_2O$$

【仪器、药品及材料】

三颈烧瓶(圆底烧瓶)，滴液漏斗，回流冷凝管，蒸馏装置，分液漏斗，温度计等。

冰醋酸 7.5 g(7.2 mL，0.0125 mol)，95%乙醇 9.2 g(11.5 mL，0.0185 mol)，浓硫酸，碳酸钠，氯化钙，无水硫酸镁，饱和食盐水等。

【实验步骤】

1. 方法一

在 100 mL 三颈烧瓶中加入 5 mL 乙醇，摇动下慢慢加入 6 mL 浓硫酸，混合均匀，并加入沸石，三颈烧瓶一侧口插入温度计到液面下，另一侧口连接蒸馏装置，中间安装滴液漏斗，漏斗末端应浸入液面以下，距离瓶底 2～3 mm。

安装好仪器后，在滴液漏斗中加入由 7.2 mL 冰醋酸和 6.5 mL 乙醇组成的混合液，先向瓶内滴入 1.5～2 mL，然后将三颈烧瓶放加热器上小火加热到 110～120℃，这时蒸馏管口应有液体馏出，再把滴液漏斗中剩余混合液慢慢滴入烧瓶，并控制滴加速度和馏出速度大致相等，并维持反应液的温度在 110～120℃[1]。滴加完毕，继续加热 15 min，直至温度升高到 130℃不再有馏出液为止。

馏出液中含有乙酸乙酯及少量乙醇、乙醚、水和乙酸，在摇动下，慢慢向粗产物中加入饱和碳酸钠溶液(约 5 mL)，至无二氧化碳气体逸出，此时酯层用 pH 试纸试验呈中性。移入分液漏斗，充分振摇(注意及时放气)后静置，分去水层。酯层用 5 mL 饱和食盐水洗涤[2]，再每次用 5 mL 饱和氯化钙溶液洗涤两次，分去下层水层，从分液漏斗上口将酯层倒入干燥的小锥形瓶中，用无水硫酸镁干燥[3]。

将干燥好的粗乙酸乙酯滤入小蒸馏瓶中，加入沸石，水浴蒸馏，收集 73～78℃馏分[4]，产量 5～6 g。

2. 方法二

在 100 mL 圆底烧瓶中加入 7.2 mL 冰醋酸和 11.5 mL 乙醇，摇动下慢慢加入 4 mL 浓硫酸，混合均匀，并加入沸石，装上回流冷凝管，在水浴上加热回流 0.5 h。稍冷后，改为蒸馏装置，在水浴上加热蒸馏，直至在沸水浴上不再有馏出物为止，得粗乙酸乙酯。在摇动下慢慢向粗产物中加入饱和碳酸钠水溶液，直至不再有二氧化碳气体逸出，有机相对 pH 试纸呈中性为止。将液体转入分液漏斗中，振摇后静置分层，分去水相，有机相用 15 mL 饱和食盐水洗涤后[2]，再每次用 5 mL 饱和氯化钙溶液洗涤两次。弃去下层水层，酯层转入干燥的小锥形瓶，用无水硫酸镁干燥[3]。

将干燥后的粗乙酸乙酯滤入小蒸馏瓶中，在水浴上进行蒸馏，收集 73～78℃馏分[4]，产量 5～6 g。

纯乙酸乙酯的沸点 77.06℃，折射率 n_D^{20} 1.3723。

主要试剂及产物的物理常数如下：

名称	相对分子质量	性状	密度 ρ/(g/cm³)	熔点/℃	沸点/℃	折射率 n_D^t	溶解性/[g/(100 mL 溶剂)]		
							水	乙醇	乙醚
冰醋酸	60.05	无色液体	1.04928_4^{20}	16.6	117.9	1.3716^{20}	混溶	混溶	混溶
乙醇	46.07	无色液体	0.7893_4^{20}	−117.3	78.5	1.3611^{20}	混溶	混溶	混溶
乙酸乙酯	88.12	无色液体	0.9003_4^{20}	−83.58	77.06	1.3723^{20}	9(15℃)	混溶	混溶

【注释】

[1] 温度过低酯化反应不完全；温度不宜过高，易发生醇脱水、氧化等副反应，增加副产物乙醚等的含量。滴加速度太快会使乙酸和乙醇来不及反应而被蒸出。

[2] 碳酸钠必须洗去，否则下一步用饱和氯化钙溶液洗去醇时，会产生絮状的碳酸钙沉淀，造成分离困难。为减小酯在水中的溶解度(每 17 份水溶解 1 份乙酸乙酯)，故这里用饱和食盐水洗。

[3] 由于水与乙醇、乙酸乙酯形成二元或三元共沸物，故在未干燥前已经是清亮透明溶液。因此，不能以产品是否透明作为是否干燥好的标准，应以干燥剂加入后吸水情况而定，并放置 30 min，其间不时摇动。若洗涤不干净或干燥不够，会使沸点降低，影响产率。

[4] 乙酸乙酯与水或醇形成二元或三元共沸物的组成及沸点如下：

沸点/℃	组成/%		
	乙酸乙酯	乙醇	水
70.2	82.6	8.4	9.0
70.4	91.9	—	8.1
71.8	69.0	31.0	—

【思考题】

(1)酯化反应有什么特点？本实验如何创造条件促使酯化反应尽量向生成物方向进行？

(2)本实验可能有哪些副反应？

(3)在酯化反应中，用作催化剂的硫酸用量一般只需醇质量的 3%，本实验中方法一为何用 6 mL，方法二用 4 mL？

(4)如果采用乙酸过量是否可以？为什么？

实验 18　苯甲酸乙酯的合成

【实验目的】

(1) 了解从有机酸合成酯的一般原理及方法。

(2) 掌握利用分水器除水的原理和操作。

【实验原理】

酸催化的直接酯化是工业和实验室制备羧酸酯最重要的方法，常用的催化剂有硫酸、氯化氢和对甲苯磺酸等。

$$R-\overset{\overset{O}{\|}}{C}\text{-}OH + H\text{-}OR' \xrightleftharpoons{H^+} R-\overset{\overset{O}{\|}}{C}-OR' + H_2O$$

酸的作用是使羰基质子化从而提高羰基的反应活性。该反应是可逆的，为了使反应向有利于生成酯的方向移动，通常采用过量的羧酸或醇，或者除去反应中生成的酯或水，也可二者同时采用。本实验中加入的环己烷便是作为带水剂以除去反应中生成的水，从而有利于反应的正向进行。反应式如下：

$$\text{C}_6\text{H}_5\text{CO}_2\text{H} + \text{C}_2\text{H}_5\text{OH} \xrightleftharpoons{\text{H}_2\text{SO}_4} \text{C}_6\text{H}_5\text{COOC}_2\text{H}_5 + \text{H}_2\text{O}$$

【仪器、药品及材料】

圆底烧瓶，分水器，回流冷凝管，微波反应器等。

苯甲酸 3.05 g (0.025 mol)，无水乙醇 (99.5%) (7.5 mL)，环己烷，浓硫酸，碳酸钠，乙醚，无水氯化钙，氯化钠，无水硫酸镁等。

【实验步骤】

1. 方法一

在 50 mL 圆底烧瓶中，加入 3.05 g 苯甲酸、7.5 mL 无水乙醇和 1 mL 浓硫酸，摇匀后加入几粒沸石，再装上分水器、回流冷凝管，加热回流 0.5 h，反应物稍冷，加 5～7 mL 环己烷[1] (可将环己烷在安装装置时装入分水器中)。

将烧瓶加热回流，开始时回流速度要慢，随着回流的进行，分水器中出现了上、下两层液体，回流时，允许上层液体回到反应瓶，防止下层液体[2]回到反应瓶中。当下层液体接近分水器支管时，放出部分下层液体[3]。直至上层澄清，看不到水珠滴落[4]。除去分水器中馏出液，蒸馏反应混合物，让蒸气冷凝到分水器，分出冷凝液，防止冷凝液流回反应瓶，直至大部分乙醇/环己烷都蒸出。剩余物冷却，倒入盛有 25 mL 水的烧杯中，反应瓶用少量乙醇荡洗，荡洗液倒入烧杯中。搅拌下，分批加入少量碳酸钠，充分搅拌，直至没有二氧化碳逸出，溶液呈碱性。混合物转入分液漏斗分层，分出有机层，水层用乙醚提取 (8 mL × 2 次)，合并有机层和提取液,用 10 mL 饱和氯化钠溶液洗涤,分层,有机层放入一干燥锥形瓶中,加入少量无水硫酸镁干燥,振摇,塞紧塞子,放置至少 15 min。

干燥后的醚溶液置于蒸馏瓶中,先用水浴蒸去乙醚,再在电热帽上加热,收集 210~213℃馏分,产量约 5 g。

2. 方法二

在三颈烧瓶中加入磁子、苯甲酸 3.05 g、无水乙醇 8.75 mL、浓硫酸 0.95 mL 混匀,温度探头插入反应液中。启动磁力搅拌,设置微波功率 600 W、反应时间 15 min、反应温度 95℃,将分水器中加入 5 mL 环己烷,并继续加水至液体达分水器支管口附近,安装冷凝管,接通冷凝水。开启微波反应。当反应进行时,分水器中下层液体增加,有时还可能分成三层,只允许上层液体回流入反应瓶内。反应时间到了时,将反应温度设为 130℃,反应时间 5 min,将分水器旋塞打开,将环己烷及剩余的乙醇蒸干。然后,将反应液倒入分液漏斗,加入等体积饱和食盐水,分液(若想提高产率可用乙醚萃取水层 2~3 次),取有机层,用等体积的 5% Na$_2$CO$_3$ 溶液洗涤至 pH 7~8,再用等体积饱和食盐水洗涤,收集有机层,用无水 CaCl$_2$ 干燥,最后在 2.67 kPa 下减压蒸馏,收集 101~103℃的苯甲酸乙酯的馏分(如果用乙醚萃取水层,则先用水浴加热的普通蒸馏方式蒸去乙醚,然后再进行减压蒸馏),称量,计算产率,测折射率。

主要试剂及产物的物理常数如下:

名称	相对分子质量	性状	密度 ρ/(g/cm³)	熔点/℃	沸点/℃	折射率 n_D^t	溶解性/[g/(100 mL 溶剂)]		
							水	乙醇	乙醚
苯甲酸	122.12	片状晶体	1.2659$_4^{15}$	122.4	249	1.504^{132}	0.345(35℃)	46.6(15℃)	66(15℃)
苯甲酸乙酯	150.17	无色液体	1.044$_4^{20}$	-34.6	212.6	1.5001^{20}	不溶	混溶	混溶

【注释】

[1] 瓶内温度必须降到 80℃ 以下,防止混合物起泡冲料。

[2] 水含量上层比下层少。

[3] 上层和下层都易燃,避免火灾。

[4] 回流约 2 h。

【思考题】

(1)本实验应用什么原理和措施提高该平衡反应的产率?

(2)实验中,你是如何运用化合物的物理常数分析现象和指导操作的?

(3)简单叙述微波合成的原理及优点。

(4)指出苯甲酸乙酯 ^{1}H NMR 谱图(图 3.61)中不同位置吸收峰所对应的氢核并加以解释。

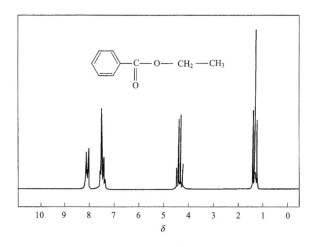

图 3.61   苯甲酸乙酯 ^{1}H NMR 谱图

3.18   Perkin 反应

实验 19   肉桂酸的合成

【实验目的】

(1) 掌握由 Perkin 反应制备 α, β-不饱和酸的原理和方法。
(2) 学习掌握水蒸气蒸馏的操作技术。

【实验原理】

Perkin 反应又称珀金反应，一般指不含 α-H 的芳香醛(如苯甲醛)在强碱弱酸盐(如碳酸钾、乙酸钾等)的催化下，与含有 α-H 的酸酐(如乙酸酐、丙酸酐等)所发生的缩合反应，并生成 α, β-不饱和羧酸盐，经过酸性水解即可得到 α, β-不饱和羧酸。

本实验肉桂酸(PhCH=CHCOOH)的合成就是利用此原理。

$$\xrightarrow{-H_2O} \quad \text{苯环}-CH=CH-\overset{O}{\overset{\|}{C}}-O-\overset{O}{\overset{\|}{C}}-CH_3 \quad \xrightarrow{\text{水解}} \quad \text{苯环}-CH=CH-\overset{O}{\overset{\|}{C}}-OH$$

总反应式：

$$\text{苯环}-CHO \quad + \quad (CH_3CO)_2O \quad \xrightarrow[2) H^+]{1) \text{无水}K_2CO_3} \quad \text{苯环}-CH=CH-COOH \quad + \quad CH_3COOH$$

【仪器、药品及材料】

三颈烧瓶，冷凝管，水蒸气蒸馏装置，抽滤装置等。

苯甲醛 2.7 g(2.5 mL，0.025 mol)，乙酸酐 7 g(7 mL，0.039 mol)，无水碳酸钾 3.5 g，碳酸钠，浓盐酸，活性炭等。

【实验步骤】

在 50 mL 装有空气冷凝管的三颈烧瓶中加入无水碳酸钾、苯甲醛[1]和乙酸酐[2]，加热回流 1 h，反应回流 0.5 h 后就可加热水蒸气发生器中的水。反应完毕，冷却，加入 20 mL 水，边搅拌边加入固体碳酸钠 5 g，使溶液呈碱性。进行水蒸气蒸馏到馏出液无油珠为止(或用试管收集 2～3 滴馏出液，加少量水，摇一摇，无油珠也可说明苯甲醛被蒸完)。残留液加入活性炭，加热回流 10 min，趁热过滤。滤液用浓盐酸酸化至 pH=2～3，冷却，抽滤，洗涤，干燥。

肉桂酸有顺反异构体，常以反式形式存在，熔点为 133℃。

主要试剂及产物的物理常数如下：

名称	相对分子质量	性状	密度 $\rho/(g/cm^3)$	熔点/℃	沸点/℃	折射率 n_D^t	溶解性/[g/(100 mL 溶剂)]		
							水	乙醇	乙醚
苯甲醛	106.13	无色液体	1.0415_4^{15}	−26	178.1	1.5463^{20}	0.3(20℃)	混溶	混溶
乙酸酐	102.09	无色液体	1.0820_4^{20}	−73.1	140	1.3901^{20}	12(冷)	可溶	混溶
肉桂酸	148.17	白色片状晶体	1.2475_4^4	133	300	—	0.04(18℃)	24(20℃)	可溶

【注释】

[1] 苯甲醛久置，由于自动氧化而产生较多的苯甲酸，这不但会影响反应的进行，而且苯甲酸混在产品中不易除净，影响产品的质量。故本反应所需的苯甲醛要先除去苯甲酸并经过蒸馏。苯甲醛的纯化方法如下：用 10%碳酸钠溶液洗涤至无二氧化碳气体放出，然后用水洗涤，再用无水硫酸镁干燥，干燥时加入 1%对苯二酚以防氧化。减压蒸馏，收集 70℃/3.325 kPa 或 62℃/1.33 kPa 的馏分(沸程 2℃)，储存时可加入 0.5%的对苯二酚。

[2] 乙酸酐久置会因吸潮和水解而转变为乙酸，故本实验所需的乙酸酐最好在实验前进行重新蒸馏。另外，乙酸酐会腐蚀皮肤且对眼睛有强烈刺激性，故应避免与热乙酸酐蒸气接触。

【思考题】

(1)本实验进行水蒸气蒸馏前若用氢氧化钠溶液代替碳酸钠碱化会有什么缺点？

(2)具有何种结构的醛能进行 Perkin 反应？比较 Perkin 反应与坎尼查罗（Cannizzaro）反应在醛的结构上有何不同？

(3)苯甲醛和乙酸酐为什么要用重新蒸馏过的？若反应瓶不干燥，产率会降低或不反应，为什么？

(4)水蒸气蒸馏装置中 T 形管的作用是什么？

(5)在蒸馏完毕后，为什么要先打开 T 形管螺旋夹再停止加热？

3.19　Grignard 反应

实验 20　2-甲基-2-己醇的合成

【实验目的】

(1)掌握格氏(Grignard)试剂的制备方法及其应用。

(2)复习无水无氧实验操作。

【实验原理】

醇是有机合成中应用极广的一类化合物，它方便易得，用处广泛，不但可用作溶剂，而且易转变成卤代烷、烯、醚、醛、酮、羧酸和羧酸酯等多种化合物，是一类重要的化工原料。

醇的制法很多，简单和常用的醇在工业上利用水煤气合成、淀粉发酵、烯烃水合及易得的卤代烃的水解等反应制备。实验室醇的制备，除了羰基还原（醛、酮、羧酸和羧酸酯）和烯烃的硼氢化-氧化等方法外，利用 Grignard 反应是合成各种结构复杂的醇的主要方法。

大部分卤代烃能与金属镁在无水乙醚中反应生成烃基卤化镁，又称 Grignard 试剂。但芳香和乙烯型氯化物，需用四氢呋喃(沸点 66℃)为溶剂，才能发生反应。

$$R\text{—}X + Mg \xrightarrow[I_2]{\text{无水乙醚}} R\text{—}Mg\text{—}X$$

Grignard 试剂非常活泼，可以与空气中的水分、二氧化碳反应，因此反应需要在无水条件下进行，使用干燥的仪器和试剂。使用乙醚作溶剂时由于醚的蒸气压较高，可以排除反应器中的大部分空气，起到保护作用，否则反应还需要在惰性气体保护下进行。

即便如此，Grignard 试剂也会和自身发生偶合，难以长期保存。实验中都是现制现用。

Grignard 试剂中烃基卤化镁与二烃基镁和卤化镁的动态平衡：

$$2RMgX \rightleftharpoons R_2Mg + MgX_2$$

Grignard 试剂与水、O_2、CO_2 的反应：

$$RMgX + H_2O \longrightarrow RH + Mg(OH)X$$

$$2RMgX + O_2 \longrightarrow 2ROMgX$$

$$RMgX + CO_2 \longrightarrow R\overset{\overset{\displaystyle O}{\|}}{C}\text{—}OMgX \xrightarrow{H_3O^+} R\overset{\overset{\displaystyle O}{\|}}{C}\text{—}OH$$

Grignard 试剂自身的偶合反应：

$$RMgX + RX \longrightarrow R\!-\!R + MgX_2$$

用活泼的卤代烃和碘化物制备 Grignard 试剂时，偶合反应是主要的副反应。

由于 Grignard 试剂烃基卤化镁原本倾向带正电的烃基遇到了更容易失去电子的镁金属，得到的是不稳定的电负性，这些多出来的电荷有很强的亲核进攻能力，如在本实验中，Grignard 试剂会迅速进攻丙酮上的羰基碳，生成烃基氧卤化镁，烃基氧卤化镁同样并不稳定，在酸性环境下迅速水解，得到最终产物——碳链增长的醇。

2-甲基-2-己醇的合成反应式为

主反应：

$$n\text{-}C_4H_9Br + Mg \xrightarrow[\text{I}_2]{\text{干醚}} n\text{-}C_4H_9MgBr \xrightarrow[\text{干醚}]{CH_3COCH_3} n\text{-}C_4H_9\!-\!\overset{\displaystyle OMgBr}{\underset{\displaystyle CH_3}{C}}\!-\!CH_3$$

$$\xrightarrow{H_3O^+/H_2O} n\text{-}C_4H_9\!-\!\overset{\displaystyle OH}{\underset{\displaystyle CH_3}{C}}\!-\!CH_3$$

副反应：

$$n\text{-}C_4H_9MgBr + H_2O \longrightarrow n\text{-}C_4H_{10} + Mg(OH)Br$$

$$n\text{-}C_4H_9MgBr + n\text{-}C_4H_9MgBr \longrightarrow n\text{-}C_8H_{18} + MgBr_2$$

$$2CH_3COCH_3 + Mg \longrightarrow H_3C\!-\!\underset{\underset{\displaystyle Mg}{O}}{\overset{\displaystyle CH_3}{C}}\!-\!\overset{\displaystyle CH_3}{\underset{\displaystyle O}{C}}\!-\!CH_3 \xrightarrow{H_2O} H_3C\!-\!\overset{\displaystyle CH_3}{\underset{\displaystyle OH}{C}}\!-\!\overset{\displaystyle CH_3}{\underset{\displaystyle OH}{C}}\!-\!CH_3$$

【仪器、药品及材料】

三颈烧瓶，搅拌装置，冷凝管，氯化钙干燥管，恒压漏斗，分液漏斗，蒸馏装置等。

正溴丁烷 4.2 mL(0.04 mol)，镁屑 1 g(0.04 mol)，丙酮 3.1 mL(0.042 mol)，无水乙醚，无水碳酸钾，硫酸，碳酸钠等。

【实验步骤】

1. 正丁基溴化镁的制备

先在烧瓶中加入 1 g 镁屑，在滴液漏斗中装入 4.2 mL 正溴丁烷溶于 15 mL 无水乙醚的溶液。自滴液漏斗中先滴入 3～5 mL 溶液，待反应开始后，使反应液保持微沸状态，将剩余的溶液缓缓滴入烧瓶中。加完后在水浴上回流 10 min，直至镁屑几乎全溶。

注意：(1)实验所用仪器必须干燥，所用药品必须干燥预处理；镁条除去表面氧化膜并用剪刀剪成小块，增加反应表面积，有利于反应顺利进行。

(2)搅拌在反应启动后(乙醚开始沸腾，反应液变混浊)才开启，不开启是为了增大局部浓度促使反应发生，开启是为控制反应平稳进行。

2. 正丁基溴化镁与丙酮的加成反应

将烧瓶在冷水冷却下，自滴液漏斗中缓慢加入 3.1 mL(0.042 mol)丙酮和 5 mL 无水乙醚的混合溶液。在常温下搅拌 10 min，反应液析出灰白色的黏稠的固体。

3. 加成物的水解及产物的提纯

将烧瓶用冷水冷却，自滴液漏斗中加入 20～25 mL 10%硫酸溶液(开始滴入宜慢，以后可逐步加快)。分解完全后，将溶液倒入分液漏斗，分出醚层，水层用 14 mL 乙醚分 2 次萃取(7 mL/次)，合并醚层，用 10 mL 5%碳酸钠溶液洗涤一次。有机层用无水碳酸钾干燥后进行蒸馏。蒸出乙醚后收集 137～141℃馏分，产量 1.5～2 g。

注意：2-甲基-2-己醇能与水形成共沸物，因此需要很好的干燥，否则蒸馏时会有很大一部分产物在前馏分部分损失。纯 2-甲基-2-己醇的沸点为 143℃，密度为 0.8119。蒸馏时严防明火。

主要试剂及产物的物理常数如下：

名称	相对分子质量	性状	密度 $\rho/(g/cm^3)$	熔点/℃	沸点/℃	折射率 n_D^t	溶解性/[g/(100 mL 溶剂)]		
							水	乙醇	乙醚
正溴丁烷	137.03	无色液体	1.2758_4^{20}	−112.4	101.6	1.4401^{20}	0.06(16℃)	混溶	混溶
丙酮	58.08	无色液体	0.7899_4^{20}	−95.35	56.2	1.3588^{20}	混溶	混溶	混溶
乙醚	74.12	无色液体	0.71378_4^{20}	−116.2	34.51	1.3526^{20}	7.5(20℃)	混溶	混溶
2-甲基-2-己醇	116.20	无色液体	0.8119_4^{20}	—	143	1.4175^{20}	微溶	混溶	混溶

【思考题】

(1)制备烃基溴化镁时，若反应不能立即开始，应采取哪些措施？如果反应未真正开始，却加入大量正溴丁烷，有何缺点？

(2)本实验得到的粗产物为什么不用氯化钙干燥？

(3)可采取什么措施保证水解前的各步反应所用的仪器及药品绝对无水？

(4)指出本实验中需要注意的问题。

(5)本实验有可能发生哪些副反应？如何避免？

(6)在制备 Grignard 试剂和进行加成反应时，如果使用普通乙醚和含水的丙酮，会对反应有什么影响？

(7)用 Grignard 试剂制备 2-甲基-2-己醇，还可采取什么原料？写出反应式并对几种不同的路线加以比较。

实验 21　三苯甲醇的合成

【实验目的】

(1)学习 Grignard 反应合成醇的原理和方法。

(2)练习无水反应操作技术，巩固水蒸气蒸馏、重结晶等操作。

【实验原理】

Grignard 反应是合成各种结构复杂的醇的主要方法。

卤代烷和溴代芳烃与金属镁在无水乙醚中反应生成烃基卤化镁，又称 Grignard 试剂。卤代烷生成 Grignard 试剂的活性次序为：RI>RBr>RCl。实验室通常使用活性居中的溴化物，氯化物反应较难开始，碘化物价格较贵，且容易在金属表面发生偶合，产生副产物烃(R—R)。Grignard 试剂的制备必须在无水条件下进行，所用仪器和试剂均需干燥，因为微量水分的存在抑制反应的引发，而且会分解形成的 Grignard 试剂而影响产率：

$$RMgX + H_2O \longrightarrow RH + Mg(OH)X$$

此外，Grignard 试剂能与氧、二氧化碳作用及发生偶合反应。故 Grignard 试剂不宜较长时间保存。用活泼的卤代烃和碘化物制备 Grignard 试剂时，偶合反应是主要的副反应，可以采取搅拌、控制卤代烃的滴加速度和降低溶液浓度等措施减少副反应的发生。

Grignard 反应是一个放热反应，所以卤代烃的滴加速度不宜过快，必要时可用冷水冷却。当反应开始后，应调节滴加速度，使反应物保持微沸为宜。本实验的反应式如下：

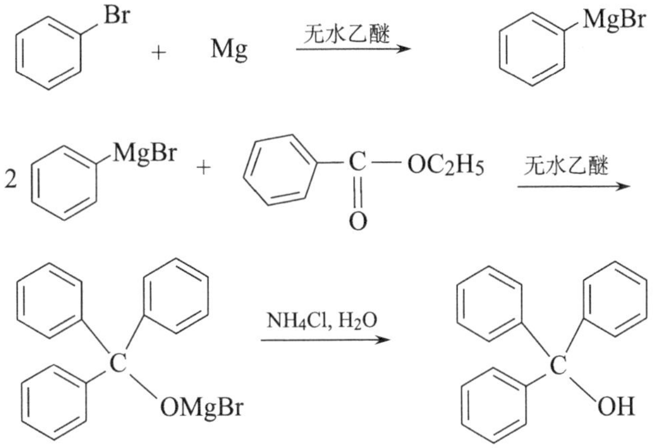

【仪器、药品及材料】

二颈圆底烧瓶，搅拌装置，冷凝管，氯化钙干燥管，滴液漏斗，分液漏斗，蒸馏装置等。

镁屑 0.75 g(0.032 mol)，溴苯(新蒸) 5 g(3.5 mL，0.032 mol)，苯甲酸乙酯 2 g(1.9 mL，0.013 mol)，无水乙醚，氯化铵 4 g，乙醇等。

【实验步骤】

1. 苯基溴化镁的制备

在 100 mL 二颈圆底烧瓶[1]中加入 0.75 g 镁屑[2]、一小粒碘和搅拌磁子[3]，在烧瓶上安装好冷凝管和滴液漏斗，在冷凝管上口安装氯化钙干燥管，在滴液漏斗中混合 5 g 溴苯和 16 mL 无水乙醚。先将部分(约 1/3)混合液滴入烧瓶，刚好将镁屑浸没，数分钟后可见镁屑表面有气泡产生，溶液轻微混浊，碘的颜色开始消失(此时反应刚启动，不能搅拌)，若不发生反应，可以水浴或手掌温热。反应开始后（反应比较剧烈后）开动搅拌，缓缓滴入其余的溴苯醚溶液[4]，滴加速度保持溶液呈微沸状态。加完，在水浴中继续回流 0.5 h，使镁屑作用完全。

2. 三苯甲醇的制备

将已经制备好的苯基溴化镁试剂置于冷水浴中，在搅拌下由滴液漏斗滴加 1.9 mL 苯甲酸乙酯和 7 mL 无水乙醚的混合液，控制滴加速度保持反应平稳地进行。滴加完毕，将反应混合物在水浴中回流 0.5 h，使反应进行完全，这时可以观察到反应物明显地分两层。将反应物改为冰水浴冷却，在搅拌下由滴液漏斗慢慢滴加 4 g 氯化铵配成的饱和水溶液（约需 15 mL），分解加成产物[5]。将反应装置改为蒸馏装置，在水浴上蒸去乙醚，再将残余物进行水蒸气蒸馏，以除去未反应的溴苯及联苯等副产物。瓶中剩余物冷却后冷凝为固体，抽滤收集。粗产物用 95%乙醇进行重结晶，干燥后称量，产量 2~2.5 g，熔点 161~162℃。

主要试剂及产物的物理常数如下：

名称	相对分子质量	性状	密度 $\rho/(g/cm^3)$	熔点/℃	沸点/℃	折射率 n_D^t	溶解性/[g/(100 mL 溶剂)]		
							水	乙醇	乙醚
溴苯	157	无水油状液体	1.50	−30.7	156.2	—	不溶	溶解	溶解
苯甲酸乙酯	150.17	无色液体	1.044_4^{20}	−34.6	212.6	1.5001^{20}	不溶	混溶	混溶
三苯甲醇	260.33	片状晶体	1.199_4^{25}	162.4	380	1.4896^{25}	不溶	溶解	溶解

【注释】

[1] 实验所用仪器必须干燥，所用药品必须无水，否则反应很难开始进行。干燥仪器时塞子要松动，但要注意配套，有橡皮筋的要取出来。

[2] 镁条除去表面氧化膜并用剪刀剪成小块，是为了增加反应表面积，有利于反应顺利进行。

[3] 反应启动时不能搅拌，待反应比较剧烈，整个反应液变混浊后才能开始搅拌。

[4] 溴苯不宜滴加过快，否则会使反应过于激烈，且产生较多的偶联副产物联苯。

[5] 加入氯化铵分解产物，若有白色絮状物（氢氧化镁）产生，可加入少量（几毫升）稀盐酸使其全部溶解。

【思考题】

(1) Grignard 反应的原理是什么？本实验成功的关键是什么？

(2) 为什么要在反应开始时加入碘？

(3) 本实验中为什么要用饱和氯化铵溶液分解产物？除此之外还有什么试剂可以代替？

(4) 溴苯加入太快或一次加入有什么不好？

(5) 写出苯基溴化镁试剂与下列化合物作用的反应式（包括用稀酸水解反应混合物）：
①二氧化碳；②氧；③对甲苯甲腈；④甲酸甲酯；⑤苯甲醛；⑥二苯酮。

3.20 Cannizzaro 反应

实验 22 苯甲醇和苯甲酸的合成

【实验目的】

(1)了解由苯甲醛制备苯甲醇和苯甲酸的原理和方法。

(2)掌握低沸点易燃有机溶剂的处理。

(3)巩固萃取、蒸馏和重结晶等基本操作。

【实验原理】

在浓的强碱作用下，不含 α-活泼氢的醛类可以发生分子间自身氧化还原反应，一分子醛被氧化成酸，而另一分子醛则被还原为醇，此反应称为 Cannizzaro 反应。本实验采用苯甲醛在浓氢氧化钾溶液中发生 Cannizzaro 反应制备苯甲醇和苯甲酸。反应式如下：

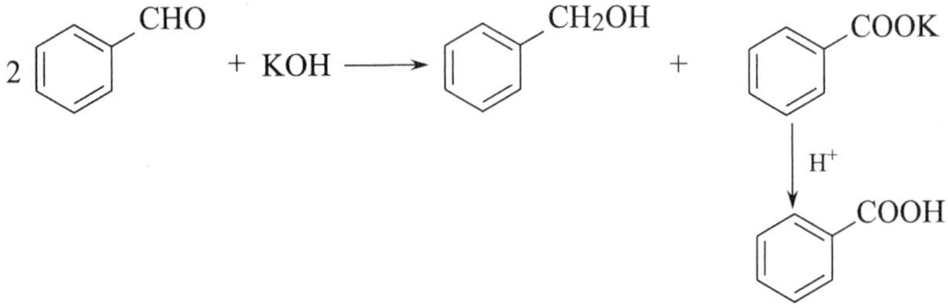

【仪器、药品及材料】

锥形瓶，分液漏斗，蒸馏装置，重结晶装置等。

苯甲醛(新蒸)10.5 g(10 mL，0.1 mol)，氢氧化钾 9 g(0.16 mol)，乙醚，10%碳酸钠溶液，饱和亚硫酸钠溶液，无水硫酸镁，无水碳酸钾，浓盐酸等。

【实验步骤】

在锥形瓶中配制 9 g 氢氧化钾和 9 mL 水的溶液，冷至室温后，加入 10 mL 新蒸的苯甲醛(苯甲醛如果长期放置，会被空气氧化生产苯甲酸等物质)。塞紧瓶口，用力振摇[1]，使反应物充分混合，最后成为白色糊状物，放置 24 h 以上。

向反应混合物中逐渐加入足够量的水(约 30 mL)，不断振摇使其中的苯甲酸盐全部溶解。将溶液倒入分液漏斗，每次用 10 mL 乙醚萃取三次(萃取出什么？)。合并乙醚萃取液，依次用 3 mL 饱和亚硫酸钠溶液、5 mL 10%碳酸钠溶液及 5 mL 水洗涤，最后用无水硫酸镁或无水碳酸钾干燥。

干燥后的乙醚溶液，先蒸去乙醚[2]，再蒸馏苯甲醇，收集 204～206℃的馏分，产量 3～4 g。纯苯甲醇的沸点为 205.35℃，折射率 n_D^{20} 1.5396。

乙醚萃取后的水溶液，用浓盐酸酸化至刚果红试纸变蓝。充分冷却使苯甲酸析出完全，抽滤，粗产物用水重结晶，得苯甲酸约 4 g，熔点 121～122℃。纯苯甲酸的熔点为 122.4℃。

【注释】

[1] 充分振摇是反应成功的关键。如混合充分，放置 24 h 后混合物通常在瓶内固化，苯甲醛气味消失。

[2] 使用乙醚避免有明火。蒸馏乙醚一般采用水浴蒸馏(加热一般用热水浴；接引管的支管上接胶管通下水道或室外；冰水浴冷却接收瓶)。

【思考题】

(1) 试比较 Cannizzaro 反应与羟醛缩合反应在醛的结构上有何不同？

(2) 本实验中两种产物是根据什么原理分离提纯的？用饱和亚硫酸钠及 10% 碳酸钠溶液洗涤的目的是什么？

(3) 乙醚萃取后的水溶液，用浓盐酸酸化到中性是否最适当？为什么？不用试纸或试剂检验，如何判断酸化已经恰当？

实验 23　呋喃甲醇和呋喃甲酸的合成、鉴定及纯度分析

【实验目的】

(1) 了解由呋喃甲醛制备呋喃甲醇和呋喃甲酸的原理和方法。

(2) 巩固蒸馏、重结晶等基本操作。

【实验原理】

本实验采用呋喃甲醛在浓氢氧化钠溶液中发生 Cannizzaro 反应制备呋喃甲醇和呋喃甲酸，反应式如下：

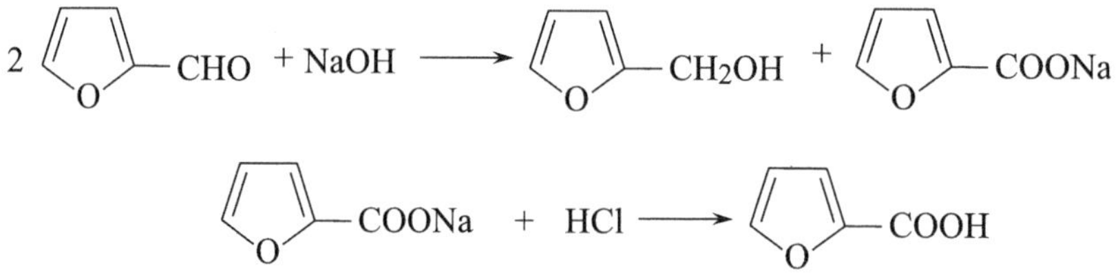

【仪器、药品及材料】

三颈烧瓶，分液漏斗，蒸馏装置，重结晶装置，滴定管等。

呋喃甲醛[1](新蒸)，固体 NaOH，乙醚，浓盐酸，无水硫酸镁，刚果红试纸，冰块，蒸馏水，标准 NaOH 溶液，酚酞指示剂(2 g/L，滴瓶)等。

【实验步骤】

1. 呋喃甲醇和呋喃甲酸的合成

在 50 mL 三颈烧瓶中将 3.2 g 氢氧化钠溶于 4.8 mL 水中，并用冰水冷却。在搅拌下滴

加 6.56 mL(7.6 g，0.08 mol)呋喃甲醛于氢氧化钠水溶液中。滴加过程必须保持反应混合物温度在 8~12℃[2]，加完后，保持此温度继续搅拌 30 min。

在搅拌下向反应混合物加入适量水[3](≤10 mL)使其恰好完全溶解得暗红色溶液，将溶液转入分液漏斗中，用乙醚萃取(6 mL×4 次)，合并乙醚萃取液，用无水硫酸镁干燥 10 min 以上。

在乙醚提取后的水溶液中慢慢滴加浓盐酸，搅拌，滴至刚果红试纸变蓝[4](pH=3)，冷却，结晶，抽滤，产物用少量冷水洗涤，抽干后，收集粗产物，然后用水重结晶[5](如粗品有颜色可加入适量活性炭脱色)，得到的产品转入已称量和标记的干燥表面皿中，压碎摊开，放入烘箱，在 85℃下干燥 40 min，称量产品，记录外观，计算产率。

将干燥后的有机相先在水浴中蒸去乙醚，然后用电磁搅拌器或电热套加热蒸馏，收集 169~172℃馏分，称量。

2. 呋喃甲酸的纯度分析

采用递减称量法，准确称取自制的呋喃甲酸 3 份，每份约 0.15 g，分别置于 250 mL 锥形瓶中，加入 100 mL 水，摇动使其溶解，再向其中加入适量酚酞指示剂，用标准 NaOH 溶液滴定至出现红色，30 s 不变色为终点(在不断摇动下较快地进行滴定)，分别记录所消耗 NaOH 溶液的体积。根据所消耗 NaOH 溶液的体积，分别计算呋喃甲酸的质量分数(%)、平均质量分数。

【注释】

[1] 呋喃甲醛存放过久会变成棕褐色甚至黑色，同时往往含有水分，因此使用前需蒸馏提纯，收集 155~162℃馏分，最好在减压下蒸馏，收集 54~55℃/2.27 kPa(17 mmHg)馏分，新蒸的呋喃甲醛为无色或淡黄色液体。

[2] 反应温度若高于 12℃，则反应物温度极易升高而难以控制，使反应物变成深红色，若低于 8℃则反应过慢，可能积累一些氢氧化钠，一旦发生反应，则过于猛烈，易使温度迅速升高，增加副反应，影响产量及纯度。自氧化还原反应是在两相进行的，因此必须充分搅拌。呋喃甲醇和呋喃甲酸的制备也可在相同条件下，采取反加的方法，将呋喃甲醛滴加到氢氧化钠溶液中，反应较易控制，产率相仿。

[3] 加水过多会损失一部分产品。

[4] 酸要足够，以保证 pH=3 左右，使呋喃甲酸充分游离出来，这步是影响呋喃甲酸产率的关键。

[5] 重结晶呋喃甲酸粗品时，不要长时间加热回流。如长时间加热回流，部分呋喃甲酸会被分解，出现焦油状物。

【思考题】

(1)乙醚萃取后的水溶液用盐酸酸化，为什么要用刚果红试纸？如不用刚果红试纸，怎样判断酸化是否恰当？

(2)干燥呋喃甲醇时可否用无水氯化钙作干燥剂，为什么？

(3) 本实验根据什么原理来分离呋喃甲酸和呋喃甲醇？

3.21　Fridel-Crafts 酰化反应

实验 24　对甲苯乙酮的合成

【实验目的】

(1) 了解 Fridel-Crafts 酰化反应制备芳香酮的原理。

(2) 掌握无水条件下的搅拌、滴加及带有尾气吸收装置的操作。

【实验原理】

Fridel-Crafts 酰化是制备芳香酮的主要方法。在无水三氯化铝存在下，酰氯或酸酐与活泼的芳香化合物反应，得到高产率的烷基芳香酮或二芳香基酮。

Fridel-Crafts 反应是向芳环上引入烷基和酰基最重要的方法，在合成上具有很大的实用价值，其反应机理为

$$(RCO)_2O \; + \; 2AlCl_3 \; \Longleftrightarrow \; [RCO]^+[AlCl_4]^- \; \Longleftrightarrow \; RCO^+ \; + \; [AlCl_4]^-$$

$$H_3C\!\!-\!\!\bigcirc \; + \; RCO^+ \; \Longleftrightarrow \; H_3C\!\!-\!\!\overset{\oplus}{\bigcirc}\!\!\underset{H}{\overset{COR}{\big|}} \; \longrightarrow \; H_3C\!\!-\!\!\bigcirc\!\!-\!\!COR \; + \; H^+$$

$$[AlCl_4]^- \; + \; H^+ \; \longrightarrow \; AlCl_3 \; + \; HCl$$

$$AlCl_3 \; + \; H_2O \; \longrightarrow \; Al(OH)Cl_2\downarrow \; + \; HCl$$

无水三氯化铝的作用是产生亲电试剂、酰基阳离子：

$$(R\!-\!\overset{+}{\overset{..}{C}}\!\!=\!\!\overset{..}{O}: \; \Longleftrightarrow \; R\!-\!C\!\equiv\!O\!:^+)$$

酰基化反应与烷基化反应不同，烷基化反应所用三氯化铝是催化量的 (0.1 mol)，而在酰基化反应中，当用酰氯作酰基化试剂时，三氯化铝的用量约为 1.1 mol，因三氯化铝与反应中产生的芳香酮形成配合物 $[ArCOR]^+[AlCl_4]^-$，则需使用 2.1 mol，因反应中产生的有机酸也会与三氯化铝反应。反应式如下：

$$H_3C\!\!-\!\!\bigcirc \; + \; (CH_3CO)_2O \; \xrightarrow{\;AlCl_3\;} \; H_3C\!\!-\!\!\bigcirc\!\!-\!\!COCH_3 \; + \; CH_3CO_2H$$

【仪器、药品及材料】

三颈烧瓶，搅拌装置，回流冷凝管，恒压漏斗，干燥管，气体吸收装置，蒸馏装置，分液漏斗等。

甲苯 7.0 mL，无水三氯化铝 5.00 g，乙酸酐 1.5 mL，浓盐酸，氢氧化钠，无水硫酸钠等。

【实验步骤】

在装有回流冷凝管和滴液漏斗的三颈烧瓶中,加入 5.00 g 无水三氯化铝[1]和 7.0 mL 甲苯,冷凝管上口接一氯化钙干燥管,干燥管与氯化氢气体吸收装置[2]连接。从滴液漏斗慢慢加入 1.5 mL 乙酸酐[3],滴加速度以三颈烧瓶稍热为宜,约十几分钟滴加完毕。反应过程中要充分搅拌使反应充分。在水浴上加热回流至反应体系内不再有氯化氢气体产生为止,待反应液冷却后冰解。将反应液倒入盛有 10.0 mL 浓盐酸和 12.5 g 碎冰的烧杯中冰解。若有固体不溶物,可加入少量盐酸使其溶解。然后将该溶液倒入分液漏斗中,分出有机相,水相用 10 mL 甲苯分 2 次提取,提取液和有机相合并,依次用等体积的 5%氢氧化钠水溶液和水各洗一次至中性。经无水硫酸钠干燥。先蒸出苯,加热,收集 225～226℃馏分[4],得产品,称量,计算产率。

主要试剂及产物的物理常数如下:

名称	相对分子质量	性状	密度 ρ/(g/cm^3)	熔点/℃	沸点/℃	折射率 n'_D	溶解性/[g/(100 mL 溶剂)]		
							水	乙醇	乙醚
甲苯	92.14	无色液体	0.866_4^{20}	−94.9	110.6	1.4967^{20}	极微溶	混溶	混溶
乙酸酐	102.09	无色液体	1.0820_4^{20}	−73.1	140	1.3901^{20}	12(冷)	可溶	混溶
对甲苯乙酮	134.18	无色液体	1.0051_4^{20}	28	226	1.5315^{25}	不溶	易溶	易溶

【注释】

[1] 所用仪器需全部无水,三氯化铝遇潮分解,应防止与皮肤接触。称取和加入三氯化铝尽可能迅速。

[2] 正确安装氯化氢气体吸收装置,以防止反吸。

[3] 滴加乙酸酐,反应放热,注意控制反应温度。温度高对反应不利,一般控制在 60℃以下为宜。

[4] 干燥后的粗产物滤入蒸馏瓶中。先加热蒸去甲苯(或用旋转蒸发仪蒸去甲苯),当馏分温度升至 140℃左右,停止加热,稍冷后换上空气冷凝管,继续加热蒸馏,收集 220～226℃的馏分。或减压蒸馏,收集 60～61℃/10.133 kPa(1 mmHg)的馏分。

【思考题】

(1)反应完成后,为什么要冰解?

(2)在烷基化和酰基化反应中,三氯化铝的用量有何不同?为什么?实验过程中,为什么三氯化铝又必须过量?

(3)水和潮气对本实验有何影响?在仪器安装和操作中应注意哪些事项?

(4)为什么在蒸馏高沸点馏分时,需要更换为空气冷凝管?

实验 25　乙酰二茂铁的合成和纯化

【实验目的】

(1)学习 Fridel-Crafts 酰化反应的原理和方法。
(2)学习薄层层析的原理和方法。
(3)学习柱层析的原理和方法。

【实验原理】

Fridel-Crafts 酰化反应是制备芳香酮的主要方法,在合成上具有重要的实用价值。在路易斯酸催化剂(如无水三氯化铝或三氟化硼)存在下,酸酐或酰氯与活泼的芳香化合物反应,得到高产率的烷基芳基酮或二芳基酮。

二茂铁是一种橙色固体,由两个环戊二烯负离子与亚铁离子结合而成,具有高度的稳定性,加热到 470℃以上才开始分解。可用作火箭燃料的添加剂、汽油的抗爆剂和紫外光吸收剂等。

二茂铁具有类似夹心面包的夹层结构,即 Fe^{2+} 夹在两个环平面之间,依靠环的 π 电子与 Fe^{2+} 成键,10 个碳原子等同地与中间的 Fe^{2+} 结合,后者的外电子层达到惰性气体氩原子的电子结构。二茂铁两个环戊二烯负离子环具有类似于苯的芳香性,比苯更容易发生 Fridel-Crafts 酰化等亲电取代反应。酰化时由于催化剂和反应条件的不同,可得到乙酰二茂铁或 1,1'-二乙酰二茂铁。

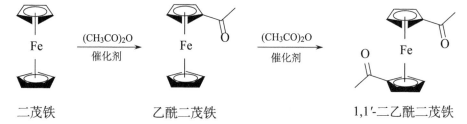

二茂铁　　　　　　　乙酰二茂铁　　　　　　　1,1'-二乙酰二茂铁

双取代产物 1,1'-二乙酰二茂铁的结构已通过降解反应研究得到证实:经适当反应将分子中的 Fe^{2+} 与有机部分分离,未检测到二乙酰基环戊二烯环,说明两个酰基并不在同一环上,这是由于乙酰基的钝化作用使第二个亲电基团对同一芳环的进攻更加困难。

由于环戊二烯基负离子环的高电子密度,用磷酸作酸催化剂和乙酸酐作酰化剂时可在较温和的条件下完成二茂铁的酰化。本实验条件下主要酰化产物为乙酰二茂铁(即单乙酰基二茂铁)。

其反应机理如下:

【仪器、药品及材料】

圆底烧瓶，干燥管，抽滤装置，层析柱等。

0.93 g 二茂铁(5 mmol)，3.5 mL 乙酸酐(37 mmol)，1.0 mL 85%磷酸，15 mL 左右的 3 mol/L 氢氧化钠，石油醚，乙酸乙酯等。

【实验步骤】

在干燥的 50 mL 圆底烧瓶中依次加入 0.93 g 二茂铁、3.5 mL 乙酸酐和 1.0 mL 85%磷酸，安装氯化钙干燥管。反应混合物在 70℃水浴中加热搅拌使二茂铁溶解，并继续加热 10 min，然后将反应瓶置于冰浴中彻底冷却。滴加 1 mL 冰水并搅拌混合均匀，缓慢滴加 3 mol/L 氢氧化钠溶液直至混合物呈中性(约 15 mL)。抽滤收集固体，用水充分淋洗，尽量抽干后再转移至两张滤纸之间压干。称量并记录粗产物质量，留取样品用于乙酰二茂铁的薄层层析和柱层析分离(120 mg)，其余粗产物用石油醚(60~90℃)重结晶，干燥，称量，计算产率，测定熔点。

取少量干燥后的粗产物溶于乙酸乙酯，在硅胶 G 板上点样，用混合溶剂作展开剂，层析板上从上至下依次出现黄色、橙红色和棕褐色三个点，分别为二茂铁、乙酰二茂铁和 1,1′-二乙酰二茂铁，测定并计算其 R_f 值。

取 0.1 g 干燥后的粗产物用 1 mL 石油醚-乙酸乙酯(体积比 10∶1)混合溶剂溶解样品，用硅胶作为吸附剂，湿法装柱[1]，先用石油醚-乙酸乙酯(10∶1)混合溶剂洗脱，当黄色的色带(第一组分，未反应的原料二茂铁)流出时，更换接收瓶，该组分全部收集后更换接收瓶接收空白液，并改用石油醚-乙酸乙酯(5∶1)混合溶剂洗脱(若薄层层析未发现粗产物中有 1,1′-二乙酰二茂铁，可直接改用体积比为 1∶1 的石油醚-乙酸乙酯进行洗脱)。当橙红色色带(第二组分，乙酰二茂铁)流出时，更换接收瓶，该组分全部流出后停止收集。将第二组分洗脱液用旋转蒸发除去溶剂，称量纯化后的产物，计算产率。

主要试剂及产物的物理常数如下：

名称	相对分子质量	性状	密度 $\rho/(g/cm^3)$	熔点/℃	沸点/℃	折射率 n_D^t	溶解性[g/(100 mL 溶剂)]		
							水	乙醇	乙醚
二茂铁	186.03	橙色针状晶体	2.69	173	249	—	不溶	难溶	可溶
乙酸酐	102.09	无色液体	1.0820_4^{20}	−73.1	140	1.3901^{20}	12(冷)	可溶	混溶
乙酰二茂铁	228.07	橙色针状结晶	1.014_4^{20}	85	160～163	—	不溶	难溶	易溶

【注释】

[1] 用石油醚和硅胶匀浆后，湿法装柱。

【思考题】

(1)二茂铁酰化形成二乙酰二茂铁时第二个酰基为什么不能进入第一个酰基所在的环上？

(2)二茂铁比苯更容易发生亲电取代反应，为什么不能用混酸进行硝化？

(3)根据二茂铁、乙酰二茂铁和 1,1′-二乙酰二茂铁在层析板上的展开情况判断它们的极性大小顺序。

3.22　卡宾反应

实验 26　7,7-二氯双环[4.1.0]庚烷的制备

【实验目的】

(1)了解卡宾反应制备 7,7-二氯双环[4.1.0]庚烷的原理和方法。

(2)了解相转移催化的机理。

(3)熟练掌握减压蒸馏装置及操作方法。

【实验原理】

卡宾是通式为 $R_2C:$ 的中性活性中间体的总称，其中碳原子与两个原子或基团以 σ 键相连，另外还有一对非键电子。由于碳原子周围只有六个外层电子，卡宾具有很强的亲电性。本实验采用在相转移催化条件下，通过二氯卡宾与环己烯作用，制备 7,7-二氯双环[4.1.0]庚烷。其中二氯卡宾($:CCl_2$)是通过氯仿在 NaOH 作用下发生 α-消除反应获得。

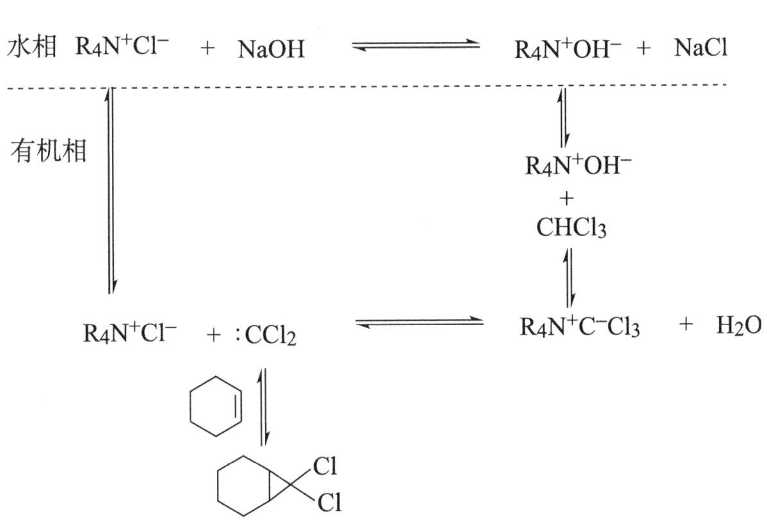

水相 R4N+Cl− + NaOH
R4N+OH− + NaCl
有机相
R4N+OH−
+
CHCl3
R4N+Cl− + :CCl2
R4N+C−Cl3 + H2O
Cl
Cl

总反应式如下：

+ CHCl3
50% NaOH
TEBA
Cl
Cl

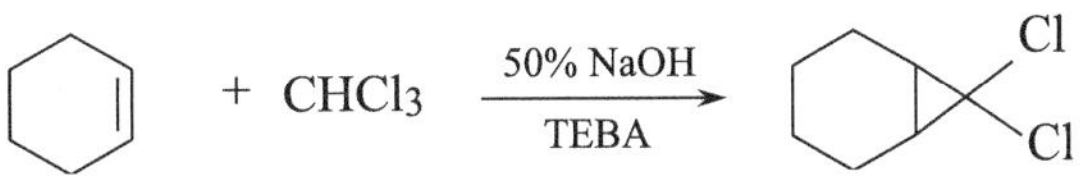

相转移催化剂是指能加速或能使分别处于互不相溶的两相(液液两相体系或液固两相体系)中的物质发生作用的催化剂。其中季铵盐价格便宜，使用范围广，是最常用的相转移催化剂。含有长碳链的季铵盐(一般为 C_{15}～C_{25})可产生较好的催化效果，如苄基三乙基氯化铵(TEBA)、四丁基硫酸氢铵(TBAB)等。季铵盐的用量为 0.05 mol/(mol 反应物)以下，因为季铵盐在有机相和水相中都有一定的溶解性，它可使某一负离子从一个相(如水相)转移到另一相(如有机相)中促使反应发生。其机理为：季铵盐分子中烃基是脂溶性基，而带正电荷的氮是水溶性基，所以季铵盐同时具有水溶性和脂溶性。季铵盐中的正离子与负离子在水相形成离子对，可以将负离子从水相转移到有机相，而在有机相中，负离子无溶剂化作用，而且由于正离子体积大，正、负离子之间的距离也大，彼此间作用弱，负离子可以看作是裸露的，因而反应活性大大提高。本实验中，首先季铵盐在水相中和 HO^-形成“离子对”，而将其转移到有机相，在有机相中 HO^-的反应活性比它在水相中强(水相中 HO^-被溶剂化的水所包围，负离子 HO^-和溶剂水形成氢键，从而使其亲核性和碱性下降)，它立即和氯仿反应生成二氯卡宾，同时催化剂得以再生。产生的二氯卡宾和环己烯反应生成 7,7-二氯双环[4.1.0]庚烷。

除季铵盐外，冠醚如 18-冠-6、二苯并 18-冠-6 等也可以用作相转移催化剂。冠醚的大环结构中有空穴，且由于氧原子上含有未共用电子对，因此冠醚具有和某些金属离子配位的性能而溶于有机相，使和配离子形成离子对的负离子也随之进入有机相。

相转移催化剂催化反应具有条件缓和、操作简单、反应时间缩短、产率高、避免使用价格昂贵的非质子性溶剂等优点，在实验室或工业上具有很高的应用价值，如 Williamson 反应、氰化反应、酰化反应及 Wittig 反应等。

【仪器、药品及材料】

锥形瓶，三颈烧瓶，冷凝管，搅拌装置，分液漏斗，蒸馏装置等。

环己烯 4.1 g(5.1 mL，0.05 mol)，氯仿 22 g(15 mL，0.185 mol)，TEBA 0.25 g[1]，氢氧化钠等。

【实验步骤】

在锥形瓶中小心配制 9 g 氢氧化钠溶于 9 mL 水的溶液，在冰浴中冷却至室温。在装有搅拌器[2]、回流冷凝管和温度计的 125 mL 三颈烧瓶中加入 5.1 mL 环己烯、0.25 g TEBA 和 15 mL 氯仿。开动搅拌，由冷凝管上口以较慢的速度滴加配制好的 50%氢氧化钠溶液[3]，约 15 min 滴完。放热反应使瓶内温度逐渐上升至 50～60℃，反应物的颜色逐渐变为橙黄色。滴加完毕，在水浴中加热回流，继续搅拌 45～60 min。

将反应物冷至室温，加入 30 mL 水稀释，使大部分乳状物溶解，将混合物转入分液漏斗，分出有机层（如两层界面上有较多的乳化物，可过滤）。水层用 12 mL 二氯甲烷提取 1 次，合并萃取液和有机层，用等体积的水洗涤两次，用无水硫酸镁干燥。

在水浴上蒸去溶剂，然后进行减压蒸馏，收集 78～79℃/1.995 kPa 或 61～62℃/0.399 kPa 的馏分，产量约 5 g。产品也可在常压下蒸馏，收集 195～200℃馏分，沸点时产物略有分解。

主要试剂及产物的物理常数如下：

名称	相对分子质量	性状	密度 $\rho/(g/cm^3)$	熔点/℃	沸点/℃	折射率 n_D^t	溶解性/[g/(100 mL 溶剂)] 水	乙醇	乙醚
环己烯	82.15	无色液体	0.8102_4^{20}	−103.50	82.98	1.4465^{20}	不溶	混溶	混溶
氯仿	119.38	无色液体	1.4832_4^{20}	−63.5	61.7	1.4459^{20}	0.812(20℃)	混溶	混溶
7,7-二氯双环[4.1.0]庚烷	165.06	无色液体	1.2115_4^{20}	—	198	1.5014^{23}	不溶	不溶	易溶

【注释】

[1] TEBA 可通过下述步骤进行制备：在装有搅拌器、回流冷凝管的三颈烧瓶中，加入 5.5 mL(6.4 g, 0.05 mol) 苄氯、7 mL(0.05 mol) 三乙胺和 19 mL 1,2-二氯乙烷，回流搅拌 1.5 h。将反应物冷却，析出结晶，抽滤，用少量二氯甲烷或无水乙醚洗涤，干燥，产量约 10 g。季铵盐易吸潮，干燥后的产品应置于干燥器中保存。

[2] 也可用电磁搅拌代替电动搅拌，效果更好。相转移反应是非均相反应，搅拌必须是有效而安全的。这是实验成功的关键。

[3] 浓碱溶液呈黏稠状，腐蚀性极强，应小心操作。盛碱的分液漏斗用后要立即洗干净，以防旋塞受腐蚀而黏结。

【思考题】

(1)根据相转移反应的原理，写出本反应中离子的转移和二氯卡宾的产生及反应过程。
(2)本实验反应过程中为什么要剧烈搅拌反应混合物？
(3)本实验中为什么要使用大大过量的氯仿？

3.23　偶氮染料的合成

实验 27　甲基橙的合成

【实验目的】

(1)通过甲基橙的制备掌握重氮化反应和偶联反应的原理。

(2)巩固搅拌和重结晶等基本操作。

【实验原理】

偶氮染料是普遍使用的重要染料之一。它是指偶氮基(—N≡N—)连接两个芳环所形成的一类化合物。偶氮染料可通过芳胺(取代的苯胺、萘胺、联苯胺等)重氮盐与各种偶联成分(芳胺、酚、吡唑啉酮和它们的磺酸及其他取代物)发生偶联反应来制备。

芳基重氮盐可由芳香族伯胺低温时在酸性介质中与亚硝酸作用而制得，它作为中间体，可用来合成多种有机化合物，被称为芳香族的"Grignard 试剂"，在工业和实验室制备中具有重要的价值。重氮化反应中必须严格控制反应温度，防止重氮盐分解；同时，必须注意控制亚硝酸钠的用量，若过量，多余的亚硝酸会使重氮盐氧化而降低产率。

偶联反应的速率受溶液 pH 影响很大，每个偶联反应都有一个最佳的 pH。芳胺的偶联反应通常在中性或弱酸性介质(pH=4～7)中进行，可通过加入缓冲剂乙酸-乙酸钠加以调节；酚的偶联反应与芳胺相似，为了使酚成为更活泼的酚氧负离子，反应需在中性或弱碱性介质(pH=7～9)中进行。甲基橙的合成反应式如下：

$$H_2N\!-\!\!\boxed{}\!\!-\!SO_3H + NaOH \longrightarrow H_2N\!-\!\!\boxed{}\!\!-\!SO_3Na + H_2O$$

$$H_2N\!-\!\!\boxed{}\!\!-\!SO_3Na \xrightarrow[HCl]{NaNO_2} \left[HO_3S\!-\!\!\boxed{}\!\!-\!N^+\!\!\equiv\!N\right]Cl^- \xrightarrow[HAc]{C_6H_5N(CH_3)_2}$$

$$\left[HO_3S\!-\!\!\boxed{}\!\!-\!N\!=\!N\!-\!\!\boxed{}\!\!-\!\underset{H}{N}(CH_3)_2\right]^+ Ac^- \xrightarrow{NaOH}$$

$$NaO_3S\!-\!\!\boxed{}\!\!-\!N\!=\!N\!-\!\!\boxed{}\!\!-\!N(CH_3)_2 + NaAc + H_2O$$

【仪器、药品及材料】

烧杯，试管，抽滤装置，重结晶装置等。

对氨基苯磺酸晶体 2.1 g(0.01 mol)，亚硝酸钠 0.8 g(0.11 mol)，N,N-二甲基苯胺 1.2 g(约 1.3 mL，0.01 mol)，冰醋酸，盐酸，5%氢氧化钠溶液，淀粉碘化钾试纸等。

【实验步骤】

1. 重氮盐的制备

在 100 mL 烧杯中加入 2.1 g 对氨基苯磺酸晶体，加入 10 mL 5%氢氧化钠溶液并在热水浴中温热使其溶解[1]，然后放在冰盐浴中冷却。另溶 0.8 g 亚硝酸钠于 6 mL 水中，将此溶液加到上述烧杯中。在不断搅拌下[2]，将 3 mL 浓盐酸与 10 mL 水配成的溶液缓慢滴加到上述混合液中，使反应温度保持在 5℃以下[3]，有对氨基苯磺酸重氮盐的细粒状白色沉淀生成[4]。滴完后，用淀粉碘化钾试纸检验[5]，为确保反应完全，继续在冰盐浴中放置 15 min[6]。

2. 偶联

在一支试管中加入 1.2 g N,N-二甲基苯胺[7]和 1 mL 冰醋酸，振荡使其混合。在不断搅拌下，将此溶液缓慢加到上述冷却的重氮盐溶液中，立即会有红色沉淀生成。加完后，为保证偶联反应完全，继续搅拌 10 min。然后，在搅拌下缓慢加入 25 mL 5%氢氧化钠溶液，使反应呈碱性(用石蕊试纸或 pH 试纸检验)[8]。此时，反应物变为橙色，甲基橙呈细粒状沉淀析出[9]。

将反应物在沸水浴上加热，使粗产物甲基橙溶解[10]。冷却至室温，然后置于冰盐浴中冷却，待晶体析出完全后，抽滤，用少量饱和氯化钠水溶液冲洗烧杯，并依次用少量饱和食盐水、乙醇、乙醚洗涤[11]，压干滤饼。

若要得到较纯产品，可用溶有少量氢氧化钠(0.1～0.2 g)的沸水进行重结晶。晶体析出完全后，抽滤，依次用少量乙醇、乙醚洗涤产品。可得到橙色小叶片状甲基橙。

产品干燥后，称量，计算产率。溶解少许甲基橙于水中，加几滴稀盐酸，然后用稀氢氧化钠溶液中和，观察颜色变化。

【注释】

[1] 对氨基苯磺酸是两性化合物，以酸性内盐形式存在，能与碱作用而不能与酸作用成盐。重氮化反应要在酸性溶液中完成，因此首先将对氨基苯磺酸与碱作用，生成水溶性较大的对氨基苯磺酸钠。

[2] 为使对氨基苯磺酸完全重氮化，反应过程中必须不断搅拌。

[3] 重氮化反应中控制温度很重要，反应温度高于 5℃，生成的重氮盐易水解成苯酚，使产率降低。

[4] 重氮盐在水中可以电离，形成中性内盐($^-O_3S-\langle\bigcirc\rangle-N^+\equiv N$)，低温时难溶于水而形成细小晶体析出。

[5] 重氮化反应在后期进行得越来越慢，故在加入盐酸后应等 2～3 min 再用试纸检验。

[6] 重氮盐制成后应立即使用。因重氮盐极易分解，且干燥的重氮盐易发生爆炸，故在重氮化实验中，所有仪器使用完后要彻底洗净。

[7] N,N-二甲基苯胺有毒，处理时要特别小心，不要触及皮肤，避免吸入其蒸气。如触及皮肤，立即用 2%乙酸洗，再用肥皂水洗。

[8]　加碱期间，反应混合物温度要始终控制在 0~5℃。一定要用试纸检验反应物是否呈碱性，否则粗甲基橙色泽不纯。

[9]　偶氮染料能沾染皮肤和衣服，制备时要小心。

[10]　加热温度不宜过高，一般在 60℃，否则颜色变深，影响质量。

[11]　重结晶操作应迅速，否则湿的甲基橙在空气中受光的照射或温度高时易变质，颜色很快变深。用乙醇、乙醚洗涤的目的是使其迅速干燥。

【思考题】

(1) 在本实验中，重氮盐的制备为什么要控制在 0~5℃进行，偶联反应为什么在弱酸性介质中进行？

(2) 试解释甲基橙在酸碱介质中的变色原因，并用反应式表示。

(3) 在制备重氮盐中若加入氯化亚铜，将出现什么结果？

3.24　酶催化反应

实验 28　安息香的辅酶合成

【实验目的】

(1) 了解酶催化反应的特点。

(2) 学习以辅酶 VB_1 为催化剂的安息香缩合反应的原理和实验方法。

(3) 掌握固态有机化合物分离和纯化的基本操作。

【实验原理】

酶是由细胞产生，能在细胞体内和体外起催化作用的生物大分子，其催化效率和特异性都非常高，是一般催化剂的 $10^6 \sim 10^{19}$ 倍(一百万倍以上)。酶催化作用分三步进行，该过程如图 3.62 所示：①底物在酶的活性部位上结合，生成酶-底物复合物；②在酶-底物复合物内进行催化反应，生成产物-酶复合物；③产物脱离活性部位，使酶能催化另一分子底物的反应。

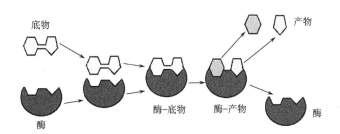

图 3.62　酶催化反应过程示意图

酶根据化学组成可分为单纯酶和结合酶两类。单纯酶的催化反应由它们的蛋白质结构所决定；而结合酶的催化活性除蛋白质外，还需要非蛋白质的有机分子，这种有机分子称为辅酶因子或辅酶，大多数是维生素，特别 B 族维生素是组成辅酶或辅基的成分。

在本实验中所用到的辅酶为维生素 B_1(VB_1)，也称为硫胺素，它的结构式中包括一个嘧啶环和一个噻唑环。在 VB_1 分子中，起催化作用的最主要部分是噻唑环，它能起催化作用主要是因为 C2 上的质子受硫原子和季铵化氮原子的影响，具有明显的酸性，在碱的作用下脱质子产生具有 σ 孤对电子的 N-杂环卡宾。

主反应：

副反应：

辅酶 VB_1 催化合成安息香的反应机理如下：

(1) VB_1 在碱作用下脱质子产生 N-杂环卡宾。

N-杂环卡宾

(2) N-杂环卡宾与醛亲核加成形成 Breslow 中间体。受到氮原子共轭给电子的影响，醛基碳带有部分负电荷，发生极性反转而具有亲核性。

Breslow中间体

(3) Breslow 中间体与另一分子醛亲核加成并脱去 N-杂环卡宾(循环催化)生成安息香。

【仪器、药品及材料】

圆底烧瓶，回流冷凝管，抽滤装置，重结晶装置等。

苯甲醛[1](新蒸)5.3 g(5 mL，0.05 mol)，VB$_1$[2](盐酸硫胺素)0.9 g，95%乙醇，10%氢氧化钠溶液等。

【实验步骤】

在 50 mL 圆底烧瓶中，加入 0.9 g VB$_1$、2.5 mL 蒸馏水和 7.5 mL 乙醇，将烧瓶置于冰浴中冷却[3]，同时取 2.5 mL 10%氢氧化钠溶液于一支试管中也置于冰浴中冷却。然后在冰浴冷却下，将氢氧化钠溶液在 10 min 内滴加至 VB$_1$ 溶液中，并不断摇荡，调节溶液 pH 为 9~10，此时溶液呈黄色。去掉冰水浴，加入 5 mL 新蒸的苯甲醛，装上回流冷凝管，加几粒沸石，将混合物置于水浴上温热 1.5 h，水浴温度保持在 60~75℃，切勿将混合物加热至剧烈沸腾，此时反应混合物呈橙黄色或橙红色均相溶液。将反应混合物冷至室温，析出浅黄色结晶，将烧瓶置于冰浴中冷却使结晶完全。若产物呈油状物析出，应重新加热使其成均相，再缓慢冷却重新结晶，必要时可用玻璃棒摩擦瓶壁或投入晶种。抽滤，用 25 mL 冷水分两次洗涤晶体。粗产物用 95%乙醇重结晶[4]，若产物呈黄色，可加入少量活性炭脱色。纯安息香为白色针状晶体，产量约 2 g，熔点 134~138℃。

主要试剂及产物的物理常数如下：

名称	相对分子质量	性状	密度 $\rho/(g/cm^3)$	熔点/℃	沸点/℃	折射率 n_D^t	溶解性/[g/(100 mL 溶剂)]		
							水	乙醇	乙醚
苯甲醛	106.13	无色液体	1.0415_4^{15}	−26	178.1	1.5463^{20}	0.3	混溶	混溶
安息香	212.25	白色针状晶体	1.310_4^{20}	137	194(1.596 kPa)	—	略溶(热)	溶解(热)	略溶

【注释】

[1] 苯甲醛中可能含有苯甲酸，用前最好经 5%碳酸氢钠溶液洗涤，然后减压蒸馏，并避光保存。

[2] 本实验也可用氰化钠(钾)代替 VB₁ 作催化剂进行合成。操作步骤如下：在 50 mL 圆底烧瓶中溶 0.5 g(0.01 mol)氰化钠于 5 mL 水中，加入 10 mL 95%乙醇、5 mL(5.3 g,0.05 mol)新蒸的苯甲醛和几粒沸石，装上回流冷凝管，在水浴上回流 0.5 h。

冷却促使结晶，必要时可用玻璃棒摩擦瓶壁或投入晶种，并将烧瓶置于冰浴中使结晶完全。抽滤，每次用 15 mL 冷的乙醇洗涤结晶两次，然后用少量水洗涤几次，压干，在空气中干燥。粗产物 3～4 g，进一步纯化可用 95%乙醇重结晶。

注意：氰化钠(钾)为剧毒药品，使用时必须极为小心！并在指导教师在场的情况下使用。用后必须用肥皂反复洗手。如手有伤口，不能操作氰化钠及酸化含氰化钠的溶液。含氰化钠的滤液应倒入水槽并加以冲洗，所用仪器应用水彻底清洗。

[3] VB₁ 在酸性条件下是稳定的，但易吸水，在水溶液中易被氧化失效，光和铜、铁、锰等金属离子均可加速氧化，在氢氧化钠溶液中噻唑环易开环失效。因此，反应前 VB₁ 溶液及氢氧化钠溶液必须用冰水冷透。

[4] 安息香在沸腾的 95%乙醇中的溶解度为 12～14 g/100 mL。

【思考题】

(1)为什么加入苯甲醛前,反应混合物的 pH 要保持在 9～10？溶液 pH 过低有什么影响？

(2)为什么苯甲醛使用前需要重蒸？

(3)为什么反应前必须用冰水浴冷透？

3.25　微波合成实验

实验 29　乙酸乙酯的微波合成

【实验目的】

(1)学习掌握微波合成的原理和方法。

(2)掌握乙酸乙酯微波合成的原理和方法。

(3)熟悉化合物的表征方法。

【实验原理】

微波通常是指 300 MHz～300 GHz 的电磁波，与无线电波相比更为微小，故称为微波。微波技术在通信、食品加工等领域中的应用已有很长的历史，自 1986 年 Gedye 等首次用微波合成有机化合物获得成功后，微波技术用于化学合成日渐显露出优势，用微波致热进行某些化学反应时，其反应速率和产物的选择性有极大的提高。

微波对被照物有很强的穿透力，对反应物起深层加热作用。对于凝聚态物质，微波主要通过极化和传导机制进行加热。一般来说，离子化合物中离子传导机制占主导，共价化合物中极化机制占优势。微波的辐射功率、微波对反应物的加热速率、溶剂的性质、反应的体系等均能影响化学反应的速率。反应物对微波能量的吸收与分子的极性有关。极性分子由于分子内部电荷分布不均匀，在微波辐射下吸收能量，通过分子的偶极作用产生热效应，称为介质损耗；非极性分子内部电荷分布均匀，在微波辐射下不易产生极化，所以微波对此类物质加热作用较小。通常对于非磁性介质可以忽略磁损耗。

微波不仅可以改变化学反应的速率，还可以改变化学反应的途径。微波辐射改变化学反应速率的原因主要有微波热效应和微波非热效应。微波作用于反应物，加剧分子的运动，提高了分子的平均动能，加快了分子的碰撞频率，从而改变反应速率。这种通过微波加热使温度升高、改变反应速率的现象称为热效应。把不能归结于微波加热使温度升高导致的异常现象称为非热效应或特殊效应。微波热效应得到了众多学者的认可，微波加热机理也清楚。而微波非热效应一直处于争论中。一种观点认为即使在相同的温度下，通过微波加热可以极大地促进化学反应的进行，然而通过常规加热方法却无法实现；另一种观点认为微波化学实验中很容易出现微波加热的过热现象，溶剂温度可以超过沸点而不沸腾，也不能避免局部热点效应，所以很多实验中的异常现象都可以通过热效应进行解释。

与常规加热法相比，微波合成技术具有显著的节能、提高反应速率、缩短反应时间、减少污染且能实现一些常规方法难以实现的反应等优点。

乙酸乙酯是重要的溶剂和化学原料，广泛用于医药、化工。本实验以乙酸和乙醇为原料，以浓硫酸为催化剂，经微波辐射合成乙酸乙酯。

本实验中的主反应和副反应为

主反应：

$$CH_3COOH + CH_3CH_2OH \underset{110\sim120℃}{\overset{H_2SO_4}{\rightleftharpoons}} CH_3COOCH_2CH_3 + H_2O$$

副反应：

$$2CH_3CH_2OH \overset{H_2SO_4}{\rightleftharpoons} (CH_3CH_2)_2O + H_2O$$

$$CH_3CH_2OH + H_2SO_4 \longrightarrow CH_3CHO + SO_2\uparrow + 2H_2O$$

$$CH_3CHO + H_2SO_4 \longrightarrow CH_3COOH + SO_2\uparrow + H_2O$$

【仪器、药品及材料】

微波反应器，阿贝折光仪，电热套，250 mL 三颈烧瓶，表面皿，回流冷凝管，球形冷凝管，布氏漏斗，抽滤瓶，沸石，循环水真空泵等。

冰醋酸，95%乙醇，浓硫酸，无水硫酸镁，无水氯化钙，饱和碳酸钠溶液，饱和食盐水，饱和氯化钙溶液等。

【实验步骤】

在 250 mL 三颈烧瓶中加入 18.4 g(23 mL，0.037 mol)乙醇和 15 g(14.3 mL，0.025 mol)冰醋酸，摇动下缓慢滴加 12 mL 浓 H_2SO_4，三颈烧瓶一侧口插入温度计探头到液面下，另一侧口用磨口玻璃塞塞紧，中间口安装回流冷凝管，装入搅拌子。仪器装好后，打开电动搅拌开关，调节微波辐射功率为 400 W，辐射时间为 5 min，反应温度为 110℃。反应完全后，稍冷，将反应瓶从微波反应器中取出放入电热套中，中间口的回流冷凝装置改为蒸馏装置，加入沸石，蒸出反应生成物乙酸乙酯。

将蒸出的乙酸乙酯倾入 500 mL 烧杯中，不断摇动下，加入饱和碳酸钠溶液，调节 pH 为 7~8，移入分液漏斗，充分振摇，弃去水相，酯层分别用 10 mL 饱和食盐水[1]和 10 mL 饱和氯化钙溶液[2]洗涤，弃去下层液，酯层用无水硫酸镁干燥。干燥好的粗品滤入蒸馏瓶中蒸馏，收集 75~78℃的馏分，得纯化后的产品 20.2 g，在 20℃下用钠光测折射率。

主要试剂及产物的物理常数如下：

名称	相对分子质量	性状	密度 ρ/(g/cm³)	熔点/℃	沸点/℃	折射率 n_D^t	溶解性/[g/(100 mL 溶剂)]		
							水	乙醇	乙醚
冰醋酸	60.05	无色液体	1.04928_4^{20}	16.6	117.9	1.3716^{20}	混溶	混溶	混溶
乙醇	46.07	无色液体	0.7893^{20}	−117.3	78.5	1.3611^{20}	混溶	混溶	混溶
乙酸乙酯	88.12	无色液体	0.9003_4^{20}	−83.58	77.06	1.3723^{20}	9(15℃)	混溶	混溶

【注释】

[1] 为减少酯在水中的溶解度(每 17 份水溶解 1 份乙酸乙酯)，故这里用饱和食盐水洗。

[2] 饱和氯化钙溶液为了洗去醇，所以前面的碳酸钠必须洗去，避免产生碳酸钙沉淀，造成分离困难。

【思考题】

(1)微波反应有何优点？

(2)在操作微波反应器时有哪些注意事项？

实验 30　苯甲酸的微波合成

【实验目的】

(1)学习掌握微波合成的原理和方法。

(2)掌握苯甲酸微波合成的原理和方法。

(3)熟悉化合物的表征方法。

【实验原理】

苯甲酸是重要的化工原料，广泛用于医药、染料中间体、增塑剂、改性剂、香料及食品防腐剂，也可用作钢铁设备的防锈剂。本实验以苯甲醇为原料，高锰酸钾为氧化剂，在相转移催化剂作用下，经微波辐射合成苯甲酸。反应式为

【仪器、药品及材料】

微波反应器，250 mL 圆底烧瓶，回流装置，表面皿，布氏漏斗，抽滤瓶，沸石，循环水真空泵等。

苯甲醇，无水碳酸钠，盐酸，高锰酸钾，四丁基溴化铵等。

【实验步骤】

在 250 mL 圆底烧瓶中加入 40 mL 水、2.0 g 无水碳酸钠、4.5 g 高锰酸钾、0.4 g 四丁基溴化铵[1]和 2.1 mL 苯甲醇，再加入 10 mL 水和 2 粒沸石，放入微波反应器，装上回流装置，关上微波炉门[2]，在 750 W 微波功率下，反应[3] 16 min 。反应结束后将反应瓶取出，冷却至室温，抽滤。滤液用盐酸酸化，固体析出，调滤液 pH 为 3 左右，冰浴冷却，抽滤，用少量冰水洗涤，得苯甲酸晶体。产品分析：用毛细管法测熔点(测定结果为 122~123℃，文献值为 122.4℃)。

主要试剂及产物的物理常数如下：

名称	相对分子质量	性状	密度 $\rho/(g/cm^3)$	熔点/℃	沸点/℃	折射率 n_D^t	溶解性/[g/(100 mL 溶剂)]		
							水	乙醇	乙醚
苯甲酸	122.12	片状晶体	1.2659_4^{15}	122.4	249	1.504^{132}	0.345(35℃)	46.6(15℃)	66(15℃)
苯甲醇	108.13	无色液体	1.0419_4^{20}	−15.3	205.7	1.5396^{20}	微溶	易溶	易溶

【注释】

[1] 四丁基溴化铵很易吸潮，注意保管。

[2] 微波反应器反应温度设为 100℃。

[3] 正常滤液应为无色，粉红色滤液说明反应不完全，会影响产率。

【思考题】

(1)圆底烧瓶中加入的各种原料分别起什么作用？

(2)第一次抽滤滤饼中的主要物质是什么？

实验 31　乙酰苯胺的微波合成

【实验目的】

(1)掌握苯胺乙酰化反应的原理和实验操作。

(2)掌握用重结晶法从反应系统中提纯产物。

【实验原理】

芳香酰胺通常用伯芳胺或仲芳胺与酸酐或羧酸作用制备。芳胺的酰化反应在有机合成中有重要的作用。作为一种保护措施，伯芳胺或仲芳胺经酰化后，可以降低芳胺对氧化反应的敏感性，也可以避免氨基与其他试剂(如 RCOCl、ArSO₂Cl、HNO₂ 等)发生不必要的反应，同时氨基酰化后，降低了氨基对芳环亲电取代反应的活化能力，使其由很强的第 I 类定位基变为中等强度的第 I 类定位基，反应由多元取代变为有用的一元取代，由于乙酰基的空间效应，往往选择性地定位生成对位取代产物。在合成的最后步骤，芳香族酰胺在酸或碱作用下，很容易重新产生氨基。

乙酰苯胺可用苯胺与乙酰化试剂直接作用制备。常用的乙酰化试剂有乙酰氯、乙酸酐和冰醋酸，其中苯胺与乙酰氯、乙酸酐反应剧烈，而苯胺与冰醋酸反应比较平稳，容易控制，且价格便宜，故本次实验采用冰醋酸作乙酰化试剂。反应式为：

【仪器、药品及材料】

微波反应器、100 mL 圆底烧瓶，分馏柱，温度计等。

5 mL 苯胺[1]，7.5 mL 冰醋酸，0.1 g 锌粉，活性炭等。

【实验步骤】

设定微波反应器反应时间为 15～20 min、温度为 100℃、功率为 600 W。在 100 mL 圆底烧瓶中加入 5 mL 苯胺、7.5 mL 冰醋酸及 0.1 g 锌粉[2]后，置于微波反应器中，装上分馏柱、温度计、蒸馏头与接收瓶。在微波反应器中反应完全[3]，收集反应器出液。当水及大部分乙酸被蒸出后，在搅拌下趁热将反应物倒入 100 mL 冰水中，洗涤两次，冷却，抽滤，得到粗产物。将乙酰苯胺粗产物脱色后，用水重结晶，干燥，称量，测熔点。

主要试剂及产物的物理常数如下：

名称	相对分子质量	性状	密度 $\rho/(g/cm^3)$	熔点/℃	沸点/℃	折射率 n_D^t	溶解性/[g/(100 mL 溶剂)]		
							水	乙醇	乙醚
苯胺	93.13	无色液体	1.0217_4^{10}	−6.3	184.13	1.5863^{20}	3.6(18℃)	混溶	混溶
冰醋酸	60.05	无色液体	1.0492_4^{20}	16.6	117.9	1.3716^{20}	混溶	混溶	混溶
乙酰苯胺	135.17	斜方晶体	1.219_4^{15}	114.3	304	—	0.46(20℃) 0.84(50℃) 3.45(80℃) 5.55(100℃)	21(20℃)	7(25℃)

【注释】

[1] 苯胺易氧化，久置的苯胺色深有杂质，故实验最好用新蒸的苯胺。

[2] 锌粉在酸性介质中可防止苯胺在反应过程中被氧化，但必须注意不能加得过多，如果加得太多，一方面消耗乙酸，另一方面在反应后处理中会出现不溶于水的氢氧化锌，很难从乙酰苯胺中分离出去。

[3] 可观察到温度计上的读数下降或发生上下波动。

【思考题】

(1) 根据理论计算，反应完成时应产生几毫升水？为什么实际收集的液体远大于理论量？

(2) 在重结晶时必须注意哪些方面才能使产品产率高、质量好？

3.26　天然产物的提取

实验 32　从茶叶中提取咖啡因

【实验目的】

(1) 了解天然有机化合物提取分离的一般原理及方法。

(2) 掌握索氏提取器的使用方法和用升华法提纯有机化合物。

【实验原理】

天然产物的分离提纯是一项复杂的工作，一般方法可归纳如下：将植物或微生物研磨成均匀细粒，然后用溶剂提取。如果是挥发性的天然产物，可用气相色谱进行鉴定及分离；难挥发性的天然产物除去溶剂后，往往是油状或胶状物，需要进一步处理以使混合物分离，如可用酸或碱处理，使碱性或酸性组分从中性物质中分出，具有一定挥发性的化合物可将残液用水蒸气蒸馏使其与非挥发性物质分开。纯化天然产物最有效的方法之一是色谱法，如纸色谱、柱色谱、薄层色谱、制备性薄层色谱、液-液色谱及气-液色谱等。

茶叶中含有多种生物碱，其中主要成分是咖啡因(也称咖啡碱)，占 1%～5%。它是杂环化合物嘌呤的衍生物，化学名称是 1,3,7-三甲基-2,6-二氧嘌呤，其结构式为在医学上，咖啡因具有刺激心脏、兴奋大脑神经和利尿的作用，可作为中枢神经兴奋药，也是复方阿司匹林等药物的组分之一。

此外，茶叶中还含有11%～12%的单宁酸(鞣酸)、0.6%的色素、纤维素、蛋白质等。咖啡因能溶于水、乙醇、氯仿等。在实验中用95%乙醇在索氏提取器中提取茶叶中的咖啡因，将不溶于乙醇的纤维素和蛋白质等分离。使用索氏提取器的特点是提取效率高，只需用少量溶剂就能将化合物从固体物质中萃取出来。所得萃取液中除了咖啡因外，还含有叶绿素、单宁酸及其水解产物等。蒸去溶剂后，在粗咖啡因中加入生石灰，生石灰与单宁酸等酸性物质反应生成钙盐，而游离的咖啡因可通过升华法纯化。

【仪器、药品及材料】

索氏提取器，圆底烧瓶，回流冷凝管，蒸馏装置，升华装置，抽滤装置等。

6 g 茶叶，60 mL 95%乙醇，生石灰，活性炭，水杨酸，甲苯，石油醚等。

【实验步骤】

1. 从茶叶中提取咖啡因

称取 6 g 茶叶末，放入索氏提取器的滤纸套筒中[1]，加入 40 mL 95%乙醇，在圆底烧瓶中加入 20 mL 95%乙醇，安装实验装置(将索氏提取器安装在烧瓶上，冷凝管装在索氏提取器上，组成索氏提取的回流装置)[2]。用水浴加热，连续提取到提取液颜色很浅为止(约需2.5 h)，待冷凝液刚刚虹吸下去时，即可停止加热。稍冷后，改成蒸馏装置，把提取液中的大部分乙醇蒸出[3]。

趁热把瓶中残液倒入蒸发皿中，加入 2～3 g 生石灰粉末，搅成糊状。将蒸发皿放在一盛有沸水的烧杯上，不断搅拌，并压碎块状物，用蒸气浴蒸干，使其成粉末状。最后将蒸发皿放在石棉网上用小火焙烧片刻[4]，务必使水分全部除去。将一张刺有很多小孔的滤纸盖在蒸发皿上，上面再倒覆一个大小合适的漏斗，用砂浴或简易空气浴加热升华[5]。控制浴温在220℃左右，当滤纸上出现许多白色毛状结晶时，暂停加热，让其自然冷却到 100℃左右。取下漏斗，轻轻揭开滤纸，用刮刀仔细地把附在滤纸上两面的咖啡因刮下。残渣若为绿色，经搅拌后用较大的火再加热片刻，使其再次升华，直至变棕色时为止。合并两次收集到的咖啡因，称量，计算咖啡因在茶叶中的含量，测定其熔点。

2. 咖啡因水杨酸盐衍生物的制备

在试管中放入 40 mg 咖啡因、30 mg 水杨酸和 2.5 mL 甲苯，水浴加热使固体溶解。然后加入 1.5 mL 石油醚(沸程 60～90℃)，在水浴中冷却，使晶体从溶液中析出。如无晶体析出，可用刮刀摩擦管壁以诱导结晶析出。用玻璃钉漏斗抽滤，干燥后测定熔点，熔点为 139～140℃。

【注释】

[1] 无滤纸筒时可用滤纸折一纸筒代替。滤纸筒大小要适中，既要贴紧器壁，又能方便取放。滤纸筒中的茶叶高度不得超过虹吸管，滤纸包茶叶时要小心，防止漏出堵塞虹吸管；滤纸筒上面折成凹形，以保证回流液均匀浸润被萃取物，提高抽提效果。

[2] 若无索氏提取器，可用圆底烧瓶进行回流抽提。称取 4 g 茶叶，加入 30 mL 95%乙醇于烧瓶中，加热回流约 2.5 h。

[3] 瓶中乙醇不可蒸得太干，否则残液很黏，不易倒出，且损失较大。

[4] 在焙烧时，火不可太大，否则咖啡因将会损失。

[5] 在萃取回流充分的情况下，升华操作是实验成败的关键。升华过程中始终都需要用小火间接加热。若温度太高，会使产物发黄。注意温度计应放在合适的位置，以便正确反映出升华的温度。

【思考题】

(1) 本实验中生石灰的作用是什么？

(2) 升华前，如果水分不去掉，大火加热时将会出现什么情况？

(3) 在制备咖啡因衍生物时，为什么在甲苯溶液中要加入石油醚？

实验 33　从红辣椒中提取红色素

【实验目的】

(1) 了解提取天然有机化合物的原理及实验方法。

(2) 掌握索氏提取器的使用方法和薄层色谱及柱色谱技术。

【实验原理】

红辣椒中含有多种色泽鲜艳的天然色素，其中呈现深红色的色素主要是由辣椒红脂肪酸酯和少量辣椒玉红素脂肪酸酯所组成，呈黄色的色素则是 β-胡萝卜素。这些色素可以通过层析技术加以分离。本实验以二氯甲烷作萃取剂，从红辣椒中提取出辣椒红色素，然后采用薄层色谱分析，确定各组分的 R_f 值，再经柱色谱分离，分段接收并蒸去溶剂，即可获得各个单组分。

辣椒红

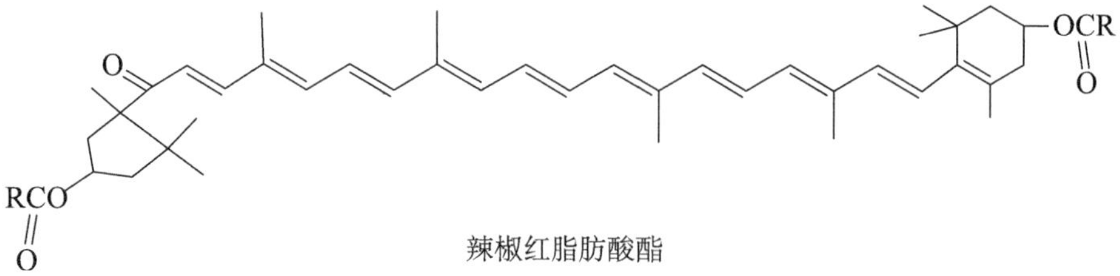

辣椒红脂肪酸酯

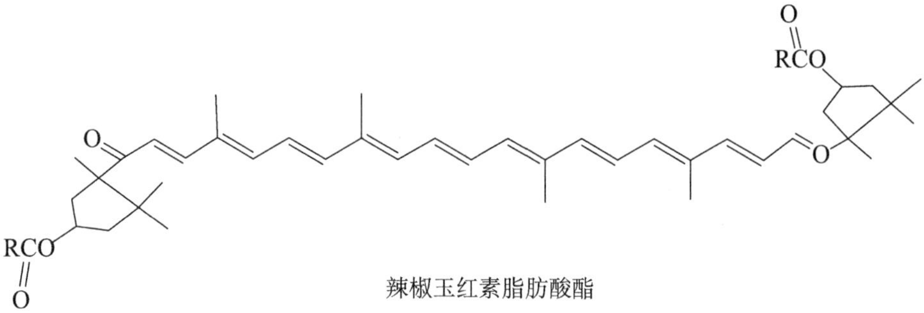

辣椒玉红素脂肪酸酯

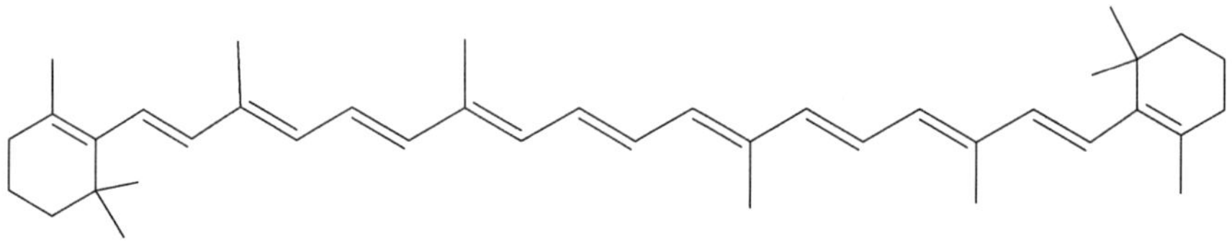

β-胡萝卜素

【仪器、药品及材料】

圆底烧瓶，索氏提取器，回流冷凝管，色谱柱，层析缸等。

1 g 干燥的红辣椒，二氯甲烷，硅胶 G(200～300 目)等。

【实验步骤】

1. 提取和薄层色谱鉴定

取 1 g 干燥并研细的红辣椒[1]和几粒沸石加入 25 mL 圆底烧瓶中，加入 10 mL 二氯甲烷，装上索氏提取器及回流冷凝管(或只安装回流冷凝管，用简单回流装置)，加热回流 20 min。待提取液冷却至室温，过滤，除去辣椒渣，蒸馏回收二氯甲烷，得到浓缩的粗色素黏稠液。

取少量色素粗品，用 2～3 滴二氯甲烷溶解，用毛细管点样，以二氯甲烷作展开剂。展开后板上出现大红、小红和黄色三个斑点，测量并计算每种色素的 R_f 值。

2. 柱色谱分离

在 20 cm×1 cm 色谱柱中湿法装硅胶 G 至柱高 15 cm。柱上端加入色素粗品溶于 1 mL 二氯甲烷的浓缩液，用二氯甲烷淋洗，柱上逐渐分离出黄、红、深红三条环状色带。按颜色收集三种流出液。红色带洗出后，用丙酮淋洗，收集深红色带。蒸馏或用旋转蒸发仪浓缩，收集红色素。对所得的红色素样品做红外光谱分析，并与标准谱比较。

【注释】

[1] 若辣椒末研细，将其用量加倍。

【思考题】

(1)层析过程中有时会出现"拖尾"现象,一般是由什么原因造成的?这对层析结果有何影响?如何避免"拖尾"现象?

(2)色谱柱中有气泡会对分离造成什么影响?如何除去气泡?

3.27 综 合 实 验

实验 34 2,6-二甲基-3,5-二乙氧羰基-1,4-二氢吡啶的合成

【实验目的】

(1)学习 Hanstzch 反应的机理。

(2)了解二氢吡啶类钙通道阻滞剂的用途及其通用合成方法。

(3)了解多组分一锅法反应的绿色化学意义。

【实验原理】

杂环化合物具有多种多样的功能特性和应用价值,如许多临床药物都属于杂环化合物。二氢吡啶类钙通道阻滞剂是一类广泛应用于临床的心脑血管药物,具有降血压、抗心绞痛等多方面的药理作用。一般以 β-酮酸酯、醛和氨为原料通过 Hanstzch 反应制备,其反应机理如下:

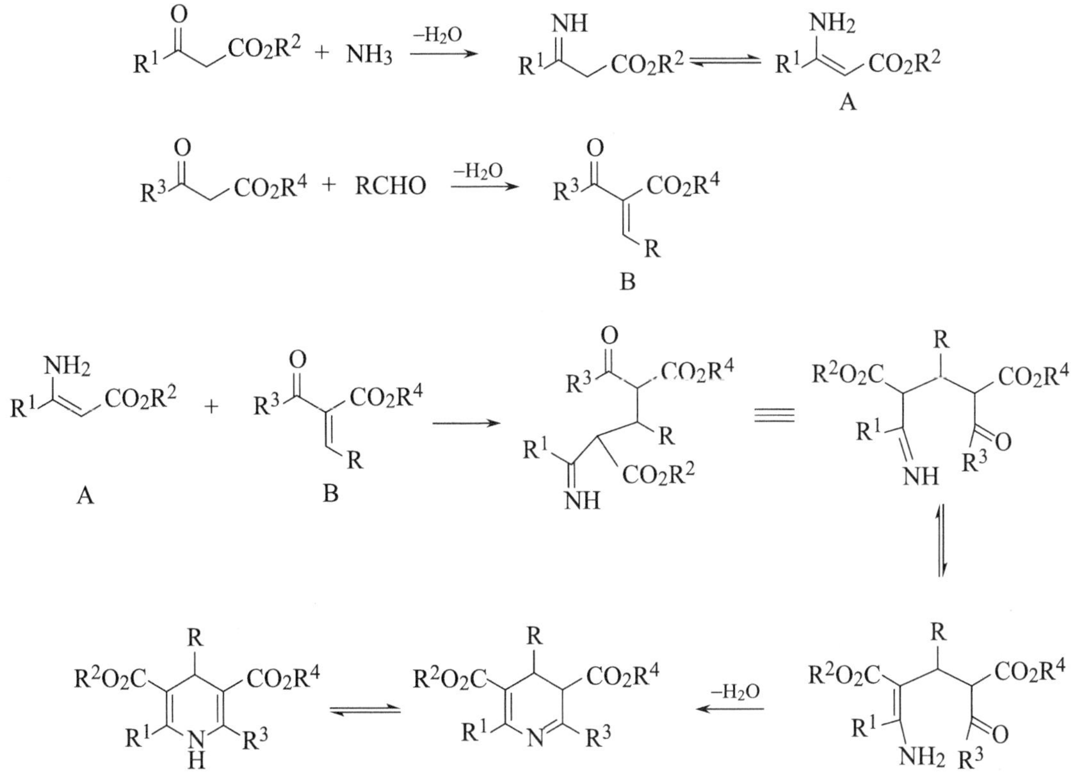

当 $R^1 = R^3$、$R^2 = R^4$ 时，上述中间体 A 和 B 不必分离，可由多组分一锅法反应得到目标产物。但当 $R^1 \neq R^3$ 和/或 $R^2 \neq R^4$ 时，中间体 A 和 B 要分别制备，再将二者加成、环合得到目标产物。

多组分一锅法是指在同一体系中顺序发生多步反应，实现多组分对接得到最终的目标产物，避免了中间体的分离纯化，简化了操作，节约了资源，减少了污染排放，提高了原子利用率，是理想的绿色化学反应。

本实验以乙酰乙酸乙酯、甲醛和乙酸铵为原料通过一锅法合成 2,6-二甲基-3,5-二乙氧羰基-1,4-二氢吡啶，反应式如下：

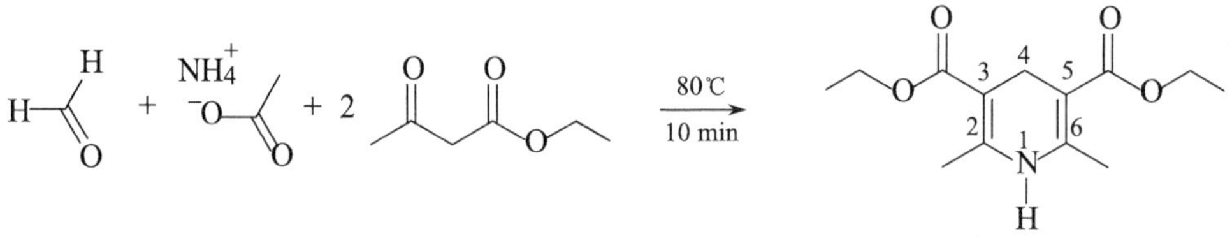

【仪器、药品及材料】

三颈烧瓶，搅拌装置，回流冷凝管，抽滤装置，重结晶装置等。

乙酰乙酸乙酯 2.9 mL (22.77 mmol)，36%甲醛水溶液 0.85 mL (11.98 mmol)，乙酸铵 1.29 g (16.74 mmol)，95%乙醇等。

【实验步骤】

在 50 mL 装有磁力搅拌子的三颈烧瓶中依次加入乙酰乙酸乙酯(2.9 mL)、乙酸铵(1.29 g)和 36%甲醛水溶液(0.85 mL)，安装回流装置。剧烈搅拌下将混合物逐步加热至 80℃。在 80℃下加热 10 min 后，由于固体产物的积累，搅拌将停止。一旦发生这种情况，将烧瓶从水浴中取出。向烧瓶中加入 15 mL 蒸馏水，用玻璃棒捣碎固体产物。真空过滤(抽滤)收集固体，并用蒸馏水(20 mL)充分淋洗，抽干。

固体粗产物用 95%乙醇重结晶。固体热溶后将烧瓶冷却至室温，然后在冰浴中放置 10 min 以确保结晶完全[1]。过滤收集晶体，干燥、称量并计算反应产率。测定产物熔点并与文献数据(183~184℃)进行比较。

【注释】

[1] 不能直接放入冰水浴强制冷却结晶，应慢慢降温冷却结晶，避免结晶快、晶体过细、杂质含量过高。

【思考题】

(1)本实验反应过程中可能经历哪些中间体？请写出相关化合物的结构式。

(2)重结晶时如果有少量不溶性杂质该如何处理？如果需要趁热过滤，为了避免产物晶体在漏斗上析出，溶剂用量该如何调整？

实验 35　外消旋 α-苯乙胺的拆分

【实验目的】

(1) 掌握化学拆分法的原理及实验室操作方法。

(2) 学习用旋光度测定方法获取光学纯度。

【实验原理】

$(\pm)$-α-苯乙胺的两个对映体的溶解度是相同的,本实验以 $(+)$-酒石酸为拆分试剂,可以产生两个非对映体的盐,这两个盐在甲醇中的溶解度有显著差异,可以用分步结晶法将它们分离,然后用碱处理已分离的盐,就能使具有不同旋光方向的 α-苯乙胺游离出来,从而获得纯的 $(+)$-α-苯乙胺和 $(-)$-α-苯乙胺。本实验主要要分出 $(-)$-α-苯乙胺。

非手性条件下,在实验室制备不对称分子时,D 和 L 两种构型生成的机会均等,所得产物是等量的对映体所组成的外消旋体。因此,要想获得旋光纯的化合物,就要把外消旋体拆分开。

外消旋体拆分的方法很多,主要有机械拆分法、微生物拆分法、诱导结晶拆分法、吸附(选择)拆分法、动力学拆分法及化学拆分法。其中,化学拆分法是最常用的方法,它是利用形成非对映体的方法进行拆分。如果外消旋化合物含有一个易于发生反应的拆分基团,如羧基、氨基等,可使它与一个光学纯的旋光性化合物(拆分试剂)发生反应,生成两种非对映异构体。这两种化合物的某些物理性质不同,可用分步结晶法等方法将它们分开、制纯。最后除去拆分试剂就可得到纯的左旋体和右旋体。这种方法一般可表示如下:

$$(\pm)\text{-A} \quad + \quad (+)\text{-B} \longrightarrow \begin{array}{l} (+)\text{-A} \longrightarrow (+)\text{-B} \\ (-)\text{-A} \longrightarrow (+)\text{-B} \end{array}$$

外消旋体　　　　拆分试剂

$$\xrightarrow{\text{分离}} \left[\begin{array}{l} (+)\text{-A} \longrightarrow (+)\text{-B} \xrightarrow{-(+)\text{-B}} (+)\text{-A} \\ (-)\text{-A} \longrightarrow (+)\text{-B} \xrightarrow{-(+)\text{-B}} (-)\text{-A} \end{array} \right.$$

拆分试剂既要容易与外消旋体作用,又要易于除去。符合这种要求的最好的拆分试剂就是能和被拆分物质生成盐的化合物。常用的拆分试剂有马钱子碱、奎宁和麻黄素等旋光纯的生物碱(用于拆分外消旋的有机酸)及酒石酸、樟脑磺酸等旋光纯的有机酸(用于拆分外消旋的有机碱)。拆分外消旋的醇时,可先将醇与丁二酸酐或邻苯二甲酸酐作用生产单酯,用旋光纯的碱将酯拆分,再经碱性水解得到左旋和右旋的醇。

在实际工作中很难得到单个旋光纯的对映体,常用光学纯度表示被拆分后对映体的纯度:

$$光学纯度(\text{OP}) = \frac{样品的[\alpha]}{纯物质的[\alpha]} \times 100\%$$

本实验的反应式:

CH₃ H—C—NH₂ (苯环)　+　CH₃ H₂N—C—H (苯环)　+　COOH H—C—OH HO—C—H COOH　→

B(−)　　　　　　B(+)

(±)-α-苯乙胺　　　　　右旋酒石酸　　A(+)

CH₃ H—C—⁺NH₃ (苯环)　COO⁻ H—C—OH HO—C—H COOH　—OH⁻→　CH₃ H—C—NH₂ (苯环)　+　COO⁻ H—C—OH HO—C—H COOH

B(−)　　　A(+)

在CH₃OH中溶解度较小　　　(−)-α-苯乙胺　　$[\alpha]_D^{22}=-40.3°$

CH₃ ⁺H₃N—C—H (苯环)　COO⁻ H—C—OH HO—C—H COOH　—OH⁻→　CH₃ H₂N—C—H (苯环)　+　COO⁻ H—C—OH HO—C—H COOH

B(+)　　　A(+)

在CH₃OH中溶解度较大　　　(+)-α-苯乙胺　　$[\alpha]_D^{22}=+40.3°$

【仪器、药品及材料】

锥形瓶，回流冷凝管，抽滤装置，蒸馏装置，分液漏斗，容量瓶，旋光仪等。

D-(+)-酒石酸 3.8 g（0.025 mol），（±)-α-苯乙胺 3 g（0.025 mol），甲醇，50%氢氧化钠溶液，乙醚，无水硫酸镁，氢氧化钠(s)等。

【实验步骤】

向 50 mL 锥形瓶中加入 3.8 g D-(+)-酒石酸、50 mL 甲醇[1]和几粒沸石，装上回流冷凝管后在水浴上加热使其沸腾。待 D-(+)-酒石酸全部溶解后，稍冷，移去回流冷凝管，在振摇下用滴管将 3 g （±)-α-苯乙胺[2]慢慢加入热溶液中，需小心操作，以免混合物沸腾或起泡溢出。冷至室温后，塞紧活塞，放置 24 h 以上，瓶内应生成棱柱状晶体，若生成针状晶体[3]与棱柱状晶体混合物，可分出少量棱柱状晶体，将锥形瓶装上回流冷凝管后置于热水浴中加热，并不时振摇使结晶全部溶解，稍冷后用取出的棱柱状晶体接种。再让溶液慢慢冷却[4]，待结晶完全后，抽滤，用少量冷甲醇洗涤，晾干，得到的主要是 (+)-酒石酸-(−)-α-苯乙铵盐[5]。称量并计算产率。

将上述所得的 (+)-酒石酸-(−)-α-苯乙铵盐转入 50 mL 锥形瓶中，加入 10 mL 水，再加入 2 mL 50%氢氧化钠溶液，充分振摇使溶液呈强碱性。将溶液转入分液漏斗，然后每次用 10 mL

乙醚萃取 3 次，合并醚层，用粒状氢氧化钠干燥。水层倒入指定容器中回收(+)-酒石酸。

将干燥后的乙醚溶液分批滤入 25 mL 事先已称量的圆底烧瓶，在水浴上蒸去乙醚[6]。称量圆底烧瓶，即可得 α-苯乙胺的质量[7]。

加适量甲醇至圆底烧瓶中，并将其转入 10 mL 容量瓶内，再用甲醇淋洗圆底烧瓶，使圆底烧瓶中所有 α-苯乙胺都被甲醇溶解并转移到容量瓶中，且总体积达到 10 mL。将此溶液转移到旋光仪的样品管中，测定旋光度。根据旋光度和 α-苯乙胺的浓度计算比旋光度，并计算拆分后苯乙胺的光学纯度。

【注释】

[1] 甲醇有毒，切勿吸入其蒸气，吸入过多甲醇会使双目失明。

[2] 该品具有腐蚀性，能引起烧伤，对呼吸系统有刺激性，使用时应避免吸入本品的蒸气。接触皮肤后，应立即用大量指定的液体冲洗。

[3] 从针状晶体得到的 α-苯乙胺光学纯度差，所以必须得到棱柱状晶体，结晶前可用棱柱状晶体接种。

[4] 结晶生成速度较慢，常需放置较长时间。

[5] 这是一种制备纯的非对映体盐的简化方法，如果将盐重结晶，达到一定的比旋光度 [该盐熔点 179～182℃(分解)；$[\alpha]_D = +13°$ (H_2O 8%)]，然后再进行碱处理，得到相应的 α-苯乙胺光学纯度就会提高。

[6] 乙醚易燃易爆，操作时应远离明火。

[7] 因实验中得到的 α-苯乙胺数量很少，难以蒸馏，所以采用这种简化方法。

【思考题】

(1) 在(+)-酒石酸甲醇溶液中加入 α-苯乙胺后，析出棱柱状晶体，过滤后，此滤液是否具有旋光性？为什么？

(2) 本实验的关键步骤是什么？如何控制反应条件才能分离出纯的旋光异构体？

(3) 试设计一个实验步骤,从上述实验中分出(−)-α-苯乙胺-(+)-酒石酸盐后的母液中分出(+)-α-苯乙胺。

实验 36　1-甲基-4-(戊-1-炔-1-基)苯的制备

【实验目的】

(1) 了解 Sonogashira 交叉偶联反应的机理。

(2) 掌握无水无氧反应的操作(Schlenk 操作)。

(3) 掌握反应的后处理过程、产物的纯化过程及产物的表征方法。

【实验原理】

1975 年，Sonogashira 课题组报道了钯和铜协同催化芳基/烯基卤化物与末端炔烃之间的交叉偶联反应，构建 sp^2-sp 碳碳键(图 3.63)。反应机理为：二价钯被还原，原位产生具有催化活性的零价钯，芳基/烯基卤化物对零价钯氧化加成，形成芳基/烯基二价钯中间体。另外，末端炔烃在铜催化剂的配位作用下，被碱夺取质子产生炔基铜中间体。芳基/烯基二价钯中间体与炔基铜中间体发生转金属，形成芳基/烯基炔基钯中间体，最后经由还原消除得到交叉偶联的产物，以及再生零价钯催化剂(图 3.64)。在同一时间，Heck 及 Cassar 研究组也都独立发现了钯单独催化的这一类反应，但是没有使用铜作为协同催化剂，反应条件比较苛刻，限制了其应用。

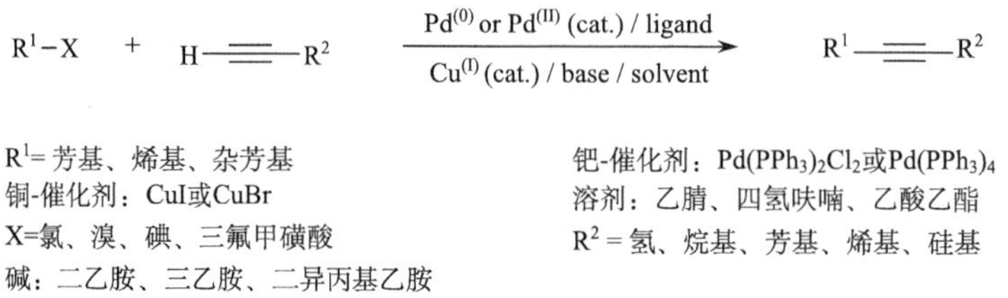

R¹−X
H
R²
Pd(0) or Pd(II) (cat.) / ligand
Cu(I) (cat.) / base / solvent
R¹
R²
R¹= 芳基、烯基、杂芳基
铜-催化剂：CuI或CuBr
X=氯、溴、碘、三氟甲磺酸
碱：二乙胺、三乙胺、二异丙基乙胺
钯-催化剂：Pd(PPh3)2Cl2或Pd(PPh3)4
溶剂：乙腈、四氢呋喃、乙酸乙酯
R² = 氢、烷基、芳基、烯基、硅基

图 3.63 Sonogashira 交叉偶联反应

Cu
R²
[R3N]H⁺X⁻
R¹
LnPd(II)
X
R¹—X
氧化加成
转金属
CuX
H
R²
R3N
Pd(0) 或 Pd(II)
LnPd(0)
R¹
LnPd
R²
R¹
R²
还原消去

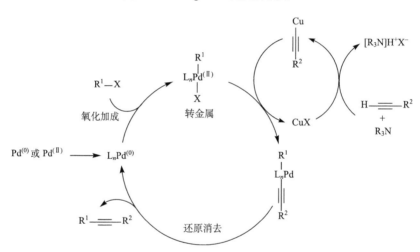

图 3.64 Sonogashira 交叉偶联反应的机理

Sonogashira 反应具有如下特点：①反应通常在室温或稍高于室温的条件下进行；②通过使用催化量的亚铜盐原位产生炔基铜中间体，可以避免直接使用对碰撞敏感易爆的炔基铜试剂；③通常使用 $Pd(PPh_3)_4$ 或 $Pd(PPh_3)_2Cl_2$ 作为反应的催化剂；④通常使用 CuI 或 CuBr 作为反应的催化剂；⑤反应通常需要在无氧条件下进行，但一般并不需要非常严格的无水条件；⑥反应可以小量或大量进行；⑦反应一般不会改变底物的立体构型；⑧芳基/烯基卤化物的反应活性顺序为 $I \approx OTf > Br >> Cl$，且这些活性差异可以在同时存在多个官能团的底物上体现出 Sonogashira 反应的选择性；⑨反应具有很好的官能团兼容性，当炔烃末端连有共轭的吸电子基(如 $R^2 = CO_2Me$)时，将得到迈克尔加成的产物，当取代基是炔丙基衍生物($R^2 = CH_2CO_2Me$)时，倾向于得到联烯产物；⑩芳基卤化物邻位大位阻取代基将使反应活性降低，需要更高的反应温度，在高温条件下会产生末端炔烃自偶联的副产物。

目前 Sonogashira 反应可以高效地合成芳基/烯基炔烃及大共轭炔烃衍生物等，在天然产物、农业化学品、药物分子、功能材料、分子器件的合成中具有非常广泛的应用。

本次实验的目标产物是 1-甲基-4-(戊-1-炔-1-基)苯，其合成反应式如下：

$$Me-\langle\!\!\!\!\bigcirc\!\!\!\!\rangle-I \ + \ H-\!\!\!\equiv\!\!\!-n\text{-}Pr \ \xrightarrow[\text{Et}_3\text{N, 室温}]{\substack{\text{Pd(PPh}_3)_2\text{Cl}_2 \ (1 \ \text{mol\%}^{\textcircled{\tiny 1}}) \\ \text{CuI(3 mol\%)}}} \ Me-\langle\!\!\!\!\bigcirc\!\!\!\!\rangle-\!\!\!\equiv\!\!\!-n\text{-}Pr$$

【仪器、药品及材料】

Schlenk 反应瓶，搅拌装置，无水无氧操作线等。

1-碘-4-甲基苯(1.09 g，5.0 mmol)，1-戊炔(409 mg，6.0 mmol)，Pd(PPh$_3$)$_2$Cl$_2$(35.1 mg，0.1 mmol)，CuI(19.1 mg，0.2 mmol)，三乙胺[1]，石油醚等。

【实验步骤】

在 100 mL Schlenk 反应瓶中装入磁力搅拌子，称取 Pd(PPh$_3$)$_2$Cl$_2$(35.1 mg，0.1 mmol，1 mol%)和 CuI(19.1 mg，0.2 mmol，2 mol%)，用橡胶塞塞住反应瓶，将反应瓶[2]与双排管相连，抽真空再充入氮气，反复操作三次[3]，加入溶剂三乙胺 10 mL，依次加入 1-碘-4-甲基苯(1.09 g，5.0 mmol)、1-戊炔(409 mg，6.0 mmol)，反应液于室温下搅拌 2 h。用薄层色谱监测反应进度，反应结束后用石油醚[4]柱色谱法分离。产物为黄色油状物。

【注释】

[1] 三乙胺用新买的，避免吸水过多而影响反应。

[2] 反应体系要保持在惰性气氛中。

[3] 操作双排管置换气的过程要注意操作流程。

[4] 石油醚沸程为 60～90℃，请注意在使用过程中远离明火。

【思考题】

(1)反应溶剂和反应体系为什么要无水无氧？不除水会有什么影响？不除氧会有什么影响？

(2)Sonogashira 反应有哪些优点和局限性？

(3)常见的 Sonogashira 反应的副反应是什么？

(4)在这个反应中为什么炔烃过量？碘苯过量会有什么后果？

(5)除了用双排管 Schlenk 瓶，还可以如何置换惰性气体保护反应体系？

(6)TLC 如果遇到紫外灯下没有荧光的化合物如何显色？

(7)哪些方法可以监测反应进行的程度？

(8)哪些方法可以提纯化合物？

---

① mol%表示摩尔分数。

实验 37　对硝基苯胺的合成

【实验目的】

(1)学习芳环上氨基的保护、硝化,以及酰胺水解的原理和实验方法。

(2)掌握回流、过滤、重结晶、测熔点、薄层色谱、柱色谱、水蒸气蒸馏等操作方法。

【实验原理】

苯胺易被氧化,所以不能用混酸直接进行硝化,必须将氨基先保护后再硝化,芳胺的酰化反应是常用的一种保护措施。伯芳胺或仲芳胺经酰化后,反应选择性增强,副产物减少,且在合成的最后步骤,芳香族酰胺在酸或碱作用下很容易重新产生氨基,从而实现硝基苯胺的合成。本实验以苯胺为原料,通过乙酰化、硝化、水解得到对硝基苯胺和邻硝基苯胺的混合物,以此来验证芳环上的亲电取代反应的定位规律,巩固酰化、硝化、酰胺水解等基本反应。反应式如下:

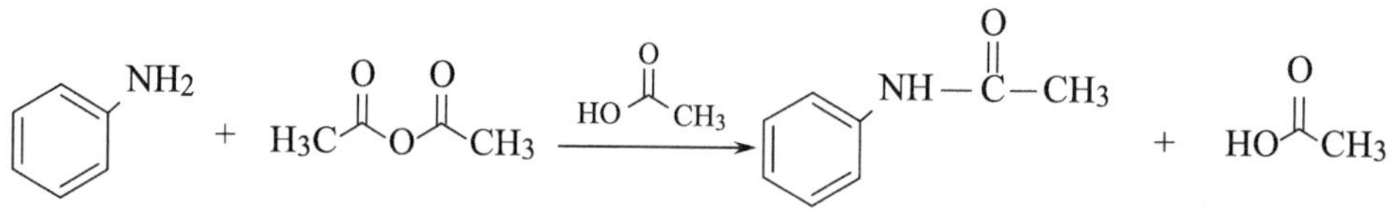

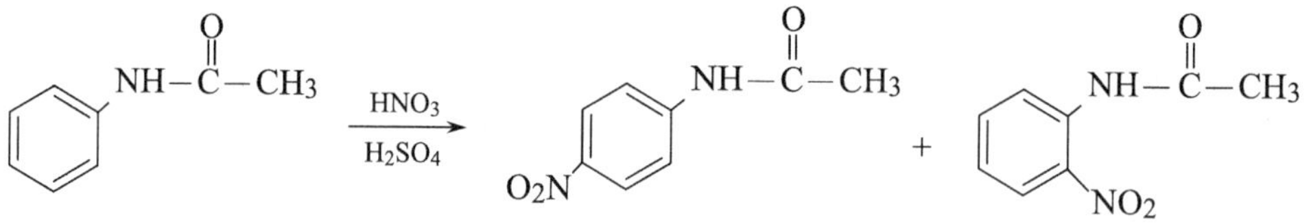

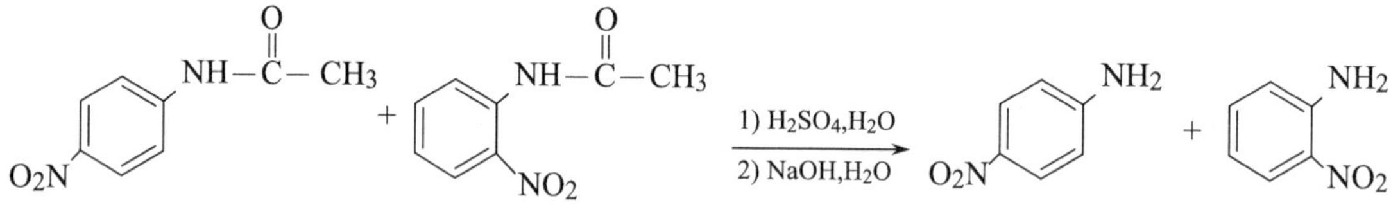

【仪器、药品及材料】

圆底烧瓶,回流冷凝管,滴液漏斗,抽滤装置,重结晶装置,水蒸气蒸馏装置,薄层色谱和柱色谱装置等。

苯胺,冰醋酸,乙酸酐,浓硫酸,浓硝酸等。

【实验步骤】

1. 制备乙酰苯胺

在 50 mL 圆底烧瓶中,将 5.0 mL 苯胺[1](55 mmol)溶于 10 mL 冰醋酸中。安装回流装置,搅拌下，逐滴加入 6 mL（64 mmol）乙酸酐，边滴边搅拌，以温和回流比加热 15 min。缓慢冷却，从冷凝管顶部小心加入 5 mL 冷水，再加热并煮沸 5 min，使未反应的乙酸酐完全水解。再次冷却，在搅拌下将反应混合物缓慢倒入 30 mL 冰水中，静置 15 min 后抽滤，收集沉淀，冰水洗涤 2 次，产品用水重结晶得到纯产品，晾干后称量并测熔点。

2. 乙酰苯胺的硝化

混酸配制：在 25 mL 锥形瓶中加入 1.5 mL 浓 HNO_3，再缓慢滴加 2.0 mL 冰冷的浓 H_2SO_4，冰水浴冷却 10 min。

在 50 mL 锥形瓶中，加入 2.40 g 乙酰苯胺、4.0 mL 冰醋酸[2]后，缓慢滴加 5 mL 冷的浓 H_2SO_4，混匀。反应置于冰水浴中，逐滴加入混酸，滴速控制在每 2~3 s 一滴，保持反应温度在 5℃以下[3]。混酸滴加完后，冰浴下混匀反应物，然后取出，室温下放置 40 min，并间歇摇荡，在搅拌下将反应液倒入 30 mL 水和 10 g 冰中。减压过滤，冷水洗涤固体至中性，抽干，将固体转移至表面皿，晾干（必要时用 95%乙醇重结晶）。

3. 对硝基乙酰苯胺的酸水解

将制得的对硝基乙酰苯胺的粗品转移至 50 mL 圆底烧瓶中，加入 10 mL 40%的硫酸水溶液。加热使其全溶，若反应物没有全溶，加入少量水使其完全溶解，并回流 20 min，停止反应，将反应液倒入 10 mL 水中，并使其冷却至室温。缓慢加入 5 mol/L NaOH 溶液，至溶液刚好呈强碱性。将混合物冷却至室温，并置于冰浴下静置 10 min，抽滤，并用冰水洗涤滤饼至中性，晾干得水解产物对硝基苯胺的粗品（含有邻硝基苯胺）。可用 75%乙醇重结晶获得纯对硝基苯胺。

4. 水蒸气蒸馏纯化对硝基苯胺粗品

称取 0.5 g 水解后干燥的粗产品放入 100 mL 烧瓶中，并加入约 15 mL 水，进行水蒸气蒸馏，直至馏出液由混浊变澄清。水蒸气蒸馏结束[4]，圆底烧瓶中剩余的溶液冷却析出黄色对硝基苯胺晶体。抽滤，洗涤，干燥并用 TLC 鉴定。

可收集前 100 mL 左右的馏出液用约 20 mL CH_2Cl_2 分两次对含量较多的产品的馏出液进行萃取，分出有机层，用无水硫酸镁干燥，旋除至溶剂只有 3 mL 左右[5]时，转移至表面皿中，待溶剂挥发，析出得到橙黄色邻硝基苯胺结晶。抽滤，洗涤，干燥并用 TLC 鉴定。

TLC 鉴定：取少量样品溶于 0.4 mL 丙酮中配成溶液，用石油醚：乙酸乙酯 = 5：1 为展开剂，进行薄层色谱分析，分别测定对、邻硝基苯胺标样的 R_f 值。另分别取水解产物、馏出液和水蒸气蒸馏残液中的晶体进行薄层色谱比对。

5. 对硝基苯胺的柱色谱提纯

选择色谱柱。用 20 g 硅胶和适量的石油醚制备色谱柱。称取 0.1 g 干燥的对硝基苯胺的粗产品溶于少量丙酮中，再加入 0.2~0.3 g 硅胶，混匀至丙酮全部挥发，得干燥的粉末，将其加入色谱柱，并用展开剂（石油醚：乙酸乙酯 = 5：1）多次冲洗至吸附剂上面的液体无色，加入 1~2 mm 厚的石英砂。不断添加展开剂并分管收集样品。用 TLC 检验样品管中各组分，收集并合并对硝基苯胺的组分，旋除溶剂，获得纯组分，称量，测熔点。

【注释】

[1] 苯胺最好用新蒸的,本实验用乙酸酐作酰化试剂,若欲不重结晶就得到比较纯的粗产品,可在反应体系中加入与苯胺等物质的量的结晶乙酸钠。因为在乙酸-乙酸钠的缓冲液中进行酰化,由于酸酐的水解速度比酰化速度慢得多,得到的产物纯度高。

[2] 冰醋酸有两个作用:其一作为溶剂,其二可以抑制乙酰苯胺的水解。乙酰苯胺在低温下可以溶于浓硫酸,但是速率很慢,加入冰醋酸可加速其溶解。

[3] 混酸与乙酰苯胺在 5℃下作用,主要产物是对硝基乙酰苯胺;当温度达到 40℃时,则生成约 1/4 的邻硝基乙酰苯胺,温度更高时出现多硝基化,所以硝化反应温度控制很关键。

[4] 水蒸气蒸馏接近尾声时,停止通入水蒸气,并加热蒸馏瓶中溶液,浓缩至体积小于 70~80 mL。然后将残液趁热倒入小烧杯,冷却结晶。

[5] 留 3 mL 左右便于转移。

【思考题】

(1) 能用混酸对苯胺直接进行硝化制备硝基苯胺吗?为什么?

(2) 常用的乙酰化试剂有哪些?各有什么特点?

(3) 为什么对、邻硝基苯胺可采用水蒸气蒸馏分离?

(4) 薄层色谱有哪些用途?柱色谱中的吸附剂、洗脱剂如何选择?

III   有机化合物的基本化学鉴定

3.28   有机化合物的鉴定

实验 38   醇、酚、醛、酮的鉴定

【实验目的】

(1) 加深对醇、酚、醛、酮的化学性质的认识。

(2) 掌握用特征化学反应鉴别这四类化合物的方法。

【实验原理】

醇和酚均含有羟基,在某些方面二者性质相似,但由于醇的羟基与脂肪(环)烃基相连,而酚羟基是与芳香环相连,因此酚具有不同于醇的化学性质。醛和酮均含有羰基,因此它们的化学性质在一定程度上有共同点,如都能与 2,4-二硝基苯肼等羰基试剂作用,但由于醛基至少与一个氢原子相连,所以它们的化学性质又有所不同,如醛能被费林试剂、银氨溶液等弱氧化剂所氧化,能与品红醛试剂结合生成紫红色的加成物,而酮不具备此类性质。有关反应式如下:

$$ROH + Na \longrightarrow RONa + \frac{1}{2}H_2$$

$$RONa + H_2O \Longleftrightarrow NaOH + ROH$$

$$RCH_2OH \xrightarrow{K_2Cr_2O_7 + H_2SO_4} RCHO \xrightarrow{[O]} RCOOH$$

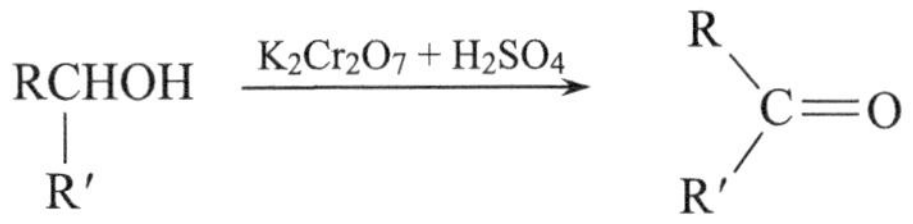

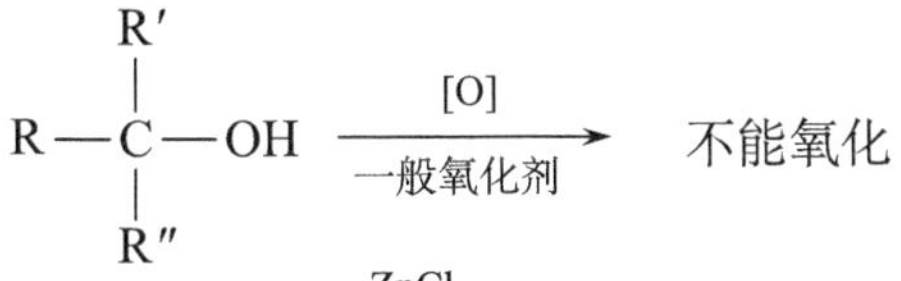

$$\underset{\underset{R'}{|}}{RCHOH} \xrightarrow{K_2Cr_2O_7 + H_2SO_4} \underset{\underset{R'}{|}}{\overset{R}{C}}=O$$

$$R-\underset{\underset{R''}{|}}{\overset{\overset{R'}{|}}{C}}-OH \xrightarrow[\text{一般氧化剂}]{[O]} 不能氧化$$

$$CH_3CH_2CH_2CH_2OH + HCl \xrightarrow[\substack{20℃，1 h不发生反\\应，加热才发生反应}]{ZnCl_2} CH_3CH_2CH_2CH_2Cl + H_2O$$

$$\underset{\underset{OH}{|}}{CH_3CH_2CHCH_3} + HCl \xrightarrow[20℃，10\ min]{ZnCl_2} \underset{\underset{Cl}{|}}{CH_3CH_2CHCH_3} + H_2O$$

$$(CH_3)_3C-OH + HCl \xrightarrow[20℃，1\ min]{ZnCl_2} (CH_3)_3C-Cl + H_2O$$

$$CH_3CH_2OH \xrightarrow[\triangle]{浓H_2SO_4} H_2C=CH_2 + H_2O$$

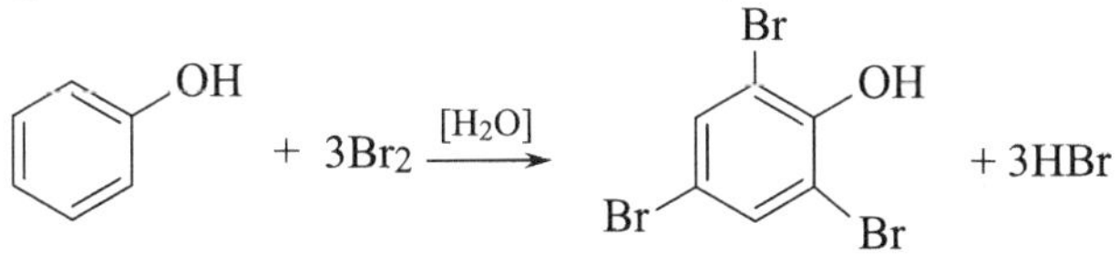

$$6PhOH + FeCl_3 \Longleftrightarrow [Fe(OPh)_6]^{3-} + 6H^+ + 3Cl^-$$

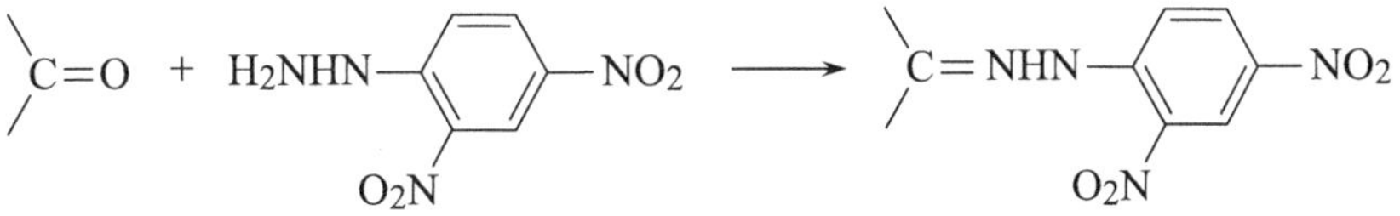

$$R \atop (H_3C)H} \!\!\!\!\!\!\! C=O + NaHSO_3 \longrightarrow R-\underset{H(CH_3)}{\overset{OH}{\underset{|}{\overset{|}{C}}}}-SO_3Na$$

$$\underset{H_3C}{\overset{(R)H}{C}}=O + 3NaOI \longrightarrow CHI_3\downarrow + (R)HCOONa + 2NaOH$$

$$RCHO + 2Cu(OH)_2 + NaOH \xrightarrow{\triangle} RCOONa + Cu_2O\downarrow + 3H_2O$$

$$RCHO + 2[Ag(NH_3)_2]OH \xrightarrow{\triangle} RCOONH_4 + 2Ag\downarrow + H_2O + 3NH_3$$

【仪器、药品及材料】

250 mL 烧杯,点滴板,带刻度试管,试管,带支管的大试管,试管夹。

甲醇,乙醇,正丁醇,仲丁醇,叔丁醇,正丙醇,异丙醇,甲醛,乙醛,苯甲醛,苯酚,丙酮,1%苯酚溶液,浓硫酸,1%重铬酸钾溶液,10%硫酸,5%氢氧化钠溶液,1%三氯化铁溶液,饱和溴水,2%硝酸银溶液,2%氨水,5%碳酸钠溶液,0.5%高锰酸钾溶液,金属钠,酚酞指示剂。

卢卡斯(Lucas)试剂:将 34 g 氯化锌在蒸发皿中强热熔融,并不断搅拌。稍冷后,放置在干燥器中冷至室温,取出捣碎,溶于 23 mL 浓盐酸中(相对密度 1.18)。配制时必须搅动,并把容器放在冰水浴中冷却,以防氯化氢逸出。以实验前新配制为宜。

2,4-二硝基苯肼:取 2,4-二硝基苯肼 1 g 加入 7.5 mL 浓硫酸中溶解,再将此溶液倒入 75 mL 95%乙醇中,用蒸馏水稀释到 250 mL,使其混合均匀,过滤,滤液保存在棕色瓶中备用。

饱和亚硫酸氢钠溶液:在 100 mL 蒸馏水中加入约 30 g 亚硫酸氢钠,充分溶解后,应有少量晶体,滤出晶体,即得亚硫酸氢钠的饱和溶液。此溶液不稳定,久置后易失去二氧化硫而变质,以实验前新配制为宜。

碘-碘化钾溶液:将 125 g 碘和 25 g 碘化钾溶于 100 mL 蒸馏水中,搅拌溶解。

费林试剂由费林甲和费林乙组成,其配制方法分别是:①费林甲:35 g 五水硫酸铜溶于 500 mL 蒸馏水中,加入 0.5 mL 浓硫酸,混合均匀;②费林乙:将 173 g 酒石酸钾钠晶体和 70 g 氢氧化钠溶于 500 mL 蒸馏水中。两种溶液分开保存,使用时取等体积混合即得费林试剂。

品红醛试剂:将 0.2 g 品红盐酸盐研细,溶于含 2 mL 浓盐酸的 200 mL 蒸馏水中,再加入 2 g 亚硫酸氢钠,搅拌溶解后静置,直至红色褪去。如果溶液最后仍呈黄色,则加入 0.5 g 活性炭,搅拌后过滤。试剂保存在密封的棕色试剂瓶中。

【实验步骤】

1. 醇钠的生成及水解

在 2 支干燥的试管中分别加入 0.5 mL 无水乙醇和 0.5 mL 正丁醇,然后在两支试管中各加入 1 粒米粒大小的表面新鲜的金属钠(用镊子取)[1]。观察现象,有什么气体放出?反应速率有何差异？用拇指按住试管口待气体平稳放出并增多时，将试管口靠近灯焰，放开大拇指，有什么现象发生？待金属钠反应完毕后[2]，取几滴反应液滴在点滴板上，使多余的乙醇挥发，观察固体的颜色。滴 5 滴水在固体上，再加入 1 滴酚酞指示剂，有什么现象发生？

2. 醇的氧化反应

取 3 支干净试管，分别加入 0.5 mL 乙醇、异丙醇、叔丁醇，然后各加入 1 mL 1%重铬酸钾溶液和 10 滴 10%硫酸，摇匀后静置 5 min，观察试管内颜色的变化，并比较它们的反应速率。

3. 卢卡斯反应[3]

取 3 支干燥试管，分别加入 1 mL 正丁醇、仲丁醇、叔丁醇，然后各加入 3 mL 卢卡斯试剂，用软木塞塞住瓶口，充分振荡后静置(最好放在 55℃水浴中温热)。观察现象，注意最初 5 min 及 1 h 后混合物的变化。记下混合液混浊和出现分层的时间，比较反应速率的快慢。

4. 脱水反应

取 1 支带支管的大试管，加入 5 mL 乙醇和 1 mL 浓 H_2SO_4，混匀后，试管口用橡胶塞塞住，通过支管连一导管，导入另一装有 2 mL 0.5%高锰酸钾溶液的试管中。将大试管在酒精灯上加热，观察高锰酸钾溶液颜色的变化。

5. 酚的性质

(1) 苯酚的酸性和水溶性。取 0.3 g 苯酚(5~7 滴)于试管中，加入 4 mL 水，振荡使其混合均匀，观察苯酚是否全溶。若苯酚不溶，则将试管加热到沸腾，观察苯酚是否溶解。冷却后，又有何变化？然后用 pH 试纸检验苯酚水溶液的 pH(饱和溶液备用)。

取另 1 支试管，加入 0.3 g 苯酚、1 mL 水，振荡试管，再加入 5%氢氧化钠溶液，边加边振荡到苯酚全部溶解为止(解释溶液变清的理由)，再将此溶液用 10%硫酸酸化，观察有什么现象发生。

(2) 苯酚与溴水的反应。在 1 支试管中加入上述自制的苯酚饱和溶液两滴，并用 1 mL 水稀释，再加入 2 滴饱和溴水，不断振荡，观察有什么变化。

用 1%苯酚溶液重复上述实验，并比较两次实验结果。

(3) 苯酚与三氯化铁的反应。在 1 支试管中加入上述自制的苯酚饱和水溶液 1 mL，滴入 1~2 滴 1%三氯化铁溶液，观察现象。

用 1%苯酚溶液重复上述实验，并比较两次实验结果。

(4) 苯酚的氧化反应。取上述自制的苯酚饱和溶液 1 mL，再加入 5%碳酸钠溶液 1 mL(调节 pH 到中性或弱碱性)，混匀，再加入 0.5%高锰酸钾溶液 1~2 滴，摇匀，观察颜色变化。

6. 醛、酮的性质

(1) 与 2,4-二硝基苯肼反应。取 3 支试管，分别滴加乙醛、丙酮、苯甲醛各 5 滴，再各加入 1 mL 2,4-二硝基苯肼溶液，振荡，观察有无晶体生成，若没有，静置几分钟后再观察。

(2) 与亚硫酸氢钠反应。取 2 支干燥试管，各加入 2 mL 新配制的饱和亚硫酸氢钠溶液，分别加入 1 mL 乙醛、丙酮，边加边用力振荡试管，将试管置于冰水浴中冷却，观察现象。滤出乙醛与亚硫酸氢钠的加成物，加入 2～3 mL 稀盐酸，有什么现象发生？这类现象有什么实际意义？

（3）碘仿反应。取 6 支试管，分别加入 1 mL 甲醛、乙醛、丙酮、乙醇、正丙醇、异丙醇，然后再各加入 2 mL 碘-碘化钾溶液，一边滴加 5%氢氧化钠溶液，一边振荡试管，直至红棕色消失，观察有无沉淀生成，是否能嗅到碘仿的气味？若没有生成沉淀，则将反应液微热至 60℃左右，静置观察。

（4）与费林试剂[4]反应。取 4 支试管，各加入 1 mL 费林甲和 1 mL 费林乙，混匀后即得费林试剂，再分别加入 10 滴甲醛、乙醛、苯甲醛和丙酮，边加边振荡试管，使其混合均匀，然后将 4 支试管置于沸水浴中加热 5 min，注意观察颜色的变化以及是否有红色沉淀生成。

（5）与托伦试剂反应[5]。取 1 支洁净的试管，加入 2 mL 2%硝酸银溶液和 2 滴 5%氢氧化钠溶液，试管里立即有棕黑色沉淀出现，振荡试管，使反应完全。然后滴加 2%氨水，边加边振荡试管，直到棕黑色沉淀全部溶解为止，得到的澄清溶液即为托伦试剂。再取 3 支洁净的试管[6]，把托伦试剂分为四等份，再向 4 支试管中分别加入 10 滴甲醛、乙醛、丙酮和苯甲醛，并混合均匀，静置几分钟后观察有无变化，如无变化，将试管放在水浴中温热到 50～60℃，再观察有无银镜生成。

（6）与品红醛试剂反应[7]。在 3 支试管中各加入 1 mL 品红醛试剂，然后分别加入 2 滴甲醛、乙醛和丙酮，振荡后，静置数分钟，观察有什么现象发生？然后各滴入 3 滴浓硫酸，观察颜色的变化。

【注释】

[1] 用镊子从瓶中取出一小块金属钠，先用滤纸吸干黏附的溶剂油，用刀切除表面的氧化膜，再切成绿豆粒大小供实验用，切下的外皮和多余的钠可放回原瓶，绝对不可抛在水槽、废液缸或垃圾箱中。

[2] 如果反应停止后溶液中仍有残余的钠，应该先用镊子将钠取出放在酒精中破坏，然后加水。否则，金属钠遇水反应剧烈，不但影响实验结果，而且不安全。

[3] 此试剂可用于各种醇的鉴别和比较，含 6 个碳以下的低级醇均溶于卢卡斯试剂，作用后生成不溶性的氯代烷，使反应出现混浊，静置后分层明显。

[4] 费林试剂只与脂肪醛反应，不与芳香醛反应。

[5] 托伦试剂久置会形成爆炸性沉淀，所以必须在使用时临时配制，实验完毕后，应加入少量硝酸，加热，洗去银镜。

[6] 所用试管应充分洗净，最好依次用温热的浓硝酸、水、蒸馏水洗净，或依次用温热的浓硫酸、水、10%氢氧化钠溶液、水、蒸馏水洗净。如果试管不够洁净或反应进行得太快，仅生成黑色的银沉淀。

[7] 做本实验时不能加热，并且必须在弱酸性溶液中进行，否则试剂分解变成桃红色。某些能与亚硫酸发生反应的酮(如甲基酮)也能使试剂分解变成桃红色。另外，大量的无机酸能使醛与品红醛试剂的加成物褪色(甲醛除外)。

【思考题】

(1)醇钠生成的实验中，如果不是在绝对无水条件下进行，那么用酚酞检验这一步骤是否有实际意义？为什么？

(2)在卢卡斯实验中氯化锌起什么作用？

(3)有的碘仿反应需要温热，为了加快反应速率而用沸水浴，这样做是否很快有碘仿生成？为什么？

(4)托伦实验、费林实验的反应为什么不能在酸性溶液中进行？

实验 39　羧酸及其衍生物的鉴定

【实验目的】

验证羧酸、羧酸衍生物的主要化学性质，加深对这些化合物性质的理解。

【实验原理】

羧酸具有酸性，因此能与碱作用生成水溶性的盐。羧酸衍生物都含有羰基，所以都能与某些亲核试剂发生加成-消去反应，由于离去基团不同，所以羧酸衍生物的活性不同，其活性从大到小依次为：酰氯>酸酐>酯>酰胺。乙酰乙酸乙酯存在烯醇式-酮式互变异构现象。有关反应式如下：

$$RCOOH + H_2O \rightleftharpoons RCOO^- + H_3O^+$$

$$HCOOH \xrightarrow{KMnO_4,\ H_2SO_4} CO_2 + H_2O$$

$$5(COOH)_2 + 2KMnO_4 + 3H_2SO_4 \longrightarrow K_2SO_4 + 2MnSO_4 + 10CO_2 + 8H_2O$$

$$\underset{\quad\quad\ \ |\ OH}{H_3C-CHCOOH} + 3NaOI \longrightarrow CHI_3\downarrow + (COONa)_2 + NaOH$$

$$CH_3COCl + H_2O \longrightarrow CH_3COOH + HCl$$

$$(CH_3CO)_2O + H_2O \xrightarrow{\triangle} 2CH_3COOH$$

$$CH_3COCl + CH_3CH_2OH \longrightarrow CH_3COOCH_2CH_3 + HCl$$

$$(CH_3CO)_2O + CH_3CH_2OH \longrightarrow CH_3COOCH_2CH_3 + CH_3COOH$$

$$CH_3COCl + \langle \rangle\!\!-NH_2 \longrightarrow \langle \rangle\!\!-NHCOCH_3 + HCl$$

$$(CH_3CO)_2O + \langle \rangle\!\!-NH_2 \longrightarrow \langle \rangle\!\!-NHCOCH_3 + CH_3COOH$$

$$\underset{\text{O}}{\overset{\text{O}}{CH_3\overset{\|}{C}CH_2\overset{\|}{C}OC_2H_5}} \rightleftharpoons \underset{\text{OH}}{\overset{\text{OH}}{CH_3\overset{|}{C}=CHC\overset{\|}{O}OC_2H_5}}$$

$$CH_3\overset{\overset{\text{O}}{\|}}{C}NH_2 + H_2O \xrightarrow{NaOH} CH_3\overset{\overset{\text{O}}{\|}}{C}ONa + NH_3\uparrow$$

$$H_2NCONH_2 + H_2O \xrightarrow{Ba(OH)_2} BaCO_3\downarrow + NH_3\uparrow$$

$$2NH_2\overset{\overset{\text{O}}{\|}}{C}NH_2 \xrightarrow{\triangle} H_2N-\overset{\overset{\text{O}}{\|}}{C}-\overset{\overset{\text{H}}{|}}{N}-\overset{\overset{\text{O}}{\|}}{C}-NH_2 + NH_3\uparrow$$

【仪器、药品及材料】

试管架，试管，酒精灯，石棉网，铁架台，烧杯，玻璃棒，温度计等。

甲酸，乙酸，草酸，10%硫酸，0.5%高锰酸钾溶液，乳酸，碘液，10%氢氧化钠溶液，乙酰乙酸乙酯，2,4-二硝基苯肼，5%三氯化铁溶液，饱和溴水，乙酰氯，乙酸酐，2%硝酸银溶液，乙醇，20%碳酸钠溶液，苯胺，乙酰胺，尿素，5%硫酸铜溶液，氢氧化钡溶液，氯化钠。

白布条，红色石蕊试纸。

刚果红试纸：用 2 g 刚果红与 1 L 蒸馏水制成的溶液浸渍滤纸，取出滤纸后晾干，裁成纸条即可，它的变色范围是 pH=5(红色)到 pH=3(蓝色)，它与弱酸作用显蓝黑色，与强酸作用呈稳定的蓝色。

【实验步骤】

1. 羧酸、取代酸的性质

(1)酸性实验。取 3 支试管，分别加入 2 滴甲酸、2 滴乙酸和 0.1 g 草酸，各加入 1 mL 蒸馏水摇匀。然后分别用干净的玻璃棒蘸取酸溶液在刚果红试纸上画线，根据各条线的颜色和深浅程度，比较它们的酸性强弱。

(2)氧化反应。分别向上述实验步骤(1)所配制的甲酸、乙酸和草酸溶液中加入 5 滴 10%硫酸和 2 滴 0.5%高锰酸钾溶液，摇匀，在水浴上微热片刻，观察现象。

(3)乳酸的碘仿反应。取一支试管，加入 1 mL 10%乳酸溶液、1 mL 碘液，然后加 10%氢氧化钠溶液至颜色刚好褪去。将试管在热水浴中加热片刻，观察现象。

2. 酰氯和酸酐的性质

(1)水解作用。在试管中加入 1 mL 蒸馏水，再加 3 滴乙酰氯，略微摇动，观察现象。让试管冷却，加入 1～2 滴 2%硝酸银溶液，观察变化。

(2)醇解作用。在一干燥的试管中加入 1 mL 乙醇，在冷水冷却下，一边振荡一边慢慢加入 1 mL 乙酰氯[1]，反应结束后先加 1 mL 水，然后小心地用 20%碳酸钠溶液中和反应液使其呈中性，同时轻微振荡，静置后，观察试管中液体是否分层(上下层各有什么？)。如果没有酯层浮起，在溶液中加入粉末状氯化钠使溶液饱和，观察现象。

(3) 氨解作用。在一干燥的小试管中加入新蒸馏过的淡黄色苯胺 5 滴，然后慢慢加入乙酰氯 8 滴，待反应结束后再加入 5 mL 水并用玻璃棒搅匀，观察现象。

用乙酸酐代替乙酰氯重复做上述 3 个实验，注意比较二者的相对活性。乙酸酐比乙酰氯难以进行上述反应，需要在热浴中加热较长时间才能完成上述反应。

3. 乙酰乙酸乙酯的反应

(1) 烯醇式反应。取 1 支试管，加 1 mL 1%乙酰乙酸乙酯水溶液和 2 滴 5%三氯化铁溶液，振荡试管，观察现象。

(2) 酮式反应。取 1 支试管，加入 2 mL 2,4-二硝基苯肼试剂和 10 滴 1%乙酰乙酸乙酯水溶液，振荡试管，观察变化。

(3) 烯醇式与酮式互变异构。取 1 支试管，加 2 mL 1%乙酰乙酸乙酯水溶液和数滴 5%三氯化铁溶液，反应液呈什么颜色？再加入数滴饱和溴水，有什么变化？放置片刻有什么变化？前后的颜色变化说明什么问题？

4. 酰胺的性质

(1) 乙酰胺的水解。取 1 支试管，加入少量乙酰胺和 2 mL 10%氢氧化钠溶液，混合后加热至沸。在试管口放一条湿的红色石蕊试纸，观察煮沸过程中石蕊试纸颜色有什么变化？放出的气体有什么气味？

(2) 尿素的水解。取 1 支试管，加入少量尿素和 1 mL 水，振荡使其溶解，再加入 2 mL 氢氧化钡溶液，加热，在试管口放一条湿的红色石蕊试纸，观察加热时溶液的变化和石蕊试纸颜色的变化。

(3) 二缩脲反应。取 1 支干燥的试管，加入少量尿素，加热熔化，再继续加热使其凝固。冷却后加入 2 mL 水、2 mL 10%氢氧化钠溶液，再加 1 滴 5%硫酸铜溶液，摇匀后观察现象。

【注释】

[1] 乙酰氯与醇反应十分剧烈，并有爆破声，滴加时必须小心，以免液体从试管中冲出。

【思考题】

(1) 指出区别下列各组化合物的化学方法：
　　①苯、苯胺、苯酚；
　　②丙酮、乙酰乙酸乙酯、水杨酸甲酯；
　　③乙酰氯、乙酸酐、乙酰胺。
(2) 在水解、醇解反应中，酰氯的活性大于酸酐，请解释原因。

实验 40　胺 的 鉴 定

【实验目的】

(1) 掌握脂肪胺和芳香胺化学性质的共同性和相异性。

(2)能够用简单的化学方法区别伯胺、仲胺和叔胺。

【实验原理】

胺有碱性，可与强酸生成水溶性的盐。

伯胺、仲胺、叔胺与亚硝酸的反应各不相同，利用这些反应可以区别不同类型的胺。脂肪族伯胺与亚硝酸反应所生成的脂肪族重氮盐极不稳定，容易分解放出氮气；芳香族伯胺与亚硝酸反应所生成的重氮盐在低温下比较稳定，能够与芳胺或酚类化合物发生偶联反应，生成有色的偶氮化合物；脂肪族和芳香族仲胺与亚硝酸反应时，一般生成不溶性的亚硝基化合物；脂肪族叔胺生成亚硝酸铵盐；而芳香族叔胺主要发生芳环上的亲电取代反应。

Hinsberg 反应是区别伯胺、仲胺、叔胺常用的方法。伯胺和仲胺可以与苯磺酰氯作用生成磺酰胺，叔胺不发生反应。伯胺所生成的磺酰胺由于氮原子上有氢原子，具有酸性，能溶于强碱，酸化后又可析出；而仲胺生成的磺酰胺因为氮原子上没有氢原子，不具有酸性，因此不溶于碱性溶液，呈沉淀析出，沉淀也不溶于酸。有关反应式如下：

$$C_6H_5NH_2 + HCl \longrightarrow C_6H_5\overset{+}{N}H_3Cl^-$$

$$C_6H_5\overset{+}{N}H_3Cl^- + NaOH \longrightarrow C_6H_5NH_2 + NaCl + H_2O$$

$$C_6H_5NH_2 \xrightarrow[0℃]{NaNO_2, HCl} C_6H_5\overset{+}{N}_2Cl^-$$

橙红色

$$C_6H_5NHCH_3 \xrightarrow[0℃]{NaNO_2, HCl}$$

黄色不溶物

$$\xrightarrow[0℃]{NaNO_2, HCl}$$

$$C_6H_5NH_2 + C_6H_5SO_2Cl \xrightarrow{NaOH} [C_6H_5NSO_2C_6H_5]^- Na^+$$

溶解

$$C_6H_5NHCH_3 + C_6H_5SO_2Cl \xrightarrow{NaOH} C_6H_5\text{—}NSO_2C_6H_5$$
$$| \atop CH_3$$

油状物

$$C_6H_5N(CH_3)_2 + C_6H_5SO_2Cl \xrightarrow{NaOH} 不反应$$

【仪器、药品及材料】

试管，试管夹，锥形瓶，酒精灯，石棉网，铁架台，玻璃棒等。

苯胺，乙胺，N-甲基苯胺，N,N-二甲基苯胺，浓盐酸，亚硝酸钠，5% β-萘酚，5%和10%氢氧化钠溶液，苯磺酰氯，10%盐酸。

淀粉-碘化钾试纸。

【实验步骤】

1. 胺的碱性

在 1 支盛有 2 mL 蒸馏水的试管中加入 5～6 滴苯胺，用力振荡，观察苯胺是否溶于水。然后滴加 10%盐酸，边加边振荡，观察苯胺是否溶解。再向其中滴加 10%氢氧化钠溶液，观察有何现象？为什么？

2. 亚硝酸实验

取 0.5 mL 胺类样品于试管中，加入 2 mL 浓盐酸和 2 mL 水，搅拌使其溶解，放在冰水浴中冷却至 0℃。另取 0.5 g 亚硝酸钠溶于 2 mL 水中，将此溶液慢慢滴加到上述溶液中，并搅拌，直到混合溶液遇到淀粉-碘化钾试纸立即呈深蓝色为止[1]。

根据下列情况区别胺的类别：

(1) 起泡，放出气体，得到澄清溶液，表示为脂肪族伯胺。

(2) 溶液中有黄色固体或油状物析出，加碱不变色，表示为仲胺；加碱至呈碱性时转变为绿色固体，表示为芳香族叔胺。

(3) 不起泡，得到澄清溶液时，取溶液数滴加到 5% β-萘酚溶于 5%氢氧化钠的溶液中，若出现橙红色沉淀，表示为芳香族伯胺；若无颜色，表示为脂肪族叔胺。

样品：乙胺，苯胺，N-甲基苯胺，N,N-二甲基苯胺。

3. Hinsberg 实验

在一个带磨口塞的小锥形瓶中加入 0.5 g（或 0.3 mol）胺类样品，再加入 10 mL 5%氢氧化钠溶液和 0.5 mL 苯磺酰氯，用力振荡。如果反应过于猛烈，可用水冷却锥形瓶；如果不发生反应，在热水浴上微热。用试纸检验溶液，必须呈碱性，观察是否有固体或油状物析出。如果无沉淀析出，则加入盐酸酸化并用玻璃棒摩擦管壁，观察是否有沉淀析出，并检验析出的固体或油状物是否溶于酸或碱。

若溶液中无沉淀析出，加稀盐酸酸化并用玻璃棒摩擦试管壁后析出沉淀，表示为伯胺。

若溶液中析出沉淀或油状物，加盐酸酸化后不溶解，表示为仲胺。

若溶液中仍为油状物，加盐酸酸化后变为澄清溶液，表示为叔胺[2]。

样品：苯胺，N-甲基苯胺，N,N-二甲基苯胺。

【注释】

[1] 用淀粉-碘化钾试纸检查重氮化反应的终点时，用玻璃棒蘸一点反应液，与试纸接触，

观察接触处是否立即出现淡紫色。

[2] 某些芳胺如 *N,N*-二甲基苯胺和苯磺酰氯一起加热时，会生成蓝紫色染料，加酸也难溶解。

【思考题】

(1)写出实验中各物质与亚硝酸作用的反应方程式。

(2)写出实验中各物质与苯磺酰氯作用的反应方程式。

第4章 分析化学实验

Ⅰ 化学分析实验

实验 1 标准溶液的配制

【实验目的】

(1)初步掌握容量瓶和移液管等容量仪器的使用方法。

(2)学会标准溶液的配制方法。

【实验原理】

1. 移液管与吸量管

移液管与吸量管都是准确移取一定量溶液的量器。移液管是一根细长而中间膨大的玻璃管，管颈的上端有一环形标线，膨大部分标有它的容积和标定时的温度，如图 4.1(a)所示。在标定温度下，使溶液的弯月面与移液管标线相切，让溶液按一定的方式自由流出，则流出的体积与管上标示的体积相同。

吸量管是具有分刻度的玻璃管，如图 4.1(b)所示。它一般只用于量取小体积的溶液，吸量管的准确度不及移液管。一种吸量管的刻度是一直刻到管口，使用这种吸量管时，必须把所有的溶液放出，体积才符合标示数值；另一种的刻度只刻到距离管口差 1~2 cm 处，使用时只需将液体放至液面落到所需刻度即可。

移液管、吸量管可先用自来水清洗一次，再用铬酸洗液洗涤。洗涤时，用左手持洗耳球，右手的拇指和中指拿住移液管或吸量管标线以上部分，其余手指辅助拿住移液管或吸量管，将洗耳球的尖端对准管口，管尖贴在小滤纸片上，用洗耳球压气，吹去管中残留水分。再将管尖伸入洗瓶中，挤去洗耳球内空气，将洗耳球尖端对准管口，吸入洗液至移液管球部约 1/4 处或吸量管的 1/4 处，移开洗耳球，同时用右手食指堵住管口，将管略横放，左手扶住管下端，松开食指，边转动边使管口降低，使洗液布满全管。然后，从管的尖端将洗液放回原瓶，再用洗耳球吸取自来水、蒸馏水各 2~3 次润洗整个管的内壁，最后用洗瓶吹洗管的外壁。

移液管的操作方法：移取溶液前，用小滤纸片将管尖端内外的水吸净，然后用待移取的溶液将移液管润洗 2~3 次，以保证待移取的溶液浓度不变。管经润洗后移取溶液时，一般用右手大拇指和中指拿住管颈标线上方，将管直接插入待移取液体液面 1~2 cm 深处。管尖不要插入液面太浅，以免液面下降时造成空吸，也不应伸入太深，以免移液管外壁附有过多的溶液。左手握住洗耳球，排出球内空气，将球尖端对准移液管管口，慢慢松开洗耳球，溶液被吸入管内。吸液时，应注意管尖与液面的位置，应使管尖随液面下降而下伸，当管内液面上升到刻线以上时，移去洗耳球，迅速用右手食指堵住管口。把移液管提离液面，管的末端靠在容器的内壁上(移液管应直立)，略松食指，用拇指和中指来回捻动移液管，使管内液面慢慢下降，直至溶液的弯月面和标线相切时，立即用食指压紧管口，取出移液管。左手拿盛接溶液的器皿并略倾斜，使内壁与插入的移液管管尖呈 40°左右的角，此时移液管应垂直，松开食指，让管内溶液自然地全部沿管壁流下(图 4.2)。待液面下降到管尖后，等 15 s 左右，取出移液管，应注意切勿把残留在管尖部分的溶液吹出，因为工厂生产检定移液管时已考虑了末端保留溶液的体积(如果移液管上标明"吹"字，则应将末端保留溶液吹出)。但应注意，由于一些管口尖端做得不够圆滑，因而管尖部分不同方位靠着容器内壁时，残留在管尖部分的溶液体积稍有差异，为此可等 15 s 后，将管身向左右旋动一下，这样管尖部分每次存留的溶液体积仍基本相同，不会导致平行测定时的过大误差。

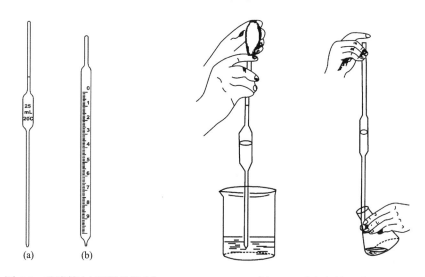

图 4.1　移液管(a)和吸量管(b)　　　图 4.2　吸取与放出溶液

吸量管的操作方法与移液管相同，用吸量管时，总是使液面从某一分度(通常是最高线)落到另一分度，使两分度间的体积刚好等于所需体积。因此，很少把溶液直接放到吸量管的底部。同一实验中，尽量使用同一吸量管，且尽量使用上部分而不采用末端收缩部分，以减小误差。

移液管与吸量管使用后，应洗净放在移液管架上。

2. 容量瓶

容量瓶是用于配制标准溶液或稀释一定量溶液到一定体积的器皿，常用于测量容纳液体的体积。它是一种细颈梨形的平底玻璃瓶，带有玻璃塞，其颈上有一标线，在指定温度下，当溶液充满至弯月面与标线相切时，所容纳的溶液体积等于瓶上所示的体积。

1)容量瓶的准备

使用容量瓶前必须检查容量瓶是否漏水或标线位置距离瓶口是否太近，漏水或标线离瓶口太近(不便混匀溶液)的容量瓶不能使用。

检查是否漏水的方法如下：将自来水加入瓶内至标线，塞紧磨口塞，右手手指托住瓶底，左手食指按住塞子，其余手指拿住瓶颈标线以上部分(图 4.3)，将瓶倒立 2 min，观察有无渗水现象。如不漏水，再将瓶直立，转动瓶塞 180° 后倒立 2 min，如仍不漏水，则可使用。用橡皮筋或细绳将瓶塞系在瓶颈上。

容量瓶应洗涤干净，洗涤方法同前。

2) 操作方法

如果是用固体物质配制标准溶液或分析试液时，先将准确称取的物质置于小烧杯中溶解后，再将溶液定量转入容量瓶中，定量转移方法如图 4.4 所示。右手拿玻璃棒，左手拿烧杯，使烧杯嘴紧靠玻璃棒，而玻璃棒则悬空伸入容量瓶口中，棒的下端靠住瓶颈内壁，慢慢倾斜烧杯，使溶液沿着玻璃棒流下，倾完溶液后，将烧杯嘴沿玻璃棒慢慢上移，同时将烧杯直立，然后将玻璃棒放回烧杯中。用洗瓶吹出少量蒸馏水冲洗玻璃棒和烧杯内壁，依上法将洗出液定量转入容量瓶中，如此吹洗、定量转移 5 次以上，以确保转移完全。然后加水至容量瓶 2/3 容积处(如不进行初步混匀，而是用水调至标线，那么当浓溶液与水在最后摇匀混合时，会发生收缩或膨胀，弯月面不能再落在标线上)，将干的瓶塞塞好，以同一方向旋摇容量瓶，使溶液初步混匀，但此时切不可倒转容量瓶，继续加水至距离标线 1 cm 处后，等 1~2 min，使附在瓶颈内壁的溶液流下，用滴管滴加水至弯月面与标线相切，盖上瓶塞，以左手食指压住瓶塞，其余手指拿住标线上瓶颈部分，右手全部指尖托住瓶底边缘，将瓶倒转，使气泡上升到顶部，摇荡溶液，再将瓶直立，倒转让气泡上升到顶部，摇荡溶液……如此反复 10 余次后，将瓶直立，由于瓶塞部分的溶液未完全混匀，因此打开瓶塞使瓶塞附近溶液流下，重新塞好塞子，再倒转，摇荡 3~5 次，以使溶液全部混匀。

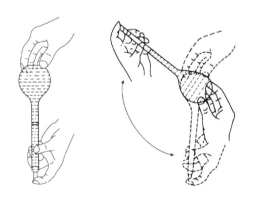 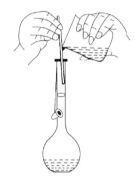

图 4.3　检查漏水和混匀溶液操作　　　　　图 4.4　转移溶液的操作

如果要把浓溶液定量稀释，则用移液管吸取一定体积的浓溶液移入容量瓶中，按上述方法稀释至标线，摇匀。

使用容量瓶应注意下列事项：

(1) 不可将其玻璃磨口塞随便取下放在桌面上，以免沾污或搞错，可用右手的食指和中指夹住瓶塞的扁头部分，当需要用两手操作不能用手指夹住瓶塞时，可用橡皮筋或细绳将瓶塞系在瓶颈上。

(2)不可用容量瓶长期存放溶液,应转移到试剂瓶中保存,试剂瓶应先用配好的溶液荡洗 2~3 次后,才可盛放配好的溶液。热溶液应冷却至室温后,才能定量转移到容量瓶中,容量瓶不可在烘箱中烘烤,也不可在电炉等加热器上加热,如需使用干燥的容量瓶,可用乙醇等有机物荡洗晾干或用电吹风的冷风吹干。

(3)如长期不用容量瓶,应将磨口塞部分擦干并用小纸片将磨口隔开。

标准溶液的配制方法有间接配制和直接配制两种。间接配制是采用符合基准物质条件的物质(如 NaOH、HCl),先配制近似浓度的标准溶液,再用基准物质或另一种已知浓度的标准溶液来标定它的浓度。直接配制法是用基准物质(如 $K_2Cr_2O_7$)直接配制标准溶液,此法的溶液浓度由计算而得,浓度不必标定。

【仪器、药品及材料】

台秤,小烧杯,橡胶塞,量筒,试剂瓶,容量瓶,移液管。

NaOH(s),1:1 HCl,邻苯二甲酸氢钾(s)。

【实验步骤】

1. 酸、碱标准溶液的配制

(1)0.1 mol/L HCl 溶液的配制。用量筒量取 1:1 HCl 约 8.5 mL,倒入 500 mL 试剂瓶中,加水稀释至 500 mL,盖好玻璃塞,充分摇匀,贴上标签,注明名称、日期。

(2)0.1 mol/L NaOH 溶液的配制。在台秤上称取 2 g 固体 NaOH 于小烧杯中,加 100 mL 水,使其完全溶解,转入 500 mL 试剂瓶中,稀释至 500 mL,用橡胶塞塞紧,充分摇匀,贴上标签。

2. 邻苯二甲酸氢钾标准溶液的配制

(1)0.0500 mol/L 邻苯二甲酸氢钾标准溶液的配制。准确称取基准物质邻苯二甲酸氢钾 1.02 g 于小烧杯中,加入少量水溶解后,定量转移至 100 mL 容量瓶,稀释至标线并摇匀。

(2)0.00500 mol/L 邻苯二甲酸氢钾标准溶液的配制。准确移取 0.0500 mol/L 邻苯二甲酸氢钾标准溶液 10.00 mL 于 100 mL 容量瓶中,稀释至标线并摇匀。

【思考题】

(1)量筒在使用前需要润洗吗?

(2)能不能使用容量瓶直接配制准确浓度的 NaOH 标准溶液?

(3)0.0500 mol/L 邻苯二甲酸氢钾标准溶液在配制过程中,称量固体邻苯二甲酸氢钾时应保留几位有效数字?应采用哪种方法称量?

(4)吸量管的使用应注意哪些问题?

实验 2　滴定分析操作练习

【实验目的】

(1)初步掌握滴定管和移液管等容量仪器的使用方法。

(2)学会判断滴定终点。

【实验原理】

溶液体积的测量是滴定分析中误差的主要来源。一般情况下,体积测量误差要比称量误差大,而分析结果的准确度是由误差最大的因素决定的,因而为了使分析结果符合所要求的准确度,应准确地测量溶液的体积,保证体积测量误差不大于 0.2%,否则其他操作即使再准确也是徒劳的。

体积测量的准确度与所用容器的容积是否准确有关,但更重要的是取决于容器的使用是否正确。测量溶液的准确体积可用已知容量的玻璃器皿,如使用滴定管、移液管测量放出溶液的体积,使用容量瓶测定容纳液体的体积。下面分别讨论这些仪器的准备和使用。

1. 滴定分析容量仪器的洗涤方法

滴定分析所用的仪器使用前必须按规定认真洗干净,洗净的器皿应是内壁能被水均匀润湿而不黏附水珠。

烧杯、锥形瓶、试剂瓶等一般器皿可用毛刷蘸取肥皂水或合成洗涤剂直接刷洗其内外表面,用自来水冲洗干净后,再用少量去离子水荡洗 2～3 次即可。若器皿有油污,可用温热重铬酸钾洗液浸泡数分钟,再用自来水、去离子水冲洗干净。

滴定管若无油污,可用自来水冲洗。若有油污,可用滴定管刷蘸肥皂水或合成洗涤剂洗刷,如仍未洗净,可用铬酸洗液洗涤。此时,可将 5～10 mL 洗液加到滴定管内,转动滴定管,使洗液布满全管内壁,放置数分钟,必要时可将铬酸洗液加满滴定管浸泡一段时间。

2. 滴定分析仪器的使用

滴定管是滴定时用来准确测量流出的操作溶液体积的量器。常量分析最常用的是容积为 50 mL 的滴定管,其活塞由聚四氟乙烯制成,为酸碱共用的滴定管。其最小刻度是 0.1 mL,因此读数可达小数点后第 2 位,一般读数误差为 +0.02 mL。另外,还有容积为 10 mL、5 mL、2 mL、1 mL 的微量滴定管。

1)滴定前的准备

(1)洗涤。见 1。

(2)检漏。用水充满滴定管,置于滴定架上直立 2 min,观察有无漏水现象,然后再将活塞旋转 180°,再静置 2 min,观察有无漏水现象。

(3)标准溶液的装入。为避免标准溶液装入后被稀释,应先用待装入的标准溶液 5～10 mL 洗涤滴定管 2～3 次(第 1 次 10 mL,第 2、3 次各 5 mL),具体操作方法如下:左手前三指持滴定管上部无刻度处,略倾斜,右手拿住试剂瓶,向滴定管中倒入 5～10 mL 标准溶液,然后两手平端滴定管，慢慢转动，使标准溶液润洗全部内壁，第 1 次润洗后，大部分溶液可由上口放出，第 2、3 次润洗后，应将出口活塞打开放出溶液，且尽量排出残留液。对于碱式滴定管的洗涤，应注意橡胶管部分的洗涤。

在装入标准溶液时，应直接倒入，不可借助其他任何器皿，以免改变标准溶液浓度或造成污染。装好标准溶液后，注意检查下端管口部分是否完全充满溶液，不能留有气泡，否则滴定过程中，气泡逸出会影响溶液体积的准确测量。对于酸式滴定管，右手拿住滴定管上部没有刻度处，左手托住活塞，将滴定管倾斜 30°角，用左手迅速打开活塞，使溶液很快冲出，将气泡赶出去，使下端管口充满溶液。气泡排出后，加入标准溶液（操作液），使其在"0.00"mL 刻度以上，再调节液面在"0.00"mL 刻度处，如液面不在"0.00"mL 处，应记录初读数。

2）滴定管的操作

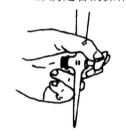

图 4.5　滴定管的操作

滴定管的使用方法如下：左手控制滴定管活塞，大拇指在前，食指与中指在后，手指均略弯曲，轻轻向内扣住活塞，无名指与小指轻轻顶住与管端相交的直角（图 4.5）。注意：切勿用手心顶住活塞小头部分，否则会造成活塞松动、漏水。

（1）滴定。

滴定操作可在锥形瓶或烧杯中进行。在锥形瓶中进行时，左手按操作法控制滴定管活塞，右手的大拇指、食指和中指夹住锥形瓶瓶口，其余两指辅助在下侧，使锥形瓶底离滴定台高 2～3 cm，滴定管下端伸入瓶口内约 1 cm（图 4.6），左手按前述方法滴加溶液，右手持锥形瓶运用腕力以同一方向做圆形摇动，摇瓶时速度不可太慢，以免影响化学反应速率。一般来说，开始滴定速度可稍快，但应呈"见滴成线"状，接近终点时，指示剂的作用使溶液局部变色，但锥形瓶转动 1～2 次后，颜色完全消失。此时应改为加一滴摇一摇，等到必须摇 2～3 次颜色才能消失时，表示终点已接近，此时用洗瓶冲洗锥形瓶内壁，将转动时留在壁上的溶液洗下，然后左手微微转动活塞，使标准溶液流出半滴悬挂在出口管嘴上，用洗瓶把这半滴标准溶液洗落在溶液中，摇动锥形瓶，如此重复，直到溶液刚刚呈现终点颜色而不消失为止。

进行滴定操作时应注意：每次滴定最好从"0.00"mL 开始，或接近"0.00"mL 的任一刻度开始，这样可减小滴定误差。滴定时，要观察落点周围溶液颜色变化，切不可只观察滴定管上部溶液体积变化而不顾滴定反应的进行。

使用带磨口玻璃塞的碘量瓶进行滴定时，玻璃塞应夹在右手的中指和无名指之间。

使用烧杯滴定时，滴定管下端伸入烧杯内约 1 cm，并处在烧杯中心的左后方处，不要离杯壁过近，右手持玻璃棒搅拌溶液，左手操纵滴定管，使溶液逐滴滴下（图 4.7），玻璃棒应做圆周搅动，不要碰到烧杯壁和底部，近终点时，冲洗杯壁，再加半滴标准溶液。此时，可用玻璃棒下端轻触悬挂的液滴下部（注意：玻璃棒不能触及管尖！），将液滴引下后再将玻璃棒伸入溶液中搅动，必要时多次重复，直到终点为止。

（2）读数方法。

由于滴定管读数不准确而引入的误差常是定量分析误差来源之一，因此正确的读数方法是：将滴定管从滴定架上取下，用右手大拇指和食指捏住滴定管上部无刻度处，其他手指从旁辅助，使滴定管保持垂直进行读数，对无色溶液，应读取弯月面下层最低点，即视线与弯

（第 4 章　分析化学实验　235）

月面下层实线的最低点在同一水平面上(图 4.8)。对于有色溶液，其弯月面不够清晰，读数时，视线应与液面两侧最高点相切。

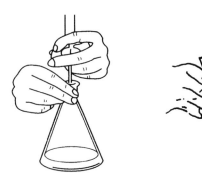  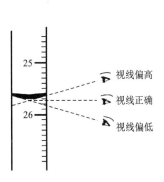

图 4.6　两手操作姿势　　　图 4.7　在烧杯中的滴定操作　　　图 4.8　读数视线的位置

为了能正确读数，一般应遵守下列原则：

注入溶液或放出溶液后，需等 1~2 min，使附着在内壁上的溶液流下后才能读数，如果放出溶液的速度较慢(如接近化学计量点附近)，等 0.5~1 min 后即可读数。

读数必须读到小数点后第 2 位，即要估计到 0.01 mL，滴定管上两小刻度中间为 0.1 mL。分析工作者必须经过严格训练，才能估计出 0.1 mL 的 1/10 值，一般可这样估计：当液面在两小刻度中间为 0.05 mL；在两小刻度的 1/3 处为 0.03 mL 或 0.07 mL；当液面在两小刻度 1/5 处为 0.02 mL。

初学者练习读数时，可借助读数卡练习准确读数，读数卡是用贴有黑纸或涂有黑色长方形(约 3 cm×1.5 cm)的白纸板制成。读数时将读数卡放于滴定管后面，使黑色部分在弯月面下约 1 mm 处，此时可看到弯月面反射成为黑色，读取弯月面下缘的最低点。对于有色溶液，可用读数卡的白纸部分附在滴定管背后，读出液面两侧最高点的读数。

滴定分析是将一种已知准确浓度的标准溶液滴加到被测试样的溶液中，直到化学反应按化学计量关系定量反应完全为止，然后根据标准溶液的浓度和体积求得被测试样中组分含量的一种方法。

酸碱滴定中常用稀 HCl、稀 H_2SO_4、稀 NaOH 等溶液作标准溶液，由于浓 HCl、浓 HNO_3 易挥发，固体 NaOH 易吸收空气中的水分和二氧化碳，故酸、碱标准溶液一般不宜直接配制，而是先配成近似浓度，然后用合适的基准物质标定其浓度。

用 0.1 mol/L NaOH 溶液滴定 0.1 mol/L HCl 溶液，pH 突跃范围为 4.3~9.7；如果用 0.1 mol/L HCl 溶液滴定 0.1 mol/L NaOH 溶液，pH 突跃范围为 9.7~4.3。在这一范围内可采用甲基橙(变色范围 pH 3.1~4.4)等指示剂来指示终点。本实验采用甲基橙、酚酞作指示剂，通过测定 HCl 和 NaOH 溶液的体积比，学会酸、碱标准溶液相互滴定的方法和检测滴定终点的方法。

【仪器、药品及材料】

量筒，滴定管，锥形瓶，移液管。

0.2 mol/L HCl 溶液，0.2 mol/L NaOH 溶液，酚酞(0.2%乙醇溶液)，甲基橙(0.2%水溶液)。

【实验步骤】

1. 0.2 mol/L HCl 溶液滴定 0.2 mol/L NaOH 溶液

准确移取 25.00 mL 0.2 mol/L NaOH 溶液于 250 mL 锥形瓶中，加入 25 mL 去离子水和 1～2 滴 0.2%甲基橙指示剂，摇匀，用 0.2 mol/L HCl 溶液滴定至溶液由黄色变为橙色，即到达终点。平行滴定 3 份，计算平均结果和平均相对偏差。要求平均相对偏差不大于 0.2%。

2. 0.2 mol/L NaOH 溶液滴定 0.2 mol/L HCl 溶液

准确移取 25.00 mL 0.2 mol/L HCl 溶液于 250 mL 锥形瓶中，加入 25 mL 去离子水和 2～3 滴酚酞指示剂，摇匀，用 0.2 mol/L NaOH 溶液滴定至溶液呈微红色，此微红色保持 30 s 不褪色为终点。平行滴定 3 份，计算 V_{HCl}/V_{NaOH}。要求平均相对偏差不大于 0.2%。

3. 实验记录与结果处理

(1)HCl 溶液滴定 NaOH 溶液。

指示剂_____

实验编号	I	II	III
HCl 最后读数/mL			
HCl 开始读数/mL			
V_{HCl}/mL			
V_{NaOH}/mL			
V_{HCl}/V_{NaOH}			
平均值			
平均相对偏差/%			

(2)NaOH 溶液滴定 HCl 溶液。

指示剂_____

实验编号	I	II	III
NaOH 最后读数/mL			
NaOH 开始读数/mL			
V_{NaOH}/mL			
V_{HCl}/mL			
V_{HCl}/V_{NaOH}			
平均值			
平均相对偏差/%			

【思考题】

(1)在滴定分析中，滴定管、移液管为什么要用操作溶液润洗 2～3 次？滴定使用的锥形瓶与烧杯是否也要用操作溶液润洗？为什么？

(2)从滴定管中流出半滴溶液的操作要领是什么?

实验 3　酸碱滴定法测定混合碱中各组分的含量

【实验目的】

了解双指示剂法测定混合碱各组分含量的原理。

【实验原理】

当多元碱 $cK_{b1} \geqslant 10^{-8}$、$cK_{b2} \geqslant 10^{-8}$、$cK_{b1}/cK_{b2} \geqslant 10^4$ 时,可用 HCl 标准溶液分步滴定,形成两个滴定突跃,第一化学计量点选用碱性范围变色的指示剂,第二化学计量点选用酸性范围变色的指示剂。

混合碱是指 Na_2CO_3 与 NaOH 或 Na_2CO_3 与 $NaHCO_3$ 的混合物,采用双指示剂的测定原理和测定过程如下:

用酚酞作指示剂,HCl 标准溶液滴定至溶液刚好褪色,此为第一化学计量点,消耗的 HCl 体积为 V_1/mL,有关的反应为

$$NaOH + HCl == NaCl + H_2O$$

$$Na_2CO_3 + HCl == NaHCO_3 + NaCl$$

继续用甲基橙作指示剂,用 HCl 标准溶液滴定至溶液呈橙色,此为第二化学计量点,消耗的 HCl 体积为 V_2/mL,有关的反应为

$$NaHCO_3 + HCl == NaCl + CO_2 + H_2O$$

可见,当混合碱组成为 NaOH 与 Na_2CO_3 时,$V_1 > V_2$,$V_2 > 0$;当混合碱组成为 Na_2CO_3 与 $NaHCO_3$ 时,$V_2 > V_1$,$V_1 > 0$。

由 HCl 标准溶液的浓度和消耗的体积可计算混合碱中各组分的含量。

【仪器、药品及材料】

分析天平,量筒,滴定管,锥形瓶,移液管。

无水 Na_2CO_3,混合碱试液,0.2 mol/L HCl 溶液,0.2%酚酞指示剂,0.2%甲基橙指示剂。

【实验步骤】

1. 0.2 mol/L HCl 溶液的标定

准确称取 0.21~0.32 g 基准物质无水 Na_2CO_3,加入 30 mL 去离子水溶解,再加 1 滴 0.2%甲基橙指示剂,用 HCl 溶液滴定至溶液由黄色变为橙色,即为终点。计算 HCl 标准溶液的浓度。

2. 混合碱试样的测定

准确移取混合碱试液 25.00 mL 于 250 mL 锥形瓶中,加 25 mL 去离子水,1~2 滴酚酞指示剂,用 0.2 mol/L HCl 标准溶液滴定,边滴边充分摇动[1],滴定至酚酞恰好褪色,即为终点,记下所用 HCl 标准溶液的体积 V_1。然后再加 1 滴甲基橙指示剂,继续用 HCl 标准溶液滴定

至溶液由黄色变为橙色，即为终点，记下所用 HCl 标准溶液的体积 V_2，计算混合碱各组分的含量。

【注释】

[1] 摇动是为了避免局部 Na_2CO_3 直接被滴定至 H_2CO_3。

【思考题】

滴定混合碱时，当① $V_1 = V_2$；② $V_1 = 0$，$V_2 > 0$；③ $V_2 = 0$，$V_1 > 0$ 时，试样的组成如何？

实验 4 酸碱滴定法测定食品添加剂中硼酸的含量

【实验目的】

了解间接滴定法的原理。

【实验原理】

对于 $cK_a \leq 10^{-8}$ 的极弱酸，不能用碱标准溶液直接滴定，但可采取措施使其强化，满足 $cK_a \geq 10^{-8}$，即可用 NaOH 标准溶液直接滴定。

H_3BO_3 的 $K_a = 7.3 \times 10^{-10}$，故不能用 NaOH 标准溶液直接滴定，在 H_3BO_3 中加入甘油溶液，生成甘油硼酸，其 $K_a = 3 \times 10^{-7}$，可用 NaOH 标准溶液滴定，反应如下：

$$
\begin{array}{l}
CH_2\!-\!OH \\
CH\!-\!OH \\
CH_2\!-\!OH
\end{array}
+ H_3BO_3 \Longrightarrow
\begin{array}{l}
CH_2\!-\!OH \\
CH\!-\!O \\
CH_2\!-\!O
\end{array}\!\!\!\!\!\Big\rangle BOH
+ 2H_2O
$$

$$
\begin{array}{l}
CH_2\!-\!OH \\
CH\!-\!O \\
CH_2\!-\!O
\end{array}\!\!\!\!\!\Big\rangle BOH
+ NaOH \Longrightarrow
\begin{array}{l}
CH_2\!-\!OH \\
CH\!-\!O \\
CH_2\!-\!O
\end{array}\!\!\!\!\!\Big\rangle BONa
+ H_2O
$$

化学计量点时，溶液呈弱碱性，可选用酚酞作指示剂。

【仪器、药品及材料】

台秤，试剂瓶，锥形瓶，滴定管。

1∶2 中性甘油溶液(取 1 份甘油、2 份水，加 2 滴酚酞指示剂，用 0.2 mol/L NaOH 溶液滴定至粉红色)，0.2%酚酞指示剂，硼酸(A.R.)，固体 NaOH(A.R.)，邻苯二甲酸氢钾(A.R.)。

【实验步骤】

1. 0.2 mol/L NaOH 标准溶液的配制

称取 4 g 固体 NaOH 于小烧杯中，加适量水使其完全溶解，转入 500 mL 试剂瓶中，稀释摇匀，贴上标签。

2. 0.2 mol/L NaOH 标准溶液的标定

准确称取 3 份 0.8～1.2 g 基准物质邻苯二甲酸氢钾，分别置于 3 个 250 mL 锥形瓶中，加 50 mL 水溶解后，加 2～3 滴 0.2%酚酞指示剂。用 0.2 mol/L NaOH 标准溶液滴定至溶液呈微红色，30 s 不褪色即为终点，计算 NaOH 标准溶液的准确浓度。

3. 样品的测定

准确称取硼酸样品 0.3 g 于 250 mL 锥形瓶中，加 1：2 中性甘油溶液 25 mL，加热使其溶解，冷却到室温后加 2～3 滴酚酞指示剂，用 0.2 mol/L NaOH 标准溶液滴定至溶液呈微红色即为终点。平行测定 2～3 次。

【思考题】

(1)硼酸的共轭碱是什么？可否用直接酸碱滴定法测定硼酸共轭碱的含量？

(2)用 NaOH 测定 H_3BO_3 时，为什么要用酚酞作指示剂？

实验 5　酸碱滴定法测定硫酸铵中的氮含量

【实验目的】

(1)掌握甲醛法测定铵盐中氮含量的原理和方法。

(2)学会取用大样的原则。

【实验原理】

按照酸碱质子理论，酸给出质子后成为其共轭碱，碱接受质子后成为其共轭酸。酸性越强的酸，其共轭碱的碱性越弱，碱性越强的碱，其共轭酸的酸性越弱，反之亦然。

当弱酸满足 $cK_a \geqslant 10^{-8}$ 时，可用 NaOH 标准溶液直接滴定，化学计量点时溶液呈弱碱性，可选用在碱性范围变色的指示剂。

因 NH_4^+ 的酸性较弱，无法用 NaOH 标准溶液直接测定，可采用甲醛法：

$$4NH_4^+ + 6HCHO \Longrightarrow (CH_2)_6N_4H^+ + 6H_2O + 3H^+$$

生成的六次甲基四胺盐($K_a = 7.1 \times 10^{-6}$)和 H^+ 可用 NaOH 标准溶液滴定。

甲醛法准确度较差，但比较快速，生产上应用较多。

若试样含游离酸，需在加甲醛前事先中和[1]；若试样中含 Fe^{3+}，会影响终点观察，可改用蒸馏法。

【仪器、药品及材料】

台秤，容量瓶，锥形瓶，滴定管。

邻苯二甲酸氢钾，0.2 mol/L NaOH 标准溶液，0.2%酚酞指示剂，铵盐试样，1：1 甲醛溶液(或 40%甲醛溶液与水等体积混合)。

【实验步骤】

1. 0.2 mol/L NaOH 标准溶液的标定

准确称取基准物质邻苯二甲酸氢钾 0.8～1.2 g，溶于 30 mL 水后，加 2～3 滴酚酞指示剂。用 NaOH 标准溶液滴定至微红色，30 s 不褪色即为终点。平行滴定 2～3 次，计算 NaOH 标准溶液的浓度。

2. 试样中 N 含量的测定

准确称取铵盐试样 3～4 g 于烧杯中，加少量水溶解后，定量转移至 250 mL 容量瓶中，用水稀释至标线。准确移取上述试液 25.00 mL 于锥形瓶中，加入已处理好的甲醛溶液 10 mL[2]，再加入 1～2 滴酚酞指示剂，摇匀，静置 1～2 min，用 0.2 mol/L NaOH 标准溶液滴定至微红色，30 s 不褪色即为终点。

【注释】

[1] 中和方法：在已移取的试样溶液中加一滴甲基红溶液，用 NaOH 标准溶液中和至溶液由红色变为黄色。

[2] 甲醛中常含有微量甲酸，应事先除去。方法是：取原装甲醛(40%)上层清液于烧杯中，用水稀释一倍，加入 1～2 滴 0.2%酚酞指示剂，用 NaOH 溶液中和至甲醛溶液呈淡红色。

【思考题】

(1) 为什么中和试样与中和甲醛所用的指示剂不同？
(2) 能否用甲醛法测定 NH_4HCO_3 中的氮含量？
(3) 配制标准 NaOH 溶液用台秤称取固体 NaOH 是否会影响浓度的准确度？为什么不能用纸称取固体 NaOH？

实验 6　配位滴定法连续测定铅、铋混合溶液中 Pb^{2+}、Bi^{3+} 的含量

【实验目的】

掌握控制溶液酸度进行多种离子连续配位滴定的原理和方法。

【实验原理】

如果要在同一溶液中分别测定 M、N 两种离子，须满足条件：

$$\lg(c_M^{sp} K_{MY}') \geqslant 5、\quad \lg(c_N^{sp} K_{NY}') \geqslant 5、\quad \Delta\lg(cK) \geqslant 5$$

这时，测定 M 的适宜酸度范围是：

最高酸度：$\lg\alpha_{Y(H)} = \lg c_M^{sp} + \lg K_{MY} - 5$ 时对应的酸度；

最低酸度：$\lg\alpha_{Y(H)} = \lg c_N^{sp} + \lg K_{NY} - 1$ 时对应的酸度。

Pb^{2+}、Bi^{3+} 均能与 EDTA 形成稳定的配合物，由于 $\Delta\lg(cK) \geqslant 5$，故可控制溶液不同的酸

度分别测定它们的含量。测定 Bi^{3+} 的酸度范围是 pH = 0.6~1.6，测定 Pb^{2+} 的酸度范围是 pH = 3~7.5。首先调节溶液的 pH=1，以二甲酚橙为指示剂，用 EDTA 标准溶液滴定 Bi^{3+}；在滴定 Bi^{3+} 以后的溶液中，再调节 pH = 5~6，用 EDTA 标准溶液滴定 Pb^{2+}。

pH = 1 时的反应：

滴定前　　　　　　　　　$Bi^{3+} + H_3In^{4-}$（黄色）$=== [BiH_3In]^-$（紫红）

滴定开始至计量点前　　　　$Bi^{3+} + H_2Y^{2-} === [BiY]^- + 2H^+$

计量点　　　　　　$H_2Y^{2-} + [BiH_3In]^-$（紫红）$=== [BiY]^- + H_3In^{4-}$（黄色）$+ 2H^+$

pH = 5~6 时的反应：

滴定前　　　　　　　　　$Pb^{2+} + H_3In^{4-}$（黄色）$=== [PbH_3In]^{2-}$（紫红）

滴定开始至计量点前　　　　　$Pb^{2+} + H_2Y^{2-} === [PbY]^{2-} + 2H^+$

计量点　　　　　　$H_2Y^{2-} + [PbH_3In]^{2-}$（紫红）$=== [PbY]^{2-} + H_3In^{4-}$（黄色）$+ 2H^+$

【仪器、药品及材料】

台秤，烧杯，表面皿，容量瓶，锥形瓶，滴定管，移液管。

EDTA（$Na_2H_2Y \cdot 2H_2O$）固体，基准物质 $CaCO_3$（置于 120℃烘箱中干燥 2 h，稍冷后置于干燥器中冷却备用），钙指示剂，0.2%二甲酚橙指示剂，20%六次甲基四胺溶液，1∶1 氨水，1∶1 HCl，20% NaOH，2 mol/L NaOH，2 mol/L HNO_3，0.1 mol/L HNO_3。

【实验步骤】

1. 0.02 mol/L EDTA 标准溶液的配制

称取 4 g $Na_2H_2Y \cdot 2H_2O$ 于烧杯中，加入 100 mL 去离子水，加热溶解，冷却后稀释至 500 mL，摇匀（长期放置应置于硬质玻璃瓶或聚乙烯瓶中）。

2. 0.02 mol/L EDTA 标准溶液的标定

准确称取 0.5~0.6 g 基准物质 $CaCO_3$ 于 250 mL 烧杯中，用少量水润湿，盖上表面皿，从烧杯嘴边小心地逐滴加入 1∶1 HCl 溶液至完全溶解，并将可能溅到表面皿上的溶液淋洗入烧杯，加少量水稀释，定量转移至 250 mL 容量瓶中，稀释至标线，摇匀。移取 25.00 mL 此溶液于 250 mL 锥形瓶中，加 25 mL 水、0.01 g 钙指示剂，滴加 20% NaOH 溶液至酒红色，再过量 5 mL，摇匀后用 EDTA 标准溶液滴定至蓝色。计算 EDTA 的标准浓度。平行测定 2~3 次。

3. 混合溶液的测定

准确移取铅、铋混合液 25.00 mL 于 250 mL 锥形瓶中，滴加 2 mol/L NaOH 溶液至刚出现白色混浊，再小心滴加 2 mol/L HNO_3 溶液至混浊刚消失，加 0.1 mol/L HNO_3 溶液 10 mL（使溶液 pH=1[1]），加入 1~2 滴 0.2%二甲酚橙指示剂，用 EDTA 标准溶液滴定[2]至溶液由紫红色变为黄色，即为滴定 Bi^{3+} 的终点。计算混合液中 Bi^{3+} 的含量（g/L）。

在测完 Bi^{3+} 的溶液中再加 2~3 滴二甲酚橙指示剂，逐滴加入 1∶1 氨水，使溶液呈橙色，再滴加 20%六次甲基四胺至溶液呈稳定的紫红色，并过量 5 mL，用标准 EDTA 溶液滴定至溶液呈亮黄色，即为滴定的终点。计算混合液中 Pb^{2+} 的含量(g/L)。

平行测定 2～3 次。

【注释】

[1] 此时，$Bi(NO_3)_3$ 沉淀不会析出，二甲酚橙也不与 Pb^{2+} 配位；如果酸度太高，二甲酚橙不与 Bi^{3+} 配位，溶液呈黄色。

[2] Bi^{3+} 与 EDTA 反应速率较慢，故滴定速度不宜过快，且要剧烈摇动。

【思考题】

(1) 能否在同一份试液中先滴定 Pb^{2+}，后滴定 Bi^{3+}？

(2) 如果试液中含有 Fe^{3+}，一般加入抗坏血酸掩蔽，可否用三乙醇胺掩蔽？

(3) 在 pH 约为 1 的条件下用 EDTA 标准溶液测定 Bi^{3+}，共存的 Pb^{2+} 为什么不干扰？

实验 7　鸡蛋壳中钙镁含量的测定

【实验目的】

(1) 进一步巩固配位滴定分析的方法与原理。

(2) 进一步了解金属指示剂的变色原理和控制酸度的重要性。

(3) 学习使用配位掩蔽排除干扰离子影响的方法。

(4) 训练对实物试样中某组分含量测定的一般步骤。

【实验原理】

鸡蛋壳中含有大量钙，主要以碳酸钙形式存在，其余还有少量镁、钾和微量铁、铝等元素。

鸡蛋壳的主要成分为 $CaCO_3$，其次为 $MgCO_3$、蛋白质、色素以及少量的 Fe、Al 等元素。由于试样中含酸不溶物较少，故可用直接酸溶法，即用盐酸将其溶解制成试液。由配位滴定的原理和 EDTA 与 Ca^{2+}、Mg^{2+} 配位滴定的条件稳定常数可知，取一份试样，在 pH=10 时，用铬黑 T 作指示剂，EDTA 标准溶液可直接测定溶液中钙和镁的总量(为使终点变化更敏锐，可用 K-B 指示剂，此时用 EDTA 标准溶液滴定至溶液由酒红色变为蓝绿色，即为终点)，另取一份等量试样，加入 NaOH 溶液，调节溶液的 pH 至 12～13，此时 Mg^{2+} 生成氢氧化物沉淀而不再与 EDTA 标准溶液反应，再以钙试剂作指示剂，用 EDTA 标准溶液滴定，可单独测定钙的含量。由钙和镁的总量减去钙量即得镁量。

当 pH=12 时，　　　　　　$Mg^{2+} + 2OH^- \Longrightarrow Mg(OH)_2$

$$Ca^{2+} + Y^{4-} \Longrightarrow [CaY]^{2-}$$

而 pH=10 时，　　　　　　$Ca^{2+} + HY^{3-} \Longrightarrow [CaY]^{2-} + H^+$

$$Mg^{2+} + HY^{3-} \Longrightarrow [MgY]^{2-} + H^+$$

滴定时，鸡蛋壳中的 Fe^{3+}、Al^{3+} 等干扰离子可用三乙醇胺或酒石酸钾钠掩蔽。

【仪器、药品及材料】

电热恒温干燥箱，分析天平，台秤，锥形瓶(250 mL，3 个)，酸式滴定管(50 mL)，移液管(25 mL)，容量瓶(250 mL)，量筒，烧杯(100 mL，500 mL)，表面皿，酒精灯。

HCl(1：1)，10% NaOH 溶液，EDTA 标准溶液(0.01 mol/L)，基准物质 $CaCO_3$，pH=10 的 NH_3-NH_4Cl 缓冲溶液，铬黑 T 指示剂，1：2 三乙醇胺水溶液，钙指示剂。

【实验步骤】

1. 0.01 mol/L EDTA 标准溶液的配制

台秤上称取 1.9 g $Na_2H_2Y\cdot2H_2O$ 溶于 200 mL 温水中(必要时过滤)，冷却后稀释至约 500 mL，充分摇匀。

2. 0.01 mol/L EDTA 标准溶液浓度的标定

准确称取 $CaCO_3$ 0.25～0.30 g 于 100 mL 烧杯中，加入适量去离子水润湿，盖上表面皿，从烧杯嘴缓慢地滴加 1：1 HCl 溶液至 $CaCO_3$ 完全溶解后再多加几滴，小火微沸 2 min，冷却后将溶液定量转移到 250 mL 容量瓶中，定容。准确移取钙标准溶液 25.00 mL 于锥形瓶中，加入 2.5 mL 10% NaOH 溶液和绿豆大小的钙指示剂，摇匀后用 EDTA 标准溶液滴定至溶液由红色变为蓝色，即为终点，记录消耗 EDTA 溶液的体积，平行滴定三次。

3. 样品处理

将蛋壳洗净，除尽蛋壳内表层的蛋白薄膜，然后把蛋壳放在 105℃的干燥箱中烤干，研成粉末，备用。

准确称取蛋壳粉 0.24～0.26 g(精确到 0.1 mg)，加少量水润湿，盖上表面皿，从烧杯嘴处滴加 1：1 HCl 约 5 mL，加热至完全溶解，继续蒸发除去大量的酸，转移到 250 mL 容量瓶中[1]，定容。

4. 钙镁总含量的测定

准确移取上述待测溶液 25.00 mL 于 250 mL 锥形瓶中，加入 5 mL 1：2 三乙醇胺水溶液[2]，再加入 10 mL NH_3-NH_4Cl 缓冲液(pH=10)，加入 3～4 滴铬黑 T 指示剂，摇匀，用 EDTA 标准溶液滴定至溶液由酒红色变为蓝色即为终点，记录所消耗的 EDTA 的体积 V_1(EDTA)，平行滴定三次。另取一份上述待测溶液 25.00 mL 于 250 mL 锥形瓶中，除铬黑 T 指示剂为第一组的 5 倍(约 0.1 g)，其他试剂按第一组的方法添加。

5. 钙含量的测定

准确移取上述待测溶液 25.00 mL 于 250 mL 锥形瓶中，加入 5 mL 1：2 三乙醇胺水溶液，加入 10% NaOH 溶液 10 mL，加入钙指示剂少许(约 0.1 g)，摇匀，用 0.01 mol/L EDTA 标准溶液滴定至溶液由酒红色变为蓝色即为终点，记录所消耗的 EDTA 标准溶液体积 V_2(EDTA)，平行滴定三次。

【注释】

[1] 在溶解鸡蛋壳时若有泡沫，可滴加 2~3 滴 95%乙醇。

[2] 使用三乙醇胺掩蔽 Fe^{3+}、Al^{3+}时，须在 pH<4 下加入，摇动后再调节 pH 至滴定酸度。

【思考题】

(1)实验中为什么要称取大样混匀后再取小部分试样进行测定？

(2)在测定过程中为什么要加入三乙醇胺溶液？

实验 8　配位滴定法回滴定明矾的含量

【实验目的】

掌握配位滴定法中回滴定法的原理和计算。

【实验原理】

有的金属离子与指示剂形成十分稳定的配合物，或形成的配合物可逆性差，到终点时不能被 EDTA 破坏，就会造成指示剂的封闭。若这种封闭作用是由干扰离子引起的，可加入掩蔽剂消除；若封闭现象是被测离子本身引起的，可采用回滴定法。

如果金属离子与 EDTA 反应较慢，或易发生水解等副反应，也可采用回滴定的方式对其进行测定。

由于 Al^{3+}与 EDTA 反应速率很慢，并对指示剂有封闭作用，故采用加热回滴定法。即在含 Al^{3+}试液中加入过量 EDTA 标准溶液，在 pH = 5~6 时加热使之充分反应，然后用二甲酚橙作指示剂，用 Zn^{2+}标准溶液回滴定剩余的 EDTA，反应过程如下：

滴定前 $\qquad\qquad\qquad$ $Al^{3+} + H_2Y^{2-}(过量) \Longrightarrow [AlY]^- + 2H^+$

滴定开始至计量点前 $\qquad$ $H_2Y^{2-}(余) + Zn^{2+} \Longrightarrow [ZnY]^{2-} + 2H^+$

计量点 $\qquad\qquad\qquad$ $Zn^{2+} + H_3In^{4-}(黄色) \Longrightarrow [ZnH_3In]^{2-}(紫红)$

终点颜色为橙色。

【仪器、药品及材料】

烧杯，表面皿，容量瓶，台秤，酸式滴定管，移液管，水浴锅。

0.02 mol/L EDTA 标准溶液(见本章实验 6)，基准物质锌，明矾，1∶1 HCl，0.2%二甲酚橙溶液，20%六次甲基四胺溶液。

【实验步骤】

1. 0.02 mol/L 锌标准溶液的配制

准确称取含锌99.9%以上的纯锌0.3~0.4 g于烧杯中,盖上表面皿,沿杯嘴滴加1∶1 HCl,溶解后，定量转移至 250 mL 容量瓶，用水稀释至标线，摇匀。

2. 明矾的测定

准确称取明矾$[KAl(SO_4)_2 \cdot 12H_2O]$($M_r$=474.4)样品 0.2 g,加水 25 mL[1],准确移取 0.02 mol/L EDTA 标准溶液 25.00 mL 于样品溶液中,在沸水浴中加热 10 min,冷却至室温;再加水 50 mL 及六次甲基四胺溶液 5 mL、二甲酚橙指示剂 4~5 滴,用 Zn^{2+} 标准溶液滴定至橙色,即为终点[2]。平行测定 2~3 次。

【注释】

[1] 样品溶于水后,会因缓慢溶解而显混浊,在加入过量 EDTA 并加热后,即可溶解,不影响滴定。

[2] pH<6 时,游离的二甲酚橙呈黄色,滴定至 Zn^{2+} 稍微过量时,Zn^{2+} 与部分二甲酚橙生成紫红色配合物,黄色与紫红色混合呈橙色,故终点颜色为橙色。

【思考题】

(1)用 EDTA 测定铝盐的含量,为什么不能用直接滴定法?

(2)用回滴定法测定 Al^{3+} 时,为什么要用六次甲基四胺控制溶液 pH=5~6?

(3)Al^{3+} 对二甲酚橙有封闭作用,为什么在用 EDTA 法测定 Al^{3+} 时,还能采用二甲酚橙作指示剂?

实验 9　配位滴定法测定自来水的总硬度

【实验目的】

掌握配位滴定法测定水的总硬度的原理和方法。

【实验原理】

水中钙、镁的酸式碳酸盐形成的硬度称为暂时硬度,钙、镁等其他盐类形成的硬度称为永久硬度。暂时硬度和永久硬度的总和称为总硬度。

如果被测离子与 EDTA 反应速率足够快、在滴定条件下不发生水解、对指示剂没有封闭作用,并且满足 $\lg(c_M^{sp} K'_{MY}) \geqslant 5$ 等条件,可采用直接滴定法进行测定。

水的硬度即水中溶解的钙盐和镁盐的总量,在制备去离子水或作锅炉用水时,常常需测定水的硬度。即在 pH=10 时,以铬黑 T 作指示剂,用 EDTA 标准溶液滴定 Ca^{2+}、Mg^{2+} 的总量。反应如下:

滴定前　　　　　$Mg^{2+} + HIn^{2-}(蓝) \rightleftharpoons [MgIn]^-(酒红) + H^+$

滴定开始至计量点前　$Mg^{2+} + H_2Y^{2-} \rightleftharpoons [MgY]^{2-} + 2H^+$

　　　　　　　　$Ca^{2+} + H_2Y^{2-} \rightleftharpoons [CaY]^{2-} + 2H^+$

计量点　　　$[MgIn]^-(酒红) + H_2Y^{2-} \rightleftharpoons [MgY]^{2-} + HIn^{2-}(蓝) + H^+$

【仪器、药品及材料】

移液管，锥形瓶，酸式滴定管。

自来水样，0.02 mol/L EDTA 标准溶液，pH=10 的 NH_3–NH_4Cl 缓冲溶液，1%铬黑 T 指示剂，1：2 三乙醇胺。

【实验步骤】

准确移取自来水样 100.0 mL 于 250 mL 锥形瓶中，加入 1 mL 1：2 三乙醇胺溶液、10 mL pH = 10 NH_3-NH_4Cl 缓冲溶液，滴定前加 3～4 滴铬黑 T 指示剂。用 0.02 mol/L EDTA 标准溶液滴定至溶液由酒红色变为蓝色即为终点。平行测定 3 次，计算水的硬度。

常用的水的硬度单位是：

(1)$1° = 10^{-5}$ mg/L CaO。0°～4°为很软的水，4°～8°为软水，8°～16°为中等硬水，16°～30°为硬水，大于 30°为很硬的水。

(2)$CaCO_3$ 的浓度用 10^{-6} g/L $CaCO_3$ 表示。

【思考题】

(1)测定自来水的总硬度时，哪些离子有干扰？如何消除？

(2)当水样中 Mg^{2+} 含量低时，以铬黑 T 作指示剂测定水中 Ca^{2+}、Mg^{2+} 总量的终点不明显，可否在水样中先加入少量$[MgY]^{2-}$配合物，再用 EDTA 滴定？

实验 10　高锰酸钾法测定软锰矿氧化力

【实验目的】

(1)学会配制和标定 $KMnO_4$ 标准溶液。

(2)掌握用 $KMnO_4$ 回滴定法测定软锰矿氧化力的原理和方法。

【实验原理】

高锰酸钾法是利用高锰酸钾的氧化性，以高锰酸钾作为滴定剂的滴定分析方法。对于具有氧化性的物质，可用回滴定的方式进行。

要获得较为稳定的 $KMnO_4$ 标准溶液，配制方法如下：称取比理论量稍多的 $KMnO_4$，按所需浓度溶解于一定体积的蒸馏水中，加热至沸，并保持微沸 1 h，再放置 2～3 天，使存在于溶液中的还原性物质全部被氧化，然后用微孔玻璃漏斗过滤除去 MnO_2，过滤后的 $KMnO_4$ 溶液储存于棕色试剂瓶中，并存放于暗处待标定。

因 MnO_2 是氧化剂，可在酸性溶液中使其与过量的还原剂 $Na_2C_2O_4$ 作用，剩余的 $Na_2C_2O_4$ 用 $KMnO_4$ 标准溶液回滴定，滴定时，利用 $KMnO_4$ 作自身指示剂，反应如下：

$$MnO_2 + C_2O_4^{2-} + 4H^+ \Longrightarrow Mn^{2+} + 2CO_2\uparrow + 2H_2O$$

$$2MnO_4^- + 5C_2O_4^{2-} + 16H^+ \Longrightarrow 2Mn^{2+} + 10CO_2\uparrow + 8H_2O$$

高锰酸钾很难被制成纯品，且市售的 $KMnO_4$ 常含有少量杂质，如 Cl^-、SO_4^{2-}、NO_3^- 等，另外由于其氧化能力很强，稳定性不好，在配制和储存过程中易与其他还原性物质作用，故不能采用直接法配制，必须进行标定。已标定过的溶液在使用一段时间后必须重新标定。标定 $KMnO_4$ 溶液用的基准物质有 $H_2C_2O_4 \cdot 2H_2O$、$Na_2C_2O_4$、As_2O_3 和纯铁丝等。本实验用 $Na_2C_2O_4$ 标定，反应同前。

【仪器、药品及材料】

表面皿，漏斗或微孔玻璃漏斗，棕色试剂瓶，加热设备，台秤，酸式滴定管，水浴锅。

3 mol/L H_2SO_4，$KMnO_4$(A.R.)，基准物质 $Na_2C_2O_4$(105～110℃烘干备用)，软锰矿样品(105℃干燥 2 h)。

【实验步骤】

1. 0.02 mol/L $KMnO_4$ 溶液的配制

称取 $KMnO_4$ 约 1.6 g，溶于 500 mL 水中，盖上表面皿，加热并保持微沸状态 1 h，并随时补充挥发的水分。冷却后，用塞有玻璃棉的漏斗或微孔玻璃漏斗过滤(不能使用含还原性物质的滤器如滤纸)，滤去 MnO_2 后，滤液储存于棕色试剂瓶中，溶液应放在暗处备用[1]。

2. 0.02 mol/L $KMnO_4$ 溶液的标定

准确称取基准物质 $Na_2C_2O_4$ 0.2 g 左右，用约 40 mL 水使其溶解，加入 10 mL 3 mol/L H_2SO_4(可否用 HCl 或 HNO_3?)，加热至 75～85℃，趁热(为什么?)用待标定的 $KMnO_4$ 溶液滴定[2]至呈粉红色，30 s 不褪色即为终点。平行测定 2～3 次，并计算 $KMnO_4$ 溶液的浓度。

3. 软锰矿的测定

准确称取约 0.2 g 试样于烧杯中，再准确称取 0.3～0.4 g 纯 $Na_2C_2O_4$ 于此烧杯中[3]，加去离子水 20 mL、3 mol/L H_2SO_4 溶液 40 mL，于 75～85℃水浴上加热，不断搅拌并随时补充水分[4]，直至 CO_2 全部逸出[不再冒出大气泡，加热时间不能太长，否则已还原的 Mn(Ⅱ)会被氧化成 Mn(Ⅳ)]，约需 20 min。随后，将溶液用沸水稀释至 100 mL，立即[5]用 $KMnO_4$ 标准溶液滴定至粉红色，30 s 不褪色即为终点。平行测定 2～3 次。

【注释】

[1] 也可煮沸 20～30 min，冷却后在暗处放置 7～10 天再过滤。

[2] $KMnO_4$ 与 $Na_2C_2O_4$ 的反应须注意以下几点：

(a)酸度；

(b)室温下反应速率缓慢，但超过 90℃时，将部分分解，故滴定时的温度为 75～85℃，滴定完毕时的温度不应低于 60℃；

(c)刚开始滴定速度不能太快，否则部分 $KMnO_4$ 将在热的浓溶液中分解：

$$4KMnO_4 + 2H_2SO_4 \Longrightarrow 4MnO_2 \downarrow + 2K_2SO_4 + 2H_2O + 3O_2 \uparrow$$

待反应生成 Mn^{2+} 后，因 Mn^{2+} 的催化作用，滴定速度可加快。

[3] 为了促进 MnO_2 的溶解，$Na_2C_2O_4$ 的用量须比还原 MnO_2 所需用量稍多一些，但若

$C_2O_4^{2-}$剩余量太多，消耗标准溶液的量太大，也会影响测定的准确度，故要预先做近似测定以确定软锰矿及 $Na_2C_2O_4$ 的称量量。

[4] 软锰矿在含一定量还原剂的硫酸溶液中，需慢慢加热使其溶解。否则，温度过高，水分蒸发，草酸将在器壁上析出晶体，此晶体受热会分解；此外，溶液浓缩后，草酸也会在较高酸度下分解，故应当在水浴中加热。

[5] 沸水稀释后应立即滴定，若溶液反复加热，易使 Mn(Ⅱ) 氧化成 Mn(Ⅳ)。

【思考题】

(1) 配制 500 mL 0.02 mol/L $KMnO_4$ 溶液应称取固体试剂多少克？为什么配制时称取量应比理论值大一些？

(2) 软锰矿溶解、还原完毕后，为什么要用 100 mL 沸水稀释？

实验 11   间接碘量法测定铜盐中铜的含量

【实验目的】

(1) 掌握间接碘量法测定铜的原理和方法。

(2) 掌握 $Na_2S_2O_3$ 标准溶液的配制和标定方法。

【实验原理】

利用 I^- 的还原性，可使其与氧化性物质作用，置换出的 I_2 再用 $Na_2S_2O_3$ 标准溶液滴定，间接求出该氧化性物质的含量，这就是间接碘量法。此法以淀粉作指示剂，滴定到溶液中蓝色消失即为终点。作为标准溶液的 $Na_2S_2O_3$ 在储存过程中不稳定，极易分解，在配制时需注意用新煮沸并冷却的去离子水配制，以除去水中的 CO_2、细菌和溶解的氧；还需加入少量 Na_2CO_3 使溶液呈弱碱性，抑制微生物生长并防止 $Na_2S_2O_3$ 溶液分解；配制好的溶液应放置几天以后再进行标定。这样配制的溶液虽然比较稳定，但也不宜长期保存，使用一段时间后需重新标定或配制。

在硫酸酸性溶液中加入过量 KI，析出的碘用 $Na_2S_2O_3$ 标准溶液滴定，用淀粉作指示剂，反应如下：

$$2Cu^{2+} + 4I^- \Longrightarrow 2CuI\downarrow + I_2$$
$$I_2 + 2S_2O_3^{2-} \Longrightarrow 2I^- + S_4O_6^{2-}$$

反应需加入过量 KI，一方面可促使反应进行完全，另一方面使其形成 I_3^-，以增加 I_2 的溶解度。

为了避免 CuI 沉淀吸附 I_2，造成结果偏低，须在近终点时加入 SCN^-，使 CuI 转化成溶解度更小的 CuSCN，释放出被吸附的 I_2。

溶液的 pH 一般控制在 3.0～4.0，酸度过高，空气中的氧会氧化 I_2(Cu^{2+} 对此氧化反应有催化作用)；酸度过低，Cu^{2+} 可能水解，使反应不完全，且反应速率变慢，终点拖长。一般采用 NH_4F 缓冲溶液，一方面控制溶液酸度，另一方面也能掩蔽 Fe^{3+}，消除 Fe^{3+} 氧化 I^- 对测定的干扰。

硫代硫酸钠（$Na_2S_2O_3 \cdot 5H_2O$）一般都含有少量杂质，如 S、Na_2SO_3、Na_2SO_4、Na_2CO_3、NaCl 等，还容易风化和潮解，须用间接法配制。$Na_2S_2O_3$ 易受水中溶解的 CO_2、O_2 和微生物的作用而分解，故应用新煮沸冷却的蒸馏水来配制；此外，$Na_2S_2O_3$ 在日光下、酸性溶液中极不稳定，在 pH = 9~10 时较为稳定，所以在配制时还需加入少量 Na_2CO_3，配制好的标准溶液应储存于棕色瓶中置于暗处保存。长期使用的 $Na_2S_2O_3$ 标准溶液要定期标定，通常用 $K_2Cr_2O_7$ 作基准物质标定 $Na_2S_2O_3$ 的浓度，反应为

$$Cr_2O_7^{2-} + 6I^- + 14H^+ \rightleftharpoons 2Cr^{3+} + 3I_2 + 7H_2O$$

析出的碘再用 $Na_2S_2O_3$ 标准溶液滴定。

【仪器、药品及材料】

碘量瓶，锥形瓶，滴定管，移液管，台秤。

0.5%淀粉溶液，6 mol/L HCl，20% KI 溶液，10% KSCN 溶液，基准物质 $K_2Cr_2O_7$ 固体（A.R.），1 mol/L H_2SO_4 溶液。

【实验步骤】

1. 0.1 mol/L $Na_2S_2O_3$ 溶液的配制

称取 12.5 g $Na_2S_2O_3 \cdot 5H_2O$，用新煮沸并冷却的去离子水溶解，加入 0.1 g Na_2CO_3，再用新煮沸并冷却的蒸馏水稀释至 500 mL，储存于棕色瓶中，于暗处放置 7~14 天后标定。

2. $Na_2S_2O_3$ 溶液的标定

准确称取 $K_2Cr_2O_7$ 0.1~0.15 g 于 250 mL 碘量瓶中，加入 20~30 mL 去离子水溶解，再加入 5 mL 20% KI 溶液、5 mL 6 mol/L HCl 溶液。立即盖上瓶盖，轻轻摇匀，于暗处放置 5 min[1]，再加水稀释至 100 mL[2]。用待标定的 $Na_2S_2O_3$ 溶液滴定至浅黄绿色时，加入 5 mL 0.5%淀粉溶液[3]，继续滴定到蓝色刚好消失，即为终点(终点呈 Cr^{3+}的绿色)。平行测定 2~3 次。

3. 铜盐的测定

准确称取铜盐试样 0.6~0.7 g 于 250 mL 锥形瓶中，加入 1 mol/L H_2SO_4 溶液 5 mL、去离子水 40 mL。溶解后，加入 5 mL 20% KI 溶液，立即用 0.1 mol/L $Na_2S_2O_3$ 标准溶液滴定至浅黄色，然后加入 5 mL 0.5%淀粉指示剂，溶液呈深蓝色。滴定至浅蓝色后再加入 10% KSCN 溶液 10 mL[4]，摇匀，继续用 $Na_2S_2O_3$ 溶液滴定到蓝色刚好消失，此时溶液为粉色的 CuSCN 悬浊液。平行测定 2~3 次。

【注释】

[1] 过量的 KI 与 $K_2Cr_2O_7$ 在足够的浓度、适当的酸度条件下，约需 5 min 反应才能进行完全。

[2] 稀释后降低了绿色 Cr^{3+}的浓度，避免其影响终点观察；同时还降低了溶液的酸度，有利于 $Na_2S_2O_3$ 的测定。

[3] 近终点时加入淀粉，以免淀粉吸附大量 I_2。

[4] 在近终点时加入 KSCN，避免 I_2 被 KSCN 还原；此时，滴定速度要慢且应充分摇动，使吸附在沉淀上的 I_2 进入溶液反应完全。

【思考题】

(1) 测定铜含量时加入 KSCN 的作用是什么？

(2) 硫酸铜易溶于水，为什么溶解时要加硫酸？

(3) 请查看有关标准电极电势，说明为什么本实验中 Cu^{2+} 能氧化 I^-？

(4) 若含铜溶液中存在 Fe^{3+}，对测定有什么影响？怎样消除这种影响？

实验 12　重铬酸钾法测定铁矿石中铁的含量

【实验目的】

(1) 掌握用重铬酸钾法测定铁矿石中铁含量的原理和方法。

(2) 掌握用直接法配制标准溶液。

【实验原理】

在滴定前，通常需对被测组分进行预先氧化或还原处理，即将其还原成低价态或氧化成高价态，使其变成适合用氧化剂或还原剂测定的一定价态。

氧化还原指示剂的氧化态与还原态有不同的颜色，在滴定过程中，指示剂发生价态的变化，从而指示终点的到达。

用经典的重铬酸钾法测定铁时，方法准确、简便，但每份试液需加入 10 mL $HgCl_2$，因此会造成严重的环境污染。近年来，为了避免汞盐的污染，研究了多种不用汞盐的分析方法。本实验采用 $TiCl_3$-$K_2Cr_2O_7$ 法[1]，即试样用硫磷混合酸溶解后，先用还原性较强的 $SnCl_2$ 还原大部分 Fe^{3+}，然后以 Na_2WO_4 为指示剂，用还原性较弱的 $TiCl_3$ 还原剩余的 Fe^{3+}：

$$2Fe^{3+}(大量) + SnCl_4^{2-}(不足) + 2Cl^- \xrightarrow{\qquad} 2Fe^{2+} + SnCl_6^{2-}(至浅黄)$$

$$Fe^{3+}(余) + Ti^{3+} + H_2O \xrightarrow{\qquad} Fe^{2+} + TiO^{2+} + 2H^+(钨酸钠指示剂变成钨蓝)$$

Fe^{3+} 定量还原为 Fe^{2+} 后，过量的一滴 $TiCl_3$ 立即将作为指示剂的六价钨(无色)还原为蓝色的五价钨化合物(俗称"钨蓝")，使溶液呈蓝色，然后用少量 $K_2Cr_2O_7$ 溶液将过量的 $TiCl_3$ 氧化，并使"钨蓝"被氧化而消失。随后，以二苯胺磺酸钠作指示剂，用 $K_2Cr_2O_7$ 标准溶液滴定试液中的 Fe^{2+}，便测得铁的含量。

$K_2Cr_2O_7$ 易提纯为基准试剂，故可采用直接法进行配制。$K_2Cr_2O_7$ 作滴定剂有以下优点：

(1) 溶液稳定，长期储存时浓度不变。

(2) 其标准电势略低于氯的标准电势，故可用于在 HCl 溶液中滴定铁。

【仪器、药品及材料】

容量瓶，锥形瓶，表面皿。

基准物质 $K_2Cr_2O_7$，1：1 HCl，0.2%二苯胺磺酸钠溶液，1：1 硫磷混合酸。

10% $SnCl_2$ 溶液：称取 10 g $SnCl_2 \cdot 2H_2O$ 溶于 100 mL 1：1 HCl 中，临用时配制。

1.5% TiCl$_3$ 溶液：取 1.5 mL 原瓶装 TiCl$_3$，用 1∶4 HCl 稀释至 100 mL，加少量无砷锌粒，放置过夜使用。

10% Na$_2$WO$_4$ 溶液：称取 10 g Na$_2$WO$_4$ 溶于适量水中，若混浊应过滤，加入 5 mL 浓 H$_3$PO$_4$，加水稀释至 100 mL。

【实验步骤】

1. 0.02 mol/L K$_2$Cr$_2$O$_7$ 标准溶液的配制

准确称取 K$_2$Cr$_2$O$_7$ 基准试剂 1.3～1.5 g 于烧杯中，加适量水溶解后定量转入 250 mL 容量瓶中，用水稀释至标线，充分摇匀，计算其浓度。

2. 铁的测定

准确称取 0.8～1.0 g 含铁试样于锥形瓶中，用少量水润湿，加入 5 mL 1∶1 HCl，盖上表面皿，低温加热[2]至溶解，用少量水冲洗表面皿及瓶壁，加热近沸，趁热(为什么?)滴加 SnCl$_2$ 溶液至溶液呈浅黄色[3]，再用少量水冲洗瓶壁后，加入硫磷混合酸 15 mL、Na$_2$WO$_4$ 溶液 6～8 滴，边摇边滴加 TiCl$_3$ 溶液[4]至溶液刚出现蓝色，再过量 1～2 滴，加水 50 mL，摇匀，放置约 30 s，用 K$_2$Cr$_2$O$_7$ 标准溶液滴定至蓝色褪去(是否要记读数?)。放置约 1 min[5]，加 5～6 滴二苯胺磺酸钠指示剂，用 K$_2$Cr$_2$O$_7$ 标准溶液滴定至溶液呈稳定的紫色，即为终点。平行测定 2～3 次。处理一份，滴定一份(为什么?)。

【注释】

[1] 在定量还原 Fe^{3+} 的酸度下，单独用 SnCl$_2$ 不能将六价钨还原成五价钨，故溶液无明显的颜色变化，不能准确控制 SnCl$_2$ 的用量，且过量的 SnCl$_2$ 也没有合适的消除方法；若单独使用 TiO$_3$，将引入较多的钛盐，当用水稀释时，易出现大量四价钛盐沉淀，影响测定，故常将 TiCl$_3$ 与 SnCl$_2$ 联合使用。

[2] 温度太高会造成 FeCl$_3$ 部分挥发而损失。

[3] 尽可能使大部分 Fe^{3+} 被 Sn(II) 还原，否则加入 TiCl$_3$ 过多，生成的 Ti(IV) 易水解；但也不能过量，否则结果偏高，若不慎过量，可滴加 2% KMnO$_4$ 至浅黄色。

[4] 用 TiCl$_3$ 还原时的温度应在 30～60℃，若温度低于 20℃ 则变色缓慢。

[5] 在硫磷混合酸中滴加 K$_2$Cr$_2$O$_7$ 溶液，"钨蓝"褪色较慢，应慢慢滴入，并不断摇动，滴得过快，容易过量，使结果偏低；此外，一定要等"钨蓝"褪色 30～60 s 后才能滴定，否则会因 TiCl$_3$ 未被完全氧化而消耗 K$_2$Cr$_2$O$_7$ 溶液，导致结果偏高。

【思考题】

(1)还原时，为什么要使用两种还原剂？可否只使用一种？

(2)二苯胺磺酸钠指示剂的用量对测定有无影响？

实验 13　直接碘量法测定维生素 C 的含量

【实验目的】

通过维生素 C 的测定了解直接碘量法的过程,掌握碘标准溶液的配制和注意事项。

【实验原理】

利用 I_2 的氧化性可用碘标准溶液直接滴定电极电势较低的一些还原性物质,用淀粉作指示剂,当滴定到溶液出现蓝色时即为终点。因碘的挥发性很强,难以准确称量,一般是先将一定量的碘溶于少量 KI 的浓溶液中,待溶解后再稀释成一定体积,配成大致浓度,再用 As_2O_3 等基准物质进行标定。

维生素 C 是强还原性物质,可用具有氧化性的 I_2 作标准溶液直接滴定,反应如下:

$$\begin{array}{c} \text{—O— —H} \\ | \quad\quad | \\ \text{C—C}\!=\!\text{C—C— C—CH}_2\text{OH} + I_2 \end{array} = \begin{array}{c} \text{—O— —H} \\ | \quad\quad | \\ \text{C—C—C—C— C—CH}_2\text{OH} + 2\text{HI} \\ \| \quad | \quad | \quad | \quad\quad | \\ \text{O OH OH H OH} \quad\quad \text{O O O H OH} \end{array}$$

碱性条件下可使反应向右进行完全,但因维生素 C 还原性很强,在碱性溶液中尤其易被空气氧化,在酸性介质中较为稳定,故反应应在稀酸(如稀乙酸、稀硫酸或偏磷酸)溶液中进行,并在样品溶于稀酸后,立即用碘标准溶液进行滴定。

由于碘的挥发性和腐蚀性,不宜在分析天平上直接称取,需采用间接配制法;通常用基准物质 As_2O_3 对 I_2 溶液进行标定。As_2O_3 不溶于水,溶于 NaOH:

$$As_2O_3 + 6NaOH == 2Na_3AsO_3 + 3H_2O$$

由于滴定不能在强碱性溶液中进行,需加 H_2SO_4 中和过量的 NaOH,并加入 $NaHCO_3$ 使溶液 pH = 8。I_2 与亚砷酸之间的反应为

$$AsO_3^{3-} + I_2 + H_2O == AsO_4^{3-} + 2I^- + 2H^+$$

【仪器、药品及材料】

表面皿,酸式滴定管,移液管,玻璃漏斗,棕色试剂瓶。

$NaHCO_3$、KI、I_2(以上均为 A.R.),基准物质 As_2O_3(于 105℃干燥至恒量),6 mol/L NaOH,0.5 mol/L H_2SO_4,10% HAc,1%淀粉溶液,浓盐酸,甲基橙指示剂,维生素 C 片剂。

【实验步骤】

1. 0.1 mol/L I_2 标准溶液的配制

称取 10.8 g KI,溶于 10 mL 去离子水中[1],再用表面皿(可否用称量纸?)称取 I_2 约 6.5 g,溶于上述 KI 溶液,加 1 滴浓盐酸[2],加水稀释至 300 mL,摇匀,用玻璃漏斗过滤,储存于棕色试剂瓶中并置于暗处。

2. 0.1 mol/L I_2 标准溶液的标定

准确称取基准物质 As_2O_3 0.15 g,加 6 mol/L NaOH 溶液 10 mL,微热使其溶解,加水 20 mL,

加甲基橙指示剂 1 滴，加 0.5 mol/L H_2SO_4 溶液至溶液由黄色变为粉红，再加 $NaHCO_3$ 2 g、水 30 mL、1%淀粉指示剂 2 mL，用碘标准溶液滴定[3]至蓝色，30 s 内不褪色，计算 I_2 标准溶液的浓度。

3. 维生素 C 含量的测定

准确称取维生素 C 样品 0.2 g，溶于新煮沸并冷却的去离子水 100 mL 与稀乙酸 10 mL 的混合液中，加 1%淀粉指示剂 1 mL，立即用 0.1 mol/L I_2 标准溶液滴定至溶液呈持续蓝色，计算维生素 C 的含量。

【注释】

[1] 碘在水中溶解度很小(0.035 g/100 mL，25℃)且具有挥发性。故在配制碘标准溶液时常加入大量 KI，使其形成可溶、不易挥发的 I_3^- 配离子。

[2] 加入盐酸是为了使 KI 中可能存在的少量 KIO_3 与 KI 作用生成碘，避免 KIO_3 对测定产生影响。

[3] 碘易受有机物的影响，不可与软木塞、橡胶等接触，应用酸式滴定管进行滴定。

【思考题】

(1)配制 I_2 标准溶液时,为什么要加过量 KI? 可否将称得的 I_2 和 KI 一起加水至一定体积?
(2)溶解样品时,为什么要用新煮沸并冷却的去离子水?

实验 14　微量滴定法测定食盐中氯离子的含量

【实验目的】

(1)掌握莫尔法测定氯的原理和方法。
(2)掌握微量滴定的操作方法。

【实验原理】

微型化学实验是大学化学实验绿色化的重要途径和方向；微型化学实验不仅可以减少试剂使用量和"三废"排放量，而且在水、电等能源的消耗以及降低实验成本等方面也起着不可忽视的作用。

莫尔法是采用 K_2CrO_4 作指示剂，在中性或弱碱性条件下用 $AgNO_3$ 作标准溶液测定 Cl^- 和 Br^-。

莫尔法测定 Cl^- 时，在中性或弱碱性溶液中以 K_2CrO_4 作指示剂，以 $AgNO_3$ 标准溶液滴定 Cl^-，AgCl 定量沉淀完全后，过量的 1 滴 $AgNO_3$ 溶液即与 CrO_4^{2-} 生成 Ag_2CrO_4 沉淀而指示终点：

$$Ag^+ + Cl^- \Longrightarrow AgCl\downarrow \quad (白色，\ K_{sp}^{\ominus} = 1.6\times10^{-10})$$

$$2\,Ag^+ + CrO_4^{2-} \Longrightarrow Ag_2CrO_4\downarrow \quad (砖红色，\ K_{sp}^{\ominus} = 9.0\times10^{-12})$$

莫尔法应注意酸度和指示剂用量对滴定的影响。

【仪器、药品及材料】

25 mL 锥形瓶，25 mL 烧杯，25 mL 容量瓶，2.00 mL 移液管，3.00 mL 微量滴定管。
基准物质 NaCl，5% K_2CrO_4 指示剂（5 g K_2CrO_4 溶于 100 mL 水中），食盐样品，$AgNO_3$。

【实验步骤】

1. 0.1 mol/L $AgNO_3$ 标准溶液的配制与标定

称取 0.85 g $AgNO_3$ 于小烧杯中，加水溶解后，转入棕色试剂瓶中，稀释至 50 mL，得 0.1 mol/L $AgNO_3$ 溶液。

准确称取基准物质 NaCl 0.12~0.18 g，置于小烧杯中，用去离子水溶解后，定量转移到 25 mL 容量瓶中，加水稀释至标线，摇匀。准确移取 2.00 mL NaCl 标准溶液于锥形瓶中，加入 2 mL 去离子水，再加入 0.1 mL 5% K_2CrO_4 溶液，用 $AgNO_3$ 标准溶液滴定至溶液中出现砖红色沉淀即为终点，平行测定 2~3 次。计算 $AgNO_3$ 的浓度。

2. 食盐试液的制备

准确称量食盐样品 0.12~0.15 g 于小烧杯中，加水溶解后，定量转移至 25 mL 容量瓶中。

3. 食盐中氯离子含量的测定

准确移取上述食盐试液 2.00 mL 于 25 mL 锥形瓶中，加入 2 mL 去离子水[1]，加入 0.1 mL 5% K_2CrO_4 溶液，用 $AgNO_3$ 标准溶液滴定至溶液中呈现砖红色沉淀即为终点，平行测定 2~3 次。计算食盐中氯离子的含量。

【注释】

[1] 若有铵盐存在，需调节 pH 为 6.5~7.2，NH_4^+ 浓度大于 0.1 mol/L 时，不适于用莫尔法测定氯。

【思考题】

(1) 莫尔法测定氯时，对 K_2CrO_4 指示剂的用量有何要求？
(2) 能否用莫尔法以 NaCl 标准溶液直接滴定 Ag^+，为什么？
(3) 微量滴定管的使用有哪些注意事项？

实验 15   沉淀重量法测定氯化钡中的钡含量

【实验目的】

掌握晶形沉淀的制备方法及重量分析的基本操作。

【实验原理】

影响沉淀溶解度的因素有酸效应、配位效应、同离子效应和盐效应。如果是晶形沉淀，为了获得纯净、易于过滤和洗涤的沉淀，应采用的沉淀条件是：在热溶液中，不断搅拌下缓慢加入稀的沉淀剂，避免局部过浓，生成大量晶核。沉淀完毕后还应陈化，使小晶粒逐渐溶解，粗大晶粒不断形成。

钡的难溶盐中，$BaSO_4$ 的溶解度最小，若加入过量沉淀剂，使其溶解度更为降低，溶解损失可忽略不计。灼烧干燥法中，过量的沉淀剂 H_2SO_4 可在高温下挥发除去，故 H_2SO_4 可过量 50%～100%，在微波干燥法中，过量的 H_2SO_4 不易除去，故过量的 H_2SO_4 须控制在 20%～50%。此外，微波干燥法的沉淀条件和洗涤操作的要求更严格。

将氯化钡试样溶于水后，用稀盐酸酸化[1]，加热近沸，在不断搅拌下逐滴加入稀 H_2SO_4[2]。生成的沉淀经陈化、过滤、洗涤后，灼烧或微波干燥，以 $BaSO_4$ 形式称量，即可求得试样中 Ba 的含量。

【仪器、药品及材料】

马弗炉，瓷坩埚，坩埚钳，长颈漏斗，滴管，表面皿，电炉，微波炉，玻璃坩埚，玻璃沙板，抽滤瓶，真空泵，分析天平。

$BaCl_2·2H_2O$ 试样，1 mol/L H_2SO_4，2 mol/L HCl，0.1 mol/L $AgNO_3$。

【实验步骤】

1. 采用灼烧干燥法

(1) 瓷坩埚的准备。洗净 2～3 个带盖瓷坩埚，在 800～850℃下灼烧，第一次灼烧 30～40 min，第二次灼烧 15～20 min，直至质量恒定。

(2) 沉淀的制备。准确称取 $BaCl_2·2H_2O$ 试样 0.4～0.6 g 于 250 mL 烧杯中，加水 100 mL，搅拌使之溶解[3]，加入 2 mol/L HCl 3 mL，加热近沸(勿使溶液沸腾，以免溅失)。另取 1 mol/L H_2SO_4 4 mL，加水 30 mL，加热近沸，在不断搅拌下趁热用滴管逐滴(开始不能太快，4～5 s 加一滴，后面可稍微加快)加入热试样溶液中，待沉淀完毕，$BaSO_4$ 沉降后，于上层清液中滴加 1～2 滴稀 H_2SO_4，仔细观察，若无混浊，表示已沉淀完全。将玻璃棒靠在烧杯嘴上(切不可拿出烧杯外)，盖上表面皿，于水浴上加热 0.5～1 h，或在室温下放置 12 h 陈化。

(3) 沉淀的过滤与洗涤。用慢速或中速定量滤纸过滤(倾泻法)，用稀 H_2SO_4 洗涤液(3 mL 1 mol/L H_2SO_4 稀释成 200 mL)洗涤 3～4 次，每次约 10 mL(少量多次)，最后小心地将沉淀转移到滤纸上，并用一小块滤纸擦净杯壁后置于漏斗内的滤纸上，继续用洗涤液洗涤沉淀至无 Cl⁻(用 $AgNO_3$ 检查)[4]。

(4) 沉淀的炭化、灰化与灼烧。将滤纸和沉淀取出包好，置于已恒定质量的瓷坩埚中，在电炉上炭化、灰化，再移入马弗炉中，于 800～850℃灼烧至质量恒定，第一次 1 h，第二次 10～15 min。平行测定 2～3 次。

2. 采用微波干燥法

(1)将玻璃坩埚洗净，用真空泵抽 2 min，除去玻璃沙板微孔中的水分，置于微波炉中干燥(中高火)至质量恒定，第一次 10 min，第二次 4 min。

(2)同灼烧干燥法(2)。

(3)BaSO₄ 沉淀冷却或陈化后，用倾泻法在已恒定质量的玻璃坩埚中进行减压过滤，并按灼烧重量法进行洗涤。沉淀转移后，用水淋洗沉淀及坩埚内壁至无 Cl⁻，继续抽干直至不再产生水雾，然后将坩埚移入微波炉干燥至质量恒定，第一次 10 min，第二次 4 min。平行测定 2~3 次。

【注释】

[1] 防止产生 $BaCO_3$、$BaHPO_4$ 沉淀和 $Ba(OH)_2$ 共沉淀；还可使部分 SO_4^{2-} 成为 HSO_4^-，略微增大沉淀的溶解度，以降低溶液的过饱和度并防止胶溶作用。

[2] 在热溶液中并在不断搅拌下进行沉淀，可降低过饱和度，避免局部过浓，同时也减少了杂质的吸附。

[3] 玻璃棒放入盛试样的烧杯后，则为此烧杯专用，一直到沉淀完全、过滤、洗涤及沉淀定量转移后才能离开烧杯。

[4] Cl⁻为混入沉淀中的主要杂质，若已检不出 Cl⁻，可认为其他杂质已完全除去。

【思考题】

(1)微波干燥法与灼烧干燥法相比，有什么不同？

(2)沉淀 $BaSO_4$ 为什么要在稀 HCl 介质中进行？

(3)洗涤沉淀时应遵循什么原则？

实验 16   硅酸盐的系统分析

【实验目的】

(1)掌握用酸碱滴定法和配位滴定法对硅酸盐进行系统分析。

(2)学会复杂试样的分离方法。

【实验原理】

在分析工作中，某些样品因含有化学性质与待测组分相近或能与待测组分发生反应的物质而干扰测定，当这种干扰严重时，需在测定之前进行分离。常用的分离方法有沉淀分离、萃取分离、挥发和蒸馏分离、色谱分离等。

当弱酸满足 $cK_a \geqslant 10^{-8}$ 时，可用 NaOH 标准溶液直接滴定，化学计量点时溶液呈弱碱性，可选用在碱性范围变色的指示剂。

如果溶液中除了被测离子 M 外，还有干扰离子 N，当用 EDTA 标准溶液测定 M 时，须满足 $\lg(c_M^{sp} K'_{MY}) \geqslant 5$、$\Delta \lg(cK) \geqslant 5$。若不能满足，可采用配合掩蔽、沉淀掩蔽、氧化还原掩蔽等方法降低 N 与 EDTA 配合物的稳定性以消除其干扰。

1. SiO_2 的测定

试样用 K_2CO_3 或 KOH 熔融后，转化成可溶的 K_2SiO_3(硅酸钾)，在钾盐存在下，K_2SiO_3 与 HF 作用生成微溶的 K_2SiF_6(硅氟酸钾)：

$$K_2SiO_3 + 6HF === K_2SiF_6\downarrow + 3H_2O$$

加入固体 KCl 可降低 K_2SiF_6 的溶解度，经过滤、洗涤后，加入 KCl 乙醇溶液，以 NaOH 中和游离酸至酚酞变红，再加沸水使其水解：

$$K_2SiF_6 + 3H_2O === 2KF + H_2SiO_3 + 4HF$$

用 NaOH 滴定水解产生的 HF，即可计算试样中 SiO_2 的含量。

2. 铁、铝、钛、钙、镁的测定

因大多数硅酸盐可用 HF 分解，但 F 的存在对测定有干扰，需挥发除去，故 HF 通常与 H_2SO_4、HNO_3 或 $HClO_4$ 混合使用。

在铂金坩埚中，用 HF-H_2SO_4 分解试样[1]：

$$SiO_2 + 4HF === SiF_4\uparrow + 2H_2O$$

试样分解后，再加入 $K_2S_2O_7$ 熔融：

$$K_2S_2O_7 \xrightarrow{450℃} K_2SO_4 + SO_3 \uparrow$$

$$Fe_2O_3 + 3SO_3 === Fe_2(SO_4)_3$$

$$Al_2O_3 + 3SO_3 === Al_2(SO_4)_3$$

$$TiO_2 + 2SO_3 === Ti(SO_4)_2$$

钙、镁也转入溶液中[2]。

在 pH=2～2.5 时，用磺基水杨酸作指示剂，用 EDTA 滴定 Fe^{3+}，然后加入过量 EDTA 标准溶液，使其与 Al^{3+}、Ti^{4+} 充分反应后[3]，以 PAN 为指示剂，用 Cu^{2+} 标准溶液回滴定过量的 EDTA，得到铝、钛的量。再加入苦杏仁酸，用 Cu^{2+} 标准溶液滴定 TiY 置换出 Y，得到钛的量，计算得铝的量。

用三乙醇胺和酒石酸钾钠掩蔽 Fe^{3+}、Al^{3+}、Ti^{4+}、Mn^{2+}，不经分离可分别测定钙和镁。

【仪器、药品及材料】

铂金坩埚，坩埚钳，喷灯，容量瓶，分析天平，滴定管，塑料杯。

固体 Na_2CO_3，固体 KCl，浓 HNO_3，1∶20 稀 HNO_3，15% KF，5% KCl，酚酞，5% KCl-乙醇溶液，0.15 mol/L NaOH 标准溶液，1∶1 H_2SO_4，30% HF 溶液，固体 $K_2S_2O_7$，10%磺基水杨酸溶液，0.3% PAN 溶液，0.025 mol/L EDTA 标准溶液，0.025 mol/L $CuSO_4$ 标准溶液，pH=4.2 的 HAc-NaAc 缓冲溶液，10%酒石酸钾钠溶液，1∶2 三乙醇胺溶液，5%苦杏仁酸溶液，20% NaOH 溶液，pH=10 的 NH_3-NH_4Cl 缓冲溶液，钙指示剂，1∶25 酸性铬蓝 K-萘酚绿 B 指示剂，1∶1 $NH_3\cdot H_2O$。

【实验步骤】

1. SiO$_2$ 的测定

准确称取约 0.1 g 试样[4]于铂金坩埚中，置喷灯上灼烧数分钟[5]，加 8～10 倍试样重的无水 Na$_2$CO$_3$，用玻璃棒搅匀，置喷灯上先以小火将试样熔化，再逐渐升高温度熔融 3～5 min，冷却后，用少量热水浸取熔块于 300 mL 塑料杯中，然后加入 15 mL 浓 HNO$_3$[6]使其溶解，坩埚以数滴 1：20 稀 HNO$_3$ 和热水洗净，此时溶液体积约 40 mL。冷却后，加入 15% KF 溶液、10 mL 固体 KCl 约 29 g(应达到过饱和)[7]，充分冷却至 25℃ 以下(防止沉淀水解)，静置片刻，使沉淀完全。用快速滤纸过滤，烧杯与沉淀用 5% KCl 水溶液洗涤 2～3 次[8]，将滤纸连同沉淀取出置于原烧杯中，沿杯壁加入 10 mL 5% KCl-乙醇溶液和 20 滴酚酞指示剂，用 0.15 mol/L NaOH 溶液中和未洗尽的酸。仔细搅拌滤纸及沉淀，直至酚酞变红。再加 200 mL 沸水(预先用 NaOH 中和至酚酞变微红)，用 0.15 mol/L NaOH 标准溶液滴定至溶液呈微红色[9]，即为终点。终点时溶液温度应保持在 70℃ 以上。

做空白实验，以消除水和试剂中杂质带入的微量 H$_2$SiO$_3$ 引起的误差。

SiO$_2$ 的质量分数为

$$w_{SiO_2} = \frac{\dfrac{(cV)_{NaOH} \times 60.09}{4 \times 1000}}{试样质量} \times 100\%$$

2. 铁、钛、铝、钙、镁的测定

1)试样的分解

准确称取约 0.4 g 试样于铂金坩埚中，用少量水润湿，加 4～5 滴 1：1 H$_2$SO$_4$、3～4 mL 30% HF，边摇边低温加热，至冒出 SO$_3$ 白烟后，逐渐升高温度，将白烟赶尽后再高温灼烧 4～5 min。将残渣用 4～5 g K$_2$S$_2$O$_7$ 熔融，熔块用热水提取至 250 mL 烧杯中，加 1 mL 1：1 H$_2$SO$_4$，用水稀释至约 100 mL，加热至熔块溶解后，取下，冷却，然后移入 250 mL 容量瓶中，用水稀释至标线，摇匀。

2)铁、铝、钛的测定

(1)Fe$_2$O$_3$ 的测定[10]。移取 100 mL 试样溶液于 300 mL 烧杯中，加热至 50～60℃，用 1：1 NH$_3$·H$_2$O 调节溶液的 pH 为 2～2.5(用 pH 试纸检验)。加 10 滴磺基水杨酸指示剂，在不断搅拌下，用 0.025 mol/L EDTA 标准溶液滴定至溶液由红色变为淡紫色，继续慢滴至溶液变为亮黄色，即为终点。

$$w_{Fe_2O_3} = \frac{T_{Fe_2O_3} \times V_{EDTA}}{\dfrac{试样质量 \times 100}{250}} \times 100\%$$

式中：T 为 1 mL EDTA 标准溶液相当于 Fe$_2$O$_3$ 的质量(mg)。

(2)TiO$_2$、Al$_2$O$_3$ 的测定。在滴定铁后的溶液中加入 0.025 mol/L EDTA 标准溶液 V(mL)(对铝和钛的总量而言则过量 10～15 mL)[11, 12]，加热至 60～70℃，用 1：1 NH$_3$·H$_2$O 调节至 pH 约为 4，加入 10 mL pH = 4.2 的 HAc-NaAc 缓冲溶液，煮沸 2～3 min。冷却后，加入 4～5 滴

PAN 指示剂,用 0.025 mol/L CuSO$_4$ 标准溶液滴定至溶液呈紫红色,消耗 CuSO$_4$ 溶液 V_1(mL)。然后加入 5%苦杏仁酸溶液 15 mL,继续加热至沸,维持约 1 min,稍冷后,加入 1 滴 PAN 指示剂,用 CuSO$_4$ 标准溶液滴定至紫红色,消耗 CuSO$_4$ 溶液 V_2(mL)。

$$w_{TiO_2} = \frac{T_{TiO_2} \times V_2 \times K}{\dfrac{\text{试样质量} \times 1000 \times 100}{250}} \times 100\%$$

$$w_{Al_2O_3} = \frac{T_{Al_2O_3} \times [V - (V_1 + V_2) \times K]}{\dfrac{\text{试样质量} \times 1000 \times 100}{250}} \times 100\%$$

式中:T_{TiO_2} 为 1 mL EDTA 标准溶液相当于 TiO$_2$ 的质量(mg);$T_{Al_2O_3}$ 为 1 mL EDTA 标准溶液相当于 Al$_2$O$_3$ 的质量(mg);K 为 1 mL CuSO$_4$ 标准溶液相当于 EDTA 标准溶液的体积(mL)。

3)CaO、MgO 的测定

(1)CaO 的测定。移取 50.00 mL 试样溶液于 300 mL 烧杯中,用水稀释至约 200 mL,加入 5 mL 1:2 三乙醇胺溶液,加少许钙指示剂,在搅拌下加入 20% NaOH 溶液至溶液呈蓝色,再过量 3~5 mL,用 0.025 mol/L EDTA 标准溶液滴定至溶液由红色变为纯蓝。消耗溶液的体积为 V_1(mL)(若蒸馏水中含 Cu^{2+},将封闭指示剂,应加少量 Na$_2$S 使其生成 CuS 沉淀)。

$$w_{CaO} = \frac{T \times V_1}{\dfrac{\text{试样质量} \times 1000 \times 50}{250}} \times 100\%$$

式中:T 为 1 mL EDTA 标准溶液相当于 CaO 的质量(mg)。

(2)MgO 的测定。移取 50.00 mL 试样溶液于 300 mL 烧杯中,用水稀释至约 200 mL,加入 1 mL 10%酒石酸钾钠溶液,5 mL 1:2 三乙醇胺溶液,在搅拌下加入 NH$_3$·H$_2$O,使溶液的 pH 约为 10(用 pH 试纸检验);加入 20 mL NH$_3$-NH$_4$Cl 缓冲溶液,再加入约 0.1 g 酸性铬蓝 K-萘酚绿 B 指示剂,用 0.025 mol/L EDTA 标准溶液滴定至溶液由红色变为亮蓝色,消耗溶液的体积为 V_2(mL)。

$$w_{MgO} = \frac{T \times (V_2 - V_1)}{\dfrac{\text{试样质量} \times 1000 \times 50}{250}} \times 100\%$$

式中:T 为 1 mL EDTA 标准溶液相当于 MgO 的质量(mg)。

【注释】

[1] H$_2$SO$_4$ 应适当过量,既可防止 SiF$_4$ 水解,又可加速 SiO$_2$ 的分解,并将 F 完全除尽。另外,在浸取熔融物时,需有一定的硫酸酸度以防止钛盐水解析出偏钛酸(H$_2$TiO$_3$)。

[2] 若试样中含钙量较高,易形成 CaSO$_4$ 沉淀,可适当增加溶液体积,并适当加入浓 HNO$_3$。

[3] 铝和钛与 EDTA 的配位反应速率均很慢,Ti^{4+}很容易水解,需在过量 EDTA 存在下,较长时间地加热煮沸才能反应完全。

[4] 试样称取量可根据 SiO$_2$ 的含量而定:

SiO_2 含量	>50%	20%~50%	<20%
试样称取量	0.1 g 左右	0.15~0.2 g	0.3 g 左右

[5] 烧尽有机物以避免其侵蚀铂金坩埚。

[6] 浓 HNO_3 应一次倒入，以防生成多聚硅酸，使结果偏低。

[7] 加入 KCl 的量应过饱和，否则结果偏低；但也不能过量太多，以免生成钾冰晶石沉淀（K_3AlF_6），使结果偏高。

[8] 洗涤次数太多，会使沉淀水解，但如果 KCl 过饱和太多时，则需在过滤时用倾泻法反复洗涤沉淀，直至 KCl 完全溶解，否则酸不易洗净，使结果偏高。

[9] 终点颜色不能过深，否则 K_2SiF_6 沉淀水解后生成的硅酸也被滴定：

$$K_2SiF_6 + 3H_2O \Longrightarrow H_2SiO_3 + 2KF + 4HF$$

$$H_2SiO_3 + 2NaOH \Longrightarrow Na_2SiO_3 + 2H_2O$$

[10] 若试样中含有 FeO，可加入 HNO_3 数滴使 Fe(II) 变为 Fe(III)，因为 Fe(II) 与 EDTA 配合物的稳定性小，且 Fe(II) 与指示剂不显色。

[11] EDTA 过量的多少和指示剂的加入量对终点颜色有很大影响，当 EDTA 过量多，指示剂加入量少时，终点呈蓝色或蓝灰色；当 EDTA 过量少且指示剂加入量多时，终点呈红色；只有当 EDTA 过量适当（0.025~0.03 mol/L EDTA 过量 10 mL），指示剂加入量适当时，才可得到明显的紫红色终点。

[12] 掩蔽剂的加入顺序不能颠倒，否则在调节 pH 的过程中会形成 $Al(OH)_3$ 沉淀。

【思考题】

(1) EDTA 测定 Fe^{3+}、Al^{3+}、Ti^{4+} 时，各应控制什么样的酸度范围？

(2) 测定 Ca^{2+}、Mg^{2+} 时，Fe^{3+}、Al^{3+} 的干扰还可采用哪些方法消除？

实验 17 分析化学设计实验

设计性实验是考查学生实验能力的综合性实验，它涉及方法、原理、试剂、仪器、操作、数据处理与结论等多方面。

【实验目的】

(1) 运用所学理论知识设计待测物中各组分含量的分析方案。

(2) 进一步熟悉标准溶液的配制和标定方法。

(3) 学会指示剂和其他试剂的配制方法。

(4) 巩固所学理论知识及操作原理。

【分析方案】

(1) 分析方法及原理。

(2) 所需试剂和仪器。

(3) 实验过程所需试剂的配制方法。

(4) 实验步骤。

(5) 实验结果的计算式。

(6) 实验中应注意的事项。

(7) 参考文献。

【实验报告】

实验结束后，要写出实验报告，其中除分析方案的内容外，还包括下列内容：

(1) 实验原始数据。

(2) 实验结果。

(3) 若实际做法与方案不同应重新写明实验步骤，改动不多的可加以说明。

(4) 对自己设计的分析方案的评价及问题讨论。

【设计实验题目】

(1) HCl-NH₄Cl 混合溶液中各组分含量的测定。

(2) Na₂HPO₄-NaH₂PO₄ 混合溶液中各组分浓度的测定。

(3) HCl-FeCl₃ 混合溶液中各组分含量的测定。

(4) 漂白粉中有效氯含量的测定。

(5) 室内涂料中甲醛含量的测定。

II　仪器分析实验

实验 18　铁的测定——邻菲咯啉分光光度法

【实验目的】

(1) 进一步了解朗伯-比尔定律的应用。

(2) 学会用邻菲咯啉分光光度法测定铁的方法和正确绘制邻菲咯啉-铁的标准曲线。

(3) 了解分光光度计的构造及使用。

【实验原理】

朗伯-比尔定律为

$$A = \varepsilon bc \tag{4-1}$$

式中：A 为吸光度；b 为液池厚度(cm)；c 为溶液浓度(mol/L)；ε 为摩尔吸光系数[L/(mol·cm)]。

邻菲咯啉(又称邻二氮杂菲)是测定微量铁的一种较好试剂，其结构如下：

在 pH=1.5～9.5 的条件下，Fe^{2+} 与邻菲咯啉生成很稳定的橙红色配合物，反应式如下：

此配合物的 $\lg K_{稳} = 21.3$，$\varepsilon_{510} = 11000 \ \text{L/(mol·cm)}$。

在发色前，首先用盐酸羟胺将 Fe^{3+} 还原为 Fe^{2+}：

$$4Fe^{3+} + 2NH_2OH \Longrightarrow 4Fe^{2+} + N_2O + H_2O + 4H^+$$

测定时，控制溶液酸度在 pH = 2～9 较适宜，酸度过高，反应速率慢，酸度太低，则 Fe^{2+} 水解，影响显色。

Bi^{3+}、Ca^{2+}、Hg^{2+}、Ag^+、Zn^{2+} 与显色剂生成沉淀，Cu^{2+}、Co^{2+}、Ni^{2+} 则与显色剂形成有色配合物，因此当这些离子共存时应注意它们的干扰作用。

【仪器、药品及材料】

可见分光光度计，50 mL 容量瓶 7 个(先编好 1～7 号)，10 mL 带刻度移液管 1 支，5 mL 带刻度移液管 4 支，5 mL 量筒 1 个，500 mL 烧杯 1 个，洗瓶 1 个，洗耳球 1 个。

铁盐标准溶液配制：

(1)A 液(母液：0.2 g/L)。准确称取 0.3501 g 分析纯硫酸亚铁铵$[(NH_4)_2Fe(SO_4)_2·6H_2O]$ 于 200 mL 烧杯中，加入 25 mL 1 mol/L HCl，完全溶解后，移入 250 mL 容量瓶中，加去离子水稀释至刻度，摇匀。

(2)B 液(0.02 g/L)。准确移取 25.00 mL A 液，置于 250 mL 容量瓶中，加去离子水稀释至刻度，摇匀，备用。

乙酸-乙酸钠(HAc-NaAc)缓冲溶液(pH = 4.6)：称取 135 g 分析纯乙酸钠，加入 120 mL 冰醋酸，加水溶解后，稀释至 500 mL。

$w = 1\%$ 的盐酸羟胺水溶液，因不稳定，需临用时配制。

$w = 0.1\%$ 的邻菲咯啉水溶液：先用少许乙醇溶解后，用水稀释，新近配制。

滤纸，镜头纸。

【实验步骤】

1. 标准溶液的配制

分别移取铁的标准溶液(0.02 g/L) 0.0 mL、2.0 mL、4.0 mL、6.0 mL、8.0 mL、10.0 mL 于 1～6 号 50 mL 容量瓶中，依次分别加入 5.0 mL HAc-NaAc 缓冲液、2.5 mL 盐酸羟胺、2.5 mL 邻菲咯啉溶液，用去离子水稀释至刻度，摇匀，放置 10 min。

2. 吸收曲线的绘制和测量波长的选择

(1)按仪器说明书要求，将分光光度计各部分线路接好，光源接 10 V 电压。

(2)用 1 cm 比色皿以试剂空白(1 号溶液)为参比，在 450～550 nm 每隔 10 nm 测量 1 次 5 号溶液的吸光度。在峰值附近每间隔 5 nm 测量 1 次。以波长为横坐标、吸光度为纵坐标绘制吸收曲线，确定最大吸收波长 $\lambda_{\max}$。

3. 标准曲线的绘制

按仪器使用说明"操作步骤"的要求，在其最大吸收波长(510 nm)下，以试剂空白(1 号溶液)为参比，用 1 cm 比色皿测得各标准溶液的吸光度。

4. 试样中铁含量的测定

(1)吸取试液 10.0 mL 于 7 号 50 mL 容量瓶中，加入 5.0 mL HAc-NaAc 缓冲液、2.5 mL 盐酸羟胺溶液、2.5 mL 邻菲咯啉溶液，用去离子水稀释至刻度，摇匀，放置 10 min，仍以试剂空白(1 号溶液)为参比，在最大吸收波长处测定其吸光度。

(2)实验完毕后，用去离子水将比色皿洗干净，用滤纸、镜头纸吸干水分，放回原处。

5. 记录

分光光度计型号：＿＿＿＿＿＿　　波长：＿＿＿＿＿＿

	标准溶液(0.02 g/L)						未知液
容量瓶编号	1	2	3	4	5	6	7
吸取的体积/mL	0	2.0	4.0	6.0	8.0	10.0	10.0
吸光度 A							
总含铁量/mg							

6. 数据处理及结果计算

(1)以波长为横坐标、相应的吸光度为纵坐标绘制吸收曲线。

(2)以标准铁盐溶液的浓度(mg/10 mL)为横坐标、相应的吸光度为纵坐标绘制邻菲咯啉-铁标准曲线图。

(3)在标准曲线图纵坐标上找到试液的吸光度，然后在横坐标处查得相应铁的含量[即 10.0 mL 试液所含铁的质量(mg)]。

(4)计算如下：

$$m_{铁} / (\text{mg} / \text{L}) = \frac{x / \text{mg}}{10.0} \times 1000$$

【思考题】

(1)发色前加入盐酸羟胺的目的是什么？如测定一般铁盐的总含铁量，是否需要加入盐酸羟胺？

(2)本实验中哪些试剂加入量的体积需要比较准确？哪些试剂则可不必？为什么？

(3)根据自己的实验数据，计算在最适合波长下邻菲咯啉铁配合物的摩尔吸光系数。

实验 19　氟离子电化学传感器测定水中微量氟

【实验目的】

(1)熟悉氟离子电化学传感器测定水中微量氟的原理，掌握用标准曲线法和标准加入法测定水中氟离子的方法。

(2)了解总离子强度调节缓冲溶液的意义和作用。

(3)初步掌握 pHS-3E 型精密 pH 计的使用方法。

【实验原理】

电池电动势及能斯特方程式：

$$E(\text{Ox} \mid \text{Red}) = E^{\ominus}(\text{Ox} \mid \text{Red}) + \frac{RT}{nF} \ln \frac{a_{\text{Ox}}}{a_{\text{Red}}} \tag{4-2}$$

$$E_{\text{电池}} = E_{\text{正}} - E_{\text{负}} \tag{4-3}$$

式中：Ox 为氧化态；Red 为还原态；a 为离子活度。

电化学传感器是一种离子选择性电极，它将溶液中待测离子的活度转换成相应的电势，以饱和甘汞电极为参比电极，氟电极作指示电极，插入待测溶液中组成原电池。

$$\text{Hg} \mid \text{Hg}_2\text{Cl}_2, \text{KCl}(饱和)试液 \mid \text{LaF}_3膜 \mid \text{NaF}, \text{NaCl}, \text{AgCl} \mid \text{Ag}$$

电池的电动势 E 在一定条件下与 F^- 活度的对数值呈直线关系，即

$$E = K' - \frac{2.303RT}{F} \lg a_{F^-} \tag{4-4}$$

当测量温度为 25℃，氟离子浓度为 $10^{-6} \sim 10^{-1}$ mol/L，且溶液总离子强度及溶液接界电位条件一定时，电池电动势与氟离子浓度的负对数值呈线性关系，即

$$E = K'' + 0.059 \text{p} c_{F^-} \tag{4-5}$$

可采用标准曲线法或标准加入法进行测定。

在酸性溶液中，H^+ 与部分 F^- 形成 HF 或 HF_2^-，会降低 F^- 的浓度，在碱性溶液中，LaF_3 膜与 OH^- 发生作用而使溶液中 F^- 浓度增加，故测定 pH 范围控制在 5～7 最为适宜。

凡能与 F^- 生成稳定配合物或难溶沉淀的元素，如 Al^{3+}、Fe^{3+}、Zr^{4+}、Th^{4+}、Ca^{2+}、Mg^{2+} 及稀土元素均干扰测定，通常用柠檬酸、EDTA、磺基水杨酸或磷酸盐等掩蔽剂进行掩蔽，10^3 倍以上的 Cl^-、Br^-、I^-、SO_4^{2-}、HCO_3^-、NO_3^-、Ac^-、$C_2O_4^{2-}$、酒石酸根等阴离子均不干扰 F^- 的测定。

【仪器、药品及材料】

pHS-3E 型精密 pH 计 1 台，氟离子选择电极 1 支，232 型甘汞电极 1 支，电磁搅拌器 1 台，50 mL 容量瓶 7 个，1 mL、25 mL 移液管各 1 支，10 mL 带刻度移液管 2 支，50 mL 烧杯 7 个。

0.1 mol/L NaF 标准溶液：将分析纯 NaF 于 120℃干燥 2 h，称取 4.19 g 溶于去离子水中，转入 1000 mL 容量瓶中稀释至刻度，储存于聚乙烯瓶中。

5×10^{-2} mol/L 氟标准溶液：用移液管吸取 0.1 mol/L 氟标准溶液 50.00 mL，放入 100 mL 容量瓶中，用去离子水稀释至刻度。

5×10^{-3} mol/L 氟标准溶液：吸取上述溶液 50.00 mL，用去离子水稀释成 500 mL 即得。

总离子强度调节缓冲溶液：简称 TISAB，在 1000 mL 烧杯中加入 500 mL 去离子水和 57 mL 冰醋酸、58 g NaCl、12 g 柠檬酸钠（$Na_2C_2H_5O_2 \cdot 2H_2O$），搅拌溶解，将烧杯放在冷水中，缓慢加入 6 mol/L NaOH 直至 pH 为 5.0～5.5（约 25 mL，用 pH 试纸检查），冷至室温，转入 1000 mL 容量瓶中，用去离子水稀释至刻度。

【实验步骤】

1. pHS-3E 型精密 pH 计的调节

按第 6 章中测量电极电势（mV）值的仪器使用说明调试好仪器。

2. 标准曲线法

（1）吸取 0.1 mol/L 氟标准溶液 5.00 mL 于 50 mL 容量瓶中，加入 10 mL 总离子强度调节缓冲溶液，用去离子水稀释至刻度，摇匀，即得氟离子浓度为 1.0×10^{-2} mol/L 的标准系列。然后在标准溶液的基础上逐级稀释成 1.0×10^{-3}～1.0×10^{-5} mol/L 氟标准溶液，每个浓度差为 10 倍。

配制空白溶液：在容量瓶中加入 10 mL 总离子强度调节缓冲溶液，用去离子水稀释至刻度。

（2）将氟电极和甘汞电极夹在电极夹上，把氟电极插头插入电极插孔，并旋紧螺丝，甘汞电极引线接到电极接线柱上，将标准系列溶液由低浓度到高浓度依次转入烧杯中，浸入氟电极和甘汞电极，电磁搅拌数分钟，读取稳定的平衡电势值，测定结果，移出电极，并用滤纸吸干附着在电极上的溶液。

在数据记录表格中记下标准系列的相应电势值，在半对数坐标纸上作 mV-c_F 图，或在普通坐标纸上作 mV-pc_F 图，即得标准曲线。

（3）用移液管吸取水样 25.00 mL（若含量较高应稀释后再取）于 50 mL 容量瓶中，加入 10 mL 总离子强度调节缓冲液，用去离子水稀释至刻度，摇匀，全部转入干烧杯，在与标准曲线相同的条件下测量电势 E_1（注意：此溶液留作标准加入法用），从标准曲线上查出 F^- 的浓度，再算出水样中氟的含量（mg/L）。

3. 标准加入法

在上述被测溶液中准确加入 0.50 mL 5×10^{-2} mol/L 氟标准溶液，测量电势值 E_2，由式（4-6）计算氟含量：

$$c_{F^-} / (\text{mol/L}) = \frac{\Delta c}{10^{\frac{\Delta E}{S}} - 1} \tag{4-6}$$

式中：$\Delta E = E_1 - E_2$（mV）；$S = (59/\text{mV})/pc_F$（25℃）；Δc 为增加的 F^- 浓度（mol/L）。

4. 记录并计算

1）数据记录

	标准溶液					水试样
	1	2	3	4	5	
F⁻浓度/(mol/L)	空白	1×10^{-2}	1×10^{-3}	1×10^{-4}	10×10^{-5}	
pc_{F^-}		2	3	4	5	
E/mV						

2）计算

(1) 标准曲线法。从标准曲线上查出被测溶液含 F 浓度 c_{F_x}，则水样中含 F 的浓度为

$$c_{F^-}(原水样)=\frac{c_{F_x}\times50}{25}(mol/L)$$

或

$$c_{F^-}(原水样)=\frac{c_{F_x}\times50}{25}\times19.0\times1000(mg/L)$$

(2) 标准加入法。

$$c_{F_x}=\frac{\Delta c}{10^{\frac{\Delta E}{s}}-1}$$

$$\Delta c=\frac{c_s\times V_s}{V_x}=\frac{5.0\times10^{-2}/(mol/L)\times0.5/mL}{50.0/mL}$$

式中：c_s 为加入的氟标准溶液浓度(mol/L)；V_s 为加入的氟标准溶液体积(mL)；V_x 为测 E_1 时水样的体积(mL)。最后换算成原水样中氟离子浓度。

【注意事项】

(1) 氟电极在使用前宜在纯水中浸泡数小时或过夜，或在 1×10^{-3} mol/L NaF 溶液中活化 1~2 h，再用去离子水清洗到空白电势(电极在不含 F 的去离子水中的电势值为 180~250 mV)恒定为止，连续使用时的间隙可浸泡在水中，长期不用烘干保存。

(2) 氟化镧单晶膜片勿以坚硬物碰擦，晶片上如沾有油污，可用脱脂棉浸以乙醇、丙酮依次轻擦，再用去离子水洗净，电极钝化后可用 M_1(06#)金相砂纸抛光固态膜，即可恢复至原性能。

(3) 测定时应按溶液从稀到浓的次序进行，避免发生迟滞效应而影响测量精度。

(4) 为防止 LaF_3 单晶片内侧附着气泡而使电路不通，可让晶片朝下，轻击电极杆，以排除晶片上可能附着的气泡。

(5) 电势平衡时间随着 F 浓度减小而延长，在同一数量级内测定水样，一般在几分钟内可达平衡，在测定中，待平衡电势在 2 min 内无明显变化即可读数。

(6) 甘汞电极中的 KCl 溶液应经常保持饱和，并且在弯管内不应有气泡存在，否则将使溶液隔断，使用前应注意补充饱和 KCl 溶液至一定液位(应浸没内部的小玻璃管下口)，甘汞电极下端的毛细管应保持畅通。测量时应取下毛细管端的橡胶帽，并将加 KCl 溶液处的小橡

胶塞拔去，以防止扩散电势产生。

(7)理论上标准曲线的斜率 $S = 2.303RT/F$ [25℃，$S = (59/\mathrm{mV})/\mathrm{pc}_{\mathrm{F^-}}$]，与实际测定值可能有出入，最好实际测定以免导致误差。

【思考题】

(1)用氟电极测定 F^- 浓度的原理是什么？

(2)总离子强度调节缓冲液包含哪些组分？测定时为什么要加入此溶液？

实验 20　丁二酮肟高吸收示差分光光度法测定镍

【实验目的】

了解高吸收示差分光光度法的基本原理、方法及优点。

【实验原理】

光吸收的基本定律朗伯-比尔定律为

$$A = \varepsilon bc \qquad \Delta A = \varepsilon b \Delta c \tag{4-7}$$

高吸收示差分光光度法是采用一个比试样溶液浓度稍低的标准溶液作参比溶液，与未知浓度的试样溶液进行比较，测定其吸光度差值，

$$\Delta A = A_1 - A_2 = \varepsilon(c_1 - c_2)b = \varepsilon \Delta c \times 1 \ (b = 1\,\mathrm{cm}) \tag{4-8}$$

式中：A_1 为被测试样溶液的吸光度；A_2 为用作参比的标准溶液的吸光度；c_1 为被测试样溶液的浓度；c_2 为用作参比的标准溶液的浓度。

一般分光光度法测定高含量或高吸光度溶液时，由于偏离朗伯-比尔定律，工作曲线变弯，浓度测量的相对误差增大，而且浓度太高时，吸光度超出可测量范围，因而不适用于高浓度试液测定。

高吸收示差分光光度法因选择适宜的参比溶液浓度，用仪器灵敏度旋钮调仪器读数为满度（$T=100\%$ 或 $A=0$），由于扩展了读数标尺，使吸光度测量的相对误差 $\Delta A/A$ 大为减小，从而提高了测量结果的准确度。配制一系列不同浓度的标准溶液，选与待测试液浓度相近的某一标准溶液作参比溶液，测量其吸光度差值并绘制工作曲线，由工作曲线上查出试样溶液浓度。

在柠檬酸铵存在的氨性介质中用碘将镍氧化为 4 价，然后与丁二酮肟生成红色配合物，借此进行镍的测定，该方法用于测定镍含量为 10% 的溶液。

【仪器、药品及材料】

V-5000 型可见分光光度计，50 mL 容量瓶 6 支，带刻度移液管（5 mL 2 支，10 mL 1 支），胖肚吸量管（5 mL，1 支），量筒（25 mL、10 mL 各 1 个）。

柠檬酸铵溶液（$w=5\%$），碘液（0.1 mol/L），丁二酮肟（溶于 1∶1 $\mathrm{NH_4OH}$，$w=0.2\%$），镍标准溶液（0.1 g/L），镍未知液。

【实验步骤】

用带刻度移液管移取镍标准溶液(参比溶液)3.0 mL、4.0 mL、5.0 mL、6.0 mL、7.0 mL,分别放入 50 mL 容量瓶中,准确移取镍未知液 5.0 mL 于 50 mL 容量瓶中,分别加入去离子水 15 mL、柠檬酸铵溶液 5 mL,再加入 0.1 mol/L 碘液 2.5 mL,摇匀,再加入 0.2%丁二酮肟溶液 10 mL,用去离子水稀释至刻度,充分摇匀。在 530 nm 处以参比溶液调 $T=100\%(A=0)$,测定相对应的吸光度差值。以浓度(g/L)对吸光度 A 作图,从工作曲线上查出未知液中镍的含量。

【思考题】

(1)在高吸收示差分光光度法中如何选择最适宜的参比溶液浓度?
(2)示差分光光度法对分光光度计有什么要求?

实验 21　石墨炉原子吸收光谱法测定体液中的镉

【实验目的】

(1)巩固原子吸收光谱分析的理论知识。
(2)掌握以石墨炉原子吸收分光光度法进行测量的方法。
(3)学会使用原子吸收分光光度计。

【实验原理】

石墨炉方法可看作是常规火焰原子吸收的一种补充手段,并且在许多方面比火焰法优越。在火焰原子吸收分析时,基体的解离、基态原子的产生过程实际上是同时发生的;而在石墨炉分析中,这些过程是在干燥、灰化、原子化等阶段中依次进行的,因此石墨炉分析需要一段时间,并需仔细选择各阶段温度,以保证每一过程的有效进行。石墨炉方法是给石墨管供以低压大电流,将石墨管加热到适当温度使被分析样品原子化进行分析。被分析样品可用微量注射器加入,本实验用标准加入法测定。

【仪器、药品及材料】

石墨炉原子吸收分光光度计。
镉空心阴极灯,其工作条件如下:

分析线波长/nm	干燥温度/℃	灰化温度/℃	原子化温度/℃	光谱通带/nm
228.8	120(50 s)	350(40 s)	1900(30 s)	0.05

镉标准溶液:称取 2.2821 g CdSO$_4$·3H$_2$O 于小烧杯中,溶解后定量转入 1 L 容量瓶中,稀释定容,摇匀,此镉储备液浓度为 1.0 g/L,准确移取 1.0 mL 此溶液于 2 L 容量瓶中,稀释至刻度,摇匀,配成 0.5 mg/L 镉的工作溶液。

【实验步骤】

1. 仪器调试和工作条件

(1) 装好元素灯，灯应与光路的光轴基本重合。
(2) 接通主机电源与灯电源。
(3) 调整仪器指示波长与被分析元素的理论波长一致。
(4) 调节狭缝选择合适的狭缝宽度。
(5) 调节灯电源电流调节器使电流处于 2～6 mA。
(6) 调灯，使电流指示在 40%～50%（电流满量程 100%）。
(7) 调高压旋钮 GAIN，使高压在 250 V 左右。
(8) 调整波长，使元素灯的能量指示最大。

调整元素灯使其光轴与 D_2 灯光轴重合，且工作能量指示最大，调节高压使参比能量(D_2)在 50%～75%，可适当调 D_2 灯电流、调元素灯电流使工作能量在 75% 左右，若 D_2 能量不到 75%可调 R—S 使其达到。

稳定 30 min 后，重新校正波长，使能量最大，调节元素灯电流，使工作能量在 75% 左右，调 R—B 使两路平衡。

实验的方法是选择一合适的 D_2 灯电流，调节高压使 D_2 能量在 50%～60%，再调元素灯电流使工作指示在 75% 左右，再调 R—S 使两路基本平衡。

仪器调整完毕后，通冷却水及氩气，内管氩气流量 250 mL/min，外管流量 150 mL/min，空烧 3 次即可进行测定。

2. 标准加入法溶液的配制

取 0.5 mg/L 镉工作液 0.01 mL、0.1 mL、0.2 mL、0.3 mL、0.4 mL、0.5 mL 于 50 mL 容量瓶中，再分别在各瓶中加入 0.25 mL 未知液，以去离子水稀释至刻度。

3. 测定

先以去离子水空白液 20 μL 注入石墨炉中，程序启动，原子化后按 AZ 键进行空白校正，取配好的溶液按浓度从低向高测定，每次取样均为 20 μL。

4. 数据处理与注意事项

(1) 以浓度为横坐标、吸光度为纵坐标作图，直线与横轴的交点即为待测试液的浓度。
(2) 关机时，先调灯电流至最小，再关灯、关气、关水，最后关总电源。

【思考题】

试比较标准曲线法与标准加入法的异同。

实验 22　自动电位滴定法测定岩盐中的氯

【实验目的】

(1)巩固电位滴定的理论知识。

(2)熟悉 ZD-2 型自动电位滴定计并学会使用方法。

(3)学会用 $AgNO_3$ 标准溶液自动电位滴定法测氯化物的方法。

【实验原理】

电极反应能斯特方程式为

$$E(Ag^+|Ag) = E^\ominus(Ag^+|Ag) + \frac{RT}{F}\ln c_{Ag^+} \tag{4-9}$$

$$E = E(Ag^+|Ag) - E(甘汞) \tag{4-10}$$

等量点时，c_{Ag^+} 迅速增大，其电极电势 $E(Ag^+|Ag)$ 发生突跃，据此指示滴定终点。

在中性和微酸性介质中，Ag^+ 与 Cl^- 生成难溶的 AgCl 沉淀，当达到等量点时，过量 Ag^+ 即产生电势突跃，以辨别滴定终点。由滴定消耗的 $AgNO_3$ 量即可求出试样中氯的质量分数。

【仪器、药品及材料】

ZD-2 型自动电位滴定计和 ZD-1 型滴定装置；216 型银电极 1 支，10 mL 移液管 2 支。

氯化钠标准溶液(0.2000 mol/L)，饱和 KNO_3 溶液，$AgNO_3$ 标准溶液(0.2000 mol/L)，未知岩盐样品溶液。

【实验步骤】

1. 滴定曲线的绘制

移取 10 mL NaCl 标准溶液于 100 mL 烧杯中，加水 80 mL，以银电极为指示电极、甘汞电极为参比电极(取下盐桥外套，并注入饱和 KNO_3 溶液)，用 $AgNO_3$ 标准溶液滴定(手工操作)，其电势变化值由 ZD-2 型自动电位滴定计测量。(参阅该仪器的使用说明)在未加入 $AgNO_3$ 溶液时，先测 1 次电势，此后每滴定 0.5 mL $AgNO_3$ 测 1 次电势，近终点时，每滴定 0.1 mL $AgNO_3$ 测 1 次电势，等量点后再测 2~3 个点即可，绘制 $AgNO_3$ 滴定 NaCl 的滴定曲线，并从曲线上求出等量点时的电势值。

2. $AgNO_3$ 标准溶液的标定

由于 $AgNO_3$ 标准溶液搁置较久时，浓度有所变化，故测定时需用 NaCl 标准溶液标定其浓度，标定时，以 Ag 电极作指示电极、甘汞电极作参比电极(用饱和 KNO_3 充注盐桥)。具体操作步骤如下：

(1)用移液管移取 10 mL NaCl 标准溶液于 200 mL 烧杯中，加水 80 mL。

(2)将半自动滴定管装满 $AgNO_3$ 标准溶液，连接毛细管，并使用手工操作赶走毛细管中气泡。

(3)将盛有 NaCl 标准溶液的烧杯置于电磁搅拌器上,打开搅拌开关,接好电极(Ag 电极接"正"极,甘汞电极接"负"极),并将与控制阀连在一起的电极及毛细管一同插入溶液中。

(4)打开 ZD-2 型自动电位滴定计"电源"开关,用"校正"旋钮校正自动电位滴定计,按"读数"开关,将"选择"旋钮置终点位置,按"读数"开关,用"终点调节"使自动电位滴定计指针在滴定终点位置(+300 mV)。

(5)按"读数"开关,将"选择"旋钮转向滴定毫伏档,"滴定选择"扳向"一"、"预控制"置适当位置,再按"读数"开关。

(6)将 ZD-1 型滴定装置"工作"开关转向滴定,按"滴定开始"开关,这时滴定将自动进行,至终点指示灯熄灭。滴定自动结束,由滴定管上读取 AgNO₃ 体积即可进行计算。

3. 岩盐溶液中氯的测定

(1)移取 10 mL 岩盐溶液于 200 mL 烧杯中,加水 80 mL,按上述标定步骤进行,由滴定所消耗 AgNO₃ 溶液体积计算氯的质量分数。

(2)实验完毕,用去离子水吹洗电极、毛细管,并撤下电极,关闭电源。

【思考题】

(1)为什么 AgNO₃ 与卤素的滴定需用双盐桥饱和甘汞电极作参比电极?如果用 KCl 盐桥的饱和甘汞电极,对测定结果有什么影响?

(2)滴定操作时应注意哪些问题?

实验 23 　微库仑法测定 Na₂S₂O₃ 的浓度

【实验目的】

(1)巩固微库仑法的原理和实验方法。

(2)学会用微库仑法测定 Na₂S₂O₃ 的浓度。

【实验原理】

法拉第电解定律:

$$m = \frac{M_B}{nF}it = \frac{itM_B}{96487n} \tag{4-11}$$

式中:m 为待测物的质量(kg);M_B 为待测物的摩尔质量;n 为电极反应计量系数;i 为电解电流;t 为电解时间。

本实验是将 Na₂S₂O₃ 溶液加入已知碘的特殊电解液中,使 Na₂S₂O₃ 与电解液中的 I₂ 反应:

$$2Na_2S_2O_3 + I_2 \longrightarrow Na_2S_4O_6 + 2NaI$$

反应消耗的碘由电解阳极通过电解产生的碘来补充:

$$2I^- - 2e^- \longrightarrow I_2$$

测量补充碘所消耗的电量,根据法拉第电解定律,可计算出 Na₂S₂O₃ 的浓度。

$$c = \frac{Q \times 1000}{96487 \times V} \qquad (4\text{-}12)$$

式中：c 为 $Na_2S_2O_3$ 的浓度(mol/L)；V 为 $Na_2S_2O_3$ 的体积(mL)；Q 为电解消耗的电量(C)。

【仪器、药品及材料】

YS-2A 微库仑计，电解池(图 4.9)，电磁搅拌器 1 个，100 mL、5 mL 量筒各 1 支，1 mL 移液管 1 支。

未知 $Na_2S_2O_3$ 溶液，电解液(2% KI + 3% KHCO₃ + 0.001%亚砷酸)。

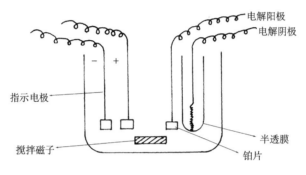

图 4.9　电解池示意图

【实验步骤】

(1)向洗净的电解池阳极室注入 40 mL 电解液，阴极室注入 3~4 mL 电解液，同时放入一小磁子，盖好滴定池帽。

(2)装好电极，并和微库仑计接好电极引出线。

(3)将电解池放在搅拌器上，打开电源开关，调节电解池位置使搅拌磁子位于电解池中央，并调节搅拌速度，使电解液液面产生轻微旋涡为止。

(4)打开微库仑计电源开关，将"工作选择"按下"自动"键，时间选择 50 s，"给定"旋钮放置在 3~7 之间，在补偿为零的情况下，按下"测量二"，此时为电解液含过量的碘，则微安表指针在 10 μA 以下，可向电解池中注入少量 $Na_2S_2O_3$ 溶液使微安表指针升至 10 μA 以上，并按下"启动"钮至预定时间，微库仑计即开始自动电解，至终点稳定 50 s 后即可开始分析。

(5)用移液管准确移取未知 $Na_2S_2O_3$ 溶液 1 mL，按下"启动"钮后，将溶液注入电解池内，指示灯亮，表示 $Na_2S_2O_3$ 与 I_2 进行反应，至预定时间，微库仑计开始自动电解，终点后，微安表指示器到预定位置，数码管停止计数，此后若稳定 50 s 即可认为到达分析终点，记下仪器显示的电量。

(6)同(5)，重复 1 次。

(7)将 2 次记录的电量取平均值后即可计算 $Na_2S_2O_3$ 的浓度。

【思考题】

(1)微库仑法测 $Na_2S_2O_3$ 浓度的原理是什么？

(2)试述电解池中两对电极的作用。

实验 24　气相色谱柱的制备

【实验目的】

学会制备色谱柱并熟悉有关操作技术。

【实验原理】

根据不同样品的极性和样品中组分的沸点，正确选择相应的固定液和载体，用涂渍法和抽气法制备气相色谱柱。

【仪器、药品及材料】

气相色谱仪，1 m×4 mm 不锈钢柱 1 根，台秤 1 台，分析天平 1 台，真空泵 1 台，红外灯 1 支，100 mL 小烧杯 2 只，50 mL 量筒 1 支，小玻璃棒 1 根，接口带螺纹的漏斗 1 个，0.25～0.17 mm 分样筛 1 个。

6201 载体，邻苯二甲酸二壬酯(A.R.)，苯(A.R.)。

玻璃丝，细纱布。

【实验步骤】

1. 准备工作

将选定的柱子洗净，烘干备用，6201 载体(0.25～0.17 mm)过筛，将玻璃丝进行硅烷化处理，烘干备用。

2. 固定液的涂渍

在台秤上称取 6.00 g 6201 载体(0.25～0.17 mm)于 100 mL 小烧杯中备用，按 8%的质量分数在分析天平上称取邻苯二甲酸二壬酯 0.4800 g 置于另一 100 mL 小烧杯中，加苯溶解，配成溶液。再将准备好的载体慢慢倒入溶液中，并轻轻摇动，使载体刚好浸在液面下，在通风橱中于红外灯下让溶剂缓缓挥发逸出(注意：不可沸腾！)，直至干燥无苯气味为止，再以 0.25～0.17 mm 筛子过筛。

3. 固定相的填充

将准备好的柱子一头用三层细纱布包住，接上安全瓶和真空泵，柱的另一头接上漏斗，开启真空泵使载体从漏斗缓慢地进入柱中，一边装一边用细棒敲震柱子，使柱中各部分填充均匀，直至充满为止。柱填充完后，取下，小心地用玻璃丝堵塞柱的两头，填堵时不要用力过大，以免压碎载体。填完后，柱的两头要稍留有一定的空间，以便接柱时插入导管。无导管插入时，则不留空间。

4. 色谱柱的老化

将色谱柱装入色谱仪中，柱装好后，在通载气前，可先将层析室温度升高至操作温度，并保持 1 h，以便使固定相在载体上分布得更加均匀。然后再通入载气(此时柱出口不接检测器)，稍高于操作温度下老化数小时，直至基线平稳后即可使用。

【思考题】

(1)柱老化时，柱的出口为什么不接检测器？

(2)实验时，将观察到的有关现象如实地记录下来，并对其中的注意事项加以说明。

实验 25　混合样中乙酸乙酯含量的测定——气相色谱分析

【实验目的】

(1)了解气相色谱分析的原理。

(2)熟悉有关气相色谱分析的操作技术。

(3)学会运用内标法进行定量分析的方法和计算。

【实验原理】

在气相色谱分析中，当试样中所有组分不能全部出峰，或只要求测定试样中某个或某几个组分时，可用内标法定量分析。

$$w_i = \frac{m_s f_i' A_i}{m A_s} \times 100\% \tag{4-13}$$

$$f_i' = \frac{A_s m_i}{A_i m_s} \tag{4-14}$$

式中：A_s 为内标物质的峰面积；f_i' 为相对质量校正因子；m_s 为内标物质的质量；m 为试样质量；w_i 为待测组分的质量分数；A_i 为待测组分的峰面积；m_i 为待测组分的质量。

【仪器、药品及材料】

GC-2014C 型气相色谱仪，50 μL 微量注射器，分析天平，秒表。

苯，丙酮，乙酸甲酯，乙酸乙酯(均为 A.R.)。

【实验步骤】

1. 操作条件

检测器：热导池　　　　层析室温度：80℃

桥电流：120 mA　　　　检测室温度：100℃

载气：H_2　　　　　　 出　口　温度：110℃

流量：35 mL/min　　　　气　化　温度：110℃

纸速：300 mm/h　　　　衰　　　减：1/2

色谱柱：2 m×4 mm 不锈钢柱，15%邻苯二甲酸二壬酯固定液涂在 0.25～0.17 mm 的 6201 载体上。

2. 定性分析

(1)分别用 50 μL 微量注射器吸取乙酸甲酯、乙酸乙酯和苯的标准物 1.0 μL 进样，并测定各自的保留时间。

(2)分别用 50 μL 微量注射器吸取上述 3 种标准物的混合液及未知样品 2.0 μL 进样，并测定各峰的保留时间。

(3)将在同一条件下所得的各标准物的保留时间和未知样品中各峰的保留时间加以比较，确定样品中所含的组分。

3. 相对质量校正因子的测定

(1)内标物溶液的配制。取一干净带橡胶塞的小称量瓶，准确称出其质量，然后注入 1 mL 待测组分(乙酸乙酯)的标准物，称出其准确质量，2 次质量之差即为被测组分的质量 m_i。用同样的方法，再注入内标物(苯)1 mL，称出其准确质量，与上次称量之差即为内标物的质量 m_s。

(2)校正因子的测定。将上述配好的内标物溶液混合均匀，然后取 2.0 μL 进样，并测定各峰峰面积(A_i 及 A_s)，计算出 f_i'。

4. 样品的测定

(1)样品溶液的制备。用上述方法准确称取由乙酸甲酯、乙酸乙酯各 1 mL 配成的样品 m (g)，然后注入 1 mL 苯作内标物，并称出其质量 m_s'。

(2)样品的测定。将上述配好的样品溶液混合均匀后，取 2.0 μL 进样，并测定乙酸乙酯及内标物苯的峰面积(A_i' 及 A_s')。

5. 数据处理

根据上述实验所得的数据，按下式计算样品中乙酸乙酯的质量分数，并与理论值比较算出相对误差。

$$P = \frac{A_i' m_s'}{A_s' m} \times f_i' \times 100\%$$

其中

$$f_i' = \frac{m_i A_s}{m_s A_i}$$

【思考题】

(1)在同一操作条件下为什么可用保留时间来鉴定未知物？

(2)用内标法计算为什么要用校正因子？它的物理意义是什么？

(3)为什么启动仪器时，要先通载气，后通电源？而实验完毕后，要先关电源，稍后才关载气？

实验 26　苯、萘、联苯、菲的高效液相色谱分析

【实验目的】

(1)理解反相色谱的优点及应用。

(2)掌握归一化定量方法。

【实验原理】

在液相色谱中，若采用非极性固定相(如十八烷基键合相)、极性流动相，这种色谱法称为反相色谱法。这种分离方式特别适合于同系物、苯并系物等。苯、萘、联苯、菲在 ODS 柱上的作用力大小不等，它们的 k' 值不等(k' 为不同组分的分配比)，在柱内的移动速率不同，因而先后流出柱子。根据组分峰面积大小及测得的定量校正因子，就可由归一化定量方法求出各组分的含量。归一化定量公式为

$$P_i = \frac{A_i f_i'}{A_1 f_1' + A_2 f_2' + \cdots + A_n f_n'} \times 100\%$$

式中：A_i 为组分的峰面积；f_i' 为组分的相对定量校正因子。

采用归一化法的条件是样品中所有组分都要流出色谱柱并出峰。此法简便、准确，对进样量的要求不十分严格。

【仪器、药品及材料】

日本岛津 LC-20AT 高效液相色谱仪，紫外吸收检测器(254 nm)，Econoshpere C_{18} 柱(3 μm，15 cm×4.6 mm)，25 μL 微量注射器。

甲醇(重蒸馏 1 次)、二次蒸馏水、苯、萘、联苯、菲(均为 A.R.级)，流动相：甲醇∶水 = 80∶20。

【实验步骤】

(1)按仪器操作说明书操作，使色谱仪正常运行，并将实验条件调节如下：

柱温：室温。

流动相流量：0.8 mL/min。

检测器工作波长：254 nm。

(2)标准溶液配制。准确称取苯约 0.1 g、萘约 0.08 g、联苯 0.2 g、菲 0.01 g，用重蒸馏的甲醇溶解，并转移至 50 mL 容量瓶中，用甲醇稀释至刻度。

(3)在基线平直后，注入标准溶液 5.0 μL，记下各组分保留时间。再分别注入纯样对照。

(4)注入样品 5.0 μL，记下保留时间。重复 2 次。

(5)实验结束后，按要求关好仪器。

(6)结果处理：

①确定未知样中各组分的出峰次序。

②求各组分的相对质量校正因子。

③求样品中各组分的质量分数。

④计算以萘为标准时的柱效。

(7)注意事项：

①用微量注射器吸液时，要防止气泡吸入。首先将擦干净并用样品吸洗过的注射器插入样品液面，反复提拉数次，驱除气泡，然后缓缓提升针芯到刻度。

②室温较低时，为加速萘的溶解，可用红外灯稍加热。

【思考题】

(1)观察分离所得的色谱图，解释不同组分之间分离差别的原因。

(2)高效液相色谱柱一般可在室温下进行分离，而气相色谱柱则必须恒温，为什么？高效液相色谱柱有时也实行恒温，这又是为什么？

实验 27 饮料中咖啡因的高效液相色谱分析——外标法定量

【实验目的】

(1)熟悉高效液相色谱仪的结构，理解反相高效液相色谱的原理和应用。

(2)掌握外标法定量方法。

【实验原理】

咖啡因又称咖啡碱，属黄嘌呤衍生物，化学名称为 1,3,7-三甲基黄嘌呤，是从茶叶或咖啡中提取的一种生物碱。它能使大脑皮层兴奋，使人精神亢奋。咖啡因在咖啡中的含量为 1.2%~1.8%，在茶叶中为 2.0%~4.7%。可乐类饮料、止痛药片等均含咖啡因，咖啡因的分子式为 $C_8H_{10}O_2N_4$，结构式为

$$\text{H}_3\text{C}-\text{N} \cdots \text{N}-\text{CH}_3$$

可用反相高效液相色谱法分离检测饮料中的咖啡因。

在化学键合相色谱法中，对于亲水性的固定相常采用疏水性流动相，即流动相的极性小于固定相的极性，这种情况称为正相化学键合相色谱法；反之，若流动相的极性大于固定相的极性，则称为反相化学键合相色谱法。本实验采用反相液相色谱法，从 C_{18} 化学键合相色谱柱分离饮料中的咖啡因，用标准曲线法(外标法)测定其浓度。

【仪器、药品及材料】

日本岛津 LC-20AT 高效液相色谱仪，紫外吸收检测器(254 nm)，Econoshpere C_{18}柱 (15 cm × 4.6 mm，3 μm)，25 μL 微量注射器，超声波清洗器。

甲醇与咖啡因均为分析纯；水为二次蒸馏水；咖啡因标准储备液：1000 μg/mL 咖啡因的

甲醇溶液；咖啡因标准系列溶液：用上述储备液配制含咖啡因 20 μg/mL、40 μg/mL、80 μg/mL、160 μg/mL、320 μg/mL 的甲醇溶液，备用；试样：市售的可口可乐和百事可乐等。

【实验步骤】

(1) 按仪器操作说明书操作，使色谱仪正常运行，并将实验条件调节如下：

柱温：室温。

流动相：甲醇∶水 = 60∶40(经过滤、脱气)。

流量：0.6 mL/min。

检测器工作波长：254 nm。

进样量：10 μL。

(2) 依次分别吸取 10 μL 5 个标准溶液进样，记录各色谱数据。

(3) 分别将约 20 mL 可口可乐和百事可乐试样置于 25 mL 容量瓶中，用超声波清洗器脱气 15 min。

(4) 依次分别吸取 10 μL 可乐样进样，记录各色谱数据。

(5) 实验结束后，按要求关好仪器。

【数据及处理】

(1) 记录实验条件。

(2) 按下表记录实验数据：

	t_R/min	A/(mV·s)
标准溶液 20 μg/mL		
标准溶液 40 μg/mL		
标准溶液 80 μg/mL		
标准溶液 160 μg/mL		
标准溶液 320 μg/mL		
可口可乐		
百事可乐		

(3) 绘制咖啡因峰面积-质量浓度的标准曲线。

(4) 根据试样溶液中咖啡因的峰面积值，计算可口可乐和百事可乐中咖啡因的质量浓度。

【思考题】

(1) 用外标法定量有什么优缺点？

(2) 若绘制咖啡因峰高-质量浓度标准曲线，能给出准确结果吗？

实验 28　桑色素荧光分析法测定水样中的微量铍

【实验目的】

(1) 了解荧光分光光度法的基本原理。

(2)掌握荧光分光光度计的使用方法并熟悉其结构。

【实验原理】

物质发出的荧光强度 I_f 与物质为激发荧光而吸收紫外光的吸收强度 I_a 的关系式为

$$I_f = Y_q I_a \tag{4-15}$$

式中：Y_q 为荧光量子效率；吸收强度 I_a 与物质浓度成正比：$I_a = kc$，则 $I_f = k'c$。

在碱性介质中(pH=10.5～12.5)，铍以铍酸盐形式与桑色素(2′,3′,4′,5,7-五羟基黄酮)作用，形成的反应产物在紫外光的照射下发出黄色荧光(荧光波长 530 nm)，在一定浓度范围内，荧光强度与铍的浓度成正比。利用此荧光反应可测定试样中的微量铍。

【仪器、药品及材料】

F-2700 荧光分光光度计，25 mL 容量瓶(或比色管)6 支，10 mL 刻度移液管 1 支，1 mL 刻度移液管 2 支，5 mL 刻度移液管 1 支，2 mL 刻度移液管 2 支。

铍标准溶液：称取 0.1068 g 硫酸铍($BeSO_4·4H_2O$)溶于 1 mol/L HCl 中，移入 100 mL 容量瓶，并用 1 mol/L HCl 稀释至刻度，此铍储备液浓度为 0.100 g/L。临用时，再用二次蒸馏水稀释成 0.001 g/L 铍的工作溶液。

0.1 g/L 桑色素溶液：将 10 mg 优级纯桑色素溶于 100 mL 无水乙醇中，临用时配制。

w =5%的 NaOH 溶液，w =10%的 EDTA 二钠盐溶液。

【实验步骤】

(1)标准曲线的绘制。移取 0 mL、0.05 mL、0.10 mL、0.15 mL、0.20 mL 铍标准溶液(0.001 g/L)于 5 个 25 mL 容量瓶中，依次用去离子水稀释至 5 mL，用 5% NaOH 调节 pH 为中性(0.5～1 滴 5% NaOH)，加入 0.5 mL 10% EDTA 二钠盐及 1 mL 5% NaOH 溶液、0.5 mL 0.1 g/L 桑色素溶液，用去离子水稀释至刻度，摇匀，放置 3 min 后，在荧光分光光度计上测定荧光强度(荧光波长 530 nm，高压 700 V)，记下读数并绘制铍标准曲线。

(2)另取一支 25 mL 容量瓶，移取 2 mL 铍未知液，按绘制标准曲线的方法进行，并从铍标准曲线上查出未知液中铍的质量分数。

【思考题】

在荧光测量时，为什么激发光的入射与荧光的接收不在一直线上，而是呈一定的角度？

实验 29　紫外分光光度法测定芳香族化合物苊

【实验目的】

(1)了解紫外吸收光谱在有机化合物结构分析中的应用及借助"标准光谱图"鉴定未知物。
(2)学习有机化合物的定量分析方法。
(3)学会使用紫外分光光度计。

【实验原理】

芘是芳香族化合物，分子式为 $C_{10}H_6(CH_2)_2$，相对分子质量为 154.20，其结构式为

芘在工业上有较重要的用途，如通过聚合进行树脂化可制得芘烯树脂，这种树脂有良好的性能和很高的熔点。芘还能合成还原染料、颜料和增白剂等。

在近紫外区，芘具有特征的吸收光谱带。本实验采用紫外分光光度计测定芘的吸收光谱并借助芳香族化合物的标准紫外吸收光谱图了解芘的紫外光谱的特性，用比较法测定未知液中芘的含量。

【仪器、药品及材料】

紫外分光光度计，石英比色皿(1 cm)。

$2×10^{-4}$ mol/L 芘标准溶液(95%乙醇为溶剂)，95%乙醇。

【实验步骤】

(1)熟悉紫外分光光度计的使用方法，按照操作规程调整好仪器。

(2)以 95%乙醇为参比，用芘标准溶液测定芘的吸收光谱。

(3)记录以下波长对应的吸光度并计算各点的摩尔吸光系数 ε：

波长 λ/nm	324	322	321	320	318	316	314	312	310
A									
ε									
波长 λ/nm	308	306	304	302	300	298	296	294	292
A									
ε									
波长 λ/nm	290	289	286	284	282	280	275	265	260
A									
ε									

(4)以 $\lg\varepsilon$ 为纵坐标、波长 λ 为横坐标，绘制芘的紫外吸收光谱图并与标准光谱图进行对照和比较。

(5)从吸收曲线上查得最大吸收波长，然后用该波长测定芘溶液的吸光度并按下式计算芘的含量，

$$A_{标}=\varepsilon bc_{标} \qquad A_{测}=\varepsilon bc_{测}$$

则：

$$c_{测}=\frac{A_{测}×c_{标}}{A_{标}}$$

【思考题】

紫外吸收光谱在有机化合物分析中有什么特点？

实验 30　原子吸收分光光度法测定奶粉中的钙含量

【实验目的】

(1)巩固原子吸收光谱的基本原理，掌握用火焰原子吸收光谱法进行定量测定的方法。

(2)了解原子吸收分光光度计的结构，学会使用原子吸收分光光度计。

【实验原理】

在原子吸收分光光度法中，一般由空心阴极灯提供特定波长的辐射，即待测元素的特征谱线。由喷雾-火焰燃烧器或石墨炉等原子化装置使试样中的待测元素分解为气相状态的基态原子。当空心阴极灯的辐射通过原子蒸气时，特定波长的辐射部分地被基态原子所吸收，经单色器分光后，通过检测器测得其吸收前后的强度变化，从而求得试样中待测元素的含量。

原子吸收分光光度法建立至今已有半个多世纪，它适合于微量元素组分的定量分析，已可测定 70 多种元素。它的优点是灵敏度高、选择性好、操作简单、快速和准确度好。在一般条件下，其相对误差为 1%～2%，因此得到了广泛应用，成为各个部门实验室对物质进行定量分析的常规手段之一。但由于分析不同元素时，必须换用不同的元素灯，给多元素同时分析带来了困难。

在使用锐线光源和低浓度的情况下，基态原子蒸气对被测元素特征谱线的吸收符合比尔定律：

$$A = \lg \frac{I_0}{I} = KLN_0 \tag{4-16}$$

式中：A 为吸光度；I_0 为入射光强度；I 为经原子蒸气吸收后的透射光强度；K 为吸光系数；L 为辐射光穿过原子蒸气的光程长度；N_0 为基态原子密度。

当试样原子化，火焰的绝对温度低于 3000 K 时，可以认为原子蒸气中基态原子的数目实际上接近于原子总数。在固定的实验条件下，原子密度与试样浓度 c 的比例是恒定的，则式(4-16)可记为

$$A = K'c \tag{4-17}$$

式中：K' 为一定实验条件下的常数。此式就是原子吸收分光光度法的定量基础。定量校准方法可用标准曲线法或标准溶液加入法等。

火焰原子化法是目前使用最广泛的原子化技术。火焰中原子的生成是一个复杂的过程，其最大吸收部位是由该处原子生成和消失的速度决定的。它不仅与火焰的类型及喷雾效率有关，还因元素的性质及火焰燃料气与助燃气的比例、火焰的不同部位等不同而异。为了获得较高的灵敏度，像钙、锶等氧化和反应较快的碱土金属，宜选用富燃性的火焰，在火焰上部的浓度较低。

实验测定奶粉中钙的含量。奶粉用浓硝酸进行消解，在 422.7 nm 波长处对钙原子进行测

量，同时检测钾离子、磷酸根离子对钙的影响。

【仪器、药品及材料】

AA-700 原子吸收分光光度计(附钙空心阴极灯)，空气钢瓶或 WM-2B 型无油气体压缩机，乙炔钢瓶，容量瓶(50 mL 14 个，100 mL 2 个)，吸量管(5 mL)1 支，移液管(5 mL)1 支，烧杯(50 mL 2 个，100 mL 1 个)。

钙的储存标准溶液 1.000 mg/mL：取无水 $CaCO_3$ 在 120℃烘箱中烘 2 h，取出，在干燥中冷却后称取 0.6243 g，加去离子水 20～30 mL，滴加 2 mol/L 盐酸至 $CaCO_3$ 完全溶解，移入 250 mL 容量瓶中，用去离子水稀释至刻度，摇匀。

钙的工作标准溶液 100 μg/mL：取 10.0 mL 钙的储存标准溶液于 100 mL 容量瓶中，用去离子水稀释至刻度，摇匀。

钾标准溶液 10 mg/mL：用分析纯 KCl 配制。

磷标准溶液(含磷 10 mg/mL)：用分析纯 NaH_2PO_4 配制。

H_2O_2(30%)，浓硝酸。

【实验步骤】

1. 系列标准溶液的配制

取 6 个 50 mL 容量瓶，依次加入 0.50 mL、1.00 mL、1.50 mL、2.00 mL、2.50 mL 及 3.00 mL 浓度为 100 μg/mL 的钙工作标准溶液，用去离子水稀释至刻度，摇匀。

2. 样品试液的配制

称取奶粉 0.2000 g 于消解罐中，加入 5 mL HNO_3 和 1 mL H_2O_2，盖好盖子，设置最高温度为 180℃，消解时间为 15 min。消解完毕后待消解罐冷却至室温，定量转入 100 mL 容量瓶中。同时做平行空白实验。

3. 标准加入法工作溶液的配制

取 4 个 50 mL 容量瓶，各加入 5.0 mL 试样溶液，然后依次加入 0.00 mL、1.00 mL、2.00 mL 及 3.00 mL 浓度为 100 μg/mL 的钙工作标准溶液，用去离子水稀释至刻度，摇匀待测。

4. 含钾、磷的试样溶液的配制

取 3 个 50 mL 容量瓶，各加入 5.00 mL 试样溶液，于其中 1 个加入 4.00 mL 10 mg/mL 钾标准溶液，另 1 个加 4.00 mL 10 mg/mL 磷标准溶液，还有 1 个不加任何溶液。另取 1 个 50 mL 容量瓶，加入分解试样的空白溶液 5.00 mL，最后用去离子水将 4 个容量瓶均定容，摇匀备用。

5. 吸光度的测量

打开 AA-700 原子吸收分光光度计的灯室，装上钙空心阴极灯。开启仪器，测定所有试液吸光度，用空白溶液调零。

6. 数据处理

(1)以钙的系列标准溶液的吸光度绘制标准曲线或拟合线性方程。根据未知试样溶液的吸光度，求出奶粉中的钙含量。

(2)以钙的标准加入法工作溶液测得的吸光度绘制工作曲线，将其外推，求得奶粉中钙的含量。或拟合线性方程，求得奶粉中的钙含量。

(3)比较两种定量标准方法的结果。

(4)比较共存钾、磷元素对测量的影响，进行讨论。

【思考题】

(1)原子吸收分光光度计为什么要用待测元素的空心阴极灯作光源？

(2)在原子吸收光度分析中，什么情况下要用标准加入法？

(3)雾化室的排废液管子内为什么要保持液封而不能直接通大气？

实验 31　阳极溶出伏安法测定水中微量镉

【实验目的】

(1)了解阳极溶出伏安法的基本原理。

(2)掌握汞膜电极的制备方法。

(3)学习阳极溶出伏安法测定镉的实验技术。

【实验原理】

溶出伏安法是一种灵敏度高的电化学分析方法，一般可达 $10^{-8}\sim10^{-9}$ mol/L，有时可达 10^{-12} mol/L，因此在痕量成分分析中相当重要。

溶出伏安法的操作分两步：第一步是预电解过程，第二步是溶出过程。预电解是在恒电势和溶液搅拌的条件下进行，其目的是富集痕量组分。富集后，让溶液静止 30 s 或 1 min，再用各种极谱分析方法(如单扫描极谱法)溶出。

阳极溶出伏安法通常用小体积悬汞电极或汞膜电极作为工作电极，使能生成汞齐的被测金属离子电解还原，富集在电极汞中，然后将电压从负电势扫描到较正的电势，使汞齐中的金属重新氧化溶出，产生比富集时的还原电流大得多的氧化峰电流。

本实验采用镀一薄层汞的玻碳电极作汞膜电极，由于电极面积大而体积小，有利于富集。先在-1.0 V(vs. SCE)电解富集镉，然后使电极电势由-1.0 V 线性地扫描至-0.2 V，当电势达到镉的氧化电势时，镉氧化溶出，产生氧化电流，电流迅速增加。当电势继续正移时，由于富集在电极上的镉已大部分溶出，汞齐浓度迅速降低，电流减小，因此得到尖峰形的溶出曲线。

此峰电流与溶液中金属离子的浓度、电解富集时间、富集时的搅拌速度、电极的面积和扫描速度等因素有关。当其他条件一定时，峰电流 i_p 只与溶液中金属离子的浓度 c 成正比：

$$i_p = Kc \tag{4-18}$$

用标准曲线法或标准加入法均可进行定量测定。标准加入法的计算公式为

284 基础化学实验

$$c_x = \frac{c_s V_s h}{(H-h)V_x} \tag{4-19}$$

式中：c_x、V_x、h 分别为试液中被测组分的浓度、试液的体积和溶出峰的峰高；c_s、V_s 为加入标准溶液的浓度和体积；H 为试液中加入标准溶液后溶出峰的总高度。这里加入标准溶液的体积应非常小。

【仪器、药品及材料】

电化学工作站(CHI 660E)，三电极体系(玻碳汞膜电极作工作电极、饱和甘汞电极作参比电极、铂电极作辅助电极)，电磁搅拌器，电解池或 100 mL 烧杯，移液管(25 mL 1 支、5 mL 2 支、1 mL 1 支)。

1×10^{-4} mol/L Cd^{2+}标准溶液，$NH_3\cdot H_2O$(1 mol/L)-NH_4Cl(1 mol/L)缓冲溶液，10% Na_2SO_3 溶液(新鲜配制)，1：1 HNO_3，含镉水样。

【实验步骤】

(1)制备玻碳汞膜电极。将玻碳电极在 6#金相砂纸上小心轻轻打磨光亮[1]，成镜面。用蒸馏水多次冲洗，最好是用超声波清洗 1～2 min。用滤纸吸去附着在电极上的水珠。将已抛光洗净的玻碳电极浸入含 0.1 mol/L KCl 和 10^{-4} mol/L $HgNO_3$、pH 为 2 的溶液中，以玻碳电极为阴极、铂片电极为阳极。阴极电势控制在–1.0 V，在搅拌条件下电解 5 min，即可得玻碳汞膜电极。电解结束，用蒸馏水冲洗，浸入纯水中待用[2]。

(2)开机，输入以下实验参数：清洗电势–0.2 V，清洗时间 60 s。起始电势–1.0 V，终止电势–0.2 V，富集电势–1.0 V，搅拌富集时间 60 s，静止时间 30 s，电势扫描速率 90 mV/s。

(3)取 25 mL 水样于烧杯中，加入 3 mL $NH_3\cdot H_2O$-NH_4Cl 缓冲溶液和 2 mL 10% Na_2SO_3 溶液。将三支电极浸入溶液中，在清洗和富集阶段，启动搅拌器在上述测定条件下记录溶出伏安曲线。如此重复测定三次，记录三次溶出伏安曲线。于烧杯中加入 0.5 mL 1×10^{-4} mol/L Cd^{2+} 标准溶液，同样进行三次测定。

测量完毕，将电极在–0.2 V 处搅拌清洗 60 s，取下用水冲洗干净。

(4)结果讨论。

①记录实验条件[3]。

起始电势		终止电势	
富集电势		富集时间	
清洗电势		清洗时间	

②按下表记录数据。

Cd^{2+}标准溶液浓度 c_s			
Cd^{2+}标准溶液体积 V_s			
未知水样体积 V_x			
水样的溶出峰高 h	1.	2.	3.
水样的平均溶出峰高 $\bar{h}$			
加入标准 Cd^{2+}后的溶出峰高 H	1.	2.	3.
平均溶出峰高 $\bar{H}$			

③按公式计算水样中 Cd^{2+} 的浓度 c_x，分别以 mol/L 和μg/mL 作单位表示。

④实验中为什么要求各实验条件必须严格保持一致？

【注释】

[1] 如发现电极表面不光亮，可重新沾汞，但新沾汞的电极灵敏度较高，不太稳定，一般测定三次以后就稳定了。

[2] 汞膜电极应保存在弱碱性的蒸馏水中或插入纯汞中，不宜暴露在空气中。

[3] 整个实验过程应保持所有测定条件固定不变。

【思考题】

(1) 电极测定样品前，为什么需要在空白液中扫描？

(2) 阳极扫描后，电极为什么还需要在正电势下富集 2 min？

实验 32　电感耦合高频等离子体发射光谱法测定人发中的

微量铜、铅、锌

【实验目的】

(1) 了解 ICP 光源的原理与光电直读光谱仪联用进行定量分析的优越性。

(2) 学习生化样品的处理方法。

【实验原理】

ICP 是利用高频磁场加热原理使流经石英管的工作气体电离而产生的火焰状等离子体。当高频发生器与石英管外层的高频线圈接通后，石英管内产生一个轴向高频磁场，这时若用高频点火装置产生火花，形成载流子，在电磁场作用下，与原子碰撞并使其电离，形成更多的载流子。当这些载流子达到足够的电导率时，就会产生一股垂直管轴方向的环形涡电流。这股几百安的感应电流瞬间就将气体加热到近万度的高温，并在管口形成一个火炬状的稳定等离子炬焰。当载气携带试样气溶胶通过等离子体时，被等离子体间接加热至 6000～7000 K，并被原子化和激发产生发射光谱。

ICP 发射光谱分析是将试样在等离子体光源中激发，使待测元素发射出特征波长的辐射，经过分光，测量其强度而进行定量分析的方法。ICP 光电直读光谱仪是用 ICP 作光源，光电检测器(光电倍增管、光电二极管阵列、硅靶光导摄像管、折像管等)检测，并配备计算机自动控制和数据处理。它具有分析速度快、灵敏度高、稳定性好、线性范围广、基体干扰小、可多元素同时分析等优点。

用 ICP 光电直读光谱仪测定人发中的微量元素，可先将头发样品用浓 $HNO_3 + H_2O_2$ 消化处理，这种湿法处理样品，Pb 损失少。将处理好的样品上机测试，2 min 内即可得出结果。

【仪器、药品及材料】

ICP 2000（天瑞）；1000 mL 容量瓶 3 个，100 mL 容量瓶 3 个，25 mL 容量瓶 2 个；10 mL 吸量管 3 支；石英坩埚；量筒；烧杯。

铜储备液：溶解 1.000 g 光谱纯铜于少量 HNO_3（6 mol/L）中，移入 1000 mL 容量瓶，用去离子水稀释至刻度，摇匀，含 Cu^{2+} 1.000 mg/mL；铅储备液：称取光谱纯铅 1.000 g，溶于 20 mL 6 mol/L HNO_3 中，移入 1000 mL 容量瓶，用去离子水稀释至刻度，摇匀，含 Pb^{2+} 1.000 mg/mL；锌储备液：称取光谱纯锌 1.000 g，溶于 20 mL 6 mol/L HNO_3 中，移入 1000 mL 容量瓶，用去离子水稀释至刻度，摇匀，含 Zn^{2+} 1.000 mg/mL；HNO_3；HCl；H_2O_2。

【实验步骤】

1. 配制标准溶液

铜标准溶液：准确吸取 1.000 mg/mL 铜储备液 10.00 mL 于 100 mL 容量瓶中，用去离子水稀释至刻度，摇匀，此溶液含铜 100.0 μg/mL。

用上述相同方法，配制 100.0 μg/mL 的铅和锌标准溶液。

2. 配制 Cu^{2+}、Pb^{2+}、Zn^{2+} 混合标准溶液

准确移取 100.0 μg/mL Cu^{2+}、Pb^{2+}、Zn^{2+} 标准溶液各 2.50 mL 于 25 mL 容量瓶中，加入 6 mol/L HNO_3 3 mL，用去离子水稀释至刻度，摇匀。此溶液含 Cu^{2+}、Pb^{2+}、Zn^{2+} 的浓度均为 10.0 μg/mL。

准确移取上述 10.0 μg/mL Cu^{2+}、Pb^{2+}、Zn^{2+} 混合标准溶液 2.50 mL 于 25 mL 容量瓶中，加入 6 mol/L HNO_3 3 mL，用去离子水稀释至刻度，摇匀。此溶液含 Cu^{2+}、Pb^{2+}、Zn^{2+} 的浓度均为 1.00 μg/mL。

3. 试样溶液的制备

用不锈钢剪刀从后颈部剪取头发试样，将其剪成长约 1 cm 发段，用洗发香波洗涤，再用自来水清洗多次，将其移入布氏漏斗中，用 1 L 去离子水淋洗，于 100℃ 下烘干。准确称取试样 0.3 g 左右，置于石英坩埚中，加 5 mL 浓 HNO_3 和 0.5 mL H_2O_2，放置数小时，在电热板上加热，稍冷后滴加 H_2O_2，加热至近干，再加少量 HNO_3 和 H_2O_2，加热，溶液澄清，浓缩至 1～2 mL，加少许去离子水稀释，转移至 25 mL 容量瓶中，用去离子水稀释至刻度，摇匀，待测定。

4. 测定

将配制的 1.00 μg/mL 和 10.0 μg/mL Cu^{2+}、Pb^{2+}、Zn^{2+} 混合标准溶液和试样溶液上机测定。测定条件为

分析线：Cu 324.754 nm、Pb 216.999 nm、Zn 213.856 nm；

冷却气流量：12 L/min；

载气流量：0.3 L/min；

护套气：0.2 L/min。

5. 数据处理

计算发样中铜、铅、锌的含量(μg/g)。

【思考题】

(1) 人发样品为什么通常用湿法处理？若用干法处理，会有什么问题？

(2) 通过实验，发现原子发射光谱分析法有哪些优点？

实验 33 有机化合物红外光谱的测绘及结构分析

【实验目的】

(1) 掌握液膜法制备液体样品的方法。

(2) 掌握溴化钾压片法制备固体样品的方法。

(3) 学习并掌握红外光谱仪的使用方法。

(4) 初步学会对红外吸收光谱图的解析。

【实验原理】

物质分子中的各种不同基团在有选择性地吸收不同频率的红外辐射后，发生振动能级之间的跃迁，形成各自独特的红外吸收光谱。据此可对物质进行定性、定量分析，特别是对化合物结构的鉴定，应用更为广泛。

基团的振动频率和吸收强度与组成基团的相对原子质量、化学键类型及分子的几何构型等有关。因此，根据红外吸收光谱的峰位、峰强、峰形和峰的数目可以判断物质中可能存在的某些官能团，进而推断未知物的结构。

红外光谱定性分析一般可用两种方法：一种是用已知标准对照；另一种是标准图谱查对法。常用标准图谱集为萨勒红外标准图谱集(Sadtler, Catalog of Infrared Standard Spectra)。

一般图谱的解析大致步骤如下：

(1) 先从特征频率区入手，找出化合物所含主要官能团。

(2) 指纹区分析，进一步找出官能团存在的依据。对指纹区谱带位置、强度和形状仔细分析，确定化合物可能的结构。

(3) 对照标准图谱，配合其他鉴定手段，进一步验证。

乙酰乙酸乙酯有酮式及烯醇式互变异构：

$$CH_3 - \underset{\underset{O}{\|}}{C} - CH_2 - \underset{\underset{O}{\|}}{C} - O - C_2H_5 \rightleftharpoons CH_3 - \underset{\underset{OH}{|}}{C} = CH - \underset{\underset{O}{\|}}{C} - O - C_2H_5$$

在红外光谱上能够看出各异构体的吸收带。

【仪器、药品及材料】

IRAffinity-1 傅里叶变换红外光谱仪，可拆式液池架，压片机，玛瑙研钵，红外灯。

氯化钠盐片，聚苯乙烯薄膜，苯甲酸(于80℃下干燥24 h，存于干燥器中)，溴化钾(于

130℃下干燥 24 h，存于干燥器中)，无水乙醇，苯胺，乙酰乙酸乙酯，四氯化碳。

【实验步骤】

1. 波数检验

将聚苯乙烯薄膜插入红外光谱仪的试样安放处，4000～600 cm^{-1}进行波数扫描，得到吸收光谱。

2. 测绘无水乙醇、苯胺、乙酰乙酸乙酯的红外吸收光谱——液膜法

取 2 片氯化钠盐片，用四氯化碳清洗其表面并晾干。在一盐片上滴 1～2 滴无水乙醇，用另一盐片压其上，装入可拆式液池架中。然后将液池架插入红外光谱仪的试样安放处，4000～600 cm^{-1}进行波数扫描，得到吸收光谱。

用同样的方法得到苯胺、乙酰乙酸乙酯的红外吸收光谱。

3. 测绘苯甲酸的红外吸收光谱——溴化钾压片法

取 2 mg 苯甲酸，加入 100 mg 溴化钾粉末，在玛瑙研钵中充分磨细(颗粒约 2 μm)，使其混合均匀，并将其在红外灯下烘 10 min 左右。在压片机上压成透明薄片。将夹持薄片的螺母插入红外光谱仪的试样安放处，4000～600 cm^{-1}进行波数扫描，得到吸收光谱。

4. 未知有机物的结构分析

从教师处领取未知有机物样品。用液膜法或溴化钾压片法测绘未知有机物的红外吸收光谱。以上红外吸收光谱测定的参比物均为空气。

5. 结果处理

(1)将测得的聚苯乙烯薄膜吸收光谱与仪器说明书上的谱图对照。对 2850.7 cm^{-1}、1601.4 cm^{-1}、906.7 cm^{-1}的吸收峰进行检验。在 4000～2000 cm^{-1}内，波数误差不大于±10 cm^{-1}，在 2000～50 cm^{-1}内，波数误差不大于±3 cm^{-1}。

(2)解析无水乙醇、苯胺、苯甲酸、乙酰乙酸乙酯的红外吸收光谱图。结合课本上所学知识，指出各谱图上主要吸收峰的归属。

(3)观察羟基的伸缩振动在乙醇及苯甲酸中有什么不同？

(4)根据给定的未知有机物的化学式及红外吸收光谱图上的吸收峰位置，推断未知有机物可能的结构式。

6. 注意事项

(1)氯化钠盐片易吸水，取盐片时必须戴上指套。扫描完毕，应用四氯化碳清洗盐片，并立即将盐片放回干燥器内保存。

(2)盐片装入可拆式液池架后，螺丝不宜拧得过紧，否则会压碎盐片。

【思考题】

(1)在含氧有机化合物中，如在 $1800 \sim 1600 \ cm^{-1}$ 区域中有强吸收谱带出现，能否判定分子中有羟基存在？

(2)为什么红外分光光度法要采取特殊的制样方法？

实验 34　芳香族化合物的紫外吸收光谱鉴定

【实验目的】

利用紫外吸收光谱进行芳香族化合物的鉴定。

【实验原理】

紫外吸收光谱带宽而平坦，数目不多。虽然不少化合物在结构上较为悬殊，但是只要分子中含有相同发色团，它们的吸收光谱的形状就大致相似，因此依靠紫外吸收光谱很难独立解决化合物结构的问题。但紫外吸收光谱对共轭体系的研究有独特之处，可以利用紫外吸收光谱的经验规则进行分子结构的推导验证。

紫外吸收光谱定性方法是将未知化合物与已知纯的样品在相同的溶剂中配制成相同浓度，在相同条件下，分别绘制它们的吸收光谱，比较两者是否一致。或者是将未知物的吸收光谱与标准谱图比较，两者光谱图的 λ_{max} 和 ε_{max} 相同，表明它们是同一有机化合物。

在没有紫外吸收的物质中检查具有高吸收系数的杂质，也是紫外吸收光谱的重要途径之一。例如，乙醇在 210 nm 处没有吸收，检查乙醇中是否有苯杂质，只需看在 256 nm 处有无苯的吸收峰。

【仪器、药品及材料】

UV-1800 紫外-可见分光光度计，石英比色皿一套。

环己烷，乙醇。

【实验步骤】

1. 芳香族化合物的鉴定

领取三个未知试样，用 1 cm 石英比色皿，以环己烷为参比溶液，在 $230 \sim 300$ nm 测绘吸收光谱。然后与标准谱图比较，分别鉴定化合物。

2. 乙醇中杂质苯的检查

用 1 cm 石英比色皿，以环己烷为参比溶液，在 $230 \sim 300$ nm 测绘吸收光谱。

保存测量参数和吸收曲线，打印谱图。

3. 数据处理

(1)记录未知化合物的吸收光谱条件和测量值，确定峰值波长，与标准谱图比较，确定化合物的名称。

(2)记录乙醇试样的吸收光谱及实验条件，根据吸收光谱确定是否有苯吸收峰。

【思考题】

(1)比较邻组同学不同的实验条件所得的结果，讨论适宜的取样波长间隔。

(2)解释未知试样 2、未知试样 3 的吸收发生红移的原因。

(3)乙醇试样中苯含量的多少对吸收光谱图有什么影响？

(4)在检测乙醇试样中的苯时，参比对其有什么影响？

实验 35　气相色谱-质谱联用实验

【实验目的】

(1)巩固气相色谱-质谱联用(GC-MS)技术的基本原理，熟悉仪器硬件结构。

(2)熟悉 GC-MS 工作站的基本功能及主要参数。

(3)熟悉质谱解析的基本方法。

【实验原理】

GC-MS 仪主要由气相色谱和质谱仪构成，其中质谱仪部分有多种不同原理的质谱质荷比分选装置，如四极杆、离子阱、飞行时间漂移管。本实验采用的是单四极杆型质谱。气态样品分子在离子源中经 70 eV 高速电子流轰击后产生的带电粒子，经离子聚焦、由四极杆进行质荷比分选，再进入电子倍增器检测。

GC-MS 仪的硬件组成可分为以下几个部分：

(1)载气。气质联用使用的载气是高纯氦气，纯度达 99.999%，采用气瓶供应。

(2)真空系统。质谱必须维持较高的真空度才能使用。GC-MS 的真空泵包括前级机械泵及分子涡轮泵。机械泵提供粗真空，约为 10^{-3} Torr(0.13 Pa)，分子涡轮泵则进一步提高真空度达 $10^{-5} \sim 10^{-7}$ Torr。

(3)气相部分。气相部分与普通气相色谱基本相同，只是色谱柱后不接常规检测器，而是通过一个传输线与质谱连接。

(4)质谱部分。质谱部分包括以下硬件：离子源(电子轰击源，即 EI 源)、离子聚焦装置、质量分析器(四极杆)及检测器(电子倍增器)。

【仪器、药品及材料】

气相色谱-质谱联用仪(TRACE200 POLARIS Q)，微量注射器，一次性微孔滤头。

甲醇(色谱纯)，待测化合物(水杨酸甲酯、丹皮酚、苯甲酸丙酯等)。

【实验步骤】

1. 样品准备工作

待测样品用甲醇配制成 10~50 μg/mL 的溶液,用一次性微孔滤头过滤,置样品瓶中备用。不同样品可根据其在质谱上的响应值调节进样浓度。

2. GC-MS 仪准备工作

(1) 抽真空。先启动真空泵工作 6 h 以上,真空度达标后方可进行实验。

(2) 调谐。仪器的真空度达到指定要求后,进行调谐。调谐结果合格后,方可进行分析。

(3) 设定分析条件。气相色谱条件,如进样温度、柱温(或程序升温)、载气流量、分流比等;质谱条件,如采集模式、接口温度、溶剂切割时间、质荷比扫描范围等。

① 气相色谱条件。色谱柱:DB-5HP;载气:高纯 He(纯度≥99.999%),流量 1.0 mL/min 左右;分流比:30∶1~50∶1;进样温度:230~250℃;柱温:根据情况而变,一般设为至少 50℃。

② 质谱条件。电离方式和电离电位:70 eV 电子轰击电离;溶剂延迟时间:3.0 min 左右;质荷比扫描范围:根据实际情况而变。例如,测定水杨酸甲酯,其相对分子质量为 152,可设质荷比范围为 50~300,接口温度 210~230℃,离子源温度 210~230℃。

3. 进样

(1) 设定数据采集参数。设定试样名称、编号及其他条件后,按"Standby"键,待 GC、MS 均变绿色字后,可进样。

(2) 进样。用微量注射器吸取混合试剂 0.2~1 μL(根据样品浓度及信号强度而变,一般使信号强度能达到 10^5 即可),由气相色谱仪进样口进样,同时按下"Start"键,开始检测。

(3) 监视测试过程。观察计算机显示屏幕上实时出现的信号,当总离子流图上出现峰时监测实时的质谱。

4. 数据分析

(1) 在数据分析界面直接点击"Open Data File",双击要选择的数据文件名称,右侧出现相应的总离子流图(TIC)。

(2) 显示组分的质谱图。选择总离子流图中的组分峰,双击,即可显示质谱"棒图"。

(3) 选择标准质谱图谱库检索(未知样品测定实验由人工进行质谱解析)。

(4) 打印组分的谱图和标准质谱图谱库检索结果。

【思考题】

(1) GC-MS 与普通气相色谱最大的区别是什么?

(2) 质谱载气为何用氦气,而不使用氮气?

(3) GC-MS 为什么必须在高真空条件下工作?

(4) GC-MS 中总离子流图是如何得到的,它与"棒图"的区别是什么?

实验 36　核磁共振实验

【实验目的】

(1)了解核磁共振仪的基本结构和工作原理。

(2)掌握有机化合物的氢谱解析方法。

(3)了解碳谱及二维谱的一些基本概念和应用。

【实验原理】

在静磁场中，具有磁矩的原子核存在不同的能级。此时，如运用某一特定频率的电磁波来照射样品，并使该电磁波满足 $h\nu = r\hbar B_0$，原子核即可进行能级间的跃迁，这就是核磁共振。跃迁时必须满足选律 $\Delta m = \pm 1$，所以产生核磁共振的条件为

$$h\nu = r\hbar B_0 \qquad \nu = \frac{rB_0}{2\pi} \tag{4-20}$$

式中：ν 为电磁波频率，其相应的圆频率为 $\omega = 2\pi\nu = rB_0$。

为满足发生核磁共振发生的条件，有两种方式：

(1)固定静磁场强度 B_0，扫描电磁波频率 ν。

(2)固定电磁波频率，扫描静磁场强度 B_0。

【仪器、药品及材料】

核磁共振波谱仪（Varian 400 MHz NMR），标准核磁管。

乙酸乙酯，丙磺舒，二甲亚砜，氘代氯仿。

【实验步骤】

本次实验测定乙酸乙酯和丙磺舒的氢谱和碳谱，其步骤为：

(1)配制样品：取大约 10 mg 样品溶于 $CDCl_3$ 或二甲亚砜(DMSO)中，倒入核磁试管内。

(2)打开采样窗口，将样品放入磁体内。

(3)匀场：反复调节 Z1c 和 Z2c 直至氘代信号为最大，再进行自动匀场。

(4)设置采样参数(^1H 谱和 ^{13}C 谱)。

(5)采集分析数据。

(6)结果处理并对所得数据进行分析，主要内容为：化学位移，耦合常数，氢原子个数。

【思考题】

(1)核磁共振氢谱的耦合常数如何计算？

(2)什么是弛豫过程，弛豫的两种方式是什么？

(3)解析丙磺舒的 ^1H 谱。

实验 37　Cu(Ⅱ)与二甲亚砜配合物的制备与红外光谱分析

【实验目的】

(1)了解配合物的制备原理及方法。

(2)通过红外光谱分析确定配合物中金属与配体的成键方式。

【实验原理】

无水 $CuCl_2$ 与二甲亚砜[DMSO，$(CH_3)_2S{=}O$]反应合成配合物 $CuCl_2 \cdot 2DMSO$，其反应式如下：

$$CuCl_2 + 2DMSO \longrightarrow CuCl_2 \cdot 2DMSO$$

在 DMSO 中，$S{=}O$ 键的正常红外振动频率为 $1050~cm^{-1}$。当与金属形成配合物时，金属可通过 O 或 S 与 DMSO 成键。若 S 用孤对电子与金属以 $M{\leftarrow}S{=}O$ 形式成键，则 $S{=}O$ 双键增强，$S{=}O$ 键的红外振动频率大于 $1050~cm^{-1}$；若 O 用孤对电子与金属以 $M{\leftarrow}O{=}S$ 形式成键，则 $S{=}O$ 双键减弱，$S{=}O$ 键的红外振动频率小于 $1050~cm^{-1}$，因此可以通过红外光谱分析确定配合物中金属与配体的成键方式。

酸碱质子理论：凡能给出 H^+ 的分子或离子为酸，凡能接受 H^+ 的分子或离子为碱。

Lewis 酸碱电子对理论：凡能接受电子对的物质为酸；凡能给出电子对的物质为碱。酸碱反应的实质是形成了配位键。

软硬酸碱理论是在 Lewis 酸碱电子对理论基础上提出的。该理论根据金属离子对多种配体的亲和性不同，把金属离子分为两类。一类是"硬"的金属离子，称为硬酸；另一类是"软"的金属离子，称为软酸。硬的金属离子一般是半径小、电荷高，如 H^+、Li^+、Na^+、K^+、Be^{2+}、Fe^{3+}、Ti^{4+}、Cr^{3+} 等，在与半径小、变形性小、电负性高的阴离子(硬碱)，如 NH_3、F^-、H_2O、OH^-、O^{2-}、CH_3COO^-、PO_4^{3-}、SO_4^{2-}、CO_3^{2-}、ClO_4^-、NO_3^-、RO^- 等相互作用时，有较大的亲和力，是以库仑力(离子键)为主的作用力。软的金属离子由于半径大，本身有较大的变形性，如 Ag^+、Au^+、Cd^{2+}、Hg^{2+}、Pd^{2+} 和 Pt^{2+} 等，在与半径大、变形性大、电负性小的阴离子(软碱)，如 I^-、S^{2-}、CN^-、SCN^-、CO、H^-、$S_2O_3^{2-}$、C_2H_4、RS^- 等相互作用时，发生相互间的极化作用(软酸软碱作用)，这是一种以共价键为主的相互作用力。处于硬酸和软酸之间的称为交界酸，如 Fe^{2+}、Co^{2+}、Ni^{2+}、Cu^{2+}、Zn^{2+}、Pb^{2+}、Sn^{2+}、Sb^{3+}、Cr^{2+}、Bi^{3+} 等；处于硬碱和软碱之间的称为交界碱，如 N^{3-}、Br^-、NO_2^-、SO_3^{2-}、N_2 等。软硬酸碱(SHAB)的规则是"硬亲硬，软亲软，软硬交界就不管(处于中间)"。

【仪器、药品及材料】

磁力搅拌器，锥形瓶，天平，抽滤装置，傅里叶变换红外光谱仪。

无水 $CuCl_2$，DMSO，无水乙醇，KBr。

【实验步骤】

1. 制备配合物 $CuCl_2 \cdot 2DMSO$

准确称取 $0.10 \sim 0.15$ g $CuCl_2$ 于干燥的 10 mL 锥形瓶中,放入磁搅拌子,再加入 1 mL 无水乙醇,搅拌至全溶,再缓慢加入 0.25 mL DMSO,立即发生放热反应,生成绿色沉淀,继续搅拌 10 min,抽滤,以 0.5 mL 冷无水乙醇洗涤,干燥,称量,测定熔点(156~157℃)。

2. 测定红外光谱

用 KBr 压片,在 $700 \sim 4000$ cm^{-1} 记录产品的红外光谱。

3. 结果与讨论

(1)计算配合物的产率。
(2)在测得的红外光谱图上标出主要的特征峰,确定金属 Cu 与配体 DMSO 的成键方式。

【思考题】

(1)写出 DMSO 的 Lewis 结构式。
(2)根据软硬酸碱理论,预测当 DMSO 与 $PtCl_2$、$SnCl_2$、$FeCl_3$、AuCl 结合时的成键方式。

实验 38　未知物的结构鉴定

【实验目的】

(1)进一步巩固四大波谱仪的操作方法及原理。
(2)学会未知样品的结构解析方法。

【实验原理】

对未知样品进行测定,根据谱图分析给出可能的分子结构式。

【实验步骤】

(1)领取待测样品。
(2)设计实验步骤。
(3)样品测定。
(4)谱图解析。
(5)写出实验报告并进行分析。

第5章 物理化学实验

Ⅰ 热力学参数的测定

实验1 液体饱和蒸气压的测定

【实验目的】

(1)了解纯液体的饱和蒸气压与温度的关系，理解 Clausius-Clapeyron 方程的意义。

(2)掌握静态法测定不同温度下乙醇饱和蒸气压的方法，学会用图解法求被测液体在实验温度范围内的平均摩尔气化焓。

(3)初步掌握真空实验技术、进一步熟悉恒温槽及气压计的使用方法。

【实验原理】

饱和蒸气压：在真空容器中，液体与其蒸气建立动态平衡时(蒸气分子向液面凝结和液体分子从表面逃逸的速率相等)，液面上的蒸气压力为饱和蒸气压。温度升高，分子运动加剧，单位时间内从液面逸出的分子数增多，所以蒸气压增大。饱和蒸气压与温度的关系服从 Clausius-Clapeyron 方程：

$$\frac{\mathrm{d}p}{\mathrm{d}T} = \frac{\Delta_{\mathrm{vap}}H_{\mathrm{m}}^*}{T\Delta V_{\mathrm{m}}} \tag{5-1}$$

式中：p 为饱和蒸气压；T 为温度；$\Delta_{\mathrm{vap}}H_{\mathrm{m}}^*$ 为纯液体的摩尔气化焓；ΔV_{m} 为 1 mol 液体形成蒸气后的体积改变量。液体蒸发时要吸收热量，温度 T 下，1 mol 液体蒸发所吸收的热量为该物质的摩尔气化焓。沸点：蒸气压等于外压的温度。显然液体沸点随外压而变，101.325 kPa 下液体的沸点称为正常沸点。

对包括气相的纯物质两相平衡系统，因 $V_{\mathrm{m}}(\mathrm{g}) \gg V_{\mathrm{m}}(\mathrm{l})$，故 $\Delta V_{\mathrm{m}} \approx V_{\mathrm{m}}(\mathrm{g})$。若气体视为理想气体，则 Clausius-Clapeyron 方程式为

$$\frac{\mathrm{d}p}{\mathrm{d}T} = \frac{p\Delta_{\mathrm{vap}}H_{\mathrm{m}}^*}{RT^2} \tag{5-2}$$

因温度范围小时，$\Delta_{\mathrm{vap}}H_{\mathrm{m}}^*$ 可以近似作为常数，将式(5-2)积分得

$$\ln\frac{p}{[p]} = \frac{-\Delta_{\mathrm{vap}}H_{\mathrm{m}}^*}{RT} + C \tag{5-3}$$

作 $\ln(p/[p])$-$1/T$ 图，得一直线，斜率为$-\Delta_{\mathrm{vap}}H_{\mathrm{m}}^*/R$，由斜率可求算液体的 $\Delta_{\mathrm{vap}}H_{\mathrm{m}}^*$。

饱和蒸气压测定有静态、动态、饱和气流三种方法。本实验采用静态法，以等压计在不

同温度下测定乙醇的饱和蒸气压，实验装置见图5.1。

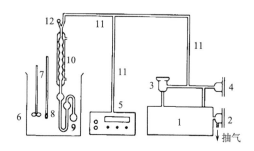

图 5.1　静态法测定饱和蒸气压实验装置图

1. 不锈钢真空包；2. 抽气阀；3. 真空包抽气阀；4. 进气阀；5. DP-AF 数字压力计；6. 玻璃恒温水浴；
7. 温度计；8. 等压计；9. 试样球；10. 冷凝管；11. 真空橡胶管；12. 加样口

被测样装入小球 9 中，以样品作 U 形管封闭液。某温度下若小球液面上方仅有被测物的蒸气，则等压计 U 形管右支液面上所受到的压力就是其蒸气压。当该压力与 U 形管左支液面上的空气的压力相平衡(U 形管两臂液面齐平)时，就可从与等压计相接的压力计测出在此温度下的饱和蒸气压。

【仪器、药品及材料】

DP-AF 数字压力计，不锈钢缓冲储气罐，SYP 玻璃恒温水浴，真空泵，电吹风机，饱和蒸气压玻璃仪器(U 形等位计、冷凝管)，橡胶管。

无水乙醇(A.R.)。

【实验步骤】

(1)装样：从加样口加入 2/3 体积的无水乙醇，并在 U 形管内装入一定体积的无水乙醇。

(2)组装：按图 5.1 安装仪器。

(3)预热：打开数字压力计电源开关，预热 5 min。

(4)采零：按下"复位"键，调单位至"mmHg"，打开进气阀 4，按"采零"使显示为 0。

(5)检漏：关闭进气阀 4，打开阀门 2、3 和真空泵，抽真空，待数字压力计读数大约为 400 mmHg 时，关闭 2、3，若数字压力计上的数字基本不变，表明系统不漏气，可进行下步实验。否则应逐段检查，消除漏气因素。

(6)排空气：关闭阀门 3，并打开阀门 2，抽真空 1～2 min，缓慢打开阀门 3，使空气呈气泡状逸出，当发现气泡成串逸出时，迅速关闭阀门 3(若沸腾不能停止，可缓缓打开进气阀门 4，使少许空气进入系统)，待数字压力计读数约 700 mmHg 时，关闭阀门 2 和阀门 3。

(7)升温：打开恒温水浴的加热开关，将水温升高至 25℃。升温时可看到有气泡通过 U 形管逸出。

(8)测定：待温度稳定后，缓慢调节阀门 3 或 4，使 U 形管液面相平瞬间，记录压力、温度，反复测定三次。计算出所测温度下的饱和蒸气压($p_{饱和}＝p_{大气}－p_{表}$)，并与标准数据比较，计算后作图，误差控制在 5 mmHg 以内。若大于此误差，重复此步骤。

(9)多点测定：分别在 25℃、35℃、40℃、45℃时，重复上述操作，测定乙醇在不同温度下的蒸气压。

(10)实验结束后打开阀门 3、4,关闭数字压力计、恒温水浴的开关,先将系统排空,然后关闭真空泵。

【注意事项】

(1)排净等压计小球上面的空气,使液面上空只含液体的蒸气分子(如果数据偏差在正常误差范围内,可认为空气已排净)。但要注意抽气速度不要过快,以防止液封溶液被抽干。

(2)等压计中有溶液的部分必须放置于恒温水浴中的液面以下,否则所测溶液温度与水浴温度不同。

(3)待等压计左右支管中液面调平时,一定要迅速关闭阀门 4,严防空气倒灌影响实验的进行。

(4)在关闭真空泵前一定要先将系统排空,然后关闭真空泵。

【数据及处理】

(1)实验数据列于表 5.1。

表 5.1 乙醇的饱和蒸气压及 $\ln(p/[p])$ 和 $1/T$ 数据

室温 $t =$ _____ ℃   大气压 $p =$ _____ kPa

编号	温度/℃	表压/mmHg	p/Pa	$\ln(p/[p])$	$(1/T)$/K^{-1}
1					
2					
3					

(2)以 $\ln(p/[p])$ 对 $1/T$ 作图,得直线,由直线的斜率求出 $\Delta_{vap}H_m^*$。

【思考题】

(1)如何判断等压计中试样球与等压计间空气已全部排出?如未排尽空气,对实验有什么影响?怎样防止空气倒灌?

(2)测定蒸气压时为什么要严格控制温度?

(3)在实验过程中,升温时如液体急剧气化,应作何处理?

(4)每次测定前是否需要重新抽气?

实验 2 凝固点降低法测定物质的相对分子质量

【实验目的】

(1)测定环己烷的凝固点降低值,计算萘的相对分子质量。

(2)掌握溶液凝固点的测定技术。

(3)掌握冰点降低测定管、数字温差仪的使用方法,以及实验数据的作图处理方法。

【实验原理】

1. 凝固点降低法测定物质的相对分子质量的原理

化合物的相对分子质量是一个重要的物理化学参数。用凝固点降低法测定物质的相对分子质量是一种简单而又比较准确的方法。稀溶液有依数性,凝固点降低是依数性的一种表现。稀溶液的凝固点降低(对析出物是纯溶剂的体系)与溶液中物质的摩尔分数的关系式为

$$\Delta T_f = T_f^* - T_f = K_f m_B \tag{5-4}$$

式中:T_f^* 为纯溶剂的凝固点;T_f 为溶液的凝固点;m_B 为溶液中溶质 B 的质量摩尔浓度;K_f 为溶剂的质量摩尔凝固点降低常数,它的数值仅与溶剂的性质有关,几种溶剂的凝固点降低常数值见表 5.2。

表 5.2　几种溶剂的凝固点降低常数值

溶剂	水	乙酸	苯	环己烷	环己醇	萘	三溴甲烷
T_f^*/K	273.15	289.75	278.65	279.65	297.05	383.5	280.95
$K_f/(\text{K·kg/mol})$	1.86	3.90	5.12	20	39.3	6.9	14.4

已知某溶剂的凝固点降低常数 K_f,并测得溶液的凝固点降低值 ΔT,若称取一定量的溶质 $W_B(\text{g})$ 和溶剂 $W_A(\text{g})$,配成稀溶液,则此溶液的质量摩尔浓度 m_B 为

$$m_B = \frac{W_B}{M_B W_A} \times 10^3 \ (\text{mol/kg}) \tag{5-5}$$

将式(5-5)代入式(5-4),则

$$M_B = \frac{K_f W_B}{\Delta T_f W_A} \times 10^3 \ (\text{g/mol}) \tag{5-6}$$

因此,只要称得一定量的溶质(W_B)和溶剂(W_A)配成一稀溶液,分别测纯溶剂和稀溶液的凝固点,求得 ΔT_f,再查得溶剂的凝固点降低常数,代入式(5-6)即可求得溶质的相对分子质量。需要注意的是,当溶质在溶液中有解离、缔合、溶剂化或形成配合物等情况时,不适合用式(5-6)计算,该式一般只适用于强电解质稀溶液。

2. 凝固点测量原理

纯溶剂的凝固点是它的液相和固相共存时的平衡温度。若将纯溶剂缓慢冷却,理论上得到它的步冷曲线,如图 5.2 的曲线Ⅰ,但实际过程往往会发生过冷现象,液体的温度会下降到凝固点以下,待固体析出后会慢慢放出凝固热使体系的温度回到平衡温度,待液体全部凝固后,温度逐渐下降,如图 5.2 的曲线Ⅱ。图 5.2 中平行于横坐标的 CD 线所对应的温度值即为纯溶剂的凝固点 T_f^*。溶液的凝固点是该溶液的液相与纯溶剂的固相平衡共存的温度。溶液的凝固点很难精确测量,当溶液逐渐冷却时,其步冷曲线与纯溶剂不同,如图 5.2 中的曲线Ⅲ、Ⅳ。由于有部分溶剂凝固析出,使剩余溶液的浓度增大,因而剩余溶液与溶剂固相的平

衡温度也在下降，冷却曲线不会出现"平阶"，而是出现一转折点，该点所对应的温度即为凝固点(曲线Ⅲ的形状)。当出现过冷时，则出现图 5.2 曲线Ⅳ的形状，此时可以将温度回升的最高值近似地作为溶液的凝固点。

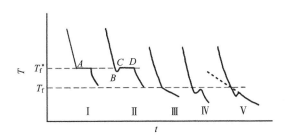

图 5.2　纯溶剂和溶液的步冷曲线示意图

3. 测量过程中过冷的影响

在测量过程中，析出的固体越少越好，以减小溶液浓度的变化，才能准确测定溶液的凝固点。若过冷太甚，溶剂凝固增多，溶液的浓度变化太大，就会出现图 5.2 中曲线Ⅴ的形状，使测量值偏低。在测量过程中可通过加速搅拌、控制过冷温度、加入晶种等控制过冷度，同时需要按照图 5.2 曲线Ⅴ所示的方法校正。

【仪器、药品及材料】

SWC-LG 凝固点测定仪，数字贝克曼温度计，20 mL 移液管，普通温度计(0～50℃)，洗耳球，烧杯，分析天平，台秤。

萘(A.R.)，环己烷(A.R.)。

【实验步骤】

(1)接好传感器，插入电源。

(2)打开电源开关，温度显示为实时温度，温差显示为以 20℃为基准的差值(但在 10℃以下显示的是实际温度)。

(3)锁定基温选择量程：将传感器插入水浴槽，调节寒剂温度低于测定溶液凝固点 2～3℃，此实验寒剂温度为 3.5～4.5℃，然后将空气套管插入槽中，按下"锁定"键。

(4)用 20 mL 移液管准确移取 20 mL 环己烷加入凝固点测定试管中，橡胶塞塞紧，插入传感器。

(5)将凝固点测定试管直接插入寒剂槽中，观察温差，直至温度显示稳定不变，此时温度就是环己烷的初测凝固点。

(6)取出凝固点测定试管，用掌心加热使环己烷熔化，再次插入寒剂槽中，缓慢搅拌，当温度降低到高于初测凝固点的 0.5℃时，迅速将试管取出、擦干，插入空气套管中，记录温度显示数值。每 15 s 记录一次温度。在测量过程中，注意搅拌速度的调节：刚开始缓慢搅拌，在温度低于初测凝固点时，加速搅拌，待温度上升时，又恢复缓慢搅拌。

(7)重复步骤(6)，再平行做 2 次。

(8)溶液凝固点测定：称取 0.15~0.20 g 萘片加入凝固点测定试管，待完全溶解后，重复以上步骤(6)、(7)、(8)。

(9)实验结束，拔掉电源插头。

【注意事项】

(1)搅拌速度的控制和温度-温差仪的粗细调的固定是做好本实验的关键，每次测定应按要求的速度搅拌，并且测溶剂与溶液凝固点时搅拌条件要完全一致。温度-温差仪的粗细调一经确定，整个实验过程中不能再变。

(2)纯水过冷度 0.7~1℃(视搅拌快慢)，为了减小过冷度而加入少量晶种，每次加入晶种大小应尽量一致。

(3)冷却温度对实验结果也有很大影响，过高会导致冷却太慢，过低则测不出正确的凝固点。

(4)凝固点的确定较为困难。先测一个近似凝固点，精确测量时，在接近近似凝固点时，降温速度要减慢，到凝固点时快速搅拌。

(5)溶液的冷却曲线与纯溶剂的冷却曲线不同，不出现平台，只出现拐点。

(6)用凝固点降低法测相对分子质量只适用于非挥发性溶质且非电解质的稀溶液。

(7)插入贝克曼温度计时不要碰壁与触底。

【数据及处理】

1. 实验数据的记录

(1)大气压：＿＿＿Pa；温度：＿＿＿℃。
(2)粗测环己烷近似凝固点(约 6.547℃)。
(3)称量的萘的质量：$m =$＿＿＿g。
(4)根据四组数据作出溶剂及溶液的冷却曲线图。

2. 实验数据的处理

(1)由环己烷的密度计算所测环己烷的质量 W_A。
室温 t 时环己烷密度计算公式为：$\rho_t/(g/cm^3) = 0.7971 - 0.8879 \times 10^{-3} t/℃$。
环己烷质量为：$W_A = V \times \rho_t$。
(2)将实验数据列入表 5.3 中：

表 5.3　凝固点降低实验数据记录表

物质	质量/g	凝固点/℃		凝固点降低值/℃
		测量值	平均值	
环己烷				
环己烷+萘				

(3)根据式(5-6),由所得数据计算萘的相对分子质量,并计算与理论值的相对误差。

$$M_B = \frac{K_f W_B}{\Delta T_f W_A} \times 10^3 \text{g/mol}$$

(查文献可知:萘的相对分子质量为 128.18;$K_f = 20$ K·kg/mol。)

【思考题】

(1)为什么要先测近似凝固点?

(2)根据什么原则考虑加入溶质的量?太多或太少影响如何?

(3)测凝固点时,纯溶剂温度回升后有一恒定阶段,而溶液则没有,为什么?

(4)影响凝固点精确测量的因素有哪些?

(5)当溶质在溶液中有解离、缔合或生成配合物的情况时,对其相对分子质量的测定值有何影响?

实验 3　微电脑热量计测定物质的燃烧热

【实验目的】

(1)明确燃烧热的定义,了解恒压燃烧热与恒容燃烧热的差别及相互关系。

(2)了解氧弹式热量计的原理、构造和使用方法。

(3)掌握燃烧热的测定技术,学会测量物质的燃烧热。

【实验原理】

氧弹式热量计是由 Berthelot 于 1881 年率先报道的,时称伯塞洛特氧弹(Berthelot bomb),其目的是测 ΔU、ΔH 等热力学值。绝热量热法于 1905 年由 Richards 提出,后经 Daniels 等的发展最终被采用。初时通过电加热外筒维持绝热,并使用光电池自动完成控制外套温度跟踪反应温升进程,以达到绝热的目的。经典的量热法被广泛用来测量各种反应热如相变热等。具体的量热方法和仪器多种多样,现代实验除了在此基础上发展绝热法外,进而使用先进科学技术设计出了半自动、自动的夹套恒温式热量计,来测定物质的燃烧热,并配以微机处理打印结果,再进一步利用雷诺图解法或奔特公式计算热量计的热交换校正值 ΔT。本实验装置除可用作测定各种有机物质的燃烧热外,还可以研究物质在充入其他气体时反应热效应的变化情况,用途非常广泛。氧弹式热量计的构造见图 5.3。

1 mol 物质完全氧化时的反应热称为燃烧热,燃烧产物必须是稳定的终点产物 $CO_2(g)$ 和 $H_2O(l)$ 等。

计算恒压燃烧热的公式为

$$Q_p = Q_V + \Delta n RT \tag{5-7}$$

式中:Q_p 为恒压燃烧热;Q_V 为恒容燃烧热;Δn 为反应前后气体的物质的量之差,即 $\Delta n = \sum n_{产物} - \sum n_{反应物}$。

用式(5-8)计算水当量 C_J 及萘的燃烧热 Q_V:

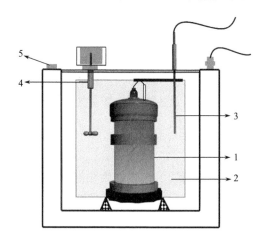

图 5.3　氧弹式热量计的结构示意图

1. 氧弹；2. 盛水内筒；3. 精密温差测定仪感温探头；4. 内筒搅拌器；5. 环境水夹套

$$-\frac{W_{样}}{M}Q_V - qb = (W_{水}C_{水} + C_J)\Delta T \tag{5-8}$$

式中：$W_{样}$ 为样品质量；M 为样品的相对分子质量；q 为燃烧丝的燃烧热；b 为燃烧丝的长度；$W_{水}$ 为水的质量；$C_{水}$ 为水的热容；ΔT 为样品燃烧升温值。

第一次燃烧以苯甲酸作为基准物，求水当量 C_J（热量计热容），单位为 J/K。第二次燃烧测被测物质萘的恒容燃烧热 Q_V，利用式(5-7)再求算 Q_p。

两次升温值都利用雷诺校正图求 ΔT 值，或用奔特公式校正 ΔT：

$$\Delta T = \frac{(V + V_1)m}{2 + V_1 r} \tag{5-9}$$

式中：V 为初期升温速率；V_1 为末期升温速率；m 为在主期中每分钟温度上升不小于 0.3℃的间隔数（第一个间隔不管温度升多少都计入 m 中）；r 为在主期中每分钟温度上升小于 0.3℃的间隔数。

【仪器、药品及材料】

HR-15B 数显型氧弹式热量计(可与计算机连接并打印输出)，数显式精密温差测定仪，氧气钢瓶，1000 mL 容量瓶，压片机，烧杯(1000 mL、2000 mL 各 1 只)，万用表，10～15 cm 专用燃烧丝。

0.1 mol/L 氢氧化钠溶液，酚酞，苯甲酸(A.R.) 1.0～1.2 g，萘(A.R.) 0.6～0.8 g。

【实验步骤】

1. 准备工作

(1)检验多功能控制器的数显读数是否稳定。练习压片和氧弹装样操作，安装热量计时应注意探头不得碰弯，熟悉温度与温差的切换功能按钮，了解报时及灯闪烁提示功能等。

(2)样品制作：称量和压片。干燥恒量苯甲酸(1.0～1.2 g)和萘(0.6～0.8 g)，对其进行压片。将称好的样品装进模子中，慢慢旋紧压片机的螺杆，直到样品压成片状为止；抽去模底的托板，再继续向下压，使模底和样品一起脱落。将压好的样品表面的碎屑除去，注意压制样品的紧实度。用分析天平称样，并记录准确称样后的质量。

(3) 量取两根 10 cm 燃烧丝，将燃烧丝中段缠绕成螺旋状，以增加其与样品的接触面积。

(4) 用容量瓶量取 3000 mL 水倒入内筒，注意水是倒入盛水内筒而非外侧。通过多功能控制箱切换温度挡以测量水温、外夹套水温和室温，调节水温低于室温 1 K。

(5) 装置氧弹：拧开氧弹盖，将燃烧丝的两端分别紧绕在电极的下端，注意缚紧燃烧丝使接触电阻尽可能小。电极附近的燃烧丝尽量不要和燃烧坩埚接触以防短路，确保接触良好。用万用表测定两点火电极间的电阻。把样品放在燃烧丝上，旋紧氧弹盖后，再用万用表复测两电极间的电阻，若前后变化不大即可充氧气。

(6) 充氧：氧弹内预注 10 mL 蒸馏水，使燃烧后产物凝聚成硝酸。在给氧弹充氧时，注意调节动作要小，缓缓旋开减压阀，调节压力约为 2 MPa 开始充氧。充好氧气后再次测量氧弹两电极间的电阻，若变化不大，即可将氧弹放置于水中，观察其四周应没有气泡逸出。如有漏气，则需取出氧弹，查明漏气原因并予以排除。

(7) 安装热量计：开启热量计顶盖前应先拔出探头，将氧弹放入量热容器内筒水中时，注意不要碰触搅拌棒。内筒 3000 mL 水的液面应浸至氧弹进气阀螺帽高度的 2/3 处。按密度校正其质量。

2. 测量过程

(1) 初期记录温度(1 次/30 s)：将测温探头插入内筒，按动"搅拌"键，数显置零。随控制箱报时读取 10 个基线温度数据，精度至 0.001℃。

(2) 主期点火，记录上升温度(1 次/30 s)：将氧弹连接点火二电极。打开点火开关，读温度升高值，直到温度达最高转折点，主期结束。

(3) 末期记录温度(1 次/min)：读数目的与初期相同，读 8 个数据以明确温度回落基线作雷诺校正图的走势。

(4) 热容量准确测定完毕，取出氧弹，用放气帽缓缓放气 1 min，旋下氧弹盖，检查样品燃烧结果(若氧弹内没有燃烧残渣，表示燃烧完全；若留有许多黑色残渣，则表示燃烧不完全，实验失败，需要重新测量)。

(5) 测量未燃尽的残留燃烧丝长度，计算实际消耗量。用 150~200 mL 蒸馏水清洗氧弹，将此混合液倒入烧杯，加盖煮沸 5 min，加 2 滴酚酞，以 0.1 mol/L 氢氧化钠溶液滴至粉红色。

实验结束，擦净氧弹内外表面及弹盖。整理热量计各部件并擦干待用。

【注意事项】

(1) 本实验成败的关键在于点火成功、确保试样完全燃烧，可采取以下几项措施：

① 试样应进行磨细、烘干、干燥器恒量等前处理，潮湿样品不易燃烧且有误差。

② 压片紧实度：一般应使其表面有较细密的光洁度，棱角无粗粒，既使其能充分燃烧又不至于引起爆炸性燃烧或残剩黑糊状等情况。

③ 燃烧丝与电极接触电阻要尽可能小，注意电极松动和铁丝碰杯短路问题。

④ 充足氧(2 MPa)并保证氧弹不漏氧，保证充分燃烧。若燃烧不完全，则会时常形成灰白相间如散棉絮状的物质。

⑤注意点火前将二电极插上氧弹并对准，再按点火钮；否则因仪器未设互锁功能，极易发生(按搅拌钮或置 0 时)误点火，从而导致样品提前燃烧的事故。

(2)测量第二个样品时需更换内筒水。重新测量环境和水的温度。

(3)做完实验后应将氧弹装置拆除，注意放气时不要对着有人的方向，同时应把筒内的水及时倒掉并敞开，以防止内筒生锈。

【数据及处理】

(1)将实验数据填入表 5.4 中。

表 5.4   实验数据记录表

环境温度：_____℃   体系水温：_____℃

样品	苯甲酸				萘			
称量	样品+纸_____g				样品+纸_____g			
	纸_____g				纸_____g			
	燃烧丝_____cm				燃烧丝_____cm			
	残丝_____cm				残丝_____cm			
	时间	温度	时间	温度	时间	温度	时间	温度
初期								
主期								
末期								

(2)作温度-时间图，并进行雷诺校正，见图 5.4。

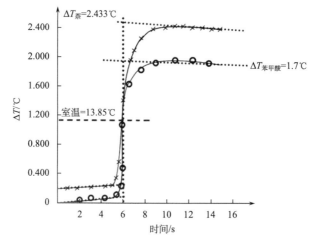

图 5.4   雷诺校正图

(3)计算。

已知参考数据：$M_{苯甲酸} = 122.12$；$M_{萘} = 128.11$。

①求热量计水当量 C_J(J/K)。

②求萘的恒容燃烧热。

③求萘的恒压燃烧热 $Q_p = Q_V + \Delta nRT$。

(4) 误差分析与结果要求。

实验的主要误差来自绝热条件不够引起的热辐射，即热泄漏问题。理想的热量计应做到量热系统与作为环境的外夹套水同步升温；以及对搅拌热所造成误差的修正。改进后的精密弹式热量计，重复性测量误差通常小于 0.1%，一些与现代电子技术相关的完全自动化的热量测定仪器已经进入实验室。不过考虑到实验原理的教学需要，有时反而更青睐半自动仪器。

【思考题】

(1) 热量计中哪些部分是系统？哪些部分是环境？系统和环境通过哪些途径进行热交换？

(2) 使用氧气应注意哪些问题？用电解水制得的氧气可否直接用来做本实验？为什么？

(3) 本实验测得的是 Q_V 还是 Q_p？它们相差多少？如何换算？

实验 4　中和热的测定

【实验目的】

(1) 掌握中和热的测定方法。

(2) 通过中和热的测定计算弱酸的解离热。

【实验原理】

在一定的温度、压力和浓度下，强酸与强碱发生中和反应生成 1 mol 液态水时所释放的热量称为中和热。强酸和强碱在水溶液中几乎完全电离，热化学方程式可用离子方程式表示：

$$H^+ + OH^- \longrightarrow H_2O$$

在足够稀释的情况下，中和热几乎是相同的，在 25℃时：$\Delta H_{中和} = -57.3 \text{ kJ/mol}$。

若所用溶液相当浓，则所测得的中和热值常较高。这是由于溶液浓度大时，离子间相互作用力增大及其他一些影响因素共同造成的结果。若所用的酸（或碱）只是部分解离，当其与强碱（或强酸）发生中和反应时，其热效应是中和热与解离热的代数和。例如，乙酸与氢氧化钠的反应则与上述强碱、强酸的中和反应不同，因为在中和反应前，首先是弱酸进行解离，然后才与强碱发生中和反应，反应为

$$CH_3COOH \longrightarrow H^+ + CH_3COO^- \qquad \Delta H_{解离}$$

$$H^+ + OH^- \longrightarrow H_2O \qquad \Delta H_{中和}$$

总反应：　　$CH_3COOH + OH^- \longrightarrow H_2O + CH_3COO^- \qquad \Delta H$

由此可见，强碱与弱酸反应包括了中和和解离两个过程。

根据赫斯定律可知，$\Delta H = \Delta H_{解离} + \Delta H_{中和}$。若测得这一类反应的热效应 ΔH 及 $\Delta H_{中和}$，就可以通过计算求出弱酸的解离热 $\Delta H_{解离}$。

本实验装置将温度-温差仪、恒流源、热量计、磁力搅拌器等集成一体，具有体积小、

质量轻、便于携带、显示清晰直观、实验数据稳定等优点。

【仪器、药品及材料】

SWC-ZH 中和热测定装置存碱管(可由一短嘴移液管做成，下端用凡士林涂封)，50 mL 移液管。

1.0 mol/L HCl 溶液，1.0 mol/L NaOH 溶液，1.0 mol/L CH₃COOH 溶液。

【实验步骤】

1. 准备工作

(1)将传感器 PT100 插头接入后面板传感器座，用配置的加热功率输出线按"正负极"接入 220 V 电源。

(2)打开电源开关，仪器处于待机状态，待机指示灯亮，预热 10 min。

(3)将量热杯(图 5.5)放到反应器的固定架上。

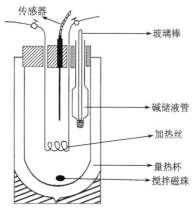

图 5.5　量热杯结构示意图

2. 热量计常数 K 的测定

(1)用布擦净量热杯，量取 500 mL 蒸馏水注入其中，放入搅拌磁珠，调节适当的转速。

(2)将 O 形圈(调节传感器插入深度)套入传感器并将传感器插入量热杯中(不要与加热丝相碰)，将功率输入线两端接在电热丝两接头上。按"状态转换"键切换到测试状态(测试指示灯亮)，调节"加热功率"调节旋钮，使其输出为所需功率(一般为 2.5 W)，再次按"状态转换"键切换到待机状态，并取下加热丝两端任一夹子。

(3)待温度基本稳定后，按"状态转换"键切换到测试状态，仪器对温差自动采零，设定"定时"60 s，蜂鸣器响，记录一次温差值，即 1 min 记录 1 次。

(4)当记下第 10 个读数时，夹上取下的加热丝一端的夹子，此时为加热的开始时刻。连续记录温差和计时，根据温度变化大小可调整读数的间隔，但必须连续计时。

(5)待温度升高 0.8～1.0℃时，取下加热丝一端的夹子，并记录通电时间 t。继续搅拌，每间隔 1 min 记录一次温差，测 10 个点为止。

(6)用作图法求出由于通电而引起的温度变化 ΔT_1(用雷诺校正法确定)。

3. 中和热的测定

(1)将量热杯中的水倒掉，用干布擦净，重新用量筒取 400 mL 蒸馏水注入其中，然后加入 50 mL 1.0 mol/L HCl 溶液。再取 50 mL 1.0 mol/L NaOH 溶液注入碱储液管中，仔细检查是否漏液。

(2)适当调节磁珠的转速，每分钟记录一次温差，记录 10 min。

(3)然后迅速拔出玻璃棒，加入碱溶液(不要用力过猛，以免相互碰撞而损坏仪器)。继续每隔 1 min 记录一次温差(注意整个过程时间是连续记录的，如温度上升很快可改为 30 s

记录一次温差)。

(4)加入碱溶液后,温度上升,待体系中温差几乎不变并维持一段时间即可停止测量。

(5)用作图法确定 ΔT_2。

4. 乙酸解离热的测定

用 1.0 mol/L CH$_3$COOH 溶液代替 HCl 溶液,重复上述步骤 3 的操作,求出 ΔT_3。

【注意事项】

(1)在三次测量过程中,应尽量保持测定条件一致,如水和酸碱溶液的体积、搅拌速度、初始状态的水温等。

(2)实验所用的 1.0 mol/L NaOH、HCl 和 CH$_3$COOH 溶液应准确配制,必要时可进行标定。

(3)实验所求的 $\Delta_r H_{中和}$ 和 $\Delta_r H_m$ 均为摩尔反应中和热,因此当 HCl 和 CH$_3$COOH 溶液浓度非常准确时,NaOH 溶液的用量可稍过量,以保证酸完全被中和。反之,当 NaOH 溶液浓度准确时,酸可稍过量。

(4)在电加热测定温差 ΔT_1 过程中,要经常查看功率是否保持恒定,此外若温度上升较快,可改为每 30 s 记录一次。

(5)在测定中和反应时,当加入碱液后,温度上升很快,要读取温差上升所达的最高点,若温度是一直上升而不下降,应记录上升变缓慢的开始温度及时间,只有这样才能保证作图法求得的 ΔT 的准确性。

【数据及处理】

1. 热量计常数 K 的计算

(1)由实验可知,通电所产生的热量使热量计温度上升,由焦耳-楞次定律可得

$$Q = UIt = K\Delta T \tag{5-10}$$

式中:Q 为通电所产生的热量(J);I 为电流强度(A);U 为电压(V);t 为通电时间(s);ΔT 为通电使温度升高的数值(℃);K 为热量计常数,其物理意义是使热量计每升高 1℃所需要的热量。它是由杜瓦瓶以及其中仪器和试剂的质量和比热所决定的。当使用某一固定热量计时,K 为常数。由式(5-10)可得

$$K = \frac{UIt}{\Delta T}(\text{kJ/mol}) \tag{5-11}$$

将 ΔT_1 代入上式,求出热量计常数 K。

(2)本实验也可采用化学反应标定热量计常数 K,即在相同的条件下将盐酸和氢氧化钠水溶液在热量计中反应,测得反应前后热量计的温差 ΔT_2 后,利用其已知的中和反应热,求出热量计常数 K,

$$K = \frac{1}{\Delta T_2} \cdot \frac{cV}{1000} \cdot \Delta H_{中和} \tag{5-12}$$

式中:$\Delta H_{中和} = -57111.6 + 209.2(t-25)$(J/mol);$t$ 为中和反应结束时的温度(℃)。

2. 两种中和过程热效应 $\Delta H_{中和}$ 和 ΔH 的计算

强碱与强酸反应的摩尔热效应 $\Delta H_{中和}$ 可用式(5-13)计算，即

$$\Delta H_{中和} = \frac{-K\Delta T_2}{cV} \times 1000 \ (\text{kJ/mol}) \tag{5-13}$$

强碱与弱酸反应的摩尔热效应 ΔH 可用式(5-14)计算，即

$$\Delta H = \Delta H_{解离} + \Delta H_{中和} = \frac{-K\Delta T_3}{cV} \times 1000 \ (\text{kJ/mol}) \tag{5-14}$$

式中：c 为溶液的浓度；V 为溶液的体积(mL)；ΔT 为体系的温度升高值。

3. 解离热 $\Delta H_{解离}$ 的计算

利用赫斯定律求出弱酸分子的摩尔解离热 $\Delta H_{解离}$，即

$$\Delta H_{解离} = \Delta H - \Delta H_{中和}$$

【思考题】

(1) 热量计常数 K 如何计算？
(2) 两种中和过程热效应 $\Delta H_{中和}$ 和 $\Delta H_{解离}$ 如何计算？

实验 5　分解反应平衡常数的测定

【实验目的】

(1) 掌握测定平衡常数的一种方法。
(2) 初步掌握普通真空操作技术、中高温的控制和测温方法。
(3) 用等压法测定氨基甲酸铵的分解压力并计算分解反应的有关热力学常数。

【实验原理】

氨基甲酸铵是合成尿素的中间产物，为白色固体，很不稳定，其分解反应式为

$$\mathrm{NH_2COONH_4(s) \rightleftharpoons 2NH_3(g) + CO_2(g)}$$

该反应为复相反应，在封闭体系中很容易达到平衡，在常压下其平衡常数可近似表示为

$$K_p^{\ominus} = \left(\frac{p_{\mathrm{NH_3}}}{p^{\ominus}}\right)^2 \left(\frac{p_{\mathrm{CO_2}}}{p^{\ominus}}\right) \tag{5-15}$$

式中：$p_{\mathrm{NH_3}}$、$p_{\mathrm{CO_2}}$ 分别为反应温度下 $\mathrm{NH_3}$ 和 $\mathrm{CO_2}$ 平衡时的分压；$p^{\ominus}$ 为标准压。在压力不大时，气体的逸度近似为1，且纯固态物质的活度为1，体系总压 $p = p_{\mathrm{NH_3}} + p_{\mathrm{CO_2}}$。从化学反应计量方程式可知

$$p_{\mathrm{NH_3}} = \frac{2}{3}p, \quad p_{\mathrm{CO_2}} = \frac{1}{3}p \tag{5-16}$$

将式(5-16)代入式(5-15)得

$$K_p^{\ominus} = \left(\frac{2p}{3p^{\ominus}}\right)^2 \left(\frac{p}{3p^{\ominus}}\right) = \frac{4}{27}\left(\frac{p}{p^{\ominus}}\right)^3 \tag{5-17}$$

因此，当体系达平衡后，测量其总压 p，即可计算出平衡常数 $K_p^{\ominus}$。

温度对平衡常数的影响可用下式表示

$$\frac{\mathrm{d}\ln K_p^{\ominus}}{\mathrm{d}T} = \frac{\Delta_r H_m^{\ominus}}{RT^2} \tag{5-18}$$

式中：T 为热力学温度；$\Delta_r H_m^{\ominus}$ 为标准反应热效应。氨基甲酸铵分解反应是一个热效应很大的吸热反应，温度对平衡常数的影响比较灵敏。当温度在不大的范围内变化时，$\Delta_r H_m^{\ominus}$ 可视为常数，对式(5-18)积分得

$$\ln K_p^{\ominus} = -\frac{\Delta_r H_m^{\ominus}}{RT} + C' \qquad (C'\text{为积分常数}) \tag{5-19}$$

若以 $\ln K_p^{\ominus}$ 对 $1/T$ 作图，得一直线，其斜率为 $-\Delta_r H_m^{\ominus}/R$，由此可求出 $\Delta_r H_m^{\ominus}$。并按下式计算 T 温度下反应的标准吉布斯自由能变化 $\Delta_r G_m^{\ominus}$，

$$\Delta_r G_m^{\ominus} = -RT \ln K_p^{\ominus} \tag{5-20}$$

利用实验温度范围内反应的平均等压热效应 $\Delta_r H_m^{\ominus}$ 和 T 温度下的标准吉布斯自由能变化 $\Delta_r G_m^{\ominus}$，可近似计算出该温度下的熵变 $\Delta_r S_m^{\ominus}$，

$$\Delta_r S_m^{\ominus} = \frac{\Delta_r H_m^{\ominus} - \Delta_r G_m^{\ominus}}{T} \tag{5-21}$$

因此，通过测定一定温度范围内某温度的氨基甲酸铵的分解压(平衡总压)，就可以利用上述公式分别求出 $K_p^{\ominus}$、$\Delta_r H_m^{\ominus}$、$\Delta_r G_m^{\ominus}(T)$、$\Delta_r S_m^{\ominus}(T)$。

【仪器、药品及材料】

真空泵，低真空数字测压仪，等压计，恒温槽，样品管。

氨基甲酸铵，液体石蜡。

【实验步骤】

(1)检漏：按图 5.6 所示安装仪器。将烘干的小球和玻璃等压计相连，开动真空泵，当测压仪读数约为 -94 kPa，关闭三通活塞。检查系统是否漏气，待 10 min 后，若测压仪读数没有变化，则表示系统不漏气，否则说明漏气，应仔细检查各接口处，直到不漏气为止。

(2)装样品：确信系统不漏气后，取下干燥的球状样品管装入氨基甲酸铵粉末，与已装好液体石蜡的等压计连好，使其形成液封，再按图示装好。

(3)测量：调节恒温槽温度为 25℃。开启真空泵，将系统中的空气排出，约 1 min 后，关闭二通活塞，然后缓缓开启三通活塞，将空气慢慢分次放入系统，直至等压计两边液面处于水平时，立即关闭三通活塞，若 5 min 内两液面保持不变，即可读取测压仪的读数。

(4)重复测量：为了检查小球内的空气是否已完全排净，可重复步骤(3)的操作，如果两次测定结果差值小于 0.1 kPa，可进行下一步实验。

(5)升温测量：调节恒温槽温度，用同样的方法继续测定 30℃、35℃、40℃、45℃时的

分解压力。

(6)复原：实验完毕，将空气放入系统中至测压仪读数为零，切断电源、水源。

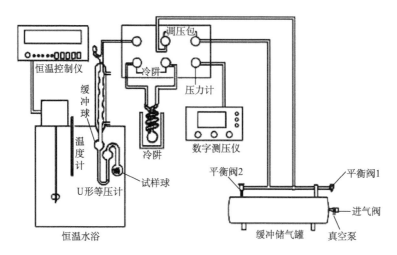

图 5.6   实验装置示意图

【注意事项】

(1)启停真空泵前，必须使泵与大气相通。

(2)压力计使用前必须置零。

【数据及处理】

(1)记录实验时室温、大气压和所测定的几个不同温度下的温度和压力数据于表 5.5 中，并计算处理。

表 5.5   实验数据记录表

室温：____℃   大气压：____kPa

$t/℃$	$1/T$	真空度Δp	分解压 p	$K_p^{\ominus}$	$\ln K_p^{\ominus}$
25					
30					
35					
40					
45					

(2)以 $\ln K_p^{\ominus}$ 对 $1/T$ 作图，可近似视为直线，并以下式表示：

$$\ln K_p^{\ominus} = A(1/T) + B$$

可用图解法确定 A、B 的值。

(3)求该分解反应 $\Delta_r H_m$ 的平均值。

【思考题】

(1)如何判断氨基甲酸铵分解已达平衡？

(2)如何检查系统是否漏气？

(3)为什么要抽净小球泡中的空气？若系统中有少量空气，对实验结果有什么影响？

实验 6 热分析法测绘二组分金属相图

【实验目的】

(1)掌握二组分体系的步冷曲线及相图的绘制方法。

(2)了解热分析法的测量技术，掌握热电偶测量温度的方法。

【实验原理】

本实验采用热分析法测定 Pb-Sn 系列组成不同样品的步冷曲线，再进一步绘制金属的熔点-组成相图。

金属和非金属材料的性能与组成密切相关，所以研究多相系统的相平衡有重要的实际意义。研究方法之一是利用相图。通过相图可以得知在某温度、压力条件下，一系统处于相平衡时存在哪几相，每个相的组成如何，各个相的量之间有什么关系，以及当条件发生变化时系统内原来的平衡破坏而趋向新平衡时的相变化的方向和限度。

相律是吉布斯根据热力学原理得出的相平衡基本定律，是物理化学中最具有普遍性的规律之一，它用来确定相平衡系统中有几个独立改变的变量——自由度(f)，$f=K-\varphi+2$。用文字叙述为：只受温度和压力影响的平衡系统的自由度数等于系统的组分数(K)减去相数(φ)再加上 2。注意：①相律只适用于相平衡系统；②对于没有气相存在，只有液相和固相形式的凝聚系统来说，由于压力对相平衡影响很小，且通常在大气压下研究，故此时系统的自由度数 $f=K-\varphi+1$。金属的熔点-组成相图是采用热分析法由一系列组成不同的样品的步冷曲线进一步绘制而成。所谓步冷曲线（即冷却曲线），是将体系加热熔融成均匀液相后，使之逐渐冷却，在冷却过程中，每隔一定时间记录一次温度，所得一系列温度对时间的数据，绘制成表示温度与时间关系的曲线，称为步冷曲线。图 5.7(a)是 Pb-Sn 二组分金属体系的步冷曲线。

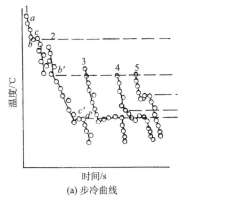

(a) 步冷曲线

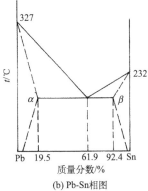

(b) Pb-Sn相图

图 5.7 热分析法绘制的相图

熔融体系在均匀冷却过程中无相变时,温度将连续均匀下降,得到一条连续的冷却曲线;若在冷却过程中发生了相变,则因放出相变热,使热损失有所抵偿,温度变化将减缓或维持不变,冷却曲线就出现转折或呈水平线段。转折点所对应的温度即为该体系的相变温度。所以,由体系的冷却曲线可知体系在冷却过程中的热量变化,从而确定有无相变及其相变温度,故此方法称为热分析法。

本实验为 Pb-Sn 体系,是一种形成部分互溶的固态溶液且具有低共熔点的二组分体系,有三种形状的冷却曲线:1、2、3(其中 4 与 2 相似,5 与 1 相似),如图 5.7 所示。

纯物质的步冷曲线如图 5.7 中 1 所示,熔融态从高温冷却,开始降温很快,几乎为一直线,当冷却到 b 点时,开始凝固,体系出现固、液两相平衡,由于相变放出潜热,温度维持不变,此时步冷曲线上出现 bc 水平段,直至液相全部凝固,温度才下降。

混合物的步冷曲线 2 与纯物质的步冷曲线不同,体系均匀冷却到 b 时,开始有 α 固溶体析出,液相成分不断改变,平衡温度在不断变化,因不断放出相变热,体系冷却速度放慢,曲线陡度变小,出现转折点,到了低共熔点温度 c 时,β 固溶体也同时析出,体系出现 α、β 及液相三相平衡。

绘出一系列组成不同体系的步冷曲线后,由转折点找出所对应体系的相变温度,则可由熔点-组成数据绘制出二组分体系的金属相图。如图 5.7(b) 所示,Pb-Sn 二组分形成部分互溶的固态溶液,相图较复杂,本实验只绘制粗线平衡线,而虚线还需有其他方法配合才能绘出。

【仪器、药品及材料】

KWL-09 可控升降温电炉,SWKY-Ⅰ程序升降温控制仪(带热敏电阻),坩埚钳,样品管。

【实验步骤】

测定样品的步冷曲线,需先将样品加热熔化后再冷却降温,步骤如下:

(1)配制样品,将合金按质量分数配制,如表 5.6 所示。

表 5.6　样品质量分数

样品号	w_{Sn}/%	w_{Pb}/%
1	0	100
2	20	80
3	40	60
4	62	38
5	80	20
6	100	0

以上 6 个样品及纯 Bi 样品分别装入硬质玻璃试管中,上面覆盖一层石墨粉,以防止金属加热时被氧氧化。

(2)将仪器连接好,将热敏电阻放入样品管中,测定时热敏电阻应放在样品的中部。

(3)开启控温仪,按"置数"键,使右侧置数指示灯亮,依次按"×100"、"×10"、"×1"、"×0.1"设置"温度显示Ⅰ"的百位、十位、个位及小数点位的数字,每按动一次,显示数码按 0～9 依次递增,直至调整到所需"设定温度"的数值。按"量程"键调节"温度显示 Ⅰ"为 400℃,按"工作"键,使右侧工作指示灯亮,仪器进入工作状态;传感器 Ⅰ 控制左侧炉温,插入炉体后不要移动;将传感器 Ⅱ 插入样品管,将样品管插入左侧炉口中升温;当"温度显示 Ⅱ"所示温度低于"温度显示 Ⅰ"所示温度 20℃左右时将样品管移入右侧炉口中降温,进行步冷曲线测量。

(4)打开计算机进入测量程序→设置→通信口为 COM1→数据通信→开始通信→填写实验参数[姓名,学号,班级,指导教师,样品 1(Sn),样品 2(Pb),质量分数按样品管编号填写;实验结束温度参考:样品 1(300℃),样品 2~样品 5(165℃),样品 6(210℃)]→样品管移入右侧炉中后,当"温度显示 Ⅱ"开始下降时按"确定"键开始测量样品步冷曲线(在样品测量过程中同时将下一个样品放入左侧炉中升温)→实验结束后点击文件→保存(保存途径为 E 盘所建文件夹,文件名为操作者姓名+样品号)。

【注意事项】

(1)加热熔化样品时的最高温度比样品熔点高出 50℃左右为宜,以保证样品完全熔融。待样品熔融后,可轻轻摇晃样品管,使体系的浓度保持均匀。

(2)在样品降温过程中,必须使体系处于或非常接近于相平衡状态,因此要求降温速率缓慢、均匀。在本实验条件下,通过调整降温速率,可在 1 h 内完成一个样品的测试。

(3)样品在降温至平台温度时,会出现明显的过冷现象,应该待温度回升出现平台后温度再下降时,才能结束记录。

【数据及处理】

(1)打开实验所测样品的步冷曲线,点击两次鼠标右键,在操作界面出现坐标数据,找到每条步冷曲线的拐点/平台温度和最低共熔温度(样品 1 和样品 6 没有最低共熔温度)。

(2)根据温度和样品组成,以温度为纵坐标、时间为横坐标,在坐标纸上作出与之对应的二组分金属相图,并对相图进行相区组分分析、指出相图的两相线和三相点。相关参考数据见表 5.7。

表 5.7 相关参考数据

样品号	1	2	3	4	5	6
拐点/平台温度/℃	328	278	241	183	200	233
最低共熔温度/℃	—	184	184	184	184	—

【思考题】

(1)什么是热分析法?能否由热分析法得出与液体成平衡的固态溶液线和固态溶液的溶解度随温度的变化?

(2)金属熔融体冷却时,冷却曲线上为什么会出现转折点?水平段的长短与什么有关?

(3)应用相律说明所作相图上各点、线、区域的自由度,并解释其物理意义。

实验 7　双液系的气-液平衡相图的绘制

【实验目的】

(1)用沸点仪测定大气压下乙醇-环己烷双液系气-液平衡时气相与液相组成及平衡温度，绘制温度-组成图，确定恒沸混合物的组成及恒沸点的温度。

(2)了解物理化学实验中光学方法的基本原理，学会阿贝折光仪的使用。

(3)进一步理解分馏原理。

【实验原理】

两种在常温时为液态的物质混合起来而组成的二组分体系称为双液系。两种液体若能按任意比例互相溶解，称为完全互溶的双液系；若只能在一定比例范围内互相溶解，则称部分互溶的双液系。双液系的气液平衡相图 t-x 图可分为三类，如图 5.8 所示。

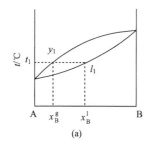 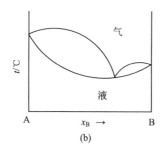 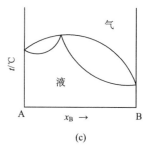

图 5.8　完全互溶双液系的 t-x 图

图中的纵轴为温度(沸点)，横轴为液体 B 的摩尔分数 x_B。在 t-x 图中有两条曲线：上面的曲线是气相线，表示在不同溶液的沸点时与溶液成平衡的气相组成，下面的曲线表示液相线，代表平衡时液相的组成。

例如，图 5.8(a)中对应于温度 t_1 的气相点为 y_1，液相点为 l_1，这时的气相组成 y_1 点的横轴读数是 x_B^g，液相组成点 l_1 点的横轴读数为 x_B^l。

如果在恒压下将溶液蒸馏，当气、液两相达平衡时，记下此时的沸点，并分别测定气相(馏出物)与液相(蒸馏液)的组成，就能绘出此 t-x 图。

图 5.8(b)上有一个最低点，图 5.8(c)上有一个最高点，这些点称为恒沸点，其相应的溶液称为恒沸混合物，在此点蒸馏所得气相与液相组成相同。

【仪器、药品及材料】

玻璃沸点仪，SWJ 型精密数字温度计，阿贝折光仪，SYC 超级恒温槽，WLS 系列可调式恒流电源。

无水乙醇(A.R.)，环己烷(A.R.)。

【实验步骤】

(1)按图 5.9 连好沸点仪、数字温度计，感温杆勿与电热丝相碰。

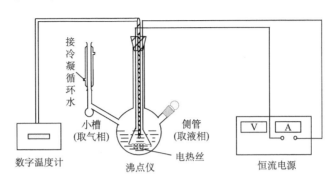

图 5.9　实验装置示意图

(2)接通冷凝水，用超级恒温槽完成冷凝循环。量取 35 mL 乙醇从侧管加入蒸馏瓶内，并使传感器浸入溶液 3 cm 左右。将加热丝接通恒流电源，将电流调定 1.1 A，使电热丝将液体加热至缓慢沸腾，待温度基本恒定后，再连同支架一起倾斜蒸馏瓶，使小槽中气相冷凝液倾回蒸馏瓶内，重复两次(加热时间不宜太长，以免物质挥发)，记下乙醇的沸点及环境气压。

(3)依次再加入 4 mL、10 mL、20 mL 环己烷，同上法测定溶液的沸点和吸取气、液相并测其折射率。

(4)将溶液倒入回收瓶，用吹风机吹干蒸馏瓶。

(5)从侧管加入 35 mL 环己烷，测其沸点。

(6)依次加入 1 mL、4 mL、12 mL 乙醇，按上法测其沸点和吸取气、液相并测其折射率。

(7)关闭仪器和冷凝水，将溶液倒入回收瓶。

(8)用阿贝折光仪测定不同组成标准溶液以及纯乙醇、纯环己烷的折射率。

【注意事项】

(1)沸点仪中没有装入溶液前绝对不能通电加热，如果没有溶液，通电加热时，沸点仪会炸裂。

(2)一定要在停止通电加热后，方可取样进行分析。

(3)使用阿贝折射仪时，棱镜上不能触及硬物(滴管)，要用专用擦镜纸擦镜面。

【数据及处理】

(1)作出 t 温度下折射率与乙醇质量分数的关系表，数据记录如表 5.8 所示。

(2)求出表 5.8 中折射率的平均值，并在图中找到对应的质量分数，并由下面的公式算出其摩尔分数。

$$x_B = \frac{w_B/M_B}{w_B/M_B + (1-w_B)/M_A} \qquad (A\,表示环己烷，B\,表示乙醇)$$

(3)由乙醇的摩尔分数与对应的沸点的关系作图。

表 5.8   实验数据记录表

室温：_____℃   大气压：_____Pa

		沸点/℃	$n_D^t(g)$			$n_D^t(l)$		
乙醇 35 mL								
加入环己烷的量/mL	4							
	10							
	20							
环己烷 35 mL								
加入乙醇的量/mL	1							
	4							
	12							

【思考题】

(1)沸点仪中小球的体积过大对测量有什么影响？

(2)如何判定气-液相已达平衡？

II　电化学参数的测定

实验 8　电解质溶液极限摩尔电导率及乙酸电离平衡常数的测定

【实验目的】

(1)熟悉 DDSJ-308A 型电导率仪的使用方法。

(2)掌握用电导法测定某些电化学物理量。

【实验原理】

本实验是用电导法测定电解质溶液的极限摩尔电导率和乙酸的电离平衡常数。在外电场作用下，电解质溶液通过正、负离子的迁移来传导电流，其导电能力与离子所带电荷、温度及溶液的浓度有关，因此通常用摩尔电导率来衡量电解质溶液的导电能力。电导是电阻的倒数，它表示导体两端的电势差为 1 V 时所通过的电流强度，即

$$L = \frac{1}{R} = \frac{I}{E} \tag{5-22}$$

式中：L 为电导；I 为电流强度；E 为电势差；R 为电阻。

对电导池来说，电导 L 的大小与两电极之间的距离 l 成反比，与电极的面积成正比：

$$L = \kappa \frac{A_s}{l} \tag{5-23}$$

式中：κ 为电导率，它等于 A_s 为 1 cm²、l 为 1 cm 时的电导，对某一固定电导池来说，l/A_s 为

常数，称为电导池常数。

摩尔电导率是指在相距 1 cm 的两个平行电极之间放置含有 1 mol 电解质溶液的电导，用 Λ_m 表示。摩尔电导率 Λ_m 与浓度 c 的关系为

$$\Lambda_m = \frac{\kappa \times 1000}{c} \tag{5-24}$$

Kohlrausch 发现它满足下列关系：

$$\Lambda_m = \Lambda_m^\infty - A\sqrt{c} \tag{5-25}$$

式中：Λ_m^∞ 和 A 都为常数。测定不同浓度下的摩尔电导率，以 Λ_m 对 $\sqrt{c}$ 作图，得一直线，其截距就是 Λ_m^∞。

根据电离学说，弱电解质的电离度 α 随溶液的稀释而增大，当浓度 $c \to 0$ 时，电离度 $\alpha \to 1$。因此，在一定温度下随浓度降低，电离度增加，离子数目增加，摩尔电导率增加。

在无限稀释的溶液中 $\alpha \to 1$，$\Lambda_m \to \Lambda_m^\infty$，故

$$\alpha = \frac{\Lambda_m}{\Lambda_m^\infty} \tag{5-26}$$

又由 Kohlrausch 离子独立运动定律有

$$\Lambda_m^\infty = \Lambda_{m,+}^\infty + \Lambda_{m,-}^\infty$$

式中：$\Lambda_{m,+}^\infty$ 与 $\Lambda_{m,-}^\infty$ 分别为无限稀释时的离子摩尔电导率。

乙酸在 25℃时，$\Lambda_m^\infty = 349.82 + 40.9 = 390.8 (\text{S} \cdot \text{cm}^2/\text{mol})$，而乙酸在溶液中电离达到平衡时，其电离常数 K_c 与浓度 c 及电离度 α 有如下关系

$$K_c = \frac{c\alpha^2}{1-\alpha} \tag{5-27}$$

将式(5-26)代入式(5-27)，可得

$$K_c^\ominus = \frac{\dfrac{c}{c^\ominus}\left(\dfrac{\Lambda_m}{\Lambda_m^\infty}\right)^2}{1 - \dfrac{\Lambda_m}{\Lambda_m^\infty}} \tag{5-28}$$

整理从而得到

$$\frac{1}{\Lambda_m} = \frac{1}{\Lambda_m^\infty} + \frac{1}{c^\ominus K_c^\ominus (\Lambda_m^\infty)^2} \Lambda_m c \tag{5-29}$$

在一定温度下，由实验测定不同浓度下的 Λ_m 值，以 $1/\Lambda_m$-$c\Lambda_m$ 作图，由直线斜率可得到 K_c 值。

【仪器、药品及材料】

DDSJ-308A 型数字电导率仪(附有电导池)，恒温槽，带木塞的试管，装废液烧杯，10 mL、5 mL 移液管。

0.0200 mol/L KCl 标准溶液，0.0200 mol/L HAc 溶液，电导水(二次蒸馏水或去离子水)。

【实验步骤】

(1) 调节恒温槽，水温保持 25.0℃±0.1℃。

(2) 按要求接通电导率仪，打开电导率仪的电源，预热 5～10 min。

(3) 电导池常数的测定。电导池常数 l/A_s 通过测定已知电导率的电解质溶液(如 KCl 溶液)的电导，由式(5-23)求算而得。此时电极常数补偿置于常数为 1 位置，这样仪器读数即为溶液电导值。为防止极化而使用铂黑电极，电导池常数确定后，本实验就用该电导池来测定其他浓度的电解质溶液的电导率。

将待测的 0.0200 mol/L KCl 标准溶液荡洗电导池(包括电极及试管)。然后加入适量溶液，置于恒温槽中恒温不少于 10 min，测定该溶液的电导 L 值。重复 1 次，由附表 5 查出 0.0200 mol/L KCl 标准溶液的 κ，算出 l/A_s，该值用作下面实验中的仪器电极常数补偿值。

(4) KCl 溶液的摩尔电导率的测定。用移液管从 0.0200 mol/L KCl 溶液中吸出 20 mL 溶液放入干净的试管中，再加入 20 mL 电导水摇匀，将电极先用电导水荡洗并用滤纸吸干(滤纸切勿触及铂黑!)，然后用待测溶液冲洗后，放入待测溶液中恒温 10 min，测量其电导率，重复 1 次。

再用移液管从该溶液中吸出 20 mL 溶液放入干净的试管中，加入 20 mL 电导水作为下一个浓度的待测溶液，测量其电导率。这样依次稀释测量 5～6 个浓度溶液的电导率值，最后测量电导水的电导率值。

可做两个系列，每个系列的参考浓度为 0.0200 mol/L、0.0100 mol/L、0.0050 mol/L、0.0025 mol/L、0.00125 mol/L 或 0.0150 mol/L、0.0075 mol/L、0.00375 mol/L、0.001875 mol/L。

(5) HAc 溶液的摩尔电导率的测定。用上述同样方法测定 0.0200 mol/L HAc 溶液(需标定)的电导率，并依次稀释 4 次，共测定 5 个浓度的 HAc 溶液的电导率(HAc 有挥发性，要注意密封)。实验完毕将仪器复原，器皿洗净、烘干。

【注意事项】

(1) 浓度和温度是影响电导的主要因素，故移液管应当清洁，电极必须与待测液试管同时一起恒温。

(2) 测电导水的电导时，铂黑电极要用电导水充分冲洗干净，使用电极时不可互换。

(3) 测量时液面应高于电极上沿 1 cm 左右。

(4) 铂黑电极：用电镀法在铂片的表面镀一层铂黑。镀铂黑的目的是增加电极的表面积，促进对气体的吸附，并有利于与溶液达到平衡。

(5) 实验完成后，将电极洗净并存放在电导水中。

【数据及处理】

(1) 由 0.0200 mol/L KCl 溶液的电导值及电导率(查附录)求电导池常数 l/A_s。

(2) 通过各浓度 KCl 溶液及水的电导率算出 KCl 溶液的摩尔电导率 Λ_m。由 Λ_m 对 $\sqrt{c}$ 作图，求出 $c\rightarrow0$ 时的 Λ_m^∞，并与文献值比较。

(3) 查出 HAc 的 Λ_m^∞(390.8 S·cm²/mol)，由所测数据计算出 HAc 溶液在所测浓度下的解离度 α 和电离常数 K_c，并求出该温度下 K_c 的平均值，与文献值比较。

【思考题】

(1) 本实验为什么要使用铂黑电极？使用铂黑电极应注意什么？

(2) 移液管中最后一滴溶液是否应该吹入？为什么？

实验 9 离子迁移数的测定

【实验目的】

(1) 掌握希托夫 (Hittorf) 法测定电解质溶液中离子迁移数的基本原理和操作方法。

(2) 测定 $CuSO_4$ 溶液中 Cu^{2+} 和 SO_4^{2-} 的迁移数。

【实验原理】

当电流通过电解质溶液时，溶液中的正、负离子各自向阴、阳两极迁移，由于各种离子的迁移速率不同，各自所带过去的电量也必然不同。每种离子所带过去的电量与通过溶液的总电量之比称为该离子在此溶液中的迁移数。若正、负离子传递电量分别为 q^+ 和 q^-，通过溶液的总电量为 Q，则正离子的迁移数为 $t_+ = q^+/Q$，负离子的迁移数为 $t_- = q^-/Q$。离子迁移数与浓度、温度、溶剂的性质有关，增加某种离子的浓度则该离子传递电量的百分数增加，离子迁移数也相应增加；温度改变，离子迁移数也会发生变化，但温度升高正、负离子的迁移数差别较小；同一种离子在不同电解质中迁移数是不同的。

离子迁移数可以直接测定，方法有希托夫法、界面移动法和电动势法等。用希托夫法测定 $CuSO_4$ 溶液中 Cu^{2+} 和 SO_4^{2-} 的迁移数时，在溶液中间区浓度不变的条件下，分析通电前原溶液及通电后阳极区 (或阴极区) 溶液的浓度，比较等质量溶液所含溶质的量，可计算出通电后迁移出阳极区 (或阴极区) 的溶质的量。通过溶液的总电量 Q 由串联在电路中的电量计测定，如图 5.10 所示。可算出 t_+ 和 t_-。

在迁移管中，两电极均为 Cu 电极，其中盛放 $CuSO_4$ 溶液。通电时，溶液中的 Cu^{2+} 在阴极上发生还原，而在阳极上金属铜溶解生成 Cu^{2+}。因此，通电时一方面阳极区有 Cu^{2+} 迁移出，另一方面电极上 Cu 溶解生成 Cu^{2+}，因而阳极区 Cu^{2+} 的物质的量之间的关系为 $n_迁 = n_原 + n_电 - n_后$，阴极区 Cu^{2+} 的物质的量之间的关系为 $n_迁 = n_后 + n_电 - n_原$。根据离子迁移数定义，可知

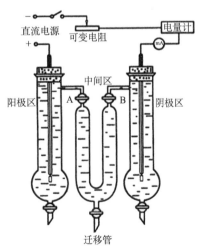

图 5.10 离子迁移数测定装置示意图

$$t_{Cu^{2+}} = \frac{n_迁}{n_电}, \quad t_{SO_4^{2-}} = 1 - t_{Cu^{2+}}$$

式中：$n_迁$ 为迁移出阳极区的电荷的量；$n_原$ 为通电前阳极区所含 Cu^{2+} 的量；$n_后$ 为通电后阳极区所含 Cu^{2+} 的量；$n_电$ 为通电时阳极上 Cu 溶解 (转变为 Cu^{2+}) 的量，也等于铜电量计阴极上

析出铜的量的 2 倍。可以看出希托夫法测定离子的迁移数至少包括两个假定：①电的输送者只是电解质的离子，溶剂水不导电，这一点与实际情况接近；②不考虑离子水化现象。

实际上正、负离子所带水量不一定相同，因此电极区电解质浓度的改变部分是由于水迁移所引起的，这种不考虑离子水化现象所测得的迁移数称为希托夫迁移数。

【仪器、药品及材料】

迁移管 1 套，铜电极 2 支，离子迁移数测定仪 1 台，铜电量计 1 台，分析天平 1 台，台秤 1 台，250 mL 碱式滴定管 1 支，100 mL 碘量瓶 1 只，250 mL 碘量瓶 1 只，20 mL 移液管 3 支。

10% KI 溶液，0.12 mol/L Na$_2$S$_2$O$_3$ 溶液，0.015 mol/L K$_2$Cr$_2$O$_7$ 溶液，2 mol/L H$_2$SO$_4$ 溶液，0.05 mol/L CuSO$_4$ 溶液，10% KSCN 溶液，6 mol/L HCl 溶液，0.5%淀粉指示剂。

【实验步骤】

1. 迁移过程

(1)水洗干净迁移管，然后用 0.05 mol/L CuSO$_4$ 溶液洗净迁移管，并安装到迁移管固定架上。电极表面有氧化层，用细砂纸打磨。

(2)将铜电量计中阴极铜片取下，先用细砂纸磨光，除去表面氧化层，用蒸馏水洗净，用乙醇淋洗并吹干，在分析天平上称量，装入电量计中。

(3)连接好迁移管，离子迁移数测定仪和铜电量计(注意铜电量计中的阴、阳极切勿接错)。

(4)接通电源，按下"稳流"键，调节电流强度为 20 mA，连续通电 90 min。

2. Na$_2$S$_2$O$_3$ 溶液的滴定

(1)取 3 只碘量瓶，洗净，烘干，冷却，台秤称量(如用分析天平称则不能带盖称，防止加入溶液后称量时超出量程)。

(2)停止通电后，迅速取阴、阳极区溶液以及中间区溶液称量，滴定(从迁移管中取溶液时电极需要稍稍打开，尽量不要搅动溶液，阴极区和阳极区的溶液需要同时放出，防止中间区溶液的浓度改变)。

(3)Na$_2$S$_2$O$_3$ 标准溶液的滴定。准确移取 20 mL 标准 K$_2$Cr$_2$O$_7$ 溶液[$c(\frac{1}{6}$K$_2$Cr$_2$O$_7) = 0.1000$ mol/L 或 0.0500 mol/L)]于 250 mL 碘量瓶中，加入 4 mL 6 mol/L HCl 溶液、8 mL 10% KI 溶液，摇匀后放在暗处 5 min，待反应完全后，加入 80 mL 蒸馏水，立即用待滴定的 Na$_2$S$_2$O$_3$ 溶液滴定至近终点，即溶液呈淡黄色，加入 0.5%的淀粉指示剂 1 mL(大约 10 滴)，继续用 Na$_2$S$_2$O$_3$ 溶液滴定至溶液呈现亮绿色为终点。Na$_2$S$_2$O$_3$ 溶液的浓度可以通过计算获得：

$$c(\text{Na}_2\text{S}_2\text{O}_3) = \frac{c(\text{K}_2\text{Cr}_2\text{O}_7)V(\text{K}_2\text{Cr}_2\text{O}_7)}{V(\text{Na}_2\text{S}_2\text{O}_3)} \times 6$$

3. CuSO$_4$ 溶液的滴定

每 10 mL CuSO$_4$ 溶液(约 10.03 g)，加入 1 mL 2 mol/L H$_2$SO$_4$ 溶液，加入 3 mL 10% KI

溶液，塞好瓶盖，振荡，置暗处 5～10 min，以 $Na_2S_2O_3$ 标准溶液滴定至溶液呈淡黄色，然后加入 1 mL 淀粉指示剂(指示剂不用加倍)，继续滴定至浅蓝色，再加入 2.5 mL 10%的 KSCN 溶液，充分摇匀(蓝色加深)，继续滴定至蓝色恰好消失(呈砖红色)为终点。

【注意事项】

(1)实验中的铜电极必须是纯度为 99.999%的电解铜。

(2)实验过程中凡是能引起溶液扩散、搅动等的因素必须避免。电极阴、阳极的位置能对调，迁移管及电极不能有气泡，两极上的电流密度不能太大。

(3)本实验中各区的划分应正确，不能将阳极区与阴极区的溶液错划入中部，这样会引起实验误差。

(4)实验由铜电量计的增重计算电量，因此称量及前处理都很重要，需仔细进行。

【数据及处理】

(1)从中间区分析结果得到每克水中所含的硫酸铜质量。

$$硫酸铜的质量 = 滴定中间区的体积 \times 硫代硫酸钠的浓度 \times 159.6 / 1000$$
$$水的质量 = 溶液质量 - 硫酸铜的质量$$

由于中间区溶液的浓度在通电前后保持不变，因此该值为原硫酸铜溶液的浓度，通过计算该值可以得到通电前后阴极区和阳极区硫酸铜溶液中所含的硫酸铜质量。

(2)利用阳极区溶液的滴定结果，得到通电后阳极区溶液中所含的硫酸铜的质量(g)，并得到阳极区的含水量，从而求出通电前阳极区溶液中所含的硫酸铜质量(g)，最后得到 $n_{后}$ 和 $n_{前}$。

(3)由电量计中阴极铜片的增量，算出通入的总电量，即铜片的增量/铜的原子量=$n_{电}$。

(4)代入公式得到离子的迁移数。

(5)计算阴极区离子的迁移数，与阳极区的计算结果进行比较，分析。

阳极区得到：$t_{Cu^{2+}} = 0.31$；$t_{SO_4^{2-}} = 0.69$。

阴极区得到：$t_{Cu^{2+}} = 0.29$；$t_{SO_4^{2-}} = 0.71$。

【思考题】

(1)通过电量计阴极的电流密度为什么不能太大？

(2)通电前后中部区溶液的浓度改变，需重做实验，为什么？

(3)0.1 mol/L KCl 和 0.1 mol/L NaCl 中的 Cl⁻迁移数是否相同？

(4)如以阳极区电解质溶液的浓度计算 $t_{Cu^{2+}}$，应如何进行？

实验 10　电动势的测定

【实验目的】

(1)通过实验了解可逆电池、可逆电极和盐桥等电化学概念。

(2)了解电位差计的测量原理和使用方法。

【实验原理】

本实验以饱和甘汞电极为参比电极来测量铜和锌的电极电势,并且以饱和 KCl 溶液为盐桥测定两种电池的电动势。

1. 预备知识

(1) 电池:电池是将化学能转化为电能的装置,由正(阴)极、负(阳)极组成,正极电势比负极高,所以存在电势差。

(2) 可逆电池必须具备的条件:首先,电极必须是可逆的,一方面,当相反方向的电流通过电极时,电极反应必须随之逆向进行,电流停止,反应也停止;另一方面,要求通过电极的电流无限小,电极反应在接近化学平衡条件下进行,除此之外,在电池中所进行的其他过程也必须是可逆的。

(3) 盐桥:液体接界电势是由于溶液中离子扩散速度不同而引起的电势差。为了减小液体接界电势,通常在两液体之间连接一个高浓度的电解质溶液,即盐桥。作为盐桥的电解质其正、负离子应具有相近的迁移数,使扩散作用主要出自盐桥,从而使液体接界电势降到最低值。

2. 电极电势与电池电动势

电极电势的大小与电极的性质和溶液中有关离子的活度有关(从某种角度讲,活度与浓度的概念等同)。以铜–锌电池为例:

$$\varphi_+ = \varphi_{Cu^{2+}|Cu}^{\ominus} - \frac{RT}{2F}\ln\frac{a_{Cu}}{a_{Cu^{2+}}}$$

$$\varphi_- = \varphi_{Zn^{2+}|Zn}^{\ominus} - \frac{RT}{2F}\ln\frac{a_{Zn}}{a_{Zn^{2+}}}$$

可逆电池的电池电动势为

$$E = \varphi_+ - \varphi_-$$

设 $E^{\ominus} = \varphi_{Cu^{2+}|Cu}^{\ominus} - \varphi_{Zn^{2+}|Zn}^{\ominus}$,$a_{Cu} = a_{Zn} = 1$(固体活度为 1),则有

$$E = E^{\ominus} - \frac{RT}{2F}\ln\frac{a_{Zn^{2+}}}{a_{Cu^{2+}}}$$

$\varphi_{Cu^{2+}|Cu}^{\ominus}$ 和 $\varphi_{Zn^{2+}|Zn}^{\ominus}$ 分别为铜电极和锌电极的标准电极电势,$\varphi_{Cu^{2+}|Cu}^{\ominus} = 0.3400\ \text{V}$,$\varphi_{Zn^{2+}|Zn}^{\ominus} = -0.7630\ \text{V}$(均在 25℃,标准态压力 $p^{\ominus} = 100\ \text{kPa}$ 下测定),其值大小由构成电极物质的性质所决定,体现构成电极的物质氧化还原性质,其值越大,得电子能力越强,氧化性越强。电极电势的绝对值至今无法测定,而只能测其以标准氢电极($p_{H_2} = 100\ \text{kPa}$,$a_{H^+} = 1$)为零的相对值,但因使用氢电极不方便,常采用饱和甘汞电极为参比电极,本实验采用此电极来测量铜与锌这两个电极的电极电势。

3．电位差计的工作原理

我们所测量的电池电动势是可逆电池的电动势，因此不能直接用伏特计测量，原因如下：①电池与伏特计接通后有电流通过，电池内就会发生电化学变化，电极被极化，则所测值就不是在可逆条件下测得的；②电流不断流出，电池中溶液浓度不断变化，因而电势也不断变化；③电池本身有电阻，用伏特计所测值只是电动势的一部分，称为电势降，而不是该电池的电动势。由上述分析可知，对仪器工作原理设计时，必须使无电流或极小电流通过电池，此时所测电势差才是电池真正的电动势。

本实验采用的是波根多夫对消法原理来测定电动势，如图 5.11 所示。首先将 C 置于 AB 滑线电阻的 B 处，然后将检流计的开关连接到待测电池上；然后，迅速调节 C 到 C′直至检流计中无电流通过，此时待测电池的电动势与 AC′的电势降等值反向，即

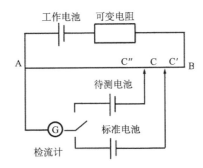

图 5.11　波根多夫对消法测定电动势示意图

$$E_{未知} = \overline{AC'}$$

再次将 AB 滑线电阻 C 置于 B，然后将 K 连接到标准电池上；迅速调节 C 至 C″点，使检流计中无电流通过，此时标准电池的电动势与 AC″的电势降等值反向，即

$$E_{标} = \overline{AC''}$$

所以

$$E_{未知} = E_{标} \frac{\overline{AC'}}{\overline{AC''}}$$

【仪器、药品及材料】

电位差计 1 台，U 形管 4 个，50 mL 烧杯 3 个，250 mL 烧杯 1 个，400 mL 烧杯 1 个，饱和甘汞电极 1 个。

饱和 KCl 溶液，KCl(s)，镀铜溶液，琼脂，0.1000 mol/L $ZnSO_4$ 溶液，0.1000 mol/L $CuSO_4$ 溶液，稀 H_2SO_4 溶液，饱和 $Hg_2(NO_3)_2$ 溶液，6 mol/L HNO_3 溶液，锌片、铜片若干。

【实验步骤】

1．电极制备

(1)锌电极。用肥皂或去污粉洗去 Zn 片上的油污，再用洗净的小烧杯盛稀硫酸浸洗锌片

表面上的氧化层，然后用水洗涤，再用蒸馏水淋洗，然后浸在饱和硝酸亚汞溶液中 0.5 s，使其汞齐化。取出后用滤纸擦亮其表面，并用蒸馏水洗净(汞有剧毒，用过的滤纸应投入指定的废液缸内，不要随便乱丢)，再用少许 0.1000 mol/L ZnSO₄ 溶液洗 2 次后插入盛有 0.1000 mol/L ZnSO₄ 溶液的小烧杯内待用，没有汞齐化的部分不要浸入溶液中。汞齐化的目的是消除金属表面机械应力不同的影响，使其获得重现较好的电极电势。

(2) 铜电极。用肥皂或去污粉洗去 Cu 片上的油污，再将铜片在硝酸(约 6 mol/L)内浸洗片刻，取出后冲洗干净，再镀一层铜于其表面上，方法如下：将 2 个铜片连在一起作为阳极，另取一铜片作为阴极，在镀铜溶液中进行电镀，电流密度为 10 mA/cm²，电镀 150 min。镀好后用蒸馏水冲洗，再用少许 0.1000 mol/L CuSO₄ 溶液冲洗 2 次，然后插入盛有 0.1000 mol/L CuSO₄ 溶液的小烧杯中待用。没有电镀的部分，不要浸入溶液中。

2. 饱和 KCl 盐桥的制备

向 97 mL 蒸馏水加入约 3 g 琼脂(不要过多)，加热使其溶解后再加入 30 g KCl，待其溶解后趁热用滴管沿管壁将溶液装入 U 形管中(注意：管中不得有气泡！)，静置冷却，待凝结后即可使用。共做 3 个。

3. 测量电池的电动势

(1) 接好电动势的测量电路，小心轻放标准电池和甘汞电极，夹 Cu 片和 Zn 片的夹子不要接触溶液。

(2) 室温下标准电池的电动势由下式求得(t 为室温)：

$$E_t = E_{20}[1 - 4.06\times10^{-5}(t-20) - 9.5\times10^{-7}(t-20)^2]$$

(3) 按计算所得标准电池电动势标定电位差计的工作电流。

(4) 测量下列各电池电动势：

$(-)\ Zn\ |\ ZnSO_4(0.1000\ mol\ /\ L)\ ||\ CuSO_4(0.1000\ mol\ /\ L)\ |\ Cu\ (+)$

$(-)\ Zn\ |\ ZnSO_4(0.1000\ mol\ /\ L)\ ||\ KCl(饱和),\ Hg_2Cl_2\ |\ Hg\ (+)$

$(-)\ Hg\ |\ Hg_2Cl_2, KCl(饱和)\ ||\ CuSO_4(0.1000\ mol\ /\ L)\ |\ Cu\ (+)$

各个电池都要静置 10～15 min，待电极与溶液达到平衡后，才能测得稳定的值，如果碰动或搅动了，要重新静置。标准电池、甘汞电极扰动了，要数小时才能平衡，更需注意轻拿轻放。

为了防止电池组成和浓度发生变化，溶液和盐桥都不得引进杂质；调节电势时，从大到小，动作要迅速，快按快放！

工作电池的电动势随时间变化，因此每次测定前需要校正，特别是电池电能不足和开始工作不久更需注意。为了减少工作电池的消耗，不测时应断开电路。

【注意事项】

(1) 电极制作时其表面要处理好。

(2) 盐桥两端要形成凸面，管中不得有气泡。

(3) 标准电池和甘汞电极要轻拿轻放。

【数据及处理】

(1)根据$\varphi = 0.2415 - 7.6 \times 10^{-4}(T - 298)$，计算室温时饱和甘汞电极的电极电势。

(2)根据所测得电池电动势的实验值，分别计算出锌和铜的电极电势。

【思考题】

(1)为什么不能用伏特计直接测量电池的电动势？

(2)制作盐桥时，如何进行辅助液的选择？

实验 11　酸度–电势的测定

【实验目的】

(1)运用电极电势、电池电动势和 pH 的测定方法，测定 Fe^{3+}/Fe^{2+}-EDTA 溶液在不同 pH 条件下的电极电势，绘制电势-pH 曲线。

(2)了解电势-pH 图的意义及应用。

【实验原理】

很多氧化还原反应不仅与溶液中离子的浓度有关，而且与溶液的 pH 有关，即电极电势与浓度和酸度呈函数关系。如果指定溶液的浓度，则电极电势只与溶液的 pH 有关。在改变溶液的 pH 时测定溶液的电极电势，然后以电极电势对 pH 作图，这样就可画出等温、等浓度的电势-pH 曲线。本实验讨论 Fe^{3+}/Fe^{2+}-EDTA 体系的电势-pH 曲线(图5.12)。

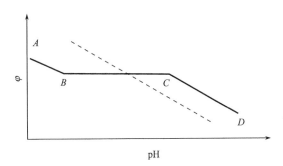

图 5.12　Fe^{3+}/Fe^{2+}-EDTA 体系的 φ-pH 曲线示意图

Fe^{3+}/Fe^{2+}-EDTA 体系在不同的 pH 范围内，其配合产物不同。以 Y^{4-} 为 EDTA 酸根离子，我们将在三个不同的 pH 区间讨论其电极电势的变化。

(1)在一定 pH 范围内，Fe^{3+} 和 Fe^{2+} 能与 EDTA 生成稳定的配合物 FeY^- 和 FeY^{2-}，其电极反应为

$$FeY^- + e^- \rightleftharpoons FeY^{2-}$$

根据能斯特(Nernst)方程，其电极电势为

$$\varphi = \varphi^{\ominus} - \frac{RT}{F}\ln\frac{a_{\mathrm{FeY^{2-}}}}{a_{\mathrm{FeY^-}}} \tag{5-30}$$

式中：$\varphi^{\ominus}$ 为标准电极电势；a 为活度。

由 a 与活度系数 r 和质量摩尔浓度 m 的关系，可得 $a = rm$，则式 (5-30) 可改写成

$$\varphi = \varphi^{\ominus} - \frac{RT}{F}\ln\frac{r_{\mathrm{FeY^{2-}}}}{r_{\mathrm{FeY^-}}} - \frac{RT}{F}\ln\frac{m_{\mathrm{FeY^{2-}}}}{m_{\mathrm{FeY^-}}} = (\varphi^{\ominus} - b_1) - \frac{RT}{F}\ln\frac{m_{\mathrm{FeY^{2-}}}}{m_{\mathrm{FeY^-}}} \tag{5-31}$$

其中，

$$b_1 = \frac{RT}{F}\ln\frac{r_{\mathrm{FeY^{2-}}}}{r_{\mathrm{FeY^-}}}$$

当溶液离子强度和温度一定时，b_1 为常数，在此 pH 范围内，该体系的电极电势只与 $m_{\mathrm{FeY^{2-}}}/m_{\mathrm{FeY^-}}$ 的值有关。在 EDTA 过量时，生成的配合物的浓度可近似看作配制溶液时铁离子的浓度，即

$$m_{\mathrm{FeY^{2-}}} \approx m_{\mathrm{Fe^{2+}}} \qquad m_{\mathrm{FeY^-}} \approx m_{\mathrm{Fe^{3+}}}$$

当 $m_{\mathrm{Fe^{2+}}}$ 与 $m_{\mathrm{Fe^{3+}}}$ 的比值一定时，φ 为一定值，曲线中出现平台区，如图 5.12 中 BC 段。

(2) 在低 pH 时的基本电极反应为

$$\mathrm{FeY^- + H^+ + e^- \rightleftharpoons FeHY^-}$$

则可求得

$$\varphi = (\varphi^{\ominus} - b_2) - \frac{RT}{F}\ln\frac{m_{\mathrm{FeHY^-}}}{m_{\mathrm{FeY^-}}} - \frac{2.303RT}{F}\mathrm{pH} \tag{5-32}$$

在 $m_{\mathrm{Fe^{2+}}}/m_{\mathrm{Fe^{3+}}}$ 不变时，φ 与 pH 呈线性关系，如图 5.12 中 AB 段。

(3) 在高 pH 时有

$$\mathrm{Fe(OH)Y^{2-} + e^- \rightleftharpoons FeY^{2-} + OH^-}$$

则可求得

$$\varphi = \varphi^{\ominus} - \frac{RT}{F}\ln\frac{a_{\mathrm{FeY^{2-}}} \cdot a_{\mathrm{OH^-}}}{a_{\mathrm{Fe(OH)Y^{2-}}}} \tag{5-33}$$

稀溶液中水的活度积 K_{w} 可看作水的离子积，又根据 pH 定义，则式 (5-33) 可写成

$$\varphi = (\varphi^{\ominus} - b_3) - \frac{RT}{F}\ln\frac{m_{\mathrm{FeY^{2-}}}}{m_{\mathrm{Fe(OH)Y^{2-}}}} - \frac{2.303RT}{F}\mathrm{pH} \tag{5-34}$$

在 $m_{\mathrm{Fe^{2+}}}/m_{\mathrm{Fe^{3+}}}$ 不变时，φ 与 pH 呈线性关系，如图 5.12 中 CD 段。

【仪器、药品及材料】

pH-3V 酸度电势测定仪 1 台，超级恒温槽 1 台，饱和甘汞电极 1 支，玻璃电极 1 支，铂电极 1 支，200 mL 夹套五颈瓶 1 只，玻璃滴管 2 个，烧杯 2 个。

$(\mathrm{NH_4})_2\mathrm{Fe}(\mathrm{SO_4})_2 \cdot 6\mathrm{H_2O}$，$(\mathrm{NH_4})\mathrm{Fe}(\mathrm{SO_4})_2 \cdot 12\mathrm{H_2O}$，邻苯二甲酸氢钾，硼砂，EDTA 二钠盐

二水化合物(A.R.)，4 mol/L HCl 溶液，10% NaOH 溶液，$N_2(g)$。

【实验步骤】

1. 两点法标定

(1)将 220 V 电源接入后盖板上的电源插座。将温度传感器、复合电极、铂电极对应后面板位置接好。注意：如无复合电极，可使用玻璃电极、甘汞电极代替。

(2)打开电源开关，显示初态如："2　0000.0　00.000　15　48.5"，仪器预热 15 min。

(3)分别配制溶液：邻苯二甲酸氢钾、硼砂。准备好蒸馏水(用于清洗电极)。

(4)旋下复合电极保护套，放在蒸馏水中清洗。把复合电极和温度传感器放在硼砂溶液中。

(5)在仪器处于测量状态下按"标定/转换"键，选择标定方式(1 或 2)(建议用 2 次标定测量比较准确)。按住"标定"键 3 s，标定指示灯亮。此时 pH 显示窗口，小数点后的第三位闪烁。等到电势 I 值稳定，根据所显示的温度选择标准的 pH，用∧增加键、∨减小键、逐位键◻进行标定。逐位键◻只能从右向左进行逐位标定。如果在标定过程中输入失误，可以按"取消"键重新输入。

比如，25℃时硼砂的 pH 为 9.18。

按动◻键，小数点后的第二位数字闪烁，再按∨键，此位将逐次显示"9"、"8"，至"8"时停止按动∨键。

按动◻键，小数点后的第一位数字闪烁，再按∧键，此位将显示 "1"，停止按动∧键。

按动◻键，个位上的数字闪烁，再按∨键，此位将显示"9"，停止按动∨键。1 次标定完成。

按动◻键，十位上的数字闪烁，再按一下◻键，数秒后小数点后的第三位又开始闪烁，此时方可进行 2 次标定。

(6)取出复合电极和温度传感器，在蒸馏水中进行清洗。清洗完后置于邻苯二甲酸氢钾溶液中。直到电势 I 值稳定，根据温度输入标准的 pH。

第二次标定完后再按动◻键，仪器会自动切换到测量状态。

2. 测量

取出装有铂电极、复合电极和温度传感器的大橡胶塞，用蒸馏水清洗铂电极、复合电极和温度传感器，同时用蒸馏水清洗夹套五颈瓶。将复合电极、温度传感器、铂电极放入待测 pH 溶液中，即可测量待测溶液的 pH、电势 II，待显示值稳定后即可记录 pH、电势 II，绘制出 pH-电势曲线图。

(1)配制溶液。

先将反应瓶充满蒸馏水，通入氮气将水排尽，准确称取 7.0035 g EDTA 二钠盐二水化合物，先用少量蒸馏水溶解，加入 10 mL 10% NaOH 溶液充分溶解，并倾入五颈瓶中。迅速准确称取 2.3179 g $(NH_4)_2Fe(SO_4)_2 \cdot 6H_2O$ 和 3.0699 g $(NH_4)Fe(SO_4)_2 \cdot 12H_2O$ 并加入五颈瓶中。将装有铂电极、复合电极和温度传感器的大橡胶塞套入五颈瓶口中，在迅速搅拌下用滴定管缓慢滴加 10% NaOH 溶液直至瓶中溶液 pH 达到 8 左右[注意避免局部生成 $Fe(OH)_3$ 沉淀]，总用水量约 125 mL，用碱量约 1.5 g。

(2)用滴管从支口处缓慢滴入少量 4 mol/L HCl，pH 每改变 0.3 左右单位，记下 pH 和电势Ⅱ，如此重复测定，得出该溶液的一系列电极电势和 pH，直至溶液出现混浊，pH<3，停止实验。

【注意事项】

(1)本仪器使用电极为复合电极、铂电极配合使用，或由甘汞电极、玻璃电极、铂电极配合使用。电极、传感器插入插座时，对准槽口插入，将锁紧箍推上至锁紧，卸下时，将锁紧箍后拉，方可卸下。

(2)电极、传感器和仪表必须配套使用(传感器探头编号和仪表的出厂编号应一致)，以保证 pH 和温度值的准确度。否则，pH 和温度值准确度下降。每次读数均应在数值稳定后再记录。

(3)搅拌速度必须加以控制，防止由于搅拌不均匀造成加入 NaOH 时，溶液上部出现少量的 $Fe(OH)_3$ 沉淀。

【数据及处理】

(1)用表格形式记录所得的电动势 E 和 pH，以测得相对于饱和甘汞电极的电极电势换算至相对标准氢电极的电极电势。

(2)绘制 Fe^{3+}/Fe^{2+}-EDTA 体系的电势-pH 曲线，由曲线确定 FeY^- 和 FeY^{2-} 稳定存在的 pH 范围。

【思考题】

写出 Fe^{3+}/Fe^{2+}-EDTA 体系在电势平台区的基本电极反应及对应的 Nernst 公式的具体形式。

实验 12   阴极、阳极极化曲线的测定及应用

【实验目的】

(1)掌握恒电位法测定电极极化曲线的原理和实验技术。通过测定 Fe 在 H_2SO_4 溶液中的阴极极化和阳极极化曲线，求算 Fe 的自腐蚀电势、自腐蚀电流以及钝化电势、钝化电流等参数。

(2)了解不同 pH、Cl^- 浓度及缓蚀剂等因素对铁电极极化的影响。

(3)讨论极化曲线在金属腐蚀与防护中的应用。

【实验原理】

金属的电化学腐蚀是金属与介质接触时发生的自溶解过程。例如，

$$Fe \longrightarrow Fe^{2+} + 2e^-$$

$$2H^+ + 2e^- \longrightarrow H_2$$

Fe 将不断被溶解，同时产生 H_2。Fe 电极和 H_2 电极及 H_2SO_4 溶液构成了腐蚀原电池，其腐蚀反应为：　$Fe + 2H^+ \longrightarrow Fe^{2+} + H_2$，这就是 Fe 在酸性溶液中腐蚀的原因。

当电极不与外电路接通时，阳极反应速率和阴极反应速率相等，Fe 溶解的阳极电流 I_{Fe} 与 H_2 析出的阴极电流 I_H 在数值上相等但方向相反，此时其净电流为零。$I_{净} = I_{Fe} + I_H = 0$。$I_{corr} = I_{Fe} = -I_H \neq 0$。$I_{corr}$ 值的大小反映了 Fe 在 H_2SO_4 溶液中的腐蚀速率，所以称 I_{corr} 为 Fe 在 H_2SO_4 溶液中的自腐蚀电流。其对应的电势称为 Fe 在 H_2SO_4 溶液中的自腐蚀电势 E_{corr}，此电势不是平衡电势。虽然阳极反应放出的电子全部被阴极还原所消耗，在电极与溶液界面上无净电荷存在，电荷是平衡的，但是电极反应不断向一个方向进行，$I_{corr} \neq 0$，电极处于极化状态，腐蚀产物不断生成，物质是不平衡的，这种状态称为稳态极化。它是热力学的不稳定状态。

自腐蚀电流 I_{corr} 和自腐蚀电势 E_{corr} 可以通过测定极化曲线获得。极化曲线是指电极上流过的电流与电势之间的关系曲线，即 $I = f(E)$。

图 5.13 是用电化学工作站测定的 Fe 在 1.0 mol/L H_2SO_4 溶液中的阴极极化曲线和阳极极化曲线图。AR 为阴极极化曲线，当对电极进行阴极极化时，阳极反应被抑制，阴极反应加速，电化学过程以 H_2 析出为主。AB 为阳极极化曲线，当对电极进行阳极极化时，阴极反应被抑制，阳极反应加速，电化学过程以 Fe 溶解为主。在一定的极化电势范围内，阳极极化和阴极极化过程以活化极化为主，因此电极的超电势与电流之间的关系均符合塔费尔方程。作两条塔费尔直线 IS 和 HS，其交点 S 对应的纵坐标为自腐蚀电流的对数值，据此可求得自腐蚀电流 I_{corr}，横坐标即为自腐蚀电势 E_{corr}。

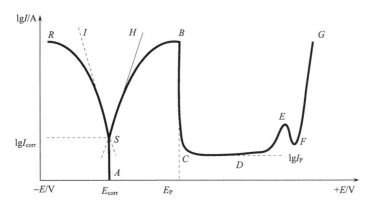

图 5.13　Fe 的极化曲线示意图

当阳极极化进一步加强，即电势继续增大时，Fe 阳极极化电流缓慢增大至 B 点对应的电流。此时，只要极化电势稍超过 E_B，电流直线下降；此后电势增加，电流几乎不变，此电流称为钝化电流 I_B，E_B 称为致钝电势。图 5.13 中 $A \sim B$ 的范围称为活化区，是 Fe 的正常溶解；$B \sim C$ 的范围称为活化钝化过渡区；$C \sim D$ 的范围称为钝化区；$D \sim G$ 的范围称为过钝化区，其中 $D \sim E$ 的范围是 Fe^{2+} 转变成 Fe^{3+}；$F \sim G$ 的范围有氧气析出。

处在钝化状态的金属的溶解速度很小，这种现象称为金属的钝化。这在金属防腐蚀及作为电镀的不溶性阳极时，正是人们所需要的。而在另外的情况下，如对于化学电源、电冶金和电镀中的可溶性阳极，金属的钝化就非常有害。金属的钝化与金属本身性质及腐蚀介质有关，如 Fe 在硫酸溶液中易于钝化，若存在 Cl⁻，不但不钝化，反而促进腐蚀。另一些物质，加入少量起到减缓腐蚀的作用，常称缓蚀剂。

同理，当阴极极化进一步加强，即电势变得更小时，Fe 阴极极化电流缓慢增大。在电镀工业中，为了保证镀层的质量，必须创造条件保持较大的极化度。电镀的实质是电结晶过程，为获得细致、紧密的镀层，必须控制晶核生成速率大于晶核成长速率。而形成小晶体比大晶体具有更高的表面能，因而从阴极析出小晶体就需要较高的超电势。但只考虑增加电流密度，即增加电极反应速率，就会形成疏松的镀层。因此，应控制电极反应速率(使其较小)、增加

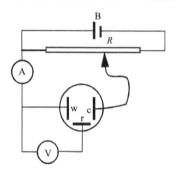

图 5.14　恒电势法原理示意图

电化学极化，如在电镀液中加入合适的配位剂和表面活性剂，就能增加阴极的电化学极化，使金属镀层的表面状态致密光滑，美观且防腐效果好。

控制电流测电势的方法称为恒电流法，即 $E = f(I)$，将电流作为自变量，电势作为应变量，若用恒电流法 $BCDE$ 段就作不出来，所以需要用恒电势法测定完整的阳极极化曲线。恒电势法原理见图 5.14。图中 w 表示研究电极，c 表示辅助电极，r 表示参比电极。参比电极与研究电极组成的原电池可确定研究电极的电势；辅助电极与研究电极组成的电解池使研究电极处于极化状态。

【仪器、药品及材料】

CS300 电化学工作站 1 台，电解池 1 个，饱和甘汞电极(参比电极)、铁电极(研究电极)、铂片电极(辅助电极)各 1 支。

1.0 mol/L H_2SO_4 溶液，氨水，乌洛托品(缓蚀剂)，1.0 mol/L HCl 溶液，饱和碳酸氢铵溶液，含 1.5%的乌洛托品的 1.0 mol/L HCl 溶液。

【实验步骤】

1. 电极处理

用金相砂纸将铁电极表面打磨平整光亮，用蒸馏水清洗后滤纸吸干。每次测量前都需要重复此步骤，电极处理得好坏对测量结果影响很大。

2. 测量极化曲线

使用 CS300 电化学工作站前应仔细阅读使用说明书。

(1)将三电极分别插入电极夹的三个小孔中，然后调节电极夹的位置使电极浸入电解质溶液中。将 CS300 电化学工作站的绿色夹头夹住 Fe 电极，红色夹头夹住 Pt 电极，白色夹头夹住参比电极。

(2)先打开电源，然后依次打开 CS300 电化学工作站、计算机、显示器电源，鼠标点击打开 CS300 电化学工作站的窗口。

(3) 测定开路电势。点击"T"(technique)选中对话框中"Open Circuit Potential-Time"实验技术，点击"OK"。点击"■"(parameters)选择参数，也可用仪器默认值，点击"OK"。点击"▶"开始实验，测得的开路电势即为电极的自腐蚀电势。

(4) 开路电势稳定后，测电极极化曲线塔费尔图。方法同(3)，点击"T"选中对话框中"Linear Sweep Voltammetry"实验技术，点击"OK"，为使 Fe 电极的阴极极化、阳极极化、钝化、过钝化全部表示出来，初始电势(Init E)设为"–1.0 V"，终态电势(Final E)设为"2.0 V"，扫描速率(Scan Rate)设为"0.01 V/s"，灵敏度(sensitivity)设为"自动"，其他可用仪器默认值，极化曲线自动画出，实验装置如图 5.15 所示。

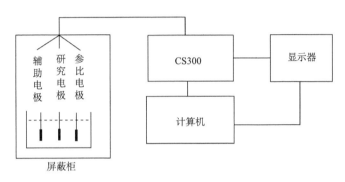

图 5.15　极化曲线装置示意图

【注意事项】

(1) 测定前仔细阅读仪器使用说明书，了解仪器的使用方法。

(2) 电极表面一定要处理平整、光亮、干净，不能有点蚀孔，这是该实验成败的关键。

【数据及处理】

(1) 分别求出 Fe 电极在不同浓度的 H_2SO_4 溶液中的自腐蚀电流密度、自腐蚀电势、钝化电流密度及钝化电势范围，分析 H_2SO_4 浓度对 Fe 钝化的影响。

(2) 分别计算 Fe 在 HCl 及含缓蚀剂的 HCl 介质中的自腐蚀电流密度及按下式换算成腐蚀速率(v)。实验结果要求以表格形式给出。

$$v = 3600M \times \frac{i}{nF} \tag{5-35}$$

式中：v 为腐蚀速率$[g/(m \cdot h)]$；i 为钝化电流密度(A/m^2)；M 为 Fe 的相对分子质量；F 为法拉第常量(C/mol)；n 为发生 1 mol 电极反应得失电子的物质的量。

【思考题】

(1) 平衡电极电势、自腐蚀电势有什么不同？

(2) 写出作 Fe 阴极极化曲线时铁表面和铂片表面发生的反应；写出作阳极极化曲线时 Fe 表面各极化电势范围内可能的电极反应。

(3) 分析 H_2SO_4 浓度对 Fe 钝化的影响。比较盐酸溶液中加和不加乌洛托品时，Fe 电极自腐蚀电流的大小。Fe 在盐酸中能否钝化，为什么？

III　动力学参数的测定

实验 13　一级反应速率常数的测定——蔗糖的转化

【实验目的】

(1) 利用物理分析法(借旋光度改变)测定蔗糖水解反应速率常数 k 及半衰期 $t_{1/2}$。

(2) 了解该反应的反应物浓度与旋光度之间的关系。

(3) 掌握影响反应速率与反应速率常数的因素。

(4) 了解旋光仪的基本原理及其使用方法。

【实验原理】

本实验以蔗糖水解反应为研究体系，利用反应过程中其体系光学性质的变化来度量反应的进程，通过计算、作图求得该反应的反应速率常数和半衰期。

1. 预备知识

(1) 旋光性。使普通光线通过尼科耳棱镜或人造偏振片，则透过棱镜的光线的电场只在一个平面上振动，磁场的振动也是这样。这种光称为平面偏振光，简称偏光。能使偏光振动面旋转一定角度的物质称为旋光物质。有些化合物能使偏光的振动平面向右(顺时针)旋转，一些化合物则使振动平面向左(逆时针)旋转，右旋规定用(+)表示，左旋规定用(−)表示。

(2) 手性与旋光性。一个化合物的分子与其镜像不能互相重叠，必然存在着一个与镜像相应的化合物，这两个化合物之间的关系相当于右手与左手，即互相对映。这种异构体称为对映异构体。旋光性是识别对映异构体的手段。在一般情况下，手性化合物在液态或溶液中是旋光的，但也有极少数化合物的旋光度在可检测的限度以下，有些非手性化合物在液晶状态下有旋光性。

(3) 判断分子有无手性的可靠方法是看有没有对称面和对称中心，而不是看分子中有无不对称碳原子。

2. 蔗糖转化反应

$$C_{12}H_{22}O_{11} + H_2O \xrightarrow{\;H^+\;} C_6H_{12}O_6 + C_6H_{12}O_6H^+$$

（蔗糖）　　　　　　　（葡萄糖）　　（果糖）

其中 H^+ 为催化剂。此反应本为一个二级反应，但由于蔗糖水溶液较稀，可近似认为整个反应过程中水的浓度基本保持不变，此时蔗糖转化反应可看作一级反应(确切地说为"准一级反应")。

一级反应速率方程为

$$-\frac{dc}{dt} = kc \tag{5-36}$$

积分得

$$t = \frac{1}{k}\ln\frac{c_0}{c} \tag{5-37}$$

式中：k 为反应速率常数；c 为时间 t 时的反应物(蔗糖)浓度；c_0 为反应开始时反应物(蔗糖)的浓度。

根据式(5-37)，可得一级反应的半衰期为

$$t_{1/2} = \frac{\ln 2}{k} = \frac{0.6931}{k} \tag{5-38}$$

3. 蔗糖浓度与反应物系旋光度之间的关系

在本反应中反应物蔗糖及其转化产物葡萄糖与果糖均含有不对称的碳原子，它们都具有旋光性。但它们的旋光能力不同，故可以利用物系在反应过程中旋光度的变化来度量反应的进程。

测量物质旋光度所用的仪器称为旋光仪。溶液的旋光度与溶液中所含旋光物质的旋光能力、溶剂性质、溶液的浓度、样品管长度、光源波长及温度等均有关系，当其他条件均固定时，旋光度 α 与反应物浓度 c 呈线性关系，即

$$\alpha = Bc \tag{5-39}$$

式中：比例常数 B 与物质的旋光能力、溶剂性质、样品管长度、温度等有关。

物质的旋光能力用比旋光度来度量。比旋光度可用式(5-40)表示：

$$[\alpha]_D^{20} = \frac{\alpha \cdot 100}{lc} \tag{5-40}$$

式中：20 表示实验时温度为 20℃；D 表示所用光源为钠光灯光源 D 线；α 为测得的旋光度(°)；l 为样品管的长度(dm)；c 为浓度(g/100 mL)。

作为反应物的蔗糖是右旋性的物质，其比旋光度 $[\alpha]_D^{20} = 66.6°$；生成物中葡萄糖也是右旋性的物质，其比旋光度 $[\alpha]_D^{20} = 52.5°$，但果糖却是左旋性物质，其比旋光度 $[\alpha]_D^{20} = 91.9°$。因此，随着反应的进行，物系的右旋角不断减小，反应至某一瞬间，物系的旋光度可恰好等于零，而后就变成左旋，直至蔗糖完全转化，这时左旋角达到最大值 α_∞，设最初物系的旋光度为

$$\alpha_0 = B_{反} \cdot c_0 \quad (t=0,\ 蔗糖尚未转化) \tag{5-41}$$

最终物系的旋光度为

$$\alpha_\infty = B_{生} \cdot c_0 \quad (t=\infty,\ 蔗糖全部转化) \tag{5-42}$$

两式中 $B_{反}$ 和 $B_{生}$ 分别为反应物与生成物的比例常数。

当时间为 t 时，蔗糖浓度为 c，此时旋光度 α_t 为

$$\alpha_t = B_{反}c + B_{生}(c_0 - c) \tag{5-43}$$

由式(5-41)～式(5-43)联立可解得

$$c_0 = \frac{\alpha_0 - \alpha_\infty}{B_反 - B_生} = B(\alpha_0 - \alpha_\infty)$$

$$c = \frac{\alpha_t - \alpha_\infty}{B_反 - B_生} = B(\alpha_t - \alpha_\infty)$$

(5-44)

又因为 $t = \dfrac{1}{k}\ln\dfrac{c_0}{c}$，将式(5-44)代入，得

$$\lg\frac{\alpha_t - \alpha_\infty}{[\alpha]} = -\frac{k}{2.303}t + \lg\frac{\alpha_0 - \alpha_\infty}{[\alpha]}$$

(5-45)

若以 $\lg\dfrac{\alpha_t - \alpha_\infty}{[\alpha]}$ 对 t 作图，从直线的斜率可求得反应速率常数 k。

【仪器、药品及材料】

自动旋光仪 1 台，恒温水浴(50～60℃) 1 套，秒表 1 个，托盘天平 1 台，50 mL 移液管 2 支，150 mL 磨口锥形瓶 1 只，50 mL 量筒 1 只，50 mL 烧杯 1 只，洗耳球(移液管用) 2 个，滤纸及擦镜纸若干。

蔗糖(A.R.)，4.000 mol/L HCl 溶液。

【实验步骤】

(1)参阅旋光仪的使用说明书，了解并熟悉旋光仪的构造、原理和使用方法。

(2)使用旋光仪时，先接通电源，开启电源(power)开关，光源显示窗(仪器左上角)将出现黄色钠光，若无，则扳动光源(light)开关 1～2 次使钠光灯点亮，预热 5 min 后钠光灯发光正常后才开始工作。然后打开测量(measure)开关，这时数码管应有数字显示。

(3)用蒸馏水校正仪器的零点。蒸馏水为非旋光物质，可以用它找出仪器的零点(即 $\alpha=0$ 时仪器对应的刻度)。洗净样品管，拆开后，玻璃片、垫圈要单独拿着洗，以防掉进下水道！洗好后，关闭一端并充满蒸馏水，盖上玻璃片，管中应尽量避免有空气泡存在，然后旋紧套管，使玻璃片紧贴于旋光管上，勿使其漏水。但必须注意旋紧套盖时不能用力过猛，以免压碎玻璃片，用滤纸将样品管擦干，再用镜头纸将样品管两端的玻璃片擦净，将样品管放入旋光仪内。放入样品管时，使管中残存的微小气泡进入凸出部分而不影响测量，盖上箱盖，待示数稳定后，按下清零按钮，用来校正仪器的系统误差。样品管放置时应注意标记的位置和方向(对于本实验，不必找仪器零点)。

(4)配制溶液。用托盘天平称取 12.5 g 蔗糖于小烧杯内，并加入 50 mL 蒸馏水(用量筒量取)，用玻璃棒搅拌，使蔗糖溶解(若溶液混浊，则必须过滤)。

(5)蔗糖转化反应及反应过程中旋光度 α_t 的测定。用移液管量取 50 mL 蔗糖水溶液于锥形瓶中，再用另一支移液管加入 50 mL 4.000 mol/L HCl 溶液，当 HCl 溶液从移液管中流出一半时开始计时，立即摇匀，迅速用少量反应液荡洗样品管 2 次，然后将反应液装满样品管，盖好盖子并擦净(注意：防止酸液腐蚀仪器!)，按相同的位置和方向放入样品室内，盖好箱盖。仪器数显窗将显示出样品的旋光度。先记录时间，再读取旋光度。

反应开始时，反应速率较快，前 15 min 内可每 2 min 测量 1 次，以后由于反应速率变慢，可将每次测量的时间间隔适当延长，从反应开始大约需连续测量 100 min。

(6) α_∞的测量。在上述测定开始后,同时将装有所剩反应混合液的磨塞锥形瓶放置于 $50\sim$ 60℃水浴中反应 $0.5\sim1\,h$,然后冷却至实验温度,测其旋光度即为 α_∞值。但必须注意水浴温度不可过高,否则将产生副反应,颜色变黄。同时锥形瓶不要浸得太深,在加热过程中要盖好瓶塞,防止溶液蒸发影响浓度。

(7) 温度升高 1℃,该反应的反应速率常数增加 6%左右,故本实验和其他动力学实验一样应在恒温下进行,但由于我们所用的旋光仪不带恒温夹套设备,只好在室温下进行。因此,在测定旋光度第一个数据及最后一个数据(α_∞)时各记 1 次室温,取其平均值作为反应温度。

由于反应混合液的酸度很大,因此样品管一定要擦净后才能放入旋光仪,以免管外黏附的反应液腐蚀旋光仪,实验结束后必须洗净样品管。

(8) 旋光仪使用完毕后,应依次关闭测量、光源、电源开关。

【注意事项】

(1) 为了消除一些偶然因素的影响,实验中应多采集一些数据。

(2) 体系旋光度 α_t随反应的进行而不断地变化,因此计时和读数要迅速、准确。

(3) 实验进行过程中,旋光仪的光源和电源开关不能关闭,否则会使仪器初始参数不同。

(4) 本实验催化剂浓度影响大,为使实验结果重复,必须使酸的浓度准确,容器应很清洁。

(5) 正确确定计时的起点,保证一开始就是恒温,且所测浓度与时间应一一对应。这是动力学实验的基本要求。

【数据及处理】

(1) 将数据记录到表 5.9 中。

表 5.9　实验数据记录表

室温:始＿＿＿℃　终＿＿＿℃　平均＿＿＿℃　大气压:＿＿＿Pa

时间/min					
α_t					
$\alpha_t - \alpha_\infty$					
$\lg(\alpha_t - \alpha_\infty)$					
$\alpha_\infty =$＿＿＿, 速率常数 $k =$＿＿＿, 斜率＿＿＿, 半衰期 $t_{1/2} =$＿＿＿					

(2) 数据处理。

① 以 $\lg\dfrac{\alpha_t - \alpha_\infty}{[\alpha]}$ 为纵坐标、t 为横坐标作图,从所得直线的斜率求算反应速率常数 k。

② 由 k 计算出反应的半衰期 $t_{1/2}$。

【思考题】

(1) 本实验中所测的旋光度 α_t 为什么可以不必进行零点校正?

(2) 蔗糖的质量为什么可用天平粗略称量?

实验 14　乙酸乙酯皂化反应速率常数及反应活化能的测定

【实验目的】

(1) 学会用电导法测定反应速率常数与反应活化能。

(2) 了解二级反应的特点，学会用图解法求算二级反应速率常数。

(3) 熟悉电导测量仪器和恒温槽的使用。

【实验原理】

本实验利用稀溶液电导与其浓度成正比的关系，通过测定体系反应过程中电导的变化，求得二级反应——乙酸乙酯皂化的速率常数，并通过测定不同温度的速率常数计算反应的活化能。

温度对反应速率的影响可见阿伦尼乌斯 (Arrhenius) 方程：

$$k = k_0 e^{-E_a/RT} \tag{5-46}$$

取对数后并由 T_1 积分到 T_2，则

$$\ln \frac{k_2}{k_1} = \frac{E_a}{R} \left(\frac{1}{T_1} - \frac{1}{T_2} \right) \tag{5-47}$$

已知温度 T_1、T_2 下的速率常数，代入上式即可求出活化能 E_a。

乙酸乙酯皂化反应是典型的二级反应，反应式为

$$CH_3COOC_2H_5 + OH^- \rightleftharpoons C_2H_5OH + CH_3COO^-$$

当酯和碱的起始浓度相等时，反应动力学方程为

$$\frac{dc}{dt} = k(c_0 - c)^2 \tag{5-48}$$

积分得

$$k = \frac{c}{c_0 t (c_0 - c)} \tag{5-49}$$

式中：c_0 为两反应物的初始浓度；c 为 t 时刻两生成物的浓度；k 为反应速率常数，测得不同时刻 t 时的 c 值，利用式 (5-49) 即可求得反应速率常数 k。

本实验是通过测定溶液电导的方法求算 k 值的。本反应体系中乙酸乙酯和乙醇的电导可忽略不计，仅 OH^- 和 CH_3COO^- 浓度变化对电导影响较大。由于 OH^- 的迁移速度大约是 CH_3COO^- 的 5 倍，随着反应的进行，导电能力强的 OH^- 逐渐被导电能力弱的 CH_3COO^- 所取代，溶液电导逐渐减小，所以测定不同时刻溶液电导值的大小，可以确定反应产物浓度 (c) 的变化。

在稀溶液中，可以认为溶液电导与其浓度成正比，即

$$L_0 = B_1 c_0 \tag{5-50}$$

$$L_\infty = B_2 c_0 \tag{5-51}$$

$$L_t = B_1(c_0 - c) + B_2 c \tag{5-52}$$

式中：L_0 为体系起始电导；L_∞ 为反应终了时的电导；L_t 为反应进行到 t 时刻的电导；B_1 和 B_2 均为比例常数。

式(5-50)减式(5-51)得

$$c_0 = \frac{L_0 - L_\infty}{B_1 - B_2} \tag{5-53}$$

由式(5-50)和式(5-52)得

$$c = \frac{L_0 - L_t}{B_1 - B_2} \tag{5-54}$$

将式(5-53)、式(5-54)代入式(5-49)，得

$$L_t = \frac{1}{kc_0} \times \frac{L_0 - L_t}{t} + L_\infty \tag{5-55}$$

测得 L_0 及一系列时刻 t 的 L_t 值，将 L_t 对 $(L_0 - L_t)/t$ 作图，由直线斜率即可求得反应速率常数 k。

【仪器、药品及材料】

DDSJ-308A 型数字电导率仪 1 台(附铂黑电极 1 支)，恒温槽 1 台，秒表 1 只，电导池(双叉管)3 支，移液管 3 支。

0.0200 mol/L 乙酸乙酯溶液，0.0200 mol/L 氢氧化钠溶液。

【实验步骤】

(1)调节恒温槽到所测温度(20℃或 25℃)。

(2)测定 L_0。

①在干净干燥的电导池中，用移液管移入 10 mL 0.0200 mol/L NaOH 溶液及蒸馏水 10 mL，摇匀后置于恒温槽中。

②按要求连接好电导率仪(注意电极常数置于 1 位置，此时仪器示数即为溶液电导值)。用滴管吸取上述 NaOH 溶液少许，冲洗铂黑电极数次，然后插入电导池的溶液中，恒温 10～15 min，测定 NaOH 溶液的电导作为 L_0 值。更换电导池和溶液重做 1 次，2 次测量误差必须在允许范围内，否则找出原因，进行第 3 次测量。

(3)测定 L_t。

①用 10 mL 移液管吸取 0.0200 mol/L NaOH 10 mL 加入干净干燥的电导池的直管中，另移取 0.020 mol/L CH₃COOC₂H₅ 10 mL 加入电导池的侧叉管中，再将铂黑电极用蒸馏水洗净，用滤纸吸干外表水滴(切勿触及铂黑！)，放入双叉管中，使电极被碱液完全浸没，置于恒温槽中恒温 10～15 min。

②取出电导池，倾斜侧叉管，使乙酸乙酯溶液流入 NaOH 溶液中，当乙酸乙酯流入一半时开始计时，再将直管中的混合液倒入侧管中，又倒入直管中，往复数次。

③电导-时间测定。开始时每隔 3 min 测量 1 次溶液电导，15 min 后每隔 5 min 测量 1 次，30 min 后每隔 10 min 测量 1 次，反应进行 1 h 后停止测量。

(4)反应活化能 E_a 的测量。改变恒温槽温度,按上述步骤(1)~(2)重做 1 次,供计算活化能用。

【注意事项】

(1)实验温度要控制准确。

(2)测定 L_t 时,只要开始 3~4 点测准了,测量结果的线性就较好,其关键是:
①铂黑电极在溶液中的恒温时间必须是 10~15 min;
②读数的最后一次估计也要尽量准确。

(3)所用的 NaOH 溶液应保证无碳酸盐杂质,可用分析纯的氢氧化钠配成 10 mol/L 溶液,密封放置,使杂质沉淀,使用时取上清液并稀释。乙酸乙酯也应新配,不宜放置太久,配制时要防止乙酸乙酯挥发。

(4)浓度和温度直接影响电导值,由 $L_t = \dfrac{1}{kc_0} \times \dfrac{L_0 - L_t}{t} + L_\infty$ 可知,如果 L_0 测不准,当 t 小时 L_0 对数据点的影响大,而 t 大时则影响小,所以将影响直线斜率,即影响反应速率常数 k 的正确性。所以 L_0 必须测准,这就要求浓度要准确,温度要恒定(准确地说要保证铂黑电极之间的溶液温度与恒温槽的温度一致)。

(5)乙酸乙酯皂化也可用化学分析法测定,样品取出立即倒入过量的酸中,以停止反应,通过回滴过量的酸,即可求得碱的消耗量。

【数据及处理】

(1)将 t、L_t、$(L_0 - L_t)/t$ 的值列表。
(2)作 L_t -$(L_0 - L_t)/t$ 图,由直线斜率求出皂化反应速率常数 k。
(3)由 2 个温度下的反应速率常数计算反应活化能 E_a。

【思考题】

(1)为什么本实验要在恒温条件下进行,而 $CH_3COOC_2H_5$ 和 NaOH 溶液在混合前还要预先恒温?

(2)为什么 $CH_3COOC_2H_5$ 和 NaOH 起始浓度必须相同,如果不同,怎样计算 k 值?如何从实验结果来验证乙酸乙酯反应为二级反应?

实验 15　丙酮碘化反应速率常数的测定

【实验目的】

(1)测定用酸作催化剂时丙酮碘化反应的反应速率常数。
(2)通过本实验加深对复杂反应机理中平衡浓度法(或稳态法)的理解应用。
(3)掌握 V-5000 型分光光度计的正确使用方法。

【实验原理】

只有少数化学反应是由一个基元反应组成的简单反应，大多数化学反应并不是简单反应，而是由若干个基元反应组成的复杂反应，并且大多数复杂反应的反应速率和反应物浓度间的关系不能用质量作用定律预测，而是通过实验找出动力学速率方程表示式。

丙酮碘化反应是一个复杂反应，其总包反应为

$$CH_3-\overset{\overset{\displaystyle O}{\|}}{C}-CH_3 \ + \ I_2 \ \rightleftharpoons \ CH_3-\overset{\overset{\displaystyle O}{\|}}{C}-CH_2I \ + \ I^- \ + \ H^+$$

$$(A) \qquad\qquad\qquad\qquad\qquad (E)$$

该反应由 H^+ 催化，设其速率方程为

$$r = -\frac{dc_A}{dt} = -\frac{dc_{I_2}}{dt} = \frac{dc_E}{dt} = kc_A^{\alpha} c_{I_2}^{\beta} c_{H^+}^{\gamma} \tag{5-56}$$

实验测定表明：在高酸度下反应速率与卤素的浓度无关，且不因为卤素(氯、溴、碘)的不同而异，故 $\beta=0$。实验还表明，反应速率在酸性溶液中随着 H^+ 浓度增大而增大，且实验测得 $\alpha=1$，$\gamma=1$，故实验测得丙酮碘化反应动力学方程为

$$\frac{dc_E}{dt} = k_{总} c_A c_{H^+} \tag{5-57}$$

式中：c_E 为 $CH_3-\overset{\overset{\displaystyle O}{\|}}{C}-CH_2I$ 瞬时浓度；c_A 为 $CH_3-\overset{\overset{\displaystyle O}{\|}}{C}-CH_3$ 初始浓度；c_{H^+} 为 H^+ 初始浓度。

由以上实验事实可推测丙酮碘化反应机理如下：

$$(1) \ \ CH_3-\overset{\overset{\displaystyle O}{\|}}{C}-CH_3 + H^+ \underset{k_{-1}}{\overset{k_1}{\rightleftharpoons}} CH_3-\overset{\overset{\displaystyle +OH}{\|}}{C}-CH_3 \quad (快速平衡)$$

$$(A) \qquad\qquad\qquad\qquad (B)$$

$$(2) \ \ CH_3-\overset{\overset{\displaystyle +OH}{\|}}{C}-CH_3 \xrightarrow[k]{(慢)} CH_3-\overset{\overset{\displaystyle OH}{|}}{C}=CH_2 + H^+ \quad (速率控制步骤)$$

$$(B) \qquad\qquad\qquad\qquad (D)$$

$$(3) \ \ CH_3-\overset{\overset{\displaystyle OH}{|}}{C}=CH_2 + I_2 \underset{k_3}{\overset{k_2}{\rightleftharpoons}} CH_3-\overset{\overset{\displaystyle O}{\|}}{C}-CH_2I + I^- + H^+$$

$$(D) \qquad\qquad\qquad\qquad (E)$$

整体反应速率由烯醇化步骤(2)控制，即

$$r = r(2) = kc_B \tag{5-58}$$

由于在上述机理中，前置步骤(1)是快速平衡步骤，故根据平衡浓度法可得

$$c_B = \frac{k_1}{k_{-1}} c_A c_{H^+} = k' c_A c_{H^+} \tag{5-59}$$

式中：$k' = k_1 / k_{-1}$，将式(5-59)代入式(5-58)得

$$r = r(2) = k \frac{k_1}{k_{-1}} c_A c_{H^+}$$

即

$$r = \frac{dc_E}{dt} = k \frac{k_1}{k_{-1}} c_A c_{H^+} = k_{总} c_A c_{H^+} \tag{5-60}$$

式 (5-60) 与实验动力学方程式 (5-57) 相吻合，表明上述所拟机理的合理性及可靠性。由式 (5-56) 可知

$$\frac{dc_E}{dt} = -\frac{dc_{I_2}}{dt}$$

因为碘在可见光区有一吸收带，而在这个吸收带中盐酸和丙酮没有吸收，故本实验用分光光度法，在 550 nm 处跟踪 I_2 随时间的变化率，来测定反应速率常数 $k_{总}$，即

$$\left(\frac{dc_{I_2}}{dt} \right)_0 = -k_{总} c_A c_{H^+} \tag{5-61}$$

将式 (5-61) 积分

$$\int_{c_{I_2}(t_1)}^{c_{I_2}(t_2)} dc_{I_2} = \int_{t_1}^{t_2} -k_{总} c_A c_{H^+} dt \tag{5-62}$$

若在反应过程中 $c_A \gg c_{I_{2,0}}$，$c_{H^+} \gg c_{I_{2,0}}$，则可以认为在反应过程中，丙酮和盐酸初始浓度不随时间 t 改变，则式 (5-62) 变为

$$c_{I_2}(t_2) - c_{I_2}(t_1) = -k_{总} c_A c_{H^+} (t_2 - t_1) \tag{5-63}$$

根据朗伯-比尔定律，某指定波长的光线通过 I_2 溶液后的光强 I 与通过蒸馏水后的光强 I_0 及 I_2 浓度间有下列关系：

$$A = \lg \frac{I_0}{I} = Kcb \tag{5-64}$$

式中：A 为吸光度；K 为摩尔吸光系数；b 为被测溶液的厚度；c 为 I_2 溶液的浓度。

由式 (5-64) 可得

$$c = \frac{A}{Kb}$$

代入式 (5-63) 得

$$\frac{A_1(t_1)}{Kb} - \frac{A_2(t_2)}{Kb} = k_{总} c_A c_{H^+} (t_2 - t_1)$$

即

$$k_{总} = \frac{A_1(t_1) - A_2(t_2)}{t_2 - t_1} \times \frac{1}{Kb} \times \frac{1}{c_A c_{H^+}} \tag{5-65}$$

式中：c_A、c_{H^+} 分别为丙酮和盐酸的初始浓度。作 I_2 溶液的标准浓度与吸光度 A 的工作曲线，由曲线的斜率求得 Kb 值，代入式 (5-65) 算出 $k_{总}$。

【仪器、药品及材料】

V-5000 型分光光度计 1 套，秒表 1 只，25 mL 容量瓶 7 个，50 mL 烧杯 2 个，5 mL 移液管 3 支，10 mL 移液管 1 支，滴管 1 支，洗耳球 1 个。

2.00 mol/L 丙酮，2.00 mol/L 盐酸，0.02 mol/L I_2 溶液。

【实验步骤】

(1) 调节分光光度计的波长至 550 nm。

(2) 在 T 模式下，将黑色的比色皿放入分光光度计的暗箱内，按 "T" 键清零。再在 A 模式下，将加入去离子水的透明比色皿放入分光光度计的暗箱内，按 "ABS" 键清零。以下吸光度的测定都要在 A 模式下进行。

(3) 配制 I_2 标准溶液：用移液管量取已知浓度的 I_2 溶液 1 mL、2 mL、3 mL、4 mL、5 mL，分别注入 5 个 25 mL 容量瓶中稀释至刻度。

(4) 用分光光度计测定标准溶液的吸光度。

(5) 配制反应体系，测定不同时刻 t 时的吸光度：在 25 mL 容量瓶中加入 2 mL 丙酮溶液、5 mL I_2 溶液，加入约 10 mL 蒸馏水后，再加入 1 mL 盐酸溶液，加水稀释至刻度，混合均匀后注入比色皿中放入分光光度计的暗箱内，开始打开秒表计时，每隔 3 min 测定一次吸光度 A，连续记录 15 个点，方可停止记录。改变盐酸浓度，重复测定两个反应体系。

【注意事项】

(1) 测定工作曲线，应从稀溶液测至浓溶液。

(2) 每次测量前，检查波长是否为所需值。

(3) 比色皿在盛装样品前，应用所盛装样品冲洗两次，测量结束后比色皿应用蒸馏水清洗干净后放起。若比色皿内有颜色挂壁，可用无水乙醇浸泡清洗。

(4) 向比色皿中加样时，若样品流到比色皿外壁时，应以滤纸点干，镜头纸擦净后测量，切忌用滤纸擦拭，以免比色皿出现划痕。

(5) 样品池敞开时，不准按压池右侧突起的挡光板，以免损坏光电管。

【数据及处理】

(1) 以吸光度 A 为纵坐标、I_2 溶液的浓度为横坐标，作工作曲线，工作曲线的斜率即为 Kb 值。

(2) 由每时刻测得的反应液吸光度 A 对时间 t 作图得一直线，求此直线的斜率。

(3) 将直线的斜率，Kb，丙酮、盐酸的初始浓度(应计算加入到 25 mL 容量瓶中稀释后的浓度而不是试剂瓶中的原配浓度)代入式(5-65)中计算 $k_{总}$。

【思考题】

(1) 本实验中将反应物混合、摇匀、倒入比色皿测吸光度 A 时再开始计时，这对实验结果有无影响？为什么？

(2) 能否将 5 mL I_2 溶液、2 mL 丙酮溶液、1 mL HCl 一起加入 25 mL 容量瓶中，再用蒸馏水冲稀至刻度，为什么？

实验 16　B-Z 化学振荡反应

【实验目的】

(1) 了解 B-Z(Belousov-Zhabotinskii)化学振荡反应的基本原理。

(2) 观察化学振荡现象。

(3) 练习处理实验数据和作图。

【实验原理】

化学振荡是反应系统中某些物理量(如某组分的浓度)随时间做周期性的变化。B-Z 体系是指由溴酸盐、有机物在酸性介质中，在有(或无)金属离子催化剂作用下构成的体系。它是由苏联科学家 Belousov 发现，后经 Zhabotinskii 发现而得名。

Fiela、Koros 和 Noyes 等通过实验对 B-Z 振荡反应做出了解释，称为 FKN 机理。下面以 $BrO_3^--Ce^{4+}-CH_2(COOH)_2-H_2SO_4$ 体系为例加以说明。该体系的总反应为

$$2H^+ + 2BrO_3^- + 3CH_2(COOH)_2 \longrightarrow 2BrCH(COOH)_2 + 3CO_2 + 4H_2O \tag{A}$$

体系中存在着下面的反应过程：

过程 I

$$BrO_3^- + Br^- + 2H^+ \xrightarrow{k_1} HBrO_2 + HOBr \tag{B}$$

$$HBrO_2 + Br^- + H^+ \xrightarrow{k_2} 2HOBr \tag{C}$$

过程 II

$$BrO_3^- + HBrO_2 + H^+ \xrightarrow{k_3} 2BrO_2 + H_2O \tag{D}$$

$$BrO_2 + Ce^{3+} + H^+ \xrightarrow{k_4} HBrO_2 + Ce^{4+} \tag{E}$$

$$2HBrO_2 \xrightarrow{k_5} BrO_3^- + HOBr + H^+ \tag{F}$$

Br^- 的再生过程为

$$4Ce^{4+} + BrCH(COOH)_2 + H_2O + HOBr \xrightarrow{k_6} 2Br^- + 4Ce^{3+} + 3CO_2 + 6H^+ \tag{G}$$

当 $[Br^-]$ 足够高时，主要发生过程 I，其中反应(B)是速率控制步骤，研究表明，当达到准定态时，有

$$[HBrO_2] = \frac{k_1}{k_2}[BrO_3^-][H^+]$$

当 $[Br^-]$ 低时，发生过程 II，Ce^{3+} 被氧化。反应(D)是速率控制步骤，反应经(D)、(E)将自催化产生 $HBrO_2$，达到准定态时，有

$$[HBrO_2] \approx \frac{k_3}{2k_5}[BrO_3^-][H^+]$$

由反应(C)和(D)可以看出：Br^- 和 BrO_3^- 是竞争 $HBrO_2$ 的。当 $k_3[Br^-] > k_4[BrO_3^-]$ 时，自催化过程(D)不可能发生。自催化是 B-Z 振荡反应中必不可少的步骤，否则该振荡不能发生。

研究表明，Br⁻的临界浓度为

$$[\text{Br}^-]_{\text{crit}} = \frac{k_3}{k_2}[\text{BrO}_3^-] = 5\times10^{-6}[\text{BrO}_3^-] \tag{5-66}$$

若已知实验的初始浓度$[\text{BrO}_3^-]$，可由式(5-66)估算$[\text{Br}^-]_{\text{crit}}$。

通过反应(G)实现 Br⁻的再生。

体系中存在两个受溴离子浓度控制的过程Ⅰ和过程Ⅱ，当[Br⁻]高于临界浓度[Br⁻]$_{\text{crit}}$时发生过程Ⅰ，当[Br⁻]低于[Br⁻]$_{\text{crit}}$时发生过程Ⅱ。也就是说[Br⁻]起着开关作用，它控制着从过程Ⅰ到过程Ⅱ，再由过程Ⅱ到过程Ⅰ的转变。在过程Ⅰ，由于化学反应，[Br⁻]降低，当[Br⁻]到达[Br⁻]$_{\text{crit}}$时，过程Ⅱ发生。在过程Ⅱ中，Br⁻再生，[Br⁻]增加，当[Br⁻]达到[Br⁻]$_{\text{crit}}$时，过程Ⅰ发生，这样体系就在过程Ⅰ、过程Ⅱ间往复振荡。

在反应进行时，系统中[Br⁻]、[HBrO₂]、[Ce³⁺]、[Ce⁴⁺]都随时间做周期性的变化，实验中可以用溴离子选择电极测定[Br⁻]，用铂丝电极测定[Ce⁴⁺]、[Ce³⁺]随时间变化的曲线。溶液的颜色在黄色和无色之间变换，若再加入适量的 FeSO₄邻菲咯啉溶液，溶液的颜色将在蓝色和红色之间变换。

从加入硫酸铈铵到开始振荡的时间为$t_{\text{诱}}$，诱导期与反应速率成反比，即

$$\frac{1}{t_{\text{诱}}} \propto k = A\exp\frac{-E_\text{表}}{RT}$$

并得到

$$\ln\frac{1}{t_{\text{诱}}} = \ln A - \frac{E_\text{表}}{RT} \tag{5-67}$$

作图$\ln(1/t_{\text{诱}})\text{-}(1/T)$，根据斜率求出表观活化能$E_\text{表}$。

【仪器、药品及材料】

BZOAS-IIS 型 B-Z 反应数据采集接口系统，微型计算机，HK-2A 型恒温槽，15 mL 移液管 4 支，锥形瓶 2 个，洗耳球 1 个。

0.45 mol/L 丙二酸，0.25 mol/L 溴酸钾，3.00 mol/L 硫酸，0.0040 mol/L 硫酸铈铵。

【实验步骤】

本实验使用 BZOAS-IIS 型 B-Z 反应数据采集接口系统(一体化，含磁力搅拌、反应器及专用电极)，B-Z 振荡专用软件及 HK-2A 型恒温槽，与微型计算机相连。通过接口系统测定电极(Pt 电极与甘汞电极)的电势信号，经通信口传送到计算机自动采集处理数据，如图 5.16 和图 5.17 所示。

BZOAS-IIS 型 B-Z 反应数据采集接口系统的前面板上有 2 个输入通道，用于输入 B-Z 振荡电压信号和温度传感器信号，以及一个通断输出控制通道，可用于控制恒温槽。温度传感器用于测温。仪器的后面板上有电源开关、保险丝座和串行口接口插座。具体接线方法：铂电极接电压输入正端(+)，参比电极接电压输入负端(−)。将仪器后面板上的串行口接计算机的串行口一(必须接串行口一)。

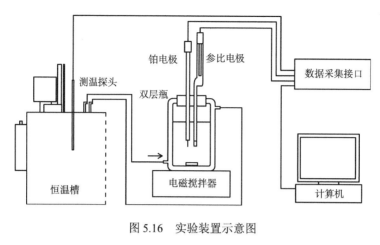

图 5.16 实验装置示意图

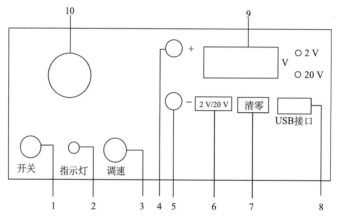

图 5.17 装置连接平面图

(1)为了防止参比电极中离子对实验的干扰，以及溶液对参比电极的干扰，所用的饱和甘汞电极与溶液之间必须用 1 mol/L H_2SO_4 盐桥隔离。

(2)按图连接好仪器，按照恒温槽的使用方法，将温度控制在 25℃±0.1℃，待温度稳定后接通循环水。

(3)在反应器中加入已配好的丙二酸溶液、溴酸钾溶液、硫酸溶液各 15 mL，进行恒温，同时将 15 mL 硫酸铈铵溶液放入一锥形瓶中，置于恒温槽水浴中。实验过程中不得改变搅拌速度。

(4)将电源开关置于"开"位置，将磁子摆到反应器中间位置，调节"调速"旋钮调节至合适的速度。

(5)选择量程 2 V 挡，将两输入线短接，按"清零"键，消除系统测量误差。清零后将甘汞电极接负极，铂电极接正极。

(6)启动计算机，运行 B-Z 振荡反应实验软件，进入主菜单。进入参数设置菜单，设置横坐标极值 800 s；纵坐标极值 1220 mV；纵坐标零点 800 mV；目标温度 25.0℃。先不按"确认"键，等开始记录实验数据时再按"确认"键。

(7)恒温 10 min 后，将恒温后的硫酸铈铵溶液 15 mL 加入反应器中，立即单击温度设置窗口中的"确认"键,系统开始计时并记录相应的电势变化。

(8)观察反应器中溶液颜色变化,待画完 10 个振荡周期或曲线运行到横坐标最右端后,单击"停止实验"键,停止信号采集。保存图 5.18 窗口数据。电势变化首次到最低时,记下时间 $t_{诱}$。

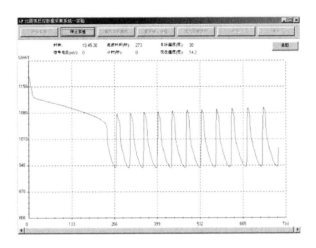

图 5.18　数据采集窗口

(9)用去离子水淋洗电极,倒掉反应器中的溶液,注意酸性溶液有腐蚀性!用自来水清洗反应器,用去离子水刷洗反应器。用上述方法将温度设置为 30℃、35℃、40℃、45℃、50℃重复实验。

(10)关闭仪器(接口装置、磁力搅拌器、恒温槽)电源。处理实验数据。

【注意事项】

(1)所使用的反应容器一定要清洗干净,搅拌子位置及搅拌速度都应加以控制。

(2)小心使用硫酸溶液,避免对实验者和仪器设备造成腐蚀。

【数据及处理】

(1)作电势-时间图:利用本实验软件"开始实验"→"读入实验波形"作图,也可利用通用数据处理软件,如 Origin、Excel 等,根据各个温度下数据文件中记录的数据,作出各个温度下的电势-时间图。取用数据时注意各个数据文件的最后一行记录的是温度和 $t_{诱}$。测量软件系统判断的 $t_{诱}$ 可能不准确。可以自己重新判断确定每个温度下的 $t_{诱}$。

(2)作图 $\ln(1/t_{诱})$-$(1/T)$,根据斜率求出表观活化能 $E_{表}$。作图有两种方法:①进入 B-Z 振荡反应软件,进入"数据处理"菜单,对实验数据进行处理;②利用通用数据处理软件完成,如 Origin、Excel 等。

(3)将各个温度下的电势-时间图和 $\ln(1/t_{诱})$-$(1/T)$ 图粘贴到一个 Word 文档中,写上班号、姓名、实验日期等,在一页纸上打印。

(4)对振荡曲线进行解释。

【思考题】

(1)什么是化学振荡现象？产生化学振荡需要什么条件？

(2)本实验中直接测定的是什么量？目的是什么？

Ⅳ 胶体和表面化学参数的测定

实验 17 溶液表面张力的测定

【实验目的】

(1)加深理解表面张力的性质、表面吉布斯自由能的意义，以及表面张力和吸附的关系。

(2)掌握最大气泡压力法(列宾捷尔法)测定表面张力的原理和技术。

【实验原理】

本实验用最大气泡压力法测定不同浓度(c)的正丁醇水溶液的表面张力值(σ)，并借助 σ-c 图计算吸附量 Γ 与浓度 c 之间的关系。

影响表面张力(σ)的因素如下：

(1)物质的本性。分子间作用力越大，σ 就越大。一般来说，极性液体(如水)有较大的 σ，而非极性液体的 σ 较小。

(2)接触相的性质。某一物质与几种不同接触相物质接触时，该物质的 σ 不同。

(3)温度。温度升高，大多数物质的表面张力都逐渐减小，在相当大的温度范围内，两者近似呈线性关系。

另外，压力、分散度及运动情况对表面张力也有一定的影响。

溶剂中加入溶质后，溶剂的表面张力要发生变化，加入表面活性物质(能显著降低溶剂表面张力的物质)则它们在表面层的浓度要大于在溶液内部的浓度，加入非表面活性物质则它们在表面层的浓度比溶液内部低。这种表面浓度与溶液内部浓度不同的现象称为溶液的表面吸附。显然，在指定的温度压力下，溶质的吸附量与溶液的表面张力及溶液的浓度有关。从热力学可知，它们之间的关系遵循吉布斯吸附方程

$$\Gamma = -\frac{c}{RT}\left(\frac{\mathrm{d}\sigma}{\mathrm{d}c}\right)_T \tag{5-68}$$

式中：Γ 为溶质在单位面积表面层中的吸附量(mol/m^2)；σ 为溶液的表面张力(J/m^2)；T 为热力学温度；c 为溶液浓度(mol/L)；R 为摩尔气体常量，其值为 8.314 J/(mol·K)。

当$(\mathrm{d}\sigma/\mathrm{d}c)_T<0$ 时，$\Gamma>0$，称为正吸附；当$(\mathrm{d}\sigma/\mathrm{d}c)_T>0$ 时，$\Gamma<0$，称为负吸附。通过实验测得不同浓度溶液的表面张力 σ_1、σ_2，即可求得吸附量 Γ。

本实验采用最大气泡压力法测定正丁醇水溶液的表面张力值。将欲测表面张力的液体装入试管中，使毛细管的端面与液面相切，液体即沿毛细管上升，直到液柱的压力等于因表面张力所产生的上升力为止。若管内增加一个与此相等的压力，毛细管内液面就会下降，直到

在毛细管端面形成一个稳定的气泡；若所增加的压力稍大于毛细管口液体的表面张力，气泡就会从毛细管口被压出。可见毛细管口冒出气泡所需要增加的压力(Δp)与液体的表面张力 σ 成正比

$$\sigma = K\Delta p \tag{5-69}$$

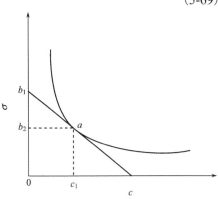

式中：K 与毛细管的半径有关，对同一支毛细管是常数，称为仪器常数，可由已知表面张力的液体求得。例如，已知水在实验温度下的表面张力 σ_0，测得 Δp_0，则 $K = \sigma_0/\Delta p_0$，求出该毛细管的 K 值，就可用它测定其他液体的表面张力了。

$$\sigma = K\Delta p = \frac{\sigma_0}{\Delta p_0}\Delta p = \sigma_0\frac{\Delta h}{\Delta h_0} \tag{5-70}$$

式中：Δh 与 Δh_0 为 U 形管压力计中两边液柱的高度差。

图 5.19　表面张力与浓度的关系曲线示意图

由实验测得不同浓度时的表面张力 σ，以浓度 c 为横坐标，σ 为纵坐标，得 σ-c 曲线(图 5.19)，过曲线上任一点作曲线的切线和水平线交纵坐标于 b_1、b_2 处，则曲线在该点的斜率为

$$\frac{\mathrm{d}\sigma}{\mathrm{d}c} = \frac{b_1 - b_2}{0 - c_1} = -\frac{b_1 - b_2}{c_1} \tag{5-71}$$

故

$$b_1 - b_2 = -c\frac{\mathrm{d}\sigma}{\mathrm{d}c} \tag{5-72}$$

代入吉布斯吸附方程，得到该浓度时的吸附量为

$$\Gamma = -\frac{c}{RT}(\frac{\mathrm{d}\sigma}{\mathrm{d}c})_T = \frac{b_1 - b_2}{RT} \tag{5-73}$$

求算出各浓度的吸附量，则可绘出吸附量与浓度的关系图。

Γ 与 c 之间的关系也可用 Langmuir 吸附等温式表示为

$$\frac{c}{\Gamma} = \frac{c}{\Gamma_\infty} + \frac{1}{k\Gamma_\infty} \tag{5-74}$$

以 c/Γ-c 作图可得一直线，斜率为 $1/\Gamma_\infty$，可求得 Γ_∞。

Γ_∞ 是表面盖满一层被吸附物的分子时的饱和吸附量，其单位是 $\mathrm{mol/cm}^2$。设 $1\ \mathrm{cm}^2$ 表面上被吸附的分子数为 N，则有 $N = \Gamma_\infty N_A$，N_A 为阿伏伽德罗常量。由此可以计算出当饱和吸附时，每个分子在表面上所占据的面积 $A_s = 1/(\Gamma_\infty N_A)$，此面积也可看作是分子的截面积。

【仪器、药品及材料】

蓄水瓶，毛细管，试管，烧杯，U 形压力计，温度计，分液漏斗，胶头滴管。

0.050 mol/L、0.100 mol/L、0.200 mol/L、0.300 mol/L、0.400 mol/L、0.500 mol/L、0.600 mol/L 正丁醇溶液。

【实验步骤】

(1)按图 5.20 安装好实验仪器，检查仪器是否漏气，检查方法为：由分液漏斗向蓄水瓶中加水，使压力计产生一定的压力差，停止加水，如压力差维持 3～5 min 不变，或者水柱液面差维持不变，则可认为不漏气。

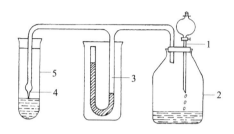

图 5.20　测定表面张力实验装置示意图

1. 分液漏斗；2. 蓄水瓶；3. U 形压力计；4. 毛细管；5. 待测液试管

(2)仔细用热洗液洗涤毛细管，再用蒸馏水冲洗数次。

(3)毛细管常数 K 的测定。在清洁的试管中加入约 1/4 体积的蒸馏水，装上清洁的毛细管，使端面恰好与液面相切。打开分液漏斗使水缓缓滴出，控制滴水速度，使气泡均匀稳定地逸出（1 min 约 20 个气泡）。观察压力计两柱的高度，记录最高和最低读数各 3 次，求平均值，即为 Δh。测量水温，通过查表可得该温度下水的表面张力 σ_0，即可求得仪器常数 K。

(4)正丁醇溶液表面张力的测定。将试管中的水倒出，用待测溶液将试管和毛细管仔细洗涤 3 次，在试管中装入待测溶液，用上述方法测定浓度为 0.050 mol/L、0.100 mol/L、0.200 mol/L、0.300 mol/L、0.400 mol/L、0.500 mol/L、0.600 mol/L 的正丁醇溶液的压力差（Δh），分别测 3 次，取其平均值。

【注意事项】

(1)正丁醇溶液要准确配制，使用过程中防止挥发损失。

(2)毛细管和试管一定要清洗干净，以玻璃不挂水珠为好，毛细管尖端用胶头滴管吹出，不可用力甩。

(3)控制好分液漏斗的滴水速度，从毛细管脱出气泡每次应为 1 个，即间断脱出。

(4)毛细管端口一定要刚好垂直和液面相切，不能离开液面，但也不可深插。

【数据及处理】

(1)将实验数据记录到表 5.10 中。

(2)利用水的表面张力求出毛细管常数。

(3)计算各浓度正丁醇溶液的表面张力，计算时注意各量的单位。

(4)作 $\sigma\text{-}c$ 图，并在曲线上选取 6 点作切线和水平线段，求斜率。

(5)计算各浓度的 Γ 和 c/Γ。

(6)作 $\Gamma\text{-}c$ 图和 $c/\Gamma\text{-}c$ 图。

(7) 由 c/Γ-c 图曲线的斜率求出 Γ_∞ 和 k 值。

表 5.10　实验数据记录表

溶液浓度/(mol/L)	Δp			平均 Δp
	1	2	3	
0（水）				
0.050				
0.100				
0.200				
0.300				
0.400				
0.500				
0.600				

【思考题】

(1) 为什么液体的表面张力随温度的升高而减小？

(2) 仪器的清洁与否对所测数据有无影响？

(3) 设一毛细管插入水中，管内液面可以上升至一定高度，如设想在一定的高度处把毛细管下弯，水会下滴吗？

实验 18　黏度法测定聚合物的相对分子质量

【实验目的】

(1) 掌握用乌氏(Ubbelohde)黏度计测定高聚物溶液黏度的原理和方法。

(2) 测定线型高聚物聚乙二醇的黏均相对分子质量。

【实验原理】

单体分子经加聚或缩聚过程便可合成高聚物。高聚物每个分子的大小并非都相同，即聚合度不一定相同，所以高聚物的相对分子质量是一个统计平均值。对于聚合和解聚过程机理和动力学的研究，以及为了改良和控制高聚物产品的性能，高聚物的相对分子质量是必须掌握的重要数据之一。

高聚物溶液的特点是黏度特别大，原因在于其分子链长度远大于溶剂分子。加上溶剂化作用，使其在流动时受到较大的内摩擦阻力。

黏性液体在流动过程中必须克服内摩擦阻力而做功，黏性液体在流动过程中所受阻力的大小可用黏度系数 η(简称黏度)表示[kg/(m·s)]。

高聚物稀溶液的黏度是液体流动时内摩擦力大小的反映。纯溶剂黏度反映了溶剂分子间的内摩擦力，记作 η_0，高聚物溶液的黏度则是高聚物分子间的内摩擦、高聚物分子与溶剂分子间的内摩擦以及 η_0 三者之和。在相同温度下，通常 $\eta > \eta_0$，相对于溶剂，溶液黏度增加的

分数称为增比黏度，记作 η_{sp}，即

$$\eta_{sp} = \frac{\eta - \eta_0}{\eta_0} \tag{5-75}$$

而溶液黏度与纯溶剂黏度的比值称为相对黏度，记作 η_r，即

$$\eta_r = \frac{\eta}{\eta_0} \tag{5-76}$$

η_r 反映的也是溶液的黏度行为，而 η_{sp} 则意味着已扣除了溶剂分子间的内摩擦效应，仅反映了高聚物分子与溶剂分子间和高聚物分子间的内摩擦效应。

高聚物溶液的增比黏度 η_{sp} 往往随质量浓度 c 的增加而增加。为了便于比较，将单位浓度下所显示的增比黏度 η_{sp}/c 称为比浓黏度，而 $\ln(\eta_r/c)$ 则称为比浓对数黏度。当溶液无限稀释时，高聚物分子彼此相隔甚远，它们的相互作用可以忽略，此时有关系式

$$\lim_{c \to 0}(\eta_{sp}/c) = \lim_{c \to 0}\ln(\eta_r/c) = [\eta] \tag{5-77}$$

式中：$[\eta]$ 称为特性黏度，它反映的是无限稀释溶液中高聚物分子与溶剂分子间的内摩擦，其值取决于溶剂的性质及高聚物分子的大小和形态。由于 η_r 和 η_{sp} 均是无因次量，因此 $[\eta]$ 的单位是浓度 c 单位的倒数。

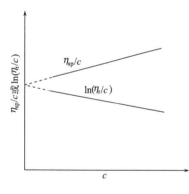

图 5.21　外推法求 $[\eta]$ 图

在足够稀的高聚物溶液里，η_{sp}/c 与 c 和 $\ln(\eta_r/c)$ 与 c 之间分别符合下述经验关系式：

$$\eta_{sp}/c = [\eta] + \kappa[\eta]^2 c \tag{5-78}$$

$$\ln(\eta_r/c) = [\eta] - \beta[\eta]^2 c \tag{5-79}$$

上两式中 κ 和 β 分别称为 Huggins 系数和 Kramer 常数。这是两个直线方程，通过 η_{sp}/c 对 c 或 $\ln(\eta_r/c)$ 对 c 作图，外推至 $c=0$ 时所得截距即为 $[\eta]$。显然，对于同一高聚物，由两线性方程作图外推所得截距交于同一点，如图 5.21 所示。

高聚物溶液的特性黏度 $[\eta]$ 与高聚物相对分子质量之间的关系，通常用带有两个参数的 Mark-Houwink 经验方程式来表示

$$[\eta] = K\bar{M}_\eta^\alpha \tag{5-80}$$

式中：$\bar{M}_\eta$ 为黏均相对分子质量；K、α 为与温度、高聚物及溶剂的性质有关的常数，只能通过一些绝对实验方法(如膜渗透压法、光散射法等)确定。

本实验采用毛细管法测定黏度，通过测定一定体积的液体流经一定长度和半径的毛细管所需时间而获得。本实验使用的乌氏黏度计如图 5.22 所示。当液体在重力作用下流经毛细管时，其遵守 Poiseuille 定律

$$\eta = \frac{\pi p r^4 t}{8lV} = \frac{\pi h p g r^4 t}{8lV} \tag{5-81}$$

式中：η 为液体的黏度 $[kg/(m \cdot s)]$；p 为当液体流动时在毛细管两端间的压力差(即液体密度 ρ、重力加速度 g 和流经毛细管液体的平均液柱高度

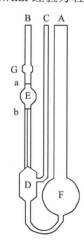

图 5.22　乌氏黏度计

h 这三者的乘积) [kg/(m·s)]；r 为毛细管的半径(m)；V 为流经毛细管的液体体积(m^3)；t 为 V 体积液体的流出时间(s)；l 为毛细管的长度(m)。

用同一黏度计在相同条件下测定两种液体的黏度时，它们的黏度之比就等于密度与流出时间之比

$$\frac{\eta_1}{\eta_2} = \frac{p_1 t_1}{p_2 t_2} = \frac{\rho_1 t_1}{\rho_2 t_2} \tag{5-82}$$

如果用已知黏度 η_1 的液体作为参考液体，则待测液体的黏度 η_2 可通过上式求得。

在测定溶剂和溶液的相对黏度时，如果溶液的浓度不大($c < 1 \times 10$ kg/m^3)，溶液的密度与溶剂的密度可近似看作相同，故

$$\eta_r = \frac{\eta}{\eta_0} = \frac{t}{t_0} \tag{5-83}$$

所以只需测定溶液和溶剂在毛细管中的流出时间就可得到。

【仪器、药品及材料】

恒温槽 1 套，乌氏黏度计 1 支，50 mL 具塞锥形瓶 2 只，洗耳球 1 只，5 mL 移液管 1 支，10 mL 移液管 2 支，细乳胶管 2 根，弹簧夹 2 个，恒温槽夹 3 个，吊锤 1 只，25 mL 容量瓶 1 只，停表(0.1 s) 1 只，有盖瓷盆(30 cm^2×25 cm^2) 1 个，聚乙二醇(A.R.)。

【实验步骤】

(1)将恒温水槽调至(30±0.1)℃，锥形瓶中加入 100～200 mL 溶剂于恒温槽中恒温备用。

(2)洗涤黏度计：先用热洗液(经砂芯漏斗过滤)浸泡，再用自来水、蒸馏水冲洗(经常使用的黏度计则用蒸馏水浸泡，去除留在黏度计中的高聚物。黏度计的毛细管要反复用水冲洗)。

(3)测定溶液流出时间 t：将烘干的黏度计垂直夹在恒温槽内，用移液管吸取 10 mL 已恒温的高聚物溶液，自 A 管注入黏度计内，恒温数分钟，夹紧 C 管上连接的乳胶管，同时在连接 B 管的乳胶管上接洗耳球慢慢抽气，待液体升至 G 球的 1/2 左右即停止抽气，打开 C 管乳胶管上夹子使毛细管内液体与 D 球分开，用停表测定液面在 a、b 两线间移动所需的时间。重复测定 3 次，每次相差不超过 0.2～0.3 s，取平均值。再用移液管加入 5 mL 已恒温的溶剂，用洗耳球从 B 管鼓气搅拌并将溶液慢慢地抽上流下数次使其混合均匀，再如上法测定流经时间。同样，依次加入 5 mL、10 mL、10 mL 溶剂，逐一测定溶液的流经时间。

(4)测定溶剂流出时间 t_0：将溶液倒回回收瓶内，用溶剂仔细冲洗黏度计 3 次，取 10 mL 纯溶剂自 A 管注入黏度计内，恒温数分钟，同上法测定溶剂流经时间。

实验结束后，将溶剂回收，黏度计洗净后烘干备用(或用溶剂仔细冲洗黏度计 3 次，最后用溶剂浸泡，备用)。

【注意事项】

(1)自始至终要注意恒温槽的水浴温度，记录它的温度波动范围。

(2)黏度计要保持垂直状态。

(3)在抽干溶液时，不得把溶液带入乳胶管内，否则要重做。

(4)不要将吸球内的杂物落在黏度计内，以免毛细管堵塞。

(5)三管黏度计易折，一般只拿较粗的 A 管。若三管一把抓，一不小心稍用力，便易折断。在 B 管或 C 管上接乳胶管时，应在管的外圈加少许水作润滑剂；此外，两手要近距离操作，作用力要在一直线上。

(6)黏度计需洁净，如毛细管壁上挂有水珠，需用洗液浸泡。

(7)配制溶液时要保证高聚物完全溶解。所用溶剂和溶液需在同一恒温槽中恒温，再用移液管准确量取并充分混合均匀后方可测定。

(8)实验完毕，倒出黏度计内的蒸馏水，去掉 B 管和 C 管上的乳胶管，将仪器试剂还原。拔掉恒温装置的电源插头，但不能关继电器上的开关。

【数据及处理】

将实验数据记录于表 5.11 中，并作图。

表 5.11　实验数据及处理结果记录表

实验温度：_____℃，$c_0 =$_____kg/mol

溶剂	流出时间 t			η_r	$\ln(\eta_r/c')$	η_{sp}	η_{sp}/c'
	1	2	平均				
c_0							
$\frac{2}{3}c_0$							
$\frac{1}{2}c_0$							
$\frac{1}{3}c_0$							
$\frac{1}{4}c_0$							

从图上可以得到截距 A，则$[\eta] = A/c_0 =$_____。

查表知，t℃时，$K =$_____m³/kg，$\alpha =$_____；由$[\eta] = K\bar{M}_\eta^\alpha$ 可得 $\bar{M}_\eta =$_____g/mol。

【思考题】

(1)乌氏黏度计有哪些优点？本实验能否采用 U 形黏度计(即减去 C 管)？

(2)黏度计的毛细管粗细对实验结果有什么影响？

(3)试推导 $\lim\limits_{c \to 0}(\eta_{sp}/c) = \lim\limits_{c \to 0}\ln(\eta_r/c)$。

(4)若要求 h_r 测定精确度达到 99.8%，则恒温槽的温度需恒定在什么范围？试用水的黏度的温度系数解释。

(5)若把溶液带到了乳胶管内，对结果有什么影响？

(6)测量蒸馏水的流出时间时，加蒸馏水的量是否要准确测量？

实验 19　胶体的制备和电泳

【实验目的】

(1) 制备 $Fe(OH)_3$ 溶胶并将其纯化。

(2) 测量 $Fe(OH)_3$ 溶胶的聚沉值、ζ 电势。

(3) 分析影响聚沉值及 ζ 电势的主要因素。

【实验原理】

胶体溶液是分散相线度为 $1\sim100$ nm 的高分散多相体系。胶核大多是分子或原子的聚集体，由于其本身电离或与介质摩擦或因选择性吸附介质中的某些离子而带电。由于整个胶体体系是电中性的，介质中必然存在与胶核所带电荷相反的离子(称为反离子)，反离子中有一部分因静电引力的作用，与吸附离子一起紧密地吸附于胶核表面，形成了紧密层。于是胶核、吸附离子和部分紧靠吸附离子的反离子构成胶粒。反离子的另一部分由于热运动以扩散方式分布于介质中，故称为扩散层。扩散层和胶粒构成胶团。扩散层与紧密层的交界区称为滑动面，滑动面上存在电势差，称为 ζ 电势。此电势只有在电场中才能显示出来。在电场中胶粒会向正极(胶粒带负电)或负极(胶粒带正电)移动，称为电泳。ζ 电势越大，胶体体系越稳定，因此 ζ 电势的大小是衡量溶胶稳定性的重要参数。ζ 电势的大小与胶粒的大小、胶粒浓度、介质的性质、成分、pH 及温度等因素有关。

电泳：在外加电场的作用下，荷电胶粒与分散介质间会发生相对运动，胶粒向正极或负极(视胶粒所带电荷为负电或正电而定)移动的现象。

界面移动法：利用电泳现象，通过观察溶胶与辅助液之间的界面在电场中的移动速度 u，来测定 ζ 电势。

$$\zeta = \frac{4\pi\eta l}{\varepsilon E} \times u \times 300^2$$

式中：η 为介质黏度[kg/(m·s)]，ε 为介质的介电常数[C/(V·m)]，本实验溶液很稀，故可直接用水的 η 和 ε 值，$\varepsilon = 80 - 0.4(t - 20)$；$l$ 为两极间导电距离(cm)；E 为外加电压(V)。

实验测量出界面迁移的距离 s 及所用时间 t，即可求得 u，进而求 ζ 电势。

从能量观点来看，胶体体系是热力学不稳定体系，因高分散度体系界面能特别高，胶核有自发聚集而聚沉的倾向。但由于胶粒带同种电荷，因此在一定条件下又能相对稳定地存在。在实际中有时需要胶体稳定存在，有时需要破坏胶体使其发生聚沉。使胶体聚沉的最有效方法是加入适量的电解质来中和胶粒所带电荷，降低 ζ 电势。一定量某种溶胶在一定时间内发生明显聚沉所需电解质的最低浓度称为该电解质的聚沉值。

聚沉值、ζ 电势和胶粒粒径的测量常用比较纯净的溶胶，这就要求对溶胶进行纯化。本实验采用渗析法，即通过半透膜除去溶胶中多余的电解质以达到纯化目的。

【仪器、药品及材料】

$0\sim300$ V 稳流稳压电泳仪 1 台，电导率仪 1 台，电泳管 1 支，800 W 电炉 1 台，250 mL、

800 mL 烧杯各 1 个，10 mL、100 mL 量筒各 1 个，1 mL 移液管 2 支，5 mL 移液管 1 支，10 mL 移液管 4 支，150 mL 棕色试剂瓶 1 个，25 mL 试管 6 支，棉线，细铜线，空心玻璃管（直径 2 cm、长 4 cm）1 根，直尺。

10% $FeCl_3$ 溶液，2.000 mol/L NaCl 溶液，0.010 mol/L Na_2SO_4 溶液，0.005 mol/L $Na_3PO_4 \cdot 12H_2O$，市售 6% 火棉胶溶液，KCl 稀溶液。

【实验步骤】

1. 水解法制备 $Fe(OH)_3$ 溶胶

在 250 mL 烧杯中加入 120 mL 蒸馏水，加热煮沸。在沸腾条件下约 1 min 滴加完 7 mL 10% $FeCl_3$ 溶液，边加入边搅拌，加完后继续煮沸 3 min，关闭电炉直至溶液冷却，水解得到深红色的 $Fe(OH)_3$ 溶胶约 100 mL。

2. 火棉胶半透膜的制备

内壁光滑的 250 mL 大口锥瓶在转动下从瓶口加入 15～20 mL 6% 的火棉胶溶液（冬季多点，大约 20 mL），使火棉胶在锥瓶内壁上形成均匀液膜，在转动下倒出多余的火棉胶溶液于回收瓶中，将锥瓶倒置在铁圈上，使多余的火棉胶溶液流尽，让乙醚与乙醇蒸发，直至闻不出乙醚气味为止，此时用手轻摸不粘手时注满蒸馏水（若发白说明乙醚赤干，膜不牢固），以溶去剩余的乙醇。

用手在瓶口轻轻剥开一部分膜，在膜与瓶壁间注水，使膜脱离瓶壁，悬浮在水中，倒出水的同时，轻轻取出膜袋。向制备的膜中装少量水检查是否有洞（用手托住膜袋底部，慢慢注满水），若有洞，应重制备。

3. 纯化 $Fe(OH)_3$ 溶胶

将水解法制得的 $Fe(OH)_3$ 溶胶取出，冷却至室温后装入制好的半透膜袋内，用粗玻璃管及细线拴住袋口悬挂在铁架台上。在 500 mL 加有 60～70℃ 热蒸馏水的烧杯中渗析，每隔 30 min 换一次水，直至其电导率小于 50 μs/cm。把纯化好的溶胶置于 150 mL 洁净的磨口棕色试剂瓶中。

4. 聚沉值的测定

（1）取 6 支干净试管分别以 0～5 号编号。1 号试管加入 10 mL 2.000 mol/L NaCl 溶液，0 号及 2～5 号试管各加入 9 mL 蒸馏水。然后从 1 号试管中取出 1 mL 溶液加入到 2 号试管中，摇匀，又从 2 号试管中取出 1 mL 溶液加到 3 号试管中，以下各试管操作相同，但 5 号试管中取出的 1 mL 溶液弃去，使各试管具有 9 mL 溶液，且浓度依次相差 10 倍。0 号作为对照。在 0～5 号试管内分别加入 1 mL 纯化的 $Fe(OH)_3$ 溶胶（用 1 mL 移液管），并充分摇均匀后，放置 2 min 左右，确定哪些试管发生聚沉。最后以聚沉和不聚沉的两支顺号试管内的 NaCl 溶液浓度的平均值作为聚沉值的近似值。

（2）电解质分别换以 0.010 mol/L Na_2SO_4、0.005 mol/L $Na_3PO_4 \cdot 12H_2O$ 溶液，重复（1）进行实验，并比较其聚沉值大小。

5. ζ 电势的测定

(1)如图 5.23 所示,打开 U 形电泳管中部支管中的活塞,先从中部支管加入适量已纯化的 Fe(OH)₃ 溶胶。注意:将电泳管稍倾斜使加入的胶体刚好至活塞口,关闭活塞(使活塞中无气泡),然后将电泳管固定在铁架台上,继续加胶体,共 8~10 mL。

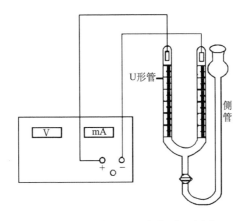

图 5.23　ζ 电势的测定装置示意图

(2)从 U 形管中加入 6~8 mL 辅助电解质 KCl 溶液,其电导率应尽量与胶体的电导率接近。在 U 形管两边插上铂丝电极,然后十分小心地慢慢打开(不能全部打开)活塞,使 Fe(OH)₃ 溶胶缓缓推着辅助液上升至浸没电极尖端约 0.5 cm 时关闭活塞。分别记下两边胶体界面的刻度及电极两端点的刻度。

(3)用细铜丝量出 U 形管弯曲处无刻度距离,细铜丝应沿着 U 形管中央进行测量,同时读取两电极尖端刻度。

(4)将电极接入稳压电源,然后接通电源,调电压至 50 V,同时开动秒表,每隔 5 min 记录胶体两边界面刻度,通电约 30 min。

【注意事项】

(1)制备胶体用的大口锥瓶及电泳管内壁一定要光滑洁净。

(2)所有线路正、负极不能接错,不能短路。

(3)电泳管应洗净,避免因杂质混入电解质溶液而影响溶胶的 ζ 电势,甚至使溶胶聚沉。

(4)保证界面清晰:①提前排出气泡,若有气泡,可慢慢旋开活塞放出气泡,但切勿使溶胶流过活塞;②打开活塞动作尽量轻缓;③在测量过程中要避免桌面振动。

(5)规范操作高压数显稳压电源。

(6)外加电压勿调太高。

(7)实验完毕,需将胶体从电泳管吸出回收;电泳管需洗净吹干。

【数据及处理】

(1)将实验现象及结果记录到表 5.12 中。

表 5.12   实验现象和结果记录表

室温：_____，E：_____，导电距离：_____

时间 t/s	迁移距离/cm		速度 $u/$ (cm/s)$=[s(+)+s(-)]/2t$
	$s(+)$	$s(-)$	

(2) 由实验结果计算电泳的速度 u。

(3) 计算相对介电常数 ε。

(4) 计算 ζ 电势。

(5) 根据实验现象，说明 $Fe(OH)_3$ 溶胶带何种电荷。

【思考题】

(1) 三种电解质对已纯化和未纯化的 $Fe(OH)_3$ 溶胶聚沉值的影响规律是否相同？为什么？

(2) 聚沉值、ζ 电势与哪些因素有关？

(3) 注意观察 U 形管中两极及胶体界面上发生的变化，并解释为什么会有这些变化？

(4) 通过实验说明胶体浓度与 ζ 电势及粒径分布之间的关系。

实验 20   溶液中的定温吸附

【实验目的】

(1) 加深对吸附作用原理的理解。

(2) 掌握研究吸附性能的一种简便方法。

【实验原理】

本实验测定活性炭在乙酸水溶液中对乙酸的吸附作用，求出吸附等温线；确定 Freundlich 经验公式的常数；运用 Langmuir 吸附方程作图，并推算活性炭的比表面积。

在一定条件下，一种物质的分子、原子或离子能自动地附着在某固体表面上的现象，或者在任意两相之间的界面层中，某物质的浓度能自动发生变化的现象，均称为吸附。

吸附产生的原因：固体表面层的粒子受到指向内部的拉力，这种不平衡力场的存在导致表面吉布斯能的产生，固体物质不能像液体那样可通过收缩表面来降低系统的表面吉布斯能，但它可以利用表面上的剩余力，从周围的介质中捕获其他的物质粒子，使其平衡力场得到某种程度的补偿，从而使表面吉布斯能降低。

吸附能力大小常用吸附量 Γ 表示，吸附量通常指吸附剂吸附溶质的物质的量，在恒定温度下，吸附量与吸附物质在溶液中的平衡浓度 c 有关，Freundlich 从吸附量与平衡浓度的关系曲线得一经验方程：

$$\Gamma = \frac{x}{m} = kc^n \tag{5-84}$$

式中：Γ 为 1 g 吸附剂吸附溶质的物质的量(或质量)；m 为吸附剂质量(g)；x 为吸附平衡时吸附溶质的浓度；k 和 n 均为常数，取决于吸附剂、吸附质和溶剂的性质、温度。

一般地，$n=0\sim1$，将式(5-84)取对数，得

$$\lg(\Gamma/[\Gamma]) = n\lg(c/[c]) + \lg(k/[k]) \tag{5-85}$$

根据式(5-85)以 $\lg(\Gamma/[\Gamma])$ 对 $\lg(c/[c])$ 作图可得一直线，由斜率和截距可得到 n 和 k。式(5-84)是一经验方程式，只适用于浓度不太大也不太小的溶液，从表面上看，k 应为 $c=1$ 时的 Γ，但这时式(5-84)可能已不适用了，一般吸附剂和吸附质改变时，n 的变化不大，而 k 值变化很大。

对于许多体系，Langmuir 吸附等温式给出了更为满意的等温吸附效应表达式；对于许多吸附过程，该式同时具有一定的理论基础。它假定：吸附是单分子吸附，即吸附剂一旦被吸附质占据后就不能再吸附；在吸附平衡时，吸附和脱附达成平衡。设 Γ_{∞} 为饱和吸附量，即吸附剂表面被吸附质铺满一层分子时的吸附量，在平衡浓度为 c 时的吸附量为

$$\Gamma = \Gamma_{\infty} \times \frac{kc}{1+kc} \tag{5-86}$$

整理式(5-86)，得

$$\frac{c}{\Gamma} = \frac{c}{\Gamma_{\infty}} + \frac{1}{k\Gamma_{\infty}} \tag{5-87}$$

以 c/Γ 对 c 作图得一直线，由这一直线的斜率和截距可求得 Γ_{∞} 和 k。

根据 Γ_{∞} 的数值，按照 Langmuir 单分子层吸附的模型，并假定吸附质分子在吸附剂表面是直立的，每个分子所占的面积以 $24.3/10^{20}$ m^2 计算(此数据是根据水-空气界面上对于直链脂肪酸测定的结果而得)，则吸附剂的比表面积 S_0 可按式(5-88)计算得到：

$$S_0 = \frac{\Gamma_{\infty} \times 6.02 \times 10^{23} \times 24.3}{10^{20}} (\text{m}^2/\text{g}) \tag{5-88}$$

根据上述方法得到的比表面积要比实际数值小一些，这是忽略了界面上被溶剂占据的部分和吸附剂表面有些微孔脂肪酸钻不进去的原因所致。但是用这种方法测定时手续简便，且不需要特殊仪器，因此是一种了解吸附剂性能的简便方法。

【仪器、药品及材料】

250 mL 锥形瓶(带磨口塞)6 个，250 mL 锥形瓶 8 个，漏斗 6 个，漏斗架 3 个，碱式滴定管 1 支，振荡器 1 台，5 mL、10 mL、20 mL、25 mL、50 mL 移液管各 1 支。

活性炭(120℃烘干的)，0.400 mol/L 乙酸溶液，酚酞，0.100 mol/L NaOH 溶液。

【实验步骤】

1. 样品配制

将 6 个带有磨口塞且干燥过的 250 mL 锥形瓶编上号，用移液管按表 5.13 中的比例配制不同浓度的 HAc 溶液。

表 5.13　配制溶液所需体积表

瓶号	0.400 mol/L HAc 的体积/mL	H_2O 的体积/mL
1	100	0
2	75	25
3	50	50
4	25	75
5	10	90
6	5	95

2. 溶液中的吸附

在以上各瓶中加入用减量法准确称量的约 3 g 活性炭,塞紧塞子放在振荡器上于恒室温下振荡,使吸附达到平衡[1]。因稀溶液比浓溶液易达到平衡,故在振荡 0.5 h 后,先取稀溶液进行过滤滴定,浓溶液继续振荡 0.5 h 后再过滤滴定。

3. 吸附平衡后乙酸浓度分析

为了求得吸附量,应准确标定乙酸的原始浓度 c_0(取 5 mL 原始 HAc 溶液)和吸附后的平衡浓度 c,用 0.100 mol/L NaOH 溶液滴定。

将各份溶液依次用漏斗分别过滤[2],分别用 6 个干净的锥形瓶接收滤液,滤纸不要用水浸湿,初滤液应弃去。然后分别用移液管吸取 1 号滤液 5 mL,2 号滤液 10 mL,3 号滤液 15 mL,4 号滤液 25 mL,5 号、6 号滤液各 50 mL,用标准 NaOH 溶液滴定,求得乙酸的平衡浓度 c_0。滴定前,浓溶液都应稀释到 30～40 mL。

【注释】

[1] 防止 HAc 挥发和确保吸附平衡是做好本实验的关键,其中平衡所需时间与振荡情况、活性炭粒度、温度、浓度有关,在 0.5～2 h,最好另备一较浓样品,于不同时间取样滴定,以检查是否达到平衡。

[2] 可用下法代替过滤:在一小段橡胶管中塞上纤维,套在移液管尖上,即可直接从锥形瓶中取样,这样取样还可减少 HAc 的挥发。

【注意事项】

(1)各溶液要振荡充分。瓶塞必须塞紧,各瓶编号不要弄错。

(2)操作过程中要防止浓 HAc 溶液的挥发,以免引起误差。

(3)本实验应用不含 CO_2 的去离子水配制溶液。

【数据及处理】

(1)计算出各瓶中溶液的起始浓度 c_0 和平衡浓度 c,并按下式求出吸附量:

$$\Gamma = \frac{(c_0 - c) \times 100}{m \times 1000} (mol/g)$$

式中：m 为加入溶液中吸附剂的质量(g)。

(2)作 Γ-c 吸附等温线。

(3)作 $\lg(\Gamma/[\Gamma])$-$\lg(c/[c])$ 图，求 k 与 n 值。

(4)计算 c/Γ，作 c/Γ-c 图，由图求得 Γ_∞，将 Γ_∞ 值用虚线作一水平线于 Γ-c 图上，这一虚线即吸附量 Γ 的渐近线。

(5)根据 Γ_∞ 由式(5-88)计算活性炭的比表面积。

【思考题】

(1)吸附作用取决于哪些因素？它有什么用途？

(2)为什么最初部分的滤液应弃去？滤纸能否用水润湿？为什么？

V　结构化学参数的测定

实验 21　磁化率的测定

【实验目的】

(1)掌握 Gouy 磁天平测定物质磁化率的实验原理和技术。

(2)通过对一些配合物磁化率的测定，计算中心离子的不成对电子数，并判断 d 电子的排布情况和配位场的强弱。

【实验原理】

物质在磁场中被磁化，在外磁场强度 H 的作用下，产生附加磁场 H'。该物质内部的磁感应强度 B 为

$$B = H + H' = H + 4\pi\chi H = \mu H \tag{5-89}$$

式中：χ 为物质的体积磁化率，表明单位体积物质的磁化能力，是无量纲的物理量；μ 为磁导率，与物质的磁化学性质有关。由于历史原因，目前磁化学在文献和手册中仍采用静电单位(CGSE)，磁感应强度的单位用高斯(G)，它与国际单位制中的特斯拉(T)的换算关系为 $1\ T = 10000\ G$。

磁场强度与磁感应强度不同，是反映外磁场性质的物理量，与物质的磁化学性质无关。习惯上采用的单位为奥斯特(Oe)，它与国际单位 A/m 的换算关系为

$$1\ \text{Oe} = \frac{1}{4\pi \times 10^{-3}}\ \text{A/m}$$

由于真空的磁导率被定义为：$\mu_0 = 4\pi \times 10^{-7}\ \text{Wb/(A·m)}$，而空气的磁导率 $\mu_\text{空} \approx \mu_0$，因而 $B = \mu H = 1 \times 10^{-4}\ \text{Wb/m}^2 = 1 \times 10^{-4}\ \text{T} = 1\ \text{G}$。

这就是说 1 Oe 的磁场强度在空气介质中所产生的磁感应强度正好是 1 G，二者单位虽然不同，但在量值上是等同的。习惯上用测磁仪器测得的"磁场强度"实际上都是指在某一介质中的磁感应强度，因而单位用高斯，测磁仪器也称为高斯计或特斯拉计。

除 χ 外，化学上常用单位质量磁化率 χ_m 和摩尔磁化率 χ_M 来表示物质的磁化能力：

$$\chi_m = \chi/\rho \tag{5-90}$$

$$\chi_M = M\chi_m \tag{5-91}$$

式中：ρ 和 M 分别为物质的密度和相对分子质量；χ_m 的单位为 cm^3/g；χ_M 的单位为 cm^3/mol。

物质在外磁场作用下的磁化有三种情况：①$\chi_M < 0$，这类物质称为逆磁性物质；②$\chi_M > 0$，这类物质称为顺磁性物质；③χ_M 随磁场强度的增加而剧烈增加，往往伴有剩磁现象，这类物质称为铁磁性物质。

物质的磁性与组成物质的原子、离子、分子的性质有关。原子、离子、分子中电子自旋已配对的物质一般是逆磁性物质。这是由于电子的轨道运动受外磁场作用，感应出"分子电流"，从而产生与外磁场相反的附加磁场。

原子、离子、分子中具有自旋未配对电子的物质都是顺磁性物质。这些不成对电子的自旋产生了永久磁矩 μ_m，它与不成对电子数 n 的关系为

$$\mu_m = \sqrt{n(n+2)} \times \mu_B \tag{5-92}$$

式中：μ_B 为 Bohr 磁子，$\mu_B = eh/4\pi mc = 9.2740 \times 10^{-21}$ erg/G；e、m 为电子电荷和静止质量；c 为光速；h 为 Planck 常量。

在没有外磁场的情况下，由于原子、分子的热运动，永久磁矩指向各个方向的机会相等，所以磁矩的统计值为零。在外磁场的作用下，这些磁矩会像小磁铁一样，使物质内部的磁场增加，因而顺磁性物质具有摩尔顺磁化率 χ_μ。另外，顺磁性物质内部同样有电子轨道运动，因而也有摩尔逆磁化率 χ_0，故摩尔磁化率 χ_M 是 χ_μ 与 χ_0 两者之和：

$$\chi_M = \chi_\mu + \chi_0 \tag{5-93}$$

由于 $\chi_\mu \gg |\chi_0|$，因此顺磁性物质的 $\chi_M > 0$，且可近似认为 $\chi_M \approx \chi_\mu$。

摩尔顺磁化率 χ_μ 与分子的永久磁矩 μ_m 有如下关系：

$$\chi_\mu = \frac{N_A \mu_m^2}{3KT} \tag{5-94}$$

式中：N_A 为阿伏伽德罗常量；K 为玻耳兹曼常量；T 为热力学温度(K)。

通过实验可以测定物质的 χ_M，代入式(5-94)求得 μ_m，再根据式(5-92)求得不成对的电子数 n，这对于研究配合物的中心离子的电子结构是很有意义的。

根据配位场理论，过渡元素离子 d 轨道与配体分子轨道按对称性匹配原则重新组合成新的群轨道。在 ML_6 正八面体配合物中，M 原子处在中心位置，点群对称性 O_h，中心原子 M 的 s、p_x、p_y、p_z、$d_{x^2-y^2}$、d_{z^2} 轨道与和它对称性匹配的配体 L 的 σ 轨道组合成成键轨道 a_{1g}、t_{1u}、e_g。M 的 d_{xy}、d_{yz}、d_{xz} 轨道的极大值方向正好和 L 的 σ 轨道错开，基本上不受影响，是非键轨道 t_{2g}。因 L 电负性值较高而能级低，配体电子进入成键轨道，相当于配键。M 的电子安排在三个非键轨道 t_{2g} 和两个反键轨道 e_g^* 上，低的 t_{2g} 和高的 e_g^* 之间能级间隔称为分裂能 Δ，这时 d 电子的排布需要考虑电子成对能 P 和轨道分裂能 Δ 的相对大小。

对强场配体，如 CN^-、NO_2^-，$P < \Delta$，电子将尽可能地占据能量较低的 t_{2g} 轨道，形成强场低自旋型配合物(LS)。

对弱场配体，如 H_2O、卤素离子，分裂能较小，$P > \Delta$，电子将尽可能地分占五个轨道，形成弱场高自旋型配合物(HS)。Fe^{2+} 的外层电子组态为 $3d^6$，与 6 个 CN^- 形成低自旋型配离

子$[Fe(CN)_6]^{4-}$，电子组态为$t_{2g}^6 e_g^{*0}$，表现为逆磁性。当与 6 个 H_2O 形成高自旋型配离子 $[Fe(H_2O)_6]^{2+}$时，电子组态为$t_{2g}^4 e_g^{*2}$，表现为顺磁性。

通常采用 Gouy 磁天平法测定物质的χ_M，本实验采用的是 MT-1 型永磁天平，其实验装置如图 5.24 所示。

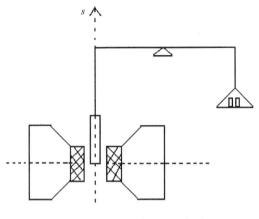

图 5.24 Gouy 磁天平示意图

将装有样品的平底玻璃管悬挂在天平的一端，样品的底部处于永磁铁两极中心，此处磁场强度最强。样品的另一端应处在磁场强度可忽略不计的位置，此时样品管处于一个不均匀磁场中，沿样品管轴心方向 s，存在一个磁场强度梯度 dH/dS。若忽略空气的磁化率，则作用于样品管上的力 f 为

$$f = \int_0^H \chi A H \frac{dH}{dS} dS = \frac{1}{2} \chi H^2 A \tag{5-95}$$

式中：A 为样品的截面积。

设空样品管在不加磁场与加磁场时称量分别为$W_{空}$与$W_{空}'$，样品管装样品后在不加磁场和加磁场时称量分别为$W_{样}$与$W_{样}'$（以克为单位），则

$$\Delta W_{空} = W_{空}' - W_{空} \qquad \Delta W_{样} = W_{样}' - W_{样}$$

因 $f = (\Delta W_{样} - \Delta W_{空})g = \frac{1}{2} \chi H^2 A$，故

$$\chi = \frac{2(\Delta W_{样} - \Delta W_{空})g}{H^2 A} \tag{5-96}$$

由于 $\chi_M = M\chi / \rho$，$\rho = W / (hA)$，

因此

$$\chi_M = \frac{2(\Delta W_{样} - \Delta W_{空})ghM}{WH^2} \tag{5-97}$$

式中：h 为样品的实际高度(cm)；W 为样品的质量$(W = W_{样} - W_{空})$(g)；M 为样品相对分子质量；g 为重力加速度$(981~cm/s^2)$；H 为磁场两极中心处的磁场强度，可用高斯计直接测量，也可用已知质量磁化率的标准样品间接标定。本实验采用莫尔盐进行标定，其质量磁化率 χ_m = $9500 \times 10^{-6}/(T+1)~cm^3/g$（$T$ 为热力学温度）。

【仪器、药品及材料】

MT-1 型永磁天平 1 台(由安装在磁极架上一对 Sm-Co 永磁体与一台分析天平组成),平底软质玻璃样品管 1 支(长 100 mm,外径 10 mm),装样品工具 1 套(包括研钵、角匙、小漏斗、竹针、脱脂棉、玻璃棒、橡胶垫等)。

莫尔盐 $(NH_4)_2SO_4·FeSO_4·6H_2O$(A.R.),$FeSO_4·7H_2O$(A.R.),$K_4[Fe(CN)_6]·3H_2O$(A.R.),$K_3[Fe(CN)_6]$(A.R.)。

【实验步骤】

磁天平中磁场可由电磁铁或永久磁铁产生,电磁铁通过调节励磁电流来改变磁场强度,调节范围大,但要求励磁电流极其稳定,设备复杂且笨重。本实验采用 Sm-Co 合金磁体,可通过改变磁极间距来调节磁场强度,一般将磁极间距调到 25 mm 较为合适,此时 H 为 1500～1900 G,准确的磁场强度应用莫尔盐进行标定。以后每次测量样品时,不得变动两磁极间的距离,否则要重新标定。其具体操作步骤如下:

(1)测定空样品管的质量。取一只清洁、干燥的空样品管套在天平左侧的橡胶塞上,使样品管处在两磁极中心位置,样品管底部不能与磁极有任何摩擦,在无磁场情况下(0 mT)称空样品管的重量,再称空样品管在磁场 300 mT、350 mT 下的重量,称两次取平均值(注意读取 300 mT、350 mT 下的瞬时值)。

(2)用莫尔盐标定磁场强度。取下样品管,将预先用研钵研细的莫尔盐通过小漏斗装入样品管,记得在装样过程中用玻璃棒压实样品,使粉末样品均匀填实,上下一致,端面平整。装样高度 7～9 cm,记录用直尺准确量出的样品高度 h(精确到 mm)。在无磁场时称得空样品管加样品的重量,然后加上磁场 300 mT 和 350 mT 再称量,三种情况下各称量两次再取平均值(需要注意的是 4 次装样高度尽量接近,两两比值接近 1 更好,不能相差太大)。

测定完毕,用竹针将样品松动,倒入回收瓶,然后用脱脂棉擦净内外壁备用。记下实验温度(实验开始、结束时各记一次温度,取平均值)。

(3)测定 $FeSO_4·7H_2O$、$K_4[Fe(CN)_6]·3H_2O$、$K_3[Fe(CN)_6]$ 的磁化率,在标定磁场强度用的同一样品管中,装入测定样品,重复上述步骤(2)。

【注意事项】

(1)天平称量时,必须关上磁极架外面的玻璃门,以免空气流动对称量造成影响。

(2)加上或去掉磁场时,勿改变永磁体在磁极架上的高低位置及磁极间距,使样品管处于两磁极的中心位置,磁场强度前后一致。

(3)装在样品管内的样品要均匀紧密、上下一致、端面平整、高度测量准确。

(4)装样时必须少量多次装入,压紧。

(5)实验完毕后,记得先将电流调为 0 A,再关闭电源开关。

(6)莫尔盐与另外三种盐的装样没有先后顺序,称完空样品管后即可称量。

【数据及处理】

(1)将实验数据记录到表 5.14 中。

表 5.14　实验数据记录表

室温：＿＿℃

样品名称	$W_空$/g	$W'_空$/g	$W_样$/g	$W'_样$/g	ΔW/g	W/g	h/cm

(2) 由莫尔盐的质量磁化率和实验数据，计算磁场强度。

(3) 由 $FeSO_4 \cdot 7H_2O$、$K_4[Fe(CN)_6] \cdot 3H_2O$、$K_3[Fe(CN)_6]$ 的实验数据根据式(5-97)、式(5-94)、式(5-92)计算它们的 χ_M、μ_m 及 n（若为逆磁性物质，$\mu_m = 0$，$n = 0$）。

(4) 根据未成对电子数 n，讨论这三种配合物中心离子的 d 电子结构及配体场强弱。

【思考题】

(1) 在不同磁场强度下，测得的样品的 ΔW 和摩尔磁化率是否相同？为什么？

(2) 分析影响测定 χ_M 的各种因素。

(3) 为什么实验测得各样品的 μ_m 值比理论计算值稍大些？（提示：公式 $\mu_m = \sqrt{n(n+2)}\mu_B$ 是仅考虑顺磁化率由电子自旋运动贡献的，实际上轨道运动对某些中心离子也有少量贡献。Fe 离子就是一例，从而使实验测得的 μ_m 值偏大，由式(5-92)计算得到的 n 值也比实际的不成对电子数稍大）。

实验 22　溶液法测定极性分子的偶极矩

【实验目的】

(1) 了解极性分子的偶极矩与其电性质的关系。

(2) 掌握溶液法测定乙酸乙酯偶极矩的方法。

(3) 了解测定电容和密度的实验技术。

【实验原理】

1. 偶极矩与极化度

分子正、负电荷中心不重合则形成极性分子。分子的极性可用偶极矩表示，两个大小相等、符号相反的电荷系统的电偶极矩的定义为

$$\bar{\mu} = q \times \bar{r} \tag{5-98}$$

式中：q 为电荷量；$\bar{r}$ 为两个电荷中心间距矢量，方向是从正电荷指向负电荷。

极性分子具有永久偶极矩，在电场作用下，趋向电场方向排列，产生取向极化，极性分子正、负电荷中心间距增大，发生变形极化，产生附加偶极矩(诱导偶极矩)，而且非极性分子正、负电荷中心在电场作用下也会发生相对位移而变得不重合，产生变形极化。可用平均诱导偶极矩 m 来表示变形极化程度，中等电场下

$$m = \alpha_D E_内 \tag{5-99}$$

式中：$E_内$ 为作用于个别分子上的强场；α_D 为变形极化率。

变形极化产生于两种因素：电子相对于原子核的移动及原子核之间的微小移动。

$$\alpha_D = \alpha_E + \alpha_A \tag{5-100}$$

式中：α_E、α_A 分别为电子极化率和原子极化率。

分子极化程度可用摩尔极化度 P 衡量。设 n 为单位体积中分子的个数，根据体积极化的定义(单位体积中分子的偶极矩之和)

$$P = nm = n\alpha_D E_内 \tag{5-101}$$

为计算 $E_内$，现考虑平行板电容器内介质的电场，其间的分子受到四种作用：极板表面电荷 σ 所产生的力 F_1，电介质极化所致感生电荷 σ' 产生的力 F_2，分子周围的微小空隙界面上感生电荷产生的力 F_3，分子间的相互作用力 F_4。忽略 F_4 后，

$$E_内 = E_1 + E_2 + E_3 = 4\pi\sigma + 4\pi P + \frac{4\pi}{3}P = E + \frac{4\pi}{3}P \tag{5-102}$$

式中：σ 为极板电荷密度。在平行板电容器内，电量为定值的条件下

$$\varepsilon = C/C_0 = E_0/E \tag{5-103}$$

式中：ε、C 分别为介电常数和电容器的电容，脚标 0 对应真空条件。

$$E = 4\pi\sigma - 4\pi\sigma' = E_0 - 4\pi\sigma' \tag{5-104}$$

$$E_0 = \varepsilon E \tag{5-105}$$

$$\sigma' = \frac{E(\varepsilon - 1)}{4\pi} \tag{5-106}$$

式中：σ' 为感生面电荷密度。体积极化定义为单位立方体上下表面的电荷(σ')和间距的积

$$P = 1 \times \sigma' = \sigma' \tag{5-107}$$

即

$$P = \frac{E(\varepsilon - 1)}{4\pi} \tag{5-108}$$

$$E = 4\pi P/(\varepsilon - 1) \tag{5-109}$$

代入式(5-102)得

$$E_内 = \frac{4\pi P}{\varepsilon - 1} + \frac{4\pi P}{3} = \frac{\varepsilon + 2}{\varepsilon - 1} \times \frac{4\pi P}{3} \tag{5-110}$$

代入式(5-101)得

$$P = n\alpha_D E_内 = \frac{4\pi P}{3} n\alpha_D \times \frac{\varepsilon + 2}{\varepsilon - 1} \tag{5-111}$$

即

$$\frac{\varepsilon - 1}{\varepsilon + 2} = \frac{4\pi}{3} n\alpha_D \tag{5-112}$$

两边同乘相对分子质量 M，再同除以介质的密度 ρ，并注意到 $nM/\rho = N_A$(阿伏伽德罗常量)，即得

$$\frac{\varepsilon-1}{\varepsilon+2} \cdot \frac{M}{\rho} = \frac{4\pi}{3} N_A \alpha_D \tag{5-113}$$

这就是 Clausius-Mosotti 方程，定义摩尔变形极化度 P_D 为

$$P_D = \frac{4\pi}{3} N_A \alpha_D \tag{5-114}$$

总的摩尔极化度为

$$P = P_E + P_A + P_D \tag{5-115}$$

式中：P_E、P_A、P_D 分别为摩尔电子极化度、摩尔原子极化度和摩尔取向极化度，由式(5-114)得

$$P_E = \frac{4\pi}{3} N_A \alpha_E \tag{5-116}$$

$$P_A = \frac{4\pi}{3} N_A \alpha_A \tag{5-117}$$

由玻耳兹曼分布定律可得

$$P_A = \frac{4\pi}{3} N_A \alpha_A = \frac{4\pi}{3} N_A \times \frac{\mu^2}{3KT} \tag{5-118}$$

式中：μ 为极性分子的永久偶极矩；K 为玻耳兹曼常量；T 为热力学温度；α_A 为变形极化率。

由式(5-113)可得

$$P = \frac{\varepsilon-1}{\varepsilon+2} \cdot \frac{M}{\rho} = \frac{4\pi N_A}{3}\left(\alpha_E + \alpha_A + \frac{\mu^2}{3KT}\right) \tag{5-119}$$

此式称为 Clausius-Mosotti-Debye 方程，体现了摩尔极化度与偶极矩的关系。

交变电场中电介质的极化和电场变化的频率有关。频率小于 $10^{10}\ \mathrm{s}^{-1}$ 时，摩尔极化度 P 包含了电子、原子和取向的贡献，在 $10^{12}\sim10^{14}\ \mathrm{s}^{-1}$ 时(红外场)，电场交变周期小于分子偶极矩的松弛时间，取向运动跟不上电场变化，$P_D = 0$。频率大于 $10^{15}\ \mathrm{s}^{-1}$(可见–紫外)时，分子取向和分子骨架变形都跟不上电场的变化，$P_D = 0$、$P_A = 0$、$P = P_E$。这时 $\varepsilon = n^2$，n 为介质的折射率，相应的摩尔极化度称为摩尔折射度 R，

$$P_E = R = \frac{n^2-1}{n^2+2} \cdot \frac{M}{\rho} \tag{5-120}$$

因 P_A 只有 P_E 的 10%左右，一般可略去，或按 P_E 的 10%修正。

由式(5-119)可得

$$\mu = \left(\frac{9K}{4\pi N_A}\right)^{\frac{1}{2}} (P - P_E - P_A)^{\frac{1}{2}} T^{\frac{1}{2}} \tag{5-121}$$

略去 P_A，由式(5-119)可得

$$\mu = \left(\frac{9K}{4\pi N_A}\right)^{\frac{1}{2}} (P - R)^{\frac{1}{2}} T^{\frac{1}{2}} \tag{5-122}$$

$$\mu = 0.0128\sqrt{(P-R)T} \tag{5-123}$$

由式(5-122)计算 $E_内$ 忽略了分子间相互作用项 F_4，故用无限稀的 P^∞、R^∞ 计算 μ，

$$\mu = 0.0128\sqrt{(P^\infty - R^\infty)T} \tag{5-124}$$

实验中测不同浓度下的 P、R，再用外推法可求 P^∞ 和 R^∞。

根据 Hedestrand 的理论，在无限稀释的非极性溶剂中，溶液中溶剂的性质视为与纯溶剂相同，不考虑极性分子间相互作用和溶剂化现象，溶质分子所处状态和气相时相近，其摩尔极化度可看作 P，溶剂和溶质的摩尔极化度等物理量具有可加性，其介电常数、折射率、摩尔极化度及密度均和浓度呈线性关系

$$\varepsilon = \varepsilon_1(1 + \alpha x_2) \tag{5-125}$$

$$n = n_1(1 + \gamma x_2) \tag{5-126}$$

$$\rho = \rho_1(1 + \beta x_2) \tag{5-127}$$

$$P = x_1 P_1 + x_2 P_2 \tag{5-128}$$

式中：x_1、x_2 分别为溶剂和溶质的摩尔分数；ε、ρ、P、n，ε_1、ρ_1、P_1、n_1 分别为溶液和溶剂的介电常数、密度、摩尔极化度和折射率；α、β、γ 为常数。因此

$$P^\infty = P_2^\infty = \lim_{x_2 \to 0} P_2 = \frac{3\alpha \varepsilon_1}{(\varepsilon_1 + 2)^2} \cdot \frac{M_1}{\rho_1} + \frac{\varepsilon_1 - 1}{\varepsilon_1 + 2} \cdot \frac{M_2 - \beta M_1}{\rho_1} \tag{5-129}$$

$$R^\infty = R_2^\infty = \lim_{x_2 \to 0} R_2 = \frac{n_1^2 - 1}{n_1^2 + 2} \cdot \frac{M_2 - \beta M_1}{\rho_1} + \frac{6n_1^2 M_1 \gamma}{(n_1^2 + 2)^2 \rho_1} \tag{5-130}$$

利用 1000 Hz 的交流电桥测出的介电常数、可见光下测出的折射率及溶液的密度，可求出 α、β、γ，再代入式 (5-129)、式 (5-130) 算出 P^∞ 和 R^∞，则由式 (5-124) 计算分子的永久偶极矩。

2. 介电常数

当电介质被放入电场中时会极化，因感应而获得一个宏观的电偶极矩，净效应表现为在电介质表面上的不同侧面出现等量正、负电荷的聚集，感生电荷(束缚态)就会在电介质内部建立起一个与外加电场方向相反的电场，抵消一部分外加电场，使电介质内部的合电场较原来外加电场小。即电介质的放入使电容器的电容量增大，如果维持极板上的电荷量不变，则充有电介质的电容器板间电势差就减小。常用介电常数(电介质本性决定的)描述电介质使电场减弱的程度，其值通过测定电容计算而得，设 C_0 为极板间真空时的电容量，C 为充以电介质时的电容量，则 C 与 C_0 的比值称为该电介质的介电常数 ε：它等于加入电介质后其内的合电场强度与真空电场强度之比。

$$\varepsilon = \frac{C}{C_0} \tag{5-131}$$

电容的测定方法一般有电桥法、拍频法和谐振法，后两者抗干扰性能好、精度高，但仪器价格昂贵，本实验采用电桥法。

实际所测得的电容 $C'_{样}$ 包括样品的电容 $C_{样}$ 及电容池的分布电容 C_x 两部分。

$$C'_{样} = C_{样} + C_x$$

对给定的电容池，须先测出其分布电容 C_x。先测出以空气为介质的电容，记为 $C'_{空}$，再用一种已知介电常数的标准物质(如环己烷)，测得其电容 $C'_{标}$。

$$C'_{空} = C_{空} + C_x$$

$$C'_{标} = C_{标} + C_x$$

$$\varepsilon_{标} = \frac{C_{标}}{C_0} \approx \frac{C_{标}}{C_{空}}$$

可得

$$C_x = C'_{空} - \frac{C'_{标} - C'_{空}}{\varepsilon_{标} - 1} \tag{5-132}$$

$$C_0 = \frac{C'_{标} - C'_{空}}{\varepsilon_{标} - 1} \tag{5-133}$$

计算出 C_x、C_0 后，可求样品的介电常数：

$$\varepsilon_{溶} = \frac{C'_{溶} - C_x}{C_0} \tag{5-134}$$

【仪器、药品及材料】

阿贝折光仪 1 台，10 mL 比重瓶 1 个，PCM-II 电容测量仪 1 台，电容池 1 台，电子天平 1 台，电吹风机 1 个，滴管 5 支，10 mL 具塞试管 5 支。

环己烷(A.R.)，丙酮(A.R.)，蒸馏水，乙酸乙酯摩尔分数分别为 0.02、0.06、0.10 和 0.15 的四种乙酸乙酯-环己烷溶液(精确标出浓度值，注意防止液体挥发及吸收水汽)。

【实验步骤】

1. 溶液密度的测定

(1)取干燥、洁净的比重瓶称量，记下 $m_{瓶}$ 质量。

(2)注入蒸馏水，盖上瓶塞，用滤纸擦干外壁，称量，记下 $m_{水}$ 质量。根据水的密度计算比重瓶的真实体积。

(3)倒去比重瓶中的水，用少量无水乙醇或丙酮荡洗并用凉风吹干，再用待测液荡洗后，加入待测液(乙酸乙酯摩尔分数为 0.02、0.06、0.10 和 0.15 的乙酸乙酯-环己烷溶液)，盖上瓶塞，擦干外壁后称量，分别记下质量，根据体积求算溶液密度。称量后的待测液转移到相应的 5 支试管中，并塞上塞子，供后续实验使用。

2. 折射率的测定

用阿贝折光仪测定环己烷和已配制乙酸乙酯-环己烷溶液(乙酸乙酯摩尔分数为 0.02、0.06、0.10 和 0.15)的折射率，并快速盖上，测定待测液的折射率。每个样品需加样三次，将三次测定读数取平均值。

3. 介电常数的测定

(1)仪器预热与调试。
①接好电容测量仪的配套电源线，打开电源开关，预热 5 min。
②用丙酮对电容池内、外电极间的空隙数次冲洗，用电吹风机凉风吹干。

③将电容测量仪与电容池连接起来，电容测量仪"C2"插座与电容池"C2"插座相连，"C1"插座与电容池"C1"插座相连，然后取下电容池"C1"导线悬空，待显示器稳定后，采零，显示器显示"00.00"。

(2)空气介质电容的测量。

采零后，将电容池与电容测量仪接通，测电容 $C_{空}$，显示值为空气介质的电容 $C_{空}$ 与系统分布电容 C_x 之和，再测两次，取平均值。

(3)液体介质电容的测量。

①拔出电容池"外电极C1"插座一端的测试线。打开电容池盖，用移液管往样品杯内加入待测样品至加样孔的刻度线(电容池四氟乙烯套内侧凹槽)，盖上盖。显示稳定后，采零，显示"00.00"，接通仪器进行测定，显示值为样品电容 $C_{样}$ 与分布电容 C_x 之和。取下电容池"C1"导线悬空，重新采零后，接上"C1"，再次测定，每个样品测量三次。

②分别测定环己烷标样及各个乙酸乙酯-环己烷稀溶液介质(环己烷，摩尔分数为0.02、0.06、0.10 和 0.15)的电容，每个样品测三次，数据差值小于 0.05 pF，取平均值。

③每次测定后，倒掉电容池四氟乙烯套内的液体，吹干，才能加入新样品。

【注意事项】

(1)吹干比重瓶和电容池时严禁用热风。

(2)带电电容请勿在测试仪上进行测试，并控制样品用量。

(3)操作正确迅速，防止挥发及吸收水汽。

(4)比重瓶必须洁净、干燥。

(5)折射率测定时一定要加入待测液，并快速盖上，否则样品挥发后，找不到分界线。

【数据及处理】

(1)溶液密度的测定，计算环己烷及各溶液的密度 ρ，作 $\rho_{溶}$-x 图，用 β=斜率/$\rho_{环}$ 算出 β。

(2)折射率的测定，作 $n_{溶}$-x 图，用 γ=斜率/$n_{环}$ 算出 γ。

(3)介电常数的测定，算出 C_0、C_x 和 $\varepsilon_{溶}$，作 $\varepsilon_{溶}$-x 图，由 α=斜率/$\varepsilon_{环}$ 算出 α。环己烷介电常数的温度公式：$\varepsilon_{标}$= 2.023–0.0016$(t$–20$)$，式中 t 为实验温度(℃)。

(4)求摩尔极化度，将 α、β、ρ_1、ε_1 代入式(5-129)算出 P^{∞}；将 β、γ、n_1、ρ_1 代入式(5-130)算出 R^{∞}。

(5)求偶极矩，将 P^{∞} 和 R^{∞} 代入式(5-124)计算乙酸乙酯的偶极矩 μ。

【思考题】

(1)本实验中要测定折射率、密度与介电常数，其操作如何影响各自的测定结果及偶极矩的值？

(2)溶液法测得的溶质偶极矩和气相测得的真空值之间存在偏差的主要原因是什么？

第6章 化学实验室中的常用仪器

6.1 旋转蒸发仪

6.1.1 仪器工作原理

旋转蒸发仪是一种在有机实验室中极为常见的设备，可以将有机溶液中低沸点的液体分离出来。它的主体是由蒸发瓶、电动旋转轴、冷凝器及收集瓶构成的一个气液系统，另外再配有调温水浴锅和真空水泵。当仪器运转时，蒸发瓶一边旋转，一边在水浴锅中加热，使瓶中的溶液沸腾蒸发，沸腾形成的蒸气进入冷凝器，随后冷凝下来，流入收集瓶中，如图 6.1 所示。

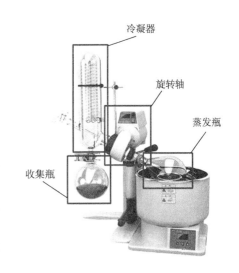

图 6.1　旋转蒸发仪

旋转蒸发过程并不复杂，分离效率却很高，这有三个原因：首先，抽真空的低压状态下，液体沸点降低，有利于蒸发；其次，旋转使液体在蒸发瓶瓶壁上形成液膜，这大大地增加了蒸发面积；最后，旋转蒸发仪的冷凝器是经过精心设计的，不但使用了排列紧密的双螺旋冷凝管，而且与常用的蛇形冷凝管相反，冷凝水是在螺旋管中流动，蒸气在气室里包裹着螺旋管，形成热交换，这样冷凝的效率就大大增加了。对于一些沸点较低的溶剂，有条件的实验室还会外接制冷机及用乙醇作低温循环冷凝液，这将进一步提高冷凝的效率。

6.1.2 使用方法及注意事项

开机之前，先接好冷凝水和真空泵的管路。

选择大小合适、接口与缓冲球匹配的单口烧瓶作为蒸发瓶，倒入将要旋蒸的溶液，使溶液体积不超过烧瓶的 2/3。向缓冲球中填入干净的脱脂棉，接口处抹一点真空脂，再用缓冲球将蒸发瓶连接到旋转轴上，用固定夹固定住。随后打开水泵抽真空，关闭活塞阀门，观察水泵上的真空表，确定已经有一定的真空度后，调整旋转蒸发仪上的位置调节手柄，使烧瓶刚好没入水浴，设置温度启动水浴锅加热，打开冷凝水，开启旋转蒸发仪旋转。这样旋转蒸发仪就开始正常运行了，使用者可以观察到旋转产生的蒸发瓶上的液膜；随着加热，也可以观察到蒸发的气泡、冷凝管上冷凝滴落的液珠。

实验过程中使用者需要注意，由于体系处于低压状态，溶剂的沸点降低，虽然有旋转的混匀作用，如果设置的蒸发温度不当，溶液依然可能剧烈沸腾，冲进冷凝区，造成污染。所以在旋蒸过程中，操作人员需要注意监控蒸发瓶中的液体状态。如果实验前不能确定合适的旋蒸温度，就应该先低后高，视情况逐渐调整。

当溶剂旋干，停止旋蒸时，关机顺序与启动相反，先停止旋转和加热，然后扶住蒸发瓶，再打开阀门平衡系统内外的压力，之后才可以关闭水泵，取下蒸发瓶，停止通冷凝水，关闭设备电源。

6.2 阿贝折光仪

6.2.1 仪器工作原理

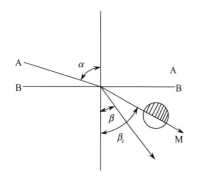

图 6.2 折射原理图

阿贝折光仪的工作原理如图 6.2 所示，单色光从一种介质 A 进入另一种介质 B，即发生折射现象，在一定温度下，入射角与折射角的关系服从折射定理：

$$n_A \sin \alpha = n_B \sin \beta \tag{6-1}$$

式中：α 为入射角；β 为折射角；n_A 和 n_B 分别为 A、B 介质的折射率。

折射率是物质的特性常数，对一定波长的光，在一定温度和压力下，折射率为一确定的值。

若 $n_A < n_B$（A 为光疏介质，B 为光密介质），根据上式，α 必大于 β，这时光线由 A 介质进入 B 介质时，则折向法线。对于给定的 A、B 两介质而言，在一定温度下，n_A、n_B 均为常数，故当入射角 α 增大时，折射角 β 也相应增大，当 α 达到最大值为 90° 时，所得的光线折射角为 β_c，称为临界折射角。显然从图 6.2 中法线左边 A 介质入射的光线折射入 B 介质内时，折射线都只能落在临界折射角 β_c 内。若在 M 处放置一目镜，则目镜上半明半暗，从上式可知，当固定一种介质 B，即 n_B 一定，则临界折射角 β_c 的大小和 n_A 有简单的函数关系。阿贝折光仪就是根据这一光学原理设计的。

阿贝折光仪的构造如图 6.3 所示，仪器的主要部分是两块直角棱镜对角线平面叠合时，放入这两镜面的待测液体连续分布成一薄层，光线由反射镜 G 反射而透过棱镜 F，由于 F 的表面是毛玻璃面，光在毛玻璃面上产生漫反射，以不同的入射角进入待测液体层，然后到达棱镜 F 的表面，由于棱镜 E 的折射率很高(约为 1.85)，根据上面的讨论，从各个方向进入棱镜 E 的光线均产生折射，且其折射角都落在临界折射角 β_c 内，具有临界折射角 β_c 的光线射出棱镜 E 经消色散棱镜 H、C，再经会聚透镜 T 和目镜最后到达观察者的眼里。为了使目镜中出现清晰的临界折射角界面，利用消色补偿器 2 调节色散棱镜面消除色散，A 为色散度的读数标尺。折射率就是依据临界折射角的界面(明暗交界线)的位置来确定。

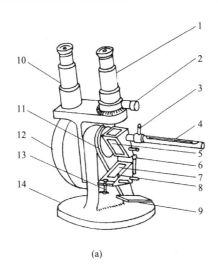
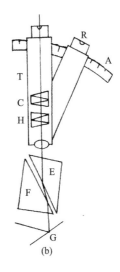

图 6.3　阿贝折光仪的构造

1. 测量目镜；2. 消色补偿器；3. 循环恒温水接头；4. 温度计；5. 测量棱镜；6. 铰链；7. 辅助棱镜；8. 加样品孔；9. 平面反光
镜；10. 读数目镜；11. 转轴；12. 刻度盘罩；13. 折射棱镜锁紧扳手；14. 底座

A. 标尺；C,H. 消色散棱镜；E. 光线射出棱镜；F. 棱镜；G. 反射镜；R. 放大镜；T. 会聚透镜

通过与两棱镜角位置转动盘相联系的刻度标尺 A，从放大镜 R 中读出待测液的折射率。由于折射率与温度有关，因此在测量时折光仪应与超级恒温槽相连接，使恒温水在两棱镜的外层间循环，并由插在夹套里的温度计读出温度。另外由于折射率和入射光的波长有关，通常选用钠光(波长为 5983 Å，符号为 D)作标准，故测得的某物质的折射率为该物质对钠光的折射率，通常用 n_D^t 表示。光的行程如图 6.4 所示。

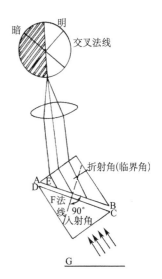

图 6.4　光程示意图

6.2.2　使用方法及注意事项

实验室将仪器放在光线较好的桌子上，在棱镜外套上装好温度计，用超级恒温槽通入恒温水，恒温在 25℃±0.1℃或其他温度。

(1)仪器校正。打开棱镜滴两滴丙酮在镜面上，合上，再打开，然后用已知折射率的标准折光玻璃块来校正标尺刻度，操作是：拉开下面棱镜 F，用一滴 α-溴代萘滴在玻璃块的抛光面上，使玻璃块粘在棱镜 E 上，并掀开前面的金属盖，使玻璃块直接对着反射镜 G，旋转棱镜使标尺读数等于玻璃块上注明的折射率，然后用一小旋棒旋动目镜凹槽中凸出部分，使明暗交界线和十字线交点重合，校正工作就完成了。一般也用重蒸馏水作标准样品，方法是把水滴在 F 棱镜的毛玻璃面上，合上两棱镜，旋转棱镜使刻度尺读数与水的折射率(可查附表 3)一致，其余操作与上相同。

(2)样品测定。对不挥发和黏度较大的样品需拉开棱镜，用滴管吸取样品在棱镜处进行观察，若样品易挥发，或流动性很好，则先合上棱镜，样品由棱镜间小槽滴入，旋转棱镜，使在目镜中能看到半明半暗现象。如果看不到，改变旋转方向定能看到。因为是白光，所以在交界线处呈彩色色散，旋转色散调节器旋钮，使彩色消失，明暗清晰(这样测得的折射率与应用钠光所得的折射率相同)。再细调棱镜角度使明暗分界线正好与目镜中的十字线交点重合，从标尺上读取折射率，读数可到小数点后第 4 位。明暗分界线由下方趋向十字交点与由上方趋向十字交点，其读数常有差别(由螺纹间隙引起)，为了减小误差，可取两者的平均值。对于系列测量，也可采用同一方向逼近的方法。

使用阿贝折光仪时，一定要学会它的正确使用方法和注意事项，否则可能损坏仪器，同时得不到正确数据。该仪器的关键所在是 E、F 棱镜，使用时千万注意，不能将滴管及其他硬物碰触镜面，吸管口一定要烧光滑。腐蚀性液体、强酸、强碱和氟化物等不得使用阿贝折光仪。在测量样品前应用丙酮洗净镜面，用完后要用丙酮洗净镜面，并用镜头纸轻轻擦干，取下温度计，流尽金属套中余下的水，最后装入木盒中。有时在目镜下看不到半明半暗或是畸形的，这是棱镜间未充满被测液所致。若液体的折射率低于 1.3 或高于 1.7，则此仪器不能测定。折光仪不要被日光直接照射，也不能离热源太近，以免影响测定温度。

如果要测腐蚀性液体的折射率，可用浸入式或普菲里许折光仪。

若采用 WYA-$\frac{1}{2}$S 数字阿贝折光仪，使用方法请参考其说明书。

6.3 自动电位滴定计

本仪器的使用方法为 pH 测定、mV 测定、自动电位滴定、自动酸度控制和手动电位滴定五种，现仅将自动电位滴定部分介绍如下。

6.3.1 仪器工作原理

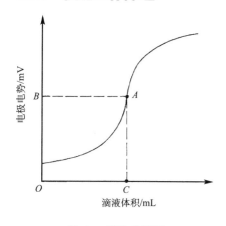

图 6.5 滴定曲线图

ZD-2 型自动电位滴定仪是应用电位法的容量分析原理设计而成。在作酸碱滴定或氧化还原滴定等各种滴定分析时，若配以适当的指示电极，则在指示电极上所产生的电势变化斜率的最大值将在滴液和被滴液的等量浓度时出现。图 6.5 是用电位法进行容量分析的典型曲线，它是在滴定分析过程中，将指示电极的电势和当时所消耗滴液的体积逐步记录下来而绘制的。

从滴定曲线可看出 A 点的斜率最大，该点称为化学计量点或滴定终点，对应的 B 点是化学计量点电势或终点电势，C 点是液滴的化学计量点体积。滴定曲线的斜率虽与滴液和被滴液的浓度有关，但在一般的滴定过程中，A 点的斜率总是曲线中最大的，因此以终点电势确定滴定终点具有一定的精度。

ZD-2 型自动电位滴定仪利用这一原理，以终点电势确定滴定终点，仪器通过一套电子控制系统和可控电磁阀控制滴液的滴入量，使电极电势在发生突跃而到达终点电势时，滴液能自动停止滴入。

6.3.2　使用方法及注意事项

1. 准备工作

(1)电极的选择。电极的选择取决于滴定时的化学反应，如氧化还原反应，可采用铂电极和甘汞电极；中和反应，可采用玻璃电极和甘汞电极；银盐和卤素反应，可采用银电极和特殊甘汞电极。

(2)电极的安装。指示电极应夹在电极夹右边的夹口内，参比电极应夹在左边的夹口内。指示电极插入图 6.6 中插孔 2 内，参比电极在图 6.6 接线柱 4 上(但氧化还原滴定中如用玻璃电极作为参比电极时，仍应将玻璃电极插入图 6.6 插孔 2 内)。

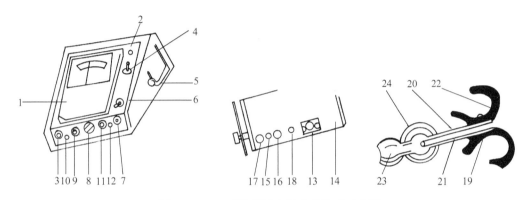

图 6.6　ZD-2 型仪器及电极夹子外观示意图

1. 指示电极；2. 玻璃电极插孔；3. 预控制调节器；4. 甘汞电极接线柱；5.L 形电极杆；6. 读数开关；7. 校正器；8. 选择器；9. 预定终点调节器；10. 滴液开关；11. 温度补偿调节器；12. 电源指示灯；13. 三芯电源插座；14. 电源开关；15. 记录器输入插座；16. 输出电压调节器；17.ZD-2 型单元组合"配套插座"；18. 暗调节器；19. 温度计插口；20. 滴液管；21. 甘汞电极夹口；22. 玻璃电极夹口；23. 弹簧圈；24. 电极杆夹口

(3)滴定管、电磁阀和滴液管的安装。滴定管由滴管夹夹住，它的出口和电磁阀上的橡胶管上端连接，橡胶管的下端与滴液管(玻璃毛细管)连接，将滴液管夹在电极夹右边的小夹口内，且输入滴液内，滴出口的高度应调节到比指示电极的敏感部分中心略高些，使滴液滴时可顺着搅拌的方向首先接触指示电极，可使滴定精度提高到 1/10 滴以内。试杯放在塑料插座上，并在试杯内放置 1 根搅拌棒，其大小由试杯的大小和试液的多少而定，温度计可插在电极左边的小夹口上。

(4)预控制的调节。预控制的调节取决于化学反应的性质，即滴定曲线的形状，故难以确切地描述。一般氧化还原滴定、强酸强碱中和滴定和沉淀滴定可调节一较大位置，弱酸强碱滴定可调节在中间位置，而弱碱强酸滴定则可调节在起始位置。总之，预控指数小，则可节省滴定时间，但易过滴而造成误差。如预控制指数大，则滴定时间长易保证准确性，用户在数次使用后，即能自如地选择其位置，做到既省时又准确。

(5)滴定选择开关的调节。取决于滴液的性质及电极的连接位置，设指示电极插孔为"−"，参比电极插孔为"+"，表 6.1 可作滴定选择开关选择其"+""−"位置的参考。

表 6.1　选择 "+" "−" 位置的参考

滴定性质	指示电极的特性	滴液开关位置
氧化剂	铂电极接 "−"，甘汞电极或钨电极接 "+"	"+"
还原剂	铂电极接 "−"，甘汞电极或钨电极接 "+"	"−"
酸	玻璃电极或锑电极接 "−"，甘汞电极接 "+"	"+"
碱	玻璃电极或锑电极接 "−"，甘汞电极接 "+"	"−"
银盐	银电极接 "−"，甘汞电极接 "+"	"+"
卤素化合物	银电极接 "−"，甘汞电极接 "+"	"−"

(6)滴定终点的确定。从电位滴定原理和本仪器的设计基础不难联系到，在操作时可预先决定终点 pH。电动势是决定分析精度的重要参数，然而在某次滴定分析前，它的滴定曲线不一定是预知的，但终点电动势必须预先做出决定。如果在滴定前，先求出曲线，再由曲线决定终点电动势，所需的时间较长，此外也可按照化学计算公式求出滴定终点的电势。

(7)仪器在开始操作前，2 台仪器的电源开关和搅拌开关指在 "关" 的位置，读数开关放开。

(8)滴定装置的工作开关指在 "滴定" 的位置。

(9)用 CK_3。型双头连接将 ZD-2 型与电磁搅拌器(图 6.7)进行连接。

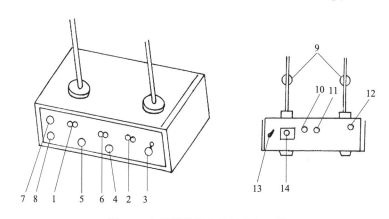

图 6.7　电磁搅拌器仪器的外部元件

1. 电磁阀选择开关；2. 工作开关；3. 滴定开始撤开夹；4. 终点指示灯；5. 滴定指示灯；6. 转速调节器；7. 搅拌开关；8. 搅拌指示灯；9. 电磁控制阀；10. 电磁控制阀插座；11. 电磁控制阀插座；12. 配套插座；13. 电源开关；14. 三芯电源插座

2. 操作步骤

(1)先把电磁阀连同电极升高，再把盛被滴液的试杯放在滴定装置上的塑料插座中央，杯中预先放入搅拌棒 1 根，然后调节电磁阀及电极夹高度，使电极能浸入被滴液内，放试杯的方法也可先把电磁阀连同电极向右转，然后把试杯用手托起，使电极浸在溶液内，再把电磁阀连同电极和试杯向左转回中心位置，放下试杯即可。滴定完毕欲换下试杯时，也可用同样的方法进行。

(2)开滴定装置的电源开关及搅拌开关，指示灯亮调节转换搅拌从慢逐渐加快至适当的转速。

(3) 使用左边电磁阀滴定时,将选择开关扳向左边的"1",欲使用右边电磁阀滴定时,则将选择开关扳向右边的"2"。

(4) 开启 ZD-2 型的电源开关,经预热后,揿下读数开关,旋动"校正器",调节器使电表指针在 pH 为 7 的位置(可放开"读数"开关而观察不出指针的位置移动,否则要重新调整。然后仍揿下"读数"开关)或右面零位置或左面零位置。此后切勿再旋动"校正"调节器,否则必须重新校正。

(5) 置选择器于"终点"处,旋动"终点调节器",使电表指针指在终点位置或终点 pH 上,此后切勿再旋动"终点调节"器,否则将导致分析结果错误,再把选择器置于"mV"滴定挡。

(6) 如欲做中和反应滴定,则应把 ZD-2 型的选择扳在"pH"处,用一标准溶液通过"校正"调节器将酸度计校准(详见 6.4.2 节 pH 校正)。

(7) 揿下"滴定开始"开关,此时"滴定"指示灯亮。"滴定"指示灯时亮时暗,滴液快速滴下,电表指针向终点逐渐接近,在接近终点时,"滴定"指示灯亮的时间较短,当电表指针到达终点值而"终点"指示灯熄灭后,滴定即结束。

(8) 记录滴定管内滴液的终点读数。

3. 注意事项

(1) 甘汞电极内应有足够的 3.3 mol/L 氯化钾内充液,测试时弯管上下不可存有气泡将液路阻断。

(2) 玻璃电极因长期使用出现梯度降低时,可将电极下端浸泡在 4% HF(氢氟酸)中 3～5 s,用清水洗净后,再在氯化钾溶液中浸泡,使其复新。

6.4　数字酸度计

6.4.1　仪器工作原理

酸度计是利用 pH 电极和甘汞电极对被测溶液中不同酸度产生的直流电势,通过前置 pH 放大器输到 A/D 转换器,以达到 pH 数字显示目的。此外,还可配上适当的离子选择性电极,测出该电极的电极电势。

6.4.2　操作方法及注意事项

1. 仪器使用前的准备

将仪器的电源三芯插头插在 220 V 交流电源上,并把电极夹装在电极架上,然后将玻璃电极插在仪器的插口内,甘汞电极引线连接在接线柱(玻璃电极安装时下端玻璃球泡必须稍高于甘汞电极),甘汞电极在使用时应把上面的小橡胶塞及下端橡胶套拔去,不用时再套上。

2. 预热

按下"pH"或"mV"键(即接通电源),仪器预热 30 min。

(1) 拔出测量电极插头,按下"mV"。

(2)调节"零点"电位器使仪器读数应在"0"处。

(3)插上电极，按下"pH"按键，斜率调节器调节在100%位置。

(4)先把电极用蒸馏水清洗，然后把电极插在一已知 pH 的缓冲溶液中(如 pH=4)，调节"温度"调节器使所指示的温度与溶液温度相同，开启搅拌器将溶液搅拌使其均匀。

(5)调节"定位"调节器使仪器读数为该缓冲溶液的 pH(如 pH=4)。

标定后，"定位"电位器不应变动，不用时电极的球泡最好浸在蒸馏水中，一般 24 h 内不需再标定。

3. 测量 pH

1)被测溶液和定位溶液温度相同

(1)"定位"保持不变。

(2)将电极夹向上移出，用蒸馏水清洗电极头部，并用滤纸吸干。

(3)将电极插入被测溶液内。将溶液搅拌均匀后，读出 pH。

2)被测溶液和定位溶液温度不同

(1)"定位"保持不变。

(2)以蒸馏水清洗电极头部，用滤纸吸干，用温度计测出被测溶液的温度。

(3)调节"温度"调节器，使指示在该值上。

(4)把电极插在被测溶液内，将溶液搅拌均匀后，读出 pH。

4. 测量电极电势(mV 值)

1)校正

(1)拔出测量电极插头，按下"mV"按键。

(2)调节"零点"调节器，使读数在"0"处。

注意：温度调节器、斜率调节器在测 mV 值时不起作用。

2)测量

(1)接上适当的离子选择电极。

(2)用蒸馏水清洗电极，用滤纸吸干。

(3)将电极插入被测溶液，搅拌均匀后，即可读出该离子选择电极电势(mV 值)，并自动显示"±"极性。

6.5   示波极谱仪

6.5.1   仪器工作原理

单扫描极谱法的基本原理如图 6.8 所示。在含有被测离子的电解池两电极上，加一随时间做线性变化的电压，并将电解池两端的电压连接于示波器的水平偏转系统，把电解池产生的电流通过电阻及所获得的电压降加到示波器的垂直偏转系统，就可以在示波器的荧光屏上观察到电压电流变化曲线，在一个汞滴上便可完成并得到一条极谱曲线，如图 6.9 所示。当其他实验条件相同时，i_p 与被测物质浓度成正比，可进行定量分析。

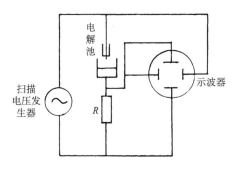

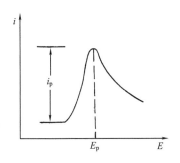

图 6.8 单扫描极谱法的基本原理示意图　　图 6.9 单扫描极谱曲线

图 6.10 为 JP-IA 型示波极谱仪的结构示意图。

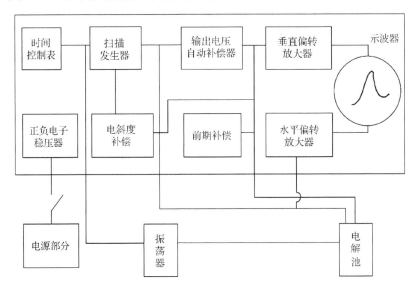

图 6.10 JP-IA 型示波极谱仪的结构示意图

6.5.2 使用方法及注意事项

1. 使用方法

(1)未接通电源前和实验后，仪器面板上各旋钮、开关位置应按如下规定放置：

开关/旋钮	位置	开关/旋钮	位置
电源开关	向下	原点电位	−0.5 V
灯光开关	向下	电流倍率	校对
电解开关	阳极化	电容补偿	逆时针旋到底
电极开关	双电极	斜度补偿	逆时针旋到底
导数开关	常规	前期补偿	
补偿开关	单补偿	测量开关	富集法
亮度旋钮	逆时针旋到底	上下调节	在中间位置（旋钮上的标志向上）
聚焦旋钮	任意	左右调节	在中间位置（旋钮上的标志向上）

(2)将电源插头插上，接通电源，把开关拨向上，大约 1 min 后可以听到电源部分的延时继电器吸合的声音。仪器的电路开始工作。示波器两旁的出界指示灯之间可能发光，预热15 min 后便可进行测量。

(3)顺时针方向旋转"亮度"旋钮至光点四周不出现光晕为止。调"聚焦"旋钮，使光点最细，把"原点电势"度盘置于与半波电位(或峰电位)相差 0.2 V 左右。调左右调节旋钮和上下调节旋钮，使光点落在坐标的原点，测还原波时将"测量"开关旋至"阴极化"位置，测氧化波时将"测量"开关旋至"阳极化"位置。

(4)把储汞瓶提高，待有汞滴流出后，洗 3 个电极，擦干电极，浸入电解池中，"电极"开关至"三电极"。

(5)将"电流倍率"开关从大至小方向转动，调上下调节旋钮至极谱波呈现在荧光屏坐标范围内，且波峰高度在 25 格以上。此时光点扫描起点不一定在原点上，但起点必须保持在坐标的左边界上(左右调节旋钮不动)。

(6)如在扫描始点，光点有向上跳的现象，可顺时针旋转"电容补偿"旋钮，直至光点不向上或向下跳动为止。如波的基线向上斜，可将"补偿"开关扳至"弱补偿"位置，再顺时针旋转"斜度补偿"旋钮，使基线完全呈水平状态。

(7)荧光屏纵光标满度为 5 μA，每小格为 0.1 μA，在荧光屏上读出峰高的微安值，乘以"电流倍率"即得峰高的真实电流值(μA)，因此在每次测量中必须记下峰高及电流倍率，把波峰在荧光屏上的电势读数(负值)加上"原点电势"度盘上读数，即为峰电位值(相对于饱和甘汞电极)。

(8)测量氧化波时，将"测量"开关旋至"阳极化"位置，光点自右向左扫描，将扫描起始光点调至右上角，其他与上述相同。

(9)测导数波时，将"导数"开关扳至"导数"位置，"测量"开关旋至"阴极化"位置，调节扫描起始光点在左边界中央附近，其他与上述相同。

(10)测阳极溶出时，将"测量"开关旋至"富集"、"导数"开关扳至"常规"。调"原点电势"度盘上读数加上荧光屏上的 0~0.5 V 即等于所要求的富集电势值。电极可采用慢滴汞电极与辅助电极连接。"电极"开关 6 扳至"双电极"，搅拌，将"电解"开关扳至"电解"，同时计时，到达富集时间后，停止搅拌 30 s，将"电解"开关扳至"阳极化"，记下荧光屏上的峰高和电流倍率。

(11)当有大量前放电的离子存在时，产生很大的电流，使上下旋钮不能将光点调在荧光屏坐标范围内，则可将"补偿"开关扳向"强补偿"，旋转"前期补偿"旋钮，并配合上述调节旋钮使光点调节在荧光屏上，然后按上述调整各旋钮。

(12)进行高灵敏度测量(即使用最小电流倍率)时，采用双电极，即参比电极改为汞层电极，将辅助铂电极与汞层接触。

(13)测量完毕，先将三个电极吹洗、擦干，放低汞瓶，甘汞电极套上橡胶帽。然后，将"电源"开关扳向下，拔去电源插头。

2. 注意事项

(1)绝对不许在插上电解池插头、电极浸在电解池中的情况下开机或关机，如果不注意这一点，由于在开机或关机的一瞬间，电解池两端会出现很高的电压，会使浸在电解池中的毛细管孔径立即遭受破坏。当仪器临时发生故障,荧光屏上扫描线始终调不出来时,也应将电极提出电解池,以免毛细管受到破坏。

(2)示波管价格昂贵,寿命有限,如果测量工作有 3 min 以上的问题,应将"亮度"旋钮逆时针旋转,以熄灭光点。平常使用时应戴上观察罩,在不妨碍测量工作的前提下,尽可能降低亮度。

(3)在做时间电解富集时,在调好电解电势后应将"亮度"旋钮关闭。如果让光点长时间停留在荧光屏的某一点上,容易使荧光屏的那一点烧坏。在进行阳极溶出测定时,再将"亮度"旋钮旋转至适当的位置。

(4)如果没有加外接电阻,不允许将"电流倍率"开关置于外接上,在使用外接电阻时,外接电阻不能小于 $100\,\Omega$,否则会损坏仪器。

(5)当电极插入电解池后,如仪器工作在"三电极"位置,不能取掉甘汞电极或铂电极的夹帽。

(6)不能做校正曲线法或标准加入法的测量,由于在进行扫描的 2 s 内滴汞电极表面积 A 会有一些变化,因此必须保持 i_p 在电势坐标上的位置不变,才能得到最精确的测量结果,也就是说,在测定一批溶液中的同一离子时,左右调节旋钮的位置应保持不变。

(7)在测量过程中,在本仪器附近不应安放电源插座板及其他用电器具,如电炉、台灯、变压器、电磁搅拌器等,否则通过电磁波会使电极系统接收大的交流干扰,而导致谱图的线条变宽。

6.6　微库仑仪

6.6.1　仪器工作原理

微库仑仪是根据动态库仑法设计而成,整个微库仑滴定系统可以理解为某种元素(或离子)浓度的自动调节器,它是以流过指示电极的电流来控制电解终点的。

仪器面板(图 6.11)各部分的名称和作用说明如下:

1——电源开关。向下为"断",向上为"开"。

2——50 μA 表头及表头切换键。配合使用"测量 1"、"测量 2"都作为电解池工作状态显示用,平衡终点"测量 1"在"O"上,"测量 2"在 10 μA 上,"测量 1"的放大倍数大,显示范围小,用于微量硫和微量氯等的微量分析。"测量 2"的放大倍数小,能看到的范围大,用于微量和含量较高硫、氯等的分析测定。"电解"作了解电流大小用,其满量程表示 100 μA、1 mA、10 mA、100 mA(视量程选择自定)。"补偿"作了解补偿电流用,其满量程表示 20 μA、0.2 mA、2 mA、10 mA(与电量选择同步)。

3——时间选择键。4 个键均自锁。

4——工作延时拨动开关。与工作选择"手动"挡配合使用,向上"工作"接通电解计数器,自动从零开始累计电量;向下"延时",时间由人工控制。

5——荧光数码显示。显示的值为电量的积分累计,视量程选择而定,如 1 mA 挡,数值为 2640,则电量值为 264.0 mQ。

6——工作选择键。分"手动"、"自动"、"定时"、"校验"四种工作方法。

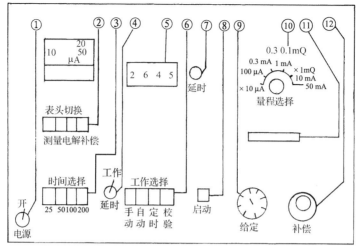

(a) 正面

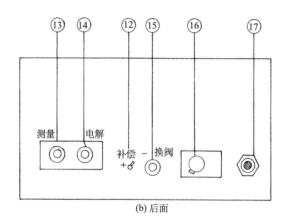

(b) 后面

图 6.11　YS-2A 仪器面板图

7——延时指示灯。延时灯亮,工作时灯灭。

8——启动按钮。与自动挡配合使用,启动一下灯亮,时间信号直到灯灭。

9——给定钟表电位器。给定位置不同,意味着选取电解池在平衡时的工作状态不同,如做微量水分析时,也就是电解液中的含量不同,给定的含量高,这时反应速率快,适合做高含量样品的测定;反之则适合做低含量样品的测定。

10——量程选择波段开关。为了使之能适应溴价及做汞、硫磺等样品从微量到常量的分析,可以通过它把 TE-10 放大器输入的 0～10 mA 电流变换成 30 μA～50 mA 共 7 挡,电量显示单位也同步变化,见表 6.2。

表 6.2　电流与电量同步变化对应值

单位	10 μQ	0.1 mQ	1.0 mQ	10 mQ
电解电流	0～30 μA	0～0.3 mA	0～3 mA	50 mA
	0～100 μA	0～1 mA	0～10 mA	

电解电流选择还可以考虑电解时间，最好控制在 1～5 min，但最小不小于 10 s，最大不超过 15 min。

11——电流微调。每挡电流的微调，向右调变大，向左调变小。

12——零点补偿方向开关及大小调节。

13——测量电极插孔。通过插头与电解池测量电极相连，与测量电极的接触点必须可靠，接触优良，插头不分正负极。

14——电解电极插孔。通过二芯插头与电解电极相连，插头中心接电解阳极(即红线)，周边接电解阴极(即蓝线)，接触必须可靠、牢固。

15——大地接地线。若电源没有地线或接地不良，可将地线接此地端。

16——电源插孔。电流为交流电 220 V，三芯中顶端一芯为接地端。

17——保险丝座。为防止电流过载损坏仪器，保险丝通过最大电流为 0.3 A，不得用大于 0.3 A 保险丝代用。

6.6.2 使用方法及注意事项

1. 使用方法

待通电 1 h 后，若要进行测量，应按下述步骤进行：

(1)仪器的标定。把注入电解液的电解池准备好，并连接好相应电解测量电极的插头，在测量样品含量时，一般必须进行标准样品测试，在标准样品误差范围内再测试样品。

(2)电解电流量程选择合适挡，并微调电流调节电位器。工作选择一般为自动挡(根据需要也可用手动挡)，选择合适的延时，按下时间键，补偿旋钮至 0。

(3)给定旋钮选择合适的数值(可根据经验数据或做滴定曲线而得到)，如果这时电解计数让它一直电解，可按表头切换键测量后观察，如果指针偏 1% A 以下，可注入适当标准样品使它电解，直至电解完毕。反复几次，使电解液稳定。

(4)这时可按一下"启动"按钮注入适量标准样品，电解一定时间。电解完毕后，再延时 50 s(根据需要也可以 25 s)，如果灯灭后不要再重新计数，测量指针也在 10 μA 左右，这说明不需要加正、负补偿。

(5)如果终点指示向上，或渐向上，即电解至完毕后再延时一段时间仍有数跳出，这说明必须加零点补偿电位器。指针渐向上需加正补偿，指针渐向下需加负补偿，补偿电流大小为使加上补偿后没有上述情况产生为合适。

(6)重复(4)，多做几次。如果重现性较好，可求出平均值。误差应在允许范围内，这时可进行样品分析。

(7)进行样品分析也是按一下启动按钮，延时适当，注入样品，结果看电量数，重复数次，求得平均值，即为样品含量。

2. 注意事项

(1)如果仪器使用后或标准样品的误差较大，要判断是仪器问题，还是电解系数的问题，可用仪器校验检查。选择量程 10 mA 挡，电解插孔接一精度较高的万用表或毫安表，微调电解至 10 mA，按下校验挡，时间键选择 25 s，如果电流较稳定，则应检查 25 s 时间是否准确稳定。如果时间信号 25 s 误差较大则可用手动挡拨动延时，工作开关与秒表核对。所得的数应等于 $10t$（t 以秒计）。

(2)但上述校验挡只能作校验不能作校准，主要是因为恒电流精度不高，所以数据不稳，但是可检查仪器有无问题。

(3)仪器在终点时如果发现荧光数码管暗，这不是仪器问题，而是静电感应，只要把数码管稍远离面板即可。

(4)仪器在终点时如果发现"测量 2"指针不稳，突然下偏回升。这是仪器受潮后引起干扰所致，只要把仪器烘干或者使仪器经常通电加热，自身烘干较长一段时间也能解决。

(5)更换电解液或者要解开电极夹时最好先关机，以免损坏机内元件。

(6)阴极室内离子交换膜必须浸泡在电解液或水中，离开水(液)就会失效。

(7)仪器应放在干燥无腐蚀的场所。

6.7　气相色谱仪

气相色谱仪是由计算机控制的多功能分析仪器，带有热导池、氢火焰离子化器、电子捕获器、火焰光度计、氮磷检测器五种检测器，色谱柱有填充柱和毛细管柱。仪器可连续恒温操作或五阶程序升温操作。

6.7.1　仪器工作原理

SP-502 气相色谱仪由主机、各检测器控制器、色谱数据处理器组成，如图 6.12 所示。

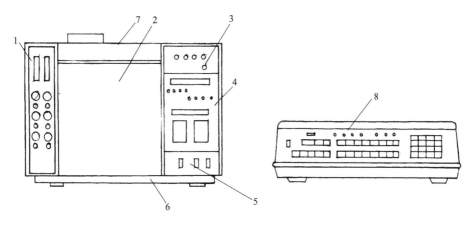

图 6.12　SP-502 气相色谱仪结构图

1. 气路部分；2. 柱室；3. 控制器；4. 温控部分；5. 电源部分；6. 开柱室按钮；7. 气化室；8. 色谱数据处理器

1. 热导池检测器检测

热导池检测器由加热体、池体、热敏元件、铂电阻、内热式烙铁芯加上保温盒进出气管道与接头组成，其中热敏元件是用铼钨丝做成，阻值为 $100\,\Omega$。热导池控制器采用了先进的恒流源供电电路，并有热丝保护电路。

当载气(He 或 H₂)进入热导池时，若池温和载气流速保持一定，热导池由直流稳压电源供电，则铼钨丝因被加热而升温，铼钨丝与池壁间产生温差，因而有热量损失。当损失的热量与产生的热量处于动态平衡时，铼钨丝的温度保持不变。此时只有纯载气通过铼钨丝，由于它们温度相同，则阻值一样，热导池无信号输出。当载气与样品气通过测量臂时，由于混合气与纯载气热导率不同，热导池的参考臂与测量臂的热量损失不同，其阻值就产生差异，热导池有信号输出。

随着组分从柱后流出浓度的变化，输出信号的强弱也发生改变，当操作条件一定时，信号的强弱与组分的浓度成正比，记录器将信号(用 mV 计)随时间(t)的变化记录成色谱峰，测量色谱峰面积(A)或峰高(h)，即可测定组分的含量。

2. 氢火焰离子化检测器检测

氢火焰离子化检测器由绝缘瓷环、收集筒、极化电压环、喷嘴、基座、加热块等组成，并与微电流放大器电路相连接。当气相色谱仪采用双气路系统时，连接两个氢火焰离子化检测器。

载气由高压钢瓶流出，经减压、净化、稳压、稳流、压力与流量指示后到达气化室，样品经气化室入口进入并瞬间气化，由载气带入色谱柱进行分离，各组分分别到达检测器的喷嘴(喷嘴处氢气在空气中燃烧产生火焰)，组分在火焰中燃烧时发生化学电离反应，产生正、负离子，检测器的发射极与收集极间有电势差，离子对在两极间形成离子流，通过负载高阻，产生电压信号，经微电流放大器放大后，输送到色谱数据处理器，得到各组分色谱峰和打印结果。

6.7.2　使用方法及注意事项

1. 热导池检测器检测

1)使用方法
(1)先通载气，调节两个支路上的稳流阀，使出口流速一致。
(2)打开总电源开关，电机运转。
(3)柱室、检测室温度的设定。打开温控电源，微机自检，此时 LED 屏幕上显示出 502 OK。再按一下 扫描 键，LED 应显示 O、J、d 的室温值，这说明微机系统工作正常，可根据需要设置温度。原则上先升检测室温度，后升柱室温度，防止流出物在检测室冷凝。

例如，气化温度为 120℃，检测室温度为 100℃，柱室温度为 80℃，操作如下：

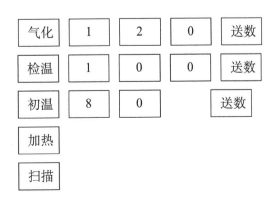

(4)等到柱室、检测室、气化室灯均亮后，观察设定值与指示值基本一致时，选择合适的桥电流与输出衰减值，用调零(粗细调)将基线调至 0.5 mV 处，待基线稳定后进行分析。

2)注意事项

(1)开始使用时应先通载气 20～30 min 将管路的气体排出，防止铼钨丝氧化。注意：未通载气时不准加桥电流！否则将烧坏铼钨丝。

(2)不允许仪器有强烈的震动，不能将热导池检测器处于风口处。

(3)使用仪器工作结束，停机时先将色谱数据处理器关闭，再关"检测电源"，然后关闭"温控电源"和总电源开关。等到检测器温度降到 100℃ 以下时，再关闭气源，有利于保护铼钨丝，延长使用寿命。

(4)在灵敏度足够的条件下，可以降低桥电流，可使仪器的稳定性提高，延长使用寿命，并能很快进行分析。

(5)每次换色谱柱时，一定要检查是否漏气，其方法为：接上柱子后在热导池放空处堵死，转子流量计下降为零，应为不漏气。

(6)做完高温分析后需拆柱时，一定要等到柱温降到 70℃ 以下(最好降至室温)，方可拆下色谱柱。

(7)使用时稳压阀要定值，掀开气路部分上盖，调节稳压阀旋钮。以 H_2 作载气时，减压阀开至 0.25 MPa，把稳流阀全打开，调节稳压阀，看压力表指示应在 0.20 MPa，然后根据需要调节各支路的稳流阀。一般气体流速在 50 mL/min 时，灵敏度较佳，气体流速在检测器放空处用皂泡流量计测出。

2. 氢火焰离子化检测器检测

1)使用方法

(1)通气，利用各自的调节阀，将 N_2、H_2、空气调至所需的流速，一般来说，N_2 选用 25～60 mL/min；H_2 选用 25～50 mL/min；空气选用 450～550 mL/min。

(2)打开总电源、检测电源开关、氢火焰放大器，指示灯应亮，选择合适的灵敏度挡与输出衰减挡，用基流调节粗调、细调旋钮至记录器 0.5 mV 处，待基线稳定。

(3)打开温控电源，温度的设置方法同热导池检测器。由于气化室和检测室是同一加热体，因此设置温度时，只设置气化室和柱室温度即可。

(4)待基线基本稳定后，可加大 H_2 流速，在氢焰出口处，用电子打火手枪点火，点火后仍将 H_2 恢复原值。基线偏离时，再用基流的粗调、细调旋钮调至记录器原处。

(5)当分析条件所需的气体流速、温度、放大器基线稳定后，方可进行分析。

2)注意事项

(1)使用氢火焰离子化检测器时，放大器必须良好接地。工作前，应有半小时预热时间，如果分析实验室连续工作，中间不要关闭放大器。

(2)等到柱温和气化温度基本稳定后，方可通气点火。该检测器必须使用 N_2、H_2 和空气三种气体，同时调节到需要的流速。点火前，首先把 H_2 流速调至 0.10 MPa 左右，点火后再缓慢调至所需值。N_2 与 H_2 流速比值一般为 1：0.95，H_2 与空气流速比值一般为 1：10 时，灵敏度较佳，基流最小。

(3)气化室与氢火焰离子化检测器共用一个加热体，要求气化温度比柱温高 50℃，这样检测室底部与柱温相近，防止样品冷凝。

(4)如果以 H_2 作载气(这样便可兼作燃气)时，应在原氢气燃料气路中通入合适的氮气，防止灵敏度下降，确保定量准确。

(5)使用氢火焰离子化检测器时，严防色谱柱未接到检测器的柱接头上，而且若盲目通 H_2，会造成柱室充满氢气，一旦开机就会引起爆炸。

6.8　高效液相色谱仪

6.8.1　仪器工作原理

一元洗脱系统使用单一的溶剂作流动相，其流程如图 6.13 所示。

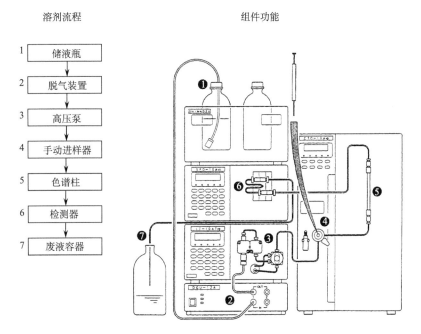

图 6.13　一元洗脱的高效液相色谱流程图

高压泵通过导管将流动相从储液瓶抽出，流动相进入脱气装置，该装置将溶于流动相的空气除去(防止空气泡的产生和增大、基线的漂移或无规则变化)，高压泵将脱气后的流动相泵入手动进样器、色谱柱和检测器，最后流入废液容器。用微量注射器将样品注入手动进样器，各组分进入色谱柱进行分离，各组分依次流出色谱柱进入检测器进行检测，由色谱工作站打印出结果。

6.8.2　使用方法及注意事项

LC-10AT$_{VP}$ 高效液相色谱仪主机的面板上显示窗和键的名称见图 6.14。

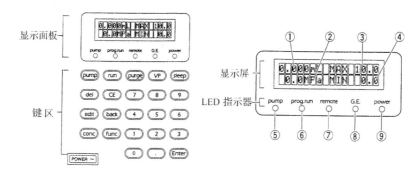

图 6.14 显示窗和键的名称示意图

1. 显示窗

显示窗包括一个显示屏和 LED 指示器，屏面各区、指示器的名称和功能如下：

序号	显示/指示器	功能
①	flow/press	表示恒流泵中的流速/表示恒压泵中的压力
②	pressure	显示压力传感器的读数
③	p.max	显示压力的上限
④	p.min	显示压力的下限
⑤	pump	泵运行的指示器
⑥	prog.run	程序执行的指示器
⑦	remote	闪现某单位被系统控制的遥控指示器
⑧	G.E.	低压梯度指示器，显示低压梯度的运行情况
⑨	power	工作指示器，仪器工作时显绿色，暂停时显橙黄色

2. 键

键板上的 23 个键表示操作单元所处的状态：

键	指令	功能
pump	泵键	按此键表示泵启动和停止
run	运行键	表示时间程序启动和停止(如果时间程序已设定，按此键不起作用)
purge	清除键	表示清除操作开始和停止。当开始清除时，清除操作 3 min 后可自动停止，按 pump 键也能使清除操作停止。使用 P TIMER(程序定时器)的附加功能，能改变清除操作的持续时间
VP	体积压力键	屏幕出现体积、压力的转换
sleep	暂停键	按此键，显示屏面中途暂停
del	删去键	显示屏面上时间程序一行一行的删除(当时间程序正在编写时)
edit	编辑键	启动时间程序编辑方式
CE	清除键	(1)清除屏面； (2)消除按[Enter]键后所有的输入值； (3)清除错误的信息和取消警告

续表

键	指令	功能
back	返回键	(1)返回到附加的功能，重复按此键，以达到所希望的参数； (2)编辑时间程序期间，返回时间程序功能表
conc	浓度键	在进行梯度分析时所表示的液相浓度
func	功能键	(1)转向基本功能； (2)转向附加功能，重复按此键，以得到所希望的参数； (3)在编辑时间程序期间，返回时间程序功能表
Enter	进入键	由数值键确定进入
0 ~ 9 , .	数值键	输入数值

3. 安装后的准备工作

将仪器中的高压泵和内导管用 N_2 冲洗，在使用前还必须用 2-丙醇清洗一遍，以便将空气排出管外，然后将备好的流动相通入以用于分析。其操作如下：将大约 100 mL 2-丙醇放入烧杯，然后将吸入过滤器置于烧杯中。用一根 SUS 导管(外径 1.6 mm，内径 0.3 mm)与泵的出口相连接，管的另一端放入烧杯。排水管的一端与排水管连接口相连，另一端放入废液容器。转动开关 ON，显示屏上开始显示，逆时针转动排水阀 180°，打开排水阀。按 pump 键，泵开始运转，pump 指示灯亮。清洗完成后，立刻按 func 键，迅速调整到 5 mL/min 。将排水阀顺时针转动到原来位置，关闭排水阀。按 pump 键，泵开始运转，pump 指示灯亮，过 15 min 后，再按 pump 键，泵停止，pump 指示灯灭，操作准备全部完成。

4. 流动相的准备

应事先进行流动相过滤、脱气处理。
A 泵(上泵)——放有机相，B 泵(下泵)——放水相。

5. 打开泵

(1)按 power 键接通电源，自检后显示：

　　×××mL · min⁻¹　　　　max　　　××
　　×××MPa　　　　　　　min　　　0.0

(2)按 func 键输入所需流量值，再按 Enter 键(如输入有误，可按 CE 后重输)。
(3)按 pump 键，启动输液泵。

6. 打开检测器

(1)按下 power 键接通电源，自检后显示：品牌名称及上次使用过的波长等(如本次使用的波长不变，步骤(2)可省略)。
(2)按 func 键输入所需波长、吸光度范围，再按 Enter 键(如输入有误，可按 CE 键后重输)。

7. 预热（20～30 min）

（略）

8. 开色谱工作站

（1）开始→程序→江申色谱工作站→工作站→编辑→实验参数→根据实际分析要求调整实验运行时间→操作→数据采集→基线稳定后即可进行分析。

（2）进样。进样前先将手动进样器的手柄转向左边的 LOAD（逆时针方向），将注射器插入，再将手柄转向右边的 INJECT（顺时针方向），注入样品溶液，再将手柄转向左边（LOAD），并同时按下计算机的 F1 键（工作站将开始数据采集）。

（3）待组分自动出完峰后，用鼠标右键单击"峰检测"图，即自动标出各峰保留时间。单击"编辑"→积分定量参数内标法（或其他方法）→确认→打印（P）→打印分析报告。

9. 注意事项

（1）仪器安装好后，按泵启动键 pump 前，一定要开启流动相，泵不能空载运行。

（2）仪器工作一段时间后，换新的流动相时，可打开排水阀，新流动相进入，稍加大流速（2 mL/min），将气泡赶完后再关紧。

（3）仪器使用一段时间后，进样口要清洗，其方法为：用注射器吸取甲醇，注入清洗管路，洗 5～10 次，然后在针头上套上白色套头，用甲醇清洗进样管管口，洗 5～10 次，每次5～10 μL。

（4）当使用缓冲溶液作流动相时，要特别注意以下两点：①每天用注射器注入二次蒸馏水清洗几次（可上午、下午各 2 次）；②每次实验做完后用二次蒸馏水作流动相冲洗半小时。否则，缓冲溶液易在管路系统中结晶、堵塞，甚至出现漏液。若出现结晶，可取下泵的进、出口螺帽，用镊子卷上镜头纸擦洗里面，外螺帽内壁也要用水擦洗。左右两个内螺帽也要用二次蒸馏水超声波清洗半小时（左右两个不要弄混）。

（5）极性流动相换成非极性流动相时，中间用水清洗一下。

（6）做完样品后，管路要清洗，一般用水和 85% 的甲醇清洗。前者可调至 0.15 mL/min，后者为 0.85 mL/min，各清洗 5～10 min 即可。

（7）色谱柱不用时，在取下来前，先用甲醇∶水=7∶3 的溶液冲洗 0.5～1 h，再取下来，两头堵塞即可。

6.9 分光光度计

6.9.1 仪器工作原理

分光光度计是建立在物质在光的激发下，物质中的原子和分子所含的能量以多种方法与光相互作用而产生对光的吸收效应，物质对光的吸收有选择性，各种不同的物质都有其各自的吸收光带。

本仪器是根据相对测量原理工作的，即选定某一溶剂（蒸馏水、空气或试样）作为标准溶液，并设定它的透射比 τ（即透过率 T）为 100.0%，而被测试样的透射比 τ 是相对于标准溶液而得到的，透射比 τ 的变化和被测物质的浓度有一函数关系，在一定范围内，它符合朗伯-比尔定律：

$$\tau(T) = I / I_0$$

$$A = KcL = -\lg \frac{I}{I_0} \tag{6-2}$$

式中：τ 为透射比；A 为吸光度；c 为溶液浓度；K 为溶液的摩尔吸光系数；L 为液层在光路中的长度；I 为光透过被测试样后照射到光电转换器上的强度；I_0 为光透过标准试样后照射到光电转换器上的强度。

本仪器内的计算机根据朗伯-比尔定律设有一个线性回归方程 $A = Mc + N$ 的计算程序，所以只要输入标准试样的浓度值或线性回归方程中的系数 M 和 N，就能直接测定未知浓度试样的浓度值。

6.9.2　使用方法及注意事项

1. 仪器使用准备工作

(1) 用户开机前，要检查电源插座是否按照规定 L 接火线，N 接零线，÷接大地。仪器使用时，应避免强光照射。

(2) 启动电源开关，仪器显示"F7230"。

(3) 按"CLEAR"键，仪器显示"YEA"进入年份设置。

(4) 年份设置，按数字键，输入对应的年份，再按"MODE"键，输入成功，仪器显示"MON"，表示进入月份设置。

(5) 月份设置，按数字键，输入对应的月份，再按"MODE"键，输入成功，仪器显示"DA"，表示进入日期设置。

(6) 日期设置，按数字键，输入对应的日期，再按"MODE"键，输入成功，仪器显示"HOU"，表示进入小时设置。

(7) 小时设置，按数字键，输入对应的小时，再按"MODE"键，输入成功，仪器显示"MIN"，表示进入分钟设置。

(8) 分钟设置，按数字键，输入对应的分钟，再按"MODE"键，输入成功，仪器进入时间显示模式。

(9) 过 20 min，待仪器热平衡后，再进行试样测定可得到准确的数值。

2. 基本操作方法

(1) 调节波长旋钮使波长移到所需之处。

(2) 4 个比色皿，其中 1 个放入参比试样，其余 3 个放入待测试样。将比色皿放入样品池内的比色皿架中，夹子夹紧，盖上样品池盖。

(3) 将参比试样推入光路，按"MODE"键，使显示 $\tau(T)$ 状态或 A 状态。

(4) 按"100%τ"键，至显示"T100.0"或"A0.000"。

(5)打开样品池盖，按"0%τ"键，显示"T0.0"或"AE1"。

(6)盖上样品池盖，按"100%τ"键，至显示"T100.0"。

(7)然后将待测试样推入光路，显示试样的$\tau(T)$值或A值。

(8)如果要将待测试样的数据记录下来，只要按"PRINT"键即可。

3. 置满度及置零方法

(1)开机后第一次测试，调节过波长，调换过参比试样，这三种情况中的任一种情况下必须置满度和置零，步骤如下：

①盖上样品池盖，将参比试样推入光路，按"MODE"键，显示$\tau(T)$状态。

②按"100%τ"键，至显示"T100.0"。

③打开样品池盖，按"0%τ"键，至显示"T0.0"。

④盖上样品池盖，按"100%τ"键，至显示"T100.0"。

(2)未调节过波长也未调换过参比试样，操作者可根据需要置满度或置零，二者不必同时进行。

①置满度时，盖上样品池盖，将参比试样推入光路，按"100%τ"键，至显示"T100.0"。

②置零时，打开样品池盖，按"0%τ"键，至显示"T0.0"。

(3)置满度或置零过程中的出错提示。

①按"0%τ"键，显示"TE0"，表示操作者置零时，没有把样品池盖打开，这时只要将样品池盖打开，仪器就显示正常。

②按"100%τ"键，显示"TE1"，表示下述错误之一：

(i)未盖上样品池盖，按"100%τ"键，盖上样品池盖后正常。

(ii)样品池盖未打开，按"100%τ"键，仍显示"TE1"可能是操作者未将参比试样推入光路，将参比试样推入光路后正常。

(iii)样品池盖未打开，参比试样也已经置于光路中按"100%τ"键，仍显示"TE1"，表示参比试样的浓度太高，适当稀释参比试样后仪器正常。

③显示"TE2"，表示仪器必须置满度和置零。

4. 打印方式

(1)打印机空打走纸，先按"–/."键，再按"PRINT"键，打印机空打走纸，要使打印机停止空打走纸，只要按16个键中的任何一个按键，打印机即停止动作。

(2)数据打印。

①在显示时钟，显示"TE0"、"TE1"、"TE2"、"AE1"、"CE0"、"CE1"、"CE2"的状态下，按"PRINT"键，打印字符1，表示没有数据或数据错误。

②在显示$\tau(T)$模式时，按"PRINT"键，打印字符2。

③在显示A模式时，按"PRINT"键，打印字符3。

④在显示C模式时，按"PRINT"键，打印字符4。

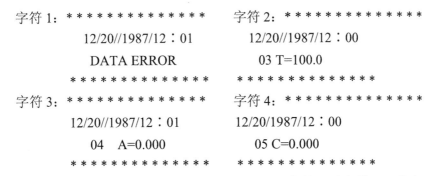

字符 1：＊＊＊＊＊＊＊＊＊＊＊＊
　　　12/20//1987/12：01
　　　DATA ERROR
　　＊＊＊＊＊＊＊＊＊＊＊＊

字符 2：＊＊＊＊＊＊＊＊＊＊＊＊＊
　　　12/20//1987/12：00
　　　03 T=100.0
　　＊＊＊＊＊＊＊＊＊＊＊＊＊

字符 3：＊＊＊＊＊＊＊＊＊＊＊＊
　　　12/20//1987/12：01
　　　04　A=0.000
　　＊＊＊＊＊＊＊＊＊＊＊＊

字符 4：＊＊＊＊＊＊＊＊＊＊＊＊＊
　　　12/20/1987/12：00
　　　05 C=0.000
　　＊＊＊＊＊＊＊＊＊＊＊＊＊

（3）表格打印。先按"0"键，再按"PRINT"键，打印字符 5 或字符 6。其中：W.L 表示波长；SAMPLE 表示样品；OPERATOR 表示操作者；字符 6 中 MN NOT ENTER 表示浓度计算方程还没建立；字符 5 中 M=1000*10∧（−3），N=10.00*10∧（−3），表示仪器内已建立浓度方程 A=1000*10∧（−3）C+10.00*10∧（−3）。

字符 5：＊＊＊＊＊＊＊＊＊＊＊＊
　　　　UIS-7230
　　W.L　（　　NM）
　　SAMPLE　（　　）
　　OPERATOR　（　　）
　　A=MC+N
　　M=1000*10∧（−3）
　　N=10.00*10∧（−3）
　　12/20/1987/11：23
　＊＊＊＊＊＊＊＊＊＊＊＊

字符 6：＊＊＊＊＊＊＊＊＊＊＊＊＊
　　　　UIS-7230
　　W.L　（　　NM）
　　SAMPLE　（　　）
　　OPERATOR　（　　）
　　A=MC+N
　　MN NOT ENTER
　　12/20/1987/11：29
　＊＊＊＊＊＊＊＊＊＊＊＊＊

（4）定时打印。

①定时时间为 10～255 s。

②定时打印次数为 1～99 次。

5. 直读浓度

仪器可以按照两种方法建立浓度计算方程 A=Mc+N，这是一个线性回归方程，一旦仪器内建立了这个方程，操作者就可以直接得到试样的浓度值。

第一种方法是操作者配制 1～n 个不同浓度的标准试样，把它们一一推入光路，同时一一通过键盘输入对应试样的浓度值，只要将 1～n 个试样的浓度值输入，仪器内就自动建立方程 A=Mc+N，然后把未知试样推入光路就能直读浓度。

第二种方法是已知待测试样的方程 A=Mc+N 中的系数 M 和 N，只要通过键盘将 M 和 N 输入仪器内，仪器也可以立即建立该试样的浓度计算方程 A=Mc+N。

（1）通过配制标准试样建立方程。

①浓度值输入范围 0.000～9999。

②标准试样 1～99 个。

（2）通过输入系数 M 和 N 建立方程。

①必须先输入 M，然后再输入 N。

②输入的 M、N 值，在仪器内均 $\times 10^{-3}$。

③相关系数 R 反映浓度 c 和吸光度 A 之间的线性关系，R 越接近 1，浓度值 c 和吸光度 A 之间线性关系越好，反之越差。

6. 显示提示出错汇总

(1)显示"TE0"表示置零时，未打开样品池盖，打开样品池盖后正常。

(2)显示"TE1"表示置满度时出错。

① 样品池盖未盖上，盖上样品池盖后正常。

② 样品池盖未打开，可能是参比试样未推入光路，将参比试样推入光路后正常。

③ 样品池盖未打开，参比试样在光路中，可能是参比试样的浓度太高，适当稀释样品的浓度后正常。

(3)显示"TE2"，表示这时需置满度和置零。

(4)显示"TEE"，表示该波长不能进行测试，需厂方来修。

(5)显示"AE1"，表示 $T=0$，$A=\infty$。

(6)显示"CE0"，表示仪器内未建立浓度计算方程。

(7)显示"CE1"，表示浓度值大于 9999。

(8)显示"CE2"，表示浓度值小于 0。

(9)显示"CE3"，表示输入浓度值超出规定的范围，按"CLEAR"键恢复正常。

(10)显示"CE4"，表示输入的系数小于 0，按"CLEAR"键恢复正常。

(11)显示"PE"，表示输入的定时时间或定时次数超出规定的范围，按"CLEAR"键恢复正常。

7. 波长校正方法

仪器波长是否正确，对用户的样品测试有很大影响。可以按下列步骤校正波长。

(1)用仪器所附给的镨钕片(在比色皿盒内)所具有的特征峰(图 6.15)校正波长，把镨钕片放在样品池内的比色皿架中，对准光斑(作样品测试状)，盖上样品盖，按"MODE"键，使显示处于 $\tau(T)$ 模式。

(2)用镨钕片的 807.0 nm 处的峰来校正波长，先将波长调节至 780.0 nm 左右，将空气作为参比样品，按置满度和置零方法的介绍，进行置满度和置零操作，然后将镨钕片推入光路，缓慢调节波长旋钮(向 807.0 nm 方向)，观察显示数字，当达到最小 $\tau(T)$ 值时，停止调节波长。

(3)观察波长读数是否为 807.0 nm ± 3.0 nm，即在 804～810 nm，如果在这个区间说明波长基本准确，波长不用校正，如果在这个区间外，继续下面的步骤。

(4)按图 6.16 所示，将螺丝刀伸进小孔，用力将孔内的圆轴向里顶到底，然后旋动螺丝刀使波长读数轮上的数字轮转动，直到波长读数为 807.0 nm 为止。

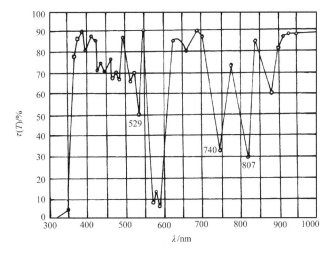

图 6.15　镨钕片的特征峰

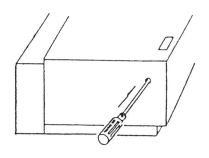

图 6.16　7230 分光光度计外形图

6.10　傅里叶变换红外光谱仪

6.10.1　仪器工作原理

1. 仪器框图

傅里叶变换红外光谱仪可进行定性分析、定量分析及化合物的结构分析,其核心部件是迈克尔干涉仪,其工作原理如图 6.17 所示。光源发出的红外光直接进入迈克尔干涉仪,它将这束辐射光分成两束,使 50% 的光透过到达移动镜;50% 的光反射到达固定镜,由于移动镜的移动,这两束光重新在分束器结合后产生光程差。这时相应变化的光程差干涉图被获得,经傅里叶变换后得到一张红外光谱图。

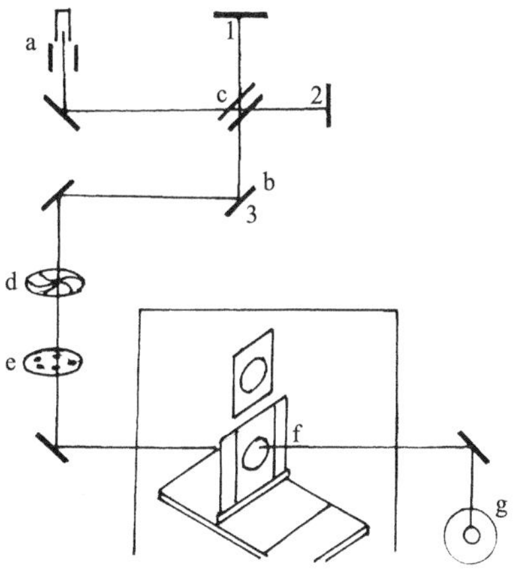

2. 光学系统

(1)干涉仪:经典的迈克尔干涉仪,由固定镜、分束器和在空气轴承上平稳移动的移动镜组成。

(2)光源:能斯特灯。

(3)检测器:光敏电阻。

图 6.17　傅里叶变换红外光谱仪工作原理图
a. 光源;b. 由 1、2、3、c 组成干涉仪;
c. 分束器;d. 光圈;e. 滤光轮;f. 样品架;g. 检测器

3. 仪器的特点

从原理上讲,干涉仪较经典的色散型仪器有以下几个优点:

(1)多通路。干涉仪可同时测量所有频率的信号,一张完整的红外光谱图可以在几秒内完成。

(2)高光通量。因不受狭缝限制，光透过率高。

(3)高测量精度。在红外测量中，波长的计算是以氦氖激光频率作为基准的。干涉仪的频率范围是由氦氖激光在每次扫描时进行自身干涉而产生的。这种激光的频率是非常稳定的，因此干涉仪的频率刻度要比色散仪器精确得多且具有较长时间的稳定性。

(4)杂散光小(可忽略)。因为该仪器不采用分光系统，所以没有分光不彻底而引起的杂散光。

(5)恒定的分辨率。在确定的波谱范围内，所有波长的分辨率都是近似的，但信噪比则随谱图而变化。该仪器比色散型仪器有更高的光通量，不是用狭缝来确定分辨率。以 J-Stop 设定孔的大小来确定，此孔在采集数据过程中是不变的。在色散型仪器中，光通量是根据选定的扫描时的狭缝宽度而确定的，因而信噪比恒定，但分辨率改变。

(6)无间断(连续)。由于没有光栅或滤光器的变化，因而谱图中无间断。

6.10.2　使用方法及注意事项

1. 使用方法

操作傅里叶变换红外光谱仪的 Spectrum3.0 红外应用软件是一个 Windows 软件。它的所有操作都与 Windows 操作相同。在此，我们只简单介绍一些常用的红外操作。

(1)开主机，进行预热。

(2)打开计算机，点击红外软件。

(3)进行背景扣除。

(4)扫描。

①用"Instrument"菜单中的"Scan"命令进行扫描。

②在"Scan"中设定纵坐标、横坐标、扫描次数。

③点击"Application"进行扫描。

(5)谱图的处理。

①点击"Process"菜单，选择"Baseline Correction"，点击"Automatic Correction"进行自动基线校正。

②点击"Process"菜单，选择"Smooth"，点击"Automatic Smooth"进行自动平滑处理。

③点击"Process"菜单，选择"Normalize"进行归一化处理。

(6)点击打印，命令打印机打印。

(7)解析图谱。

2. 注意事项

(1)工作电压要保持 220 V。

(2)开机时室内的湿度小于 70%。

(3)测样品前要检测仪器自身的能量，能量不能大于 1000，否则会影响测试。

6.11　紫外-可见分光光度计

6.11.1　仪器工作原理

　　双光束分光光度计的工作原理如图 6.18 所示。经单色器分光后经反射镜（M_1）分解为强度相等的两束光，一束通过参比池，另一束通过样品池。光度计能自动比较两束光的强度，此比值即为试样的透射比，经对数变换将它转换成吸光度并作波长的函数记录下来。双光束分光光度计一般都能自动记录吸收光谱曲线。两束光同时分别通过参比池和样品池还能自动消除强度变化所引起的误差。

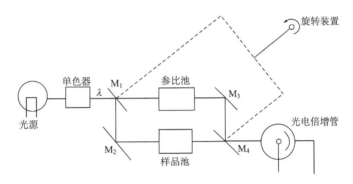

图 6.18　单波长双光束分光光度计工作原理图

M_1、M_2、M_3、M_4 均为反射镜

6.11.2　使用方法及注意事项

1. 定量分析

　　(1) 打开仪器电源，预热 10 min。用鼠标双击桌面上"Spectra Manager"图标启动 Spectra Manager 软件，然后再双击"Quantitative Analysis"，进入定量分析模式。

　　(2) 选择"File—New···"，出现"Open Parameters"对话框。点击"New"图标新建一组实验参数；或者从"Parameters List："中选择已保存的实验参数然后点击"OK"确认。

　　(3) 点击"New"后出现"Quantitative Measurement—Parameters"对话框。在"Peak：__nm"一项空白处输入待测物质的最大吸收波长（如这一参数未知，先对标准品进行光谱扫描，得出该物质的最大吸收波长）；如需要对标准品进行多次测量取平均值，在"No. of Cycle："一项中输入重复次数，仪器会自动对每个浓度点重复测量若干次取平均值。设置完参数后点击"OK"确认，然后出现"Calibrate Curve Parameters"对话框。

　　(4) 在"Conc.："一项中输入标准样品的浓度，点击"Append"输入的数值被写入对话框下方的表格中，按从小到大的顺序依次输入完所有点的浓度后，将光标移至第一行，然后点击"Start"，出现"Quantitative Measurement"对话框。

　　(5) 首先选中"Blank"，然后将参比物放进样品仓"REF"一侧，将空白样品放入"SAM"一侧，盖好样品仓盖，点击"Start"开始测量，测量完毕后空白值自动出现在"Calibrate Curve

Parameters"对话框的"Standard Blank"一栏中，并且"Enalole blank"被选中，在下一步测量标准品的吸光度时，测量结果会被自动扣除掉这个空白值。若不需要测量标准空白，这一步骤可以省略。

（6）再选中"Standard"，在样品仓"SAM"一侧放入最小浓度的标准品，然后点击"Start"测量该浓度标准品的吸光度，再放入下一个浓度点的样品，重复以上操作，直到所有浓度的标准品被测量完，程序自动返回到"Calibrate Curve Parameters"对话框。点击"OK"后程序根据标准品的浓度及吸光度绘制出校正曲线（calibrate curve），并自动输出到"Quantitative Analysis"程序中，在这个窗口下还有"Method's Information"及"Data Sheet"两个页签。检查校正曲线是否符合要求，若不合格可选择"Method—Modify…"，则"Calibrate Curve Parameters"对话框被激活，将光标移动到需要修改的浓度点那一行，点击"Start"重新测量该浓度的标准品，测量结束后新得到的结果覆盖原有数值，再点击"OK"查看新生成的校正曲线。重复以上操作直到得到满意的校正曲线，然后选择"Method—Save As…"保存校正曲线。

（7）在"Quantitative Analysis"程序中选择"Measurement—Measurement…"，然后在样品仓中放入待测样品，点击"Start"进行测量，测量结果显示在"Data Sheet"页签下。重复这步操作直到所有未知样品被检测完毕。

2. 光谱扫描

（1）在"Spectra Manager"界面下双击"Spectrum Measurement"，进入光谱扫描模式。

（2）点击"Measurement—Parameter…"设置参数：

Photometric Mode：测量模式（Abs=吸光度；$T\%$=透过率…）

Response：响应

Band width：狭缝宽度

Scanning Speed：扫描速率

Start：扫描起始波长

End：扫描终止波长（起始波长大于终止波长）

Data Pitch：扫描步长

Sample No.：样品编号

No. of Cycle：重复次数

在"Display"一项下选择"Auto"，谱图自动调整纵坐标，若未选中则在后面的空白处手动输入纵坐标范围；如果希望扫描结束后自动保存谱图，在"Data File"页签下选中"Auto save"，然后输入文件名及存储路径。设置完参数后，点击"OK"，参数被传送到仪器。

（3）执行"Measurement—Baseline…"，出现"Baseline Correction"基线修正对话框。首先确认样品仓是空的，然后点"Measure…"出现"Baseline Measurement"对话框，点击"Start"进行测量。测量完毕后基线被自动存储，选中"Baseline Correction"，扫描后的谱图被自动扣除基线。

（4）将样品放到样品仓"SAM"一侧，参比溶剂放在"REF"一侧，然后盖好仓盖，点击"Start"开始扫描。

(5)扫描结束后谱图被自动输出到"Spectra Analysis"程序中，可以在该程序中进行峰查找、峰面积和峰高计算、Y 轴单位变换等一系列操作。

峰处理："Processing—Peak Process—

Peak Find…
Peak Height…
Peak Area…
Peak Width…

"

处理完谱图后执行"File—Save"或者"Save As"保存谱图。

3. 注意事项

(1)不能频繁开启仪器，关机至少 1 min 后才能再次开机；若两次实验之间间隔超过 1 h，则期间应关闭电源，以节省光源。

(2)样品仓和比色皿要保持清洁；如测量易挥发腐蚀性样品，应盖上比色皿盖。

(3)测量过程中不可以打开样品仓盖。

(4)如果要检测的溶剂有腐蚀性(如强酸、强碱)，把液体池密封好再测试，否则会腐蚀光路中的镜片。

6.12　荧光/磷光/发光分光光度计

6.12.1　仪器工作原理

荧光的能级图如图 6.19 所示。荧光：室温下，大多数分子处于基态的最低振动能级，当处于基态单重态(S_0)的分子吸收波长为 λ_1 和 λ_2 的辐射后，分别被激发到第一激发单重态(S_1^*)和第二激发单重态(S_2^*)的任意振动能级上，处于激发单重态的最低振动能级的分子若以 $10^{-9} \sim 10^{-7}$ s 的时间发射光量子回到基态的各振动能级，这一过程就有荧光产生。

磷光：从单重态回到三重态的分子系间跨越跃迁发生后，接着发生快速的振动弛豫而到达三重态的最低振动能级上，当没有其他过程与它竞争时，在 $10^{-4} \sim 10^{-2}$ s 的时间内跃迁回基态而产生磷光。

化学发光：某些化学物质在进行化学反应时，由于吸收了反应时产生的化学能而使反应产物分子激发至激发态，受激分子由激发态回到基态时，便发出一定波长的光，这种吸收化学能使分子发光的过程称为化学发光。

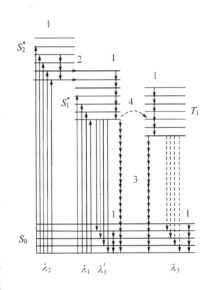

图 6.19　荧光的能级图

仪器工作原理图如图 6.20 所示。由光源发出的光经激发光单色器得到所需的激发光波长。如其强度为 I_0，通过样品池后，由于一部分光能被荧光物质吸收，其透射光强度减为 I_{t0}，荧光物质被激发后，发射荧光。为了消除入射光和散射光的影响，荧光的测量通常在与激发光成直角的方向进行。为了消除可能共存的其他光线的干扰，如由激发光所产生的反射光、

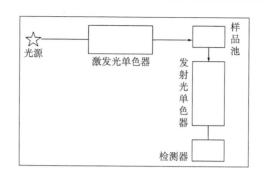

图 6.20　仪器工作原理图

瑞利散射光和拉曼光，以及为将溶液中的杂质所产生的荧光滤去，以获得所需要的荧光，在样品池和检测器之间设置了发射光单色器，荧光作用于检测器上，得到相应的电信号，经放大后再记录下来。

6.12.2　使用方法

(1)开机，打开仪器电源，预热约 10 min 后打开计算机电源。

(2)双击"FL Winlab"图标进入仪器界面。

(3)点击"Application"项下拉菜单中的"Status"。在 Status 界面下，点击左上角的光源"Source"，在出现的下一级菜单的红色"Lumines cence Mode"中点击"flour"(荧光)即可选定荧光测定模式。通过点击右上角的红色数字"1"(氙灯开)打开光源开关。

(4)点击"Application"项下拉菜单中的"Scan"。在出现的界面下，选定"Setup Parameters"页，点击"Pre-Scan"。在相应的对话框中分别键入激发光和发射光的起始波长。在狭缝小框中分别键入激发光和发射光的宽度，点击"测量"键，待测量键的红灯亮时程序自动出现"View Result"页，读取最大激发波长和发射波长。

(5)在 Scan 界面下，点击"Excitation"，在相应的对话框中键入激发光的起始波长、最大发射波长以及激发光和发射光的狭缝宽度，点击"测量"键进行激发光谱扫描。

(6)在 Scan 界面下，点击"Emission"进行参数设定，点击"测量"键进行发射光谱扫描。

(7)标准曲线法测定样品浓度。

①点击"Application"下拉菜单中的"Concentration"，在 Concentration 界面下，选定"Setup Parameters"页，设定激发波长、最大发射波长以及激发与发射狭缝等参数。

②点击"Reference"项，在出现的对话框中输入一系列标准样品所对应的浓度并测量相应的荧光强度，即可回归出相应的一元或多元的回归方程。

③点击"Sample"项，输入相应的数据。

④点击"View Result"即可得待测样品的浓度。

(8)退出操作界面，关闭仪器。

6.13　标　准　电　池

6.13.1　仪器工作原理

标准电池在直流电位差计电路中提供一个重现性和稳定性很好的标准参考电压。饱和式标准电池的示意图见图 6.21。

图 6.21 所示电池由 H 形管所构成，底部接一铂丝与电极相连，正极为纯汞上铺盖糊状 Hg_2SO_4 和少量硫酸镉晶体，充满饱和的 $CdSO_4$ 溶液。管的顶部加以密封，留一定空间，以供膨胀时用。该电池的电池反应为

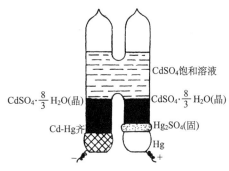

$$Cd(Hg 齐) + Hg_2SO_4(s) \Longrightarrow 2Hg(l) + CdSO_4(l)$$

图 6.21　饱和式标准电池简图

出厂时给出 20℃的电动势为 1.01860 V。做电池所用的各种物质均应极纯，该电池的温度系数很小，温度和电动势的关系为

$$E_t = E_{20}[1 - 4.06 \times 10^{-5}(t - 20) - 9.5 \times 10^{-7}(t - 20)^2] \tag{6-3}$$

6.13.2　注意事项

标准电池用于标定电路中的电压降，使用时以并联方式与系统相连。操作时应注意如下几点：

(1) 温度不能低于 4℃，不能高于 40℃。

(2) 正、负极不能接错。

(3) 要平稳携取，水平放置，绝不能反向倒立放置，受摇动后电动势会改变，应静置 5 h 再用。

(4) 标准电池仅作为电动势的标准器件，不作电源。若电池短路电流过大，则损坏电池。一般不允许放电电流大于 0.0001 A，所以使用时要极短暂地、间歇地使用，也不能用电压计测量它的电压或用万能表检查是否通路。

(5) 电池应加套，避免直接暴露于日光下而使去极化剂变质和电动势下降。

6.14　原子吸收分光光度计

6.14.1　仪器工作原理

双光束原子吸收光谱仪的原理如图 6.22 所示。光源(空心阴极灯或无极放电灯)可以产生与待测元素相匹配的光谱。"基态"原子吸收特定波长光的能量进入到"激发态"，随着光路中原子数目的增加，吸收光的量也随之增加。通过测量被吸收光的量，可以定量确定分析物的量。使用特定的光源并且选择合适的波长可以确定特定的元素。空心阴极灯经一旋转镜(反射式斩光器)分为测量(P)光束和参比(Pr)光束，然后用半银镜(切光器)把两个光束合并，交替进入单色器后，到达光电倍增管。空心阴极灯的脉冲频率和切光器同步，即当旋转半银

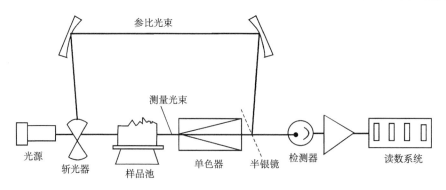

图 6.22 双光束原子吸收光谱仪原理图

镜在某一位置时，只有测量光束 P 通过，产生 P 脉冲；当旋转半银镜转到 180° 后，只有参照光束 Pr 通过，产生 Pr 脉冲，在两个脉冲之间，空心阴极灯是关闭的。两光束的信号被检测器检出和比较，最后在读数系统中显示。

6.14.2 使用方法

1. 火焰部分

1) 开机

开机，确认仪器主机和计算机已经接入合适的电源，按照下列步骤开机。

(1) 开空气压缩机(将空气压缩机电源插头插入 220 V 电源插座上)。

(2) 打开氩气钢瓶阀门，使其次级压力在 350 kPa。

(3) 开启计算机显示屏和计算机主机开关，使其进入 Windows 2000 或 Windows XP 界面。

(4) 待空气压力达到 500 kPa 后，即可打开光谱仪主机开关。此时仪器对石墨炉自动进样器等进行自检。

(5) 待上述自检动作完成，听到两声清晰的 " 突 "" 突 " 声后，用鼠标点击 " AAWINLAB32 " 快捷图标或通过链接式菜单命令进入(Start—Programm—Winlab32—Winlab32 Analyst)，这时光谱仪对光栅、马达等机械部件进行自检。

2) 做校正曲线

(1) 打开 " Align Lamp " 窗口，点燃即将测定元素的空心阴极灯或无极放电灯，如欲使用氘灯校正背景，可同时点燃氘灯，并尽可能地让两束光强度相匹配。

(2) 用鼠标点击 " Winlab32 AA Flame " 中左上方的 " WkSpace(工作桌面) "，此时屏幕上出现一对话框，选择 " Manual " 或其他合适的选项。

(3) 用鼠标点击下拉式菜单 " File→Open→Method " 或点击工具栏右上方 " Method " 按钮，此时会出现存储在计算机硬盘上的已建立的方法名称。

(4) 双击上表中欲使用的方法，该方法名称将会出现在屏幕工具栏的右上方，表明该方法将要被使用或正在被使用。

(5) 在 " Manual control " 窗口的下方 " Results Set " 空格内，输入测定数据将要存入的文件名称。

(6) 开排风。

（7）空气-乙炔火焰在仪器正常开启并处于火焰原子化器工作位置下，确认空气压缩机已经接通电源并正常工作；打开乙炔钢瓶主阀门并将次级压力调至 $0.09\sim0.1$ MPa，然后在火焰控制窗口中，确认"Oxidant"选择空气，燃气和助燃气的流量在合适的范围，再用鼠标点击火焰控制开关中的"On"，火焰即被自动点燃。

（8）边吸空白溶液边点击"Manual Control"窗口中的"Analyze Blank"按钮，吸标准溶液 1，点击"Standard 1"；依次测量标准溶液 2、3、4 等，直到结束；在"Calibration Display"窗口中检查校准曲线。

3）测定样品

（1）取欲测定的第一个样品，在手动分析控制窗口中的"ID"一栏中输入样品名称；或在使用样品信息文件时，确认自动显示出的样品名称与实际样品相符，边吸样品溶液，边点击"Analyze Sample"按钮，待按钮上的绿色显示灯熄灭，则该样品测定完毕。

（2）按照上述相同的步骤，测定第 2 个、第 3 个、……样品直至结束。如果测定的样品数量较多，可在测定一定数量的样品后，对空白样品进行重新测定，重新调零；对"Reslope"的标准溶液进行测量用以对原工作曲线的斜率进行调整。

4）熄火与关机

（1）在样品测定完成后，可让火焰继续处于点燃状态同时吸空白溶液 $10\sim15$ min。

（2）点击火焰控制窗口中"On/Off"按钮，熄灭火焰。

（3）关乙炔钢瓶。

（4）点击火焰控制窗口中"Bleed Gases"，放掉仪器管路中的乙炔气体，直至该窗口中安全连锁出现红色交叉符号。

（5）在"Lamps"窗口中点击"On/Off"按钮，使所有点着的灯熄灭。

（6）通过下拉式菜单"Windows→Close All Windows"关闭所有打开的窗口；通过下拉式菜单"File→Exit"离开 Winlab32 AA 应用软件界面。

（7）依次关闭主机电源、排风及计算机。

2. 石墨炉部分

1）开机

（1）接通计算机主机电源，让计算机进入到 Windows 2000 或 Windows XP 状态，暂缓后进入到仪器应用程序。

（2）开空气压缩机。

（3）开氩气，次级压力可调在 $0.35\sim0.4$ MPa。

（4）确认循环冷却水电源处于接通状态。

（5）开原子吸收主机电源，仪器即对石墨炉自动进样器等进行自检，待仪器发出"啪"的声响后，仪器自检完成，可进入下一步操作。

（6）用鼠标点击屏幕上"AAwinlab Analyst"快捷图标或通过级联式菜单"Start→Program→AA800→Winlab Analyst"进入分析应用软件，这时仪器对机械和光路部分进行自检，待自检完成后，软件即处于待工作状态。如果仪器在开机时尚不处于石墨炉状态，可通过选击下拉式菜单"File→Change Technique→Furnace"转换到石墨炉工作状态。

2）样品测定

（1）将欲测定的样品溶液和标准溶液放在自动进样器上各自位置，并建立相应的样品信息文件。

（2）调出工作桌面（Work Space）。

（3）双击"Method"下方的空格，从出现的已存方法表格中调出欲使用的分析方法。若全自动测定多个元素，应事先将方法来源选为"Open Method in List"。

（4）在"Results Data Set Name"的空格内输入将要存入测定数据的数据结果文件名称。

（5）在"Sample Information File"空格内调入此次测定欲使用的样品信息文件名称。

（6）在测定控制窗口中输入每一元素欲测定的样品编号或在自动进样器里的位置；还可指定每一元素开始测定的延迟时间，以便灯进行预热。选择是否在测定结束后自动将灯熄灭和在测定过程中是否打印数据。

（7）在以上所有操作步骤及分析参数设定完成后，点击自动控制窗口中的"Analysis"，进入到仪器测定界面。

（8）根据需要完成的测定元素多少及需要完成的测定任务，选择"Calibrate""Analyze Samples"或"Analyze All"，仪器即开始进行测定，直至完成。

3）关机

（1）关氩气钢瓶。

（2）在"Lamps"窗口中点击"On/Off"按钮，使所有点着的灯熄灭。

（3）通过下拉式菜单"Windows→Close All Windows"关闭所有打开的窗口。

（4）通过下拉式菜单"File→Exit"离开 Winlab32 AA 应用软件。

（5）依次关闭主机电源、排风及计算机。

6.15　核磁共振波谱仪

6.15.1　仪器工作原理

核磁共振波谱仪的结构如图 6.23 所示，其工作原理如图 6.24 所示，在静磁场中，具有磁矩的原子核存在不同的能级，此时运用某一特定的电磁波照射样品，如果满足 $h\nu = \Delta E = \gamma h B_0$（$\nu$ 为该电磁波频率；B_0 为静磁场强度；γ 为原子核的旋磁比），则低能级核自旋吸收能量而跃迁至高能级；反之，如高能级核自旋释放出能量，则恢复为低能级核自旋。两者可能性相等，但由于低能级的布居多数，故从射频中吸收能量是主要过程，从而可观察到共振信号，信号的强度正比于布居差，即正比于样品中低能级核自旋的总数。

6.15.2　使用方法及注意事项

1. 氢谱

手动测试步骤如下。

（1）进入 topspin 操作界面，用高度量规准确量测核磁管高度后，键入 ej 命令，气体自动吹出，等到气体气流最大时，放入样品，然后在 topspin 界面上键入 ij 命令，样品自动下滑到探头位置。键入 edc 命令，在出现的窗口中分别在 name 栏目中填入实验名称，expno 为实验序号，一般为数字，procno 为处理序号，默认设定为 1，dir 为硬盘符，默认值为 d:，user 为用户账号。其他的不用填写，点击 OK 即可。

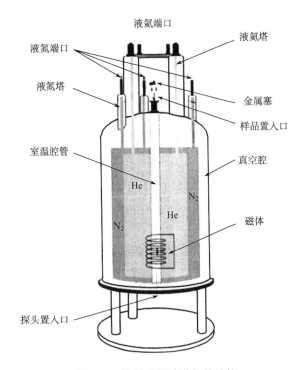

图 6.23　核磁共振波谱仪的结构

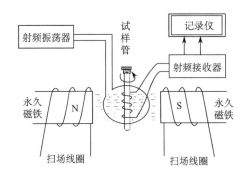

图 6.24　核磁共振波谱仪工作原理

(2) 键入 rpar protonx all 命令后回车。

(3) 键入 getprosol 命令，获取仪器参数。

(4) 锁场。键入 lock 命令，弹出溶剂对话框，选择所用的氘代试剂，点中后仪器自动完成锁场工作，最后出现 lock finished 字样。

(5) 匀场。键入 topshim 字样，仪器进入自动匀场过程。匀场结束出现 topshim finished 字样，意味着匀场结束(当氘代试剂为氘代氯仿时，请使用 gradshim 进行匀场，否则匀场时间会很长。具体使用方法为键入 gradshim 命令，点击 start gradient shimming 命令，当锁场线恢复正常时即表示匀场结束)。

(6)采样前准备。键入 rga 命令，仪器将根据样品浓度情况调整仪器增益。

(7)开始采样。键入 zg；efp 命令，仪器将进行采样，并在实验结束后对原始数据进行傅里叶变换处理。

(8)相位调整。键入 apk 命令即可。

(9)基线平滑。键入 abs 命令即可。

(10)谱峰校准。点击 ⇕ 按钮，选择需要校准的谱峰，鼠标左键点击后出现一对话框，输入标准值即可。

(11)谱峰积分。在 topspin 菜单上，点击 ∫ 按钮，进入到积分界面。点击 ⇐ 按钮，选择原先被积分的谱峰，点击 ✖ 按钮，删除原先谱峰的积分，确认后即可删除。然后，点击 ⇐ 按钮，利用鼠标左键选择需要积分的谱峰，具体做法是：按着鼠标左键不松手，选择需要积分的谱峰后松手，积分即可完成。重复上述过程，直到所用谱峰都被积分。点击 ⇩ 按钮，保存后退出。

(12)谱峰标注。点击 ⊥ 按钮，进入到谱峰标注对话框。选择 ⇐ 按钮，拖动鼠标左键，用矩形框选中需要标注的谱峰，谱图上即出现谱峰的标记。谱峰标注即结束。

(13)输出打印。利用鼠标左键选择需要输出的范围，在命令行中键入 plot 命令，进入 topspin plot 编辑器中，选择打印命令即可完成打印。

(14)完成实验，键入 ej 命令，弹出样品。取出样品后键入 ij 命令，关闭气流。实验完成，传输图谱数据至数据处理计算机。

2. 碳谱

1)手动操作

(1)进入 topspin 操作界面，用高度量规准确量测核磁管高度后，键入 ej 命令，气体自动吹出，等到气体气流最大时，放入样品，然后在 topspin 界面上，键入 ij 命令，样品自动下滑到探头位置。

(2)键入 new 命令，在出现窗口时，更改文件名和保存位置，点击 OK。

(3)锁场。键入 lock 命令，弹出溶剂对话框，选择所用的氘代试剂，点中后仪器自动完成锁场工作，最后出现 lock finished 字样。

(4)调谐。键入 atma 命令，仪器自动完成调谐工作，最后出现 atma finished 字样。

(5)匀场。键入 topshim 字样，仪器进入自动匀场过程。匀场结束出现 topshim finished 字样，匀场结束。

(6)采样前准备。键入 rga 命令，仪器将根据样品浓度情况调整仪器增益。

(7)开始采样。键入 zg 命令，即开始采样。

(8)傅里叶变换。键入 efp 命令，数据进行傅里叶变换处理。

(9)相位调整。键入 apk 命令即可。

(10)基线平滑。键入 abs 命令即可。

(11)谱峰校准。在 topspin 界面点击谱峰校准按钮即可。

(12)谱峰积分。点击谱峰积分按钮。

(13)测试结束，数据传输至数据处理计算机进行后处理。

2)自动界面样品测试

(1)进入 ICON-NMR 界面,选择 automation 子界面,通过个人仪器使用账号进入测试界面。

(2)点击 add,出现测试设定栏,分别输入样品名、实验号、溶剂、测试项目,修改个别参数。

(3)选择设定的实验,点击 submit,实验标题变成 quened。

(4)点击界面右上角图标,选择 start,根据仪器的提示,在有气体吹出后才能把样品放进仪器,样品的放入及取出要根据仪器界面的提示进行。

(5)实验结束后,根据仪器界面的提示取出样品。

(6)重复步骤(2)~(5),可进行不同样品的测试。

3. 注意事项

(1)定期检查液氮、液氦量,定期添加液氮、液氦;防止液氮、液氦与体表接触。

(2)铁磁性物质应远离磁体,防止造成磁场扰动。

(3)样品管清洗后晾干,或用氮气吹干。若烘烤,则温度低于 100℃,防止样品管变形;样品管帽不要烘烤,否则会变形。

(4)温度过高会导致仪器发生严重故障,应保持实验室空调制冷。

(5)做好上机记录,及时报告故障情况。

6.16　气–质联用仪

6.16.1　仪器工作原理

GC/MS 系统是最新一代离子阱质谱仪,配备有电子轰击电离源(EI)、正负化学电离源(±CI)、直接进样杆等。离子阱图见图 6.25。该仪器主要用于常压下多组分有机混合物的分离、定性和定量分析。除可用于常规的 GC/MS 分析外,其强大的 GC/MS 功能可以广泛用于公安、食品卫生、环保等领域痕量物质的分析。

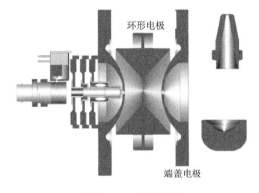

图 6.25　离子阱图

1. 仪器框图

气相色谱–串联质谱联仪框图如图 6.26 所示。

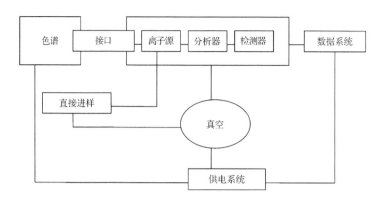

图 6.26 气相色谱-串联质谱联仪框图

2. 电子电离

一定能量的电子(70 eV)轰击分子，使失去电子形成带正电荷的自由基分子离子，继续裂解，如果分子离子不稳定则失去分子量信息。

$$M \longrightarrow M^+ \cdot + e^-$$

$$M^+ \longrightarrow A^+ + B$$

一般有机物的电离电位是 10 eV 左右，采用 70 eV 电离电压一方面可以获得较强的信号，另一方面不会因电离电压的变化而使谱图发生变化。

3. 化学电离

化学电离是电子直接与样品分子作用。在化学电离时，样品分子经过离子-电子反应而完成。

4. 离子阱质量分析器

离子阱稳定性示意图见图 6.27。离子在离子阱里的稳定性可用以下两个参数来表示：

$$a_z = -2a_r = -16eu / [m(r_0^2 + 2z_0^2)\Omega^2] \tag{6-4}$$

$$q_z = -2q_r = 8eV / [m(r_0^2 + 2z_0^2)\Omega^2] \tag{6-5}$$

式中：a_z、q_z、a_r、q_r 分别表示 z 方向和 r 方向的两个稳定性参数；e 为带电粒子电量；m 为带电粒子质量；z_0 为端盖电极之间的最短距离；r_0 为离子阱的内径；u 为直流电流；Ω 为射频交变电压角频率；V 为射频交变电压振幅。

由以上两式可以理解离子阱进行质量扫描的原理。当不加直流电压时，则 $u = 0$，$a_z = 0$，当逐渐增加 V 时，q_z 会增加，一旦 q_z 达到 0.908 则进入不稳定区，由端盖电极上的小孔排出。因此，当 V 逐渐增加时，质荷比从小到大的离子逐渐排出被记录，从而得到质谱。

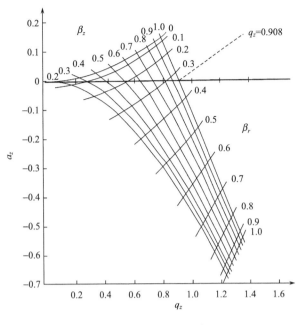

图 6.27　离子阱的稳定性图

6.16.2　使用方法及注意事项

1. 使用方法

(1)进入"Tune"界面，确认真空度达到分析要求(10^{-5} Torr[①])，并查看有机本底离子化时间是否大于 2 ms，标样的质量数偏差是否大于 2 个质量数，都达到要求后，关闭"Tune"界面。

(2)进入"Xcalibur"主页，进入"Instrument Setup"，根据待分析样品的性质，分别设定 GC 方法和 MS 方法，设定好后退出"Instrument Setup"，回到"Xcalibur"。

(3)进入"Sequence Setup"界面，在样品序列表格中按要求输入一系列样品信息，并调用已设定好的分析方法，设好后，点击"Run Sample"标记，等待仪器出现进样信号。

(4)当仪器出现正常的进样信号后，从 GC 进样口迅速注入待分析样，并同时按下仪器面板上的"Start"键，随后点击"Real time Plot"记号，屏幕上出现实时分析图，包括 TIC 图 MS 谱。

(5)待分析程序完成后，回到"Xcalibur"，再进入"Qual Browser(定性分析)"或"Quan Browser(定量分析)"，对采集的数据进行处理。GC/MS 数据是三维数据，即保留时间、质量、强度三个数据。获得的谱图包括：TIC 总离子流色谱图、质谱图、质量色谱图。在处理数据时，根据出峰时间对应的质谱图，通过 NIST 谱库计算机自动检索出物质的结构信息。

(6)半定量和定量结果的计算。在"XCalibur"页面下，进入"Processing Setup"，做半定量时，点击"Qual"，设定一系列半定量参数；做定量时，点击"Quan"，设定其中所要

---

① 1 Torr = 1.33322×10^2 Pa。

求的一系列参数，再点击"Report"，调用已事先做好的报告模板。以上步骤完成后，保存一个处理方法文件(processing method)。

(7)回到"Sequence Setup"界面下，调出待计算的数据，并输入已设好的 Processing Method，启动"Σ"标识，计算机即开始计算。待听到计算机的提示音响后，即可在 C:\Xcalibur\data 下找到以 word 文档出现的测试报告。

2. 注意事项

(1)开机前，保证有足够的氦气，氦气表头压力应为 0.35 MPa。按"载气→色谱→质谱→计算机"的顺序开启仪器。

(2)仪器正常工作的情况下，半小时内，前级真空必须在 100 mTorr 以内，此时方可进入操作系统。实际分析时，真空度必须达到 70 mTorr 以下。

(3)离子源温度一般为200℃，传输线温度与毛细柱输出的最终温度一致。

(4)仪器在连续工作的情况下，每天早晨测定一个空白，去掉积累的残留物；下班前测定一个空白，以排尽柱子里的残留物。

(5)换毛细柱时，色谱不要关，实施带气操作，以免污染物进入气路。

(6)做直接进样和换离子源时，插入轨道后，切记打开机械泵并严格按提示操作。

(7)每半年更换一次机械泵油。

(8)用完4～5瓶氦气后，更换气体过滤器。

(9)老化柱子时，将色谱与质谱断开。

(10)做好实验记录。

6.17 X 射线衍射仪

6.17.1 仪器工作原理

X 射线衍射仪的工作原理如图 6.28 所示。当一束单色 X 射线入射到晶体时，由于晶体是由原子规则排列成的晶胞组成，这些规则排列的原子间距离与入射 X 射线波长有相同的数量级，因此由不同原子散射的 X 射线相互干涉，在某些特殊方向上产生强 X 射线衍射，衍射线在空间分布的方位和强度与晶体结构密切相关。

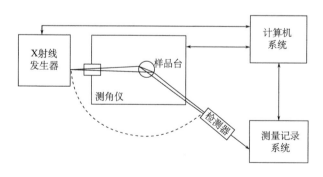

图 6.28 X 射线衍射仪工作原理图

XRD-6100 是大气条件下分析晶体状态的 X 射线衍射仪。此方法是非破坏性的，X 射线照射安装在测角仪轴上的样品，被样品衍射，测定、记录衍射 X 射线的强度，同时跟随样品的旋转角度绘出衍射强度与衍射角相关的峰型谱图。由计算机对谱图中的衍射峰位置和衍射强度进行分析，从而实现样品的定性分析、晶格常数测定或应力分析。根据衍射峰的高度，即强度或面积可以进行定量分析。衍射峰的角度及峰型可用于测定晶粒的直径及结晶度，并用于精密的晶体结构分析。

6.17.2　使用方法及注意事项

1. 使用方法

(1) 查看温湿度，确保湿度在 75% 以下方可开机。

(2) 打开冷却循环水，确保压缩机正常(红色指示灯闪烁或恒亮)。水压表输出压力为 0.3～0.35 MPa(一般已调好，不必再调，确认即可)。

(3) 打开 XRD 专用电源开关(在墙上，向上为开)。

(4) 打开 XRD 主机 POWER(在 XRD 侧面，向上为开)。

(5) 打开计算机，点击"PCXRD"图标进入 XRD 工作站模块。

(6) 点击"Display and setup"模块，检查开关样品仓门软件上的指示灯是否变化(打开门指示灯为红色，关门指示灯为绿色)。

(7) 样品仓门检查完毕即点击"Calibration"，使测角仪复位。

(8) 点击"XG Control"模块，点击其中的"ON"按钮开启 X 射线管。按相应程序做 X 射线管的"老化"。若上一次使用时间在 24 h 内，则可以快速"老化"。具体程序参见本实验室编写的说明书。

(9) 光管老化完毕，点击"OFF"关闭 X 射线管。注意：其关闭是逐步降低电流和电压的过程，为 15～20 s，请耐心等待。

(10) 打开仓门，将装好样品的样品架放进相应位置。制样方法详见说明书。

(11) 关闭仓门。点击"Right Gonio Analysis"模块使其打开。

(12) 点击"Right Gonio Condition"模块，设置相应的参数后，点击"Start"。具体方法详见说明书。

(13) 再点击"Right Gonio Analysis"模块中的"Start"，仪器即开始测样。

(14) 测样完毕，点击"Display setup"模块中的"Right Calib"菜单下的"Theta-2 Theta"，则测角仪将自动复位。请耐心等待。如果在未复位完全的情况下打开仓门，则下一次测样不能进行，切记。

(15) 关机。一般情况下测样完毕 X 射线管将自动关闭。如果出现异常，则可在"XG Control"模块手动点击"OFF"关闭 X 射线管。X 射线管关闭后可扳下主机上的 POWER 开关。等冷却循环水泵继续工作 30 min 后再关闭水泵。

2. 注意事项

(1) 开关门时要轻开轻关，避免震动。

(2) 一定要在 X 射线管自动关闭后，即 X-rays on 指示灯灭后，才可开启机门。

(3)测试过程中切忌打开或试图打开机门。

(4)切记关闭主机电源后 30 min 再关循环水电源，顺序不能错，时间也不能少。

6.18　单晶 X 射线衍射仪

6.18.1　仪器工作原理

单晶 X 射线衍射仪的工作原理如图 6.29 所示。晶体是一种原子有规律重复排列的固体物质。当一种空间点阵贯穿整块固体，这种晶体称为单晶。晶体中原子间距通常在 100～300 pm（1～3 Å），与 X 射线波长接近。因此，晶体三维点阵可以对 X 射线产生干涉效应，形成大量波长不变、在空间具有特定方向的衍射，这就是 X 射线衍射。通过产生特定波长的 X 射线（由高压加速的电子冲击阳极金属靶面，如铜靶或钼靶）照射单晶，测量出衍射的方向与强度，并根据晶体学理论（如布拉格方程）和软件推导出晶体中原子的排列情况和化学结构。

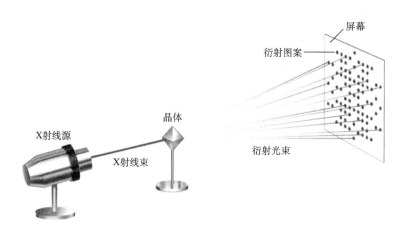

图 6.29　单晶 X 射线衍射仪的工作原理图

6.18.2　使用方法及注意事项

1. 使用方法

1）开机

检查两个红色紧急制动按钮没有被按下；将主切断开关从 O 旋转到 I；按电源连通按键；等待高压发生器按钮屏显出现；按高压发生器按键开启射线高压。

2）晶体选择与安置

（1）晶体选择：通过显微镜观察，选择质量好、尺寸合适的单晶。过大的晶体可以在涂有少量硅油或凡士林的载玻片上进行切割。

（2）晶体安置：通常也称为"粘晶体"。晶体通常用黏合剂粘在玻璃纤维或样品圈上。需要注意的是，在数据测试收集过程中，需要避免晶体发生滑动、偏离圆心，以及确保晶体保持稳定。在低温（150 K）测试时，硅油或凡士林发生固化，可以解决这些问题。

(3)晶体对心：将载晶台固定在测角器上后，通过调节载晶台上的调节螺丝，使晶体接近显微镜十字线中心，并通过旋转角度重复以上对心工作。晶胞参数和衍射强度等数据的质量与晶体是否固定在中心有直接关系。

3）数据收集

(1)测定晶胞数据与基本对称性：操作仪器软件，对晶体进行初扫。观察衍射图像，判断晶体质量，并对若干张衍射图像采集的数据进行处理获得晶胞参数和取向矩阵(Determine Unit Cell-Manual Mode 菜单下：Collect Data-Index-Bravais-Refine)。

(2)测定衍射强度数据：决定收集策略，设定测试参数，包括晶体与探测器间的距离 d、扫描角度、曝光时间、收集数据的范围等(Collect Strategy-Run Experiment)。

4）数据处理

(1)衍射数据的还原与校正：数据收集完成后，操作仪器软件，完成数据的还原和校正(Reduce Experiment: Integrate Image-Scale；Examine Date: Determine Space Group)。

(2)结构解析和结构模型的精修：采用 WINGX 软件进行晶体结构解析(structure solution)和结构精化(structure refinement)，确定晶胞中所有非氢原子的精确位置。

(3)结果的解释与表达：采用 WINGX、Diamond、Mercury 等软件，获得不同类型的结构图，包括球棍(ball-and-stick)、空间填充(space-filling)、多面体(polyhedral)、线型(stick)等图形。

5）关机

检查测量已经完成；按高压发生器按键关闭射线高压；按待机键；将主切断开关从 I 旋转到 O。

2. 注意事项

(1)遇突发情况时按下仪器红色按钮(紧急开关)。

(2)严禁触碰探测器。

(3)使用液氮进行低温测试时，注意液氮使用情况，及时添加。

(4)晶体对心时，通过软件 Spin Chi 和手动调节测角仪，严禁两者同时进行。

(5)做好上机记录，及时报告故障情况。

附　　表

附表 1　不同温度下部分物质的密度

（单位：g/cm³）

温度/℃	水	苯	乙醇	汞	正丙醇
0	0.99984	—	0.806	13.596	
5	0.99997	—	0.802	13.583	
10	0.99970	0.887	0.798	13.571	
11	0.99961	—	0.797	13.568	
12	0.99950	—	0.796	13.566	
13	0.99938	—	0.795	13.563	
14	0.99924	—	0.795	13.561	
15	0.99910	0.883	0.794	13.559	
16	0.99895	0.882	0.793	13.556	
17	0.99878	0.882	0.792	13.554	
18	0.99859	0.881	0.791	13.551	
19	0.99841	0.880	0.790	13.549	
20	0.99820	0.879	0.789	13.546	
21	0.99799	0.879	0.788	13.544	0.8044
22	0.99777	0.878	0.787	13.541	
23	0.99754	0.877	0.786	13.539	
24	0.99730	0.876	0.786	13.536	
25	0.99704	0.875	0.785	13.534	
26	0.99678	—	0.784	13.532	
27	0.99651	—	0.784	13.529	
28	0.99625	—	0.783	13.527	
29	0.99590	—	0.782	13.524	
30	0.99565	0.869	0.781	13.522	
40	0.99224	0.853	0.782	13.497	
50	0.98807	0.847	0.763	13.473	
60	0.98324	0.836	0.754	13.376	

附表2　不同温度下水的密度

温度/℃	密度/(g/cm³)	温度/℃	密度/(g/cm³)
0	0.999868	20	0.998230
4	1.000000	21	0.998019
5	0.999992	22	0.997797
6	0.999968	23	0.997565
7	0.999926	24	0.997323
8	0.999876	25	0.997071
9	0.999808	26	0.996810
10	0.999727	27	0.996539
15	0.999126	28	0.996259
16	0.998970	29	0.995971
17	0.998801	30	0.995673
18	0.998622	31	0.995367
19	0.998432	32	0.995052

附表3　不同温度下水的折射率

t/℃	n_D	t/℃	n_D	t/℃	n_D
10	1.33370	17	1.33324	24	1.33263
11	1.33365	18	1.33316	25	1.33252
12	1.33359	19	1.33307	26	1.33242
13	1.33352	20	1.33299	27	1.33231
14	1.33346	21	1.33290	28	1.33219
15	1.33339	22	1.33281	29	1.33208
16	1.33331	23	1.33272	30	1.33196

注：若温度超出本表时可根据 $\dfrac{dn_D}{dt} = -0.0008$ 计算 n_D。

附表4　几种常用液体的折射率

物质	n_D		$\dfrac{dn_D}{dt}$
	15℃	20℃	
苯	1.50439	1.50110	−0.00066
丙酮	1.33175	1.35911	−0.00049
甲苯	1.4998	1.4968	−0.00055
乙酸	1.3776	1.3717	−0.00038

续表

物质	n_D		$\dfrac{dn_D}{dt}$
	15℃	20℃	
氯苯	1.52748	1.52460	−0.00053
氯仿	1.44853	1.4455	−0.00059
四氯化碳	1.46305	1.46044	−0.00052
乙醇	1.36330	1.36139	−0.00038
环己烷	1.42900	—	
硝基苯	1.5547	1.55524	−0.00046
正丁醇	—	1.39909	—
二硫化碳	1.62935	1.62546	−0.00078

附表 5　不同电解质水溶液的摩尔电导率（25℃）

浓度 /(mol/L)	Λ_m /[S/(cm²/mol)]					
	CuSO₄	HCl	KCl	NaCl	NaOH	NaAc
0.1	101.16	391.32	128.96	106.74	—	72.8
0.05	118.10	399.09	133.37	111.06	—	76.92
0.02	144.40	407.24	138.31	115.51	—	81.24
0.01	166.24	412.00	141.27	118.51	238.0	83.76
0.005	188.14	415.80	143.55	120.65	240.8	85.72
0.001	230.52	421.36	146.95	122.74	244.7	88.5
0.0005	243.2	422.74	147.81	124.50	245.6	89.2
0	267.2	426.16	149.86	126.45	247.8	91.0

附表 6　不同温度下 KCl 溶液的电导率

温度/℃	κ/(S/cm)		
	0.01 mol/L	0.02 mol/L	0.10 mol/L
15	0.001147	0.002243	0.01048
16	0.001173	0.002294	0.01072
17	0.001199	0.002345	0.01095
18	0.001225	0.002397	0.01119
19	0.001251	0.002449	0.01143
20	0.001278	0.002501	0.01167
21	0.001305	0.002553	0.01191
22	0.001332	0.002606	0.01215
23	0.001359	0.002659	0.01239

续表

温度/℃	κ/ (S/cm)		
	0.01 mol/L	0.02 mol/L	0.10 mol/L
24	0.001386	0.002712	0.01264
25	0.001413	0.002765	0.01288
30	0.001552	0.003036	0.01412

附表 7　25℃时在水溶液中一些电极的标准电极电势

电极	电极反应	$E^{\ominus}$ / V
	第一类电极	
$Li^+\|Li$	$Li^+ + e^- \longrightarrow Li$	-3.045
$K^+\|K$	$K^+ + e^- \longrightarrow K$	-2.924
$Ba^{2+}\|Ba$	$Ba^{2+} + 2e^- \longrightarrow Ba$	-2.90
$Ca^{2+}\|Ca$	$Ca^{2+} + 2e^- \longrightarrow Ca$	-2.76
$Na^+\|Na$	$Na^+ + e^- \longrightarrow Na$	-2.7111
$Mg^{2+}\|Mg$	$Mg^{2+} + 2e^- \longrightarrow Mg$	-2.375
$OH^-, H_2O\|H_2(g)\|Pt$	$2H_2O + 2e^- \longrightarrow H_2(g) + 2OH^-$	-0.8277
$Zn^{2+}\|Zn$	$Zn^{2+} + 2e^- \longrightarrow Zn$	-0.7630
$Cr^{3+}\|Cr$	$Cr^{3+} + 3e^- \longrightarrow Cr$	-0.74
$Cd^{2+}\|Cd$	$Cd^{2+} + 2e^- \longrightarrow Cd$	-0.4028
$Co^{2+}\|Co$	$Co^{2+} + 2e^- \longrightarrow Co$	-0.28
$Ni^{2+}\|Ni$	$Ni^{2+} + 2e^- \longrightarrow Ni$	-0.23
$Sn^{2+}\|Sn$	$Sn^{2+} + 2e^- \longrightarrow Sn$	-0.1366
$Pb^{2+}\|Pb$	$Pb^{2+} + 2e^- \longrightarrow Pb$	-0.1265
$Fe^{3+}\|Fe$	$Fe^{3+} + 3e^- \longrightarrow Fe$	-0.036
$H^+\|H_2(g)\|Pt$	$2H^+ + 2e^- \longrightarrow H_2(g)$	0.0000
$Cu^{2+}\|Cu$	$Cu^{2+} + 2e^- \longrightarrow Cu$	0.3400
$OH^-, H_2O\|O_2(g)\|Pt$	$O_2 + 2H_2O + 4e^- \longrightarrow 4OH^-$	0.401
$Cu^+\|Cu$	$Cu^+ + e^- \longrightarrow Cu$	0.522
$I^-\|I_2(s)\|Pt$	$I_2(s) + 2e^- \longrightarrow 2I^-$	0.535
$Hg_2^{2+}\|Hg$	$Hg_2^{2+} + 2e^- \longrightarrow 2Hg$	0.7986
$Ag^+\|Ag$	$Ag^+ + e^- \longrightarrow Ag$	0.7994
$Hg^{2+}\|Hg$	$Hg^{2+} + 2e^- \longrightarrow Hg$	0.851
$Br^-\|Br_2(g)\|Pt$	$Br_2(g) + 2e^- \longrightarrow 2Br^-$	1.065

续表

电极	电极反应	$E^{\ominus}/V$
$H^+,H_2O|O_2(g)|Pt$	$4H^+ + O_2(g) + 4e^- \longrightarrow 2H_2O$	1.229
$Cl^-|Cl_2(g)|Pt$	$Cl_2(g) + 2e^- \longrightarrow 2Cl^-$	1.3580
$Au^+|Au$	$Au^+ + e^- \longrightarrow Au$	1.68
$F^-|F_2(g)|Pt$	$F_2(g) + 2e^- \longrightarrow 2F^-$	2.87
$SO_4^{2-}|PbSO_4(s)|Pb$	$PbSO_4(s) + 2e^- \longrightarrow SO_4^{2-}+Pb$	−0.3505
$I^-|AgI(s)|Ag$	$AgI(s) + e^- \longrightarrow Ag+I^-$	−0.1521
$Br^-|AgBr(s)|Ag$	$AgBr(s) + e^- \longrightarrow Ag+Br^-$	0.0711
$Cl^-|AgCl(s)|Ag$	$AgCl(s) + e^- \longrightarrow Ag+Cl^-$	0.2221
氧化还原电极		
$Cr^{3+}, Cr^{2+}|Pt$	$Cr^{3+} + e^- \longrightarrow Cr^{2+}$	−0.41
$Sn^{4+}, Sn^{2+}|Pt$	$Sn^{4+} + 2e^- \longrightarrow Sn^{2+}$	0.15
$Cu^{2+}, Cu^+|Pt$	$Cu^{2+} + e^- \longrightarrow Cu^+$	0.158
$H^+,醌,氢醌|Pt$	$C_6H_4O_2 + 2H^+ + 2e^- \longrightarrow C_6H_4(OH)_2$	0.6993
$Fe^{3+}, Fe^{2+}|Pt$	$Fe^{3+} + e^- \longrightarrow Fe^{2+}$	0.770
$Ti^{3+}, Ti^+|Pt$	$Ti^{3+} + 2e^- \longrightarrow Ti^+$	1.247
$Ce^{4+}, Ce^{3+}|Pt$	$Ce^{4+} + e^- \longrightarrow Ce^{3+}$	1.61
$Co^{3+}, Co^{2+}|Pt$	$Co^{3+} + e^- \longrightarrow Co^{2+}$	1.83

附表8　水的绝对黏度

温度/℃	$\eta \times 10^{-2}/P$	温度/℃	$\eta \times 10^{-2}/P$	温度/℃	$\eta \times 10^{-2}/P$	温度/℃	$\eta \times 10^{-2}/P$	温度/℃	$\eta \times 10^{-2}/P$
0	1.787	10	1.307	20	1.002	30	0.7975	40	0.6529
1	1.728	11	1.271	21	0.9779	31	0.7808	41	0.6408
2	1.671	12	1.235	22	1.9548	32	0.7647	42	0.6291
3	1.618	13	1.202	23	0.9325	33	0.7491	43	0.6178
4	1.567	14	1.169	24	0.9111	34	0.7340	44	0.6067
5	1.519	15	1.139	25	0.8904	35	0.7194	45	0.5960
6	1.472	16	1.109	26	0.8705	36	0.7052	46	0.5856
7	1.428	17	1.081	27	0.8513	37	0.6915	47	0.5755
8	1.386	18	1.053	28	0.8327	38	0.6783	48	0.5656
9	1.346	19	1.027	29	0.8148	39	0.6654	49	0.5561

附表 9　不同温度下水的表面张力

温度/℃	$\sigma \times 10^3$ / (N/m)	温度/℃	$\sigma \times 10^3$ / (N/m)	温度/℃	$\sigma \times 10^3$ / (N/m)	温度/℃	$\sigma \times 10^3$ / (N/m)
0	75.64	17	3.19	26	71.82	60	66.18
5	74.92	18	73.05	27	71.66	70	64.42
10	74.22	19	72.90	28	71.50	80	62.11
11	74.07	20	72.75	29	71.35	90	60.75
12	73.93	21	72.59	30	71.18	100	58.85
13	73.78	22	72.44	35	70.38	110	56.89
14	73.54	23	72.28	40	69.56	120	54.89
15	73.49	24	72.13	45	68.14	130	52.84
16	73.34	25	71.97	50	67.91		

附表 10　酸碱指示剂

指示剂名称	变色范围(pH)	颜色变化	溶液配制方法
茜素黄 R	1.9～3.3	红～黄	0.1%水溶液
甲基橙	3.1～4.4	红～橙黄	0.1%水溶液
溴酚蓝	3.0～4.6	黄～蓝	0.1 g 指示剂溶于 100 mL 20%乙醇中
刚果红	3.0～5.2	蓝紫～红	0.1%水溶液
茜素红 S	3.7～5.2	黄～紫	0.1%水溶液
溴甲酚绿	3.8～5.4	黄～蓝	0.1 g 指示剂溶于 100 mL 20%乙醇中
甲基红	4.4～6.2	红～黄	0.1 g 指示剂溶于 100 mL 60%乙醇中
溴百里酚蓝	6.0～7.6	黄～蓝	0.5 g 指示剂溶于 100 mL 20%乙醇中
酚红	6.8～8.0	黄～红	0.1 g 指示剂溶于 100 mL 20%乙醇中

附表 11　实验中某些试剂的配制

试剂名称	浓度/(mol/L)	配制方法
硫化钠(Na_2S)	1	称取 240 g $Na_2S \cdot 9H_2O$、40 g NaOH 溶于适量水中,稀释至 1 L,混匀
硫化铵[$(NH_4)_2S$]	3	通 H_2S 于 200 mL 浓氨水中直至饱和,然后加 200 mL 浓氨水,最后加水稀释至 1 L,混匀
氯化亚锡 ($SnCl_2$)	0.25	称取 56.4 g $SnCl_2 \cdot 2H_2O$ 溶于 100 mL 浓 HCl 中,加水稀释至 1 L,在溶液中放几颗纯锡粒 (也可将锡溶解于一定量的浓 HCl 中配制)
氯化铁 ($FeCl_3$)	0.5	称取 135.2 g $FeCl_3 \cdot 6H_2O$ 溶于 100 mL 6 mol/L HCl 中,加水稀释至 1 L
三氯化铬 ($CrCl_3$)	0.1	称取 26.7 g $CrCl_3 \cdot 6H_2O$ 溶于 30 mL 6 mol/L HCl 中,加水稀释至 1 L
硝酸亚汞 [$Hg_2(NO_3)_2$]	0.1	称取 56 g $Hg_2(NO_3)_2 \cdot 2H_2O$ 溶于 250 mL 6 mol/L HNO_3 中,加水稀释至 1 L,并加入少许金属汞

续表

试剂名称	浓度/（mol/L）	配制方法
硝酸铅 [Pb(NO$_3$)$_2$]	0.25	称取 83 g Pb(NO$_3$)$_2$ 溶于少量水中，加入 15 mL 6 mol/L HNO$_3$，用水稀释至 1 L
硝酸铋 [Bi(NO$_3$)$_3$]	0.1	称取 48.5 g Bi(NO$_3$)$_3$·5H$_2$O 溶于 250 mL 6 mol/L HNO$_3$ 中，加水稀释至 1 L
硫酸亚铁 (FeSO$_4$)	0.25	称取 69.5 g FeSO$_4$·7H$_2$O 溶于适量水中，加入 5 mL 18 mol/L H$_2$SO$_4$，再加水稀释至 1 L，并加入数枚小铁钉
氯水	Cl$_2$ 的饱和水溶液	将 Cl$_2$ 通入水中至饱和为止(用时临时配制)
溴水	Br$_2$ 的饱和水溶液	在带有良好磨口塞的玻璃瓶内，将市售的溴水约 50 g(16 mL)注入 1 L 水中，在 2 h 内经常剧烈振荡，每次振荡后微开塞子，使积聚的溴蒸气放出。 在储存瓶瓶底总有过量的溴。将溴水倒入试剂瓶时，剩余的溴应留于储存瓶中，而不倒入试剂瓶(倾倒溴或溴水时，应在通风橱中进行，将凡士林涂在手上或戴橡胶手套操作，以防溴蒸气灼伤)
碘水	约 0.005	将 1.3 g I$_2$ 和 5 g KI 溶解在尽可能少量的水中，待 I$_2$ 完全溶解后(充分搅动)再加水稀释至 1 L
淀粉溶液	约 0.5%	称取 1 g 易溶淀粉和 5 mg HgCl$_2$(作防腐剂)置于烧杯中，加少许水调成薄浆，然后倾入 200 mL 沸水中
亚硝酰铁氰化钠	3	称取 89.388 g Na$_2$[Fe(CN)$_5$NO]·2H$_2$O 溶于 100 mL 水中
奈斯勒试剂		称取 115 g HgI$_2$ 和 80 g KI 溶于足量的水中，稀释至 500 mL，然后加入 500 mL 6 mol/L NaOH 溶液，静置后取其清液保存于棕色瓶中
对氨基苯磺酸	0.34	0.5 g 对氨基苯磺酸溶于 150 mL 2 mol/L HAc 溶液中
α-萘胺	0.12	0.3 g α-萘胺加 20 mL 水，加热煮沸，在所得溶液中加入 150 mL 2 mol/L HAc
钼酸铵		5 g 钼酸铵溶于 100 mL 水中，加入 35 mL HNO$_3$(密度 1.2 g/mL)
硫代乙酰胺	5	37.565 g 硫代乙酰胺溶于 100 mL 水中
钙指示剂	0.2	0.877 g 钙指示剂溶于 100 mL 水中
镁试剂	0.007	0.001 g 对硝基偶氮间苯二酚溶于 100 mL 2 mol/L NaOH 中
铝试剂	1	473.43 g 铝试剂溶于 1 L 水中
二苯硫腙	0.01	10 g 二苯硫腙溶于 100 mL CCl$_4$ 中
丁二酮肟	1	11.612 g 丁二酮肟溶于 100 mL 95%乙醇中
乙酸铀酰锌		(1) 10 g UO$_2$(Ac)$_2$·2H$_2$O 和 6 mL 6 mol/L HAc 溶于 50 mL 水中； (2) 30 g Zn(Ac)$_2$·2H$_2$O 和 3 mL 6 mol/L HCl 溶于 50 mL 水中。 将(1)、(2)两种溶液混合，24 h 后取清液使用
二苯碳酰二肼（二苯偕肼）	0.04	0.969 g 二苯碳酰二肼溶于 20 mL 95%乙醇中，边搅拌，边加入 80 mL (1∶9) H$_2$SO$_4$(存在冰箱中可用一个月)
六亚硝酸合钴(Ⅲ)钠盐		Na$_3$[Co(NO)$_2$]$_6$ 和 NaAc 各 20 g，溶解于 20 mL 冰醋酸和 80 mL 水的混合溶液中，储于棕色瓶中备用(久置溶液，颜色由棕变红即失效)
NH$_3$·H$_2$O-NH$_4$Cl 缓冲溶液	pH=10.0	称取 20.00 g NH$_4$Cl(s)溶于适量水中，加入 100.00 mL 浓氨水(密度为 0.9 g/mL)混合后稀释至 1 L，即为 pH = 10.0 的缓冲溶液
邻苯二甲酸氢钾-氢氧化钠缓冲溶液	pH=4.0	量取 0.200 mol/L 邻苯二甲酸氢钾溶液 250.00 mL 和 0.100 mol/L 氢氧化钠溶液 4.00 mL，混合后稀释至 1 L，即为 pH = 4.0 的缓冲溶液

附表 12　不同温度下水的饱和蒸气压

（单位：Pa）

温度/℃	0.0	0.2	0.4	0.6	0.8
0	601.5	619.5	628.6	637.9	647.3
1	656.8	666.3	675.9	685.8	695.8
2	705.8	715.9	726.2	736.6	747.3
3	757.9	768.7	779.7	790.7	801.9
4	813.4	824.9	836.5	848.3	860.3
5	872.3	884.6	897.0	909.5	922.2
6	935.0	948.1	961.1	974.5	988.1
7	1001.7	1015.5	1029.5	1043.6	1058.0
8	1072.6	1087.2	1102.2	1117.2	1132.4
9	1147.8	1163.5	1179.2	1195.2	1211.4
10	1227.8	1244.3	1261.0	1277.9	1295.1
11	1312.4	1330.0	1347.8	1365.8	1383.9
12	1402.3	1421.0	1439.7	1458.7	1477.6
13	1497.3	1517.1	1536.9	1557.2	1577.6
14	1598.1	1619.1	1640.1	1661.5	1683.1
15	1704.9	1726.9	1749.3	1771.9	1794.7
16	1817.7	1841.1	1864.8	1888.6	1912.8
17	1937.2	1961.8	1986.9	2012.1	2037.7
18	2063.4	2089.6	2116.0	2142.6	2169.4
19	2196.8	2224.5	2252.3	2380.5	2309.0
20	2337.8	2366.9	2396.3	2426.1	2456.1
21	2486.5	2517.1	2550.5	2579.7	2611.4
22	2643.4	2675.8	2708.6	2741.8	2775.4
23	2808.8	2843.8	2877.5	2913.6	2947.8
24	2983.4	3019.5	3056.0	3092.8	3129.9
25	3167.2	3204.9	3243.2	3282.0	3321.3
26	3360.9	3400.9	3441.3	3482.0	3523.3
27	3564.9	3607.0	3646.0	3692.5	3735.8
28	3779.6	3823.7	3858.3	3913.5	3959.3
29	4005.4	4051.9	4099.0	4146.0	4194.5
30	4242.9	4286.1	4314.1	4390.3	4441.2
31	4492.3	4543.9	4595.8	4648.2	4701.0
32	4754.7	4808.9	4863.2	4918.4	4974.0
33	5030.1	5086.9	5144.1	5202.0	5260.5
34	5319.2	5378.8	5439.0	5499.7	5560.9
35	5622.9	5685.4	5748.5	5812.2	5876.6
36	5941.2	6006.7	6072.7	6139.5	6207.0
37	6275.1	6343.7	6413.1	6483.1	6553.7

续表

温度/℃	0.0	0.2	0.4	0.6	0.8
38	6625.1	6696.9	6769.3	6842.5	6916.6
39	6991.7	7067.3	7143.4	7220.2	7297.7
40	7375.9	7454.1	7534.0	7614.0	7695.4
41	7778.0	7860.7	7943.3	8028.7	81140.0
42	8199.3	8284.7	8372.6	8460.6	8548.6
43	8639.3	8729.9	8820.6	8913.9	9007.3
44	9100.6	9195.2	9291.2	9387.2	9484.6
45	9583.2	9681.9	9780.5	9881.9	9983.2
46	10086	10190	10293	10399	10506
47	10612	10720	10830	10939	11048
48	11160	11274	11388	11503	11618
49	11735	11852	11971	12091	12211
50	12334	12466	12586	12706	12839
60	19916				
70	31157				
80	47343				
90	70096				
100	101325				

附表 13 氨羧配合剂类配合物的稳定常数 $(18\sim25℃,I=0.1)$

金属离子	lgK					NTA	
	EDTA	DCyTA	DTPA	EGTA	HEDTA	$\lg\beta_1$	$\lg\beta_2$
Ag^+	7.32			6.88	6.71	5.16	
Al^{3+}	16.13	19.50	18.60	13.90	14.30	11.40	
Ba^{2+}	7.86	8.69	8.87	8.41	6.30	4.82	
Be^{2+}	9.20	11.51				7.11	
Bi^{3+}	27.94	32.30	35.6	22.30	17.50		
Ca^{2+}	10.69	13.20	10.83	10.97	8.30	6.41	
Cd^{2+}	16.46	19.93	19.20	16.70	13.30	9.83	14.61
Co^{2+}	16.31	19.62	19.27	12.39	14.60	10.38	14.39
Co^{3+}	36.00				37.40	6.84	
Cr^{3+}	23.40					6.23	
Cu^{2+}	18.80	22.00	21.55	17.71	17.60	12.96	
Fe^{2+}	14.32	19.00	16.50	11.87	12.30	8.33	
Fe^{3+}	25.10	30.10	28.00	20.50	19.80	15.90	
Ga^{3+}	20.30	23.20	25.54	16.90	13.60		

续表

金属离子	lgK					NTA	
	EDTA	DCyTA	DTPA	EGTA	HEDTA	lgβ_1	lgβ_2
Hg^{2+}	21.70	25.00	26.70	23.20	20.30	14.60	
In^{3+}	25.00	28.80	29.00	20.20	16.90		
Li$^+$	2.79					2.51	
Mg^{2+}	8.70	11.02	9.30	5.21	7.00	5.41	
Mn^{2+}	13.87	17.48	15.60	12.28	10.90	7.44	
Mo(V)	约28						
Na$^+$	1.66						1.22
Ni^{2+}	18.62	20.30	20.32	13.55	17.30	11.53	16.42
Pb^{2+}	18.04	20.38	18.80	14.71	15.70	11.39	
Pd^{2+}	18.50						
Sc^{2+}	23.10	26.10	24.50	18.20			24.10
Sn^{2+}	22.11						
Sr^{2+}	8.73	10.59	9.77	8.50	6.90	4.98	
Th^{4+}	23.20	25.60	28.78				
TiO^{2+}	17.30						
Tl^{3+}	37.80	38.30				20.90	32.50
U(IV)	25.80	27.60	7.69				
VO^{2+}	18.80	20.10					
Y^{3+}	18.09	19.85	22.13	17.16	14.78	11.41	20.43
Zn^{2+}	16.50	19.37	18.40	12.7	14.70	10.67	14.29
ZrO^{2+}	29.50	35.80				20.80	
稀土元素	16~20	17~22	19		13~16	10~12	

注：EDTA 表示乙二胺四乙酸；DCyTA(或 DCTA、CyDTA)表示 1,2-二氨基环己烷四乙酸；DTPA 表示二乙基三胺五乙酸；EGTA 表示乙二醇二乙醚二胺四乙酸；HEDTA 表示 N-β-羟基乙基乙二胺三乙酸；NTA 表示氨三乙酸。

附表 14　部分有机化合物的质子化学位移

不同类型有机化合物的质子的化学位移列表如下。化学位移按氢原子的类型划分：(a)甲基、(b)亚甲基、(c)次甲基。黑体 **H** 为产生吸收的质子。

化合物	化学位移		化合物	化学位移	
	τ	δ		τ	δ
(a)甲基氢原子			C$_6$H$_5$C**H**$_2$CH$_3$	8.8	1.2
C**H**$_3$NO$_2$	5.7	4.3	(C**H**$_3$)$_3$N	7.9	2.1
C**H**$_3$F	5.7	4.3	C**H**$_3$CON(CH$_3$)$_2$	7.9	2.1
(C**H**$_3$)$_2$SO$_4$	6.1	3.9	(C**H**$_3$)$_2$S	7.9	2.1

续表

化合物	化学位移		化合物	化学位移	
	τ	δ		τ	δ
$C_6H_5COOCH_3$	6.1	3.9	环戊酮 α - CH_2	8.0	2.0
C_6H_5—O—CH_3	6.3	3.7	环己烯 α - CH_2	8.0	2.0
CH_3COOCH_3	6.4	3.6	环庚烷	8.5	1.5
CH_3OH	6.6	3.4	环戊烷	8.5	1.5
$(CH_3)_2O$	6.8	3.2	$(CH_3CH_2)_4N^+I^-$	6.6	3.4
CH_3Cl	7.0	3.0	CH_3CH_2Br	6.6	3.4
$C_6H_5N(CH_3)_2$	7.1	2.9	$C_6H_5CH_2N(CH_3)_2$	6.7	3.3
$(CH_3)_2NCHO$	7.2	2.8	$CH_3CH_2SO_2F$	6.7	3.3
CH_3Br	7.3	2.7	CH_3CH_2I	6.9	3.1
CH_3COCl	7.3	2.7	$C_6H_5CH_2CH_3$	7.4	2.6
CH_3SCN	7.4	2.6	CH_3CH_2SH	7.6	2.4
$C_6H_5COCH_3$	7.4	2.6	环己烷	8.6	1.4
$(CH_3)_2SO$	7.5	2.5	$EtOCOC(CH_3)=CH_2$	4.5	5.5
$C_6H_5CH=CHCOCH_3$	7.7	2.3	CH_2Cl_2	4.7	5.3
$C_6H_5CH_3$	7.7	2.3	CH_2Br_2	5.1	4.9
$(CH_3CO)_2O$	7.8	2.2	$(CH_3)_2C=CH_2$	5.4	4.6
$C_6H_5OCOCH_3$	7.8	2.2	$CH_3COO(CH_3)C=CH_2$	5.4	4.6
$C_6H_5CH_2N(CH_3)_2$	7.8	2.2	$C_6H_5CH_2Cl$	5.5	4.5
$CH_2=CH—C(CH_3)=CH_2$	8.2	1.8	$(CH_3O)_2CH_2$	5.5	4.5
$(CH_3)_2C=CH_2$	8.3	1.7	$C_6H_5CH_2OH$	5.6	4.4
CH_3CH_2Br	8.4	1.6	$CF_3COCH_2C_3H_7$	5.7	4.3
$C_6H_5C(CH_3)_3$	8.7	1.3	$EtC(COOCH_2CH_3)_3$	5.9	4.1
$C_6H_5CH(CH_3)_2$	8.8	1.2	$HC≡C—CH_2Cl$	5.9	4.1
$(CH_3)_3COH$	8.8	1.2	$(CH_3CH_2)_3N$	7.6	2.4
$CH_2=C(CN)CH_3$	8.0	2.0	$CH_3COOCH_2CH_3$	6.0	4.0
CH_3COOCH_3	8.0	2.0	$CH_2=CHCH_2Br$	6.2	3.8
CH_3CN	8.0	2.0	$HC≡CCH_2Br$	6.2	3.8
CH_3CH_2I	8.1	1.9	$BrCH_2COOCH_3$	6.3	3.7
$(CH_3CH_2)_2O$	8.8	1.2	CH_3CH_2NCS	6.4	3.6
$CH_3(CH_2)_3Cl,Br,I$	9.0	1.0	CH_3CH_2OH	6.4	3.6
$CH_3(CH_2)_4CH_3$	9.1	0.9	$EtCH_2Cl$	6.6	3.4
$(CH_3)_3CH$	9.1	0.9	$CH_3(CH_2)_4CH_3$	8.6	1.4
CH_3CHO	7.8	2.2	环丙烷	9.8	0.2
CH_3I	7.8	2.2	(c) 次甲基氢原子		
CH_3CH_2OH	8.8	1.2	CH_3CHO	0.3	9.7
(b) 亚甲基氢原子			吡啶(α)	1.5	8.5
$(CH_3CH_2)CO$	7.6	2.4	p-$C_6H_4(NO_2)_2$	1.6	8.4
$BrCH_2CH_2CH_2Br$	7.6	2.4	$C_6H_5CH=CHCOCH_3$	2.1	7.9

续表

化合物	化学位移		化合物	化学位移	
	τ	δ		τ	δ
C_6H_5CHO	2.4	7.6	$CHBr_3$	3.2	6.8
呋喃(α)	2.6	7.4	p-苯醌	3.2	6.8
萘(β)	2.6	7.4	$C_6H_5NH_2$	3.4	6.6
p-$C_6H_4I_2$	2.6	7.4	呋喃(β)	3.7	6.3
p-$C_6H_4Br_2$	2.7	7.3	$CH_3CH{=}CHCOCH_3$	4.2	5.8
p-$C_6H_4Cl_2$	2.8	7.2	环己烯	4.4	5.6
C_6H_6	2.7	7.3	$(CH_3)_2C{=}CHCH_3$	4.8	5.2
C_6H_5Br	2.7	7.3	$(CH_3)_2CHNO_2$	5.6	4.4
C_6H_5Cl	2.8	7.2	溴代环戊炔	5.6	4.4
$CHCl_3$	2.8	7.2	$(CH_3)_2CHBr$	5.8	4.2
C_6H_5CHO	0.0	10.0	$(CH_3)_2CHCl$	5.9	4.1
p-ClC_6H_4CHO	0.1	9.9	$(CH_3)_3C{-}H$	7.1	2.9
p-$CH_3OC_6H_4CHO$	0.2	9.8	$C_6H_5C{\equiv}C{-}H$	8.4	1.6

附表 15　部分官能团的红外光谱特征频率

1. 氢的伸缩振动范围($3600\sim2500$ cm^{-1})

这一范围内的吸收与碳、氧、氮相连的氢原子的伸缩振动有关,在解析非常弱的吸收带时应注意。因为这可能是出现在弱吸收带一半处($1800\sim1250$ cm^{-1})的强吸收带的倍频。在 1650 cm^{-1} 附近的倍频是很普遍的。

$\bar{v}$ / cm^{-1}	官能团	说明
(1)$3600\sim3400$	O—H 伸缩 强度:不定	3600 cm^{-1}(尖)非缔合 O—H,3400 cm^{-1}(宽)缔合 O—H,醇的红外光谱常可出现这两吸收带; 强缔合 O—H(COOH 或烯醇化 β-二羰基化合物)吸收带很宽(约为 500 cm^{-1}),而其中心位置在 $2900\sim3000$ cm^{-1})
(2)$3400\sim3200$	N—H 伸缩 强度:中等	3400 cm^{-1}(尖)非缔合 N—H,3200 cm^{-1}(宽)缔合 N—H;NH$_2$ 基团常呈双重带(间隔约 50 cm^{-1});仲胺的 N—H 常很弱
(3)3300	炔的 C—H 伸缩 强度:强	在 $3300\sim3000$ cm^{-1} 完全没有吸收,说明没有与 C$\equiv$C 或 C=C 相连的氢原子,常可认为分子是饱和的;分子大时这一吸收可能很弱,所以在解析时要注意这一情况
(4)$3080\sim3010$	烯的 C—H 伸缩 强度:强到中等	
(5)3050	芳香化合物 C—H 伸缩 强度:不定,常为中等到弱	

续表

$\overline{v}/\text{cm}^{-1}$	官能团	说明
(6) 3000~2600	强氢键 OH 强度：中等	在此范围有很宽的吸收带并与 C—H 伸缩频率重叠，为羧酸的特征[见(1)]
(7) 2980~2900	脂肪族化合物 C—H 伸缩 强度：中等	如上述(3)～(5)所述 C—H 条款，在这一范围没有吸收说明不存在与 4 价碳原子相连的氢；叔氢的 C—H 吸收弱
(8) 2850~2760	醛的 C—H 伸缩 强度：弱	分子中有一个醛基就可在此范围找到一个或两个吸收带

2. 三键范围(2300～2000 cm^{-1})

这一范围的吸收与三键的伸缩振动有关。

$\overline{v}/\text{cm}^{-1}$	官能团	说明
(1) 2260~2215	C≡N 强度：强	与双键共轭的腈在低频范围吸收； 非共轭腈出现在较高频处
(2) 2150~2100	C≡C 强度：末端炔类强；其他炔类不定	对称炔无此范围吸收带，如炔近乎对称，吸收就很弱

3. 双键范围(1900～1550 cm^{-1})

在此范围的吸收常与碳-碳、碳-氧、碳-氮双键伸缩振动有关。

$\overline{v}/\text{cm}^{-1}$	官能团	说明
(1) 1815~1770	酰氯 C=O 伸缩 强度：强	共轭与非共轭羰基分别在下限和上限范围出现
(2) 1870~1800 和 1790~1740	酸酐 C=O 伸缩 强度：强	这两吸收带都出现。每一吸收带受环的大小、共轭程度影响，其改变程度与酮相仿[见下述(4)]
(3) 1750~1735	酯或内酯 C=O 伸缩 强度：很强	这一吸收带受下述(4)所讨论的所有结构的影响。共轭酯约在 1710 cm^{-1} 处吸收，而 γ-内酯约在 1780 cm^{-1} 处吸收
(4) 1725~1705	醛或酮 C=O 伸缩 强度：很强	这一吸收范围为非环状、非共轭醛或酮的吸收频率，并在醛或酮的羰基附近没有卤素等电负性基团。从结构的改变可以推知频率的变动，其一般规律总结如下： Ⅰ. 共轭效应：羰基与芳香环或碳-碳双键、三键共轭，其频率约降低 30 cm^{-1}。如羰基为交叉共轭系统的一部分(羰基每一边都为不饱和)，则频率约降低 50 cm^{-1}； Ⅱ. 环的影响：在六元或更大的环内羰基与非环状酮类的吸收几乎相同。小于六元环内的羰基在高频吸收如环戊酮约在 1745 cm^{-1} 处吸收，而环丁酮约在 1780 cm^{-1} 处吸收。共轭与环大小的影响是相加的，如 2-环戊烯酮约在 1710 cm^{-1} 处吸收； Ⅲ. 电负性原子效应：与醛或酮的 α-碳原子相连的电负性原子(特别是氧或卤原子)可将羰基的吸收频率提高约 20 cm^{-1}

$\bar{\nu}/cm^{-1}$	官能团	说明
(5) 1700	酸 C=O 伸缩 强度：强	如上述 (4) 所述，此吸收频率可因为共轭而降低
(6) 1690~1650	酰胺或内酰胺 C=O 伸缩 强度：强	共轭能使此吸收带频率约降低 20 cm^{-1}。γ-内酰胺的吸收带频率约提高 35 cm^{-1}，而 β-内酰胺约提高 70 cm^{-1}
(7) 1660~1600	烯 C=C 伸缩 强度：不定	非共轭烯类出现在上限范围且强度往往是弱的，共轭烯在下限范围出现且强度为中到强。吸收带的频率因为环的张力而增加，但比羰基少些[见上述 (4)]
(8) 1680~1640	C=N 伸缩 强度：不定	此吸收强度往往是弱的，且难以确定

4. 氢的弯曲振动范围（1600~1250 cm^{-1}）

在这一范围的吸收常是与碳和氮相连的氢原子的弯曲振动，但这些吸收带通常对结构分析用处不大。下表中把对结构的确证比较有用的吸收带用*注明。

$\bar{\nu}/cm^{-1}$	官能团	说明
1600	—NH₂ 弯曲 强度：强到中	此吸收带与 3300 cm^{-1} 吸收带结合起来用于确定伯胺及未取代酰胺
1540	—NH— 弯曲 强度：一般为弱	此吸收带与 3300 cm^{-1} 吸收带结合起来常可用于确定仲胺及单取代胺。此吸收带为仲胺就与 N—H 伸缩振动吸收带 (3300 cm^{-1}) 一样很弱
*1520 和 1350	NO₂ 偶合伸缩振动吸收带 强度：强	这一对吸收带通常是很强的
1465	—CH₂—弯曲 强度：不定	分子中亚甲基数目不同，吸收带强度随之改变，亚甲基数越多吸收越强
1410	含羰基组分的—CH₂—弯曲 强度：不定	这一吸收带是与羰基相邻的亚甲基的特征吸收，其吸收强度取决于分子内亚甲基的数目
*1450 和 1375	—CH₃ 弯曲 强度：强	低频吸收带 (1375 cm^{-1}) 常用于鉴定甲基。如两个甲基与一个碳原子相连，可有特征性双重吸收带 (1385 cm^{-1} 和 1365 cm^{-1})
1325	| —CH 弯曲 强度：强	这一吸收带是弱的且不足为信

5. 指纹区（1250~600 cm^{-1}）

红外光谱的指纹区可出现许多吸收带且常有丰富的信息。指纹区常用来确定未知物是否与已知物的红外光谱一致。要把指纹区的所有吸收带都确认是不切实际的，因为许多吸收带是组合频率，所以对分子的整个结构来说是很敏感的。此外，在这一区域也出现许多单键的伸缩和各种弯曲振动。用这一区域确认结构是尝试性的，一般要与高频吸收带一起来印证。

$\bar{v} / cm^{-1}$	官能团	说明
1200	强度：强	这些强吸收带是由 C—O 弯曲还是伸缩振动所产生的尚不能肯定。在这一区域有一个或一个以上的强吸收带为醇、醚和酯的光谱。结构与吸收带间的关系仅是一个估计，所以用来印证结构应看作尝试性的。酯类常在 1170～1270 cm^{-1} 处显示一个或两个强吸收带
1150	—C—O— 强度：强	
1100	—CH—O— 强度：强	
1050	—CH$_2$—O— 强度：强	
965	C=C C—H 弯曲 强度：强	反式 1,2-二取代乙烯的光谱有此强吸收带
985 和 910	C=C C—H 弯曲 强度：强	这两低频强吸收带可用于鉴定末端乙烯基
890	C=CH$_2$ C—H 弯曲 强度：强	这一强吸收带可用于鉴定亚甲基。如亚甲基与电负性基团或原子相连，其频率可提高 20～80 cm^{-1}
810～840	C=C 强度：强	这一吸收带很不可靠，常不出现，取代基不同时吸收带常在此范围外出现
700	C=C 强度：不定	作为顺式 1,2-二取代乙烯吸收带是不可靠的，因其常被溶剂或其他吸收带所混淆
750 和 690	C—H 弯曲 强度：强	这些吸收带的价值有限，因常被溶剂或其他吸收带所混淆，但确证已能印证的结构以及芳香基的取代位置时，仍有很大意义
750	C—H 弯曲 强度：很强	

$\bar{v}\,/\,\text{cm}^{-1}$	官能团	说明
780 和 700	及 1,3 位取代 强度：很强	这些吸收带的价值有限，因常被溶剂或其他吸收带所混淆，但确证已能印证的结构以及芳香基的取代位置时，仍有很大意义
825	及 1,4 位取代 强度：很强	
1400～1000	C—F 强度：强	这些吸收带的位置对结构十分敏感，但卤素用化学方法更易检出，所以不具有特殊的用途。吸收带总是强吸收
800～600	C—Cl 强度：强	
700～500	C—Br 强度：强	
600～400	C—I 强度：强	